Lehrbuch der Physiologie

in zusammenhängenden Einzeldarstellungen

Unter Mitarbeit einer Reihe von Fachmännern

Herausgegeben von

Wilhelm Trendelenburg† und Erich Schütz

Allgemeine Sinnesphysiologie
Hautsinne, Geschmack, Geruch

Herbert Hensel

Mit 184 Abbildungen

Springer-Verlag Berlin Heidelberg New York 1966

Prof. Dr. Herbert Hensel, o. Professor der Physiologie, Direktor
des Physiologischen Institutes der Universität Marburg/Lahn

Softcover reprint of the hardcover 1st edition 1966

Library of Congress Catalog Card Number 66-10614

ISBN 978-3-642-49462-8 ISBN 978-3-642-49744-5 (eBook)

DOI 10.1007/978-3-642-49744-5

Titel-Nr. 6249

Vorwort

Die Grundlagen der allgemeinen oder theoretischen Sinnesphysiologie befinden sich gegenwärtig in einem entscheidenden Umbruch. Hatte man bislang, gemäß der Denkweise eines traditionellen Naturalismus, das theoretische Fundament der allgemeinen Sinnesphysiologie in den objektiven Wissenschaften gesucht, so beginnt die Sinnestheorie sich heute aus dieser Abhängigkeit zu befreien und eigenständige methodische Ansätze zu entwickeln.

Die vorliegende Darstellung soll ein Beitrag zu dieser neuen Richtung sein. Was uns die Sinne zeigen, ist originär und nicht aus anderen Gegebenheiten ableitbar. Die Wahrnehmung als autonome Erkenntnisquelle stellt der Sinneslehre die Aufgabe einer Selbstbegründung und einer primären Strukturanalyse der Sinnenwelt, ohne sich von vornherein auf die von den exakten Wissenschaften angebotenen Begriffe festzulegen. Erst in zweiter Linie wäre dann zu fragen, welche Beziehungen zwischen den Sinnesphänomenen und den Begriffssystemen oder Sachverhalten der positiven Wissenschaften bestehen.

Im zweiten Teil des Buches werden die Physiologie der Hautsinne, des Geschmacks und des Geruchs als in sich geschlossene Abschnitte erörtert. Ich habe auch hier versucht, einige in der allgemeinen Sinnesphysiologie entwickelte Gedankengänge einzuführen und so einen inneren Zusammenhang mit dem ersten Teil herzustellen. Manches mußte freilich noch recht heterogen bleiben, nicht zuletzt deshalb, weil ein großer Teil der heute bekannten sinnesphysiologischen Tatsachen das Resultat von Fragestellungen ist, die den Denkgewohnheiten der naturalistischen Sinneslehre entspringen. Neue Gesichtspunkte erscheinen mir besonders dort notwendig, wo Einzelfragen — wie etwa das Problem der „Spezifität" der Hautsinne — zugleich Brennpunkte allgemein sinnesphysiologischer Auseinandersetzungen sind.

Auf die Auffassungen der klassischen Sinnesphysiologie bin ich nur gelegentlich eingegangen, wo es sich darum handelte, die neuen Betrachtungsweisen deutlicher herauszuarbeiten. Dagegen habe ich ausführliche kritisch-historische Auseinandersetzungen mit den älteren Theorien vermieden, nicht nur, weil mir das unfruchtbar erschien, sondern weil man auch den heute überwundenen Anschauungen einen für ihre Zeit berechtigten Kern zubilligen muß.

Meinem Freund und Kollegen, Professor Yrjö Reenpää, der durch zahlreiche persönliche Gespräche die Arbeit entscheidend gefördert hat, möchte ich an dieser Stelle sehr herzlich danken. Wertvolle Anregungen verdanke ich ferner einem nun schon viele Semester lang unter der Leitung von Herrn Professor Karl Schlechta gemeinsam abgehaltenen Kolloquium im Rahmen des Philosophischen Seminars an der Technischen Hochschule Darmstadt. Dort hatte ich

Gelegenheit, manche Gedanken der vorliegenden Arbeit vorzutragen und zu diskutieren. Endlich gilt mein Dank dem Herausgeber, Herrn Professor ERICH SCHÜTZ, und dem Springer-Verlag, die meinen Wünschen jederzeit bereitwillig entgegenkamen, sowie nicht zuletzt meinen Mitarbeitern, Herrn Dr. DIETER BRAASCH, Frau MARIE-LUISE BEHRENS, Frl. INGE HEMPEL, Frl. RENATE ROSS und Frau HILDEGARD LERCH für ihre unermüdliche Hilfe bei der Vorbereitung des Manuskripts und der Abbildungen.

Marburg an der Lahn, April 1966

HERBERT HENSEL

Inhaltsverzeichnis

Allgemeine Sinnesphysiologie

Physiologie der Hautsinne

Physiologie des Geschmackssinnes

Physiologie des Geruchssinnes

Allgemeine Sinnesphysiologie

A. Die wissenschaftstheoretische Stellung der allgemeinen Sinnesphysiologie

I. Der Begriff der allgemeinen Sinnesphysiologie

Die allgemeine oder theoretische Sinnesphysiologie, wie sie hier verstanden wird, ist eine Theorie der Sinneswahrnehmung. Als solche hat sie enge Beziehungen zu den auf Sinnestätigkeit gründenden empirischen Wissenschaften, ohne selbst in ihnen aufzugehen; vielmehr ist sie ihnen übergeordnet oder vorgeordnet, indem sie dasjenige methodisch untersucht, was die positiven Wissenschaften ungefragt voraussetzen und naiv handhaben: das Wahrnehmen durch die Sinne.

Die Einzelwissenschaften richten ihre Fragen geradehin auf ihre Gegenstände; sie fragen direkt oder dogmatisch, unbekümmert um erkenntnistheoretische Erwägungen. Die Untersuchung ihrer Erkenntnisgrundlagen, zu denen auch die Sinneswahrnehmung gehört, liegt außerhalb ihres Bereiches. Anders die theoretische Sinnesphysiologie. Ihre Grundfragen kann man als reflexiv oder philosophisch bezeichnen, weil sie von letztgegebenen, vor allen positiven Wissenschaften liegenden Elementen des Erkennens ausgehen. Damit nimmt die allgemeine Sinnesphysiologie eine Haltung gegenüber der Sinnenwelt ein, welche nicht primär auf die Objektivität von Gegenständen, sondern auf ihre Konstitution im Wahrnehmen gerichtet ist. Sie fragt nicht nach Dingen, sondern nach ihren sinnlichen Qualitäten. Ihr Ausgangspunkt ist nicht das begrifflich geformte Wissen der Einzelwissenschaften, sondern die unmittelbare Sinnesanschauung als nicht weiter ableitbare Gegebenheit.

Die Sinneswahrnehmung ist eine Wurzel alles Realerkennens und damit auch aller empirischen Wissenschaften; daher kann eine Theorie der Sinne selbst nicht in den Einzelwissenschaften gegründet sein, sondern gehört in ihrer Thematik der Philosophie und insbesondere der Erkenntnislehre an. Während letztere aber nur die allgemeinen Prinzipien des Wahrnehmens und ihre Funktion innerhalb des gesamten Erkenntnisprozesses untersucht, konzentriert sich die theoretische Sinnesphysiologie auf das Gebiet der Sinneswahrnehmung; sie faßt ihr Thema enger, aber eingehender und genauer. In dieser Hinsicht steht sie zwischen der Erkenntnistheorie und den empirischen Wissenschaften, mit denen sie die konkrete Ausgestaltung teilt, während ihre Fundamente philosophisch sind. Daraus leitet sich auch der Begriff der „allgemeinen“ oder „theoretischen“ Sinnesphysiologie her.

Der Ausgangspunkt der allgemeinen Sinnesphysiologie ist eine reine *Phänomenologie* der Sinnesgegebenheit, vor aller begrifflichen Bearbeitung und Ausgestaltung durch die positiven Wissenschaften. Peirce sagt hierzu: "This science of Phenomenology is in my view the most primal of all the *positive sciences*. That is, it is not based, as to its principles, upon any other positive science" (Bd. 5, S. 28). Der erste Schritt besteht darin, dieses Phänomenale zu beschreiben und in seiner Struktur zu analysieren, d.h. unter Begriffe zu bringen. Die dabei verwendeten Begriffsbildungen sind — anders als etwa die Begriffe der exakten Wissenschaften — der unmittelbaren Sinnesanschauung angepaßt: sie sind ihr adäquat. Erst dann, in einem zweiten Schritt, sucht die theoretische Sinnesphysiologie Beziehungen auf zwischen den phänomenalen Strukturen und den

Begriffsgebäuden der positiven Wissenschaften. Hierzu gehören dann auch die begrifflichen Implikationen mit den Gegenständen der Physik, den „Reizen", und den Objekten der Physiologie, den „Erregungen" in den Sinnesorganen und im Nervensystem.

Wenn auch die Theorie der Sinne nur philosophisch bzw. phänomenologisch zu begründen ist, so erscheint es mir doch notwendig und richtig, sie eng an die Physiologie anzuschließen. Dies ist auch der Grund, warum hier trotz mancher Mißverständlichkeiten der Begriff „Sinnesphysiologie" beibehalten wurde. Die Verbindung von autonomer Sinneslehre und Physiologie rechtfertigt sich primär nicht etwa durch die naturwissenschaftlichen Einsichten in die Tätigkeit der Sinnesorgane als physischer Grundlage des Wahrnehmens — das ist erst eine spätere Frage — sondern durch unmittelbare Erfahrung der leiblichen Sinnestätigkeit beim Wahrnehmen. Diese Zusammenhänge gehören in das Gebiet der „Somatologie", wie sie HUSSERL versteht: das originale, im wahren Sinne subjektive Erleben „meines" Leibes, den ich „habe" und in dem ich „walte" — im Gegensatz zu der objektiven, raum-zeitlichen Betrachtung des Leibes als Körper innerhalb der Dingwelt. Wie auch ARMSTRONG hervorhebt, umfaßt somit der Bereich der unmittelbaren Sinnesphänomene neben den durch die Sinne vermittelten Wahrnehmungsobjekten auch gewisse, mehr oder weniger deutliche Erlebnisse der Sinnesorgane als Vermittler der Wahrnehmung. Eine Lehre von den Sinnen muß daher die Tätigkeit der Sinnesorgane in ganz anderer Weise mit einbeziehen als etwa eine Lehre vom Denken die Gehirnphysiologie.

Zum Unterschied gegenüber der hier skizzierten modernen Auffassung suchte die klassische Sinnesphysiologie, die man als *naturalistisch* oder — in ihrer schärferen Ausprägung — als physikalistisch bezeichnen kann, ihre Thematik in den exakten Naturwissenschaften und der an ihnen orientierten Biologie. Es sei hier ausdrücklich betont, daß unter „Physikalismus" nicht etwa die berechtigte Anwendung physikalischer Methoden in der Sinnesphysiologie verstanden wird, sondern eine philosophische Einstellung, welche aus den physikalischen „Reizen" und den sich kausal an sie anschließenden „Erregungen" in den Sinnesorgansystemen die Wahrnehmung theoretisch herzuleiten sucht. Repräsentant dieser Richtung ist vor allem v. HELMHOLTZ, und auch die „Allgemeine Sinnesphysiologie" von J. v. KRIES kann man noch als einen Ausläufer des sinnesphysiologischen Naturalismus auffassen.

Wenn die theoretische Sinnesphysiologie diese einseitige und voreingenommene Position heute verläßt, so verdankt sie das Forschern, die sich darin einig sind, daß die hochentwickelten Begriffssysteme der Naturwissenschaft allein nicht geeignet sind, eine wirklichkeitsgemäße Sinneslehre aufzubauen. Ich erwähne hier nur den „Gestaltkreis" V. v. WEIZSÄCKERS (*2*) und vor allem die zahlreichen grundlegenden Untersuchungen von REENPÄÄ. Seine „Allgemeine Sinnesphysiologie" (*8*) hat nichts mehr mit dem herkömmlichen Begriff dieses Gebietes zu tun, sondern kann als die erste philosophisch begründete und konsequent durchgeführte Sinnestheorie der neuen Art bezeichnet werden. Da sie vorwiegend diejenige Sinnestätigkeit herausarbeitet, wie sie dem genauen wissenschaftlichen Beobachten zugrunde liegt, ist sie damit zugleich ein fundamentaler Beitrag zur Theorie der exakten Wissenschaften.

II. Sinnestheorie und Erkenntnislehre

Eigenartigerweise hat die Philosophie bis heute keine gründlich ausgearbeitete Wahrnehmungslehre hervorgebracht. Wo die Sinneswahrnehmung in der Erkenntnistheorie behandelt wird, geschieht das zumeist in einer äußerst abstrakten, dem Wesen der Sinnesmannigfaltigkeit nicht angemessenen Weise — oder die Probleme werden an die positiven Wissenschaften abgeschoben, welche ihrer Methode nach niemals für eine fundamentale Behandlung der Sinneswahrnehmung zuständig sein können.

Die thematische Vernachlässigung der phänomenalen Wurzel unseres Erkennens läßt sich wohl kaum hinreichend verstehen, wenn man sagt, die Philosophie habe es eben nur mit allgemeinen Prinzipien zu tun. Vielmehr spricht hier seit zwei Jahrtausenden eine merkwürdige Wahrnehmungsfeindlichkeit und Überwertigkeit des begrifflichen Denkens, angefangen von dem abgründigen Satz des PARMENIDES: „Denn dasselbe ist Denken und Sein" bis zu dem an den exakten Naturwissenschaften orientierten Ausspruch KANTS (*1*): „Der Verstand schöpft seine Gesetze (a priori) nicht aus der Natur, sondern schreibt sie dieser vor" (S. 79). — Es ist in diesem Zusammenhang irrelevant, ob man der Ansicht ist, das begriffliche Denken gäbe die objektive Grundlage des Seins wieder, oder ob man von dem Dogma ausgeht, die Erfahrung richte sich nach unseren Begriffen a priori. Das Gemeinsame dieser Einstellungen liegt in den Vorentscheidungen und Vorurteilen gegenüber der Sinnenwelt, die letztlich darauf hinauslaufen, die Bedeutung der Wahrnehmung herabzusetzen.

Demgegenüber fordern der Empirismus und Positivismus, man solle von der reinen Erfahrung, vom Gegebenen, ausgehen. Aber was ist die reine Erfahrung? Diese Frage bleibt in den positivistischen Ansätzen ganz unklar, weil diese nicht konsequent auf die letzten Quellen des Realerkennens zurückgehen. Vielmehr bezieht sich der positivistische Erfahrungsbegriff auf wissenschaftliche Beobachtungs- und Meßresultate, die auf Grund gewisser operationaler Definitionen und Meßvorschriften gewonnen wurden und damit bereits in einer nicht näher überschaubaren Weise begrifflich vorgeformt sind. Lediglich bei MACH finden wir erste Ansätze, die in Richtung auf eine reine, d.h. begriffsfreie Erfahrung gehen: es sind die „einfachsten" Sinnesempfindungen, die er „Empfindungselemente" nennt. Aber dieser Ansatz wurde nicht konsequent weiterverfolgt und ausgebaut.

Die empiristische Philosophie geht von der Überzeugung aus, daß wir alles, was wir wissen, durch die Sinne wissen. Indem der Empirismus und Positivismus den Begriff der Erfahrung willkürlich auf die Sinneswahrnehmung einschränken und dem Denken gegenüber das Erfahrungsprinzip verleugnen, werden sie ihren eigenen Grundsätzen untreu. Die Folge ist eine dogmatische Abwertung des begrifflichen Denkens; es kann zur Sinneserfahrung nichts mehr hinzubringen, es hat keinen Erkenntniswert und ist damit im Grunde unnütz (Prinzip der Denkökonomie: wenn man schon denkt, dann möglichst wenig). Diese Auffassung der Begriffe als operationaler Konstruktion zur vereinfachten Handhabung der Erfahrung, als Erzeugnisse der Bequemlichkeit und Opportunität (MACH; POINCARÉ) ist auch eine Vorentscheidung, gegen die sich vor allem HUSSERL gewandt hat: „Sagt ‚*Positivismus*' soviel als absolut vorurteilsfreie Gründung aller Wissenschaften auf das ‚Positive', d.h. originär zu Erfassende, dann sind *wir* die echten Positivisten. Wir lassen uns durch *keine* Autorität das Recht verkümmern, alle Anschauungsarten als gleichwertige Rechtsquellen der Erkenntnis anzusehen — auch nicht durch die Autorität der modernen Naturwissenschaften" (Bd. 3, S. 46).

Dennoch wollen wir ein Verdienst des Positivismus und Konventionalismus nicht verkennen: die Relativierung des wissenschaftlichen Denkens. Der neue Begriff der wissenschaftlichen Wahrheit, zu dem sich die theoretische Physik heute durchgerungen hat, verzichtet auf den metaphysischen Absolutheitsanspruch der naturwissenschaftlichen Begriffe; es sind im freien Denken erfaßte

Prinzipien, welche nur innerhalb begrenzter Erfahrungsbereiche gelten (HEISENBERG, *1*; UNGER, *2*; C. F. v. WEIZSÄCKER, *2*).

Wie können wir uns den Sinnesgegebenheiten unbefangen nähern, ohne sie zugleich umzudeuten und zu verfälschen? Hierzu ist eine Erkenntnishaltung notwendig, die man mit einem Ausdruck HUSSERLs als „Epoché", als Zurückhalten aller begrifflichen Urteile, Setzungen, Wertungen, als Einklammerung alles vorgegebenen Wissens bezeichnen kann. Theoretische Voraussetzungslosigkeit im Anschauen der Sinnesgegebenheiten ist eine Forderung, die meines Erachtens der sachgerechte philosophische Ansatz für einen originären Aufbau der allgemeinen Sinnesphysiologie ist.

Die Verwirklichung dieses Postulats streben vor allem die neueren, phänomenologisch eingestellten Richtungen der Philosophie an (vgl. STEINER; PEIRCE; HUSSERL u.a.). Sie schlagen einen Weg ein, der zu einer größeren Sachnähe der Philosophie führen soll, zu dem, was PEIRCE als „laboratory philosophy" bezeichnet, im Gegensatz zur spekulativen „seminary philosophy". Auf dem Gebiet der Sinneswahrnehmung führt eine konsequente phänomenologische Reduktion zu den letzten, begrifflich nicht weiter analysierbaren Wahrnehmungsinhalten. Diese reine Wahrnehmung läßt sich nicht mehr auf andere Gegebenheiten zurückführen und darf somit als eine ursprüngliche Rechtsquelle aller empirischen Erkenntnisse gelten.

Freilich heißt das nicht, man solle bei der Phänomenologie stehenbleiben — denn sonst würde sie zum Phänomenalismus. In der phänomenologischen Einstellung schalten wir das Realitätsproblem konsequent aus, um vom Bezweifelbaren zum Unbezweifelbaren zu gelangen. Aber wir müssen uns dann auch bewußt sein, daß das Ergebnis dieser Ausschaltung, die reine Sinneserfahrung, noch nicht die volle Wirklichkeit ist. Das bloße Hinnehmen des seiner Natur nach fragmentarischen und zufälligen Sinnesgeschehens hieße die Bedeutung des Denkens als eigenständiger Erkenntnisinstanz verfehlen. In dieser Hinsicht stimme ich der Kritik HARTMANNs an manchen phänomenologischen Richtungen zu, welche die Tendenz haben, „den Immanenzstandpunkt der Methode (der Wesensschau und Deskription) zu einem *Immanenzstandpunkt der Sache* zu machen. Die Sphäre der Phänomene, der das Verfahren entnommen ist, färbt ab auf den Gegenstand der Untersuchung. Zur Folge hat das nicht nur die Einschränkung des Gesichtskreises, sondern auch das ungewollte Sicheinschleichen eines theoretischen Standpunktes, der sich durch die Tatsache der Problemabweisung als ein nicht weniger metaphysischer erweist als die übrigen theoretischen Standpunkte auch" (S. 171).

Phänomenologie ist also der Ausgangspunkt, nicht der Endpunkt einer Theorie der Sinnenwelt. Auch GOETHEs Wort: „Man suche nur nichts hinter den Phänomenen, sie selbst sind die Lehre" ist nur als Einsicht in die Unmittelbarkeit der Wahrnehmung, aber nicht als Aufforderung zu verstehen, sich an die Sinnesgegebenheiten zu klammern; er war kein Phänomenalist, auch er experimentierte und drang durch das Sinnenfällige hindurch zu den Urphänomenen. Was hier gemeint ist, ist ein Erkennen, das seine freien Begriffsbildungen in dynamischer Zwiesprache mit der Anschauung entstehen läßt und nicht den Verstand mit starren, vorgeformten Begriffen zum Richter über die Sinnenwelt setzt.

III. Das sog. psycho-physische Problem der Sinneslehre

Solange die allgemeine Sinnesphysiologie ihre theoretischen Grundlagen in den Begriffssystemen der Physik und Chemie suchte und ihre Ergebnisse dementsprechend formulierte, mußte sie konsequenterweise alle Wahrnehmungselemente, welche nicht in den „objektiven“ Wissenschaften aufgehen, als „subjektiv“ an die Psychologie verweisen. Die einheitliche Lehre von den Sinnen wurde so zum psycho-physischen Dualismus. Das war freilich nur der letzte Schritt einer Entwicklung, die schon bei BOYLE und LOCKE eingesetzt hatte. Nach LOCKES Erkenntnistheorie sind die „primären“ Sinnesqualitäten: Ausdehnung, Gestalt, Undurchdringlichkeit, Bewegung, Ruhe und Zahl (extension, figure, solidity, motion, rest, number) als objektiv anzusehen, während die „sekundären“ Qualitäten: Ton, Farbe, Temperatur, Geruch, Geschmack (sound, colour, temperature, smell, taste) der Objektivität entbehren und nur dem Subjekt zugehören.

Die Verbannung der sekundären Sinnesqualitäten aus der Außenwelt in die menschliche Seele spiegelt sich in der traditionellen Aufteilung der Sinneslehre zwischen Physik (Reiz), Physiologie (Erregung) und Psychologie (Empfindung). Diese für die klassische Sinnesphysiologie typische Betrachtungsweise kennt die moderne Sinnestheorie nicht. Für sie ist Farbe zum Beispiel nicht weniger ein Gegenstand der Sinnenwelt, als es die Wahrnehmungsanteile der physikalischen oder physiologischen Messungen sind. Die phänomenalen Inhalte der genannten Bereiche gehören nicht verschiedenen Seinsschichten im Sinne der „res extensa“ und der „res cogitans“ von DESCARTES, sondern ein- und derselben Klasse an, nämlich der Sinnesanschauung.

Der Unterschied zwischen sinnesphysiologischen Gegenständen (Empfindungen) und den physikalischen Gegenständen (Reizen) liegt darin, daß sie verschiedenen Qualitätsdimensionen der Sinnesmannigfaltigkeit angehören können — Farbe und Länge zum Beispiel. Des weiteren handelt es sich bei den Objekten der Sinnesphysiologie um rein *phänomenale*, bei den physikalischen Größen um *begrifflich* geformte Gegenstände (REENPÄÄ, *6*, *8*). Die Verbindung der verschiedenen Bereiche erweist sich dann nicht als die Verknüpfung von „Psychischem“ und „Physischem“, sondern als Zusammenfügen von Anschauung und Begriff und als begriffliche Verknüpfung verschiedener Wahrnehmungsobjekte.

Eines der stärksten Argumente für die subjektive Natur der Sinnesqualitäten sah man in dem von J. MÜLLER aufgestellten Satz von den „spezifischen Sinnesenergien“. Auf das Sehen angewandt, besagt er, daß nur das Auge Lichtqualitäten wahrnimmt, und daß das Auge nur Lichtqualitäten und nichts anderes wahrnehmen kann. Was bedeutet das? Es ist zunächst nur die Feststellung: das Auge ist das spezifische Wahrnehmungsorgan der Lichtqualität — wir sehen also mit den Augen und hören mit den Ohren und nicht umgekehrt. Das ist keineswegs so trivial, wie es klingen mag, denn es spricht die für die Sinnesphysiologie ganz fundamentale Tatsache der „Spezifität“ aus, daß nämlich verschiedene Qualitätsbereiche der Wahrnehmung mit getrennten spezifischen Leibesorganen verknüpft sind (HENSEL, *4*).

Das Auge kann aber auch gewissermaßen aus sich selbst heraus, unabhängig von den Wahrnehmungsgegenständen in der Außenwelt, Licht und Farbe zur Erscheinung bringen, wie bei mechanischer oder elektrischer Reizung oder bei den Nachbildern. Diese Farben sind mit einer gewissen Berechtigung als subjektiv anzusprechen, denn sie sind dem leiblichen Sinnesorgan und nicht dem Wahrnehmungsgegenstand zugeordnet, was sich daran zeigt, daß das Rot eines Nachbildes bei Augenbewegungen über das Wahrnehmungsobjekt hinweghuscht, während das Rot als Eigenschaft des Wahrnehmungsgegenstandes invariant bleibt.

Es war wohl weniger MÜLLER selbst als sein Schüler v. HELMHOLTZ, der aus diesem wichtigen Sachverhalt den unberechtigten Schluß zog, es müßten folglich *alle* Farben subjektiv sein — und in konsequenter Erweiterung dieses Fehlschlusses: es seien alle Sinnesqualitäten überhaupt rein subjektiv und nur Produkte unserer Sinnesorgane. Diese Interpretation hat bis tief in die Philosophie des kritischen Idealismus hineingewirkt. Es ist ein ähnlicher Gedankengang wie der BERKELEYs: daß, weil die Schmerzempfindung mit Recht als subjektiv bezeichnet werden kann, folglich alle Sinnesqualitäten subjektiv sein müßten (vgl. ARMSTRONG).

Die philosophische Unhaltbarkeit dieses Gedankenganges ist längst erwiesen; so hat STEINER (*3*) schon zu HELMHOLTZs Zeit ausgeführt: „Es ist richtig, für mich ist keine Wahrnehmung ohne das entsprechende Sinnesorgan gegeben. Aber ebensowenig ein Sinnesorgan ohne Wahrnehmung. Ich kann von meiner Wahrnehmung des Tisches auf das Auge übergehen, das ihn sieht, auf die Hautnerven, die ihn tasten; aber was in diesen vorgeht, kann ich wiederum nur aus der Wahrnehmung erfahren . . . Ich gehe nur von einer Wahrnehmung zur anderen über (S. 77). Diese Einsicht darf als Gemeingut der neueren Erkenntnistheorie gelten. Es ist nicht möglich, auf Grund von Ergebnissen der Physik oder der Neurophysiologie die Wahrnehmungen als mittelbar und subjektiv zu erweisen, denn auch die „objektiven" physikalischen oder physiologischen Vorgänge sind uns wiederum durch Wahrnehmungstätigkeit gegeben.

IV. Sinnenwelt und exakte Wissenschaften

Das Verhältnis der Sinnestheorie zu den exakten Wissenschaften gewinnt dadurch besonderes Interesse, daß auch die Naturwissenschaft selbst, nach einer Phase unbekümmerter Objektzuwendung, sich heute veranlaßt sieht, ihre Erkenntnisgrundlagen zu revidieren und kritisch zu überprüfen. Will man die Position der allgemeinen Sinnesphysiologie im Rahmen dieser Problematik richtig verstehen, so geht man am besten von einer Betrachtung der Methoden aus, mit deren Hilfe die Physik sich der Sinnenwelt bemächtigt. Um es vorweg zu sagen: die qualitative Welt der Sinne ist nicht Thema der exakten Wissenschaften. Zwar hat die Physik in ihren „Größenarten" noch einen gewissen Zusammenhang mit der Sinnenwelt bewahrt, aber das bestimmt nicht das Wesen ihrer Methode, die im Grunde definitorische Meßkunst und auf mathematische Beherrschung gerichtet ist. Sie fragt nicht nach der Sinnesanschauung, ja nicht einmal nach der Sinnenwelt selbst, sondern ausschließlich nach Verfahren ihrer Mathematisierbarkeit.

In der grundlegenden Arbeit von FLEISCHMANN über „Die Struktur des physikalischen Begriffssystems" wird diese Einstellung besonders deutlich. Dort finden wir überhaupt nur einen einzigen Satz über den Zusammenhang der physikalischen Begriffe mit der Sinnenwelt. Er lautet: „Selbstverständlich erfolgt die Bildung der physikalischen Begriffe in Anpassung an die Naturerfahrung". In dieser selbstverständlichen Unbekümmertheit um die Sinnesanschauung liegt zugleich auch die Stärke der Physik. Sie ist dadurch weitgehend frei in der Definition ihrer Basissysteme, sie kann ihre Größenarten auswählen und durch Definition aufeinander zurückführen, wobei weniger das Wesen der Sinnenwelt als vielmehr ein operationales Prinzip maßgebend ist. Welche der verschiedenen, ein physikalisches Begriffssystem beschreibenden Größenarten man als Grundgrößenarten einführt, ist weitgehend eine Frage der Zweckmäßigkeit oder der Konvention. Ebenso wird auch die Zahl der Grundgrößenarten nicht von der Natur an sich vorgegeben, sie ist vielmehr ein charakteristisches Merkmal für die jeweilige Auffassung und Beschreibung der physikalischen Ereignisse. Eine wichtige Forderung ist die, daß die in einem Begriffssystem gewählten Grundgrößenarten voneinander unabhängig sein müssen (FLEISCHMANN; KOHLRAUSCH).

So entsteht schließlich die abstrakte Konstruktion einer Ideal-Natur nach dem Leitgedanken einer Mathesis universalis, in welcher die qualitative Mannigfaltigkeit der Sinne als ein unklarer Rest verbleibt. Ist die Physik also „qualitätslos“, wie es manchmal etwas pointiert ausgedrückt wird? Das scheint mir den Sachverhalt nicht genau zu treffen, denn einerseits bleibt sie als Experimentalforschung untrennbar an das Zeugnis der Sinne gebunden, andererseits — und das dürfte oft übersehen werden — stecken in der Konstruktion ihrer Apparate und Meßgeräte implizit und unentfaltet schon qualitative Elemente. Außerdem treten die Sinnesqualitäten natürlich dann wieder in Erscheinung, wenn die Physik in ihrer Anwendung als Technik auf die menschliche Lebenswelt rückbezogen wird. Dann müssen die physikalisch definierten Größen als Sinnesqualitäten interpretiert werden.

Die Welt der Sinne ist also definitionsgemäß nicht Gegenstand der exakten Naturwissenschaft, deren Exaktheit ausschließlich in der Mathematik liegt, während sie die Sinnenwelt unthematisch und naiv behandelt. Es scheint mir aber ein bemerkenswertes Symptom zu sein, wenn in unseren Tagen auch innerhalb der Naturwissenschaft selbst die Frage nach dem Verhältnis unserer ursprünglichen Sinnenwelt und den Begriffsgebäuden der exakten Wissenschaften immer mehr als Problem empfunden wird. Solange man an eine vom menschlichen Erkennen unabhängige Außenwelt glaubte, standen derartige Erkenntnisfragen innerhalb der positiven Wissenschaften nicht zur Diskussion. Wenn wir aber heute einsehen, daß der Gegenstand der Forschung nicht die Natur an sich, sondern die der menschlichen Fragestellung ausgesetzte Natur ist (Heisenberg, *1*), dann richtet sich der Blick wieder auf den, der fragt: auf den Menschen. Das „naturwissenschaftliche Weltbild“ erscheint jetzt als das Ergebnis unserer eingeschränkten Erkenntnismethoden, und es entsteht damit zugleich die Frage nach neuen, gleichberechtigten Wegen zur Erfassung der Sinnenwelt.

Solche Bemühungen um eine Überwindung des Dualismus zwischen der primären menschlichen Sinnenwelt und der „sekundären Weltsicht“ (Portmann) der exakten Wissenschaften tauchen — bewußt oder unbewußt — in der verschiedensten Gestalt auf. Bei Planck ist es die Frage nach dem Verhältnis zwischen unserer Sinnenwelt und unserem begrifflichen Weltbild. C. F. v. Weizsäcker (*3*) fordert eine Überwindung der „Cartesischen Spaltung“ in der Wissenschaft. Auch der Versuch Heitlers, die Realität der Sinnesqualitäten in der Außenwelt zu rechtfertigen, dürfte ein Ausdruck dieser Problematik sein, ebenso wie das neu erwachende Interesse an Goethes Naturwissenschaft, insbesondere der Farbenlehre (Heisenberg, *2*; Mintz; Born; Heitler; Heimendahl), deren Erkenntnismethode von einer autonomen Sinneslehre aus neu beleuchtet und gerechtfertigt wird.

Damit ist ein entscheidender Punkt berührt. Man ist heute in der Naturwissenschaft vorsichtiger geworden und erklärt die sekundären Qualitäten nicht mehr schlicht als Illusion, nur weil sie in der physikalischen Theorie keinen Platz haben, weil sie „bad facts“ sind, wie Peirce sagt. Aber immer noch sind viele überzeugt, man könne die sekundären Qualitäten auf primäre reduzieren und sie im physikalischen Begriffssystem isomorph abbilden. Ist das tatsächlich der Fall? Es ist eine wichtige Einsicht der neueren Philosophie und Sinnestheorie, daß Qualitäten logisch irreduzibel sind. Eine physikalische Wellenlänge kann niemals logisch äquivalent einer Farbe sein, denn die Farbe hat nur Farbqualität und keine Längenqualität; sie ist nicht innerlich und notwendig mit Wellenlängen verknüpft. Es hat einen Sinn, zu sagen, die Farbe Rot habe etwas Aggressives, aber es ist sinnlos, zu sagen, Rot habe etwas Langwelliges. Die Implikation von Farbe und Wellenlänge ist ein empirischer Tatbestand und vom Gesichtspunkt eines streng deduktiven physikalischen Begriffssystems (DINGLER, *2*) reiner Zufall. Das heißt aber, daß diese Beziehung nur approximativ gültig sein kann und die Grenzen der Gültigkeit aus dem physikalischen System nicht ableitbar sind. Dasselbe gilt natürlich nicht nur für Wellenlängen, sondern auch für alle anderen physikalischen Größen und deren Kombinationen, die man zur genaueren Abbildung von Farbqualitäten noch einführen könnte.

Darüber hinaus unterliegt das Auftreten von Sinneserlebnissen einer Reihe von Bedingungen, die überhaupt außerhalb des physikalischen oder naturwissenschaftlichen Begriffssystems liegen; vor allem ist hier die Abhängigkeit der Wahrnehmungsinhalte von der Willensintention des beobachtenden Subjekts zu nennen. Wenn aber Sinneserlebnisse durch physikalische Größen nicht isomorph abbildbar sind, dann können sie auch nicht mit der innerhalb des physikalischen Systems gültigen Sicherheit vorausgesagt werden; sie sind in hohem Maße physikalisch indeterminiert. Man könnte auch sagen, das „naturwissenschaftliche Weltbild" sei im Bereich der Sinnesqualitäten offen (HENSEL, *5*).

C. F. v. WEIZSÄCKER (*3*) bemerkt, es gäbe an der heutigen Universität kein Fach, das etwa für das Phänomen der Farbe zuständig sei, für das, „was sich uns zeigt, wenn wir sehen". Damit ist etwas ausgesprochen, was einen wesentlichen Zug der hier dargelegten Sinneslehre trifft: die Theorie der Sinne als Niemandsland zwischen den traditionellen Wissenschaften. Gerade dadurch aber dürfte sie auch berufen sein, zu einem tieferen Verständnis der Sinnesgrundlagen der empirischen Wissenschaften beizutragen.

V. Wahrnehmungslehre und Informationstheorie

Die zuerst aus praktischen Bedürfnissen der Nachrichten- und Regelungstechnik hervorgegangenen Ansätze der Kybernetik und Informationstheorie (WIENER, *2*; SHANNON u. WEAVER) werden in zunehmendem Maße auf Probleme der Sinneswahrnehmung angewandt. Es scheint mir daher eine wichtige Aufgabe zu sein, das Verhältnis von Informationstheorie und neuerer Sinneslehre genauer zu untersuchen. Diese Aufgabe ist bis heute noch nicht ernsthaft in Angriff genommen worden, was nicht zuletzt daran liegen mag, daß die junge Wissenschaft der Kybernetik in ihrem philosophischen Gehalt noch keineswegs hinreichend geklärt ist.

Man sagt, Information sei weder Materie noch Energie, sondern eine dritte Kategorie, die man als *Struktur* bezeichnen kann — genauer gesagt: als mathemathisch faßbare Struktur. Was heißt das? Das Absehen vom materiellen oder energetischen Aspekt bedeutet im Grunde nichts anderes als das Absehen von den Sinnesqualitäten, denn diese sind es, welche die Naturwissenschaften von der reinen Mathematik unterscheiden. Information ist also eine vom sinnlichen Gehalt abstrahierte mathematische Struktur. Eine wesentliche Leistung der Informationstheorie besteht darin, die Information mittels einer geeigneten Maßzahl (binary digit oder „bit") zu erfassen und meßbar zu machen. Dieser Informationsbegriff hat nichts zu tun mit dem qualitativen Inhalt oder mit der Bedeutung einer Nachricht; ob eine Information sinnvoll oder sinnlos ist, ist für die Theorie irrelevant.

Es fällt auf, daß die Informationstheorie einen wichtigen Grundzug mit der theoretischen Sinnesphysiologie gemeinsam hat, nämlich die Behandlung von Strukturproblemen. Beide Disziplinen lösen sich von kausalen und energetischen Betrachtungen und untersuchen stattdessen die Abbildung von Strukturen in verschiedenen Vektorräumen, z. B. die isomorphe Wiedergabe der Raumstruktur eines Fernsehbildes in einer Zeitstruktur von Signalen. In dieser Hinsicht kann man den Begriff der Information vielleicht am besten als „Abbild“ interpretieren, was übrigens auch der ursprünglichen Bedeutung des lateinischen Wortes „informatio“ entspricht. Schon die klassische Sinnesphysiologie war im Grunde eine solche Abbildungslehre — wenn es auch nicht immer richtig verstanden wurde — und in verstärktem Maße gilt das für die neuere Sinnestheorie.

Es dürfte wohl Übereinstimmung darüber herrschen, daß die von der Informationstheorie behandelten Strukturen *formalisierbar* sein müssen (TAUBE). Auf diese Weise wird es möglich, informationelle Ansätze durch Blockschaltbilder oder Flußdiagramme zu veranschaulichen oder gar durch nachrichtentechnische Modelle zu realisieren (FRANK). Hier scheint mir der wesentlichste Ansatzpunkt für eine philosophische Behandlung der Kybernetik und ihres Verhältnisses zur Sinneslehre zu liegen.

Eine Grenze der Formalisierung und damit der kybernetischen Behandlung der Wahrnehmung liegt im *qualitativen* Gehalt der Sinneserlebnisse (vgl. KEIDEL, *4*). Qualität ist eine *inhaltliche* Kategorie, die sich jeder Formalisierung grundsätzlich entzieht. Im Begriffsnetz der mathematischen Strukturen kann zwar die Verschiedenheit der Qualität formal als orthogonale Unabhängigkeit dargestellt werden, aber das Inhaltliche der Qualität ist der mathematischen Struktur gleichgültig. Darauf beruht es ja gerade, daß die Struktur abstrahiert und auf qualitativ beliebige Modelle übertragen werden kann. Die Qualitäten sind logisch nicht weiter analysierbar. Bei ihnen ist die Grenze des Rationalismus erreicht. Was ein Ball ist, kann ich begrifflich noch ganz gut definieren, was Rot ist, kann ich nur erleben, weshalb man auch von der logischen Einfachheit der Qualitäten gesprochen hat. Für die Informationstheorie hat daher die Qualität nur den Wert eines einstelligen Elementes, eines bloßen „x“.

Inhaltlich entspricht jedoch den Qualitäten ein spezifisches Erlebnis, das nicht gegen andere qualitative Eindrücke vertauschbar ist. Wir befinden uns hier in einem Bereich, der mit der Bedeutung oder dem Sinn von Informationen zu tun hat. Auch Qualitäten haben Bedeutungscharakter; ihr Wesen liegt darin, daß sie etwas für den Menschen bedeuten. BRILLOUIN hat auf diese Begrenzung der Informationstheorie mit Nachdruck verwiesen. Seiner Ansicht nach ist es nicht möglich, in die Theorie einen Faktor einzuführen, der die Bedeutung der Information, ihren menschlichen Wert, erfaßt. Die quantitative Definition und physikalische Meßbarkeit des Informationsgehalts bedeutet zugleich den Verzicht auf jede Aussage über den Sinn einer Nachricht.

ROTHSCHILD (*2*) faßt die Beziehung zwischen einem Prozeß im Nervensystem und einem Sinneserlebnis als Verhältnis von Symbol und Bedeutung auf. Diese Beziehungen sind wegen ihrer Inhaltlichkeit niemals rein formal darstellbar; sie gehören zur *Semantik*, der Lehre von den Bedeutungen der Zeichen, während die Kybernetik es lediglich mit der *Syntax*, den formalen Beziehungen der Zeichen untereinander, zu tun hat. ROTHSCHILD sagt hierzu: “A very different attempt of getting rid of the body-mind problem was made by cybernetics. This discipline proceeded by excluding the semantic aspect of communication and took upon itself the task of exploring the inner communication systems of organisms. The particular attraction of cybernetics resides in the factually unfounded belief that this science of the communication of signals in machines and in living systems will be able to replace a theory of the meaning connected with those signals. This does not seem permissible. The category of meaning may be introduced only if at the same time a subjectivity is accounted for that either expresses itself through the spatial and temporal order of physical events or comprehends them as signs. The meaning of these signs, the semantics find no explanation in the mathematical physical framework of communication and information theory. The latter deals with the technique of transmission, utilization, and storing of signals. The meaning of the signals must be taken for granted".

Es sei hier am Rande vermerkt, daß das Problem des Inhaltlichen auch bei *logischen* Operationen auftaucht, die ja als die bevorzugte Domäne formaler und modellmäßiger Darstellung gelten. Nach einer Phase des extremen Formalismus setzt sich heute allmählich die Einsicht durch, daß die inhaltliche (intuitive) Logik sich grundsätzlich nicht auf einen rein formalen Kalkül reduzieren und sich insoweit auch nicht mechanisieren läßt (TAUBE; WEISS; in beiden Arbeiten weitere Literatur). Bei der Formalisierung logischer Probleme treten unentscheidbare Sätze auf — was bedeutet, daß sie grundsätzlich durch kein mechanisches Verfahren lösbar sind (vgl. STEGMÜLLER) — während das inhaltliche Denken in der Lage ist, formale Unentscheidbarkeiten aufzulösen (FINSLER; UNGER, *1*).

Eine weitere Grenze für die informationstheoretische Behandlung der Sinneswahrnehmung liegt im Postulat der Objektivierbarkeit der Information. Damit ist die Theorie von vornherein auf einen Objektivismus mit allen ihm anhaftenden Limitierungen festgelegt. Betrachtet man die kybernetischen Modelle der Sinneswahrnehmung (FRANK), so gehen sie denn auch alle von einer objektiven Außenwelt aus, die dann mehr oder weniger isomorph abgebildet wird. Im Grunde ist dies der gute alte Naturalismus in moderner Terminologie. Die intentionale Leistung des wahrnehmenden Subjekts muß aus einem solchen Ansatz herausfallen, da sie überhaupt in keinem objektivistischen Denkmodell wiedergegeben werden kann. Da die Intentionalität in einer objektiven Außenwelt keinen Platz findet, wird sie bei den kybernetischen Wahrnehmungsmodellen ins Zentralnervensystem verlegt, wo sie als Aufmerksamkeit oder „Apperzeption" (STEINBUCH u. FRANK) die ankommenden objektiven Signale abtastet. Damit ist das Problem natürlich nur verschoben.

Die pragmatische Bedeutung kybernetischer Denkweisen für die Sinnestheorie liegt vorwiegend auf dem Gebiet objektivierbarer Prozesse in Receptoren und Neuronensystemen. Oft werden freilich nur neue Worte für bekannte Tatsachen eingeführt, wobei paradoxerweise die Techniker bei den Physiologen (Perzeption, Lernen, bedingter Reflex) und die Physiologen bei den Technikern (Codierung, Speicherung, Informationsverarbeitung) Begriffsanleihen machen. Dennoch meine ich, daß informationstheoretische Gedankengänge, kritisch und ohne naive Analogien angewandt, bei der Behandlung neurophysiologischer Vorgänge wertvoll sein können. Von Bedeutung erscheint in diesem Zusammenhang namentlich der Begriff der Information, ferner die Möglichkeit einer quantitativen Messung des Informationsinhalts und endlich die Darstellung von Übergangsfunktionen und Informationsflüssen in Form von Blockdiagrammen. Allerdings sollte man sich darüber klar sein, daß alle derartigen Ansätze und Modellvorstellungen reine Begriffsinstrumente sind, die über das Bestehen empirischer Sachverhalte ebensowenig aussagen können wie etwa die Zahlentheorie oder die Mengenlehre. An der Aufgabe der Physiologie, die tatsächlichen Verhältnisse zu erforschen, ändert sich dadurch nichts.

Vom philosophischen Standpunkt aus gesehen bringen informationelle Begriffe für die Theorie der Sinne nichts entscheidend Neues. Denn dem Phänomenalen gegenüber haben sie denselben arbiträren Charakter wie die Begriffsgebäude aller übrigen positiven Wissenschaften. Wollte man die Wahrnehmungslehre auf Kybernetik gründen, so hieße das, dem alten Fehler des Naturalismus einen neuen — den „Kybernetismus" oder „Informationismus" — hinzufügen und die eigenartige Tradition der Sinnesphysiologen fortsetzen, ihre Begriffsbildungen der jeweils herrschenden Naturwissenschaft und Technik zu entnehmen, anstatt sich ihr theoretisches Gebäude selbst zu errichten.

B. Die Sinneserfahrung als Erkenntnisquelle

Im folgenden soll versucht werden, die Sinneswahrnehmung als Teilfunktion der Erkenntnistätigkeit zu behandeln. Damit wird bereits ein bestimmter Aspekt innerhalb der viel umfassenderen Leistung der Sinne herausgegriffen, denn nicht nur unsere theoretischen (Denken), sondern auch die wertenden (Fühlen) und praktischen (Wollen) Erlebnisse sind auf Sinneserfahrung fundiert (vgl. DIEMER). Wenn in der allgemeinen Sinnesphysiologie die Wahrnehmung der Sinne vorwiegend in ihrer Bedeutung für das Erkennen und besonders für das wissenschaftliche Erkennen behandelt wird, so müssen wir uns der damit verbundenen Einschränkung bewußt sein. Nur so können wir rationalistische Einseitigkeiten in der Sinneslehre vermeiden und uns jederzeit die Möglichkeit offenhalten, auch andere Seiten der Sinnestätigkeit mit einzubeziehen.

I. Die natürliche Einstellung zur Sinnenwelt

Für die unreflektierte Haltung des täglichen, praktischen Lebens ist die Welt ein Ganzes, in dem wir leben und als dessen Teil wir uns fühlen. Die natürlichen Beziehungen zu unserer Umwelt zeichnen sich dadurch aus, daß wir die Welt nicht nur rational beobachten, sondern uns an ihr freuen, ihre Wirkungen erleiden und tätig, verändernd und gestaltend in das Weltgeschehen eingreifen. Wir finden Dinge, Lebewesen, Mitmenschen in der Sinnenwelt vor und gehen mit ihnen um. Handeln und Leiden, Lieben und Hassen, Nutzen und Schaden, Fürchten und Hoffen sind Kategorien des ursprünglichen Weltverhältnisses.

Während der naive Mensch die Welt vorwiegend in bezug auf sich selbst sieht und sie danach beurteilt, ist das wissenschaftliche Erkennen durch einen Zug der Selbstlosigkeit, der Ausschaltung der Subjektivität geprägt. Der Forscher soll „untersuchen was ist, und nicht was behagt" (GOETHE). Die Intention der Wissenschaft geht somit vorwiegend auf sachliches, objektgerichtetes Erkennen, wobei die affektiven und willensmäßigen Komponenten zurückgedrängt werden. Die *theoretische* Einstellung herrscht vor gegenüber der wertenden und praktischen.

Diese Gegenüberstellung darf freilich nicht so aufgefaßt werden, als ließen sich beide Einstellungen völlig trennen. So wie das Weltbild des naiven Menschen auch Elemente enthält, die man als einfache Formen wissenschaftlicher Einsicht bezeichnen könnte, so steht hinter jeder Wissenschaft ungefragt und unthematisch die natürliche Welt. Auf diesen von den Einzelwissenschaften implizit vorausgesetzten Sachverhalt hat vor allem HUSSERL hingewiesen, wenn er von der „Lebenswelt als dem vergessenen Sinnesfundament der Naturwissenschaft" spricht.

Auch die *Sprachsymbole* als Werkzeuge der begrifflichen Durchdringung der Sinnesgegebenheiten haben ihren Ursprung in der natürlichen Welt. Davon zeugen die zahlreichen Verbal-, Adjektiv- und Adverbialformen als Ausdruck unserer handelnden und wertenden Weltbeziehungen. Hingegen sind in der mathematischen Sprache als Prototyp einer wissenschaftlichen Sprache diese Elemente weitgehend eliminiert. Aber selbst die abstraktesten und künstlichsten Sprachgebilde, wie sie etwa die symbolische Logik geschaffen hat, können sich nicht völlig vom gewachsenen Grund der natürlichen Sprache losreißen. Denn um ein Zeichen willkürlich zu definieren, bediene ich mich der natürlichen Sprache, also einer Symbolik, welche am Ende selbst nicht mehr definierbar ist, sondern nur noch auf Angeschautes deuten kann. „Besonders die exakten Wissenschaften", sagt KAULBACH, „bilden durch Definitionen eindeutige Wortbedeutungen und Sprachregeln aus. Sie schärfen das sprachliche Werkzeug bis zur Messerschärfe, und doch zeigt sich, daß das Denken der natürlichen Ausgangssprache nicht entrechtet werden kann. Es enthält nämlich die apriorische und als solche im Hintergrund des Bewußtseins bleibende Macht, von der alle Verfeinerungen und Verschärfungen abhängen".

So weit sich die Wissenschaft auch von der naiven Weltauffassung entfernt, so bleibt sie in gewisser Hinsicht doch immer an das natürliche Weltbild gebunden, denn sie geht nicht auf voraussetzungslose Quellen des Erkennens zurück, sondern muß sich dauernd und notwendig gewisser Prinzipien bedienen, deren letzte Rechtfertigung ihr mit ihren Mitteln prinzipiell versagt ist (Dingler, *1*, S. 1). Sie enthält eine Reihe versteckter, nicht näher untersuchter metaphysischer Annahmen, die ihren Ursprung in unserer Lebenswelt haben. Vor allem Husserl hat eindrucksvoll gezeigt, wie das theoretische Ideal der Wissenschaft aus der gegenständlichen, auf die raum-zeitliche Umwelt des Menschen gerichteten Einstellung hervorgeht: „Der allgemeine Titel dieser Naivität heißt Objektivismus".

Was folgt daraus für die Theorie der Sinne? Will sie eine tragfähige Grundlage für die auf Sinnestätigkeit beruhenden empirischen Wissenschaften sein, so muß sie den naiven Objektivismus und Naturalismus überwinden und von ihren Ausgangspositionen alles fernhalten, was selbst schon durch wissenschaftliche Bearbeitung der Sinneserfahrung zustandegekommen ist. Mit anderen Worten: sie muß in dieser Hinsicht voraussetzungslos sein. Das bedeutet keineswegs einen Verzicht auf wissenschaftliche Erkenntnisse, nur dürfen sie nicht an den Anfang der Sinnestheorie gestellt werden.

II. Das Postulat der Voraussetzungslosigkeit

Mit der Forderung nach einer voraussetzungslosen Begründung der Sinnestheorie betreten wir einen Weg, der nicht den positiven Wissenschaften, sondern der Erkenntnislehre angehört. Man darf dieses Postulat, ungeachtet seiner mehr oder weniger vollkommenen Verwirklichung, als die treibende Kraft aller Untersuchungen des menschlichen Erkennens seit Descartes bezeichnen, in denen sich das neuzeitliche Streben nach Selbstverantwortung des Denkens manifestiert.

Voraussetzungslosigkeit oder Standpunktfreiheit bedeutet nicht, auf jede Art von Voraussetzungen überhaupt zu verzichten; vielmehr sind am Anfang erkenntnistheoretischer Untersuchungen nur solche Voraussetzungen abzuweisen, die selbst schon das Resultat der Erkenntnistätigkeit sind. Haben die Voraussetzungen hingegen den Charakter von Postulaten, so sind sie als Ausgangspunkt zulässig. Postulate sind keine Erkenntnisse, sondern Handlungsaussagen, die lediglich die Richtung des Suchens angeben. Handlungsaussagen stellen nichts fest, sondern lassen die Möglichkeit ihrer Erfüllung offen. Sie gehören zu den „unbekümmerten" Aussagearten (Dingler, *1*), denn was wir selbst produzieren, brauchen wir nicht zu erkennen (man denke an die Schöpfungen des Technikers). Bei allem, was die Erkenntnistheorie vor der Feststellung des Ausgangspunktes vorzubringen hat, gibt es also nur Zweckmäßigkeit oder Unzweckmäßigkeit, nicht Wahrheit oder Irrtum (Steiner, *2*).

Es sollte klar sein, daß die Forderung nach Voraussetzungslosigkeit nicht ohne weiteres erfüllbar ist, denn das philosophische Fragen nach dem Erkennen hebt erst mitten in der Erkenntnistätigkeit an. Wir beginnen im täglichen Leben nicht als Erkenntnistheoretiker, sondern als Praktiker, als natürliche Menschen, die unreflektiert erkennen und die Frage „quid iuris" nicht stellen. Schon vorher haben wir eine Fülle von Erkenntnissen, seien es die Erfahrungen der Lebenswelt oder die Ergebnisse der Wissenschaft. Soll ein voraussetzungsloser Ausgangspunkt überhaupt möglich sein, so müssen wir ihn erst herstellen.

Der Weg, auf dem dies zu verwirklichen ist, besteht darin, alles vorgegebene Wissen, alle Vorentscheidungen, Geltungen, Urteile und begrifflichen Bestimmungen zunächst außer Kraft zu setzen, um den Blick auf das unmittelbar Gegebene zu richten. Die Urteilsenthaltung oder Epoché ist vor allem das Leitmotiv der phänomenologischen Philosophie HUSSERLs. Sein Verfahren der „*Reduktion*" soll von der gedachten und kategorial vorgeformten Welt zur reinen Phänomenalität oder „Selbstgegebenheit" führen. Die Epoché ist eine Übung des Geistes, über deren Schwierigkeit schon KANT (*3*) sagte: „Willkürlich sich *in suspensione iudicii* zu erhalten, zeugt von einem sehr großen Kopf und ist deswegen äußerst schwer, weil die Neigung sich gleich in das Verstandesurteil einmengt" (S. 445).

Eine sehr prägnante Charakterisierung der phänomenologischen Einstellung gibt PEIRCE: „It will be plain from what has been said that phaneroscopy has nothing at all to do with the question of how far the phanerons it studies correspond to any realities. It religiously abstains from all speculation as to any relations between its categories and physiological facts, cerebral or other. It does not undertake, but sedulously avoids, hypothetical explanations of any sort. It simply scrutinizes the direct appearances, and endeavors to combine minute accuracy with the broadest possible generalization. The student's great effort is not to be influenced by any tradition, any authority, any reasons for supposing that such and such ought to be the facts, or any fancies of any kind, and to confine himself to honest, singleminded observation of the appearences. The reader, upon his side, must repeat the author's observations for himself, and decide from his own observations whether the author's account of the appearances is correct or not" (Bd. 1, S. 142).

Die phänomenologische Methode und ihr Begriff des unmittelbar Gegebenen sind zweifellos etwas Künstliches — wie letztlich alle erkenntnistheoretischen Untersuchungen, bei denen es ja nicht um Natürlichkeit, sondern um Voraussetzungslosigkeit geht. HUSSERL nennt die Phänomenologie geradezu „widernatürlich" in dem Sinne, daß sie sich über den natürlichen Standpunkt der Lebenswelt erhebt. Das unmittelbar Gegebene im Sinne der Erkenntnislehre wird nicht vorgefunden, sondern aus dem naiven Weltbild durch phänomenologische Reduktion herausgeschält. Was sich dabei ergibt, das rein Phänomenale, ist keiner weiteren begrifflichen Bestimmung mehr fähig. Dazu gehören vor allem die „Elemente" der Sinneswahrnehmung, die sogenannten einfachen Empfindungen. Die erkenntnistheoretische Gegebenheit ist somit ein Letztgegebenes, bei dem die Kette der Ableitungen aufhört.

Es scheint angebracht, an dieser Stelle auf die unterschiedliche Verwendung des philosophischen Gegebenheitsbegriffs hinzuweisen, die zu erheblichen Konfusionen geführt hat. Vielfach versteht man unter dem unmittelbar Gegebenen auch dasjenige, was sich der natürlichen Einstellung ohne besondere Reflexion, Interpretation oder Reduktion darbietet: die Welt des naiven Realismus, von der man in gewisser Hinsicht sagen kann, sie sei gegeben und nicht erschlossen. Unmittelbarkeit ist hier als genetische Priorität, als naiver Zustand vor der philosophischen und wissenschaftlichen Bearbeitung aufzufassen. Einen solchen Begriff des unmittelbar Gegebenen vertreten unter anderen DINGLER („Realität", *1*), METZGER („Vorgefundenes", *2*) und EBERHARDT („Wahrnehmungswelt").

III. Das unmittelbar Gegebene: die Sinneserfahrung

Was nach Ausklammerung aller vorgegebenen Erkenntnisse und begrifflichen Bestimmungen verbleibt, ist das unmittelbar Gegebene, die reine Erfahrung.

Bei ihr endet die Kette der Begründungen. Sie ist nicht durch anderes gegeben, sondern hat den Modus der „Selbstgegebenheit“.

In seiner prägnantesten Form zeigt sich das unmittelbar Gegebene als *Sinneserfahrung*. Von ihr kann man sagen, daß sie „nulla ‚re‘ indiget ad existendum“ (Husserl). Wenn wir uns an einen Gegenstand erinnern, so ist dieser in der Erinnerung nur mittelbar gegeben, weil er an eine vorausgegangene Wahrnehmung gebunden ist. Ähnlich verhält es sich mit dem von Armstrong als Beispiel angeführten Satz: „Ich höre einen *Wagen*“. Der Wagen ist mittelbar gegeben, denn nur auf Grund einer Reihe vorgängiger Erkenntnisse beziehen wir das akustische Phänomen auf den Wagen. Sagt man hingegen: „Ich *höre* einen Wagen“, so deutet dieser Satz auf etwas Unmittelbares. Das Hörphänomen bedarf keiner anderen Inhalte oder Erkenntnisse, auch keines physiologischen oder physikalischen Wissens, um gegeben zu sein. Es tritt originär auf und erfüllt damit das Postulat der Voraussetzungslosigkeit.

Die Sinneserfahrung ist die spezifische, unabdingbare und durch kein anderes Erkenntnismittel zu ersetzende Grundlage unseres Wissens von der Realwelt. Selbst die abstraktesten und sinnenfernsten unter den empirischen Wissenschaften können nicht umhin, sich auf die Wahrnehmung der Sinne als Kronzeugen zu berufen. Husserl betont, daß die Sinneserfahrung „unter den erfahrenden Akten in einem gewissen Sinne die Rolle einer Urerfahrung spielt, aus der alle erfahrenden Akte einen Hauptteil ihrer begründenden Kraft ziehen“ (Bd. 3, S. 88).

Damit gehört die Sinnesanschauung zu den letzten Prinzipien unseres Erkennens, auf die sich alles Beweisen gründet. Beweisen bedeutet soviel wie: auf die Gründe weisen, zu den Prinzipien hinführen. Die Prinzipien selbst kann man nicht beweisen, sondern nur aufweisen, d.h. zur Klarheit und Einsicht (Evidenz) bringen. Gründe sind letztlich nur anschaubar. Dem trägt auch die Sprache Rechnung, indem sie hier anstelle der beweisenden oder apodiktischen eine deutende oder semantische Funktion ausübt.

Konsequenterweise ist es dann auch nicht möglich, über die Sinnesgegebenheit apodiktische Sätze aufzustellen, wie das bei Kant und manchen späteren Philosophen der Fall ist. Dieser Mangel an philosophischem Radikalismus, den Husserl an Kant kritisiert, zeigt sich in der Tendenz, das deutungsfreie Gegebene nicht als einen Endpunkt in der Reduktion schlicht hinzunehmen, sondern doch wieder mit Begriffen a priori etwas darüber auszumachen. Je nach metaphysischem Standpunkt lautet dann der Katalog der Vorurteile über die Sinneserfahrung: Schein, Erscheinung, subjektive Vorstellung, Bewußtseinsinhalt, seelisch Wirkliches, physische Realität, Wirklichkeit usw.

Die Überwindung dieser Standpunkte ist eine wesentliche Leistung der neueren, phänomenologisch eingestellten Richtungen der Philosophie. Wenn Reenpää (7) in jüngster Zeit versucht hat, seine hauptsächlich auf Kant begründete Theorie der Sinne durch die Phänomenologie Husserls zu erweitern, so war hierbei wohl auch der Gesichtspunkt maßgebend, daß Husserl mit seiner „anschaulich-aufweisenden Methode“ an einem entscheidenden Punkt über Kant hinausführt, nämlich in der klaren, vorurteilsfreien Herausarbeitung der Sinnesgegebenheit.

IV. Die Unvollständigkeit der Wahrnehmungswelt

Die Sinneserfahrung ist von nicht ableitbarer Gewißheit und Unbezweifelbarkeit, sie läßt sich weder verleugnen noch umdeuten. Dies ist der berechtigte Kern aller empiristischen und positivistischen Erkenntnistheorien, soweit sie sich auf die Wahrnehmung als selbständigen und durch keine andere Instanz vertretbaren Rechtsgrund der Realerkenntnis berufen.

Aber vermag das Zeugnis der Sinne allein schon sichere Erkenntnisse zu begründen? Wenn uns im täglichen Leben die Wahrnehmungswelt unproblematisch, vollständig und widerspruchsfrei erscheint, so nur deshalb, weil wir uns nicht Rechenschaft darüber ablegen, in welchem Ausmaß sie bereits begrifflich geformt und damit „objektiviert" ist. Mehr oder weniger unbewußt heben wir ständig gewisse Wahrnehmungsinhalte heraus und fügen sie unserem objektivierten Weltbild ein, andere hingegen werden unterdrückt, nicht ernst genommen, als Schein erklärt, z.B. unser Spiegelbild. Die Intention des natürlichen Menschen geht auf eine gegenständliche Außenwelt und nicht auf Sinnesphänomene, die sich erst einer besonderen phänomenologischen Einstellung erschließen.

Wie die kritische Untersuchung zeigt, ist die reine Sinneserfahrung zwar unaufhebbar, aber zugleich fragmentarisch, unbeständig, zufällig, zusammenhanglos und irrational. Wahrnehmungsobjekte treten jeweils nur unter bestimmten räumlichen und zeitlichen Teilaspekten auf und hängen zudem bis zu einem gewissen Grad vom wahrnehmenden Subjekt ab. DINGLER (*1*) spricht vom „Gegebenheitszufall" mit seiner „prinzipiellen Unsicherheit und Unbeständigkeit", EBERHARDT von der „fragmentarischen Geschehensfolge des unmittelbar Gegebenen" und vom „Ungenügen des Weltbildes der Wahrnehmungswelt".

Das Erlebnis der Unvollständigkeit der Wahrnehmungswelt ist ein entscheidender Wesenszug des Menschen. Aus der Problematik des Gegebenen entspringt der Wille, den Zustand bloßer Sinneserfahrung zu überwinden. Wir nehmen nicht einfach hin, was uns zufällt, sondern wir fühlen uns aufgerufen, durch unsere eigene Tätigkeit — sei es erkennend oder handelnd — über das bloß Gegebene hinauszugelangen.

Mit dem Satz von der Unvollständigkeit der Wahrnehmung steht auch die von der Gestaltpsychologie immer wieder hervorgehobene „Ganzheit" von Wahrnehmungsgebilden nicht in Widerspruch. Hinter dem Ganzheitsanspruch der Gestaltpsychologie steht die gewiß berechtigte Opposition gegen den „Sinnesdaten-Atomismus", welcher das Sinnesgegebene auf die einfachsten „Empfindungselemente" von Farben, Tönen, Tasteindrücken beschränken und alle höheren Wahrnehmungsstrukturen dem logischen und urteilenden Denken zuschreiben möchte. Nur sollte man darüber nicht vergessen, daß auch Gestalten und Ganzheiten insofern den Charakter des Fragmentarischen haben, als sie vor allem in der Zeitdimension begrenzt sind und durch begriffliches Denken zu umfassenderen Erkenntnisgebilden ergänzt werden können.

Wahrnehmung allein ergibt niemals die volle Wirklichkeit. Ein Dreieck mag in der Wahrnehmung als ein ganzheitliches Gebilde erscheinen; gegenüber dem Begriff aller möglichen Dreiecke, der selbst nicht der Sinnenwelt angehört, ist es nur ein zufälliges Teilstück. Ebenso ist z.B. eine Pflanze, wie sie sich in einem bestimmten Augenblick unseren Sinnen präsentiert, nur scheinbar eine in sich abgeschlossene Gestalt. In Wirklichkeit ist sie nur ein räumlich und zeitlich isolierter Ausschnitt aus umfassenderen Zusammenhängen, sei es aus dem zeitlichen Strom des Werdens und Vergehens, sei es aus dem räumlichen Zusammenhang des Pflanzenorganismus mit dem Boden und der umgebenden Atmosphäre.

In welchem Ausmaß die Sinneserfahrung begrifflich ergänzt und erweitert werden kann, davon zeugt die Tätigkeit der Erfahrungswissenschaften, welche zwar an gewissen Punkten in der Sinnesempirie verankert bleiben, aber mit ihren theoretischen Extrapolationen weit über das Wahrnehmbare hinausgreifen. Das wissenschaftliche Denken bringt scheinbar isolierte, voneinander unabhängige

Phänomene in übergeordnete begriffliche Zusammenhänge; es vermag Beziehungen aufzudecken, von denen der ans Sinnenfällige gebundene Mensch sich nichts träumen läßt.

V. Gegebenheit und Wirklichkeit

Die in den vorhergehenden Ausführungen bereits vorweggenommene Auslegung des Begriffes „Wirklichkeit" oder „Realität" unterscheidet sich wesentlich vom Begriff des „Gegebenen". Die hier vertretene Auffassung betrachtet das Wirkliche nicht als etwas Statisches, fertig Vorgefundenes, sondern als ein dynamisches Gebilde, das sich im Erkenntnisprozeß, in der Vereinigung von Sinnesgegebenheit und Begrifflichkeit erst konstituiert. Wirklichkeit ist nicht vorgegeben, sondern aufgegeben (vgl. STEINER; HARTMANN; EBERHARDT).

Sehr klar hat HARTMANN den Unterschied von Gegebenheit und Wirklichkeit formuliert: „Weil das Sinneszeugnis Wirklichkeitszeugnis ist, so glaubt man nun leicht, sinnliche Gegebenheit sei der Wirklichkeit gleichzusetzen, und das Wirkliche sei nichts anderes als das Gegebene. KANT hat diesem Irrtum Vorschub geleistet durch seine Bestimmung des Wirklichen als dessen, was mit den materialen Bedingungen der Erkenntnis (d.h. mit dem Sinneszeugnis) zusammenstimmt. Wäre dem so, so dürfte alle wissenschaftliche Bemühung um Erkenntnis des Wirklichen überflüssig sein. Man brauchte dann, um des Wirklichen habhaft zu werden, nur beim Sinneszeugnis stehenzubleiben.

Tatsächlich ist das Wirkliche keineswegs das Erste und Unmittelbare, das sich dem sinnlichen Bewußtsein darbietet. Es ist viel eher das Letzte und Höchste zu nennen, auf dessen Erfassung alle Erkenntnisarbeit erst hinsteuert, und das sie in seiner ganzen Fülle niemals erschöpft. Die Wirklichkeit ist unendlich viel reicher als der Umfang des sinnlich Gegebenen. Das sinnlich Gegebene ist zwar immer Wirklichkeitszeugnis, aber es ist weder die volle Wirklichkeit selbst, noch ein vollgültiges Zeugnis von ihr, sondern entspricht auch inhaltlich immer nur einem Ausschnitt von ihr" (S. 404).

Leicht ist einzusehen, daß dieser Wirklichkeitsbegriff auch dem natürlichen Realismus zugrunde liegt. Denn der lebensweltlich eingestellte Mensch kennt Irrtümer und Täuschungen über die Sinnenwelt und korrigiert diese Täuschungen auf Grund neuer Erfahrungen. In bezug auf sein praktisches Verhalten weiß er sehr wohl zwischen Sinnesgegebenheit und Wirklichkeit zu unterscheiden; er beurteilt einen aus dem Wahrnehmungshorizont entschwindenden Gegenstand weiterhin als wirklich und das Spiegelbild trotz des zwingenden Sinneseindruckes als unwirklich. Das alles aber setzt ein Realitätskriterium voraus, welches sich keineswegs mit der bloßen Sinneserfahrung deckt. Tatsächlich steckt im natürlichen Realismus bereits eine äußerst komplizierte Wirklichkeitstheorie, und die Naivität des Realismus liegt lediglich in seiner praktischen, unreflektierten Haltung und nicht etwa in einer schlichten Gleichsetzung von Gegebenem und Wirklichem.

Eines darf hier freilich nicht übersehen werden: trotz aller Unvollkommenheit und Korrekturbedürftigkeit ist die Sinneswahrnehmung doch stets Wirklichkeitszeugnis, d.h. sie enthält eine unaufhebbar objektive Komponente. Wie auch immer sie begrifflich interpretiert werden mag, sie ist und bleibt die einzige Instanz, welche zwischen der physischen Realität eines Gegenstandes und dessen bloßer Möglichkeit zu entscheiden vermag. Diese Funktion kann ihr kein Denken abnehmen. Die Wahrnehmung enthält also ein dem Denken heterogenes Element, welches unmittelbar — nicht durch Schlußfolgerung — auf reale Objekte verweist. Mit anderen Worten: zum Begriff des physischen Objekts gehört die Wahrnehmbarkeit; grundsätzliche Verneinung jeder direkten Wahrnehmbarkeit hebt den Objektbegriff mit auf.

In neuester Zeit hat sich Armstrong eingehend mit diesem „direkten Realismus“ der Sinneswahrnehmung befaßt. Nach seinen Untersuchungen ist die Wahrnehmung (perception) ein aktives Leisten von urteilsähnlichem Charakter, das immer schon auf objektive Realität gerichtet ist. Wahrnehmen ist Erwerb von unmittelbarem Wissen über die physische Welt mittels der Sinne. Implizit enthält die Sinneswahrnehmung schon ein Seinsurteil, eine Überzeugung von der Realität der Wahrnehmungsobjekte.

Daß zumindest die gewöhnliche Wahrnehmung in dieser Urteilsform auftritt — wobei das Urteilen nicht auf verbale Aussagen beschränkt sein muß — steht außer Zweifel. Freilich sind die Sinnesurteile trotz ihrer Unmittelbarkeit korrekturbedürftig; die Sinne vermitteln lediglich *Überzeugungen* (beliefs) des Realen, die wahr oder falsch, besser gesagt: wirklichkeitsgemäß (veridical) oder nicht wirklichkeitsgemäß sein können. Die einzelne Sinneswahrnehmung als solche enthält kein sicheres Kriterium, um diese Frage zu entscheiden; Wirklichkeit und Täuschung treten im gleichen Modus der Gegebenheit auf. Demnach wären Sinnestäuschungen zu definieren als falsche Realitätsüberzeugungen durch die Sinne.

Sieht man von der Wahrheit oder Falschheit der durch die Sinne vermittelten Wirklichkeitsüberzeugungen ab, dann verbleiben *Sinneseindrücke* (sense-impressions). Da bei ihnen das Urteilsmoment außer kraft gesetzt ist, haben sie etwas Schwebendes, Unbestimmtes. Was Armstrong als Sinneseindruck definiert, hat große Ähnlichkeit mit dem „cogitatum“ der Husserlschen Phänomenologie. Hier wie dort handelt es sich ja um das „Endprodukt“ einer phänomenologischen Reduktion unter dem Leitmotiv der Epoché, der Ausschaltung der natürlichen Seinsthesis.

Was wir unmittelbar wahrnehmen, bezieht sich immer auf Wirklichkeit und nicht auf bloße „Sinnesdaten“, aus denen wir — wie der Phänomenalismus behauptet — erst durch rationales Denken die Objekte konstruieren. Hier liegt die Berechtigung des direkten Realismus. Man darf dabei nur nicht übersehen, daß die Wahrnehmung zwar Realität zeigt, aber keineswegs die volle Realität; der Katalog der Sinnesgegebenheiten ist rein zufällig und von den verschiedensten räumlichen, zeitlichen und physiologischen Bedingungen abhängig. Es gibt keinerlei Anzeichen für eine erschöpfende Präsentation der Wirklichkeit in der Sinneswahrnehmung. Daher hat es seinen guten Sinn, zu sagen, es gäbe wirkliche, aber unwahrnehmbare Objekte — allerdings nicht im absoluten Sinn, denn dies würde dem Objektbegriff widersprechen. Zum Beispiel wird niemand bezweifeln, daß wir im Mikroskop etwas Wirkliches sehen, auch wenn es mit den natürlichen Sinnesorganen nicht wahrnehmbar ist.

Wenn wir das naive Wirklichkeitsdenken betrachten, so besteht sein hervorstechender Zug darin, die durch unsere Sinnesorganisation bedingten bruchstückhaften Aspekte der Wirklichkeit als absolut zu setzen. Wohl kennt auch der naive Realist neben den Einzeldingen und Einzelgeschehen umfassendere Gebilde räumlicher und zeitlicher Art, z.B. die Klangfolge eines Wortes. Doch reichen derartige Zusammenfassungen nicht hin, um die bruchstückhafte Art der Weltdarstellung im Denken des Menschen der Wahrnehmungswelt aufzuheben (Eberhardt).

Verharrt man, wie auch Armstrong, der einen empiristischen Standpunkt einnimmt, beim direkten Realismus der Wahrnehmung, so gerät man sogleich in unauflösliche Schwierigkeiten. Denn die Folge ist ein zerrissenes Weltbild, dessen Fragmente nicht nur völlig zusammenhanglos dastehen, sondern, was noch schlimmer ist, einander widersprechen. Bleiben wir beim Beispiel der mikroskopischen Betrachtung: wenn ich eine Kante mit bloßem Auge als glatt, unter dem Mikroskop als gezackt wahrnehme, so ist das für einen sich streng an die beiden isolierten Sinneszeugnisse haltenden Realismus ein unvereinbarer Widerspruch, denn ein- und dasselbe Objekt kann nicht zugleich glatt und gezackt sein. Entweder handelt es sich um verschiedene Objekte, oder eine der beiden Wahrnehmungen ist eine Täuschung.

Die Auflösung dieser Paradoxie gelingt erst im rationalen Denken. Indem wir die beiden Wahrnehmungen — die natürliche und die mikroskopische — als verschiedene Ansichten ein- und desselben Gegenstandes denkend relativieren, vereinigen wir sie auf einer höheren Wirklichkeitsstufe. Durch Begriffe wie: Strahlenbrechung, Sehwinkel usw. stellen wir eine sinnvolle und widerspruchsfreie Beziehung zwischen den beiden Wahrnehmungsinhalten her. Einfacher noch kann man sich diese begriffliche Operation klarmachen, wenn man sich die mikroskopische Vergrößerung als räumliche Annäherung an ein Objekt vorstellt. Dann tauchen fortlaufend neue Eigenschaften im Wahrnehmungshorizont auf. Diese schreiben wir dem Wahrnehmungsgegenstand als grundsätzlich sichtbare, wenn auch nicht immer gesehene Eigenschaften zu. Aus diesen Überlegungen wird klar, daß die berechtigte Aussage, das Mikroskop zeige Realitäten des Gegenstandes, indem es Unsichtbares sichtbar mache, niemals durch die Sinneswahrnehmung allein, sondern nur durch denkende Verbindung von Wahrnehmungen gewonnen werden kann.

Der Mensch ist ein endliches Wesen. Seine fragmentarischen Bilder des Wirklichen sind nur zu einem in sich widerspruchsfreien Ganzen zu vereinigen, wenn sie vom relationalen Denken durchdrungen werden. Erst in der Deutung des Wahrgenommenen enthüllt sich die Realität, und zwar in immer fortschreitender Approximation. Die volle Wirklichkeit ist niemals zu erschöpfen.

VI. Komplementarität von Wahrnehmen und Denken

Gemäß dem im vorigen Abschnitt dargelegten Begriff der Wirklichkeit möchte ich die Beziehung von Wahrnehmen und Denken als ein *Komplementärverhältnis* bezeichnen. Der hier eingeführte Begriff der Komplementarität umfaßt sowohl die relative Selbständigkeit von Phänomenalem und Begrifflichem als auch ihre partielle Deckung und gegenseitige Ergänzung zu einer sinnvollen Einheit. Ein wesentlicher Vorzug des Komplementaritätsbegriffes scheint mir auch darin zu liegen, daß er Grenzstreitigkeiten zwischen beiden Sphären und standpunktliche Überbewertungen des Wahrnehmens (Empirismus, Phänomenalismus) wie des Denkens (Rationalismus, Operationismus) vermeidet.

Im Alltagsleben kann von einer völligen Trennung von Wahrnehmen und Denken, Phänomenalität und Begrifflichkeit keine Rede sein. Unsere natürlichen Wahrnehmungen sind durchsetzt von begrifflichen Bestimmungen und kategorialen Formungen, wie umgekehrt das gewöhnliche Denken zahlreiche Elemente der Sinnesanschauung enthält. Der naive Mensch „sieht" Dinge, die sich als Ergebnis begrifflicher Bestimmungen erweisen und sagt andererseits von einer geläufigen Sinneserfahrung, sie sei „logisch". Die wissenschaftliche Behandlung dieser Problematik macht die Schwierigkeiten keineswegs geringer. Die Gestaltpsychologie fordert die Unterscheidung von „vorgefundenen" und „gedachten" Sachverhalten, wobei das Vorgefundene als dasjenige definiert wird, was sich dem Menschen vor aller Denkarbeit unmittelbar darstellt (Metzger, *2*). Aber was finden wir vor? Und was bedeutet: vor aller Denkarbeit? Es kann gar keinem Zweifel unterliegen, daß die gewöhnliche Sinneswahrnehmung schon Urteilselemente enthält (V. v. Weizsäcker, *2*; Armstrong). Wieweit sind diese nun dem Denken zuzurechnen? V. v. Weizsäcker (*2*) sagt, die Wahrnehmung verhalte sich hier wie „unbewußter Geist", und METZGER (*1*) spricht von der inneren Identität von Denkgesetzen und Wahrnehmungsgesetzen.

Besonders prägnant scheint mir der Urteilscharakter des Wahrnehmens bei den sog. geometrisch-optischen Täuschungen zu sein, welche sich nach neuen Untersuchungen von TAUSCH einheitlich deuten lassen, wenn man sie als unbewußte perspektivische Tiefeninterpretation auffaßt. Man mag einwenden, daß man von einer solchen Interpretation nichts wisse und die Täuschungen wider alles bessere Wissen sehe. Aber auch das Gegenteil ist richtig: durch eine vom besseren Wissen geleitete Wahrnehmungsintention ist es durchaus möglich, Sinnestäuschungen zum Verschwinden zu bringen, wie überhaupt die Wahrnehmung durch begriffliches Wissen und Interpretation in erstaunlichem Maße beeinflußbar ist (KORNADT). Offenbar besteht eben eine Verschränkung und partielle Deckung von Wahrnehmen und Denken, d.h., man kann Sachverhalte sowohl wahrnehmen als auch denken (vgl. hierzu WITTGENSTEIN, S. 508).

Die Berechtigung, sinnliches Wahrnehmen und begriffliches Denken als Erkenntnisinstanzen zu sondern, ergibt sich aus der *relativen* Verschiedenheit und Selbständigkeit beider Sphären, die auch dem philosophisch unvoreingenommenen Menschen einsichtig ist. Hingegen besteht eine scharfe Trennung von Wahrnehmen und Denken zunächst nur als erkenntnistheoretisches Postulat, und es bedarf erst künstlicher Einstellungen und Maßnahmen, um die Forderung nach einem reinen Denken und einer reinen Wahrnehmung annähernd zu verwirklichen. Auf der Wahrnehmungsseite sind es vor allem die experimentellen Anordnungen der Sinnesphysiologie, mit deren Hilfe Erlebnissituationen geschaffen werden, in denen „elementare", begrifflich nicht weiter analysierbare Inhalte auftreten. Diese kann man als reine Wahrnehmungen bezeichnen.

Die Begriffe sind insofern unabhängig von den Wahrnehmungsgegenständen, als sie nicht zugleich mit ihnen gegeben sind; vielmehr treten sie erst durch den Denkprozeß in die Gegebenheit. Mit einer gewissen Berechtigung kann man daher sagen, das Denken sei spontan, die Wahrnehmung rezeptiv, wobei man sich freilich der Relativität dieser Aussage bewußt sein sollte, denn auch im Denken finden wir Rezeptivität, in der Wahrnehmung Spontaneität. Das Sinneszeugnis enthält keinen Zwang zur Begriffsbildung: ob ich zu einer Beobachtung Begriffe produziere, ob ich adäquate oder inadäquate Begriffe mit dem Phänomenalen verbinde hängt weitgehend von meiner eigenen Denktätigkeit ab. Einer entdeckt plötzlich ein umfassendes Gesetz, wo andere gedankenlos an den Phänomenen vorübergingen. Diese relative Freiheit und Unabhängigkeit des Denkens gegenüber der Wahrnehmung zeigt sich auch in ihrer negativen Seite, in der Möglichkeit des Irrtums und des Fehlurteils.

Ebensowenig wie die Sinneswahrnehmung vermag das Denken für sich allein eine sichere Realerkenntnis zu begründen. Seine Unvollständigkeit liegt darin, daß aus ihm logische, aber keine empirische Wahrheit fließt. Daß aber die Sinnenwelt überhaupt existiert, und daß sie gerade so und nicht anders beschaffen ist, kann aus dem bloßen Denken niemals gefolgert werden, sondern bedarf des Zeugnisses der Sinne. Dieser Instanz steht in bezug auf das Reale immer die letzte Entscheidung zu: Hypothesen, die mit ihr in Widerspruch geraten, müssen entweder gänzlich fallengelassen oder zumindest revidiert werden.

VII. Zeitlichkeit und Räumlichkeit der Sinnesanschauung

Wie können wir die Sinneserfahrung, von der bisher nur in einer ziemlich allgemeinen und unbestimmten Weise gesprochen wurde, genauer erfassen und sie gegenüber anderen Bereichen des Erfahrbaren abgrenzen? Fragen wir nach den allgemeinsten Wesenszügen, welche das spezifisch Sinnliche konstituieren, so sind es in erster Linie die Zeitlichkeit und die Räumlichkeit. Zeit und Raum sind die universalen, in jeder Sinnesanschauung auftretenden Dimensionen, welche diesen Erlebnisbereich gegenüber anderen Bereichen, vor allem gegenüber dem Gedanklichen und dem Begrifflichen abgrenzen.

Beschränkt man sich auf diesen klaren und unmittelbar aufweisbaren Sachverhalt, so kann man Kants vielumstrittene Trennung der Anschauung in Zeit und Raum a priori und Sinnlichkeit a posteriori auf sich beruhen lassen. Der Apriorismus von Zeit und Raum würde dann nur besagen, daß allem Anschaulichen oder Phänomenalen die Dimensionen des Zeitlichen und des Räumlichen zukommen. Es erscheint mir in diesem Zusammenhang bemerkenswert, daß auch Reenpää (*8*) die Raum- und Zeitlehre Kants in ähnlicher Weise interpretiert: „Die Kantische Benennung der Zeit und der Raumanschauung als Anschauung a priori bedeutet nicht eine im gewöhnlichen Sinne genetische Priorität dieser Formen des Anschauens. Der Terminus ‚a priori' will den ‚Rechtsursprung' der Erkenntnis dieser Anschauungsform kundtun. Der Rechtsursprung bedeutet, daß alle Anschauung, also im Falle der Sinneswelt, alles Wahrgenommene, alles in der Mannigfaltigkeit unserer Sinneswelt Vorhandene, von der Form der Räumlichkeit und Zeitlichkeit ist" (S. 17).

Die Zeitdimension ist, um mit Kant zu sprechen, der „Rechtsgrund" der Anschauung, der sie vom Begrifflichen scheidet. Begriffe liegen außerhalb des Zeitlichen, sie sind „zeitlos" oder „zeitenthoben" (Reenpää, *8*). Was die Zeitenthebung bedeutet, soll im nächsten Abschnitt (S. 24) noch genauer dargestellt werden.

Die *Raumdimension* grenzt dasjenige gegeneinander ab, was Kant den „äußeren" und den „inneren" Sinn genannt hat. In Anlehnung an die Erkenntnislehre von Lewis bestimmt Reenpää (*8*) das Zeitliche, aber Unräumliche oder Raumenthobene, als das *Gedankliche*. Sinneswahrnehmungen bestehen „jetzt" und „hier", während Gedanken und Vorstellungen zwar „jetzt" aber nicht „hier" auftreten: sie entbehren der Räumlichkeit oder Lokalisation. *Begriffe* schließlich sind sowohl zeitlos wie raumlos; sie bestehen weder „jetzt" noch „hier".

Zeitlichkeit und Räumlichkeit konstituieren also eine Trinität von Kategorien: das Sinnliche, das Gedankliche und das Begriffliche. Mit dieser trinitären Strukturlehre ist ein wichtiger Schritt über die duale Erkenntnislehre Kants und verwandte Theorien hinaus getan. Die dualen Systeme kennen nur Sinnlichkeit und Verstand — oder Anschauung und Begriff. Auf der einen Seite steht dann das Begriffliche und auf der anderen Seite eine unklare strukturierte Mannigfaltigkeit, die sowohl Wahrnehmungsinhalte als auch Gedanken und Vorstellungen enthält. Dies scheint mir einer der Hauptgründe für die schon von Steiner (*3*) kritisierte Konfusion von Wahrnehmung und Vorstellung zu sein. Nach der neueren trinitären Auffassung sind der Kategorie der Vorstellung lediglich die Erinnerungs- oder Erwartungsvorstellungen, nicht aber die Sinnesgegebenheiten zuzuordnen.

Lewis geht in seinem Modalkalkül von der Theorie der Zeichen aus und ordnet jedem Zeichen drei Objekte oder Kategorien zu: Denotation, Konnotation und Komprehension. Die *Denotation* eines Zeichens ist nach Reenpää (*8*) als aktuale Sinnesgegebenheit aufzufassen, während die *Konnotation* dem entspricht, was man als Gedanke oder Vorstellung bezeichnen kann. Die *Komprehension* eines Zeichens schließlich, seine „Sinnbedeutung" (sense meaning) dürfte dem Begrifflichen entsprechen. Dem Zeichen Rot (z.B. einem Wort- oder Schriftzeichen) wären also drei kategoriale Bedeutungen zuzuordnen: das Sinneserlebnis Rot, die Vorstellung Rot und der Begriff Rot. Die Kategorien von LEWIS haben manche Ähnlichkeit mit den drei Universalkategorien von PEIRCE, die er Firstness, Secondness und Thirdness nennt (vgl. S. 40).

VIII. Phänomen und Begriff

Die Frage nach dem Verhältnis von Phänomen und Begriff hängt aufs engste mit einem zentralen Problem alles empirischen Erkennens zusammen: daß nämlich die Logik, obwohl sie zu ihrer Rechtfertigung der Sinneserfahrung nicht bedarf und insofern einen selbständigen Bereich bildet, auf die Erfahrung — oder sagen wir vorsichtiger, auf Teile derselben — anwendbar ist. Es würde den Rahmen dieser Darstellung bei weitem überschreiten, wollten wir uns hier im einzelnen mit jenen Ansätzen befassen, welche die Erkenntnislehre zur Begründung der unbestreitbaren Übereinstimmung von Phänomenalität und Logik hervorgebracht hat. Letztlich laufen alle diese Konzeptionen auf einen erkenntnistheoretischen „Monismus" hinaus (HARTMANN), womit gemeint ist, daß die begriffliche und die empirische Sphäre — man könnte auch sagen: Logik und Ontologie — nicht zwei völlig heterogene, dualistisch in sich abgeschlossene Bereiche darstellen, sondern in einem inneren Zusammenhang stehen. Diese für jede Erkenntnislehre wohl unumgängliche Einsicht finden wir schon in dem Ausspruch KANTs (*2*), daß die zwei Stämme der menschlichen Erkenntnis, Sinnlichkeit und Verstand, „vielleicht aus einer gemeinsamen, aber uns unbekannten Wurzel entspringen" (S. 58). Das bedeutet also, daß die verschiedenen Seinsweisen — etwa das logische und das reale Sein — nicht als voneinander unabhängige Schichten behandelt werden können, denn sowohl das Realsein wie das Erkenntnisgebilde und die logische Sphäre liegen, wie MAY sagt, in einem „erkenntnishaften Erfassen von Seiendem", in einem gemeinsamen erkenntnishaften „Seinsmedium", aus dem keines von ihnen herausgebrochen werden kann.

Die Tätigkeit der empirischen Wissenschaften besteht darin, die Sinneserfahrung begrifflich abzubilden bzw. zu ergänzen und aus den Begriffssystemen wiederum Erfahrbares vorherzusagen. Hinsichtlich dieses Verhältnisses von Erfahrung und Begriff nimmt nun die allgemeine Sinnesphysiologie unter den empirischen Wissenschaften eine Sonderstellung ein, die mit der Eigenart ihrer Grundgegenstände zusammenhängt. Leicht ist einzusehen, daß es sich bei den Basisobjekten der übrigen Wissenschaften durchweg nicht um rein phänomenale Objekte handelt, sondern um komplizierte, begrifflich geformte Gegenstände. So beruhen, um ein Beispiel zu nennen, die physikalischen Grundgrößen auf einem System begrifflicher Definitionen und Meßvorschriften. Im einzelnen wird die Struktur der wissenschaftlichen Erfahrungsgegenstände gar nicht näher untersucht, vor allem wird nicht gefragt, was an ihnen sinnlich wahrgenommen und was begrifflich ist. Die empirischen Wissenschaften stehen also hier durchaus auf dem Standpunkt der naiven Lebenswelt. Dem entspricht es auch, wenn der Weg, auf dem sie zu ihren Grundgegenständen gelangen, zumeist thematisch recht undurchsichtig ist.

Die sinnesphysiologischen Grundobjekte hingegen sind rein *phänomenale*, begrifflich nicht weiter analysierbare Erlebnisse. Bei diesen Grundobjekten der Sinnesphysiologie vollzieht sich nun die Begriffsbildung in einer ganz elementaren Weise. Haben wir es doch hier, im Gegensatz zu den Begriffssystemen der übrigen Wissenschaften, nicht mit Beziehungen zwischen Begriffen, sondern mit der Beziehung von Phänomen und Begriff zu tun. Der Begriff deutet hier unmittelbar auf die Anschauung, er ist ihr adäquat oder, wie KANT sagen würde, er ist aus der Anschauung deduziert.

Diese Deduktion aus der Anschauung wird von REENPÄÄ (*6*, *8*) als eine „Zeitenthebung“ bestimmt. Bilden wir z.B. den Begriff Rot, so sehen wir davon ab, daß zu einer bestimmten Zeit und an einem bestimmten Ort das Sinnesphänomen Rot auftritt. Die Zeitenthobenheit oder Überzeitlichkeit des Begrifflichen hängt mit dem zusammen, was man die Allgemeinheit der Begriffe genannt hat. Im Hinblick auf die Zeitdimension könnte man dieses Allgemeine vielleicht so ausdrücken, daß man sagt, das Begriffliche durchbreche die zeitliche Vereinzelung des aktual Gegebenen. Wo und wann immer die Farbe Rot auftreten mag, stets fällt sie unter den Begriff Rot.

In der Sphäre des Phänomenalen finden wir keine Allgemeinheit, sondern Vereinzelung und Mannigfaltigkeit; jeder Sinnesgegenstand ist „jetzt“ und „hier“ gegeben. Dem allgemeinen und einheitlichen Begriff wiederum fehlt das Mannigfache und Einzelne. Man kann nicht aus bloßen Begriffen heraus die Sinnesmannigfaltigkeit entwickeln, denn sie ist im Begriff lediglich der Möglichkeit nach, nicht aber in ihrer faktischen Präsenz oder Wirklichkeit enthalten. Man kann daher sagen: der Begriff ist die Möglichkeit der Erscheinungen (vgl. C. F. v. WEIZSÄCKER, *1*). Eine Beobachtung unter einen Begriff bringen hieße in diesem Sinne, sie als logische Möglichkeit aus allgemeinen Prinzipien herzuleiten.

Ein wesentlicher Unterschied gegenüber der Sinneserfahrung liegt in der absoluten Objektivität der logischen oder begrifflichen Sphäre. Schon BOLZANO hat klar erkannt, daß logische Beziehungen weder auf psychologische Gesetzmäßigkeiten noch auf „Denkgesetze“ zurückführbar sind, sondern ihren eigenen Gesetzen unterliegen. Wenn wir denken, stellen wir lediglich die Verbindung der logischen Inhalte mit unserem individuellen Bewußtsein her, aber die logischen Beziehungen als solche werden nicht durch das Denken hergestellt, sondern von ihm nur erfaßt oder „angeschaut“ (Intuition). In dieser Hinsicht ist der Denkprozeß durchaus analog der Wahrnehmung. Die logischen Strukturen ergeben sich aus den Inhalten der Begriffe und sind insofern vom Denken völlig unberührbar. Man kann somit den Bereich der Logik und der Begriffe als rein objektiv bezeichnen, wenn man darunter die absolute Invarianz gegenüber dem Subjekt versteht. Es handelt sich „einzig um Struktur- und Abhängigkeitsverhältnisse des Objektiven in sich selbst unter grundsätzlichem Absehen von aller eigentlichen Objiziertheit derselben an ein Subjekt“ (HARTMANN, S. 25).

Um die Strukturbeziehungen von Phänomen und Begriff genauer darzustellen, bedienen wir uns einer Zeichensprache, die der symbolischen Logik entlehnt ist. Dabei ordnen wir jedem Zeichen eine Doppelbedeutung zu, nämlich ein zeitlich aktuales *Sinnesphänomen* und dessen zeitenthobenen *Begriff*. In Anlehnung an die Theorie CARNAPs von der Extension und Intension der Zeichen nennt REENPÄÄ (*2*, *3*, *8*) die phänomenale Bedeutung eines Zeichens auch seine „Extension“ und die begriffliche Bedeutung seine „Intension“. Ein Zeichen bezeichnet also zwei „Objekte“, ein phänomenales und ein begriffliches. In den folgenden Ausführungen wird das begriffliche Objekt durch einen Strich (') gekennzeichnet. So soll beispielsweise das Zeichen q bedeuten, daß eine Qualität, etwa eine Farbe, als Phänomen auftritt, während das Zeichen q' den Begriff der betreffenden Qualität bezeichnet.

Die als Beispiel genannte Farbqualität gehört zu den logisch nicht weiter auflösbaren Inhalten der Sinnesmannigfaltigkeit, die wir als *einstellige* phänomenale Elemente bezeichnen. Nun ist aber die Sinneserfahrung nicht als ein Mosaik isolierter Einzelelemente gegeben, sondern als ein phänomenaler Zusammenhang, den wir im weitesten Sinn als „Gestalt“ bezeichnen können. Wie dieser Sachverhalt und sein begriffliches Gegenstück analysiert und mittels Zeichen dargestellt werden kann, wollen wir im Folgenden betrachten, wobei nur einige prinzipielle Gesichtspunkte erörtert werden sollen, während eine ausführlichere Darstellung erst im nächsten Abschnitt (S. 27) gegeben wird.

Wenn wir sagen, wir nehmen zwei Sinneserlebnisse *gleichzeitig* wahr, so heißt das, es besteht Gleichheit hinsichtlich der Zeit. Die Gleichzeitigkeit ist also ein *mehrstelliges* phänomenales Element, welches mehrere einstellige Elemente verbindet. KANT (*2*) führt in seinem System der Grundsätze die Gleichzeitigkeit als den Grundsatz der Gemeinschaft oder des Zugleichseins auf (3. Analogie der Erfahrung): „Es muß also außer dem bloßen Dasein etwas sein, wodurch A dem B seine Stelle in der Zeit bestimmt, und umgekehrt auch wiederum B dem A, weil nur unter dieser Bedingung gedachte Substanzen, als *zugleich existierend*, empirisch vorgestellt werden können" (S. 261).

In strengerer Form kann man die Struktur der phänomenalen Gleichzeitigkeit mittels eines Verfahrens untersuchen, das den von WITTGENSTEIN (S. 39) eingeführten Wahrheitsoperationen der symbolischen Logik entspricht. Dabei setzen wir für das, was wir auf der begrifflichen Seite *Wahrheit* nennen, auf der phänomenalen Seite die *Wirklichkeit* eines Sinneserlebnisses. Um keine neue Terminologie einzuführen, übernehme ich an dieser Stelle REENPÄÄs Definition der Wirklichkeit, die soviel bedeutet wie: sinnliche Gegebenheit, obwohl ich früher (S. 18) von Wirklichkeit im Sinne eines phänomenal-begrifflichen Totalgebildes gesprochen habe. Darin liegt indessen gar kein Widerspruch, denn die Sinneserfahrung ist immer Wirklichkeitszeugnis.

Betrachten wir z.B. eine Oberflächenfarbe, so sind zwei einstellige Elemente der Sinnesmannigfaltigkeit gleichzeitig gegeben, nämlich eine phänomenale Qualität (q) und eine phänomenale Lokalität (l). Beide Elemente sind durch das zweistellige Element der Gleichzeitigkeit (:) verbunden.

Wenn das Qualitätserlebnis (q) gegeben ist und zugleich das Lokalerlebnis (l), dann ist auch das Erlebnis der Gleichzeitigkeit gegeben. Bezeichnen wir das Auftreten des Sinneserlebnisses als *wirklich* (w) und sein Fehlen als *unwirklich* (u), so ist die Gleichzeitigkeit der Erlebnisse wirklich, wenn sowohl das Qualitätserlebnis als auch das Lokalerlebnis wirklich sind (Tabelle 1, 1. Reihe). Ist das Qualitätserlebnis wirklich, das Lokalerlebnis aber unwirklich, so wird keine

Tabelle 1. *Phänomenale Wirklichkeitswerte*

	q	l	$q{:}l$
1	w	w	w
2	w	u	u
3	u	w	u
4	u	u	u

Tabelle 2. *Logische Wahrheitswerte*

	q'	l'	$q' \cdot l'$
1	W	W	W
2	W	F	F
3	F	W	F
4	F	F	F

Gleichzeitigkeit erlebt, sie ist also eine anschauliche Unwirklichkeit (2. Reihe). Dasselbe gilt, wenn nur die Lokalität, aber nicht die Qualität erlebt wird (3. Reihe). Werden schließlich weder Qualität noch Lokalität erlebt, so wird natürlich auch deren Gleichzeitigkeit nicht erlebt, sie ist unwirklich. Wie Tabelle 1 zeigt, hat also die phänomenale Gleichzeitigkeit eine Verteilung der Wirklichkeits- und Unwirklichkeitswerte *wuuu*.

Wenden wir uns nun der begrifflichen Seite zu. Den Begriff der Qualität bezeichnen wir mit q' und den der Lokalität mit l'. Anstelle der phänomenalen Wirklichkeit und Unwirklichkeit tritt nunmehr die *Wahrheit* (W) und *Falschheit* (F) der begrifflichen Aussagen. Die in Tabelle 2 dargestellte Werteverteilung *WFFF* entspricht der logischen Konjunktion $q' \cdot l'$ (lies: q' und l'). Man sieht, daß die phänomenale Gleichzeitigkeit von Qualität und Lokalität hinsichtlich

Wirklichkeit und Unwirklichkeit dieselbe Werteverteilung (*wuuu*) hat wie die logische Konjunktion hinsichtlich der Wahrheit und Falschheit (*WFFF*).

Zwischen bestimmten Zusammenhängen der Sinneserfahrung und bestimmten Begriffsverbindungen besteht also eine strukturelle Isomorphie. In analoger Weise hat REENPÄÄ (*3, 8*) auch andere phänomenale Verknüpfungen untersucht, denen auf der Begriffsseite beispielsweise die logischen Funktionen der Disjunktion (*WWWF*), der Äquivalenz (*WFFW*) und der Kontradiktion (*FFFF*) entsprechen; ihre nähere Erörterung würde hier zu weit führen. Jedenfalls läßt sich auf diese Weise sehr klar zeigen, wie unsere begrifflichen Kategorien ihr Korrelat in den Strukturen der Anschauung haben. Konsequent durchgeführt wurde diese Betrachtungsweise für die Grundsätze und Kategorien KANTS (REENPÄÄ, *3, 6, 8*).

IX. Stimmen Anschauung und Logik überein?

Die im vorigen Abschnitt aufgezeigte Isomorphie von anschaulichen und logischen Strukturen wollen wir nun noch von einer anderen Seite betrachten. Dazu untersuchen wir die Zeichenreihe

$$\sim (p' \cdot \sim p').$$

p' soll ein begriffliches Objekt, etwa eine logische Satzvariable, $\sim$ die Negation und ($\cdot$) die Konjunktion bezeichnen. Der Satz ist eine Tautologie und lautet in gewöhnlicher Wortsprache etwa: es ist unmöglich, daß der von p ausgesagte Sachverhalt zugleich gilt und nicht gilt. Es ist der Satz vom Widerspruch, der eine *zweiwertige* Logik konstituiert („tertium non datur").

Was ergibt sich, wenn wir diesen Satz auf die Sinneserfahrung anwenden? Dem Zeichen p' entspräche nunmehr ein phänomenales Erlebnis (p), der Negation ($\sim$) eine Unwirklichkeit oder Nicht-Gegebenheit ($\approx$) und der Konjunktion eine erlebte Gleichzeitigkeit (:). Der Satz lautet dann

$$\approx (p : \approx p).$$

Diese Zeichenreihe kann in gewöhnlicher Wortsprache ungefähr so wiedergegeben werden: ein phänomenales Erlebnis und das Nichtbestehen dieses Erlebnisses können nicht gleichzeitig bestehen. Der Satz besagt, daß im Phänomenalen nur zwei Möglichkeiten vorhanden sind: entweder die phänomenalen Objekte sind gegeben oder sie sind nicht gegeben; eine dritte Möglichkeit besteht nicht.

Auf den ersten Blick gibt es gar keinen Zweifel, daß die Sinneserfahrung sich so verhält, und insofern kann man sagen, die Sätze der zweiwertigen Logik stimmten mit der Anschauung überein und seien auf sie anwendbar. Für weite Bereiche der empirischen Wissenschaften — vor allem für die gesamte klassische Physik — ist daher die zweiwertige Logik das natürliche und angemessene Begriffsinstrument.

Aber verhalten sich wirklich alle Sinneserlebnisse streng und evident zweiwertig? Diese Frage erscheint vor allem für den Grenzbereich des Phänomenalen berechtigt. Schon v. KRIES (S. 105) weist darauf hin, daß bei Schwellenerlebnissen nicht nur der Eindruck „ja" oder „nein", sondern auch das Erlebnis „*unbestimmt*" vorkommt. Wer sich viel mit sinnesphysiologischen Schwellenbeobachtungen befaßt hat, wird das bestätigen können. Ob ein Schwellenerlebnis besteht oder nicht, ist keineswegs immer eindeutig entscheidbar, vor allem deshalb nicht, weil das phänomenale Objekt durch die Beobachtung selbst verändert wird. Meines Erachtens ist hier die von der zweiwertigen Logik geleitete, auf ja-nein-Entscheidungen gerichtete Intention nicht immer voll erfüllbar, sie stößt im Phänomenalen auf einen gewissen Bereich der Unentscheidbarkeit.

Noch auf andere Weise läßt sich zeigen, daß die zweiwertige Logik auf bestimmte Gebiete der Sinnesanschauung nicht anwendbar ist. Betrachten wir hierzu die Beziehung der Gleichheit. Die logische Gleichheitsrelation wird durch die bekannten Sätze ausgedrückt

$$p' = p'$$

$$(p' = q') \Rightarrow (q' = p')$$

$$(p' = q'),\ (q' = r') \Rightarrow (p' = r').$$

p', q' und r' sind Zeichen für begriffliche Objekte, $\Rightarrow$ ist das Folgezeichen. Der zweite Satz lautet in gewöhnlicher Sprache: aus $p' = q'$ folgt $q' = p'$, während man den dritten Satz so ausdrücken kann: aus $p' = q'$ und $q' = r'$ folgt $p' = r'$.

Setzen wir nun statt der begrifflichen Objekte phänomenale Gegenstände ein, z. B. Intensitätserlebnisse (p, q, r), und bezeichnen die erlebte Gleichheit oder Äquivalenz mit dem Zeichen $\equiv$, so kann folgender Fall eintreten: angenommen, die Intensitäten p und q seien um einen Betrag verschieden, der unterhalb der Wahrnehmungsschwelle liegt. Dann gilt $p \equiv q$. Sind q und r wiederum um einen unterschwelligen Betrag verschieden, so gilt sinngemäß $q \equiv r$. Daraus würde bei Anwendung der zweiwertigen Logik eindeutig folgen, daß auch p und r phänomenal gleich sind, also $p \equiv r$. Tatsächlich aber ist das nicht immer der Fall, sondern es können p und r auch ebensogut anschaulich ungleich ($\not\equiv$) sein, wenn nämlich — um es in der Sprache der klassischen Sinnesphysiologie zu sagen — die beiden unterschwelligen Differenzen sich zu einer überschwelligen Differenz „summieren". Die Gültigkeit der zweiwertigen Logik voraussetzend, kommen wir also zu einem Resultat, das mit ihr unvereinbar ist. Aus den Prämissen $p \equiv q$ und $q \equiv r$ folgt eine Unentscheidbarkeit zwischen $p \equiv r$ und $p \not\equiv r$.

Es besteht somit keine durchgängige Strukturisomorphie zwischen der logischen und der phänomenalen Gleichheit. Wenn wir sagen, zwei Sinneserlebnisse seien anschaulich gleich, so bedeutet dies offenbar nicht genau dasselbe, wie wenn wir von logischer Gleichheit sprechen. Wir können das Problem auch so formulieren, daß wir hinsichtlich des Bestehens oder Nichtbestehens eines phänomenalen Sachverhaltes von vornherein einen gewissen Grad von Unentscheidbarkeit zulassen. Das ist nichts anderes als ein Ausdruck dafür, daß in diesem Bereich keine vollständige Determination im Sinne der Logik besteht.

Diese Überlegungen haben eine gewisse Ähnlichkeit mit einer Problematik, die im Zusammenhang mit der philosophischen Interpretation der Quantentheorie aufgetreten ist — daß nämlich bei Aussagen über quantenmechanische Einzelexperimente die Anwendbarkeit der klassischen Logik stark eingeschränkt ist (REICHENBACH, *2*; C. F. v. WEIZSÄCKER, *2*; MITTELSTAEDT). Wieweit ein innerer Zusammenhang zwischen den quantenmechanischen Resultaten und den sinnestheoretischen Ergebnissen besteht, läßt sich noch nicht entscheiden. Denn bei den physikalischen Objekten haben wir es mit äußerst komplexen, phänomenal-begrifflichen Gebilden zu tun, während die Objekte der Sinnesphysiologie rein phänomenaler Art sind. Die Grundfrage aber, um die es geht, scheint mir in beiden Bereichen dieselbe zu sein — ob man nun von der „Gültigkeit der Logik in der Natur" (MITTELSTAEDT) oder von der Isomorphie von Anschauung und Logik spricht.

C. Die Struktur der Sinnesmannigfaltigkeit

I. Die Intentionalität der Wahrnehmung

Beim gewöhnlichen Sinneswahrnehmen sind wir ganz den Wahrnehmungsinhalten zugewandt, gehen gleichsam in ihnen auf, während wir uns selbst als Wahrnehmende vergessen. Diese dem Menschen der Lebenswelt eigentümliche und in den objektiven Wissenschaften als Leitidee fungierende Einstellung auf Gegenständliches kann leicht dazu führen, das Wahrnehmen als eine passive Abbildung vorgegebener Dinge aufzufassen. KANT hat dieser Auffassung Vorschub geleistet, indem er die Sinnlichkeit als Rezeptivität, den Verstand als Spontaneität bestimmte.

Es bedarf erst der Herstellung eines Ausnahmezustandes, einer besonderen Willensanstrengung und reflexiven Selbstbeobachtung, um zu bemerken, daß der Wahrnehmungsakt sich keineswegs in der bloßen Gegebenheit von Inhalten erschöpft. In dieser neuen Einstellung kann das Erlebnis des Wahrnehmungsgegenstandes begleitet sein von einem Wissen um die Tätigkeit des Wahrnehmens, z.B. beim Erlebnis des Tones von einem Wissen um ein „Hören".

Diese Aktivität im Wahrnehmen zeigt sich als Gerichtetsein, Aufmerksamkeit, Konzentration, psychische Anspannung, Beschäftigtsein, Zuwendung, Dabeisein — oder ganz allgemein als ein *Leisten*. Man kann auch sagen, die Wahrnehmung enthalte eine *Willenskomponente*, ein volitionales Element (REENPÄÄ, *7*). Denkt man beispielsweise an die Aufmerksamkeitsanstrengung bei der Tätigkeit der beobachtenden Wissenschaften, so wird man die Richtigkeit des Gesagten bestätigt finden.

Auch die Sprache trägt der aktiven Komponente der Sinneswahrnehmung Rechnung. ARMSTRONG macht darauf aufmerksam, daß die Wahrnehmungsworte „achievement-words", Leistungsworte sind, die den Charakter des Bewegens, Ergreifens oder Erfassens haben, z.B. er-fahren, wahr-nehmen, per-cipere. Für höhere Grade intentionaler Anspannung beim Sinneswahrnehmen bildet die Sprache eigene Wörter; so wird das Sehen gesteigert zum Blicken, Fixieren, Beobachten und Spähen, das Hören zum Horchen und Lauschen, das Riechen zum Schnüffeln, Schnuppern und Wittern.

Die intentionale Leistung greift immer über die Gegebenheit hinaus, d.h. der Wahrnehmungsakt kann nicht auf seine bloßen *Inhalte* reduziert werden. Sehe ich von allem Gegenständlichen ab, so verbleibt stets noch das Erlebnis der Intention, der „reinen Aktivität" (HUSSERL). Dieser Sachverhalt der Selbsttätigkeit oder Spontaneität im Wahrnehmen widerspricht einer rein rezeptiven Auffassung des Wahrnehmungsaktes. Er steht darüber hinaus auch im Gegensatz zu der Auffassung, das Bewußtsein sei eine „tabula rasa" oder ein „white paper" (LOCKE), das durch nichts anderes als durch seine Inhalte bestehe, entsprechend dem Satz des Sensualismus „nihil est in intellectu, quod non prius fuerit in sensu".

Damit erweist sich der Wahrnehmungsvorgang als ein Akt, den wir mit BRENTANO und HUSSERL als *intentional* bezeichnen. Intentionale Erlebnisse sind „auf etwas gerichtet", zielen immer auf einen „Gegenstand". Der gerichteten Aktivität, dem „*cogito*", entspricht ein „*cogitatum*" — z.B. ein Sinneserlebnis. Man kann den Wahrnehmungsakt als ein polares Spannungsverhältnis zwischen Wahrnehmungstätigkeit und Wahrnehmungsgegenstand auffassen. ROTHSCHILD (*1*) spricht in diesem Zusammenhang von dem „Eigenpol" und dem „Fremdpol" des Erlebens. Wenn wir die beiden Pole des intentionalen Verhältnisses *Subjekt* und *Objekt* nennen, so kommen sogleich alle Mißverständlichkeiten ins Spiel, welche diesen Begriffen anhaften, so daß es angebracht sein dürfte, näher zu umschreiben, was mit der intentionalen Subjekt-Objektbeziehung gemeint ist.

Der übliche, aus der alltäglichen Dingwelt stammende und in den Naturwissenschaften als absolut gesetzte Objektbegriff bezeichnet einen Gegenstand, der gegenüber der Beobachtungstätigkeit völlig invariant ist. Sein Korrelat ist ein vom Gegenstand völlig losgelöstes Subjekt, gewissermaßen ein zweites Ding, das dem Objekt beziehungslos gegenübersteht. Wir sehen also, wie aus dem

Objektivismus notwendigerweise der psycho-physische Dualismus folgt — die „Cartesische Spaltung“ der Welt in eine „res extensa“ und eine „res cogitans“. Was der Idee einer res cogitans zugrunde liegt, ist die falsche Identifizierung des gewöhnlichen „Körper-Ich“ mit dem leistenden Pol der Intentionalität, und HUSSERL kritisiert mit Recht DESCARTES, der hier auf halbem Wege stehengeblieben sei. Denn die Auffassung des Ich als eines abgesonderten, im Körper eingeschlossenen und den Dingen der Außenwelt isoliert gegenüberstehenden Wesens ist nichts anderes als die Konsequenz unserer naiven, objektivistischen Auffassung der Welt.

Die intentionale Beziehung, wie sie im Wahrnehmungsakt besteht, stellt sich hingegen als etwas völlig anderes dar. Sie ist eine den Wahrnehmenden und den Wahrnehmungsgegenstand übergreifende Funktion, in der Subjekt und Objekt nur in *relativer* Sonderung auftreten, sozusagen als die beiden Pole eines einheitlichen Geschehens. Dieses Verhältnis ist schon deshalb nicht leicht zu umschreiben, weil unsere Grammatik bereits eine Vorentscheidung im Sinne des Objektivismus und psycho-physischen Dualismus trifft. Denn wenn man sagt: „Ich sehe einen Baum“, so zerreißt man grammatikalisch den intentionalen Zusammenhang des Wahrnehmens, indem man Subjekt, Prädikat und Objekt als isolierte Elemente nebeneinandersetzt. Es kann dann der Eindruck entstehen, als seien Ich und Wahrnehmungsgegenstand zwei völlig getrennte, für sich bestehende Dinge.

Das intentionale Verhältnis gehört nach PEIRCE zur Universal-Kategorie der „Secondness“. Darunter versteht er eine unmittelbare polare oder duale Beziehung, ohne daß irgendein drittes, die beiden Pole verbindendes Element oder Medium gegeben ist. Es ist die Einheit in der Zweiheit. Ist man sich dessen bewußt, so sieht man ein, daß Wahrnehmungsgegenstände weder rein subjektiv noch rein objektiv sein können, weil sie einerseits untrennbar mit dem leistenden Subjekt verbunden sind, andererseits aber immer auch über das Subjekt hinausweisen. Im Einzelfall kann freilich der eine oder der andere Pol stark überwiegen. So ist ein Seherlebnis in besonderem Maße objektbetont, während ein Schmerzerlebnis vorwiegend als dem Subjekt zugehörig erlebt wird. Auf einer unzulässigen Verallgemeinerung der Verhältnisse beim Schmerz beruht BERKELEYs Behauptung von der reinen Subjektivität der Sinnesqualitäten. In der Schmerzempfindung liegt nichts, was über das Subjekt hinausweist, aber andere Sinnesqualitäten deuten zwingend auf Außersubjektives. Es ist sinnlos, zu sagen: meine Hand fühlt sich schmerzhaft an, schmerzt sie wirklich? Wohl aber hat es einen Sinn, wenn man sagt: ein Gegenstand erscheint mir blau, ist er wirklich blau? Es führt also nicht auf Widersinn, wenn man Objekten außerhalb des wahrnehmenden Subjekts eine Existenz zuschreibt, während man nicht gut von einem Schmerz sprechen kann, den niemand fühlt.

Der intentionale Charakter der Sinneswahrnehmung bedeutet, daß zwischen Wahrnehmen und Bewegen kein prinzipieller, sondern nur ein gradueller Unterschied besteht (vgl. PALÁGYI; V. v. WEIZSÄCKER, *2*; BERGSTRÖM, *1*). Die übliche Unterscheidung von Rezeptivität und Spontaneität muß damit einer differenzierten Betrachtungsweise weichen, denn Wahrnehmen und Bewegen enthalten sowohl rezeptive als auch spontane Komponenten, die sich bis in die physiologischen Vorgänge hinein verfolgen lassen. Allerdings überwiegt beim Bewegen die Spontaneität, während der rezeptive Anteil weniger ausgeprägt ist. Beim Wahrnehmen hingegen steht der vom aktiven Willen unabhängige Anteil des Erlebens, der Fremdpol der intentionalen Beziehung, im Vordergrund. Es ist das Gegebene, Unerwartete im Sinneshorizont, das sich in seinen stärkeren Graden als Überraschung, Schock, Erschütterung, Überwältigung kundtut (PEIRCE).

Eine Sonderstellung nehmen in dieser Hinsicht die *propriozeptiven* Erlebnisse ein, bei denen Wahrnehmung und Bewegung so miteinander verschränkt sind, daß man von einer Identität sprechen könnte. Das heißt, das Erlebnis einer aktiven Bewegung kann ebensogut als Willensanstrengung wie als wahrgenommene Muskelanspannung beschrieben werden (REENPÄÄ, *8*; BERGSTRÖM, *5*).

Die Sinneserfahrung zeichnet sich unter den verschiedenen Arten intentionaler Erlebnisse dadurch aus, daß bei ihr der leistende und der gegenständliche Pol der intentionalen Beziehung sich weitgehend entsprechen. Beim Sinneserlebnis intendieren wir nur auf das, was sich zeigt, und auf nichts weiter; die Intention ist also hier *voll erfüllt*. In dieser Hinsicht kann man das Sinneserlebnis als das in seiner Struktur einfachste und klarste cogitatum bezeichnen, und von dorther wird auch seine besondere Bedeutung als Erkenntnisfundament — vor allem im Bereich der empirischen Wissenschaften — einsichtig.

Ein Gegenbeispiel wäre die „Erwartung". Bei ihr greift die Intention weit über das Gegebene hinaus, indem sie sich auf etwas richtet, was noch nicht in die aktuelle Gegebenheit getreten ist. Ein derartiges intentionales Erlebnis ist, wie HUSSERL sagt, umgeben von einem „Horizont" der unerfüllten Aspekte.

Bei den Sinnesphänomenen kann man daher am ehesten von der Intentionalität absehen und nur das *Gegenständliche* oder Willensunabhängige beschreiben. Freilich ist es nicht möglich, die intentionale Komponente ganz außer acht zu lassen, wenn es sich um eine möglichst genaue Darlegung der Sinnesphänomene handelt. Es hat sich gezeigt, daß selbst die sog. einfachsten Empfindungen von der Aufmerksamkeit oder der Willensanspannung beim Beobachten abhängig sind (S. 59). Das ist nur ein Beispiel unter vielen für die Tatsache, daß Sinneserlebnisse — eben wegen ihrer Intentionalität — unvollständig determiniert sind, und zwar in höherem Maße und in anderer Weise, als das z. B. bei physikalischen Objekten der Fall ist. Das heißt also, daß wir ohne Mitberücksichtigung der intentionalen Leistung nicht genau vorhersagen können, was sich phänomenal zeigen wird. Nach der Auffassung von ARMSTRONG ist dieser phänomenale Indeterminismus von grundsätzlicher Art und nicht etwa nur Ausdruck unserer unvollständigen Kenntnis von Sinnesinhalten, die als solche voll determiniert sind.

Höchst verwickelte intentionale Leistungen vollbringen wir bei der Wahrnehmung der *dinglichen Außenwelt*. Wir bewegen uns an ruhenden Gegenständen vorbei: es treten perspektivische Verschiebungen im Wahrnehmungshorizont auf, aber dennoch werden die Gegenstände als ruhend wahrgenommen. Wir lassen das Auge oder die tastende Hand über ein Ding gleiten: wir bekommen ständig neue Aspekte und Inhalte, aber wir nehmen ein und dasselbe Ding in verschiedenen Erscheinungsweisen wahr. Auch nehmen wir praktisch keine Notiz davon, daß uns die Eigenschaften der Dinge durch getrennte Sinnesorgane vermittelt sind; vielmehr nehmen wir einen identischen Gegenstand in seinen verschiedenen Eigenschaften wahr. Ändert sich die Entfernung eines Gegenstandes von uns, so wird er keineswegs größer oder kleiner gesehen, sondern wir sehen ihn als gleich groß in verschiedener Entfernung (Größenkonstanz der Sehdinge). Soweit erscheint die Umwelt und wir in ihr in einer widerspruchsfreien Ordnung, in der wir leben und uns zurechtfinden können.

Aber betrachten wir die Wahrnehmung noch etwas genauer. Ist wirklich alles so widerspruchsfrei geordnet, wie es zunächst den Anschein hatte? Zeigt sich wirklich nur dasjenige in der Wahrnehmung, was ich soeben zu charakterisieren versuchte? Wenn ich autofahre, sehe ich nicht die ruhenden Gegenstände der Außenwelt sich schnell bewegen? Es ist nicht zu leugnen, daß ich auch das unmittelbar wahrnehme. Oder wenn ich eine schräg gehaltene Münze betrachte, was sehe ich tatsächlich? Eine runde Münze oder eine Ellipse? Nun, eigentlich beides. Ich kann mich auf das „an sich seiende“ Objekt einstellen, dann sehe ich die runde Münze; ich kann mich aber auch auf die „Erscheinungsweise“ der Ellipse einstellen und diese dann ebenso unmittelbar sehen. Beim Tasten kann ich mich auf die Fingerspitzen konzentrieren und nehme dann keinen Gegenstand, sondern eine Zeitfolge von Rauhigkeiten, Glätten und Vibrationen wahr. Und sehe ich meine Hand vor dem Auge nicht doch als gleich groß wie das Haus dort? Kann ich es nicht mit der Hand bedecken? Oder, wenn ich im Flugzeug sitze, ist dann nicht die vorhin beschriebene Größenkonstanz der Sehdinge plötzlich aufgehoben und die Welt sieht spielzeughaft klein aus? Ja, es kann sogar der Fall eintreten — etwa bei den Bewegungsnachbildern — daß ein wahrgenommener Gegenstand sich ständig in einer Richtung bewegt und doch am selben Ort bleibt.

Ich will die Zahl der Beispiele nicht weiter vermehren; sie zeigen bereits das Wesentliche, worauf es hier ankommt: das Fragmentarische, das Indeterminierte und Mehrdeutige der Wahrnehmungsgegenstände, ihre „Anti-Logik“ (V. v. WEIZSÄCKER, *2*), die Paradoxie der Phänomene, das Schwebende und Offene der Wahrnehmung.

Nunmehr erweist es sich, daß die wahrgenommenen Dinge der Lebenswelt in dieser Form gar nicht zwangsläufig in der Wahrnehmung fest vorgegeben sind, sondern bis zu einem gewissen Grade auf Entscheidungen beruhen, die ich im Wahrnehmen unaufhörlich selbst treffe, indem ich andere ebenso unmittelbare Wahrnehmungen nicht ernst nehme. Auch mein Spiegelbild nehme ich ja nicht ernst, obwohl ich es ebenso zwingend dort hinter dem Spiegel sehe wie irgendein reales Ding der Außenwelt. Ich habe die Freiheit, mich für verschiedene Aspekte der Außenwelt im Wahrnehmen zu entscheiden; einer davon ist die Außenwelt als eine Welt von Gegenständen.

Diese Verhältnisse sind nicht nur für die normale Wahrnehmung, sondern auch für die *Pathologie* der Sinnesleistungen von entscheidender Bedeutung. Wie wir gesehen hatten, handelt es sich beim Wahrnehmen der Außenwelt um eine aktive Leistung unter Beteiligung mehrerer Sinne, über die wir bis zu einem gewissen Grade frei verfügen können. Fällt ein einzelnes Sinnesorgan aus, so kann durch Leistungsumstellung und Ausnutzung anderer Sinnesleistungen der Ausfall in vielen Fällen weitgehend kompensiert werden. Maßgebend ist also nicht, was das einzelne Sinnesorgan noch kann oder nicht mehr kann, sondern was der Wahrnehmende in bezug auf die Gesamtperzeption zu leisten imstande ist. Das führt zu unmittelbaren praktischen Konsequenzen, von denen ich nur die Beurteilung der Eignung zum Führen von Kraftfahrzeugen bei eingeschränkten Sinnesleistungen erwähne. Hier geht man, wie LEWRENZ (S. 172) hervorhebt, noch viel zu sehr von der Untersuchung isolierter Sinnesfunktionen aus, die dem intentionalen Prinzip der Wahrnehmung in keiner Weise gerecht werden.

II. Das Prinzip der analytischen Reduktion

Der Ansatzpunkt der theoretischen Sinnesphysiologie unterscheidet sich grundsätzlich von den methodischen Voraussetzungen der positiven Wissenschaften. Das allgemeine Leitmotiv der letzteren, insbesondere der exakten Naturwissenschaften, ist der Objektivismus, die Herausarbeitung einer vom beobachtenden Subjekt unabhängigen Außenwelt. Das gilt der Tendenz nach auch dort, wo diese Idee nur approximativ realisierbar ist. Infolgedessen beurteilt die Naturwissenschaft das sinnlich Wahrnehmbare nur im Hinblick auf seine objektive Geltung. Im Hintergrund steht dabei stets unser natürliches Bild einer dinglichen, subjektinvarianten Körperwelt.

Die allgemeine Sinnesphysiologie hingegen fragt primär gar nicht nach der Objektivität ihrer Gegenstände. Ob eine phänomenale Farbe „wirklich" ist, ob sie einem objektiven Gegenstand oder dem Subjekt angehört, ob die Sinne täuschen — das alles sind Probleme, die bei der phänomenologischen Reduktion ausgeklammert werden. Was bleibt, sind die *Sinneserlebnisse* oder *Sinnesphänomene*. Ganz ungerechtfertigt wäre es, wollte man sie auf dieser Stufe der Untersuchung als subjektiv oder als psychisch bestimmen; darüber ist hier gar nichts auszumachen. Sinneserlebnisse sind als Gegebenheiten unbezweifelbar. Daß ich einen bestimmten Sinneseindruck habe, ist unmittelbar gewiß; hingegen kann ich durchaus bezweifeln, ob das, was ich wahrnehme, in der realen Außenwelt existiert.

Die Sinneserlebnisse besitzen eine in sich gegliederte Struktur, die in ihrer Gesamtheit die *Sinnesmannigfaltigkeit* darstellt. Diese phänomenale Struktur läßt sich auf Grund ihrer qualitativen Wesensinhalte beschreiben, begrifflich analysieren und in ihren gegenseitigen Verhältnissen untersuchen, ohne den Bereich des unmittelbar Gegebenen zu überschreiten. Da hierbei nach dem Wesen (essentia) der Inhalte und nicht nach deren Sein (existentia) gefragt wird, kann man die Phänomenologie auch als Wesensforschung bezeichnen. Dies sei an einem Beispiel verdeutlicht: Die Farbqualitäten lassen sich rein phänomenologisch nach ihren Wesenseigenschaften beschreiben und in eine bestimmte Farbenordnung bringen (z.B. Farbenkreis oder Farbenkörper). Gegenüber der „Seinsweise" der Farben, vor allem gegenüber ihrer Subjektivität oder Objektivität, ist diese Farbenordnung invariant; sie gilt unabhängig davon, ob es sich um Körperfarben, Nachbilder oder Halluzinationen handelt.

Bei der Strukturanalyse der Sinnesmannigfaltigkeit folgen wir einem Leitprinzip, das REENPÄÄ (7) als *analytische Reduktion* bezeichnet. Unsere begrifflich geleitete Intention löst dabei die Objekte der Außenwelt in ihre qualitativen „Eigenschaften" auf, die beim gewöhnlichen Wahrnehmen den Dingen gewissermaßen fest anhaften, und richtet sich auf die Qualitäten als solche. Die analytische Reduktion ist nur hinsichtlich der Auflösung der Dinglichkeit analytisch, während sie bei der Herausarbeitung des Qualitativen *synthetisch* vorgeht: im Erfassen der Sinnesqualitäten als selbständiger, auch durch eigene Begriffe repräsentierter Wesenheiten lösen wir uns aus der Verhaftung an die konkreten Gegenständlichkeiten der naiven Lebenswelt und vollziehen eine freie Synthese dessen, was über die Sinneswelt in Einzelerscheinungen zerstreut ist. Auch GOETHEs Farbenlehre geht diesen Weg, und ihre Bedeutung liegt gerade darin, daß sie ihn konsequent geht. Das Eigenwesen der Farbe wird als Einheit durch die gesamte Ordnung der Erscheinungen durchgehalten.

Die Grundsätze, nach denen die analytische Reduktion der Sinnesmannigfaltigkeit erfolgt, sind die *Ähnlichkeit* (Unähnlichkeit) und die *Abhängigkeit* (Unabhängigkeit) der verschiedenen Qualitätsbereiche. Die phänomenale Unabhängigkeit läßt sich im mathematischen Bild der *Orthogonalität* veranschaulichen; Farbe und Form z.B. sind orthogonal, man kann sie unabhängig voneinander variieren. In Anlehnung an den entsprechenden mathematischen Begriff bezeichnen wir die orthogonalen Bereiche als *Dimensionen* der Sinnesmannigfaltigkeit, womit zum Ausdruck gebracht werden soll, daß die Verhältnisse innerhalb einer Dimension invariant sind gegenüber Änderungen innerhalb einer anderen Dimension. Ähnliche Verwandtschafts- und Unabhängigkeitsforderungen finden wir auch in der neueren Strukturtheorie der physikalischen Begriffe (FLEISCHMANN) für die sog. Basiselemente, die als begriffliche Repräsentationen von Sinnesqualitäten aufgefaßt werden können — freilich nur als ferner Abglanz, denn das physikalische Begriffssystem ist der Qualitätsstruktur der Sinneswelt nicht isomorph.

Als Resultat der analytischen Reduktion ergeben sich die Grunddimensionen der *Zeitlichkeit, Räumlichkeit, Qualität* und *Intensität*. Alles sinnlich Wahrgenommene hat eine bestimmte Zeitgestalt, es ist räumlich in der Außenwelt oder an unserem Körper lokalisiert, es besitzt eine spezifische, unverwechselbare Qualität, die mit einem abgestuften Grad von Intensität auftritt. Alle genannten Grunddimensionen sind ihrer ursprünglichen Bedeutung nach als Qualitäten aufzufassen; ihre quantitative Behandlung ist etwas durchaus Sekundäres. Um Verwechslungen zu vermeiden, wird aber im folgenden nur die dritte der genannten Dimensionen als Qualität bezeichnet.

Führt man die analytische Reduktion der Sinnesmannigfaltigkeit konsequent weiter, so gelangt man schließlich zu Elementen, die begrifflich nicht weiter analysierbar sind, also rein phänomenalen Charakter besitzen. Es sind dies die sog. einstelligen Elemente der Sinneserlebnisse, z.B. das Erlebnis Rot. Die Sinnesphysiologie als experimentelle Wissenschaft unterscheidet sich nun von der Phänomenologie vor allem dadurch, daß sie diese phänomenalen Grundgegenstände nicht nur begrifflich aus der Sinnesmannigfaltigkeit abstrahiert, sondern sie mittels entsprechender Versuchsanordnungen auch experimentell möglichst rein darstellt und die Bedingungen ihres Auftretens untersucht. In den „künstlich" erzeugten, rein phänomenalen Objekten der allgemeinen Sinnesphysiologie haben wir also einen Fall vor uns, in welchem der erkenntnistheoretische Grenzbegriff der reinen Wahrnehmung praktisch realisiert wird.

III. Die Zeitdimension

Beim Wahrnehmen durch die Sinne tritt die Zeit als *Aktualität* auf. Wir fassen einen Gegenstand in den Blick: er tritt in den Wahrnehmungshorizont ein — wir blicken weg oder schließen die Augen: er verschwindet aus unserem Gesichtsfeld. Der Begriff des „Augenblicks" bezeichnet sehr treffend den temporalen Modus der Sinnesgegebenheit. Alle Sinnesanschauung ist gegenwärtig, ein zeitliches „Jetzt" (vgl. STRAUS, S. 368). Während die phänomenalen Raum-, Intensitäts- und Qualitätsdimensionen Ausdehnung besitzen, fehlt dem Sinneserlebnis eine ausgedehnte Zeitdimension. Man kann die phänomenale Zeit daher als *nulldimensional* bezeichnen, und zwar in dem Sinne, daß sie sich nicht in kleinere Zeitelemente auflösen läßt. Die sinnliche oder phänomenale Zeit ist reduziert auf das Erleben des jetzigen Augenblickes, auf das Instantane. Was ich früher wahrgenommen habe, ist nicht Sinneswahrnehmung, sondern Erinnerung, und was ich noch nicht wahrgenommen habe, ist wiederum nicht Sinneswahrnehmung, sondern Erwartung. Wir haben keine unmittelbare sinnliche Wahrnehmung von Vergangenheit und Zukunft. „Ob es wohl jemanden gibt" schreibt AUGUSTINUS, „der mir sagt, es seien nicht drei Zeiten, . . . nämlich Vergangenheit, Gegenwart und Zukunft, sondern nur die eine Gegenwart, weil die beiden anderen ja nicht sind? Oder sind sie doch, aber die eine tritt aus irgendeinem Versteck hervor, wenn aus Zukunft Gegenwart wird, und die andere verzieht sich in ein Versteck, wenn aus Gegenwart Vergangenheit wird? . . . Wo sind sie, das Zukünftige und Vergangene? . . . Wo sie auch sein mögen, da sind sie nicht zukünftig oder vergangen, sondern gegenwärtig".

Freilich wäre es ein Irrtum, wollte man die Zeitlichkeit des Sinneserlebnisses als mathematischen Moment auffassen. Das anschauliche Jetzt ist nicht ein strikt nulldimensioniertes Objekt, ein ausdehnungsloser Zeitpunkt, sondern eine Zeitstrecke von einer gewissen, wenn auch sehr kurzen Ausdehnung, die aus einem „Jetzt" und einem „Soeben" besteht (REENPÄÄ, *8*). Für die Behauptung, es gäbe keine ganz scharfe Trennung von gegenwärtiger Wahrnehmung und

Erinnerungsbild, sprechen vor allem die Phänomene der Bewegungswahrnehmung. Wären die Gegenwartsmomente völlig isoliert, so müßten wir Bewegungen als Folge ruhender Zeitdifferentiale wahrnehmen (vgl. DINGLER, *1*, S. 223). Das ist aber keineswegs der Fall, sondern die Bewegung wird als eigene Qualität unmittelbar erlebt — sogar dort, wo eine tachistoskopische oder kinematographische Folge ruhender Bilder dargeboten wird. Auch an die Zukunft sind die aktualen Sinneserfahrungen angeschlossen, und zwar durch die vorausgreifende Intention der Erwartung. Das „Sogleich" dürfte aber in anderer Weise gegeben sein als das gegenwärtige Sinneserlebnis, nämlich durch ein willensmäßiges Element, das über die anschauliche Gegebenheit hinausgreift. Auf diese Verhältnisse werde ich auf S. 43 noch näher eingehen.

Die Sinneserlebnisse sind also beschränkt auf den Modus der *Gegenwart*. Wenn ich einen Gegenstand nicht mehr wahrnehme, so kann ich noch so gute Gründe für die Überzeugung haben, daß er sich im gegenwärtigen Augenblick an einem bestimmten Ort befinde; ob dieser Sachverhalt wirklich besteht, kann mir nur das unmittelbare Sinneszeugnis sagen. Andererseits haben die Sinneseindrücke durch ihre Gegenwärtigkeit den Charakter des Singulären und Zufälligen; sie sind einmalige Ereignisse, die nichts enthalten, was auf Vergangenheit oder Zukunft verweist.

Hingegen ist es in der Sphäre der *Gedanken* und *Vorstellungen* möglich, auch dem Vergangenen und Zukünftigen den Charakter des Gegenwärtigen zu verleihen. Ich kann mich an ein vergangenes Ereignis erinnern, d.h. mir von ihm eine gegenwärtige Vorstellung machen, ebenso wie ich mir ein zukünftiges Ereignis in der Gegenwart vorstellen kann. Die Sprache hat hierfür den präzisen Ausdruck „vergegenwärtigen", also das Gegenwärtigmachen von Vergangenem und Zukünftigem. Dieses Erlebnis bleibt aber im Bereich der reinen Intention, weil ihm die Erfüllung durch die Sinnesgegebenheit fehlt.

Die Zeit wird als *intermodale* Dimension bezeichnet, weil jedem Sinneserlebnis Zeitlichkeit zukommt. Vergleicht man, wie sich die Zeit in den verschiedenen Modalbereichen, z.B. in einem Seherlebnis und einem Hörerlebnis, darbietet, so fällt ihre Verwandtschaft, ja Identität, auf. Demgemäß sprechen wir auch nicht von der Sehzeit und der Hörzeit, sondern von der Zeit schlechthin. Auch ist es infolge des instantanen Charakters der Phänomenalzeit nicht möglich, die Zeitdimensionen verschiedener Modalbezirke unabhängig voneinander zu variieren. Man kann somit eine Gleichheit der Zeit, eine *Gleichzeitigkeit*, konstatieren, welche die einzelnen Sinneseindrücke verbindet. Das mehrstellige Element der phänomenalen Gleichzeitigkeit gehört zu den fundamentalen Strukturgliedern der Sinnesmannigfaltigkeit.

Die Begriffsentsprechung der intermodalen Zeitdimension, der *Zeitbegriff*, nimmt in allen empirischen Disziplinen, vor allem auch in den exakten Naturwissenschaften, eine Schlüsselstellung ein. Wie unterscheidet sich nun die begriffliche Zeit, von der sich die physikalische Zeit herleitet, gegenüber der physiologischen oder phänomenalen Zeit? Im Zeitbegriff erfassen wir die Zeit als unbegrenztes Kontinuum, während die Zeitlichkeit der Sinneserfahrung sich auf eine kurze Gegenwartsspanne beschränkt. Geht man davon aus, daß das Bilden von Begriffen eine „Zeitenthebung" bedeutet, so kann man sagen, der Zeitbegriff sei eine zeitenthobene Zeit (REENPÄÄ, *8*). Diese vielleicht etwas paradox klingende Formulierung besagt nichts anderes, als daß man bei der Bildung des Zeitbegriffs von der phänomenalen Zeitlichkeit, d.h. vom Fließen der Gegenwartsmomente, absieht. Die Erfahrungsgrundlage des Zeitbegriffs dürfte jedoch weniger in der Sinnesanschauung, sondern vorwiegend in der Willenssphäre zu suchen sein, die über die Gegenwärtigkeit der Sinneserlebnisse hinausgreift (S. 43). Von diesem willenshaft erweiterten Zeiterlebnis aus dürfte auch die Genese des *Kausalbegriffs* und der Zusammenhang von Kausalität und Zeitfolge verständlich werden.

IV. Die Raumdimension

Auch den Raum kann man als intermodale Dimension bezeichnen, da alle Sinneserlebnisse Räumlichkeit oder Lokalität besitzen, freilich in einem sehr verschiedenen Grad. Die Verwandtschaft des Räumlichen in den einzelnen Modalbezirken ist wesentlich geringer als die des Zeitlichen; zwar sprechen wir in einem allgemeinen Sinn vom Raum, aber der Sehraum, der Hörraum, der Tastraum, der Bewegungsraum besitzen erhebliche Strukturunterschiede. Dies hängt damit zusammen, daß die Lokaldimension Ausdehnung besitzt und zudem in mehrere Unterdimensionen gegliedert sein kann, so daß also beim phänomenalen Raum mehr Freiheitsgrade bestehen als bei der nulldimensionierten phänomenalen Zeit. Die Gleichheit der Zeit ist sozusagen zwangsläufig gegeben, die Gleichheit des Räumlichen oder des Lokalen verschiedener Sinnesbereiche, etwa einer Seh- und einer Tastgestalt, wird hingegen durch eine komplizierte, zum Teil erst im Laufe des Lebens erworbene intentionale Leistung erreicht.

Die *Lokaldimension* verschiedener Sinnesgestalten können wir als Raum, Fläche, Strecke oder Örtlichkeit bezeichnen, je nachdem, um welchen Sinnesbereich es sich handelt. Die durchsichtig klare Raum- oder Flächendimension der Sehgestalt hat eine gewisse Ähnlichkeit mit der viel diffuseren Örtlichkeitsdimension der Tastgestalt, aber auch mit der ganz amorphen Lokaldimension des Schmerzes.

Der Bewegungsraum oder kinästhetische Raum ist dreidimensional; er kann wohl als unser „primärer“ Raum gelten, auf den die anderen Räume bezogen und mit dem sie intentional zur Deckung gebracht werden. Es ist möglich, den Sehraum gegenüber dem Bewegungsraum willkürlich und unabhängig zu verändern, etwa dadurch, daß man mittels einer Umkehrbrille den Sehraum auf den Kopf stellt. Wie neuere Experimente gezeigt haben (Kohler), wird der umgekehrte Sehraum im Laufe einiger Tage mit Hilfe kinästhetischer Erlebnisse und Schwereempfindungen wieder aufgerichtet und so die Einheit der Raumwahrnehmung erneut hergestellt.

Die bevorzugte Dimension des Sehraumes ist die Fläche. Den gesehenen Flächengrößen kommt eine eigene Qualität zu, und sie sind daher als eindimensional zu betrachten; ihre Zurückführung auf Längen, also die zweidimensionale Darstellung, ist bereits eine begriffliche Abstraktion (vgl. Reenpää, *1*; Unger, *2*). Der dreidimensionale Sehraum besitzt nach neueren Untersuchungen eine nichteuklidische, wahrscheinlich hyperbolische Struktur (Kienle). Das Parallelenaxiom Euklids, wonach durch einen Punkt in der Ebene nur eine einzige Gerade läuft, die eine zweite Gerade in der gleichen Ebene nicht schneidet, gilt im phänomenalen Sehraum nicht. Ferner sind in der euklidischen Geometrie drei Eigenschaften von Parallelen fest verknüpft: gleicher Abstand (Äquidistanz), gleiche Richtung (gleiches Lot) und Nichtschneiden, während im Sehraum diese drei Eigenschaften auseinanderfallen; so findet man z. B. einen eindeutigen phänomenalen Unterschied zwischen visuellen Geraden mit gleicher Richtung und visuell äquidistanten Linien.

Die Räumlichkeiten der übrigen Sinnesbereiche sind zum Teil sehr unklar ausgeprägt. Beim Gehörsinn ist die Richtung rechts-links bevorzugt, beim Geruchssinn schließlich ist der räumliche Eindruck völlig diffus.

Es würde hier zu weit führen, die unterschiedlichen Raumstrukturen der einzelnen Modalbereiche näher zu analysieren. Trotz der Verschiedenheiten ist die intermodale Verwandtschaft des Räumlichen immerhin so deutlich, daß die Gleichheit des Raumes, die *Gleichräumlichkeit* oder Gleichlokalität, also das Auftreten mehrerer Sinneserlebnisse am selben Ort, ebenfalls als grundlegendes mehrstelliges Element der phänomenalen Mannigfaltigkeit gelten darf.

Wir kennen einen kleinsten erlebbaren Wert der räumlichen Ausdehnung, sei es einer Länge oder einer Fläche, die wir als *räumliche Erlebnisschwelle* bezeichnen. Es braucht dabei nicht besonders betont zu werden, daß es selbstverständlich kleinere physikalische Raumgrößen oder Längenabstände gibt, denen aber keine entsprechenden Erlebnisse zugeordnet werden können. Da wir eine räumliche Strecke nur mittels einer begrenzten Anzahl erlebbarer Schritte durchmessen können, sind wir berechtigt, die phänomenalen Raumdimensionen als diskontinuierlich zu bezeichnen.

Die Begriffsentsprechung der intermodalen Dimension der Räumlichkeit, der *Raumbegriff*, ist für die exakten Wissenschaften ebenfalls von entscheidender Bedeutung. Von ihm handelt die Wissenschaft der Geometrie (Raum, Fläche, Linie, Punkt) und, im Zusammenhang mit dem Zeitbegriff, die Wissenschaft der Kinematik oder Phoronomie. Infolge der Verschiedenheit der phänomenalen Räume ist die Frage nach den Anschauungsgrundlagen des Raumbegriffs ein schwieriges Problem, das hier nicht im einzelnen behandelt werden soll; meines Erachtens ist hier in erster Linie an den Bewegungsraum oder kinästhetischen Raum, dann auch an den Sehraum zu denken.

V. Die Qualitätsdimension

Husserl nennt die sinnlichen Qualitäten „Füllen", weil sie die raumzeitlichen Strukturen mit qualitativem Inhalt erfüllen. Von dieser Seite her, von der Sonderung gegenüber Raum und Zeit, läßt sich wohl am ehesten die Berechtigung herleiten, die Fülle des Qualitativen überhaupt in einer einheitlichen Kategorie der Qualität zusammenzufassen.

Im Gegensatz zu den offenen phänomenalen Dimensionen der Zeit, des Raumes und der Intensität finden wir bei der Qualitätsdimension *geschlossene* Strukturen. So kehrt die Farbqualitätsdimension in der Reihenfolge: Rot — Orange — Gelb — Grün — Blau — Violett — Purpur — Rot in sich selbst zurück, sie bildet eine cyclische Struktur, die gegen andere qualitative Bereiche abgeschlossen zu sein scheint. Die Farbqualitäten sind untereinander verwandt, aber qualitativ ganz unähnlich einem Tasterlebnis oder einem Geruchserlebnis. Zwischen verschiedenen Bereichen der Qualitätsdimensionen besteht eine logisch nicht zu überbrückende Heterogenität, ein Hiatus irrationalis.

Man kann demnach die Sinnesqualitäten in eine Vielzahl von Dimensionen gliedern, wobei wiederum das Prinzip der Orthogonalität leitend ist. So unterscheidet man, um nur einige zu nennen, die orthogonalen Qualitätsdimensionen von Farbe, Klangfarbe, Kraft, Berührung, Temperatur, Schmerz, Geruch und Geschmack. Alle genannten Dimensionen können innerhalb gewisser Grenzen unabhängig voneinander variiert und beliebig miteinander kombiniert werden. So kann ein Wahrnehmungsgegenstand zugleich rot, hart und warm sein, aber nicht zugleich rot und grün. Manche Qualitätsdimensionen lassen sich wiederum in verschiedene Qualitäten aufgliedern, z. B. die Farbqualitätsdimension; andere besitzen nur eine einzige Qualität, wie die Dimension der Krafterlebnisse. Es ist nicht Aufgabe der allgemeinen Theorie der Sinne, die qualitativen Dimensionen der Sinnesmannigfaltigkeit vollständig aufzuzählen oder gar im einzelnen zu analysieren — dies muß spezielleren Untersuchungen überlassen bleiben (siehe z. B. Reenpää, *1*).

Auch die Qualitätsdimensionen sind diskontinuierlich strukturiert. Eine Absolutschwelle der Qualität kann es schon wegen der cyclischen Struktur dieser Dimensionen nicht geben, aber wir kennen eine *Erlebnisunterschiedsschwelle.* Sie ist der kleinste phänomenale Schritt, der in der Unterscheidung zweier Qualitäten möglich ist.

Ohne Zweifel stößt die begriffliche Analyse der Qualitätsdimension auf größere Schwierigkeiten, als sie bei der Raum-, Zeit- und Intensitätsdimension bestehen. Während die phänomenale Zeit, der phänomenale Raum und, wenn auch in schwächerem Maße, die phänomenale Intensität sich dem logischen Denken leicht und wie von selbst fügen, was schon daraus hervorgeht, daß die exakten Naturwissenschaften einen Raum-, Zeit- und Intensitätsbegriff entwickelt haben, so trifft das für die Sinnesqualitäten nur sehr bedingt zu. Denn diese enthalten tief *irrationale* Komponenten, die sich jedem logischen Zugriff entziehen. Insbesondere gilt das für die qualitativen Erlebnisse der sog. niederen Sinne, bei denen starke Verbindungen zur Sphäre des Vitalen, des Affektiven und des Willensmäßigen bestehen, wogegen ihr rationaler Anteil nur recht schwach entwickelt ist.

Die stärksten *affektiven* Erlebnisse findet man bei der Schmerzqualität, die in vielen Fällen nur noch den Charakter eines reinen Affektes hat. Die einzige deutlich erlebbare Dimension ist die Intensität, bei der man auch ziemlich gut ausgeprägte absolute und relative Erlebnisschwellen unterscheiden kann. Die verschiedenartigen Schmerzen gehören im wesentlichen dadurch zusammen, daß sie schmerzlich sind, d.h. ein negativ betontes Affektmoment besitzen, während die übrigen Wahrnehmungsdimensionen, wie Zeitlichkeit, Lokalität und Qualität, so unklar sein können, daß der Schmerz kaum noch als Sinneswahrnehmung anzusprechen ist.

Eine *willensmäßige* Komponente besitzt vor allem die Kraftqualität. Hier erhebt sich die Frage, ob sie überhaupt als ein Gegenstand der Sinnesmannigfaltigkeit aufzufassen ist, weil sie nicht, wie die übrigen Sinnesqualitäten, als etwas dem Willen Gegenüberstehendes, partiell von ihm Unabhängiges, sondern selbst als willenshaft erlebt wird. Sie tritt nur dadurch in die Gegebenheit, daß wir sie aktiv hervorbringen. Darauf deutet auch der Begriff des „Propriozeptiven", der Eigenwahrnehmung, für das Krafterlebnis: ich nehme mich selbst als aktives Wesen wahr. Die mechanische Kraftempfindung nimmt eine Sonderstellung innerhalb der Sinneserlebnisse ein, denn bei ihr fallen die Qualitäts- und die Intensitätsdimension zusammen; die Qualität der Kraft ist ihre Intensität, das Erlebnis der Anspannung.

VI. Die Intensitätsdimension

Alle sinnlichen Qualitäten treten mit einem bestimmten Grad von Intensität auf, der sich von anderen Intensitätsgraden deutlich unterscheiden läßt. Daß in manchen Fällen mit Änderungen der Intensität auch Verschiebungen innerhalb anderer Dimensionen auftreten können, ist in diesem Zusammenhang nicht entscheidend. Das Wesentliche ist die Möglichkeit, die anderen Dimensionen experimentell invariant zu halten, wenn die Intensität sich ändert. Ein Beispiel: wenn bei konstanter Frequenz die Intensität eines Tones, die Lautheit geändert wird, so ändert sich zugleich auch die erlebte Tonhöhe. Nun kann man aber durch entsprechende Änderung der Frequenz auch bei verschiedenen Lautheiten immer wieder dasselbe Tonhöhenerlebnis herstellen, womit die phänomenale Tonhöhendimension invariant wird gegenüber der Lautheitsdimension. Wir sind also zweifellos berechtigt, die Intensität als unabhängige, orthogonale Dimension der Sinnesmannigfaltigkeit aufzufassen.

Die Intensität eines Sinneserlebnisses hat den Charakter einer Kraft- oder Spannungsqualität. Wir sprechen von einem kräftigen Rot, einem starken Geruch, einer schwachen Beleuchtung. Diese Kraftqualität kann mehr passiv, d.h. vom Wahrnehmungsgegenstand ausgehend erlebt werden, als „Aufdringlichkeit", wie bei einer intensiven Lautheit; sie kann aber auch als aktive Anspannung auftreten, vor allem bei den Krafterlebnissen des kinästhetischen Bereiches.

Untersucht man die Struktur der Intensitätsdimension, so findet man, daß sie nach zwei Seiten endlich begrenzt ist, und zwar nach unten durch ein kleinstmögliches Intensitätserlebnis, das *absolute Schwellenerlebnis* oder Minimalerlebnis, und nach oben durch ein Maximalerlebnis. Kleineren und größeren physikalischen Intensitäten kann phänomenal kein entsprechendes Intensitätserlebnis zugeordnet werden.

Wie verläuft nun die Intensitätsdimension zwischen den minimalen und maximalen Grenzwerterlebnissen? Steigert man fortlaufend die Intensität eines Sinneseindruckes, so stellt man fest, daß zwischen dem Minimal- und dem Maximalerlebnis nur eine begrenzte Anzahl von Stufen phänomenal unterscheidbar sind. Diese Stufen sind die sog. *Erlebnisunterschiedsschwellen.* Somit hat die Intensitätsdimension der Wahrnehmung eine diskontinuierliche Struktur; es gibt keine engere phänomenale Unterteilung der Intensitätsskala, als es der Zahl der Unterschiedsschwellen entspricht.

Die Intensität weist innerhalb der verschiedenen Modalbezirke größere Unterschiede auf als das Zeitliche und das Räumliche. Daher zählt man die Intensität für gewöhnlich nicht zu den mehrstelligen Elementen der Sinnesmannigfaltigkeit, sondern ordnet sie jeder einzelnen Qualität gesondert zu. Dennoch haben die Intensitäten etwas Gemeinsames, wie es ja schon die Bildung der Kategorie der Intensität zeigt, und es ist keineswegs absurd, verschiedene Qualitäten, z.B. ein Helligkeitserlebnis und ein Lautheitserlebnis, als *gleichintensiv* zu bezeichnen. In dieser Richtung sind in neuerer Zeit Versuche unternommen worden, bei denen die phänomenale Intensität verschiedener Qualitäten entweder direkt (SMITH u. HARDY) oder über Krafterlebnisse (STEVENS, MACK u. STEVENS) miteinander verglichen wurde (S. 57).

VII. Die Modalbezirke der Sinne

Hatten wir in den vorigen Abschnitten die Totalmannigfaltigkeit der Sinne im Hinblick auf die Dimensionen der Zeitlichkeit, Räumlichkeit, Qualität und Intensität untersucht, so wollen wir nun die Sinnesmannigfaltigkeit noch in anderer Weise aufgliedern, und zwar nach einem phänomenologischen Prinzip, das von der *Modalität* der Wahrnehmungen ausgeht. Die Modalität ist eine mehrstellige Eigenschaft, die eine ganze Gruppe von Sinneserlebnissen zu einem Modalbezirk verbindet. Dabei können wir auf Grund von Ähnlichkeits- und Unähnlichkeitsbeziehungen verschiedene *Modalbezirke* abgrenzen: die Sehmodalität, die Hörmodalität, die Bewegungsmodalität, die Tastmodalität, die Geruchsmodalität, die Geschmacksmodalität — um nur eine Auswahl zu nennen. Daneben gibt es noch eine Reihe weiterer Modalbereiche, deren vollständige Aufzählung in diesem Zusammenhang nicht notwendig erscheint und wegen der teils sehr unklaren Strukturen auch gar nicht eindeutig möglich ist.

Was die Modalbezirke voneinander sondert, ist ihre phänomenale Verschiedenheit. Wir sind uns ohne weiteres darüber klar, ob ein Sinneserlebnis zum Bereich des Gesichts gehört oder zum Bereich des Gehörs. Ferner ist es evident, daß die verschiedenen Elemente eines Modalbezirkes eine gewisse Ähnlichkeit besitzen, welche sie zu einer Teilmannigfaltigkeit — eben der betreffenden Modalität —

verbindet. Eine gesehene Farbe und eine gesehene Räumlichkeit sind sich darin ähnlich, daß beide zum Modalbezirk des Gesichts gehören und nicht zu einem anderen Sinnesbereich.

Das allgemeine Verhältnis der Modalbezirke zu den Dimensionen der Zeitlichkeit, Räumlichkeit, Intensität und Qualität habe ich in dem Schema in Tabelle 3 darzustellen versucht. Darin entsprechen die senkrechten Spalten den letztgenannten vier Dimensionen, die horizontalen Zeilen den Modalbezirken. Jedem Modalbezirk a, b, c, d kommen also die Dimensionen der Zeitlichkeit z, der Räumlichkeit r, der Qualität q und der Intensität i zu. Die horizontale Richtung bezeichnet die *intramodale* Verwandtschaft, also die Ähnlichkeitsbeziehung der verschiedenen Dimensionen innerhalb eines Modalkreises, während die vertikale Richtung die *intermodale* Verwandtschaft einer bestimmten Dimension in verschiedenen Modalkreisen wiedergibt. Am geringsten ist die intermodale Verwandtschaft bei der Qualitätsdimension, d.h. die Qualitäten sind das Unähnlichste in den verschiedenen Modalbezirken. So ist etwa eine Farbqualität völlig verschieden von einer Geruchsqualität, was aber keineswegs heißen soll, es seien nicht auch bei den Qualitätsdimensionen gewisse intermodale Verwandtschaftsverhältnisse wahrnehmbar. Man kann daher sagen, daß es in erster Linie die Qualitäten sind, welche die verschiedenen Modalbezirke konstituieren und ihnen das spezifische Gepräge geben. Die übrigen Dimensionen sind zwar auch intermodal verschieden, z.B. der Sehraum gegenüber dem Tastraum, aber die intermodalen Verwandtschaftsverhältnisse sind hier doch wesentlich größer als bei den Qualitäten.

Tabelle 3. *Modalbezirke und intermodale Dimensionen*

Modalbezirke	Intermodale Dimensionen			
	z	r	q	i
a	a_z	a_r	a_q	a_i
b	b_z	b_r	b_q	b_i
c	c_z	c_r	c_q	c_i
d	d_z	d_r	d_q	d_i

Für die Sinnestheorie liegt die entscheidende Bedeutung der Modalbezirke darin, daß sie eine natürliche und evidente Verbindung von *Phänomenologie* und *Physiologie* herstellen. Denn wie seit altersher bekannt, entsprechen den Modalbezirken jeweils getrennte *Sinnesorgane:* optische Qualitäten nehmen wir mit dem Gesichtssinn wahr, akustische mit dem Gehörssinn, haptische mit dem Tastsinn usw. Wir besitzen nicht etwa besondere Sinne für die verschiedenen Dinge der Außenwelt, sondern für deren Modalitäten. Der qualitativen Struktur der Sinnenwelt entspricht die anatomische und physiologische Gliederung der Sinne; wir sagen, die Sinnesorgane seien für bestimmte Qualitäten „spezifisch". Was das im einzelnen bedeutet, soll an anderer Stelle (S. 76) behandelt werden.

Die *Totalmannigfaltigkeit* der Sinne ist bisher noch kaum zum Gegenstand sinnesphysiologischer Forschung gemacht worden; der Grund mag wohl hauptsächlich in den großen Schwierigkeiten einer begrifflichen Abbildung dieser Totalgestalt liegen. Viel leichter hingegen findet man adäquate Begriffsentsprechungen, wenn man die Sinnesmannigfaltigkeit auf bestimmte Modalbezirke begrenzt. Damit hängt es zusammen, daß die Sinnesphysiologie in erster Linie eine Theorie der einzelnen Modalbezirke, physiologisch gesprochen, eine Theorie der einzelnen Sinnesorgane ist. In den exakten Naturwissenschaften schließlich wird die Totalmannigfaltigkeit des Phänomenalen noch mehr reduziert, bedingt durch das Streben nach möglichst hoher Genauigkeit und Eindeutigkeit. So enthalten die Beobachtungen der Physik nur noch Koinzidenz- oder Äquivalenzerlebnisse, also die einfachsten, ein- und zweistelligen Elemente der Sinnesmannigfaltigkeit.

Für die wissenschaftliche Erforschung der Sinne ist diese Aufgliederung der Totalgestalt in einzelne Modalbezirke sicher unumgänglich und berechtigt, nur muß man sich klar darüber sein, daß die natürlichen Wahrnehmungen immer

Gesamterlebnisse mehrerer Modalbezirke umfassen. Was wir in der Lebenswelt wahrnehmen, sind nicht einzelne Sinnesmodalitäten, sondern intermodale Gestalten mit sinnlichen „Eigenschaften“. Auch bei den Dimensionen der Zeit und des Raumes werden die intermodalen Ähnlichkeiten weit stärker erlebt als die modalen Unterschiede; so kommt es, daß wir alle Vorgänge der Sinnenwelt in einer einheitlichen Zeit wahrnehmen und die Dinge in einem einheitlichen Raum lokalisieren, nicht etwa in einem Sehraum oder in einem Tastraum.

Betrachten wir die verschiedenen Modalbezirke von der *begrifflichen* Seite, so heben sich vor allem der *Sehbezirk* und der *Bewegungsbezirk* (Propriozeptivbezirk) heraus, weil die Begriffsbildungen der exakten Wissenschaften sich vorwiegend auf die Mannigfaltigkeit dieser beiden Sinne beziehen. Der Gesichtssinn ist phänomenal besonders klar strukturiert und gegenüber den anderen Modalbereichen gut abgrenzbar; seine Dimensionen fügen sich wie von selbst einer logisch-begrifflichen Analyse, wie ja überhaupt seit altersher Sehen und Denken in enge Verbindung gebracht worden sind. Wir brauchen nur an sprachliche Ausdrücke wie: Anschauung, Einsicht, Klarheit, Idee, Evidenz zu denken, um die Richtigkeit des Gesagten einzusehen.

Demgegenüber sind etwa die Erlebnisse der *Hautsinne*, des *Geruchs* und des *Geschmacks* viel unklarer und mit affektiven Komponenten durchsetzt. Sucht man auch hierfür ein Beispiel aus der Sprache, so denke man an die Wortbezeichnungen für die Temperaturempfindungen, die alle synonym für sinnliche wie für affektive Erlebnisse verwandt werden (eisig, frostig, kalt, kühl, lau, warm, schwül, heiß, brennend, glühend usw.). Bei diesen Modalbezirken ist es nur in einem viel geringeren Maße möglich, adäquate Begriffsentsprechungen zu bilden. In dieser unterschiedlichen Beziehung zum Rationalen, in dieser „Begriffsnähe“ oder „Begriffsferne“ der verschiedenen Modalitäten dürfte übrigens auch der Grund zu suchen sein, weshalb man von „höheren“ und „niederen“ Sinnen spricht.

VIII. Ein- und mehrstellige Elemente des Phänomenalen

Führen wir die analytische Reduktion der Sinnesmannigfaltigkeit konsequent fort, so gelangen wir schließlich zu Elementen, die begrifflich nicht weiter analysierbar sind. Am Begriff des Elementaren brauchen wir uns hier nicht zu stoßen, besagt er doch lediglich, daß die Grenze der analytischen Reduktion erreicht und der phänomenale Gehalt begrifflich nicht weiter auflösbar ist. Was Rot ist, kann man nicht begrifflich definieren, sondern nur erleben, wobei man mit Worten darauf hindeutet, daß man ein solches Erlebnis habe. Auch die Tatsache verschiedener Qualitäten können wir nur empirisch hinnehmen, nicht aber logisch deduzieren. Die sinnlichen Elementarerlebnisse sind ihrer inhaltlichen Wesenheit nach rein phänomenal; bei ihnen muß der zergliedernde Verstand stehenbleiben, ohne sie in Teile auflösen zu können. Man spricht daher von der logischen Einfachheit der qualitativen Elemente. MACH nennt sie Empfindungselemente, PEIRCE indecomposable elements; REENPÄÄ (7) spricht von *einstelligen Elementen* der Sinnesmannigfaltigkeit. Sie sind einstellig in dem Sinne, daß sie unabhängig von anderen Elementen phänomenal bestehen können. Diese einstelligen Grundgegenstände gehören zu dem, was PEIRCE als die erste seiner Universalkategorien, als „firstness“ oder „presentness“ bezeichnet hat. Zu ihr gehören jene Sachverhalte, die unabhängig von anderen primär gegeben sind.

Außer den einstelligen Elementen finden wir in der Sinnesmannigfaltigkeit aber auch *zwei-* und *mehrstellige* Elemente. Diese erst verleihen dem Phänomenalen einen Zusammenhang und damit eine Struktur. Ohne sie wäre das Sinnliche ein bloßes Mosaik völlig vereinzelter und heterogener Erlebnisse. Der Positivismus

Machscher Prägung und verwandte Theorien lassen als Phänomenales lediglich die einstelligen Elemente gelten und verlegen alle Zusammenhänge und Strukturen in die Assoziation des begrifflichen Denkens. REENPÄÄ (7) bemerkt hierzu: „Wenn in den Assoziationstheorien der Sinnlichkeit das ‚Zusammenbinden' der Empfindungselemente mittels begrifflicher, also nicht phänomenaler Größen versucht wird, und man in dieser Weise die evidente Strukturiertheit der Sinnlichkeit ‚erklären' will, so geht man aus der reinen Phänomenalität des Erlebens heraus und mischt reduziertes Phänomenales und konstituiertes Begriffliches miteinander. Anstelle einer homogenen, phänomenalen Struktur wird in dieser Weise eine heterogene Struktur errichtet. Die Assoziationstheorien können aus diesem Grunde philosophisch nicht gutgeheißen werden". —Ähnliche, wenn auch weniger klar formulierte Gesichtspunkte mögen hinter der Polemik der Gestaltpsychologie gegen den „Sinnesdaten-Atomismus" stehen (METZGER).

Zu den zweistelligen Elementen der Sinnesmannigfaltigkeit gehören die phänomenale *Gleichheit* oder Ungleichheit, die *Ähnlichkeit* oder Unähnlichkeit, die *Abhängigkeit* oder Unabhängigkeit zweier Sinneserlebnisse. Daran läßt sich bereits alles Wesentliche einer phänomenalen Struktur und der Unterschied gegenüber einer begrifflichen Struktur aufzeigen. Auch ist in den zweistelligen phänomenalen Elementen schon die Problematik der „Gestalt" und der „Ganzheit" im Kern enthalten, und alle höher strukturierten Gestalten sind, erkenntnistheoretisch gesehen, nur noch Varianten dieses Grundthemas.

Das zweistellige Element der *qualitativen Ähnlichkeit* dürfte zu dem gehören, was PEIRCE als die zweite seiner Universalkategorien, als „Secondness" bezeichnet. Was ist das Wesentliche dieses Verhältnisses? Es ist die unmittelbare dynamische Beziehung zweier Elemente, die Einheit in der Zweiheit, wie sie im Begriff der Polarität erfaßt wird. Wichtig ist dabei, daß jedes dritte, vermittelnde Element fehlt, jedes Medium, insbesondere auch jedes Gesetz, das die Beziehungen zwischen beiden regelt oder „erklärt".

Betrachten wir als Beispiel die qualitativen Ähnlichkeitsbeziehungen der Farben. Warum sind Rot und Orange ähnlicher als Rot und Grün? Rot und Orange sind einstellige Elementarerlebnisse, verbunden durch das zweistellige Element der Ähnlichkeit. Es liegt etwas im Wesen des Rot und Orange, was beide verbindet. Aber was ist es? Ein drittes Element kann es nicht sein, denn es gibt nur die einheitlichen Qualitäten Rot und Orange. Das Kriterium der logischen Ähnlichkeit, die Teilgleichheit, muß hier versagen, weil die beiden Qualitäten nicht in Teile zerlegbar sind. Rot und Orange enthalten kein sichtbares, beiden gemeinsames Element, wohl aber können sie als polare Gliederung erfaßt werden. Frage ich: warum oder wodurch ähneln sich Rot und Orange, so vermag ich keinen logisch faßbaren Grund anzugeben; ich kann nur sagen: weil ich es so erlebe. Dieses irrationale Verhältnis aber entspricht genau dem Charakter der Secondness; man kann sie wahrnehmen, aber nicht erklären. Die phänomenale Ähnlichkeit kann also nicht auf begriffliche Ähnlichkeit reduziert werden, sie ist eine Wesensbeziehung ganz eigener Art.

Logische Ähnlichkeit hingegen bedeutet soviel wie Teilgleichheit, d.h. die Übereinstimmung in mindestens einem gemeinsamen Merkmal, einer gemeinsamen Invariante. Die logische Ähnlichkeit zweier Elemente ist somit keine Zweiheit, sondern eine Dreiheit. Zwei zu vergleichende Gegenstände oder Sachverhalte sind über ein gemeinsames Drittes, das Tertium comparationis, verbunden. Diese Art der Ähnlichkeit gehört zur dritten Universalkategorie PEIRCEs, zur „Thirdness". Alle logischen Beziehungen, ebenso alle Gesetze und Erklärungen, gehören hierzu. Thirdness heißt erklären, *warum* eine Beziehung besteht, Secondness heißt erleben, *daß* eine Beziehung besteht. PEIRCE weist ferner darauf hin, daß die triadische Struktur des Begrifflichen vor allem in der Dreiheit der Syllogismen (Obersatz, Untersatz, Schlußsatz) mit dem gemeinsamen Mittelbegriff (terminus medius) zum Ausdruck kommt.

Zur Kategorie der Thirdness gehören, soweit ich sehe, die zweistelligen Elemente von Zeit und Raum, die Gleichzeitigkeit und die Gleichräumlichkeit, soweit sie die übrigen Dimensionen eines Sinneserlebnisses intermodal verbinden. Sind zwei Phänomene durch das zweistellige Element der Gleichzeitigkeit verbunden, so sind sie hinsichtlich der Zeit gleich, sie besitzen also ein gemeinsames drittes Element. Darauf dürfte der logisch durchsichtige Charakter dieser phänomenalen Beziehung beruhen, zu der sich wie von selbst die begrifflichen Entsprechungen einstellen.

IX. Sind die qualitativen Elemente einfach?

Dem rationalen Denken gegenüber erweisen sich die einstelligen qualitativen Elemente der Sinnesmannigfaltigkeit, z.B. das Erlebnis Rot, als einfach — besser gesagt, als unanalysierbar. Aber sind sie in jeder Hinsicht einfach? Sind sie völlig isolierte Entitäten? Ist ihre logische Einfachheit wirklich letzter Endpunkt? Meiner Ansicht nach ist diese Frage zu verneinen. Betrachten wir nochmals die einstellige Qualität Rot: auf der einen Seite hat sie eine gewisse phänomenale Ähnlichkeit mit der Farbqualität Orange, auf der anderen Seite mit der Farbqualität Purpur. Beide Ähnlichkeitsbeziehungen sind phänomenal verschieden; die eine umfaßt den Bezug Rot-Orange, die andere das Verhältnis Rot-Purpur. Die einheitliche Qualität Rot vereint somit verschiedene Arten von Ähnlichkeitsbeziehungen, sie enthält mehrere Möglichkeiten, mit anderen Farben in Beziehung zu stehen. In dieser Hinsicht kann man also vom Rot sagen, es sei komplex. Es ist dies aber, wie ARMSTRONG treffend sagt, eine *verborgene* Komplexität, denn das Rot enthält ja nicht Gelb und Purpur als sichtbare Bestandteile.

Wir können das Beispiel aber noch weiter ausbauen. Denn die phänomenalen Beziehungen der Farbe Rot — und damit ihre verborgene Komplexität — erstrecken sich nicht nur auf die Farbqualitäten, sondern auch auf andere Qualitätsbereiche. Wenn man von der Unähnlichkeit und Orthogonalität der Qualitätsdimensionen spricht, so gilt das nur in einem relativen, und zwar in einem rationalen Sinn. In der Sphäre des Irrationalen hingegen hängen alle Sinnesqualitäten auf eine mehr oder weniger verborgene Weise zusammen. So wird Rot, im Gegensatz zu Blau, sehr deutlich als „warme“ Farbe erlebt und offenbart dadurch eine Verwandtschaft mit den Temperaturerlebnissen.

Des weiteren müssen hier die emotionalen und ästhetischen Funktionen der roten Farbe erwähnt werden, die zu allen Zeiten und von den verschiedensten Untersuchern sehr ähnlich beschrieben worden sind. HEIMENDAHL faßt das Erlebnis des reinen Rot (Signalrot, Mittelrot) unter den Erlebnisbegriffen: „Kraft, Erregung, Antrieb, Kräftigung“ zusammen; in einer von BIRREN veröffentlichten Zusammenstellung der „Modern American Color Associations“ wird Rot als „passionate, exciting, fervid, active“ charakterisiert (weitere Literatur bei HEIMENDAHL). Wenn wir zu den verborgenen Funktionen und Energien des Rot vordringen, wie sie in der Imagination des Malers, in der Farbenpsychologie, in der Sprache, in der Farbsymbolik sich äußern, dann erschließt sich eine ganz neue und manigfach gegliederte qualitative Welt in der Einheit des sinnlichen Rot. Der Endpunkt der verstandesmäßig-begrifflichen Analyse kann der Anfangspunkt werden für eine Erschließung des irrationalen Reiches der Qualitäten mittels eines bildhaften Denkens.

Angesichts ihrer intersubjektiven Gültigkeit wäre es verfehlt, die irrationalen Wesenseigenschaften oder Ausdruckseigenschaften (KLAGES; METZGER, *2*) der Sinnesqualitäten als rein subjektiv oder als psychologisch zu bezeichnen. Es wäre das ein Rückfall in den Fehler des Subjektivismus, wie er schon hinsichtlich der sekundären Qualitäten begangen wurde. Erkenntnistheoretisch darf nur dasjenige subjektiv genannt werden, was dem Subjektpol des intentionalen Wahrnehmungsaktes zugehört. Gerade das aber ist z.B. bei den ästhetischen Funktionen der Farben nicht der Fall; sie können mit demselben Recht als objektiv betrachtet werden, mit dem wir auch den Farbqualitäten Objektivität zuschreiben.

Für die Wahrnehmung der Wesenszüge des Qualitativen ist freilich mehr erforderlich als nur das physische Sinnesorgan. Was gefordert wird, ist eine gesteigerte Erlebnisfähigkeit, die weniger der Verstandesfunktion als vielmehr dem Künstlerischen verwandt ist. Die emotionale Seite der Sinnesqualitäten ist es ja auch, welche in den Künsten die entscheidende Rolle spielt; so interessiert in der Malerei das Rot nicht als logisch einstelliges Element, sondern als Träger ganz bestimmter ästhetischer Wirkungen und Bedeutungen. Hier stoßen wir wieder auf den Bedeutungscharakter des Qualitativen, der schon bei den informationstheoretischen Betrachtungen (S. 11) erwähnt wurde. Daher sind es auch künstlerische Naturen, die für diese Komponenten der Sinnesqualitäten besonders empfänglich sind und denen wir wichtige Aufschlüsse auf diesem Gebiet verdanken. Man könnte vielleicht sagen: die Qualität als einstelliges Element nimmt jeder wahr, sofern er über physiologisch normale Sinne verfügt. Die irrationale Mannigfaltigkeit der Qualität zu erleben, dazu bedarf es besonderer Begabung und Übung.

Wer glaubt, das Sinnenfällige und Einfache der Qualitäten sei alles, was an ihnen wahrnehmbar ist, der übersieht die fragmentarische Natur des Sinnlichen. Das Geheimnis der Sinneserlebnisse liegt darin, daß sie Symbolcharakter haben: sie zeigen Verborgenes im Gewand des Offenbaren. Wenn uns eine Farbqualität offen vor Augen liegt, so sehen wir scheinbar alles — und doch sehen wir nicht alles. Wie jeder Wahrnehmungsinhalt, so ist auch das Qualitative unvollständig determiniert, es ist nicht nur einfache Gegebenheit, sondern auch Problem. Und dieser Problematik des Sinnlichen gegenüber gibt es nicht nur eine Aktivierung des Denkens, sondern auch eine solche des Wahrnehmens. Das begriffliche Denken überbrückt die Grenzen von Zeit und Raum, aber in das verborgene Reich des Qualitativen einzudringen vermag es nicht. Nur eine erhöhte Wahrnehmungsfähigkeit ist in der Lage, die Grenze, die sich in der logischen Einfachheit der Sinnesqualitäten kundtut, zu überschreiten.

X. Willenserlebnis und kontinuierliche Zeit

Wenn von der phänomenalen Zeit gesagt worden war, sie sei instantan oder nulldimensional, so möchte ich mich nun der Tatsache zuwenden, daß wir nicht nur momentane Sinneseindrücke, sondern auch das Erlebnis einer fließenden, über längere Strecken kontinuierlich verlaufenden Zeit kennen. Um Mißverständnissen vorzubeugen, sei hier von vornherein betont, daß das erlebte *Zeitkontinuum* keineswegs homogen im Sinne der Uhrzeit sein muß und es in der Tat auch nicht ist. Die erlebte Zeit fließt langsamer oder schneller, ist in mannigfacher Weise rhythmisch gegliedert, aber auch zeitweise unterbrochen — etwa während des Schlafes.

Die ausgedehnte Zeitdimension ist selbst kein Gegenstand der Sinnesmannigfaltigkeit, sondern hängt mit dem Leistungscharakter des Wahrnehmens zusammen. Das aktive *Willenselement*, die Intentionalität, ist es, welche die momentanen Sinneseindrücke mittels der Erinnerung und Erwartung zu einer kontinuierlichen Zeitgestalt verbindet. Die Grundlage für das Erlebnis der fließenden Zeit ist also nicht das Anschaulich-Phänomenale, sondern das Aktiv-Volitionale. Durch den gerichteten Willen, der das instantane Sinneserlebnis übergreift, erhält das Erfahrbare zugleich eine Richtung auf die Zukunft.

Hier ergeben sich, wie REENPÄÄ (*8*) hervorhebt, bedeutsame Zusammenhänge mit der Theorie der *wissenschaftlichen Erfahrung* und mit den Lehren des Pragmatismus. Denn die experimentellen Erfahrungen sind ja niemals Einzelereignisse, sondern eine Klasse von zeitlich wiederholten und — was das Wesentliche ist — beliebig wiederholbaren, in der Zukunft „verifizierbaren" Erfahrungen. PEIRCE, der Begründer des Pragmatismus, schreibt hierzu: "When an experimentalist speaks of a *phenomenon*, . . . he does not mean any particular event that did happen to somebody in the dead past, but what *surely will* happen to everybody in the living future who shall fulfil certain conditions. The phenomenon consists in the fact that when an experimentalist shall come to *act* according to a certain scheme that he has in mind, then will something else happen, and shatter the doubts of sceptics, like the celestial fire upon the altar of Elijah. — And do not overlook the fact that the pragmaticist maxim says nothing of single experiments or of single experimental phenomena (for what is conditionally true *in futuro* can hardly be singular), but only speaks of *general kinds* of experimental phenomena" (Bd. 5, S. 284). Durch die willensmäßige Wiederholung des Experiments in einem Zeitkontinuum erhalten somit die singulären Sinneserlebnisse einen Zug des Allgemeingültigen und Vorhersagbaren, das ja als Hauptkriterium einer wissenschaftlichen Erfahrung gilt.

Eine ähnliche Auffassung vertritt LEWIS, dessen Philosophie dem Pragmatismus nahesteht. Sein Erfahrungsbegriff stellt ebenfalls die Aktivität in den Vordergrund: "The primary and pervasive significance of knowledge lies in its guidance of action: Knowing is for the sake of doing" (S. 3). Das bedeutet also, daß die Erfahrung ein in die Zukunft gerichtetes, unser aktives Handeln leitendes Element aufweist. Andererseits aber sind wir nur durch Aktivität überhaupt in der Lage, Erfahrungen dieser Art zu machen. Diese zeitlich erweiterte Erfahrung, deren Willensbedingtheit schon in Worten wie: Erfahrung, Wirklichkeit, Tatsache, Faktum zum Ausdruck kommt (vgl. KAULBACH), wird dadurch möglich, daß wir durch Aktivität eine Mehrzahl von einzelnen Sinneserlebnissen zu einem zeitlichen Kontinuum verbinden.

Übrigens finden wir solche Gedankengänge schon bei dem genialen Physiologen C. BERNARD. Seine vor rund hundert Jahren entwickelte Theorie der naturwissenschaftlichen Erfahrung und des Experiments enthält zwei wichtige Thesen von überraschender Aktualität (vgl. hierzu v. UEXKÜLL): Erstens betont BERNARD, das wissenschaftliche Beobachten sei kein passiver, sondern ein aktiver, willensdirigierter Vorgang, der sich vom manuellen Experiment nur graduell, aber nicht dem Wesen nach unterscheide. Zweitens — und hier kommt seine Anschauung den neuzeitlichen pragmatischen Lehren sehr nahe — liegt die Bedeutung wissenschaftlicher Ideen in erster Linie darin, daß sich aus ihnen *Handlungsanweisungen* für verifizierende Akte ergeben, in denen die Ideen sich zu bewähren haben.

Untersuchen wir unter diesem Gesichtswinkel das Wesen des *sinnesphysiologischen Versuchs*, so zeigt sich, daß er dem willensmäßigen Erfahrungstyp entspricht. Wie schon aus der vorher zitierten Auffassung von PEIRCE hervorgeht, besteht eine experimentelle Erfahrung nicht aus einem Einzelereignis, sondern aus einer Folge zeitlich wiederholter Ereignisse — im Falle des sinnesphysiologischen Versuchs aus einer Serie von einzelnen phänomenalen Erlebnissen. Eine solche Folge erhält nur dadurch eine Bedeutung, daß wir ihre einzelnen Elemente zu einer Klasse vereinigen können, und zwar durch eine intentionale

Willensleistung, die über die zeitliche Vereinzelung hinweg auf die Gleichheit der Erlebnisse gerichtet ist. Wie diese allgemeinen Einsichten bei der sinnesphysiologischen Metrik konkret anzuwenden sind, wird im nächsten Abschnitt (S. 59) noch genauer ausgeführt.

D. Sinnesphysiologische Metrik

I. Axiomatik der Sinnesmannigfaltigkeit

In den vorigen Abschnitten wurde die Sinnesmannigfaltigkeit mit Hilfe der gewöhnlichen Wortsprache analysiert. REENPÄÄ (*4, 5, 8*) hat diese Struktur in axiomatisierter Weise dargelegt, um eine straffere und mehr den empirischen Wissenschaften angepaßte Formulierung zu ermöglichen. Das folgende kurze Referat lehnt sich eng an die genannten Arbeiten sowie an Ausführungen v. KEMPKIs an. Die Axiomatik baut sich aus ein- und zweistelligen Elementen der Sinnesmannigfaltigkeit auf; sie werden mittels einer Zeichensprache wiedergegeben, die der analytischen Logik (WHITEHEAD u. RUSSELL; WITTGENSTEIN; CARNAP) und der Mathematik entlehnt ist. Die Axiomatik der Sinnesmannigfaltigkeit unterscheidet sich allerdings in grundlegender Weise von dem, was man üblicherweise unter einem Axiomensystem versteht. Während etwa die mathematischen Axiome nach logischen Kriterien aufgestellt werden, handelt es sich hier primär um eine rein *phänomenale* Axiomatik. Erst sekundär wird dann gefragt, welche begrifflich-mathematischen Axiome jeweils den phänomenalen Axiomen entsprechen.

Die in Tabelle 4 in axiomatisierter Form dargelegte Struktur der Sinnesmannigfaltigkeit enthält keine ausgedehnte Zeitdimension, es handelt sich also

Tabelle 4. *Phänomenale und begriffliche Axiome.* (Nach REENPÄÄ, 7)

Phänomenalität	Begrifflichkeit
1. Axiom der Gleichzeitigkeit $g = q:l = l:q$ $g = (q:i):l = q:(i:l)$	Axiom der Addition $d = a + b = b + a$ Kommutativität $d = (a+b) + c = a + (b+c)$ Assoziativität
2. Axiom der Quantität $(\lambda e_i):(\lambda e_l) = \lambda (e_i : e_l)$ $(\lambda + \mu)\, e = \lambda e : \mu e$ $\lambda(\mu e) = (\lambda \mu)\, e$	Axiom der Multiplikation $ma + mb = m(a+b)$, $(m+n)\,a = ma + na$ } Distributivität $m(na) = (mn)\,a$ Assoziativität
3. Axiom der Unabhängigkeit $e_i \angle (e_i : e_l) = (e_i \perp e_l) : (e_i \angle e_i)$	Axiom des skalaren Produkts (der Orthogonalität) $[a, (a+b)] = [(a, b) + (a, a)]$
4. Axiom der inneren Diskontinuität $\lvert d \vdash\!\!\dashv d_n \rvert = e$	
5. Axiom der oberen Begrenzung $\approx (d_{\max} \vdash\!\!\dashv d_{\max+1})$	
6. Axiom der unteren Begrenzung (der Minimalschwelle) $\approx (e_0 = e_0')$	

um eine reduzierte Gestalt, die lediglich im Augenblick des „Jetzt“ besteht. Ihr universales verbindendes Strukturglied ist die *Gleichzeitigkeit* der in ihr auftretenden Sinneserlebnisse.

1. *Axiom der Gleichzeitigkeit.* Dies Axiom kann man sprachlich folgendermaßen wiedergeben: Da alle Wahrnehmung zeitlich im „Jetzt“ besteht, gibt es

stets ein Element, das als das Gleichzeitigkeitselement (g) der Einzelelemente dieser Wahrnehmung angesprochen werden kann, etwa des Qualitativen (q) und des Lokalen (l) des wahrgenommenen Gegenstandes. Dieses Gleichzeitigkeits- oder Gemeinschaftselement (g) ist *kommutativ* in bezug auf zwei Teilelemente, deren Gleichzeitigkeit wahrgenommen wird. Es ist aber in bezug auf drei Elemente, wofür wir etwa die Intensität des wahrgenommenen Gegenstandes hinzunehmen, auch *assoziativ*. Das heißt: die wahrgenommene Gleichzeitigkeit (:) der wahrgenommenen Gleichzeitigkeit des Qualitativen und des Intensiven ($q:i$) mit der Räumlichkeit (l) ist dasselbe Objekt wie die wahrgenommene Gleichzeitigkeit des Qualitativen (q) mit der Gleichzeitigkeit von Intensivem und Räumlichem ($i:l$).

Auf der begrifflichen Seite entspricht der phänomenalen Gemeinschaft in der Gleichzeitigkeit das Axiom der *Addition*, das kommutativ und assoziativ ist. Das begriffliche Axiom hat also dieselbe innere Struktur wie das phänomenale und darf daher als adäquate Begriffsentsprechung des phänomenalen Sachverhaltes aufgefaßt werden.

2. *Axiom der Quantität.* Wenn wir von Schwellenerlebnissen (e) der Intensität oder der Räumlichkeit ausgehen, so läßt sich jedes zur selben Dimension gehörige Erlebnis als ein ganzzahliges Vielfaches eines solchen Minimalerlebnisses darstellen (λe). Wir erhalten also ein Quantitätselement in der Wahrnehmung. Es läßt sich zeigen, daß in bezug auf die Quantität ein *assoziatives* und wegen ihres Bestehens im „Jetzt" in der Gleichzeitigkeit auch ein *distributives* Gesetz besteht. Die Quantität der Wahrnehmung wird hier durch eine „Eigenmetrik" gemessen, und zwar durch Abzählen der bis zum Erreichen eines bestimmten überschwelligen Erlebnisses erforderlichen Erlebnisschwellenschritte. Die diskontinuierliche Sinnesmannigfaltigkeit trägt zufolge des Anzahlbegriffes das Prinzip der Maßbestimmung bereits in sich.

Dem Axiom der phänomenalen Quantität entspricht im Begrifflichen das Axiom der *Multiplikation*, für welches ebenfalls Distributivität und Assoziativität besteht. Man kann daher begrifflich diese einstelligen Elemente der Wahrnehmung als Vektoren behandeln.

Die Axiome 1 und 2 stellen den trivialen Sachverhalt dar, daß keinerlei zeitliche Bevorzugung der Elemente der Sinnesmannigfaltigkeit vorkommt, denn alle bestehen ja gleichzeitig. Daher ist die verschiedene Anordnung der Zeichen nur eine solche des Bezeichnens, aber nicht des Wahrnehmens; den verschiedenen, mittels Gleichheitszeichen verbundenen Zeichenkombinationen entspricht immer ein- und dasselbe phänomenale Objekt.

3. *Axiom der Unabhängigkeit.* Zwischen den phänomenalen Grundelementen besteht eine Unabhängigkeit ($\perp$) in dem Sinne, daß sich die Quantität des einen ändern kann, ohne daß sich die des anderen ändert. Dadurch wird es möglich, eine Metrik der Mannigfaltigkeit einzuführen. Diesen phänomenalen Sachverhalt kann man auch als eine anschauliche *Orthogonalität* bezeichnen. Ein orthogonales Element ist von einem anderen Element nur dann abhängig ($\angle$), wenn Teilgleichheit oder Vollgleichheit zwischen beiden Elementen besteht.

Auf der begrifflichen Seite entspricht dem die Einführung des *skalaren Produkts*, mit dem dann auch die Einführung der Kommutativität für die Multiplikation von Vektoren verbunden ist.

4. *Axiom der inneren Diskontinuität.* Nach diesem Axiom, das einer alten sinnesphysiologischen Erfahrung entspricht, ist die Dichte der Elemente einer Reihe, die von den Elementengliedern einer Dimension der Sinnesmannigfaltigkeit gebildet wird, durch die Größe der Schwellenerlebnisse (e) bestimmt. Das bedeutet, daß ein willkürlich herausgegriffenes Glied (d) einer Dimension von einem benachbarten Glied (d_n) der Reihe in einem Abstand ($\vdash\!\dashv$) steht, der gleich

einem Schwellenerlebnis (e) der Reihe ist. Oder andersherum ausgedrückt: wir können kein willkürlich herausgegriffenes Glied einer solchen Reihe näher an ein anderes, mit ihm nicht identisches Glied heranrücken als in den durch das Schwellenerlebnis bestimmten Abstand. Die Sinnesmannigfaltigkeiten haben somit eine diskontinuierliche Struktur.

Für das Axiom der Diskontinuität findet sich in der vorhandenen Begriffswissenschaft der Algebra der Mengen kein isomorphes Gegenstück, sondern nur ein Axiom der Kontinuität.

5. *Axiom der oberen Begrenzung.* Dieses Axiom gilt nur beschränkt, z. B. für die Intensitätsdimensionen, jedoch nicht für die cyclisch strukturierten Qualitätsdimensionen, die man als endlich, aber unbegrenzt bezeichnen kann. Liegt ein Maximalerlebnis (d_{max}) vor, dann kommt ein Nachfolgeerlebnis im Abstand (d_{max+1}) phänomenal nicht vor ($\approx$).

6. *Axiom der unteren Begrenzung (der Minimalschwellen).* Es gibt ein absolutes Schwellenerlebnis (e_0), das nicht Nachfolger (e_0') eines anderen Elements ist, sondern Anfangsglied der Reihe. Die angegebene Zeichenfolge besagt, daß die Absolutschwelle als Nachfolge phänomenal nicht erlebbar ist ($\approx$).

Auch die beiden phänomenalen Axiome der oberen und unteren Begrenzung haben in der allgemeinen Vektorenmannigfaltigkeit keine isomorphe Entsprechung. Die begriffliche Mannigfaltigkeit ist durch unendlich kleine und unendlich große Objekte begrenzt, die Sinnesmannigfaltigkeit dagegen durch endlich kleine und endlich große.

Es zeigt sich also, daß sich zu den phänomenalen Axiomen 1 bis 3 der Sinnesmannigfaltigkeit begriffliche Entsprechungen aufweisen lassen. Es sind dies 1. das Axiom der Addition mit seiner Kommutativität und Assoziativität, 2. das Axiom der Multiplikation mit Distributivität und Assoziativität und 3. das Axiom des skalaren Produktes, welches den Begriff der Orthogonalität der Mannigfaltigkeit bestimmt.

Eine begriffliche Mannigfaltigkeit, deren Struktur von diesen drei Axiomen bestimmt wird, nennen wir eine *linear-orthogonale* oder auch eine *euklidisch-pythagoreische* Mannigfaltigkeit, und daher kann man die Sinnesmannigfaltigkeit als ein phänomenales, linear-orthogonales System bezeichnen. Diese Struktur der Sinnesmannigfaltigkeit ist experimentell recht genau verifizierbar (S. 50).

Den phänomenalen Axiomen 4 bis 6, welche die Begrenztheit der Sinnesmannigfaltigkeit wiedergeben, stehen auf der begrifflichen Seite die mathematischen Axiome der inneren und äußeren Unbegrenztheit gegenüber. An dieser Anisomorphie sehen wir, wie das Denken die Grenzen des Phänomenalen ergänzt. Wahrnehmen können wir nur das Begrenzte, aber im Denken erfassen wir das Unbegrenzte.

II. Was ist Messen?

In der allgemeinen Sinnesphysiologie zeigt sich die Problematik des Messens von einer fundamentalen, erkenntnistheoretischen Seite, und dementsprechend ist hier der Begriff der Messung umfassender als etwa in der Physik. Man kann sagen: Messen ist isomorphes Abbilden empirischer Sachverhalte mittels mathematischer Begriffsstrukturen, insbesondere mittels ganzer Zahlen; genauer gesagt, ist es das Zuordnen von Zahlen zu Objekten gemäß einer begrifflichen Regel, welche die Objekte nach bestimmten Eigenschaften auswählt.

Jede Messung setzt den Begriff der *Gleichheit* voraus. Nur Objekte, die in einer Gleichheitsklasse zusammengefaßt werden können, sind in einer arithmetischen Skala meßbar. Dabei sollten wir uns darüber klar sein, daß im Bereich des Phänomenalen immer gewisse Setzungen und Idealisierungen hinsichtlich der

Gleichheit erforderlich sind, denn absolute Gleichheit gibt es nur in der Logik. Entsprechend den Eigenschaften, die wir als „gleich" ansehen, werden wir Skalen von verschiedener Struktur und Genauigkeit erhalten. STEVENS (*1*) zählt vier Haupteigenschaften auf, nach denen arithmetische Maßskalen aufgestellt werden können:

1. Identität: die Zahlen dienen als Kennzeichen, um Objekte oder Klassen von Objekten zu identifizieren.
2. Rangordnung: die Zahlen bezeichnen eine Rangfolge von Objekten.
3. Intervall: die Zahlen bezeichnen Differenzgrößen zwischen Objekten.
4. Verhältnis (Ratio): die Zahlen bezeichnen Größenverhältnisse von Objekten.

Die dadurch gewonnenen Skalen sind 1. Nominalskalen, 2. Ordinalskalen, 3. Intervallskalen und 4. Rationalskalen (Tabelle 5).

Tabelle 5. *Klassifikation von Maßskalen.* (Nach STEVENS, *1*, etwas verändert)

Skala	Empirische Grund-operation	Mathematische Gruppenstruktur	Erlaubte Statistik (Invarianz)	Typische Beispiele
Nominal-skala	Gleich-heit	Permutationsgruppe $x'=f(x)$, wo $f(x)$ eine Eins-zu-Eins-Substitution	Zahl von Fällen Informationsmaß Häufigkeitsverteilung	Numerierung von Objekten Zuordnung von Typennummern zu Klassen
Ordinal-skala	Größer oder kleiner	Isotone Gruppe $x'=f(x)$, wo $f(x)$ jede zunehmende monotone Funktion	Medianwert Rangkorrelation (Typ 0, interpretiert als Rangfolge)	Härte von Mineralien Grade von Leder, Wolle usw.
Intervall-skala	Gleich-heit von Inter-vallen oder Diffe-renzen	Lineare oder affine Gruppe $x'=ax+b$ $a>0$	Mittelwert Standardabweichung Rangkorrelation (Typ 1, interpretiert als r) Produktmoment (r)	Temperatur (Celsius) Position auf einer Linie Kalenderzeit Potentielle Energie
Rational-skala	Gleich-heit von Ver-hält-nissen	Ähnlichkeitsgruppe $x'=cx$ $c>0$	Geometrisches Mittel Harmonisches Mittel Prozentuale Änderung	Länge, Zeitintervall, Dichte, Arbeit Temperatur (Kelvin) Lautheit (sones) Helligkeit (brils)

Die verschiedenen Skalen unterscheiden sich durch ihre Invarianz gegenüber Transformationen. Welche Transformationen sind zulässig, ohne die Struktur der betreffenden Skalen zu deformieren? In der Nominalskala können wir alle Zahlen beliebig vertauschen, da ihre Funktion nur in der Bezeichnung einzelner Objekte besteht. Legen wir Rangfolgen durch Zahlen fest, so sind die Transformationsmöglichkeiten der erhaltenen Ordinalskala schon stärker eingeschränkt. Erlaubt ist die topologische Deformation, bei der die Rangfolge invariant bleibt (topologische Äquivalenz). Bei Intervallskalen sind lediglich lineare Transformationen möglich, also Multiplikationen mit einer Konstanten und Addition einer Konstanten. Handelt es sich schließlich um eine Rationalskala, so ist die einzige erlaubte Transformation die Multiplikation mit einer Konstanten. Alle freieren Transformationen bedeuten einen Informationsverlust. Das leistungsfähigste mathematische Werkzeug zur Darstellung von Gesetzmäßigkeiten ist die Rationalskala; in ihr werden die physikalischen Grundgrößen, wie Länge, Gewicht, Feldstärke usw. gemessen.

Das Hauptproblem der Metrik besteht darin, den empirischen Gegebenheiten adäquate *begriffliche* Strukturen zuzuordnen. Nach welchen Prinzipien kann man dabei vorgehen? Beim physikalischen Messen herrscht ein operationales Verfahren vor; es werden auf Grund nicht näher analysierter Sinneserfahrungen Meßvorschriften aufgestellt, nach denen dann die gemessenen Sachverhalte definiert werden: "Length is what we measure with rods, time is what we measure with clocks" (STEVENS, *2*). Der Operationismus führt die Isomorphie von Phänomenalem und Begrifflichem dadurch herbei, daß er mittels definierter experimenteller Verrichtungen und Meßverfahren die Phänomene nach Begriffen gestaltet und nur solche Erscheinungen zuläßt, die dem Begriffssystem entsprechen, die anderen werden als „bad facts" (PEIRCE) eliminiert. Freilich kann auch der radikalste Operationist nicht umhin, letztlich von den Sinnesphänomenen auszugehen, nur geschieht das in naiver und vorwissenschaftlicher Weise. Definieren wir, um beim obigen Beispiel zu bleiben, Länge als das, was wir mit Stäben messen, so müssen wir zuvor Sinneserfahrungen von Längen und Stäben gemacht haben.

Anders verfährt die messende Sinnesphysiologie. Ihre Grundobjekte sind rein phänomenal und begrifflich nicht weiter analysierbar. Wir können sie nur hinnehmen, aber nicht definieren. Daher sind in diesem Bereich nur solche Meßverfahren möglich, die eine Isomorphie von Phänomenalem und Begrifflichem dadurch herbeiführen, daß sie die Begriffe den Phänomenen anpassen oder, wie man sagt, „*adäquate*" Maßbegriffe bilden. Da die Bestimmungsstücke der Messung nur den elementaren Sinneserlebnissen selbst entnommen werden, sprechen wir von einer *Eigenmessung* oder *Eigenmetrik*. Freilich, wie es beim empirischen Messen keinen reinen Operationismus geben kann, so gibt es umgekehrt auch keinen reinen Phänomenalismus. Meines Erachtens folgt das schon aus der komplementären Natur des Denkens, das den Phänomenen begriffliche Bestimmungen erteilt (S. 20). Somit finden wir auch in der sinnesphysiologischen Eigenmetrik gewisse operationale Elemente, d.h. freie begriffliche Setzungen, deren Berechtigung sich erst an ihren pragmatischen Folgen erweist. Schon das Zuordnen von Zahlen ist, wenn man so will, ein operationaler Vorgang, denn "things do not, in general, run around with their measures stamped on them like the capacity of a freight car; it requires a certain amount of investigation to discover what their measures are" (WIENER, *1*). Auch die auf bestimmte Sinnesinhalte, etwa auf kleinstmögliche Schwellenerlebnisse, gerichtete Willensintention des Beobachters kann als eine Art operationaler „Meßvorschrift" aufgefaßt werden. Die zu eliminierenden „bad facts" wären dann jene Minimalerlebnisse, die nicht bei äußerster Willenskonzentration zustande gekommen sind. Davon wird später (S. 59) noch ausführlich die Rede sein.

Entnehmen wir die Maßbegriffe für die elementaren Sinneserlebnisse nicht diesen selbst, sondern dem Begriffsvorrat der positiven Wissenschaften, insbesondere der Physik, dann sprechen wir von einer *Fremdmessung* oder *Fremdmetrik*. Dabei konstatieren wir, welche fremdmetrischen Gebilde zugleich mit den elementaren Sinneserlebnissen auftreten. Die Fremdmetrik verwendet also — im Gegensatz zu den adäquaten Begriffen der Eigenmetrik — „*arbiträre*" Begriffe. Ferner handelt es sich bei den eigenmetrischen Entsprechungen der Phänomene um reine Begrifflichkeiten; bei der Fremdmetrik hingegen enthalten die gesuchten Entsprechungen auch empirische Anteile, es sind also phänomenal-begriffliche Gegenstände, z. B. eine physikalisch gemessene Kraft oder ein elektrischer Nervenimpuls. Die physikalischen Gegenstände werden in diesem Zusammenhang als „Reize" bezeichnet — ein Nachklang der naturalistischen Kausalvorstellung der klassischen Sinnesphysiologie, nach der die Reize „Ursachen" der Empfindungen sein sollen. In der modernen Sinnestheorie hingegen werden die physikalischen bzw. neurophysiologischen Gegenstände nicht als Ursachen, sondern als *Abbilder* der elementaren Sinneserlebnisse behandelt. Eine ähnliche Auffassung vertritt ROTHSCHILD (*1*, *2*), wenn er sagt, Nervenprozesse und Empfindungen ständen nicht in einem Kausalverhältnis von Ursache und Wirkung, sondern in einem semantischen Verhältnis von Symbol und Bedeutung. Symbole sind weder identisch mit ihren Bedeutungen, noch sind sie Ursache derselben.

III. Eigenmetrik mit Schwellenschritten

Die diskontinuierliche Struktur der Erlebnisdimension, insbesondere der Intensität, erlaubt es, eine Eigenmetrik der Sinnesmannigfaltigkeit aufzubauen. Dabei dienen die Unterschiedsschwellen als „natürliche Maßzahlen" (REENPÄÄ, *7*) der betreffenden Dimensionen. Man hat viel darüber diskutiert, wieweit die aufeinanderfolgenden Schwellenschritte als „gleich" zu betrachten seien (v. KRIES; STEVENS, *4*; EISLER); zumindest sind sie in einem kategorialen Sinne gleich, insofern sie alle minimal, kleinstmöglich sind.

Gehen wir davon aus, daß die Sinnesmannigfaltigkeit gemäß den auf S. 45 entwickelten phänomenalen Axiomen ein linear-orthogonales oder euklidisch-pythagoreisches System ist, so kann man erwarten, daß in ihr eine *quadratische* Metrik gilt. Um dies näher zu erläutern, betrachten wir zwei orthogonale Dimensionen (x, y) der Sinnesmannigfaltigkeit. Stellen wir eine phänomenale Änderung in der einen Dimension durch den Vektor $\overrightarrow{\Delta x}$ und eine phänomenale Änderung in der anderen Dimension durch den Vektor $\overrightarrow{\Delta y}$ dar, so gilt für eine gleichzeitige Wahrnehmung $\overrightarrow{\Delta s}$ der Änderung in beiden Dimensionen der Ausdruck

$$|\overrightarrow{\Delta s}| = \sqrt{|\overrightarrow{\Delta x}|^2 + |\Delta y|^2}$$

gemäß dem pythagoreischen Satz (Abb. 1). Dabei ist zur berücksichtigen, daß der phänomenalen Gleichzeitigkeit die begriffliche Addition entspricht; das gleichzeitige Erleben der Änderung in beiden Dimensionen würde also auf der begrifflichen Seite durch eine Vektorensumme (skalares Produkt) darzustellen sein.

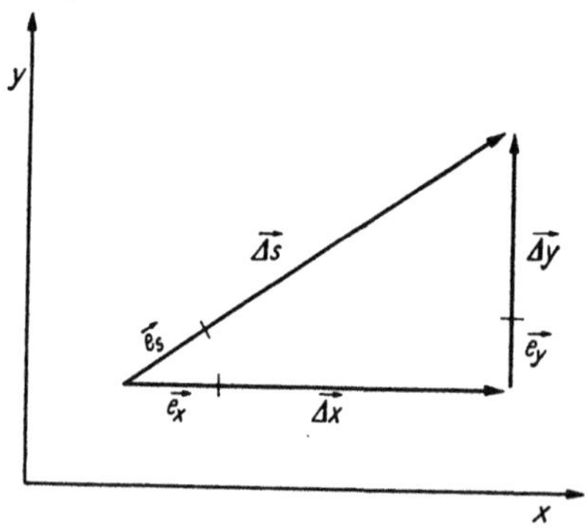

Abb. 1. Vektordarstellung der linear-orthogonalen oder euklidisch-pythagoreischen Eigenmetrik. Erläuterung s. Text

Betrachten wir nun die Unterschiedsschwellen $\vec{e}_x$, $\vec{e}_y$ und $\vec{e}_s$ als natürliche Maßzahlen und setzen sie jeweils als „Einheitsvektor" mit dem numerischen Wert 1

$$e_x = e_y = e_s = 1,$$

so erhalten wir

$$x = n_x \cdot e_x = n_x$$
$$y = n_y \cdot e_y = n_y$$
$$s = n_s \cdot e_s = n_s$$

wobei n jeweils die Zahl der Unterschiedsschwellen ist. Daraus folgt

$$n_s = \sqrt{n_x^2 + n_y^2}\,.$$

Diese Beziehung ist experimentell nachprüfbar. Man wählt zwei gleichzeitig beobachtbare Dimensionen eines Sinnesbezirkes, z.B. die phänomenale Flächengröße und Helligkeit eines Lichtfleckes, und rückt in jeder Dimension einzeln nach Unterschiedsschwellen vor, bis eine festgelegte zweidimensionale Erlebnisgröße erreicht ist. Dann wiederholt man den Versuch, indem man beide Dimensionen gleichzeitig verändert, wobei der Beobachter nunmehr die Unterschiedsschwellen für die gleichzeitige Veränderung angibt, und zwar so lange, bis wiederum die festgelegte zweidimensionale Erlebnisgröße erreicht ist. BERGSTRÖM u. REENPÄÄ konnten zeigen, daß bei dem eben beschriebenen Versuch im optischen Bereich die euklidisch-pythagoreische Metrik genau gilt (Tabelle 6). Im hap-

Tabelle 6. *Mittelwerte der Maßzahlen simultaner Unterschiedsschwellen (n_s), verglichen mit den aus Einzelschwellenschritten (n_l, n_i) bestimmten theoretischen Maßzahlen (N_s) beim Gesichtssinn.* (Nach REENPÄÄ, *8*)

	Zahl der Versuchsserien	Experimentelle Zahl der Unterschiedsschwellen: in der Flächendimension n_l	in der Intensitätsdimension n_i	simultan in beiden Dimensionen n_s	Theoretisch berechnet N_s
d_4	2	3	1	3,0 ± 0,14	3,16
d_5	1	3	2	3,7	3,61
d_6	2	3	3	4,4 ± 0,71	4,24
d_7	1	3	4	4,8	5,00
d_8	6	3	5	5,7 ± 0,14	5,83

tischen Bezirk wurde das Gelten dieser Metrik von BERGSTRÖM u. LINDFORS untersucht; die beiden Dimensionen betrafen die erlebte Flächengröße (l) und die erlebte Intensität (i) eines Stoßes gegen den Daumenballen. In allen Fällen war der Unterschied der empirischen Ergebnisse gegenüber einer berechneten quadratischen Metrik kleiner als der natürliche Meßfehler des Beobachters, also kleiner als eine Unterschiedsschwelle. In Abb. 2 sind die Ergebnisse zweier Beobachter

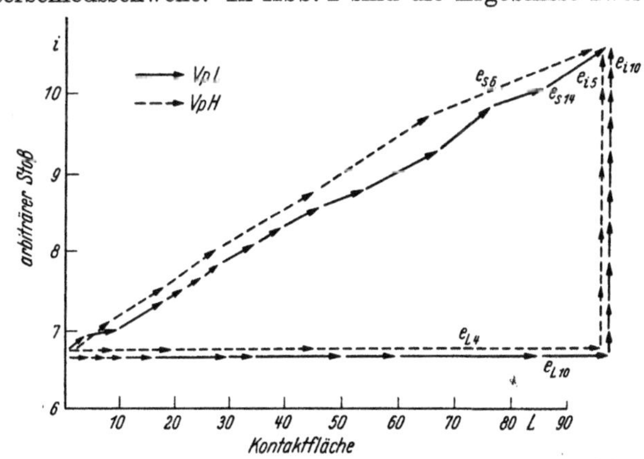

Abb. 2. Bestimmung der Unterschiedsschwellen für die erlebte Flächengröße (l) und die Intensität (i) eines Stoßes gegen den Daumenballen. e_l Einzelschwellen für die Flächengröße, e_i Einzelschwellen für die Intensität, e_s Simultanschwellen für die gleichzeitige Änderung von Fläche und Intensität. (Nach BERGSTRÖM u. LINDFORS)

L und H wiedergegeben. Es fällt auf, daß beide Versuchspersonen mit gleicher Genauigkeit eine quadratische Eigenmetrik einhalten, obwohl — fremdmetrisch gesehen — L viel „genauer" beobachtet als H. Wie BERGSTRÖM u. LINDFORS betonen, scheint also die Genauigkeit der euklidisch-pythagoreischen Eigenmetrik unabhängig zu sein von dem konventionellen Begriff der Genauigkeit, der sich immer auf physikalische Reizgrößen bezieht.

Der dritte Bereich, in dem bisher die Gültigkeit der linear-orthogonalen Eigenmetrik erwiesen wurde, ist der akustische. Die von BERGSTRÖM u. Mitarb.

gewählten Dimensionen waren die Tonhöhe und die Lautheit. Ein Beispiel der experimentellen Ergebnisse zeigt Tabelle 7. Allerdings haben neuere Versuche von JAUHIAINEN u. HÄKKINEN gezeigt, daß auf akustischem Gebiet die quadratische Eigenmetrik nur unter bestimmten Bedingungen gilt. Diese Versuche werfen erneut die Frage auf, wieweit es berechtigt ist, Unterschiedsschwellenschritte als „gleich" zu setzen.

Tabelle 7. *Maßzahl der simultanen Unterschiedsschwellen* (n_s), *verglichen mit den aus Einzelschwellenschritten* (n_f, n_i) *bestimmten theoretischen Maßzahlen* (N_s) *beim Gehör.* (Nach BERGSTRÖM u. Mitarb.)

Experiment Nr.	Experimentelle Zahl der Unterschiedsschwellen: in der Frequenzdimension n_f	in der Intensitätsdimension n_i	simultan in beiden Dimensionen n_s	Theoretische Zahl der simultanen Unterschiedsschwellen N_s	Relativer Fehler (V_r) ($V_r = \frac{n_s}{N_s} - 1$)
1	20	11,7	21,9	23,2	−0,06
2	20	14,7	20,1	24,8	−0,19
3	5	5,0	5,8	7,1	−0,18
4	5	4,9	5,0	7,0	−0,29
5	5	5,0	7,3	7,1	+0,03
6	7	6,9	8,8	9,8	−0,10
7	5	5,0	6,0	7,1	−0,16
8	6	4,9	6,7	7,7	−0,13
9	5	4,9	7,0	7,0	±0,00
10	5	4,8	5,0	6,9	−0,28
11	10	9,9	14,3	14,0	+0,02
12	10	9,8	13,5	14,0	−0,04
13	5	4,5	7,5	6,7	+0,12
14	5	5,0	6,4	7,1	−0,10
15	5	4,9	6,7	7,0	−0,04
16	6	5,9	6,3	8,4	−0,25
17	5	4,8	6,3	6,9	−0,09
18	9	7,8	12,8	11,9	+0,08
19	5	4,9	6,8	7,0	−0,03
20	5	4,9	7,2	7,0	+0,03
21	5	5,0	9,0	7,1	+0,16
22	5	4,9	5,3	7,0	−0,24
23	5	5,0	6,5	7,1	−0,08
24	5	4,9	6,5	7,0	−0,07
25	5	4,9	7,2	7,0	+0,03
26	5	4,9	5,3	7,0	−0,24

IV. Eigenmetrik mit überschwelligen Schritten

Die Eigenmetrik der Sinnesmannigfaltigkeit mittels „großer" Schritte wird in der Sinnesphysiologie selbst kaum angewandt und soll deshalb auch nur kurz erwähnt werden; dagegen hat sie in der messenden Psychologie eine große Bedeutung erlangt (STEVENS; BJÖRKMAN; EISLER; GOUDE; SJÖBERG; EKMAN). Diese merkwürdige Aufteilung der phänomenologischen Metriken zwischen Sinnestheorie und Psychologie ist natürlich ganz inkonsequent und noch ein Nachklang jenes psycho-physischen Dualismus, der die Sinneserlebnisse an die Psychologie abschob. Demzufolge belegt man auch heute noch die Eigenmetrik mit dem irreführenden Prädikat der „subjektiven" oder „psychologischen" Messung. Man sollte hieraus aber keine Kompetenzfrage zwischen Sinnesphysiologen und Psychologen machen, sondern letzteren dankbar sein, daß sie sich eines von der naturalistischen Sinneslehre vernachlässigten Gebietes angenommen haben.

Die einfachste überschwellige Eigenmetrik ist die Teilung einer phänomenalen Erlebnisgröße in zwei Teile, gemäß dem Erlebnis einer „Hälfte" oder „Mitte".

Ohne weiteres einleuchtend ist das bei der Raum- und Zeitdimension. Halbiert man eine räumliche Strecke oder ein Zeitintervall, so erhält man zwei Teile, deren Vollgleichheit evident ist. Damit hängt es auch zusammen, daß sich der physikalische Maßbegriff vorwiegend auf diese beiden Dimensionen bezieht. Phänomenale Kontinua dieser Art, von STEVENS (*2*) als *„metathetisch“* bezeichnet, sind dadurch charakterisiert, daß sie keinen absoluten Nullpunkt besitzen und in jedem Punkt symmetrisch sind. Weitere Beispiele hierfür sind die Tonhöhendimension und die Farbqualitätsdimension. Die *„prothetischen“* Kontinua hingegen, zu denen vor allem die Intensitätsdimensionen gehören, sind asymmetrisch und besitzen einen absoluten Nullpunkt; bei ihnen ist die Herstellung gleicher Hälften schon problematischer. Sicher ist es möglich, zwischen einer kleineren

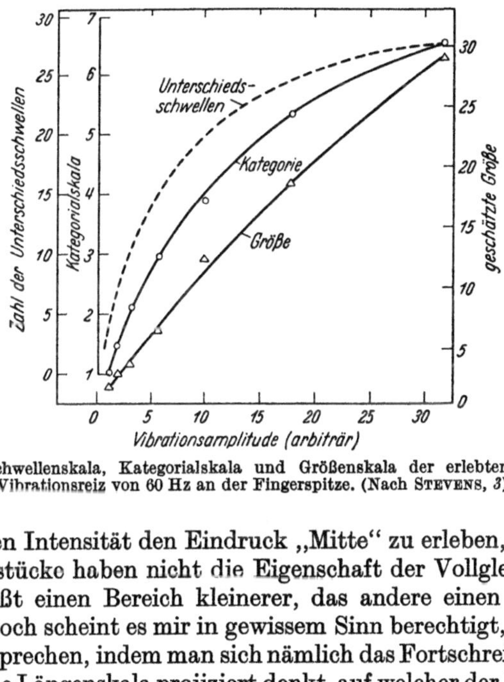

Abb. 3. Unterschiedsschwellenskala, Kategorialskala und Größenskala der erlebten Intensität bei einem Vibrationsreiz von 60 Hz an der Fingerspitze. (Nach STEVENS, *3*)

und einer größeren Intensität den Eindruck „Mitte“ zu erleben, aber die dadurch gewonnenen Teilstücke haben nicht die Eigenschaft der Vollgleichheit, denn das eine Stück umfaßt einen Bereich kleinerer, das andere einen Bereich größerer Intensität. Dennoch scheint es mir in gewissem Sinn berechtigt, von einer Gleichheit der Teile zu sprechen, indem man sich nämlich das Fortschreiten auf der Intensitätsskala auf eine Längenskala projiziert denkt, auf welcher der Eindruck „Mitte“ identisch ist mit zwei vollgleichen Teilstücken. Man sieht, daß es auch bei dieser Art der Metrik nicht ohne operationale Setzungen abgeht, deren Berechtigung sich erst aus den Konsequenzen bei der Anwendung der Skalen erweisen kann.

Vergleicht man verschiedene Eigenmetriken untereinander, so fällt auf, daß sie in ihrer Struktur nicht übereinstimmen. Dies spricht für eine unterschiedliche Auslegung des Gleichheitsbegriffes bei der Aufstellung der Maßeinheiten in den verschiedenen Skalen. So weichen, wie das Beispiel in Abb. 3 zeigt, die Unterschiedsschwellenskala, die Kategorialskala und die Größenskala systematisch voneinander ab (STEVENS, *3*). Die Kategorialskala wird dadurch gewonnen, daß der Beobachter die Intensitätseindrücke in kategoriale Klassen einordnet, während bei der Größenskala die relative Größe der Intensität geschätzt wird. Nach neueren Untersuchungen scheint jedoch die Unterschiedsschwellenskala identisch mit einer Kategorialskala zu sein (EISLER, *1*, *2*). Die Gründe für die Abweichungen zwischen den verschiedenen Skalen sind noch nicht geklärt; sicher wäre es aber voreilig, eine dieser Skalen als „richtig“ und die anderen als „falsch“ zu bezeichnen, zumal sie alle nicht frei von willkürlichen Postulaten sind.

V. Zur Bildung physikalischer Maßbegriffe

Um die Eigenart der sinnesphysiologischen Fremdmetrik zu verstehen, ist es unerläßlich, sich über die Bildung der physikalischen Maßbegriffe klar zu sein. Zum Unterschied gegenüber den adäquaten eigenmetrischen Begriffsgrößen, die sich möglichst eng an die phänomenalen Gegebenheiten halten und ein Minimum an Postulaten und Idealisierungen enthalten, sind die physikalischen Grundbegriffe in einer viel freieren Weise gebildet. Bei ihnen überwiegt die Spontaneität des Denkens in Form operationaler Setzungen und Definitionen. Wie vor allem DINGLER (*2*) gezeigt hat, wird die Isomorphie zwischen den physikalischen Begriffen und der empirischen Realität dadurch erreicht, daß die experimentellen Vorrichtungen und Meßgeräte in möglichst genauer Annäherung an die begrifflichen Axiome hergestellt werden. Freilich geht der Operationismus nicht so weit, daß die Physik ihre Begriffe, wie DINGLER glaubt, rein deduktiv bilden könnte. An irgendeinem Punkt muß die Verbindung mit den empirischen Sinnesqualitäten erhalten bleiben, sonst wäre die Physik reine Mathematik und könnte sich das kostspielige Experimentieren sparen. DESSAUER sagt in seiner diesbezüglichen Kritk an DINGLER: „So groß ist der Menschengeist aber nicht, daß er ohne Belehrung auskäme."

Am klarsten läßt sich das methodische Vorgehen der Physik an der Bildung des *Kraftbegriffes* aufweisen. Manche Physiker verweisen darauf, daß der Begriff der Kraft ursprünglich aus unserem unmittelbaren Krafterlebnis stammt — der einzigen Sinnesqualität übrigens, die in der Physik begriffsbildend geworden ist (MÜLLER-POUILLET; RIEMANN u. WEBER; UNGER, *2*). In dem bekannten Lehrbuch von MÜLLER-POUILLET heißt es über den Kraftbegriff: „Wir kommen zu diesem Begriff unmittelbar durch die mit unserer Muskeltätigkeit verbundene Empfindung, den ‚Muskelsinn'. Wenn ich etwa meine Hand ausstrecke, bis sie die Platte des Experimentiertisches berührt, so spüre ich den Widerstand des Tisches. Nun hat der Muskelsinn gegenüber den anderen Sinnesorganen die Eigentümlichkeit, daß ich durch ihn meine eigene Aktivität bemerke. Wenn der Tisch mir widersteht, so merke ich das daran, daß *ich* mit einer gewissen *Kraft* gegen ihn drücke. Andererseits muß ich aus meiner Kraftanstrengung schließen, daß objektiv ein Ding außer mir vorhanden ist, welches sich mir widersetzt" (S. 6).

Nur auf diese phänomenologische Weise läßt sich der physikalische Kraftbegriff herleiten, während jede rein begriffliche Definition auf logische Tautologien führt, bei denen die Kraft selbst undefiniert bleibt. Das hat DINGLER (*2*) bei seinem Versuch einer rein operationalen Einführung des Kraftbegriffs übersehen (S. 139ff.).

Man kann feststellen, daß beim Heben gleichartiger und gleich großer Gewichtsstücke annähernd gleich große Krafterlebnisse auftreten und daß steigenden Anzahlen von Gewichtsstücken eine zunehmende Größe des Krafterlebnisses entspricht. Soweit der einfache sinnesphysiologische Tatbestand. In der Physik untersucht man nun dieses Verhältnis nicht weiter, sondern geht sogleich auf eine freie Definition über, indem man z.B. ein zuverlässig konstantes, leicht reproduzierbares Gewichtsstück als die physikalische Kraft 1 setzt. Die Intensitätsskala der Kraft wird dann durch das Verfahren der „rationellen Numerierung der Kräfte" (MÜLLER-POUILLET) aufgestellt. Man verfertigt sich mehrere konstante Gewichtsstücke, die alle der Einheit genau gleich sind, und läßt von diesen Einheitskräften zugleich 2, 3, 4 usw. in einem Flächenelement dF in gleicher Richtung wirken; der Resultierenden gibt man die Nummern 2, 3, 4 usw. Ferner stellt man sich durch systematisches Ausprobieren Teilstücke der Einheit her, z.B. vom Wert 0,1. Für die so definierten Nummern der Kräfte gelten die algebraischen

Axiome der Addition und der Multiplikation mit den Eigenschaften der Kommutativität, Assoziativität und Distributivität (vgl. S. 45).

Dieses Verfahren unterscheidet sich in wesentlichen Punkten von der sinnesphysiologischen Eigenmetrik. Erstens geht man von der erlebten Kraft auf ein begrifflich definiertes, möglichst unveränderliches Objekt über. Die Unveränderlichkeit ist die Voraussetzung für die Anwendung der Gleichheitsoperation als Grundlage der algebraischen Messung. Daß man diese Vergleichsobjekte wirklich als unveränderlich annimmt, ist allerdings in gewissem Sinne eine Konvention. Kraft wird jetzt nicht mehr durch das unmittelbare Krafterlebnis, sondern durch ein begrifflich festgesetztes Objekt definiert; wir haben den Kraftbegriff objektiviert. Nunmehr können wir auch dort von Kräften sprechen, wo wir keine mehr unmittelbar als solche wahrnehmen, etwa bei sehr kleinen Kräften. Zweitens nimmt die physikalische Kräfteskala keine Rücksicht auf die Eigenmetrik; es wird nicht gefragt, ob die physikalischen Kräfte 1, 2, 3 auch den Krafterlebnissen 1, 2, 3 entsprechen, was in der Tat nicht der Fall ist. Der physikalische Kraftbegriff hat zwar noch einen gewissen Zusammenhang mit dem unmittelbaren Krafterlebnis, aber infolge der willkürlichen Definition weicht er von der erlebten Kraft in einer nicht genau bekannten Weise ab: er ist ein arbiträrer Begriff.

Drittens — und das bedeutet einen großen Gewinn an Sicherheit — besteht beim physikalischen Messen die sinnliche Beobachtung nur noch im Konstatieren von Gleichheitserlebnissen. Es sind die sog. *Koinzidenzbeobachtungen*, welche in allen vier Dimensionen der Sinnesmannigfaltigkeit möglich sind. Es gibt Orts-, Zeit-, Qualitäts- und Intensitätskoinzidenzen, jedoch ist es durch entsprechende Meßgeräte möglich, alle Koinzidenzerlebnisse auf Zeit- und Ortskoinzidenzen zu reduzieren.

In der Physik werden auch die „sekundären" Qualitätsbereiche — etwa Wärme, Licht und Schall — durch geeignete Definitionen auf begriffliche Raum-, Zeit- und Kraftgrößen (c · g · s-System) zurückgeführt. Bei diesen Verfahren bleiben die ursprünglichen Qualitätsbereiche im einzelnen ganz unerörtert. So wird zwar Eindeutigkeit innerhalb des physikalischen Begriffssystems erzielt, die definierten Begriffe bleiben aber hinsichtlich der Sinnesqualitäten in einer nicht näher untersuchten Weise mehrdeutig und indeterminiert. Solange wir innerhalb der Physik bleiben, ist alles in schönster Ordnung. Die Problematik der arbiträren Begriffe muß aber in voller Schärfe wieder auftreten, wenn in der Sinnesphysiologie physikalische Größen mit Sinneswahrnehmungen impliziert werden. Denn was muß sich dann zeigen? Es müssen alle von der Physik abgewiesenen und unerörterten Diskrepanzen zwischen Sinneswahrnehmung und physikalischem Begriff explizit erscheinen; man sagt dann, die Empfindung stimme mit dem sog. physikalischen Reiz nicht überein — was ganz selbstverständlich ist, wenn man sich klarmacht, wie physikalische Begriffe definiert werden.

VI. Fremdmetrik mittels physikalischer Größen

Nach dem vorher Gesagten leuchtet ohne weiteres ein, daß zwischen den unmittelbaren Sinneserlebnissen und den Gegenständen der Physik nur eine arbiträre Beziehung bestehen kann. Die physikalischen Begriffe haben zwar einen gewissen lockeren Zusammenhang mit dem phänomenal Gegebenen, aber dieser Zusammenhang bleibt infolge des operationalen Charakters der physikalischen Definitionen weitgehend offen. Es ist also durchaus unbestimmt, wie hoch der Grad von Isomorphie zwischen dem Sinnesphänomen und dem physikalischen Begriff — oder um es in der Sprache der klassischen Sinnesphysiologie zu sagen: zwischen der „Empfindung" und dem „Reiz" — ist. Daß eine streng isomorphe

Beziehung gar nicht zu erwarten ist, geht auch aus einer anderen Überlegung hervor: In praktisch allen Fällen gehören die Sinnesphänomene und die zu ihrer Abbildung verwandten physikalischen Begriffsgrößen zwei verschiedenen orthogonalen Dimensionen der Sinnesmannigfaltigkeit an. Da die Dimensionen logisch voneinander unabhängig sind, kann ein Zusammenhang zwischen ihnen stets nur auf Grund rein empirischer, „zufälliger" Befunde konstatiert werden, deren Geltung sich immer nur auf die betreffenden experimentellen Bedingungen beschränkt. Ein Beispiel wäre etwa die empirische Beziehung der Farbqualitätsdimension und der Raumdimension im Spektralversuch.

Die neuere Sinnesphysiologie faßt die arbiträre Beziehung von Empfindung und Reiz als ein *Abbildungsverhältnis* auf (Reenpää, *6*, *7*, *8*). Während man in der naturalistischen Sinneslehre den physikalischen Reiz als das Primäre, als die „Ursache" der Empfindungen ansah und die Anisomorphie zwischen Reiz und Empfindung durch ad hoc ersonnene Hypothesen zu erklären versuchte, geht man nunmehr von der Empfindung als einem Primären, Letztgegebenen aus und sucht deren Struktur in einem physikalisch-begrifflichen System, dem Reiz, isomorph abzubilden. Ob und bis zu welchem Grade das gelingt, kann man a priori nicht wissen, sondern nur experimentell ausprobieren. Das Verhältnis von Empfindung (E) und Reiz (R) wird als mathematisches Abbildungsproblem behandelt, bei dem die Struktureigenschaften einer Mannigfaltigkeit — der Anschauung — in den Struktureigenschaften einer anderen Mannigfaltigkeit — der physikalischen Begriffe — abgebildet werden

$$E \to R,$$

wobei $\to$ das Abbildungsverhältnis ausdrücken soll. Die Sinnesphysiologie vollzieht also in der Fremdmetrik das, was die Physik nicht systematisch unternimmt, nämlich den Anschluß der unmittelbaren Sinnesphänomene an das physikalische Begriffssystem. Es braucht wohl nicht besonders betont zu werden, daß die Gesichtspunkte der Fremdmetrik grundsätzlich auch für alle anderen Begriffssysteme der empirischen Wissenschaften gelten.

Da die naturwissenschaftlichen Begriffe der Struktur des Phänomenalen nicht konform sind, ist es oft schwierig, die Sinneserlebnisse mittels physikalischer oder chemischer Größen adäquat abzubilden, vor allem wenn es sich um höher strukturierte, „große" Objekte handelt. Dabei ist zu berücksichtigen, daß die Art der erhaltenen Fremdmetrik natürlich auch davon abhängt, welche arbiträre Reizgröße man wählt. Setzt man beispielsweise für die Kälteempfindung auf der Reizseite die physikalische Temperatur (ϑ) ein, so erhält man natürlich eine andere Funktion, als wenn man die zeitliche Temperaturänderung ($d\vartheta/dt$) einsetzt. Hier zeigt sich ein entscheidender Vorteil der neuen Abbildungslehre, denn diese fordert keineswegs nur eine einzige Begriffsentsprechung für das Phänomenale, sondern läßt die Möglichkeit mehrerer adäquater Abbildungen durchaus offen.

Die Beziehung zwischen einer eigenmetrischen Rationalskala (z.B. geschätzte Lautheit) und einer arbiträren Reizgröße (z.B. Schalldruckamplitude) läßt sich nach Stevens (*3*) allgemein durch die Potenzfunktion

$$E \to k\,(R - R_0)^n$$

wiedergeben, wobei R_0 der Absolutschwellenreiz ist. Der Wert von n hängt erstens von der Art des Sinnesbereiches, zweitens aber auch von der Art des gewählten Reizparameters ab. In doppeltlogarithmischer Darstellung ergibt die Funktion eine Gerade von bestimmter Steilheit (Abb. 4). Bei der Potenzfunktion ist zu berücksichtigen, daß sie eine sehr allgemeine mathematische Beziehung ist, in der sich sowohl lineare als auch die verschiedensten abszissenkonkaven und abszissenkonvexen Funktionen darstellen lassen. Nimmt also eine Empfindungsgröße in irgendeiner arbiträren Weise monoton der Reizgröße zu, so dürfte sich durch geeignete Wahl des Exponenten n meist eine Potenzfunktion finden lassen, die der Beziehung annähernd entspricht.

Eine vom sinnesphysiologischen Standpunkt sehr bemerkenswerte Art der Metrik ist der *intermodale* Intensitätsvergleich mit Hilfe von Krafterlebnissen (STEVENS, MACK u. STEVENS). Dabei hat der Beobachter die Aufgabe, ein Handdynamometer so zu drücken, daß Intensitätsgleichheit mit einer anderen Sinnesintensität, z.B. einer Helligkeit, besteht. Auf diese Weise lassen sich Intensitätsskalen aufstellen, indem der Beobachter, statt den Intensitätserlebnissen Zahlen

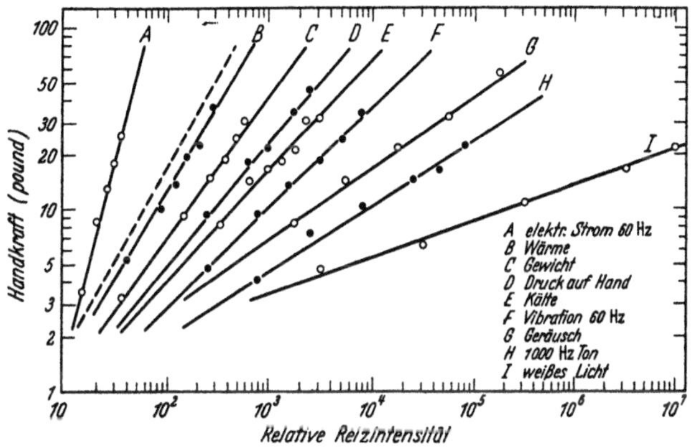

Abb. 4. Vergleich der erlebten Intensität verschiedener Reizgrößen mit der Kraftempfindung an einem Handdynamometer. Die relative Lage der Funktionen auf der Abszisse ist arbiträr. Die gestrichelte Linie zeigt eine Steilheit von 1 in dem doppelt logarithmischen Koordinationssystem. Jeder Kurvenpunkt stellt den Mittelwert der Kräfte dar, die als gleichintensiv mit den betreffenden Reizgrößen erlebt werden. An jedem Versuch nahmen zehn oder mehr Beobachter teil. (Nach STEVENS, *3*)

zuzuordnen, entsprechende Kräfte am Dynamometer ausübt. Die Kraftqualität ist sicher ein besonders geeignetes und natürliches Maß für Intensitätsvergleiche, da sie selbst „reine" Intensität ist (vgl. S. 37). Abb. 4 zeigt die durch Kraftvergleich gewonnenen Intensitätsskalen von neun verschiedenen prothetischen Kontinua. Sowohl die Dynamometerkräfte als auch die Reizintensitäten der neun Kontinua sind in arbiträren Einheiten in doppeltlogarithmischem Maßstab angegeben. Sämtliche Intensitätsskalen sind in dieser Darstellung Gerade, also Potenzfunktionen.

Tabelle 8. *Exponenten (Steilheiten) von Funktionen gleicher Intensität, ermittelt durch phänomenale Rationalskalen und durch Intensitätsvergleich mit Krafterlebnissen.* (Nach STEVENS, *3*)

Rationalskala		Skalierung durch Kraftvergleich		
Kontinuum	Exponent der Potenzfunktion	Reizbereich	Berechneter Exponent	Gemessener Exponent
Elektrischer Strom (60 Hz)	3,5	0,29—0,73 mA	2,06	2,13
Temperatur (warm)	1,6	2,0—14,5° C über Neutraltemperatur	0,94	0,96
Schwere von Gewichten	1,45	28—480 g	0,85	0,79
Druck auf Handfläche	1,1	0,25—2,5 kg	0,65	0,67
Temperatur (kalt)	1,0	3,3—30,6° C unter Neutraltemperatur	0,59	0,60
60 Hz-Vibration	0,95	17—47 db re. Schwelle	0,56	0,56
Lautheit von Rauschen	0,6	55—95 db re. 0,0002 dyn/cm²	0,35	0,41
Lautheit 1000 Hz-Ton	0,6	47—87 db re. 0,0002 dyn/cm²	0,35	0,35
Helligkeit (weißes Licht)	0,33	56—96 db re. 10^{-10} lambert	0,20	0,21

Vergleicht man die durch Dynamometrie gewonnenen Intensitätsskalen mit den durch unmittelbare Intensitätsschätzung (Rationalskala) gewonnenen Skalen, so verhalten sich die Exponenten *n* der Potenzfunktionen jeweils wie 1:1,7. Der Wert von 1,7 ist aber der Exponent der Kraftskala selbst. Das bedeutet also, daß die Intensitätsgrößenschätzung und die Intensitätsmessung durch Dynamometrie zu identischen Skalen führen. Dies ist in Tabelle 8 dargestellt. Die erste Zahlenkolonne zeigt die Werte von *n* für die Potenzfunktion der Rationalskalen, in der zweiten Zahlenkolonne sind diese Werte durch 1,7 dividiert, und in der dritten Kolonne sind die Exponenten *n* für die dynamometrischen Intensitätsskalen aufgeführt. Wie man sieht, stimmen die berechneten und experimentellen Werte sehr gut überein.

VII. Abbildung infinitesimaler Sinneserlebnisse mittels arbiträrer Reizparameter

Im allgemeinen ist eine konforme oder isomorphe Abbildung „großer" anschaulicher Objekte mittels arbiträrer, den exakten Naturwissenschaften entnommener Begriffsgrößen nicht möglich, abgesehen vielleicht von den Kraftempfindungen, die in dieser Hinsicht eine Sonderstellung einzunehmen scheinen. In einem speziellen Fall aber gelingt es, phänomenale Objekte isomorph abzubilden, auch wenn die begrifflich-physikalischen Größen arbiträr sind. Dieser Fall ist gegeben, wenn das abzubildende Objekt *infinitesimal* ist. Gemäß der mathematischen Abbildungslehre kann eine infinitesimale Größe eines Raumes mittels eines Produktes zweier Parameter eines anderen Raumes isomorph wiedergegeben werden, wobei das Produkt der zwei arbiträren Parameter eine Invariante ist. Bezüglich der Ableitung dieser Beziehung verweise ich auf Reenpää (*8*, S. 125ff.). Infinitesimalität bedeutet im Phänomenalen, daß es sich um ein absolutes Schwellenerlebnis handelt. Tatsächlich kennen wir eine Reihe empirischer Reizformeln, in denen diese bilineare Abbildung sehr genau gilt.

Die bilinearen Reizausdrücke der Sinnesphysiologie geben die absolute Erlebnisschwelle (e) mittels des Produktes zweier arbiträrer physikalischer Parameter wieder. Für den Gesichtssinn gilt die Regel, daß ein in seiner Helligkeit (i) und Flächengröße (l) kleinstmögliches Gesichtsobjekt ($e_{i,\,l}$), das also gleichzeitig (:) in beiden phänomenalen Dimensionen minimal ist, durch ein konstantes Produkt von physikalischer Lichtintensität (R_i) und Flächengröße (R_e) wiedergegeben werden kann, sofern der Sehwinkel des Objekts kleiner als drei Bogenminuten ist (Asher; Jalavisto, Niini u. Reenpää),

$$e_{i,\,l} = e_i : e_l \rightarrow R_i \cdot R_l = k\,.$$

Die physikalische Dimension des bilinearen Reizausdruckes ist die einer Leistung ($g \cdot cm^2 \cdot sec^{-3}$).

Geht man von einem phänomenalen Gesichtsobjekt aus, das in seiner Helligkeit (i) und Zeitdauer (t) minimal ist, so gelingt die isomorphe Abbildung mittels eines konstanten Produktes von physikalischer Lichtintensität (R_i) und Zeitdauer (R_t), vorausgesetzt, daß die physikalische Zeitdauer 120 msec nicht überschreitet (Bloch; Charpentier; v. Kries; Jalavisto, Niini u. Reenpää).

$$e_{i,\,t} = e_i : e_t \rightarrow R_i \cdot R_t = k\,.$$

Die Dimension des bilinearen Reizausdruckes entspricht einer Energie ($g \cdot cm \cdot sec^{-2}$). In Tabelle 9 und 10 sind die experimentell erhaltenen Werte für beide Gleichungen wiedergegeben.

Konstante bilineare Reizausdrücke für die Absolutschwellen wurden auch auf dem Gebiet des Temperatursinnes (HENSEL, *1*), des Tastsinnes bei elektrischer Reizung (NERNST) und des Gehörs (WÄRE, WILSKA u. RENQVIST) gefunden; allerdings gelten sie nicht immer so genau wie beim Gesichtssinn. Den eindeutig bestimmten phänomenalen Objekten steht also auf der Seite der physikalischen Begriffe eine Unbestimmtheit gegenüber. So entspricht etwa dem minimalen Helligkeitserlebnis eine Vielzahl von Kombinationen zwischen physikalischer Lichtintensität und Flächengröße, die alle in gleicher Weise das erlebbare Minimalobjekt adäquat abbilden. Die Art der Kombination ist nur insoweit bestimmt, als das Produkt beider Größen eine Konstante bildet.

Tabelle 9. *Gegenseitige Abhängigkeit der Reizfläche Δl und der Lichtintensität Δi an der Minimalschwelle.* (Nach JALAVISTO, NIINI u. REENPÄÄ)

d mm	Bogen-minuten	Δl mm²	Δi Lux	$\Delta i \cdot \Delta l$ Lux · mm²
0,92	1,01	0,665	6,33	4,21
1,10	1,21	0,950	3,76	3,57
1,36	1,50	1,45	3,22	4,67
2,07	2,28	3,35	1,06	3,55
2,61	2,87	5,35	0,770	4,12
4,6	5,1	16,6	0,295	4,90
6,0	6,6	28,3	0,235	6,65
8,1	8,9	51,5	0,122	6,28
16,1	17,7	203,0	0,0426	8,65
25,1	27,6	495,0	0,0296	14,65
40,0	44,0	1255,0	0,0213	26,7

Tabelle 10. *Gegenseitige Abhängigkeit der Reizdauer Δt und der Lichtintensität Δi an der Minimalschwelle.* (Nach JALAVISTO, NIINI u. REENPÄÄ)

Δt σ	Δi Lux	$\Delta i \cdot \Delta t$
1	3,40 ± 0,32	2,40
2	— —	—
4	0,454 ± 0,050	1,82
10	0,249 ± 0,015	2,49
15	0,179 ± 0,014	2,69
20	0,162 ± 0,011	3,24
40	0,0798 ± 0,0114	3,19
60	— —	—
80	0,0498 ± 0,0057	3,98
100	0,0270 ± 0,0046	2,70
110	— —	—
120	0,0285 ± 0,0049	3,42
130	— —	—
160	0,0274 ± 0,0042	4,38
200	0,0198 ± 0,0030	3,96
288	0,0243 ± 0,00061	7,00

VIII. Willensintention und sinnesphysiologische Metrik

In den bisherigen Ausführungen über die sinnesphysiologische Metrik war die Sinnesmannigfaltigkeit als ein im Zeitpunkt des „Jetzt" auftretendes Einzelereignis behandelt worden. Nun besteht aber der sinnesphysiologische Versuch — wie jedes Experiment — nicht aus einem Einzelereignis, sondern aus einer Folge *wiederholter* Beobachtungen, die in einer Klasse zusammengefaßt werden. Damit wird das Instantane oder Aktuale der Sinneserfahrung erweitert zu einer zeitlich durcherlebten Erfahrung, die, wie bereits früher (S. 43) gezeigt, in entscheidender Weise auf Willenstätigkeit beruht. Diese Willenskomponente zeigt sich in der Intention auf Gleichheit oder Invarianz der wiederholten Beobachtungen. Nur so ist es überhaupt möglich, zeitlich aufeinanderfolgende Sinneserlebnisse miteinander zu verknüpfen und sie unter dem Gesichtspunkt der Gleichheit oder Ungleichheit zu ordnen.

Wie kann man dies Verhältnis in der Terminologie der sinnesphysiologischen Metrik darstellen? Die *Gleichheitsklasse* ist ein Begriff, den wir auf Grund einer Reihe von Sinneserlebnissen bilden. Wir untersuchen dann in jedem Einzelfall, ob das betreffende Sinneserlebnis e der Gleichheitsklasse E von Erlebnissen zugeordnet werden kann, ob es ein Element der Gleichheitsklasse ist. Die Beziehung des Elements zu seiner Klasse wird durch die ε-Relation angegeben

$$e \,\varepsilon\, E,$$

oder, in Worten: das Einzelerlebnis ist ein Element der Gleichheitsklasse von Erlebnissen. Sofern sich die physikalischen Größen oder Reizgrößen bei den einzelnen Beobachtungen (r) in einer Gleichheitsklasse (R) zusammenfassen lassen, kann man schreiben

$$r \varepsilon R.$$

Die fremdmetrische Beziehung zwischen einer Gleichheitsklasse von Sinneserlebnissen und einer Serie von Reizgrößen läßt sich als *Wahrscheinlichkeitsimplikation* darstellen (RENQVIST-REENPÄÄ). Wenn wir aus einer Reihe von Erlebnissen eine Klasse bilden können, so besteht eine gewisse Wahrscheinlichkeit dafür, daß wir auch aus den Elementen der Reizgrößen eine Klasse bilden können. Der Wahrscheinlichkeitswert w kann dabei von 0 bis 1 variieren. Das Wahrscheinlichkeits-Implikationsverhältnis wird nach REICHENBACH so formuliert

$$(e \varepsilon E) \underset{w}{\to} (e \varepsilon R),$$

oder, wenn man die ε-Relation wegläßt,

$$E \underset{w}{\to} R,$$

wobei $\to$ das Abbildungszeichen ist. Diese Beziehung liest man abgekürzt: Die Wahrscheinlichkeit von E zu R ist w. Der Wahrscheinlichkeitswert w der Implikation ist die relative Häufigkeit, mit welcher sowohl die Elemente e zur Klasse E als auch die Elemente r zur Klasse R gehören, wenn die Elemente e zur Klasse E gehören,

$$w = \frac{\overset{n}{\underset{1}{N}} (e \varepsilon E) \cdot (r \varepsilon R)}{\overset{n}{\underset{1}{N}} (e \varepsilon E)}.$$

Der Ausdruck $\overset{n}{\underset{1}{N}}$ bezeichnet die Anzahl der Fälle von 1 bis n, in denen die Elemente zu ihrer Klasse gehören. Aus der Gleichung geht hervor, daß der Wahrscheinlichkeitswert der Implikation $w = 1$ wird, wenn wir eine bestimmte Anzahl von Fällen haben, in denen die Elemente e zur Klasse E gehören, und wenn in allen diesen Fällen auch die Elemente r zur Klasse R gehören. Gehört hingegen in keinem Fall r zur Klasse R, dann wird der Wahrscheinlichkeitswert $w = 0$. Der Wert $w = 1$ entspricht der absoluten ja-Implikation, der Wert $w = 0$ der nein-Implikation. Zwischen diesen beiden Extremwerten liegen alle möglichen Werte der Wahrscheinlichkeitsimplikation.

Diese Formulierung gibt jenes Verfahren wieder, das man als den sinnesphysiologischen *Vollversuch* bezeichnet. Der Beobachter abstrahiert aus einer Folge von Sinneserlebnissen auf Grund der Gleichheitsrelation eine *Empfindungsklasse*, während der Versuchsleiter, der auch mit dem Beobachter identisch sein kann, aus physikalischen, chemischen oder sonstigen Größen eine *Reizklasse* zu bilden sucht. Die Wahrscheinlichkeit w, mit der dies gelingt, liegt nach dem oben Gesagten zwischen 0 und 1. Je höher w, desto enger ist die Implikation zwischen E und R. Man sieht auch, daß w offenbar davon abhängt, welche Reizgrößenart man wählt. Eine wesentliche Aufgabe derartiger sinnesphysiologischer Versuche besteht also darin, jene Reizgrößen aufzufinden, die einen möglichst nahe an 1 gelegenen Wert von w ergeben. Man sagt dann, E werde durch R adäquat abgebildet oder R sei der „*adäquate Reiz*" von E, wobei man sich freilich hüten muß, dieser Beziehung die übliche Kausalvorstellung zu unterlegen.

Stellt man den sinnesphysiologischen Versuch auf diese Art dar, so ergibt sich die Möglichkeit, die *Willensanspannung* oder Aufmerksamkeit beim Beobachten in einer natürlichen und exakten Weise einzuführen. Auch in den Naturwissenschaften weiß man, daß genaue Beobachtungen nur möglich sind, wenn diese mit einer gewissen Aufmerksamkeit und Willenskonzentration ausgeführt werden. Man spricht vom geübten Beobachter, von der sorgfältigen Beobachtung und vom sog. persönlichen Fehler bei physikalischen und astronomischen Präzisionsmessungen, ohne indessen diesen Faktor näher zu untersuchen oder ihn in die Theorie einzuführen. Die Willensanspannung, vor allem bei Schwellenbeobachtungen, gehört zu den Bedingungen für das Auftreten eines bestimmten Wahrnehmungsinhaltes. Es ist dies nichts anderes als ein Ausdruck der Intentionalität der Wahrnehmung (vgl. S. 27), welche besagt, daß das Wahrnehmungsobjekt bis zu einem gewissen Grad eine Funktion des wahrnehmenden Subjekts ist und von diesem nicht völlig abgetrennt werden kann.

Die Bildung einer Gleichheitsklasse von Erlebnissen ist also nur dann sinnvoll oder relevant, wenn die Willensintention immer gleichartig ist. Diesem Prinzip der Relevanz haben v. Wright und Reenpää (*8*) eine wahrscheinlichkeitstheoretische Interpretation gegeben, auf die ich hier verweise. Beim exakten Beobachten besteht die Willensgleichheit darin, daß die Aufmerksamkeit immer aufs höchste gespannt ist. Angenommen, ein Beobachter würde eine Schwellenempfindung in einem Fall bei hoher, in einem anderen Fall bei geringer Aufmerksamkeit konstatieren, so wäre die Zusammenfassung beider Erlebnisse in einer Gleichheitsklasse irrelevant, weil die Bedingung gleicher Willensintentionen nicht erfüllt ist. Die Wahrscheinlichkeitsimplikation ist relevant, wenn eine Gleichheitsklasse der Empfindungen (E) und zugleich eine Gleichheitsklasse der Willenskonzentrationen (W) besteht. Da die Willenserlebnisse begrifflich unanalysierbar sind, können wir sie im Sinne unserer Terminologie als einstellige Elemente bezeichnen. Unter Einführung des Zeichens (:) für die Gleichzeitigkeit erhält dann der sinnesphysiologische Vollversuch die Form

$$(E:W)\underset{w}{\rightarrow}R.$$

Der Ausdruck besagt, daß in einer Versuchsreihe, in der wir gleiche Erlebnisse einer bestimmten Art erhalten, mit einer gewissen Wahrscheinlichkeit w diesen Erlebnissen gleiche Reizgrößen entsprechen werden, wenn während der Versuche die Willensanstrengung oder Aufmerksamkeit immer gleich groß ist. Wäre die Bedingung der Willensgleichheit nicht erfüllt, so hätte der Begriff der Wahrscheinlichkeit als Häufigkeit von gelungenen Versuchen keinen Sinn.

E. Physiologische Bedingungen der Sinneswahrnehmung

I. Wahrnehmung und Sinnesorgan

Neben der traditionellen Richtung der Sinnesphysiologie, welche eine Abbildung von unmittelbaren Wahrnehmungsintensitäten mittels physikalischer „Reize“ anstrebt, hat sich neuerdings eine zweite Forschungsrichtung stark entwickelt: die Untersuchung der organphysiologischen Korrelate der Wahrnehmung. Der zentrale Begriff, um den es dabei geht, ist die physiologische „Erregung“ in den Sinnesorganen und den mit ihnen verbundenen Nervenstrukturen.

Welche Konsequenzen ergeben sich daraus für die theoretische Sinnesphysiologie? Betrachten wir das Problem von der erkenntniskritischen Seite, so kommen wir zu dem Ergebnis, daß ein Erregungsprozeß im Sinnesorgansystem grundsätzlich denselben Stellenwert gegenüber dem unmittelbaren Sinneserlebnis hat wie ein sog. äußerer Reiz. Denn beide, Reiz und Erregung, sind gegenüber dem phänomenalen Wahrnehmungsgegenstand völlig heterogen. Eine Farbqualität ist von einer physikalischen Wellenlänge ebenso verschieden wie von einem chemischen Prozeß in der Netzhaut oder einem elektrischen Vorgang in der Sehrinde. Es wird also der zwischen Wahrnehmungsgegenstand und physikalischem Objekt bestehende Hiatus irrationalis keineswegs überbrückt, wenn man zwischen den physikalischen Reiz und die Empfindung noch ein Zwischenglied — die neurale Erregung — einschaltet; vielmehr wird die ganze Problematik jetzt nur von der Außenwelt in das Nervensystem verschoben. Deshalb wäre es ein verhängnisvoller Trugschluß, wollte man glauben, man habe damit etwas für die Erklärung des Wahrnehmungsvorganges gewonnen, denn gegenüber den rein phänomenalen Objekten der Sinnesphysiologie sind die neurophysiologischen Begriffsobjekte nicht weniger „Reiz", als es die physikalischen Gegenstände sind.

Hier zeigt sich nun der Vorzug der Abbildungslehre, wie sie die theoretische Sinnesphysiologie heute vertritt. Ihr gilt es gleich, ob sie ein phänomenales Erlebnis im Begriffssystem der „äußeren" physikalischen Reize oder aber mittels eines „inneren" Erregungsvorganges im Nervensystem abbildet. Daß es nicht nur eine einzige Möglichkeit gibt, phänomenale Inhalte begrifflich wiederzugeben, sondern daß wir zwischen mehreren Begriffsentsprechungen wählen können, hängt mit der Unvollständigkeit und Unbestimmtheit des rein Phänomenalen zusammen. Je nach der Art der Fragestellung werden wir dann das eine oder das andere Begriffssystem bevorzugen.

An dieser Stelle möchte ich nun meine Behauptung, alle begrifflichen Entsprechungen des Phänomenalen seien gleichrangig, in gewisser Hinsicht einschränken. Denn sobald wir von einer allgemeinen philosophischen oder erkenntnistheoretischen Behandlung der Sinneswahrnehmung übergehen zur eigentlichen Sinnesphysiologie, gewinnen die organphysiologischen Bedingungen der Wahrnehmung ein ganz besonderes Gewicht. Ja, man könnte sogar sagen, die Physiologie der *Sinnesorgane*, zu denen wir hier auch die neuralen Anteile rechnen wollen, sei das zentrale Thema der Sinnesphysiologie überhaupt, weil es das spezifisch *Physiologische* am Wahrnehmungsvorgang behandelt.

Die Sonderstellung der Sinnesorgane als leiblicher Grundlage des Wahrnehmens ergibt sich schon aus der Tatsache, daß wir dieses Bedingungsverhältnis nicht nur durch wissenschaftliche Untersuchungen kennen, sondern es auch unmittelbar erleben. Mit den Wahrnehmungsgegenständen sind uns zugleich gewisse Erlebnisse der Sinnesorgane gegeben, welche die Wahrnehmung vermitteln; freilich sind diese Organempfindungen in vielen Fällen nur sehr undeutlich und stark von der intentionalen Einstellung abhängig. Nach HUSSERL (Bd. 4, S. 55ff.) und ARMSTRONG gehört die Erfahrung der vermittelnden Funktion der Sinnesorgane zu den primären Gegebenheiten der Wahrnehmung. Hierzu sagt ARMSTRONG: "After we gain some knowledge of the world, this knowledge is accompanied by knowledge of the means by which this immediate knowledge was got (by the eyes, skin, nose etc.). It is also regularly accompanied by characteristic *sensations* in the organs being used to acquire the immediate knowledge" (S. 191).

Am deutlichsten sind diese Verhältnisse beim Tastsinn. Dort nehmen wir immer einen zweifachen Inhalt wahr, das äußere Objekt und unseren eigenen Körper — genauer gesagt, die Sinnesfläche der Haut, welche die Tastwahrnehmung vermittelt. Wir können uns dabei mehr auf die Wahrnehmung des äußeren Gegenstandes oder mehr auf die Eigenwahrnehmung des Körpers einstellen. Aber auch bei den vorwiegend auf die Außenwelt gerichteten Sinnen, wie dem Auge, kennen wir Organempfindungen, vor allem bei starken Sinnesreizen und bei intentionaler Anspannung; ein Beispiel hierfür wäre die Empfindung, daß das Auge sich „anstrengt", wenn wir auf nahe Gegenstände akkommodieren, und daß es sich „ausruht", wenn wir in die Ferne sehen.

Dennoch gehört es zum Wesen jedes Sinnesorgans, daß die in ihm selbst und in den Sinnesnerven ablaufenden physiologischen Prozesse der direkten Beobachtbarkeit weitgehend entzogen sind. Wäre dem nicht so, dann könnte kein äußeres Wahrnehmungsobjekt erscheinen. Was wir unmittelbar wahrnehmen, ist weder ein Vorgang im Sinnesorgan noch ein Nervenprozeß, sondern der Wahrnehmungsgegenstand selbst. Dies sollten wir stets im Auge behalten, wenn es darum geht, mit objektiven Methoden die Vorgänge im Sinnessystem zu untersuchen.

Ist dann aber die Idee der Objektivierbarkeit nicht ein Prinzip, das, konsequent und radikal durchgeführt, unweigerlich zur Sterilität und Selbstaufhebung der Sinnesphysiologie führen muß? Denn was man am Organsystem objektiv konstatieren kann, besagt sinnesphysiologisch überhaupt nichts, solange man nicht weiß, welche Bedeutung es für die durch das Sinnesorgan vermittelte Wahrnehmung hat. Und diese kann nur in unmittelbarer Selbstgegebenheit erfaßt werden. Der Organprozeß mag zwar die unaufhebbare Bedingung der Wahrnehmung sein, er mag noch so eng mit ihr verbunden sein: er ist niemals die Wahrnehmung selbst. So ist die Sinnesphysiologie aus dem Wesen der Wahrnehmung heraus darauf angewiesen — zum Unterschied von allen objektivierenden Wissenschaften — neben den physikalischen und organphysiologischen Objekten auch den unmittelbaren Wahrnehmungsgegenstand selbst zu erfassen.

Hier rühren wir an das Geheimnis der Sinnesorgane: Während die Funktion anderer Organsysteme sich an ihnen selbst zeigt, liegt die Funktion des Sinnessystems gerade darin, daß durch sein Funktionieren sich etwas ihm Heterogenes zeigt, nämlich der Wahrnehmungsgegenstand in der Außenwelt. Wer das begriffen hat, wird niemals in den naturalistischen Fehler verfallen, durch Untersuchung der Organfunktion die Sinneswahrnehmung in der Weise erklären zu wollen, wie er die Funktion eines anderen Organs erklärt.

Damit ist natürlich gar nichts gegen die Berechtigung objektiver Untersuchungen in der Sinnesphysiologie gesagt, wie sie heute dank der Entwicklung neuer physiologischer Techniken in ungeahntem Ausmaß möglich geworden sind. Im Gegenteil, durch die Klärung ihrer Tragweite und ihres Stellenwertes innerhalb der Sinnestheorie erhalten diese Untersuchungen erst ihre richtige Bedeutung. Und diese liegt nicht nur auf theoretischem, sondern vor allem auch auf praktischem Gebiet. Denn um etwa eine Störung der Sinneswahrnehmung, sei sie peripherer oder zentraler Art, richtig zu diagnostizieren und womöglich zu beeinflussen, dazu muß ich die organphysiologischen Bedingungen der Wahrnehmung kennen. Um beim Beispiel des Sehorgans zu bleiben, so ist es von ganz entscheidender Bedeutung, zu wissen, ob eine Veränderung der Sehfunktion mit einem dioptrischen Fehler des Auges, einem pathologischen Prozeß in der Netzhaut oder mit einer Störung im Zentralnervensystem zusammenhängt.

II. Organphysiologische Abbildung von Sinneserlebnissen

Man kann ein Sinneserlebnis (E) sowohl mittels eines „äußeren" Reizes (R) als auch mittels eines „inneren" Erregungsvorganges im Nervensystem (N) begrifflich abbilden. Dabei ergeben sich drei Abbildungsbeziehungen

$$E \rightarrow R; \quad E \rightarrow N; \quad R \rightarrow N,$$

von denen die beiden ersten jeweils das Verhältnis eines phänomenalen zu einem begrifflichen Objekt wiedergeben, während die dritte eine Beziehung zwischen zwei begrifflichen Gegenständen, dem physikalischen Reiz und der Nervenerregung, symbolisiert. Man kann sagen, daß die Relationen $E \rightarrow R$ und $E \rightarrow N$, da sie ein rein phänomenales Glied (E) enthalten, zur eigentlichen Sinnesphysiologie gehören, während die Beziehung $R \rightarrow N$ das Verfahren der „objektiven“ Physiologie der Sinnesorgane wiedergibt. Handelt es sich dabei nur um Zahlenverhältnisse zwischen physikalisch gemessenen Größen R und N, so kann das Abbildungszeichen ($\rightarrow$) unter Einführung eines entsprechenden Proportionalitätsfaktors durch ein Gleichheitszeichen ($=$) ersetzt werden. Der Ausdruck $E \rightarrow R$, der den Reizformeln der „Psychophysik“ entspricht, wurde schon im vorigen Abschnitt (S. 55) ausführlich diskutiert.

Bei der *neurophysiologischen* Abbildungsweise der Wahrnehmung

$$E \rightarrow N$$

haben wir es mit einem natürlichen und darum adäquaten Abbildungssystem der primären Sinneserlebnisse zu tun. Daher liefert denn auch die begriffliche Wiedergabe des Phänomenalen in der Sprache der Neurophysiologie oft einen höheren Grad von Konformität, als das bei den äußeren physikalischen Begriffsentsprechungen der Fall ist. Ein Beispiel hierfür wäre die sog. inadäquate Reizung: Eine Lichtempfindung (E) läßt sich adäquat durch elektromagnetische Wellen (R_1) „auslösen“, aber auch inadäquat durch mechanische Deformation des Auges (R_2) oder durch elektrische Reizung (R_3). Die äußeren Reizbegriffe sind also mehrdeutig, während die neuralen Prozesse (N) in allen Fällen gleichartig und somit eindeutig sein dürften. Das Abbildungsverhältnis lautet dann:

$$E \rightarrow N \rightarrow (R_1, R_2, R_3).$$

Noch klarer läßt sich die Bedeutung einer neurophysiologischen Abbildungsweise am Beispiel der *Schmerzempfindung* zeigen (vgl. S. 194). Dem „peripheren“ Schmerzerlebnis entspricht ein unbestimmter äußerer Reizbegriff, ähnlich den Verhältnissen bei der inadäquaten Reizung. In der Sprache der klassischen Sinnesphysiologie würde man sagen: alle Reize erzeugen Schmerz. Das Schmerzerlebnis hat keinen äußeren Gegenstand wie die anderen Sinneswahrnehmungen, sondern bezieht sich auf einen Zustand des eigenen Körpers. Daher läßt sich eine eindeutige Abbildung des Schmerzes erzielen, wenn man die Begriffsentsprechungen im Bereich körperlicher Vorgänge sucht, etwa in Erregungsprozessen „nociceptiver“ Nervenendigungen oder im System der zentralen Informationsübertragung. Beim „zentralen“ Schmerz schließlich fehlt ein äußerer Reizbegriff überhaupt; dieses Schmerzerlebnis ist, wie man in einer etwas ungenauen Redeweise sagt, rein subjektiv, es kann nicht — wie etwa eine Farbe — als unmittelbares Phänomen intersubjektiv demonstriert, sondern nur durch Zeichen (Gebärde, Sprache) mitgeteilt werden.

Auch andere subjektive, richtiger gesagt: somatische Sinnesphänomene, d.h. Erlebnisse, bei denen ein äußerer Reizbegriff nicht gebildet werden kann, lassen sich in der Sprache der Neurophysiologie adäquat abbilden. Zu ihnen gehören unter anderem die optischen Nachbilder, deren verschiedenen Phasen periodische Abläufe in den visuellen Neuronen der Retina entsprechen (Jung, *2*; Grüsser u. Grüsser-Cornehls).

Die Wiedergabe von Sinneserlebnissen mittels neurophysiologischer Begriffe hat allerdings den Nachteil, daß sie aus methodischen Gründen am Menschen nur in Ausnahmefällen direkt anwendbar ist. Meist muß man sich darauf beschränken, die Sinneserlebnisse (E) am Menschen, die Nervenprozesse (N) hingegen am Tier zu untersuchen, wobei die gemeinsame Bezugsgröße der physikalische Reizausdruck (R) ist. Natürlich kommen dadurch gewagte Analogieschlüsse mit ins Spiel, auf die ich hier im einzelnen nicht eingehen möchte. Es ist aber in letzter Zeit möglich geworden, sowohl afferente Impulse in peripheren Sinnesnerven (HENSEL u. BOMAN) als auch integrierte Rindenpotentiale (KEIDEL u. SPRENG; SPRENG u. KEIDEL; SPRENG u. ICHIOKA) am Menschen selbst zu registrieren und sie mit den phänomenalen Erlebnissen in Beziehung zu setzen.

Nun wollen wir noch den Ausdruck

$$R \rightarrow N$$

diskutieren. R bezeichnet einen physikalischen Reiz, N einen Erregungsprozeß im Sinnessystem. Die Beziehung gibt das Verfahren der „*objektiven*" Sinnesphysiologie wieder, welche die Erregungsvorgänge in Receptoren und Sinnesnerven bei äußerer Reizung registriert. Hier wird von den phänomenalen Sinneserlebnissen ganz abgesehen und statt dessen das Verhältnis zweier begrifflicher Objekte untersucht. Das führt zu einer sehr bedeutsamen Konsequenz: es wird nämlich der Begriff des Sinnesorgans erweitert zum Begriff des *Receptors*. Der Receptorenbegriff umfaßt auch solche sensorischen Organe, deren Erregung nicht mit phänomenalen Erlebnissen einhergeht (z. B. Pressoreceptoren des Carotissinus) oder deren Tätigkeit teils mit Bewußtseinsinhalten, teils mit biologischen, unbewußten Funktionen verknüpft ist (z. B. Thermoreceptoren, S. 172). Auch kann man jetzt den Begriff einer *unterschwelligen* Aktivität von Sinnesorganen einführen, welcher besagt, daß Erregungsprozesse im Sinnessystem nachweisbar sein können, bevor noch eine bewußte Wahrnehmung auftritt. Schließlich hat sich der neue Receptorenbegriff in der Sinnesphysiologie der Tiere als fruchtbar erwiesen, denen ja die Möglichkeit einer begrifflich verbalen Mitteilung von Wahrnehmungsinhalten fehlt. Dieser objektive Weg ist vor allem von der vergleichenden Sinnesphysiologie mit Erfolg beschritten worden (Übersicht bei BURKHARDT).

Die Gesamtbeziehung

$$E \rightarrow N \rightarrow R$$

ist bisher nur für wenige Sinnesgebiete bekannt, weil hierzu unmittelbare elektrophysiologische Messungen am Menschen erforderlich sind. Aber auch durch Analogieschlüsse aus Tierversuchen haben sich wesentliche Einblicke in diese Verhältnisse gewinnen lassen.

Ein Beispiel ist die Abbildung der Temperaturempfindungen (HENSEL u. ZOTTERMAN, *3*; HENSEL, *1*). Die Erlebnisschwelle (E) für Kälte- oder Wärmeempfindungen wird durch einen Begriffsausdruck abgebildet, der die Temperatur (ϑ), die Änderungsgeschwindigkeit der Temperatur ($d\vartheta/dt$) und die Größe der Reizfläche (F) als Parameter enthält. Aus elektrophysiologischen Versuchen am Tier, die neuerdings auch durch unmittelbare Messungen am Menschen bestätigt sind (HENSEL u. BOMAN), wissen wir, daß die Impulsfrequenz (ν) der Einzelfaser von der Temperatur (ϑ) und von deren Änderungsgeschwindigkeit ($d\vartheta/dt$) abhängt, während die Gesamtimpulsfrequenz in afferenten Nerven auch noch durch die Zahl (n) der Fasern, also durch die Größe der Reizfläche (F), bestimmt wird. Dieser Gesamtimpulsfrequenz in peripheren Nerven dürfte im Zentralnervensystem ein integraler Prozeß entsprechen, den man mittels eines langsamen Potentials (P) beschreiben kann. Derartige Potentiale sind kürzlich an der menschlichen Großhirnrinde bei anderen Sinnesreizen registriert worden (S. 74). Die Temperaturempfindungsschwelle läßt sich demnach durch einen Ausdruck abbilden, der einen zentralen Erregungsprozeß, einen peripheren Erregungsprozeß und einen äußeren physikalischen Reiz enthält,

$$E \rightarrow P \rightarrow f(n, \nu) \rightarrow \varphi(\vartheta, d\vartheta/dt, F).$$

Die explizite Darstellung der Funktionen f und φ ist in diesem Zusammenhang unwesentlich; in erster Näherung ist φ das Produkt der drei Parameter, während f das Produkt aus mittlerer Impulsfrequenz und Faserzahl ist.

III. Prinzipien der neuralen Informationsübertragung

An dieser Stelle verlassen wir vorübergehend die Analyse der unmittelbaren Sinnesphänomene, um uns einigen physiologischen Grundvorgängen in den Sinnesorgansystemen zuzuwenden. Die untersuchten Beziehungen gehören zum allgemeinen Typ $R \rightarrow N$, also zu den Abbildungsverhältnissen zwischen physikalischen oder chemischen Reizen einerseits und Erregungsvorgängen in Sinnesreceptoren oder Neuronensystemen andererseits. Demgemäß ist die im folgenden verwandte Begriffssprache vorwiegend der Morphologie, der Elektrophysiologie und der Informationstheorie entnommen. Von den rein phänomenalen Erlebnissen sehen wir dabei zunächst einmal ganz ab.

1. Zur Anwendung informationstheoretischer Begriffe

Bevor wir auf die physiologischen Vorgänge näher eingehen, sollen einige Grundbegriffe der Kommunikations- und Informationstheorie, soweit sie für unser Thema in Betracht kommen, dargelegt und in ihrer Tragweite untersucht werden. Über die Grenzen kybernetischer und informationstheoretischer Denkweisen im Rahmen der allgemeinen Sinnesphysiologie wurde schon im ersten Abschnitt (S. 10) einiges gesagt.

Unter *Information* im Sinne der Informationstheorie verstehen wir eine mathematisch darstellbare, von Ort zu Ort übertragbare Struktur (vgl. Shannon u. Weaver; Zemanek; Meyer-Eppler; Keidel, *5*). Wie schon einleitend betont wurde, hat dieser Informationsbegriff nichts zu tun mit dem qualitativen Inhalt oder mit der Bedeutung einer Nachricht; sinnvolle und sinnlose Informationen sind für die Theorie nicht unterscheidbar. Der *Informationsinhalt* (H) wird als negativer dualer Logarithmus einer Ereigniswahrscheinlichkeit (P) definiert und in der Einheit des binary digit oder des „bit" gemessen. Ist n die Zahl möglicher Zustände eines Systems, so ist die Wahrscheinlichkeit für die Auswahl eines Zustandes $P = 1/n$. Daraus folgt für den Informationsinhalt

$$H_{\text{bit}} = -\log_2 \frac{1}{n} = \log_2 n.$$

Im einfachsten Fall, wenn es sich um die Wahl zwischen zwei unterscheidbaren Zuständen (0 und 1) handelt, ist der Informationsinhalt $H = \log_2 2^1 = 1$ bit, bei $8 = 2^3$ unterscheidbaren Zuständen ist $H = \log_2 (2)^3 = 3$ bit usw.

Die *Informationskapazität* (C) eines Systems wird definiert durch die Gesamtzahl (n) unterscheidbarer Zustände, ausgedrückt in bit. Es gilt

$$C_{\text{bit}} = \log_2 n.$$

Handelt es sich um die Informationsübertragung in Kanälen, so definiert man den *Informationsfluß* als Informationsmenge pro Zeit (bit/sec).

Der Zustand eines Systems mit Information bedeutet einen gewissen Grad von Ordnung und unterscheidet sich somit vom informationslosen Zustand, nämlich einer rein statistischen Verteilung der Elemente eines Systems. Ist die Information eine Zeitfunktion des Informationsträgers, so entspricht die informationslose statistische Zeitfunktion dem „Rauschen" („random noise"). Die Information besitzt gegenüber dem informationslosen Zustand einen geringeren, berechenbaren Wahrscheinlichkeitsgrad. Formal hat das Verhältnis Rauschen zu Information denselben Wahrscheinlichkeitswert wie das Verhältnis Wärmeenergie zu mechanischer Energie, das in der Thermodynamik Entropie heißt. Da Information und Entropie in einem reziproken Verhältnis stehen, das logarithmische Informationsmaß also der negative Wert des logarithmischen Entropiemaßes ist, hat man die Information auch negative Entropie oder „Negentropie" genannt.

Die so definierte Information ist unabhängig von der zur Übertragung verwandten Energieform oder Energiegröße. So kann z. B. eine Information als Schriftzeichen, als Magnetspur auf einem Tonband oder als Zahl in einer Rechenmaschine gespeichert und übertragen werden. Maßgebend ist nur, daß hierbei kein Informationsverlust eintritt.

Man hat lange darüber diskutiert, wieweit die Informationsübertragung im Nervensystem nach dem *Digitalprinzip* oder nach dem *Analogieprinzip* vor sich gehe. Von einem Digitalsystem sprechen wir, wenn ein binärer Code mit den diskontinuierlichen Signalen 0 und 1 verwendet wird (z. B. Schalterstellungen „aus" und „ein"), während ein Analogiesystem mit einem kontinuierlich abstufbaren Code arbeitet (z. B. variable Stromstärke). Stand für jene Elemente des Nervensystems, bei denen abstufbare elektrotonische Potentiale auftreten (z. B. „Generatorpotential" der Sinnesreceptoren oder lokales postsynaptisches Potential der Ganglienzellen), die analoge Funktionsweise von Anfang an außer Zweifel, so war man eine Zeitlang der Meinung, die Informationsübertragung im Axon erfolge nach einem digitalen Code, weil die einzelne Nervenfaser gemäß dem Alles-oder-nichts-Gesetz nur die beiden Möglichkeiten: „Erregung" oder „keine Erregung" besitze. Indessen ist hierbei übersehen worden, daß zwar das Aktionspotential der Nervenfaser nicht kontinuierlich abstufbar ist, wohl aber das Zeitintervall zwischen den einzelnen Impulsen (vgl. hierzu ELIAS). Demnach erfolgt also auch im Neuriten die Informationsübertragung hauptsächlich nach dem Analogieprinzip, indem z. B. elektrotonische Potentialgrößen von Receptoren oder Synapsen in analoge Zeitintervalle umgeformt werden.

Den Informationsfluß in einem Kommunikationssystem können wir mittels eines *Blockschemas* darstellen (Abb. 5). In jedem Block, den man auch als „*Steuerkörper*" bezeichnet, wird die Information in einer bestimmten Weise transformiert oder „verarbeitet", wobei weniger die tatsächliche Bauart des Steuerkörpers als vielmehr seine mathematische Übergangsfunktion — gemessen Ausgang (y) gegen Eingang (x) — interessiert. Diese Funktion nennt man die Charakteristik des Steuerkörpers. Biologisch wichtig ist vor allem die PD-Übergangsfunktion (Proportional-Differential-Steuerkörper), die bei allen Sinnesreceptoren vorkommt (Abb. 6). Auf einen zeitlichen Rechtecksprung der Eingangsgröße (x) erfolgt ein zeitliches Überschießen der Ausgangsgröße (y) mit anschließender Einstellung eines zur Eingangsgröße proportionalen Wertes. Ein PD-Steuerkörper spricht also nicht nur auf den statischen Wert der Eingangsgröße x (Proportionalanteil), sondern auch auf deren zeitliche Änderung dx/dt (Differentialanteil) an. Entscheidend für die Definition eines Steuerkörpers sind zwei Eigenschaften: 1. er ist rückwirkungsfrei (genauer: quasi-rückwirkungsfrei), d. h. die Eingangsgröße beeinflußt einsinnig die Ausgangsgröße, aber nicht umgekehrt; 2. es kommt bei einem solchen System immer nur auf die Informationsübertragung und nicht auf die Energieübertragung an.

In biologischen Systemen haben wir es immer mit komplizierten Verknüpfungen vieler Steuerkörper zu tun. Eine Sonderstellung nehmen dabei die kreisförmigen Verbindungen zweier oder mehrerer Steuerkörper ein, die man auch *Regelkreise*, Regelungssysteme oder Servomechanismen nennt. Das Wesentliche dieser Verknüpfung ist die negative Rückkoppelung, bei der die Ausgangsgröße (x)

des einen Steuerkörpers im Regelkreis so umgekoppelt wird, daß sie sich selbst entgegenwirkt ($-x$). Abb. 5 zeigt ein Beispiel eines aus zwei Steuerkörpern bestehenden Regelkreises mit den in der Regelungstheorie üblichen Bezeichnungen. Derartige Systeme sind in der Lage, einen bestimmten „Sollwert" der Regelgröße (x) gegenüber äußeren Störungen (Störgröße z) dadurch festzuhalten, daß die Abweichungen des Istwertes vom Sollwert fortlaufend gemessen und über die Stellgröße (y) entsprechend korrigiert werden. Der Sollwert der Regelgröße wird durch die Führungsgröße (w) bestimmt. Je nachdem, ob die Führungsgröße zeitlich konstant oder selbst eine vorgegebene Funktion der Zeit ist (Programm), spricht man von einem Halteregler oder von einem Folgeregler. Es ist hier nicht der Ort, nähere Ausführungen über biologische Regelkreise zu machen; die Theorie rückgekoppelter Kommunikationssysteme und ihre Anwendung auf biologische Regelungsvorgänge ist in einer Reihe von Monographien behandelt worden, auf die ich hier verweise (technische Systeme: Oppelt; biologische Systeme: Wagner; Ranke, *2*).

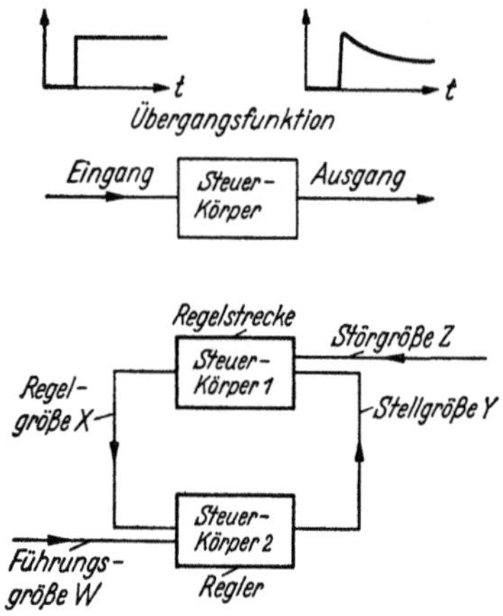

Abb. 5. Oben: Informationsfluß in einem Steuerkörper und Darstellung der Übergangsfunktion. Unten: Informationsfluß in einem Regelkreis, bestehend aus zwei Steuerkörpern mit negativer Rückkoppelung. (Nach DIN-Normblatt 1926)

2. Informationsübertragung im Sinnesorgan

Man kann Sinnesreceptoren als Steuerkörper betrachten, deren Eingangsgröße ein physikalischer oder chemischer Reiz ist, während die Ausgangsgröße aus einer rhythmischen Folge von afferenten Impulsen im Neuriten besteht. Alle bisher bekannten Receptoren arbeiten nach dem Prinzip der *Pulsfrequenzmodulation*, wobei der einzelne Impuls gemäß dem Alles-oder-nichts-Gesetz sowohl in seiner Größe wie in seiner Dauer invariant bleibt, während das Zeitintervall zwischen den Impulsen kontinuierlich variabel ist. Unter den Reizparametern ist es in erster Linie die Intensität, welche die Folgefrequenz der Impulse bestimmt.

Nach unseren bisherigen Kenntnissen darf man annehmen, daß die Intensitätstransformation im Sinnesreceptor folgende Stufen durchläuft: 1. einen reizstärkeabhängigen Stoffwechselprozeß, 2. ein von diesem bestimmtes lokales elektrotonisches Potential in der Sinneszelle oder Nervenendigung („Generatorpotential") und 3. eine rhythmische Impulsfolge im Neuriten, deren Frequenz wiederum durch die Größe des Generatorpotentials bestimmt wird. Das Generatorpotential ist mittels Mikroelektroden in verschiedenen Sinneszellen und Nervenendigungen direkt ableitbar, so in den Sinneszellen des Limulus-Auges (Hartline, Wagner u. MacNichol; MacNichol), im Soma und Dendriten der Dehnungsreceptoren von Crustaceen (Eyzaguirre u. Kuffler) und in den Pacinischen Körperchen der Katze (Diamond, Gray u. Sato; Loewenstein, *3*, *4*; Loewenstein u. Rathkamp). Das allgemeine Verhalten des lokalen Generatorpotentials und der fortgeleiteten Impulse zeigt Abb. 6. Beispiele von registrierten Generatorpotentialen sind auf S. 145 (Abb. 53) zu finden. Zwischen der Reizgröße und der Höhe des Generatorpotentials besteht eine Beziehung, deren Form unter anderem auch davon abhängt, was man als Reiz definiert; die fortgeleitete Impulsfolgefrequenz ist nach Messungen von MacNichol linear von der Größe des Generatorpotentials abhängig.

Mittels künstlicher elektrischer Durchströmung ist es möglich, das Generatorpotential bei gleichbleibender adäquater Reizung zu vergrößern oder zu verkleinern und damit auch die Schwelle der Sinneszelle und die Impulsfrequenz im Neuriten zu beeinflussen (MacNichol; Loewenstein u. Ishiko); ein Beispiel hierfür zeigt Abb. 7. Wieweit diese Vorgänge bei der efferenten Empfindlichkeitsverstellung von Sinnesreceptoren (S. 87) eine Rolle spielen, ist noch nicht geklärt.

Eine wichtige Eigenschaft der Sinnesreceptoren ist ihr Verhalten als *PD-Steuerkörper*, d.h. ihr Ansprechen auf einen konstanten Reiz (Proportionalanteil) sowie auf dessen zeitliche Änderung (Differentialanteil). Bei einem Aufwärtssprung folgt daraus ein anfängliches Überschießen des Generatorpotentials und der Impulsfrequenz (initial overshoot) mit anschließender Einstellung eines niedrigeren konstanten Endwertes, während ein Abwärtssprung zu einer vorübergehenden Senkung des lokalen Potentials und Hemmung der Impulsentladung führt (silent period, false start), worauf sich dann wieder ein höherer stationärer Wert einstellt (Abb. 6). Beispiele hierfür finden sich in dem Abschnitt über Thermoreceptoren (S. 178). Mißt man bei Sprungreizen jeweils die Größe der initialen überschießenden Erregung sowie den konstanten Endwert der Erregung, so erhält man die *dynamische* und die *statische* Empfindlichkeit des betreffenden Sinnesorgans (Hensel, *2*; Ranke, *1*). Je steiler die dynamische Kennlinie gegenüber der statischen verläuft, desto größer ist die dynamische Empfindlichkeit des Receptors. Für die Hautsinne gibt Keidel (*5*) folgende Stufenleiter eines abnehmenden Differentialanteils und zunehmenden Proportionalanteils der Übergangsfunktion an: Berührung, Druck, Vibration, Wärme, Kälte, Schmerz, Jucken.

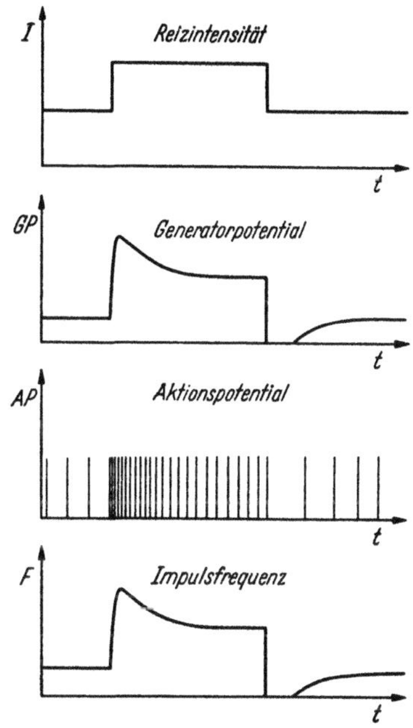

Abb. 6. Schematische Darstellung der Übergangsfunktionen von Sinnesreceptoren

Am wenigsten wissen wir über die primären Stoffwechselvorgänge im Receptor; rein formal sind wegen der PD-Eigenschaften des Steuerkörpers mindestens zwei Prozesse anzunehmen, für die verschiedene Modellvorstellungen entwickelt worden sind (Sand; Hensel, *1*; Ranke, *1*; Keidel, *3*). Daß der Stoffwechsel der Sinneszelle eine entscheidende Rolle spielt, zeigen Versuche an isolierten Receptoren, deren Übergangsfunktion durch Beeinflussung des Stoffwechsels entscheidend verändert werden konnte, so bei Sympathicusreiz und Einwirkung adrenerger Substanzen auf die Pacinischen Körperchen (Loewenstein, *3*) und bei Änderungen der O_2-Spannung an den Lorenzinischen Ampullen von Selachiern (Hensel, *3*). Auch die Zusammenhänge zwischen dem lokalen Potential und der fortgeleiteten rhythmischen Impulsentladung sind noch nicht hinreichend geklärt. Nach der heute wohl vorwiegend vertretenen Ansicht soll das Generatorpotential zu einer Depolarisation an der Membran des Neuriten führen und so die rhythmische Impulsentladung auslösen.

Hatte die traditionelle, am Energiebegriff orientierte Physiologie die Receptoren als „Energietransformatoren" aufgefaßt (Zwaardemaker; v. Frey, *2*), so darf es heute als sicher gelten, daß das Entscheidende gar nicht die Umwandlung von zugeführter Reizenergie im Sinnesreceptor, sondern die Übertragung von

Information ist. Hier zeigt sich ein klarer Vorzug der informationstheoretischen Betrachtungsweise. Viele Receptoren senden ununterbrochen rhythmische Impulse aus, ohne daß eine Energieübertragung von der Außenwelt zum Receptor stattfindet. (Eine Zusammenstellung derartiger Sinnesorgane findet sich bei Hensel, *1*, S. 308.) Die Energie der Dauererregung stammt aus inneren Stoff-

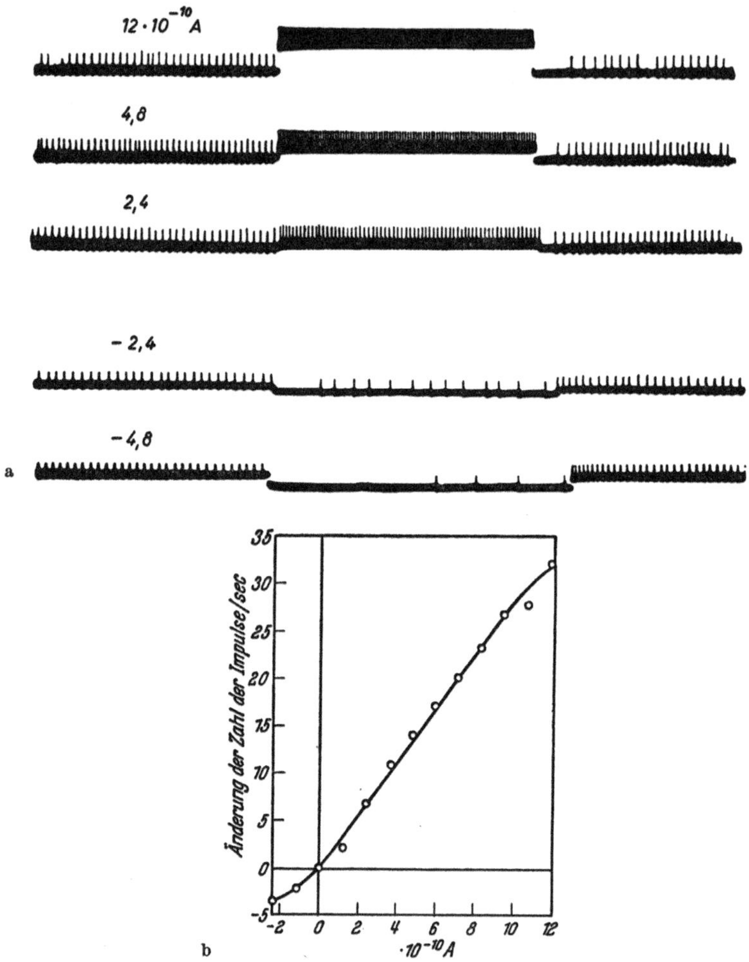

Abb. 7a u. b. Einfluß elektrischer Durchströmung des Limulus-Photoreceptors auf die Impulsfrequenz der Neuritenpotentiale. a Originalkurven; die drei oberen Kurven zeigen eine Bahnung durch künstliche Depolarisation, die zwei unteren eine Hemmung durch Hyperpolarisation. Das Einschalten des Polarisationsstromes ist als Sprung der Nullinie zu erkennen. b Zugehörige quantitative Beziehung zwischen der Impulsfrequenz und der Stärke des Polarisationsstromes. (Nach MacNichol, aus Keidel, *5*)

wechselvorgängen der Sinneszelle, wobei den Reizgrößen lediglich eine Steuerungsfunktion der energetischen Abläufe zukommt. So finden wir bei den Thermoreceptoren unter räumlich und zeitlich isothermen Bedingungen eine stationäre rhythmische Impulsbildung, deren Folgefrequenz ausschließlich von der absoluten Temperatur abhängt (Beispiele s. S. 174). Ähnliches beobachten wir bei manchen mechanosensiblen Nervenendigungen, etwa den Dehnungsreceptoren des Muskels oder den Pressoreceptoren des Carotissinus, deren stationäre Impulsfrequenz durch die Länge der gedehnten Elemente bestimmt wird. Die statische Funktion dieser Steuerkörper hängt also von Reizparametern (Temperatur, Länge) ab, die gar nicht die Dimension einer physikalischen Energie haben (vgl. HENSEL, *1*; BURKHARDT).

3. Informationsübertragung in der Synapse

An dieser Stelle wollen wir lediglich die Synapse als Steuerkörper betrachten, während es nicht unsere Aufgabe sein kann, im einzelnen auf die Physiologie der synaptischen Übertragung einzugehen; hierzu möchte ich auf die soeben erschienenen ausführlichen Monographien: "Synaptic transmission" von MCLENNAN und "The physiology of synapses" von ECCLES verweisen.

Unter dem Blickwinkel der Informationstheorie können wir den Synapsen folgende Eigenschaften zuordnen: 1. die Verbindung mehrerer Informations-

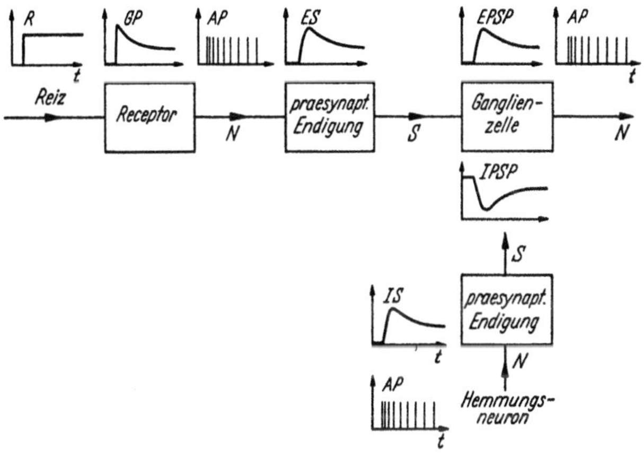

Abb. 8. Blockschema der Informationsübertragung im Receptor und in der Synapse. Bei den Übertragungsstellen sind jeweils die zugehörigen Zeitfunktionen angegeben. *N* Neurit (elektrische Übertragung); *S* synaptischer Spalt (chemische Übertragung); *R* Reizintensität; *GP* Generatorpotential; *AP* Aktionspotential; *ES* Konzentration von Erregungssubstanz; *EPSP* excitatorisches postsynaptisches Potential; *IS* Konzentration von Hemmungssubstanz; *IPSP* inhibitorisches postsynaptisches Potential

kanäle (Vermaschung), 2. die Speicherung von Information (räumliche und zeitliche Summation) und 3. die Verstärkung oder Drosselung durchlaufender Information (Bahnung, Hemmung). Während wir es beim Neuriten im wesentlichen mit einer Leitung unveränderter Information zu tun haben, zeichnet sich die synaptische Übertragungsstelle dadurch aus, daß in ihr eine Umformung des Informationsinhaltes stattfindet.

Abb. 8 zeigt ein Blockschema der synaptischen Informationsübertragung mit den *Zeitfunktionen* einiger Grundvorgänge. Bei den Wirbeltieren erfolgt die synaptische Erregung in der Regel über chemische Zwischenglieder, indem Erregungssubstanzen (z.B. Acetylcholin) an den präsynaptischen Endknöpfchen freigesetzt werden und durch einen submikroskopischen Spaltraum an die postsynaptische Membran des Ganglienzellkörpers diffundieren. Ausnahmen wurden bisher nur am Ciliarganglion des Hühnchens beobachtet, bei dem sowohl ein chemischer als auch ein elektrischer Übertragungsmodus möglich ist (MARTIN u. PILAR). Entsprechend der Menge der gebildeten Erregungssubstanz tritt an der postsynaptischen Membran eine größere oder kleinere Depolarisation auf, die als elektrotonisches Potential mittels Mikroelektroden im Zellkörper der Synapse registriert werden kann (excitatory postsynaptic potential, EPSP). Entsprechend der chemischen Natur des Übertragungsvorganges ist der Zeitgang des EPSP im Vergleich zu den einlaufenden präsynaptischen Impulsen erheblich verändert. Das EPSP beginnt etwa 1 msec nach dem präsynaptischen Impuls und läuft außerdem mit einer Zeitkonstante von 4,5 msec erheblich langsamer ab als der Neuritenimpuls, dessen Dauer etwa 1 msec beträgt.

Über spezifische *Hemmungsneurone* kann die Synapse von Hemmungsinformationen erreicht werden, die, wie man heute annimmt, über chemisch noch nicht näher bekannte, in den präsynaptischen Endknöpfchen der Hemmungsfasern gebildete inhibitorische Substanzen übertragen werden. Meßbar ist die Hemmungswirkung wiederum am intracellulären elektrotonischen Potential der Synapse, und zwar als eine dem EPSP entgegengerichtete Hyperpolarisation (inhibitory postsynaptic potential, IPSP), dessen Zeitgang sich ähnlich wie der des EPSP verhält (Abb. 8).

Mit dem chemischen Übertragungsmodus der Information hängt die Fähigkeit der Synapse zusammen, einlaufende Impulse zu *summieren,* also Information

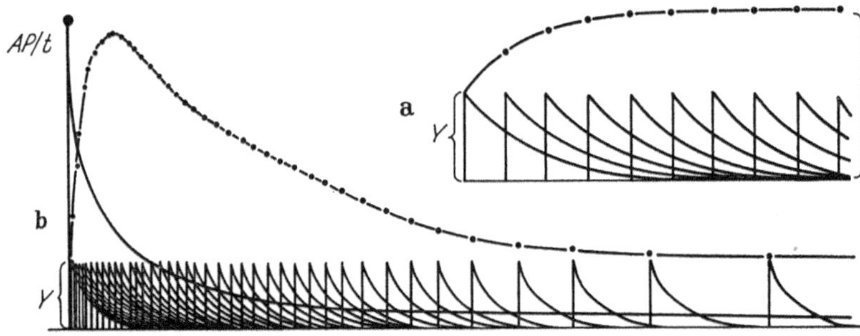

Abb. 9a u. b. Synaptische Adaptationskurve, abgeleitet aus der zeitlichen Summation. Die Frequenz der präsynaptischen Potentiale (y) nimmt im Zuge ihres eigenen Adaptationszeitganges ab. Dieser Zeitgang ist als ausgezogene steil abfallende Kurve mit der Ordinate AP/t eingezeichnet. Abszisse: Zeit. Die strichpunktierte Kurve gibt die errechnete Summationskurve des excitatorischen postsynaptischen Potentials in der Synapse wieder. Man sieht die Verspätung des Summationsmaximums gegenüber dem Maximum der Aktionsstromfrequenz zur Zeit Null. Das Verhältnis Maximum (overshoot) zu Endwert wird von 36:1 auf 4:1 vermindert. (Nach SCHRIEVER, aus KEIDEL, *2*)

über einen gewissen Zeitraum zu speichern. Das EPSP wird um so größer, je mehr afferente Impulse die Synapse gleichzeitig erreichen; dabei kann die Gesamtzahl der Impulse pro Zeiteinheit, auf die es hier letztlich ankommt, entweder durch niedrige Impulsfrequenzen vieler Neuriten (räumliche Summation) oder aber durch hohe Impulsfrequenzen weniger Neuriten erreicht werden (zeitliche Summation). Sinngemäß gilt das auch für das IPSP. Die Zeitkonstante des synaptischen Erregungs- bzw. Hemmungsprozesses, meßbar an den lokalen postsynaptischen Potentialen, ist wesentlich länger als die Refraktärzeit des Neuriten, welche die maximale Impulsfrequenz der präsynaptischen Faser bestimmt; bei einer schnellen Folge von einlaufenden Aktionspotentialen kann also die Wirkung des jeweils folgenden Impulses sich auf die noch nicht abgeklungene Wirkung des vorhergehenden Impulses aufsetzen und so zu einer zeitlichen Summation führen, die um so größer sein muß, je höher die Folgefrequenz ist. Bei konstanter präsynaptischer Impulsfolgefrequenz wird infolge Anhäufung von Erregungssubstanz eine theoretische Summationskurve entstehen, wie sie in Abb. 9a dargestellt ist. Besteht die Eingangsfunktion der Synapse hingegen aus einer Serie von Impulsen, deren Folgefrequenz mit der Zeit bis zu einem stationären Endwert abnimmt, wie das bei einem Reizsprung an einer Sinneszelle mit PD-Eigenschaften der Fall ist, so muß sich infolge der synaptischen Summationsvorgänge eine Verzögerung des Erregungsmaximums und eine Abflachung der Adaptationskurve in der Ausgangsfunktion des Steuerkörpers ergeben (Abb. 9b).

Am Ausgang der Synapse erscheint die Information wieder in Form fortgeleiteter Neuritenimpulse. Der Erholungszeitbedarf der Synapse nach Auslösung eines postsynaptischen Aktionspotentials ist beträchtlich; das durch einen neuen präsynaptischen Impuls ausgelöste EPSP erreicht erst seine volle Höhe, wenn der Impuls etwa 8 msec nach der vorhergehenden synaptischen Entladung eintrifft. Diese Tatsache ist im Bereich der Sinnesorgane besonders dann von Bedeutung, wenn der Reiz selbst zeitperiodisch ist, wie der Schall und im Bereich der Hautsinne die Vibration. In diesem Fall beobachten wir eine „Demultiplication" oder ein „Untersetzerverhalten" der Synapse (Hilali u. Whitfield; Keidel, *1*; v. Békésy, *4*).

Über die quantitativen Beziehungen zwischen dem lokalen synaptischen Potential und der Folgefrequenz der fortgeleiteten Aktionspotentiale im postsynaptischen Neuriten ist noch wenig bekannt. Sicher ist, daß das lokale Potential eine bestimmte Schwellenhöhe erreichen muß, damit überhaupt eine Impulsentladung in der Synapse entsteht. Nach neueren Versuchen, bei denen an der postsynaptischen Membran genau definierte künstliche Depolarisationen erzeugt wurden, scheint nicht nur die absolute Höhe des lokalen Potentials, sondern auch dessen Anstiegsgeschwindigkeit von Einfluß auf die Schwelle und die Folgefrequenz der postsynaptischen Neuritenpotentiale zu sein (Sasaki u. Otani), so daß man von einem dynamischen Verhalten der Synapse sprechen kann.

Damit berühren wir das Problem der *Adaptationsvorgänge* in Synapsen. Wie wir aus sinnesphysiologischen Beobachtungen schließen dürfen (vgl. S. 84), kommt der synaptischen Adaptation ohne Zweifel eine große Bedeutung zu, wenngleich ihre Mechanismen noch kaum erforscht sind. Soeben veröffentlichte Untersuchungen von Granit, Kernell u. Shortess zeigen eine reich abgestufte Skala adaptiven Verhaltens von Motoneuronen bei künstlichen Rechteckdepolarisationen der synaptischen Membran; bei manchen Synapsen stellt sich die Folgefrequenz der postsynaptischen Impulse nach geringfügigem initialen Überschießen auf einen konstanten, der Größe der lokalen Depolarisation proportionalen Endwert ein, bei anderen wiederum beobachtet man nur ein phasisches Ansprechen mit wenigen Impulsen, während eine weitere Gruppe von Motoneuronen mit einer fortlaufenden Abnahme der postsynaptischen Impulsfrequenz antwortet, ohne daß im Laufe der Adaptation ein eindeutiger stationärer Endwert erreicht würde.

4. Vermaschung der Sinneskanäle

Die neurophysiologischen und sinnesphysiologischen Untersuchungen der letzten Jahrzehnte haben immer deutlicher gezeigt, daß die Leitung der Information nicht etwa in parallelen Sinneskanälen oder linearen Neuronenketten erfolgt, sondern in einem *Netzwerk*, das auf allen Ebenen — von den Sinnesorganen bis zur Großhirnrinde — komplizierte Vermaschungen aufweist. Damit tritt an Stelle einer streng vorgegebenen, überall gleichen Informationsübertragung ein sowohl in seiner Ausbreitung als auch in seiner Größe stark variabler Informationsfluß. Es zeichnen sich dabei folgende Schaltungs- und Funktionsprinzipien der Sinneskanäle ab: 1. die Gabelung des Informationsflusses in eine spezifische und eine unspezifische Bahn, 2. efferente, rückläufige Faserverbindungen, welche die Grundlage für Rückkoppelungsvorgänge bilden, und 3. eine netzwerkartige Informationsleitung, die man als „Konvergenz-Divergenzschaltung" bezeichnen kann (vgl. Keidel, *6*).

Neben den klassischen spezifischen Sinneskanälen zweigt die *unspezifische* Bahn, die vor allem von Magoun u. Mitarb. erforscht wurde, über den Hirnstamm (Formatio reticularis) ab und trifft in Höhe der primären Projektionsrindenfelder wieder mit der spezifischen Bahn zusammen. Im Hirnstamm wiederum vereinigen sich die unspezifischen Maschen der drei großen Sinneskanäle von Auge, Ohr und Haut, zusammen mit unspezifischen Leitungsbahnen aus den Eingeweiden. Über die unspezifische Bahn können die Vorgänge in den spezifischen Sinnesfeldern der Rinde modifiziert werden (vgl. AKIMOTO u. CREUTZFELDT; AKIMOTO, SAITO u. NAKAMURA), möglicherweise durch eine Beeinflussung der corticalen Gleichspannung, die ihrerseits die Höhe der „slow evoked potentials“ in den sensorischen Rindenfeldern (S. 75) verändern kann (CASPERS *1*, *2*).

Ferner kennen wir verschiedene efferente Bahnen, die mit tieferen Teilen der Sinneskanäle und sogar mit den Sinneszellen in Verbindung treten. Beim Gehör geben diese Rückkoppelungsschleifen Anlaß zu Regelkreisperiodizitäten, welche sich an der Gehirnrinde mit zwei bevorzugten Periodendauern von 0,15 sec (ROSENBLITH) und von etwa 3,5 sec (KEIDEL, *2*) registrieren lassen. Darüber hinaus aber kommt den efferenten Bahnen zu den Sinneskanälen eine entscheidende Bedeutung für die Wirkungsgradverstellung von Receptoren und synaptischen Übertragungsstellen zu, auf die wir noch gesondert eingehen werden (S. 87).

Das Konvergenz- und Divergenzprinzip finden wir in allen Teilen der Sinneskanäle, von der Peripherie bis zur Großhirnrinde (LANDGREN, *2*; MOUNTCASTLE; KEIDEL, *2*, *6*; BROOKS). So sind beispielsweise die Receptoren der Haut multipel innerviert (WEDDELL, *1*, *2*; WEDDELL, PALMER u. PALLIE), wobei eine Nervenfaser mit mehreren Receptoren in Verbindung treten kann, wie auch umgekehrt ein einzelner Receptor Anschluß an mehrere Nervenfasern findet. Laufen mehrere Informationskanäle in einem Punkt der höheren Stufe zusammen, so sprechen wir von einer Konvergenzschaltung, während wir unter einer Divergenzschaltung ein System verstehen, bei dem die Information von einem Punkt der tieferen Schicht zu mehreren Stellen der höheren Schicht gelangt. In den peripheren Teilen der Sinnessysteme überwiegt die Konvergenz, während die höheren Teile des Zentralnervensystems durch einen hohen Grad von Divergenz ausgezeichnet sind. Beim Affen verhält sich z.B. die Zellzahl im Nucleus cochlearis zur Zellzahl in der primären Hörrinde wie 1:115, die Zelldichte wie 1:6 (FRISHKOPF).

5. Rindenpotentiale bei Sinnesreizen

Versucht man, elektrophysiologische Vorgänge an den primären sensorischen Rindenfeldern mit peripheren Sinnesreizen zu korrelieren, so stößt man auf erhebliche Schwierigkeiten. Einmal ist das Verhältnis zwischen Reiz und Nervenprozeß in den zentralen Teilen des Nervensystems grundsätzlich nicht mehr so eindeutig wie in der Peripherie; zum anderen spielen in den corticalen Feldern Erregbarkeitsänderungen ganzer Zellgruppen, wie sie sich vor allem in den verschiedenen Wellen des EEG äußern, eine weit größere Rolle als an den peripheren Schaltstellen. Diese Erregbarkeitsänderungen lassen keine übersichtliche Beziehung zum Reiz am Sinnesorgan erkennen, sondern treten anscheinend spontan auf.

An einem freigelegten Projektionsrindenfeld kann man zwei Arten von elektrischen Potentialschwankungen registrieren, die eine gewisse Beziehung zur Erregung des entsprechenden Sinnesorgans erkennen lassen. Leitet man mit Mikroelektroden von einzelnen corticalen Elementen ab, so beobachtet man schnelle *rhythmische* Impulse, die den Aktionspotentialen (spikes) der peripheren Neuriten entsprechen. Diese Spikes sind die Signale, die in den Verbindungsbahnen des Zentralnervensystems, der weißen Substanz, verlaufen; sie liefern die präsynaptische Eingangsinformation der Rindenzellen und erscheinen auch wiederum als Ausgangsinformation in den postsynaptischen Neuriten. Vergleicht man freilich die Folgefrequenz dieser corticalen Impulse mit dem Verlauf der peripheren Reizintensität, so kann von einer eindeutigen Beziehung nicht mehr die Rede sein (Abb. 10).

Daneben läßt sich von jenen Rindenfeldern, die über die Sinneskanäle Information erhalten, eine *langsame* Potentialschwankung ableiten, die mit einer Latenzvon 5 bis 15 msec auftritt und insgesamt etwa 20 msec dauert (evoked slow potential). Diese langsame Potentialschwankung (Abb. 11) ist wahrscheinlich ein synaptisches Dendritenpotential, welches sich über eine ganze Gruppe von Zellen erstreckt und demzufolge von einem größeren Rindenareal ableitbar ist. JAPSER hat die Ansicht vertreten, die „slow evoked potentials" der Projektionsrindenfelder seien in ähnlicher Weise mit der Pulsfrequenz der schnellen Spikes korreliert, wie das bei den lokalen postsynaptischen Potentialen der Rückenmarksynapsen der Fall ist. In der Tat findet man in manchen Fällen eine gewisse Korrelation zwischen der Folgefrequenz der schnellen Impulse und der Höhe des langsamen Potentials. Indessen dürfte hier das letzte Wort noch nicht gesprochen sein, denn man findet andererseits auch Zellen, deren Impulsfrequenz keine eindeutige Beziehung zu den langsamen Potentialschwankungen erkennen läßt (vgl. JUNG, *1*).

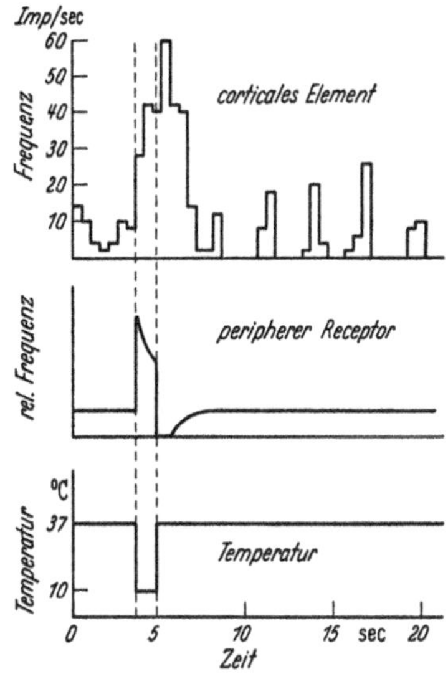

Abb. 10. Impulsfrequenz eines einzelnen Elements aus dem corticalen Zungenfeld der wachen Katze (obere Kurve) bei einem Kältereiz an der Zunge (untere Kurve). In der mittleren Kurve ist schematisch die Impulsfrequenz der peripheren Kältereceptoren dargestellt. (Nach LANDGREN, *1*)

Neuerdings sind auch beim wachen Menschen langsame Potentiale am unverletzten Schädel bei peripheren Sinnesreizen abgeleitet worden (KEIDEL u. SPRENG; SPRENG u. KEIDEL; SPRENG u. ICHIOKA), was nur möglich ist, wenn mittels Autokorrelation die Potentialschwankung aus dem 20fach größeren Störpegel des EEG herausgehoben wird. Abb. 11 zeigt zwei von der menschlichen Kopfhaut abgeleitete

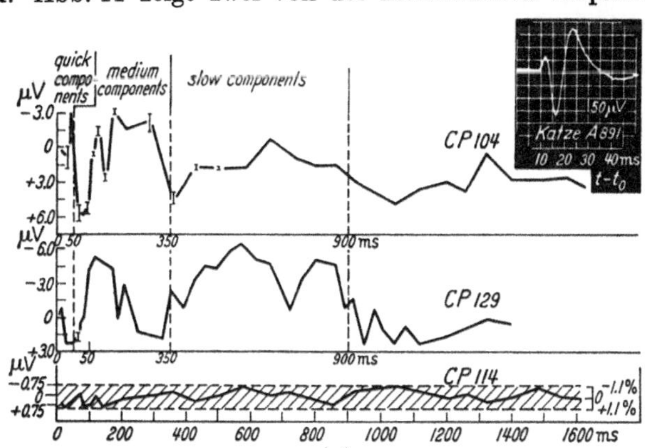

Abb. 11. Komponenten der langsamen Rindenpotentiale des wachen Menschen. Obere und mittlere Kurve: verschiedene Versuchspersonen, gleiche Beschallung. Untere Kurve: Nullinie. Rechts oben: langsames Rindenpotential einer Katze, direkte Ableitung (Reizzeitpunkt: $t = t_0$). (Nach SPRENG u. KEIDEL)

langsame Rindenpotentiale bei Beschallung zum Zeitpunkt t_0 mit einem Tonimpuls von 3 sec Dauer, einer Frequenz von 1500 Hz und einer Lautstärke von 90 db. Rechts oben ist vergleichsweise ein langsames Rindenpotential einer dialanaesthesierten Katze dargestellt. Wie ersichtlich, lassen sich nach Beginn des

Tones schnelle, mittlere und langsame Teile (quick, medium und slow components) unterscheiden. Die erste schnelle negative Komponente mit einer Spitzenlatenz von 20 bis 40 ms ist möglicherweise nicht corticalen Ursprungs, während die langsamen Komponenten wahrscheinlich sog. sekundäre corticale Antworten darstellen, welche sich im Gegensatz zu dem vergleichsweise angegebenen langsamen Rindenpotential der anaesthesierten Katze nicht nur im spezifischen Projektionsrindenareal, sondern nahezu auf der gesamten Rindenoberfläche registrieren lassen.

Die Aufzeichnung *gemittelter* Rindenpotentiale erlaubt einen direkten Vergleich von zentralen Erregungsgrößen und phänomenalen Erlebnisdimensionen am Menschen und eröffnet einen neuen methodischen Zugang zu einer Reihe sinnesphysiologischer Probleme, von denen die Schwellenmetrik, die zentrale Adaptation und die gegenseitige Beeinflussung verschiedener Sinneskanäle genannt seien.

Bei allen Untersuchungen der zentralnervösen Informationsübertragung ist zu berücksichtigen, daß infolge der Netzwerkleitung der Sinneskanäle eine um so stärkere statistische Streuung der Einzelereignisse zu erwarten ist, je mehr Synapsen die Information durchläuft. MACY hat Versuche darüber angestellt, wie hoch periphere und zentrale Erregungsvorgänge bei elektrophysiologischer Messung mit einem wiederholt vorgegebenen konstanten Reiz korrelieren. Es ergab sich, daß die zugehörigen Erregungsprozesse nicht genau gleich ausfallen, sondern um einen Mittelwert in einer angenäherten Gaußverteilung streuen. Mißt man die Größe der Summenaktionspotentiale im Nervus acusticus und in der Hörrinde, so liegt die Streuung der Rindenpotentiale um eine Größenordnung höher.

Dies führt zu zwei Konsequenzen: Einmal erfordern zentralnervöse elektrophysiologische Messungen eine statistische Auswertung vieler Potentiale, etwa durch Mittelung über Hunderte von Einzelvorgängen oder durch Anwendung von Autokorrelationsverfahren. Andererseits aber führt die im sinnesphysiologischen Parallelversuch beobachtete hohe Schwellengenauigkeit zu der Schlußfolgerung, daß auch in der physiologischen Informationsübertragung des menschlichen Zentralnervensystems derartige Mittelungsfunktionen eine wichtige Rolle spielen (KEIDEL, *6*).

IV. Die Qualitätsdimension und das Problem der Spezifität

1. Physiologische Korrelate der Qualitäten

Seit altersher weiß man, daß die verschiedenen Modalbezirke der Sinnesmannigfaltigkeit mit getrennten Organsystemen, den klassischen fünf Sinnen, verknüpft sind. Bevor wir auf die physiologischen Korrelate der Modalbezirke und der Qualitätsdimensionen näher eingehen, erscheint es notwendig, von vornherein zwei Qualitätsbegriffe zu unterscheiden: Der eine bezeichnet die Qualität der *phänomenalen Erlebnisse* (E_q), der andere die Qualität der *Reize* (R_q), also eine physikalisch definierte Qualität, die den verschiedenen „Energieformen“ entspricht, z.B. Wärmeenergie und mechanische Energie. Es bestehen zwar enge Zusammenhänge zwischen dem physikalischen und dem erlebnismäßigen Qualitätsbegriff, schon weil die physikalischen Grundgrößenarten ursprünglich von den Sinnesqualitäten abgeleitet sind, aber im einzelnen decken sich die Erlebnisqualität und die Reizqualität keineswegs; man denke etwa an den Unterschied zwischen physikalischen und erlebten Temperaturen. Bezieht sich die Erregung eines Sinnesorgans auf die Erlebnisqualität (E_q), so können wir sie durch die Beziehung

$$E_q \succ N$$

wiedergeben, wobei N die Erregung eines neurophysiologischen Substrats bezeichnen soll. Gehen wir hingegen von einer Reizqualität (R_q) aus, so lautet die Beziehung

$$R_q \rightarrow N.$$

Anhand des Schemas Tabelle 11 wollen wir nun die neurophysiologischen Parameter betrachten, die zur Abbildung der Qualitätsdimensionen in Frage kommen. Gemäß den im vorigen Abschnitt behandelten Prinzipien der neuronalen Informationsübertragung sind es im wesentlichen vier Variable: 1. die Art der Receptoren und Neurone, 2. die räumliche Anordnung der nervösen Substrate, 3. die Zahl der erregten Neurone und 4. das zeitliche Impulsmuster des

Tabelle 11. *Unterscheidung zweier Qualitäten. Lokalisation a, b; Impulsmuster 1, 2*

Receptorentyp	Phänomenale Qualität E_q		Neurale Abbildung N		Reizqualität R_q
Typ 1 (räumliches Muster)	A	→	$a1$	→	$\alpha(\beta)$
	B	→	$b1$	→	$\beta(\alpha)$
Typ 2 (zeitliches Muster)	A	→	$a1$	→	α
	B	→	$a2$	→	β
Typ 3 (räumlich-zeitliches Muster	A	→	$a1\ b2$	→	α
	B	→	$a2\ b1$	→	β

Einzelneurons, in erster Linie die Impulsfolgefrequenz. A und B bedeuten zwei Werte der phänomenalen Qualitätsdimension (E_q), während α und β zwei Werte der Reizqualitätsdimension (R_q) bezeichnen. Als Organstrukturen (N) sind in diesem Beispiel zwei periphere Receptoren a und b gewählt, es können aber ebensogut auch andere nervöse Substrate in dieser Weise betrachtet werden. Die Zahlen *1* und *2* bezeichnen zwei verschiedene Zeitmuster der Impulsentladung.

Die Receptoren vom Typ 1 entsprechen dem klassischen sinnesphysiologischen Begriff der Spezifität. Den phänomenalen Qualitäten A und B sind jeweils „spezifische" Receptoren a und b zugeordnet, denen anatomisch getrennte Strukturen entsprechen. Die Qualitäten sind hier also auf verschiedene Substrate *räumlich* verteilt, wobei die Qualität jeweils gegenüber dem Substrat invariant ist. Die Klammerausdrücke sollen andeuten, daß meist eine angenäherte Invarianz der äußeren Reize gegenüber der Qualität besteht, was darauf beruht, daß die physikalischen Größen zwar in Anlehnung, aber nicht in strenger Isomorphie zu den Sinnesqualitäten definiert sind. Diejenigen Reizqualitäten, die den phänomenalen Qualitäten verhältnismäßig eng zugeordnet sind, bezeichnen wir als adäquat, die anderen als inadäquat oder arbiträr. Mechanische Deformationen z. B. wären adäquate, Temperatursenkungen inadäquate Entsprechungen der Druckempfindungsqualität. Diese Definition der Spezifität ist eine hypothesenfreie Fassung dessen, was Müller und v. Helmholtz als „Gesetz der spezifischen Sinnesenergie" formuliert haben.

Gemeinsam ist allen derartigen Theorien die räumliche Verteilung der Qualitäten auf verschiedene Substrate. Es sind die „Ortstheorien" der Sinnesphysiologie. Die Zeitvariable des Receptors, die Impulsfrequenz, würde in diesem Konzept der Intensität entsprechen.

Der andere Extremfall wäre ein Receptor vom Typ 2, bei dem die Qualitäten A und B mit verschiedenen *zeitlichen* Impulsmustern *1* und *2* korreliert sind. Wollen wir allerdings weiterhin an der experimentell sehr gut begründeten Forderung festhalten, daß die Impulsfrequenz die Intensitätsdimension wiedergibt, so müßten zusätzlich zeitliche Muster, wie bestimmte Impulsgruppenbildungen, zur Abbildung der Qualitäten beansprucht werden, wozu eine Folge von mehreren Impulsen (theoretisch mindestens drei) erforderlich wäre. Dies ist bei den meisten Receptoren zumindest unwahrscheinlich, da ihre Impulsfolge ziemlich regelmäßig ist und nur statistisch streut. Außerdem kann eine solche Theorie nicht die Tatsache der räumlichen Qualitätsverteilung nach Art der „Sinnespunkte" befriedigend darstellen. Eine weitere Möglichkeit wäre die Abhängigkeit der Qualität von der Größe der Impulsfrequenz. So ist verschiedentlich die Hypothese aufgestellt worden, daß an ein und demselben Receptor schwache Reize (niedrige Impulsfrequenzen) spezifische Empfindungsqualitäten, starke Reize (hohe Impulsfrequenzen) hingegen Schmerz erzeugen sollen (S. 212).

Tabelle 12. *Unterscheidung zweier Qualitäten A und B durch das Frequenzverhältnis a/b zweier gleichzeitig tätiger Receptoren*

Qualität	Frequenzverhältnis
A	$a/b > 2$
$A > B$	$a/b < 2 > 1$
$A = B$	$a/b = 1$
$B > A$	$a/b < 1 > 0{,}5$
B	$a/b < 0{,}5$

Es besteht ferner die Möglichkeit, daß zwar die Impulsfrequenz die Intensitätsdimension abbildet, daß aber die Steilheit dieser Funktion von der Qualität abhängt (Typ 3). Ist diese Charakteristik bei zwei gleichzeitig tätigen Receptoren verschieden, so können Qualität und Intensität unabhängig voneinander abgebildet werden, auch wenn die Impulsfrequenz nur eine Variable mit einem Freiheitsgrad ist. Den Qualitäten würde dann das Frequenzverhältnis beider Receptoren, der Intensität die Absolutfrequenz entsprechen. Dies wäre eine einfache Form eines *raumzeitlichen* Musters.

Ein einfaches theoretisches Beispiel: Die Impulsfrequenz eines Receptors a steige bei zunehmender Intensität der Qualität A mit der Steilheit 2, bei zunehmender Intensität der Qualität B mit der Steilheit 1 an. Der Maßstab der Intensitäten kann dabei beliebig gewählt sein. Bei einem Receptor b verhalte sich die Impulsfrequenz bei entsprechender Zunahme der Reizintensität umgekehrt, die Steilheit der Charakteristik sei also 1 bei A und 2 bei B. Es lassen sich dann beide Qualitäten und ihre Kombinationen durch das Frequenzverhältnis a/b der beiden gleichzeitig tätigen Receptoren abbilden (Tabelle 12). Sind beide Receptoren zugleich erregt, so tritt im Bereich $a/b > 2$ eine reine Qualität A und im Bereich $a/b < 0{,}5$ eine reine Qualität B auf, während bei zwei Receptoren vom Typ 1 eine gleichzeitige Erregung stets mit einer Mischqualität verknüpft wäre. In dieser Hinsicht kann man den Typ 1 als Grenzfall des Typs 3 auffassen. Bei den Receptoren vom Typ 1 tritt die reine Qualität nur auf, wenn die Frequenz des anderen Receptors Null ist. Beim Typ 3 wäre eine isolierte Erregung des Receptors a — unabhängig vom physikalischen Reiz — immer mit einer reinen Qualität A ($a/b > 2$), eine Einzelerregung von b mit einer reinen Qualität B ($a/b < 0{,}5$) verknüpft.

Da es zwischen den Receptorentypen fließende Übergänge gibt, dürfte es am besten sein, wenn man die bisher übliche, meist sehr unklare Alternative: „spezifisch" oder „unspezifisch" ganz vermeidet und statt dessen *quantitative* Angaben über die Beziehungen zwischen Qualität, Intensität und Erregungsgröße macht.

Es leuchtet ein, daß wegen der Anisomorphie von Erlebnisqualität (E_q) und Reizqualität (R_q) sich verschiedene Einteilungsprinzipien der Receptoren oder Sinnessysteme ergeben werden, je nachdem ,welchen der beiden Qualitätsbegriffe man zugrunde legt. Die naive Gleichsetzung von Erlebnisqualität und physikalischem Reiz hat zu einer erheblichen Verwirrung der sinnesphysiologischen Nomenklatur geführt, namentlich in der Diskussion um die „Spezifität" von

Receptoren. Das sei an folgendem konkreten Beispiel erläutert: Manche cutanen Receptoren sprechen im physiologischen Bereich sowohl auf Temperatursenkung wie auch auf mechanischen Druck mit einer Impulsentladung an. „Biophysikalisch“, d.h. nach der physikalischen Reizqualität (R_q), wären sie also unspezifisch. Nun ist es aber wahrscheinlich, daß die Erregung dieser Receptoren in jedem Fall mit einer Druckempfindungsqualität einhergeht. „Sensorisch“, d.h. nach der Erlebnisqualität (E_q), müßte man sie deshalb als spezifisch definieren (Hensel, *4*, *6*).

Die Einteilung nach Erlebnisqualitäten (E_q) führt zu einer Ordnung der Sinne gemäß den Modalbezirken und Qualitäten der Sinnesmannigfaltigkeit. Geht man hingegen von den physikalischen Reizqualitäten (R_q) aus, so kommt man etwa zu folgendem Ordnungsschema: chemische Sinne, Temperatursinn, Lichtsinn, mechanische Sinne. Diese Einteilung mag für die Frage der Receptormechanismen von Nutzen sein, für die Sinnesphysiologie ist sie unbefriedigend, weil dadurch völlig heterogene Wahrnehmungsinhalte zusammengefaßt werden. Mechanische Sinne wären demnach das Gehör, der Tastsinn der Haut, die Proprioceptoren des Muskels und sogar die Pressoreceptoren des Carotissinus, deren Tätigkeit wir gar nicht erleben! Burkhardt erhebt ähnliche Einwände aus der Sicht der Verhaltensforschung, denn auch dort zeigt sich, daß durch Receptoren einer einheitlichen Reizklasse ganz verschiedene Reaktionen auslösbar sind.

2. Die Spezifität der Sinne

Für die Modalbezirke als Ganzes steht die Spezifität der Sinnesorgansysteme außer Zweifel. Gemeint ist damit eine Verteilung der Modalitäten auf räumlich verschiedene Substrate, die hinsichtlich der Erlebnisqualität (E_q) als spezifisch anzusehen sind. Diese Verhältnisse wurden erstmals von J. Müller klar formuliert, dessen berühmte Lehre von den „spezifischen Sinnesenergien“ — sieht man von allen zeitbedingten und heute als unhaltbar erwiesenen erkenntnistheoretischen Spekulationen ab — auf die schlichte Feststellung des Sachverhalts hinausläuft, daß wir mit den Augen sehen und mit den Ohren hören und nicht umgekehrt, daß also bestimmte *Modalbereiche* der Sinnesmannigfaltigkeit mit besonderen *Organen* korreliert sind.

Auch wenn man die Vermaschung und die unspezifischen Bahnen berücksichtigt, so lassen sich doch durchgängige spezifische Sinneskanäle für die verschiedenen Modalitäten abgrenzen: Getrennte Sinnesfelder in der Peripherie sind mit anatomisch definierten Leitungsbahnen verknüpft, die wiederum mit verschiedenen primären Feldern der Großhirnrinde in Verbindung stehen. In diesem Zusammenhang hat schon Müller die Frage gestellt, ob das „eigentliche“ Substrat der Spezifität in *peripheren* oder *zentralen* Strukturen zu suchen sei. Im allgemeinen neigt man heute dazu, die sensorische Spezifität in die primären Rindenfelder zu verlegen, aber in dieser Frage ist noch keinesfalls das letzte Wort gesprochen (vgl. hierzu Rensch). So sei hier nur die Tatsache erwähnt, daß bei völliger Zerstörung der menschlichen Sehrinde die visuelle Funktion ausfällt, aber bei Zerstörung der primären somatosensiblen Projektionsfelder die Perception von Schmerz, Temperatur und grober Berührung erhalten bleibt (Bishop).

Für die Sinnestheorie enthält diese Frage insofern ein Scheinproblem, als die Spezifität des *gesamten* Sinneskanals erforderlich ist, wenn eine Unterscheidung verschiedener Sinnesqualitäten überhaupt möglich sein soll, sofern wir nicht an der sicher unzutreffenden Hypothese festhalten wollen, alle Qualitätsunterscheidung erfolge ausschließlich mittels verschiedener Impulsfrequenzmuster der Sinnesnerven. Angenommen, alle peripheren Receptoren seien biophysikalisch völlig unspezifisch, also durch alle physikalischen Reizqualitäten (R_q) gleich gut erregbar, dann könnten wir keine qualitative Differenzierung der Außenwelt erleben, auch wenn bestimmte Receptoren mit spezifischen zentralnervösen Substraten verbunden wären. Denn in diesem Fall müßten sämtliche Reizqualitäten alle Substrate in gleicher Weise erregen. Für einen Teilausschnitt der Sinnesmannigfaltigkeit scheint das allerdings zuzutreffen, und zwar für den Schmerz, der biophysikalisch, also hinsichtlich der Reizqualität (R_q), weitgehend unspezifisch ist, während er sensorisch, d.h. in seiner Verbindung zwischen organischem Substrat und Empfindungsqualität (E_q), nach unseren heutigen Kenntnissen wohl als spezifisch bezeichnet werden muß. Bei den übrigen Sinnen aber ist die Spezialisierung der peripheren Organe auf ihren adäquaten Reiz die unabdingbare Voraussetzung einer qualitativ gegliederten Wahrnehmung der Außenwelt.

Allerdings kann in manchen Fällen eine Dissoziation von Reizqualität (R_q) und Empfindungsqualität (E_q) auftreten, da beide Bereiche nicht völlig isomorph sind. Wir sprechen dann von *inadäquater* Reizung. So ist die Wahrnehmung von Lichtqualitäten unter allen Umständen an das spezifische Sehorgan gebunden, aber sie ist nicht ausnahmslos mit elektromagnetischen Wellen verknüpft, sondern kann bisweilen auch bei mechanischer Reizung des Auges oder überhaupt ohne äußeren Reiz auftreten. Ein anderes Beispiel wäre die Auslösung von Kälteempfindungen durch den adäquaten Reiz der physikalischen Temperatursenkung oder durch eine inadäquate chemische Reizung (Menthol) bei unveränderter Temperatur. Das alles sind aber Grenzfälle und Ausnahmen, denen, wie schon V. v. WEIZSÄCKER (*1*) mit Recht betont hat, für die Sinnestheorie meist ein viel zu großes Gewicht beigelegt wird. Wären sie die Regel, so wäre eine normale Wahrnehmung unmöglich.

Wie verhält es sich nun mit der Abbildung der Qualitätsdimension *innerhalb* eines Modalbezirks? Auch hier dürfen wir mindestens zum Teil eine relative Spezifität oder *selektive* Sensibilität von einzelnen Receptoren im Sinne einer örtlichen Verteilung der Qualitäten annehmen wie bei den Farbreceptoren des Auges, den Geschmacksreceptoren der Zunge oder den verschiedenen Nervenendigungen der Haut. Auf dem Gebiet der Hautsinne war seit jeher die Diskussion um das Spezifitätsproblem besonders lebhaft. MÜLLER selbst hat sein Gesetz der spezifischen Sinnesenergien niemals auf die einzelnen cutanen Empfindungsqualitäten angewandt; für ihn gab es nur einen einheitlichen „Gefühlssinn". Erst mit der Entdeckung der sog. Sinnespunkte entstand jene Lehre von den spezifischen Hautsinnen, die namentlich durch v. FREY (*1*) ihre klassische Form erhalten hat. Heute besteht die Tendenz, sich auf einer mittleren Linie zu einigen. Auf Einzelheiten brauche ich an dieser Stelle nicht einzugehen; sie sind in den betreffenden Abschnitten (S. 136) des speziellen Teils zu finden.

Wir stoßen hier wieder auf ein für die Sinnesphysiologie charakteristisches Dilemma. Auf der einen Seite haben wir die unmittelbaren Wahrnehmungsinhalte des menschlichen Beobachters. Auf der anderen Seite steht die Neurophysiologie, die zwar eine erstaunlich feine Analyse der Vorgänge in sensiblen Nerven erlaubt, aber bis vor kurzem ausschließlich auf Tierversuche beschränkt war und die Beziehungen zur menschlichen Sinnesphysiologie nur durch recht zweifelhafte Analogieschlüsse herstellen konnte. Eine Katze wird schwerlich ihre Empfindungsqualitäten genau angeben, da ihr die Möglichkeit der sprachlichbegrifflichen Mitteilung fehlt. Erst in den letzten Jahren ist es durch unmittelbare elektrophysiologische Untersuchungen an menschlichen Hautsinnesnerven möglich geworden, beide Aspekte, den sinnesphysiologischen und den neurophysiologischen, direkt zu vereinen.

Bisher war vorwiegend von den peripheren Strukturen die Rede, und das mit gutem Grund, denn von den *zentralen* Vorgängen im Zusammenhang mit der Qualitätsunterscheidung wissen wir noch so gut wie gar nichts. Auf der Großhirnrinde werden die großen Modalbezirke bekanntlich an räumlich verschiedenen Stellen, also topographisch, abgebildet. Für die einzelnen Qualitäten innerhalb eines Modalbezirks kann man eine solche räumliche Verteilung sicher ausschließen, da die Raumdimension der Projektionsrindenfelder im wesentlichen die Raumdimension der peripheren Sinnesflächen abbildet, wenn auch nur näherungsweise und in sehr starker topologischer Verzerrung. Bei Registrierungen von Rindenpotentialen im Tierversuch ergeben sich zwar gewisse qualitätsabhängige Unterschiede, aber das Bild ist recht verwirrend und erlaubt bis heute keine eindeutigen Korrelationen. Hier treten in erhöhtem Maß auch alle jene

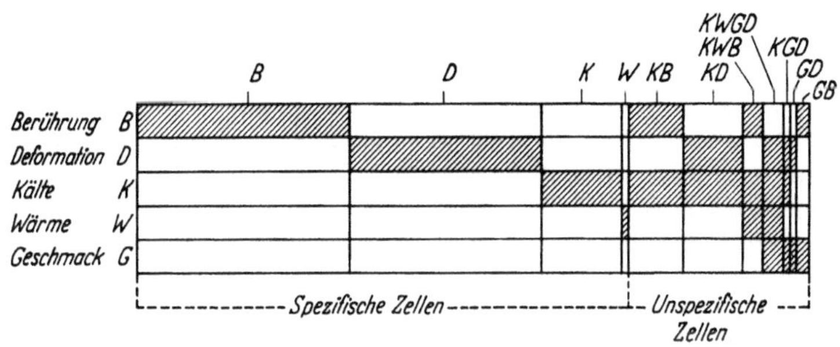

Abb. 12. Erregungsmuster von 101 einzelnen corticalen Elementen aus dem Zungenfeld der wachen Katze bei verschiedenen Reizqualitäten an der Zunge. Reizqualitäten, auf die die einzelnen Elemente jeweils ansprechen: *B* Berührung der Zunge; *D* Deformation der Zunge; *K* Abkühlung; *W* Erwärmung; *G* Geschmacksreize. Die Breite der Felder entspricht dem prozentualen Anteil der betreffenden Elemente. (Nach LANDGREN, *2*, aus HENSEL, *4*)

Probleme auf, die sich aus dem statistischen Verhalten der zentralnervösen Prozesse ergeben (S. 76).

Vor einiger Zeit hat LANDGREN (*2*) Impulse einzelner corticaler Elemente an der wachen Katze bei verschiedenen Reizqualitäten an der Zunge registriert. Dabei hat sich ergeben, daß in der sensorischen Rinde weitaus die meisten Zellen nur auf mechanische Deformation der Zunge ansprechen, einige spezifisch auf Abkühlung, ein einziges Element spezifisch auf Erwärmung, während etwa ein Drittel unspezifische Zellen sind, unter ihnen wiederum die Hälfte mechanokältesensibel. Ich habe versucht, aus den Zahlenangaben der Arbeit die corticalen Erregungsmuster darzustellen, die den verschiedenen Qualitäten entsprechen (Abb. 12). Die Breite der schraffierten Felder gibt den prozentualen Anteil der jeweils tätigen Elemente wieder. LANDGREN führt die Unspezifität der corticalen Zellen auf zentrale Konvergenz spezifischer Fasern zurück. Nach unseren heutigen Kenntnissen dürfte aber ein großer Teil dieser Unspezifität schon eine Angelegenheit der peripheren Receptoren sein.

V. Intensitätsdimension und Schwellenwerte

Die Intensitätsdimension von Sinneserlebnissen läßt sich organphysiologisch verhältnismäßig einfach wiedergeben. Soweit man aus Tierversuchen schließen kann, wird die phänomenale Intensität durch die *Folgefrequenz* von Nervenimpulsen oder eine entsprechende elektrotonische Potentialgröße abgebildet. Auch in unmittelbaren Untersuchungen am Menschen hat sich diese Beziehung bestätigen lassen, und zwar sowohl für die periphere elektrische Aktivität (BERGSTRÖM, *2*, *4*; HENSEL u. BOMAN) als auch für die Größe langsamer corticaler

Potentiale (SPRENG u. ICHIOKA). Allerdings ist man, was eine Fremdmetrik von Erlebnisintensitäten mittels neurophysiologischer Größen betrifft, über erste Anfänge noch nicht hinausgekommen.

Bei der neurophysiologischen Abbildung von Schwellenerlebnissen ist vor allem zu beachten, daß eine Erregung von peripheren Sinnesreceptoren nicht in allen Fällen einer bewußten Wahrnehmung entspricht. Namentlich gilt das für den Temperatursinn. Bei thermischen Bedingungen, welche als indifferent erlebt werden, kann man bereits eine erhebliche Aktivität von Thermoreceptoren beobachten. So zeigt das Beispiel in Abb. 84 (S. 177) eine stationäre Dauerentladung eines menschlichen Kältereceptors von 4 Impulsen/sec bei einer empfindungsmäßig völlig indifferenten Hauttemperatur von 34° C. In diesem Fall wird die Erlebnisschwelle nicht durch die Minimalerregung eines einzelnen Receptors, sondern durch eine verhältnismäßig hohe Gesamtzahl von Impulsen pro Zeit wiedergegeben. Dabei kann der Wert der Gesamtimpulsfrequenz entweder durch eine niedrige Impulsfrequenz vieler Receptoren oder durch eine höhere Frequenz weniger Receptoren erreicht werden, was gut mit dem sinnesphysiologischen Befund einer Flächenabhängigkeit der Temperatursinnesschwellen übereinstimmt. Je größer die Reizfläche, desto kleiner wird die thermische Schwellenreizgröße (S. 170).

In anderen Fällen jedoch läßt sich ein Schwellenerlebnis durch eine Erregung sehr weniger oder sogar *einzelner* Receptoren wiedergeben. So hat sich gezeigt, daß die Schwellen zur Auslösung mechanosensibler Impulse in einzelnen menschlichen Hautnervenfasern identisch sind mit den sinnesphysiologischen Berührungsschwellen. Bei schwellennahen Verbiegungen eines menschlichen Haares wird jeweils nur ein einziger Impuls in einer einzelnen A-Faser ausgelöst. Auch wenn man berücksichtigt, daß ein Haar von mehr als einer markhaltigen Faser versorgt wird (WEDDELL, PALMER u. TAYLOR), so erscheint es doch nicht ausgeschlossen, daß in Grenzfällen ein einziger Impuls in einer einzigen Faser der mechanischen Berührungsschwelle entspricht (HENSEL u. BOMAN). Beispiele hierfür finden sich in den betreffenden Abschnitten des speziellen Teils (S. 136).

Auch ohne äußeren Reiz läuft in den meisten Sinnesnerven eine erhebliche *Spontanaktivität* ab, namentlich in den Hautnerven. Diese Aktivität zeigt eine statistische Zeitfunktion und kann somit als „inneres Rauschen" (internal noise) der Sinneskanäle bezeichnet werden. EIJKMAN u. VENDRIK haben die Ansicht vertreten und durch sinnesphysiologische Experimente unterbaut, daß dieses innere Rauschen mit in die Schwellenbedingungen eingeht. Die Absolutschwelle ergibt sich dann gemäß der „detection theory" als ein bestimmter Signal-Rauschabstand der neuralen Aktivität. Vor allem läßt sich durch diese Theorie die statistische Fluktuation der Erlebnisschwellen (vgl. EKMAN u. LINDMAN) und das Auftreten von „falschen" positiven Antworten (Angabe von Schwellenerlebnissen bei fehlendem äußeren Reiz) besser wiedergeben als durch die klassische Annahme einer festen, nur vom Reiz abhängigen Erregungsgröße als Schwellenbedingung.

Trägt man die in einer großen Versuchszahl ermittelten arbiträren Schwellenreizgrößen für Wärmeempfindungen und Druckempfindungen in ein Wahrscheinlichkeitsnetz ein (Abb. 13), so erhält man für die Warmschwellen eine Gerade, d.h. eine Gaußverteilung, die nach EIJKMAN u. VENDRIK Ausdruck einer statistischen Spontanaktivität, eines „internal noise" im Nervensystem ist. Die Nichtlinearität bei den Druckempfindungsschwellen soll auf einer nichtlinearen Übergangsfunktion zwischen Reizgröße und reizabhängiger Nervenerregung beruhen, was mit den elektrophysiologischen Ergebnissen gut vereinbar wäre. Bei den Warmreceptoren wäre die Übergangsfunktion kontinuierlich oder schwellenlos, indem eine schon vorher ablaufende stationäre Impulsentladung in ihrer

Frequenz graduell zunimmt, während bei den völlig adaptierenden Druckreceptoren ein diskontinuierlicher Übergang vom unterschwelligen Ruhezustand in den überschwelligen Erregungszustand stattfände.

In neuerer Zeit ist es gelungen, vom unverletzten menschlichen Schädel langsame Potentialschwankungen abzuleiten, deren Größe eine deutliche Be-

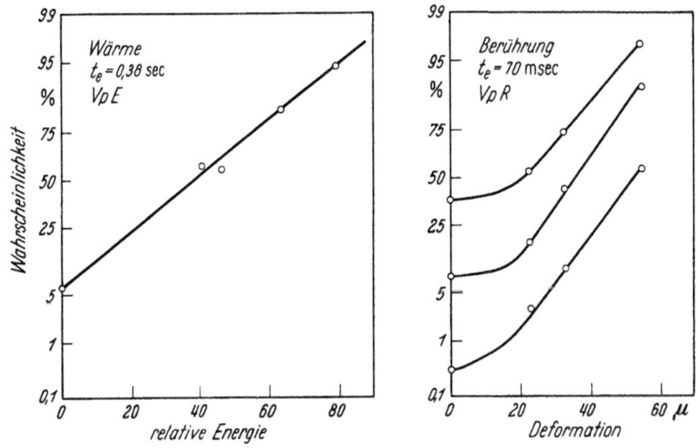

Abb. 13. Relative Häufigkeit positiver Schwellenangaben, aufgetragen in einem Wahrscheinlichkeitsnetz gegen die arbiträre Reizstärke. Links: Wärmeempfindungen. Rechts: vier Kategorien von Berührungsempfindungen; die Kurven sind in vertikaler Richtung verschoben. (Nach EIJKMAN u. VENDRIK)

ziehung zur Intensität eines Sinneserlebnisses erkennen läßt. SPRENG u. ICHIOKA führten derartige Messungen bei peripherer Schmerzreizung durch. Bei den durch ein Autokorrelationsverfahren aus den 20fach stärkeren EEG-Wellen ausgesiebten Potentialen handelt es sich wahrscheinlich nicht um die langsamen Potentiale

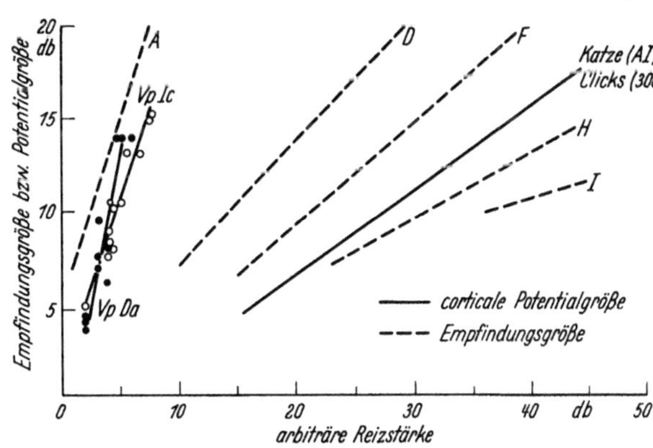

Abb. 14. Größe der langsamen Potentiale an der Großhirnrinde des wachen Menschen bei peripherer Schmerzreizung sowie der Rindenpotentiale der Katze bei akustischer Reizung, aufgetragen als Funktion der Reizstärke in doppelt logarithmischer Darstellung. Vergleichsweise sind die geschätzten Empfindungsgrößen verschiedener Sinnesbereiche (nach STEVENS, 3) gestrichelt eingetragen. *A* Schmerzempfindung bei elektrischer Reizung 60 Hz; *D* Druck auf die Handfläche; *F* Vibrationsempfindung bei 60 Hz; *H* Lautheitsempfindung bei 1000 Hz-Ton; *I* Helligkeitsempfindung bei weißem Licht. (Nach SPRENG u. ICHIOKA)

spezifischer primärer Rindenfelder, sondern um sekundäre unspezifische Spannungsschwankungen. Wie Abb. 14 zeigt, besteht eine deutliche Abhängigkeit der Potentialgröße von der Intensität des Schmerzerlebnisses. Bemerkenswert ist auch die Unterdrückung der corticalen Schmerzpotentiale durch akustische Reize, was den sinnesphysiologischen Erfahrungen einer Schmerzminderung durch andere Sinneserlebnisse entspricht.

Die quantitative Auswertung der Meßergebnisse liefert eine Beziehung zwischen der Größe des corticalen Potentials (P_N) und der elektrischen Reizgröße (P_R), welche durch die Gleichung

$$P_N = k \cdot {P_R}^{3,12}$$

wiedergegeben werden kann. Diese entspricht formal der von STEVENS für die Abhängigkeit der Erlebnisgröße (E) von der Reizgröße (R) angegebenen „power function" (S. 56)

$$E \to k \cdot R^n .$$

Für die Schmerzempfindung bei elektrischen Reizen liegen vergleichbare Untersuchungen vor, die überraschenderweise einen ähnlichen Exponenten von $n = 3{,}5$ ergeben. In Abb. 14 ist die Größe der Rindenpotentiale bei Schmerzreizung am Menschen und bei akustischer Reizung an der Katze in ein doppeltlogarithmisches Diagramm eingetragen, in welchem alle Potenzfunktionen als Gerade erscheinen. Zum Vergleich sind die auf dem Wege über eine Eigenmetrik erhaltenen Resultate von STEVENS eingezeichnet, die für beide Sinnesbereiche eine recht gute Übereinstimmung ergeben.

Diese Versuche sind ein außerordentlich instruktives Beispiel für die erkenntnistheoretische Gleichwertigkeit der verschiedenen Abbildungsweisen des Phänomenalen (vgl. S. 61). Das zeigt sich besonders klar, wenn man unter Verzicht auf Einzelheiten die Abbildung eines Schmerzerlebnisses (E) mittels eines elektrischen Reizpotentials (P_R) und mittels eines corticalen Potentials (P_N) so schreibt:

$$E \to P_N = f\,(P_R).$$

Wie man sieht, gehören sowohl die Reizgröße als auch der zentralnervöse Erregungsprozeß derselben Begriffsklasse an: beides sind elektrische Potentialgrößen (P). Der Unterschied der beiden Abbildungsweisen liegt lediglich darin, daß P_R an den peripheren Receptoren und P_N an der Großhirnrinde lokalisiert ist.

VI. Adaptation

1. Adaptation und Zeit

Bei der Behandlung des Adaptationsproblems können wir von folgender Grundfrage ausgehen: Wie läßt sich eine phänomenale Intensität, die *in der Zeit gleich* bleibt, begrifflich abbilden? Diese Frage führt über die nulldimensionale Aktualzeit des Sinnlichen hinaus in einen Bereich erweiterter Erfahrung, in dem die Zeit als *ausgedehnte* Dimension erlebt wird (vgl. S. 43). Entspricht nun dem zeitlich konstanten Sinneserlebnis (E) eine Reizgröße (R), in der die Zeitdauer nicht vorkommt, so bezeichnen wir das betreffende System als adaptationsfrei; geht jedoch die Zeitdauer als Parameter mit in den Reizausdruck ein, so sagen wir, das Sinnessystem habe die Eigenschaft der Adaptation. Demnach kann man für den Adaptationsbegriff schreiben:

$$E \to R\,(t),$$

wobei (t) die Zeitabhängigkeit einer Größe bezeichnet. In Worten lautet der Ausdruck: Eine zeitlich konstante Empfindungsgröße wird mittels eines zeitlich variablen Reizes abgebildet. Ein praktisches Beispiel hierfür wäre die Messung der Dunkeladaptation des Gesichtssinnes mit dem Adaptometer. Hierbei wird diejenige Reizgröße aufgesucht, die einem Schwellenerlebnis der Helligkeit entspricht. Es zeigt sich, daß mit fortschreitender Zeit die Schwellenreizgröße immer kleiner wird, der Wert von R sich also zeitlich verändert.

Umgekehrt kann man die Adaptation auch als zeitlich veränderliche Empfindung bei konstanter Reizgröße definieren, gemäß dem Ausdruck

$$E(t) \rightarrow R.$$

Adaptationsmessungen nach diesem Prinzip kommen nur für überschwellige Erlebnisgrößen in Frage, beispielsweise für die Messung der Lautheitsadaptation beim Gehör. Allerdings wird die zeitlich variable Lautheitsempfindung meist nicht eigenmetrisch, sondern fremdmetrisch bestimmt, indem ein Prüfreiz am nichtadaptierten Ohr jeweils auf Lautheitsgleichheit mit dem adaptierten Ohr eingestellt wird. Somit ist auch hier das Adaptationsmaß wieder eine zeitlich veränderliche Reizgröße.

Beide Formulierungen sind logisch äquivalent (HENSEL, *1*); sie besagen, daß die Adaptation entweder durch eine konstante Empfindung bei veränderlichem Reiz oder durch eine zeitlich veränderliche Empfindung bei konstantem Reiz darstellbar ist.

Auch bei der Beziehung zwischen einer Erregungsgröße im Nervensystem (N) und einer äußeren Reizgröße (R) können wir von Adaptation sprechen, wenn einer zeitlich konstanten Nervenerregung ein zeitlich variabler Reiz entspricht oder wenn umgekehrt bei konstantem Reiz die Erregungsgröße sich mit der Zeit verändert. Unter der Voraussetzung, daß das adaptive Zeitverhalten des Nervenprozesses dem der Empfindung entspricht oder, anders ausgedrückt, daß $E \rightarrow N$ ein isomorphes Abbildungsverhältnis ist, kann man für die Gesamtbeziehung zwischen den drei Größen E, N und R schreiben:

$$E \rightarrow N \rightarrow R(t) \quad \text{oder} \quad E(t) \rightarrow N(t) \rightarrow R.$$

Wegen der Äquivalenz der linken und rechten Abbildungsweise ist es formal gleichgültig, ob man den Zeitverlauf der Adaptation durch den Reizbegriff $R(t)$ oder durch den neurophysiologischen Begriff $N(t)$ wiedergibt. Von der ersten Darstellungsweise macht man namentlich bei extrem phasischen, rasch adaptierenden Receptoren Gebrauch, etwa bei den Sinneszellen des Gehörorgans. Man spricht dann nicht von einer Adaptation an den statischen Reiz R, sondern sagt, der adäquate Reiz der Sinneszelle sei eine dynamische Reizgröße $R(t)$ — im Falle des Gehörs ein periodischer Schallwechseldruck. Aus Gründen der Logik kann man dann natürlich nicht mehr von einer Adaptation des Receptors an den dynamischen Reiz $R(t)$ sprechen. (Die Frage einer zentralnervösen Langzeitadaptation bleibt davon unberührt.) — Im zweiten Fall geht man von einem Reizsprung mit konstant bleibendem Wert von R aus und mißt die zeitliche Übergangsfunktion des adaptierenden Systems.

Der hier entwickelte Adaptationsbegriff sagt nichts Näheres über die Art oder die Lokalisation der zeitabhängigen Begriffsparameter aus. Aufgabe der Physiologie ist es, im einzelnen zu untersuchen, ob dem adaptiven Zeitverhalten der Wahrnehmung bestimmte Organvorgänge zugeordnet werden können.

2. Physiologische Adaptationsprozesse

Adaptives Zeitverhalten finden wir praktisch in allen Abschnitten eines Sinneskanals. In diesem Zusammenhang hat man hier und dort versucht, den zunächst ja sehr allgemein gehaltenen Adaptationsbegriff auf bestimmte Vorgänge einzuengen (vgl. BURKHARDT). Als Einteilungsprinzipien bieten sich dabei an: 1. die Zeitkonstante der Prozesse, 2. die Art der Vorgänge und 3. ihre Lokalisation. Indessen sind alle diese Klassifikationen wenig befriedigend, und die Frage, was nun als Adaptation zu bezeichnen sei und was nicht, konnte bis heute nicht einheitlich beantwortet werden. Adaptation ist ein so weiter Begriff — man denke auch an seine Verwendung in Physiologie, Zoologie und Genetik —, daß man seiner Definition nur den *Zeitparameter* zugrunde legen und im übrigen explizit beschreiben sollte, was man im Einzelfall darunter versteht.

Wird bei einem peripheren Sinnesreceptor der Eingangsreiz sprungartig erhöht, so klingt die Erregung nach einem anfänglichen Maximum wieder ab, obwohl die Reizgröße zeitlich konstant bleibt. Diesem Zeitverhalten können sehr verschiedene Ursachen zugrunde liegen, die BURKHARDT in fünf verschiedene Gruppen einteilt: dynamische Reizminderung, Reizkontrolle, dynamische Erregungsminderung, Empfindlichkeitsminderung und Erregungskontrolle (Abb. 15).

Von dynamischer *Reizminderung* sprechen wir, wenn der reizleitende Apparat durch seine physikalischen Eigenschaften (Massenträgheit, innere Reibung) bewirkt, daß der sprungförmige Eingangsreiz in einen zeitlich abklingenden Reiz am Sinnesreceptor umgewandelt wird. Bei äußerer Dauerdeformation eines

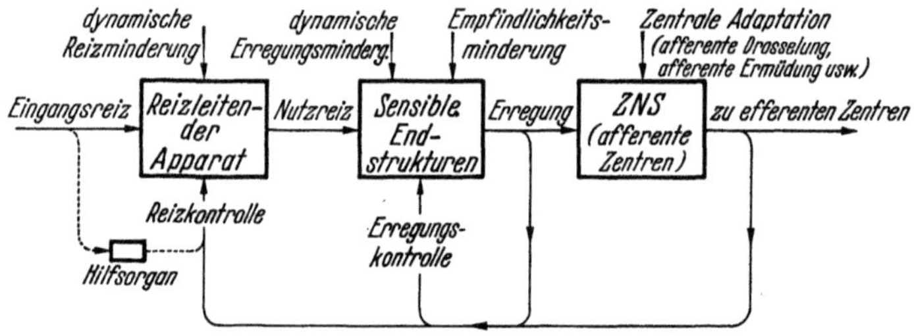

Abb. 15. Schematische Darstellung der Vorgänge, die zu einem Erregungsabfall führen können. (Nach BURKHARDT)

Pacinischen Körperchens gelangt nur eine anfängliche dynamische Druckwelle in das Innere, wo die sensible Nervenendigung liegt (HUBBARD). Auch das Verhalten des Bogengangsystems gehört hierher: Bei Beginn einer Kopfdrehung bleibt die Endolymphe infolge ihrer Trägheit zurück, wird aber bei fortdauernder Drehung durch Flüssigkeitsreibung mitgenommen, so daß die zunächst ausgelenkte Cupula in ihre Ausgangslage zurückkehrt.

Die *Reizkontrolle* ist eine Beeinflussung des Eingangsreizes auf nervösem Wege, oft in Form einer Gegenkoppelung über höhere Abschnitte des Sinneskanals. Beispiele sind die Veränderung der einfallenden Lichtintensität durch Pupillenmotorik, die immer gegensinnig zur Reizgröße verläuft, sowie die efferente Einstellung der Muskelspindeln, welche in beiden Richtungen erfolgen kann. Auf die efferenten Kontrollvorgänge werden wir im nächsten Abschnitt (S. 87) noch genauer eingehen.

Die dynamische *Erregungsminderung* liegt dem PD-Verhalten der Sinnesreceptoren zugrunde, das bereits auf S. 68 näher erörtert wurde. Dynamische Einstellungsvorgänge verlaufen stets gegensinnig zur Richtung des Reizsprunges und überdauern ihn gemäß ihrer Zeitkonstante. Von einer Empfindlichkeitsminderung kann man bei diesem Adaptationsvorgang insofern nicht sprechen, als sich im wesentlichen nur der Arbeitspunkt auf der absoluten Reizskala verschiebt, während die phasische Empfindlichkeit nahezu unverändert bleiben kann. RANKE (*1*) nennt dies die „Bereichseinstellung der Sinnesorgane". Wieweit darüber hinaus auch eine Herabsetzung der dynamischen Empfindlichkeit durch einen vorausgegangenen Reiz vorkommt („Empfindlichkeitsminderung", BURKHARDT), bedarf noch weiterer Untersuchungen.

Bei der *Erregungskontrolle* handelt es sich um Veränderungen der Übergangsfunktion im Receptor auf dem Wege über efferente nervöse Einflüsse.

Auch diese Vorgänge werden im nächsten Abschnitt noch eingehender behandelt.

Dynamische Reizminderung und dynamische Erregungsminderung zeigen eine typische PD-Übergangsfunktion, im ersten Fall physikalisch, im zweiten vermutlich durch Stoffwechselvorgänge im Receptor bedingt. Beide Abläufe sind zeitlich streng an den Reiz gebunden und sind ihm stets entgegengerichtet. Reizkontrolle und Erregungskontrolle hingegen sind als efferent gesteuerte Vorgänge nicht notwendig mit dem Reiz verknüpft, sondern können auch spontan auftreten und sowohl positiv als auch negativ gegenüber der Richtung des Reizsprunges wirken.

Neben diesen mannigfachen, teils lokalen, teils zentral bedingten adaptiven Veränderungen am Sinnesorgan laufen auch an den synaptischen Übertragungsstellen Adaptationsvorgänge ab, die man insgesamt als *zentrale Adaptation* bezeichnen kann. Durch das Zeitverhalten der synaptischen Prozesse (S. 71) muß sich eine Verzögerung des Adaptationszeitganges ergeben, der in wiederholter Hintereinanderschaltung zu immer längeren Zeitkonstanten führen muß.

Für eine zentrale Adaptation spricht die Beobachtung, daß die Adaptation der Sinnesreceptoren meist einen wesentlich kürzeren Zeitverlauf hat als die Adaptation der Empfindung. So ist bei den Thermoreceptoren schon 1 min nach einem Sprungreiz praktisch der stationäre Endwert der Impulsfrequenz erreicht, während die Adaptation der Temperaturempfindung viele Minuten dauert (Hensel, *1*; Eijkman). Auch die Rindenpotentiale zeigen bei akustischer und taktiler Reizung einen charakteristischen langsamen Adaptationszeitgang, obgleich die periphere Sinneszelle während dieser Zeit nicht adaptiert. Schließlich läßt sich durch verschiedene Pharmaka die zentrale Komponente der Adaptation beeinflussen, ohne daß sich die Entladung der peripheren Receptoren ändert (Keidel, *2*).

Interessante Probleme, die aber über den Rahmen unseres Themas hinausgehen und an dieser Stelle nur angedeutet werden können, ergeben sich bei den ganz langfristigen Adaptationsvorgängen, deren Dauer Tage und Wochen beträgt (Gewöhnung, Habituation). Obwohl die Forschung hier noch ganz am Anfang steht, kann man doch schon sagen, daß es sich um rein zentrale Vorgänge handelt und eine Adaptation peripherer Receptoren dabei mit Sicherheit auszuschließen ist. Näheres hierüber findet sich bei Hernández-Peón und in einer soeben erschienenen zusammenfassenden Darstellung (Hensel u. Hildebrandt).

VII. Efferente Kontrolle der Sinnesorgane

Wie die neuere Sinneslehre gezeigt hat, ist der Wahrnehmungsprozeß kein passiver, ausschließlich durch Umweltreize bedingter und daher in der Begriffssprache der objektiven Wissenschaften adäquat beschreibbarer Vorgang, sondern ein intentionaler Akt des wahrnehmenden Subjekts, der sowohl eine spontane wie eine receptive Seite besitzt. Welche allgemeinen Konsequenzen sich daraus für die Sinnestheorie ergeben, war schon an anderer Stelle (S. 27) dargelegt worden; im folgenden wollen wir die physiologischen Grundlagen der aktiven Komponente des Wahrnehmens näher untersuchen.

Die Fähigkeit des Subjekts, die phänomenalen Inhalte aktiv zu beeinflussen, hat ihr organisches Korrelat einerseits im *motorischen* System, soweit es beim Wahrnehmungsakt mitwirkt (Tastbewegungen, Augenbewegungen, Akkommodation, Pupillenmotorik, γ-Innervation der Muskelspindeln), andererseits in einer *efferenten* Kontrolle der *neuralen* Informationsübertragung in den Sinneskanälen. Somit ist die Vorstellung eines rein afferenten Sinnessystems zu ersetzen durch das Bild eines zentripetal-zentrifugalen Wirkungsgefüges, das zum Teil der Willkür des wahrnehmenden Subjekts unterworfen ist, zum Teil aber auch durch unwillkürlich ablaufende Vorgänge beherrscht wird.

Alle bei der Perzeption beteiligten muskulären Vorgänge können wir zum Bereich der Reizkontrolle zählen, weil sie die physikalischen Parameter der Eingangsreize verändern. Augenbewegungen und Akkommodation verschieben die geometrisch-optischen Beziehungen zwischen Umwelt und Netzhaut, die Pupillenmotorik beeinflußt vorwiegend die einfallende Lichtintensität, die efferente Kontrolle der Muskelspindeln greift in die mechanischen Eigenschaften der Receptoren ein. Dagegen gehören die zentrifugal gesteuerten Veränderungen der Übergangsfunktion in den Sinneszellen und an den synaptischen Übertragungsstellen zu jener Gruppe von Vorgängen, die man als Erregungskontrolle bezeichnen kann.

Eingehend untersucht ist die efferente Innervation der *Muskelspindeln* über das sog. γ-System (GRANIT u. KAADA; GRANIT u. HOLMGREN; GRANIT, *2*), wobei für unser Thema die Tatsache besonders wichtig ist, daß der Ursprung dieser Bahn vorwiegend in der Formatio reticularis des Hirnstammes zu suchen ist. Deren Funktion wiederum hängt eng mit dem Zustand der Wachheit, Aufmerksamkeit und psychischen Anspannung zusammen. Die zentrifugale Kontrolle der Muskelspindeln wirkt sich in einer stärkeren mechanischen Vorspannung der intrafusalen Muskelfasern aus, so daß bei gleichbleibender Länge des Muskels der Receptor eine höhere Folgefrequenz von afferenten Impulsen erzeugt (KUFFLER u. HUNT; HUNT u. KUFFLER; KUFFLER, HUNT u. QUILLIAM; EYZAGUIRRE). Auf die Funktion des γ-Systems werden wir im nächsten Abschnitt (S. 91) nochmals zu sprechen kommen.

Bei einzelnen Dehnungsreceptoren des Crustaceenmuskels ist neben der afferenten Nervenfaser ein besonderes efferentes Hemmungsaxon nachweisbar (KUFFLER u. EYZAGUIRRE; KUFFLER). Eine Erregung dieser Hemmungsfaser führt zu einem mittels Mikroelektroden nachweisbaren inhibitorischen lokalen Potential in der Sinneszelle und zu einer Unterdrückung der mechanisch induzierten Aktivität des Receptors. Im Gegensatz zu den Vorgängen an der Muskelspindel handelt es sich hier nicht um eine Reizkontrolle, sondern um eine Erregungskontrolle.

Für das *Sehorgan* wurden von anatomischer Seite schon seit langem efferente Fasersysteme zur Netzhaut postuliert (POLYAK). Eine gewisse Bestätigung dieser Befunde haben Versuche erbracht, bei denen durch künstliche Reizung der Formatio reticularis im Bereich des Tegmentum (GRANIT, *1*) oder der kontralateralen Opticusfasern (DODT) Änderungen in der Aktivität retinaler Ganglienzellen ausgelöst werden konnten. Welche Bedeutung diesen Vorgängen beim natürlichen Sehen zukommt, ist allerdings noch nicht bekannt.

Genauer erforscht ist dagegen die *Hörbahn*. Seit der Entdeckung eines efferenten Faserbündels zum Nucleus cochlearis, des Tractus olivo-cochlearis (RASMUSSEN) liegen verschiedene elektrophysiologische Untersuchungen vor, die einen Einblick in die Funktionsweise dieses Systems ermöglicht haben. Ein wesentlicher Teil der zentrifugalen Kontrolle des akustischen Sinneskanals dürfte sich in Form unwillkürlicher Regelungsvorgänge abspielen, deren anatomisches Substrat Rückkoppelungsschleifen von höheren Kerngebieten sind (RASMUSSEN, *3*; KEIDEL, *2*). Elektrische Reizung der efferenten Fasern zur Cochlea führt zu einer Hemmung akustisch ausgelöster Afferenzen (GALAMBOS; DESMEDT u. MECHELSE; FEX). Kürzlich konnte PFALZ an einzelnen Neuronen des deafferentierten Nucleus cochlearis mit Mikroelektroden eine spontane Impulsaktivität ableiten, die durch natürliche Beschallung des kontralateralen Ohres gehemmt wurde (Abb. 16).

Ähnliche Hemmungseinflüsse, allerdings nur bei elektrischer Reizung der efferenten Systeme, fanden KERR und HAGBARTH für das *Geruchsorgan*. Reizt man auf der einen Seite den basalen Teil des Riechhirns, so tritt im Bulbus

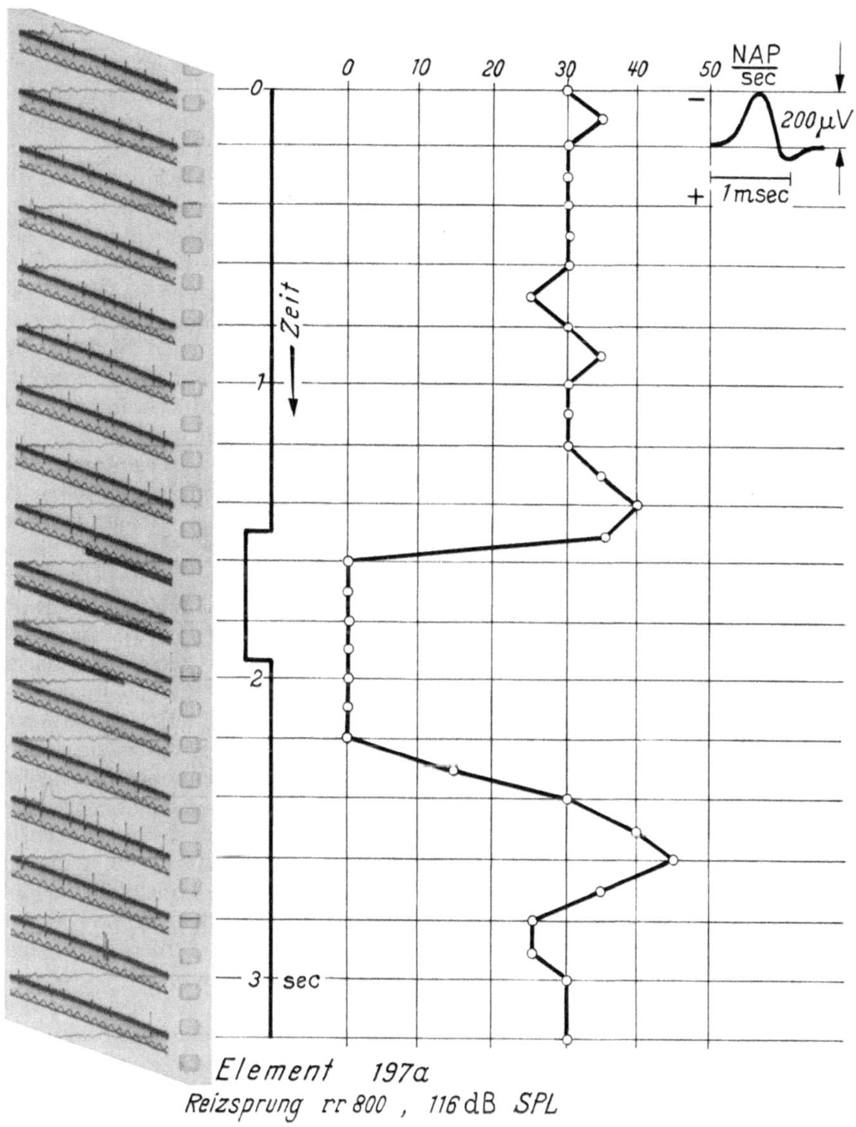

Abb. 16. Hemmung der Spontanaktivität eines Neurons im Nucleus cochlearis durch Clickreizung nur des kontralateralen Ohres: beachte Hemmung nach „Ton-Aus“ und „Overshoot“! Links: Originalregistrierung aus dem Nucleus cochlearis sin. Dreispurige Zeilenschrift; oben: Spikes aus spontanaktivem Einzelelement; Mitte: 100 Hz-Zeitschreibung; unten: Tondauer als Strichverdickung. Rechts: Auswertung; Zeitachse von oben nach unten. (Nach PFALZ)

olfactorius der kontralateralen Seite eine Hemmung sowohl der spontanen wie der durch Geruchsreize ausgelösten Aktivität auf.

Wenig bekannt ist heute noch über eine efferente Innervation von *Hautreceptoren*, obwohl C. BERNARD (zit. bei BRÜCKE) schon vor mehr als hundert Jahren einen Einfluß des Sympathicus auf die cutane Sensibilität postuliert hatte.

Die ersten elektrophysiologischen Untersuchungen zu diesem Thema wurden von JIRMUNSKAYA ausgeführt. Sie konnte zeigen, daß afferente Impulse aus Receptoren der Froschhaut durch elektrische Reizung des sympathischen Grenzstranges verändert wurden — ein Befund, der später von LOEWENSTEIN (*1*) bestätigt wurde. Ein Beispiel zeigt Abb. 54, S. 147. Die Steigerung der Entladungsfrequenz cutaner Receptoren bei elektrischer Reizung des Sympathicus vollzieht sich vermutlich über eine Freisetzung adrenerger Substanzen; jedenfalls läßt sich nachweisen, daß die mechanosensible Aktivität einzelner Pacinischer Körperchen durch Sympathicomimetica erhöht wird (LOEWENSTEIN, *3*).

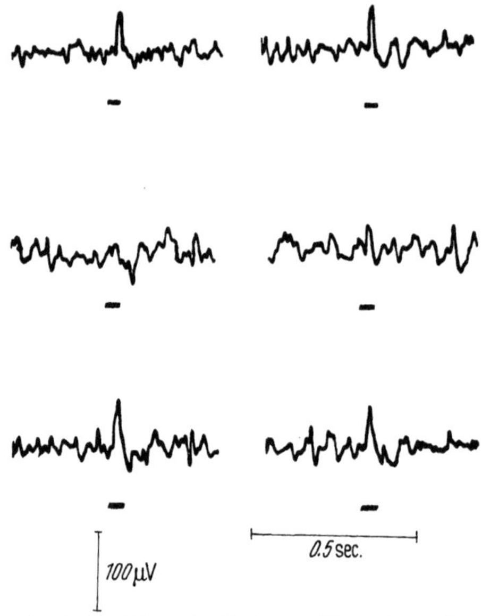

Abb. 17. Reaktionen im Nucleus cochlearis der wachen Katze bei akustischen Clickreizen (durch Striche markiert). Oben: die Katze ist ruhig; Mitte: das Tier wird auf einen Geruchsreiz aufmerksam; unten: die Katze ist wieder ruhig. Während die Katze schnuppert, vermindert sich die Amplitude der akustisch ausgelösten Potentiale. (Nach HERNÁNDEZ-PEÓN, SCHERRER u. JOUVET)

Zentrifugale Einflüsse auf die Informationsübertragung in den Sinneskanälen sind nicht nur an den peripheren Receptoren, sondern auch an *zentralen* Synapsen nachweisbar (Zusammenfassungen bei HERNÁNDEZ-PEÓN; HAGBARTH). Werden höhere Kerngebiete elektrisch gereizt, so beobachtet man Veränderungen der postsynaptischen, durch Erregung von Hautreceptoren ausgelösten afferenten Impulse im Rückenmark (HAGBARTH u. FEX). Wichtig für diese efferente Kontrolle ist vor allem die Formatio reticularis des Hirnstammes (HAGBARTH u. KERR; HERNÁNDEZ-PEÓN, *2*; HAGBARTH), in der, wie schon erwähnt, eine Vermaschung unspezifischer Bahnen aus verschiedenen Sinneskanälen stattfindet.

In Versuchen am wachen Tier und am wachen Menschen wurde neuerdings der Zusammenhang zwischen der *Aufmerksamkeit* beim Wahrnehmen und der Informationsübertragung im Nervensystem unmittelbar nachgewiesen. So sieht man, wie Abb. 17 zeigt, im Nucleus cochlearis der wachen Katze deutliche Potentialschwankungen bei kurzen akustischen Reizen. Bietet man zugleich einen Geruchsreiz an, dem die Katze sich aufmerksam zuwendet, so werden die akustischen Informationen unterdrückt (HERNÁNDEZ-PEÓN, SCHERRER u. JOUVET). Auch visuelle oder taktile Reize führen zu einer Drosselung der akustischen Afferenzen. Entsprechendes gilt für das optische System (HERNÁNDEZ-PEÓN u. Mitarb.) und für die taktile Informationsübertragung im Rückenmark (HERNÁNDEZ-PEÓN, *2*). An der menschlichen Großhirnrinde haben SPRENG u. KEIDEL ähnliche Erscheinungen registriert. Die durch Schallreize ausgelösten langsamen Rindenpotentiale werden gedrosselt, wenn zugleich optische Reize dargeboten werden (Abb. 18). Die Aufmerksamkeitszuwendung scheint sich also neurophysiologisch so auszudrücken, daß die elektrische Aktivität in dem zugehörigen Sinneskanal erhöht wird, während sie gleichzeitig in den übrigen Sinneskanälen abnimmt.

Ein anderes Beispiel für die zentrifugale Drosselung der afferenten neuralen Aktivität ist die Gewöhnung (Habituation) an wiederholte Sinnesreize. Dabei beobachtet man sowohl in den Neuronen 2. Ordnung als auch auf der thalamischen und corticalen Ebene eine Verminderung der zentripetalen Impulse, die HERNÁNDEZ-PEÓN (*2*) als „afferent neuronal habituation" bezeichnet. Bis jetzt wurde dieser Habituationseffekt bei akustischer Reizung im Nucleus cochlearis (HERNÁNDEZ-PEÓN, JOUVET u. SCHERRER), bei Lichtreizung in der Retina, im Corpus geniculatum laterale und in der Sehrinde, bei Geruchsreizung im Bulbus olfactorius und bei taktiler Reizung im Rückenmark registriert (Literatur bei HERNÁNDEZ-PEÓN, *2*).

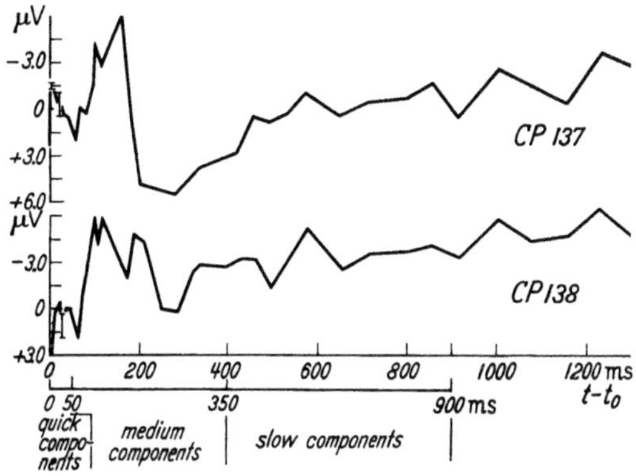

Abb. 18. Drosselung der akustischen Rindenpotentiale des wachen Menschen bei gleichzeitiger, unkorrelierter Reizung. Obere Kurve: statistische akustische Reizfolge. Untere Kurve: wie obere Kurve, aber zusätzlich dazu unkorrelierte optische Reizfolge. (Nach SPRENG u. KEIDEL)

VIII. Die Einstellungsvariation beim Wahrnehmen

In der Sinnesphysiologie und Psychologie kennt man seit längerer Zeit die sog. *Einstellungsvariation*, die BRUNSWIK im visuellen Bereich eingehend untersucht hat. Er stellte fest, daß beim optischen Größenvergleich von Körpern die Resultate manchmal den Größenverhältnissen der äußeren Objekte, manchmal jedoch den Größenverhältnissen der Netzhautbilder entsprachen, wobei der Umschlag teils unbewußt erfolgte, teils aber auch bewußt herbeigeführt werden konnte. Das Wesentliche der Einstellungsvariation liegt in einem Umspringen der begrifflichen Reizausdrücke zwischen bestimmten Intentionspolen, während das phänomenale Erlebnis unverändert bleibt. Diese Einstellungsänderung hat ihr Abbild nicht in einer statistischen Streuung der Reizbegriffe um einen Mittelwert, sondern in einer mehrgipfligen Verteilungskurve der Reizgrößen. Das bedeutet aber, daß man für die Abbildung der Erlebnismannigfaltigkeit *mehrere* adäquate Begriffe finden kann, die als gleichwertig zu betrachten sind. Die Einstellungsvariation ist zugleich auch ein zeitliches Phänomen, denn es handelt sich dabei immer um ausgedehnte Versuchsreihen, in denen der Wechsel der Einstellungen in einer zeitlichen Reihenfolge abläuft.

Allgemein läßt sich die Einstellungsvariation so wiedergeben (BERGSTRÖM, *1*)

$$E \rightarrow p \cdot R,$$

wobei E eine Erlebnisgröße, R ein invariantes Glied eines begrifflichen Ausdrucks und p der variable Einstellungsfaktor ist. Wo dieser Faktor zu lokalisieren sei, ob etwa im „äußeren" Reiz oder in einem „inneren" Nervenprozeß, geht aus der obigen Formulierung nicht hervor; sie besagt lediglich, daß ein konstantes Phänomen durch eine variable Begriffsgröße abgebildet wird.

Wir wollen nun die Einstellungsvariation am Beispiel des *proprioceptiven Modalbezirkes* (Kraftsinn, Muskelsinn) behandeln, der in mancher Hinsicht eine Sonderstellung innerhalb der Sinnesmannigfaltigkeit einnimmt. Auf die Bedeutung dieses Bereiches für die mechanischen Grundbegriffe der Physik war schon an anderer Stelle (S. 54) hingewiesen worden. Bei den proprioceptiven Erlebnissen sind beide Pole des Wahrnehmungsaktes, der aktive und der passive, gleich gut entwickelt. Kraft ist zugleich Wille und Sinnesgegebenheit, Spontaneität und Receptivität. Um Kraft wahrzunehmen, muß ich sie aktiv hervorbringen; die Größe „äußerer" Kräfte wird mir durch gleich große „innere" Kraftanspannungen bewußt, gemäß dem Prinzip „actio-reactio". Ob man nun sagt, eine willentliche Kraftanstrengung erzeuge eine bestimmte mechanische Muskelanspannung, oder ob man umgekehrt sagt, eine Muskelspannung sei der physikalische Reiz für eine bestimmte Kraftempfindung, bedeutet im Grunde dasselbe.

Nach den Untersuchungen von BERGSTRÖM (*1, 3*) äußert sich die Einstellungsvariation im Proprioceptivbezirk so, daß bei aktiven, erlebnismäßig gleichen Stößen gegen ein Massependel der physikalische Effekt zwischen verschiedenen Intentionspolen variieren kann. Diese Variation, die unwissentlich im Verlauf des Versuchs vor sich geht, kann als eine Dimensionsverschiebung im Bereich des physikalischen Effekts bezeichnet werden. Die Gleichheit der proprioceptiven Erlebnisgrößen wird durch die Äquivalenz von Begriffsgrößen abgebildet, welche je nach Einstellung meist zwischen folgenden Parametern wechseln können: Geschwindigkeit v (Dimension $\text{cm} \cdot \text{s}^{-1}$), Impuls $m \cdot v$ (Dimension $\text{g} \cdot \text{cm} \cdot \text{s}^{-1}$) und kinetische Energie $m \cdot v^2$ (Dimension $\text{g} \cdot \text{cm}^2 \cdot \text{s}^{-2}$). Auch andere Intentionspole treten gelegentlich noch auf. Die Änderungen lassen sich in der allgemeinen Form

$$E \to m \cdot v^n \qquad (n = 0, 1, 2, 3, \ldots)$$

darstellen, wobei n ganzzahlige Werte annimmt ($v = m \cdot v^{\infty}$).

Der Proprioceptivbezirk ist für die Abbildung der Einstellungsvariation mittels physikalischer und neurophysiologischer Begriffe besonders geeignet, weil dort nicht nur die mechanischen Größen, sondern auch die neuralen Erregungsprozesse am Menschen eingehend untersucht sind. Wir können von der Tatsache ausgehen, daß die im Muskel registrierbare Impulsfrequenz ν offenbar in einem *invarianten* Abbildungsverhältnis zur *Erlebnisgröße* einer aktiven Muskelkontraktion steht, während das für die äußeren Reizgrößen nicht zutrifft. Hierfür sprechen unter anderem Versuche von JALAVISTO u. Mitarb., bei denen die Spannungsempfindung, die elektrische Aktivität im Muskel und die physikalische Muskelspannung miteinander verglichen wurden. Dabei ergab sich, daß gleichen Spannungserlebnissen immer gleiche Gesamtimpulsfrequenzen entsprechen, während die physikalische Kraft unter bestimmten Bedingungen variieren kann. Stellt man etwa vor und nach einer anstrengenden Muskelkontraktion phänomenal gleiche Spannungserlebnisse ein, so können sich die objektiven Kräfte dabei wie 1:2 verhalten (Kohnstamm-Matthaeisches Phänomen), während die Impulsfrequenzen annähernd gleich bleiben. Es ist daher berechtigt, zu schreiben

$$E \to \nu \to p \cdot R,$$

wobei ν die erlebnisäquivalente Impulsfrequenz im Muskel, die wir als „neurales Erlebniskorrelat" bezeichnen wollen, angibt. Die Einstellungsvariation wäre demnach aufzufassen als Änderung des Verhältnisses zwischen neuraler (ν) und mechanischer Aktivität (R) des Muskels, ausgedrückt durch den Faktor p. Es ist somit möglich, die Erlebnisstruktur einer willentlichen Muskelaktion durch Begriffe der Physik und der Neurophysiologie isomorph abzubilden.

Diese Begriffsstruktur kann man durch folgende objektiv meßbaren Größen angeben (BERGSTRÖM, *5*): die Dauer (t) einer willentlichen Muskelbewegung, die Länge (l) der Muskelverkürzung sowie die Zahl (n) der dabei im Muskel auftretenden Aktionspotentiale. In Abb. 19 sind diese Parameter als Koordinaten einer dreidimensionalen Mannigfaltigkeit (n, l, t) dargestellt. Der Raumvektor a, dessen Lage und Größe durch die gemessenen Werte von n, l und t gegeben ist, vertritt die durch die Aktion bewirkte Veränderung der Situation. Die n, t-Projektion b dieses Vektors stellt den elektrischen Vorgang im Muskel dar; die Steilheit des Vektors b entspricht der Frequenz $\nu = dn/dt$ der motorischen Entladung. Die l, t-Projektion c des Vektors a bezeichnet den äußeren mechanischen Vorgang der Muskelaktion, wobei die Steilheit des Vektors c die Geschwindigkeit $v = dl/dt$ der Muskelverkürzung anzeigt. Schließlich ist noch die n, l-Projektion d des Vektors a zu betrachten. Sie gibt eine der Längenänderung (l) des Muskels entsprechende Impulszahl (n) an, und die Steilheit des Vektors d bezeichnet die Änderung der Impulszahl pro Längenänderung des Muskels, entsprechend dem Faktor $\varkappa = dn/dl$.

Der Projektionsvektor b gibt das „neurale Erlebniskorrelat“ wieder. Das mechanische Ereignis der Muskelverkürzung, dargestellt durch den Projektionsvektor c, können wir als den „physikalischen Reiz“ der proprioceptiven Wahrnehmungssituation auffassen. Der Projektionsvektor d schließlich stellt eine Größe dar, die das Verhältnis von elektrischer zu mechanischer Muskelaktivität bestimmt und sich mit der Einstellungsvariation ändern kann. Wir bezeichnen sie als „Einstellungsfaktor“. Somit bestimmen folgende Funktionen die Wahrnehmungssituation:

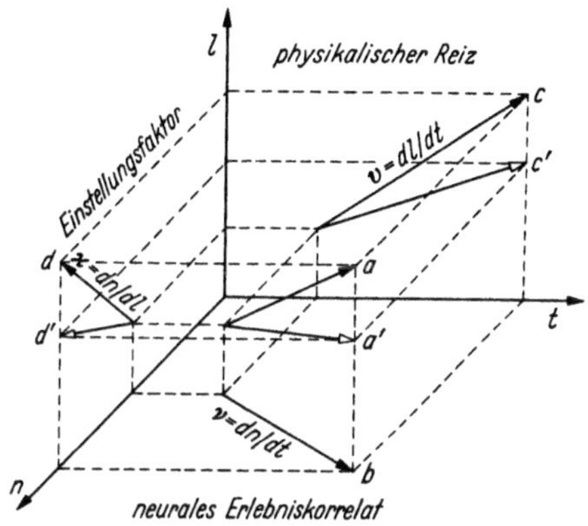

Abb. 19. Vektordarstellung der Parameter, die das Erlebnis einer aktiven Muskelkontraktion beschreiben. Erklärung s. Text. (Nach BERGSTRÖM, 5)

$$v = dl/dt \quad \text{(physikalischer Reiz)} \tag{1}$$

$$\nu = dn/dt \quad \text{(neurales Erlebniskorrelat)} \tag{2}$$

$$\varkappa = dn/dl \quad \text{(Einstellungsfaktor)} \tag{3}$$

Nach Messungen von BERGSTRÖM (*4*) besteht bei aktiven Muskelkontraktionen eine lineare Beziehung zwischen der in jedem Zeitmoment vorhandenen kinetischen Energie des Systems und der Impulsfrequenz im Muskel gemäß der Gleichung

$$E_k = \nu H, \tag{4}$$

worin E_k die kinetische Energie ($g \cdot cm^2 \cdot s^{-2}$), ν die Impulsfrequenz (s^{-1}) und H ein Proportionalitätsfaktor mit der Dimension der Wirkung ($g \cdot cm^2 \cdot s^{-1}$) ist. Daraus ergibt sich für die über das Zeitintervall $t_2 - t_1$ integrierte kinetische Energie (H_t)

$$H_t = \int_{t_1}^{t_2} E_k \, dt = H \int_{t_1}^{t_2} \nu \, dt. \tag{5}$$

Die Gesamtzahl (n) der Aktionspotentiale im Zeitintervall $t_2 - t_1$ ist

$$n = \int_{t_1}^{t_2} \nu \, dt. \tag{6}$$

Daraus folgt

$$H_t = \int_{t_1}^{t_2} E_k \, dt = n H. \tag{7}$$

H_t hat die Dimension der Wirkung ($g \cdot cm^2 \cdot s^{-1}$). Die Gleichung besagt, daß ein bestimmtes Quantum von neuraler Aktivität (n) einer bestimmten Wirkungsgröße (H_t) zugeordnet ist.

Die Gl. (7) kann auch geschrieben werden

$$k\,l\,t = n H, \tag{8}$$

wobei k die Kraft der Muskelkontraktion ($g \cdot cm \cdot s^{-2}$), l die Verkürzung des Muskels (cm) und t die Dauer (s) der Muskelkontraktion ist. Diese Beziehung wurde von vielen Untersuchern experimentell bestätigt (Literatur bei Bergström, *5*). Da $\varkappa = n/l$ [Gl. (3)] und $t = n/\nu$ [Gl. (2)], so können wir für Gl. (8) schreiben

$$n \frac{k}{\nu} = \varkappa H\,. \tag{9}$$

Betrachten wir die kleinstmögliche Änderung im System, für die $n = 1$, so gilt

$$\nu H = \frac{k}{\varkappa}\,. \tag{10}$$

Das neurale Erlebniskorrelat (ν) ist somit eine Funktion einer „zentripetalen" physikalischen Reizgröße (k) und eines „zentrifugalen" Einstellungsfaktors ($\varkappa$). Dieser bestimmt das Verhältnis zwischen mechanischer Aktion und Impulsfrequenz im Muskel. Ferner sehen wir, daß einem konstanten neuralen Erlebniskorrelat (ν = konst), d.h. aber gleichen proprioceptiven Erlebnissen (E), verschiedene physikalische Reizgrößen (k) entsprechen können, je nachdem, wie groß der Einstellungsfaktor ($\varkappa$) ist. In Abb. 19 ist dieser Effekt in der n, l-Ebene durch eine Vektorverschiebung von d nach d' dargestellt. Dadurch verschiebt sich in der l, t-Ebene der Projektionsvektor c nach c', d.h. die mechanische Reizgröße (k) ändert sich, während in der n, t-Ebene der Projektionsvektor b sich nicht verändert, das neurale Erlebniskorrelat (ν) also konstant bleibt.

Wie können wir nun den Einstellungsfaktor ($\varkappa$) neurophysiologisch interpretieren? Da er das Verhältnis der Muskellänge (l) zu den elektrischen Impulsen (n) der α-Motoneurone bestimmt, ist nach Bergström (*4, 5*) in erster Linie an die Innervation der Muskelspindeln über das efferente γ-System zu denken. Durch verschiedene Spannung der intrafusalen Muskelfasern könnte auf dem Wege über die afferente Spindelentladung die elektrische Aktivität der α-Motoneurone (n) auf verschiedene Werte im Verhältnis zu einer bestimmten Muskellänge (l) eingestellt werden, entsprechend dem Verhältnis $n/l = \varkappa$.

Die Einstellungsvariation gehört zum Willensbezirk des Subjekts, zum intentionalen Leistungspol der Wahrnehmung, auch wenn nicht alle Veränderungen des Einstellungsfaktors (p) mit bewußten Willensakten einhergehen. Es liegt nahe, den Faktor p im Gebiet der Neurophysiologie zu suchen, zumal vermutet werden kann, daß die Einstellungserscheinungen mit der im vorigen Abschnitt behandelten efferenten Kontrolle der Sinneskanäle zusammenhängen. Allerdings ist auch hier wieder ein grundlegender philosophischer Gesichtspunkt zu beachten: ob der Einfluß des Subjekts auf die phänomenalen Strukturen mittels eines „äußeren" Reizbegriffs oder eines „inneren" neuralen Erregungsvorganges abgebildet wird, macht im Hinblick auf die intentionale Subjekt-Objekt-Beziehung keinen Unterschied, denn diese ist überhaupt nicht räumlicher Art und kann daher, wie Bergström (*1*) mit Recht sagt, nicht durch das räumliche Verhältnis von Zentralnervensystem und Umwelt dargestellt werden. Eher noch ist die subjektive Leistung beim Wahrnehmen durch Zeitbegriffe abzubilden, da die Zeitdimension aufs engste mit der Willenssphäre verknüpft ist (vgl. S. 43).

Dennoch ist es meines Erachtens sinnvoll, den subjektiven Einstellungsfaktor mit organphysiologischen Prozessen zu verbinden. Das Subjekt ist zwar kein Raumding, aber es äußert sich an einem bestimmten Ort im Raum, nämlich in seinem Leib. Diese Beziehung gehört einem Gebiet an, das HUSSERL als „Somatologie" bezeichnet. Das somatologische Subjekt-Leibverhältnis hat eine motorische (kinematologische) und eine sensorische (aesthesiologische) Seite; die Grenzen „meines" Leibes sind einerseits dadurch gegeben, daß ich ihn als Subjekt unmittelbar bewegen kann und daß ich andererseits eine Berührung meines Leibes unmittelbar empfinde. Schließlich kennen wir noch eine dritte Beziehung des Subjekts zum Leib, die sich nicht von dem Verhältnis zu anderen Körpern unterscheidet. Es ist die Wahrnehmung des Leibes als eines äußeren Dinges in der objektiven Körperwelt. So betrachtet, dürfen objektive Registrierungen von Organprozessen, die mit der Einstellungsvariation verknüpft sind, zumindest als ein unmittelbarer Ausdruck der leistenden Subjektivität aufgefaßt werden, denn sie spielen sich in jenem räumlichen Bereich ab, welcher der Einwirkung des Subjekts direkt unterworfen ist.

Hautsinne, Geschmack, Geruch

Physiologie der Hautsinne

A. Die Erlebnismannigfaltigkeit der Hautsinne

I. Allgemeines

In mancher Hinsicht erscheint es sinnvoll, die von der Haut auslösbaren Empfindungen als einen geschlossenen Modalbereich zu behandeln, den man die *cutane Sensibilität* nennen könnte. Die Berechtigung hierzu ergibt sich vor allem aus der Tatsache, daß die Mannigfaltigkeit der Hautempfindungsqualitäten, z.B. Druck, Berührung, Vibration, Kitzel, Jucken, Kälte, Wärme, Hitze und Schmerz, durch die Dimension der *Lokalität* verbunden ist. An ein und derselben Hautfläche können wir gleichzeitig verschiedenartige Qualitäten erleben. Bei der taktilen Wahrnehmung äußerer Objekte ist es die Regel, daß zugleich mehrere sinnliche Eigenschaften, vor allem mechanischer und thermischer Art, in einer einheitlichen Wahrnehmungsgestalt zusammengefaßt sind.

Demgegenüber ist die übliche Aufteilung der Hautsensibilität in einzelne Sinne — etwa einen „*Drucksinn*", einen „*Temperatursinn*" und einen „*Schmerzsinn*" — mehr oder weniger eine Frage der Konvention; zumindest ist sie nicht gleichzusetzen mit der Gliederung der Sinnesmannigfaltigkeit in die großen Modalbezirke. Auch der Nachweis spezifischer Receptoren für verschiedene cutane Empfindungsqualitäten, der überdies in manchen Punkten heute wieder recht fragwürdig geworden ist, verpflichtet, wie schon v. KRIES (*1*) und später ACHELIS (*1*) auseinandersetzten, keineswegs zur Postulierung besonderer Sinne. Wenn noch J. MÜLLER von einem einheitlichen „Gefühlssinn" mit verschiedenen Qualitäten spricht und sein Zeitgenosse PURKINJE sich gegen die schon damals einsetzenden Versuche wendet, den Gefühlssinn in mehrere Sinne aufzugliedern (VOLKMANN), so lassen sich diese Ansichten auch heute noch durchaus begründen — ja, man kann sogar sagen, daß gerade die neueste Entwicklung auf diesem Gebiet den Gedanken einer „allgemeinen Sensibilität" (common sensibility) wieder mehr in den Vordergrund gerückt hat.

Versuchen wir gemäß den im allgemeinen Teil (S. 27) dargelegten Prinzipien die Mannigfaltigkeit der cutanen Erlebnisinhalte begrifflich zu analysieren, so stoßen wir sehr bald auf Schwierigkeiten und Eigentümlichkeiten, wie sie im Bereich der sog. höheren Sinne nicht oder nur in angedeuteter Weise bestehen. Während etwa der Modalbezirk des Gesichts durch eine besondere „Begriffsnähe" ausgezeichnet ist, was darin zum Ausdruck kommt, daß die gesamte Sehgestalt sich leicht und gleichsam „von selbst" der logischen Analyse fügt, begegnen wir im Erlebnisbezirk der Hautsinne fließenden und oft nicht näher analysierbaren Übergängen zu stark *affektbetonten* Komponenten von Lust- und Unlustcharakter, also einem Bereich, der eine „begriffsferne" Struktur besitzt. Man bezeichnet diese affektiv-vitale Komponente der Hautempfindungen auch als „*protopathisch*" und die erkenntnismäßig-begriffliche Seite als „*epikritisch*" (HEAD, RIVERS u. SHERREN). Zwar finden wir eine gewisse Affektkomponente wohl bei jeder Sinneswahrnehmung, aber sie erreicht selten einen solchen Grad der Intensität, wie er bei den Hautsinnen vorkommen kann. „Gewisse Inhalte dieser Wahrnehmungsgestalt können so affektbetont sein, daß es fraglich ist, ob sie mehr zu den Wahrnehmungen zu rechnen sind oder ob sie nicht eigentlich als reine Lust- oder Unlustgefühle anzusehen sind" (REENPÄÄ).

Sehr deutlich kommt dies in der Sprache zum Ausdruck, die praktisch alle Wörter des Hautempfindungsbereiches synonym für affektive Erlebnisse verwendet. Schon der alte Name für die Hautsinne, das „Gefühl", wird ja auch für die affektive Seite der psychischen Tätigkeit, das „Fühlen", gebraucht. Diese doppelsinnige Anwendung finden auch die Einzelbezeichnungen für die Empfindungsqualitäten dieses Gebietes (eisig, frostig, kalt, kühl, lau, warm, schwül, heiß, brennend, weich, hart, rauh, drückend, schmerzend, stechend, schneidend usw.).

Die Hautoberfläche ist die räumliche Grenze, bis zu der im allgemeinen das aesthesiologische Erlebnis des eigenen Körpers reicht. Berührt jemand meine Haut, so berührt er zugleich „mich" als Subjekt, was besonders bei schmerzhaften Empfindungen evident wird. Andererseits grenzen wir uns durch diese körperliche Selbstwahrnehmung gegenüber den Dingen der Außenwelt ab. Somit besitzen alle cutanen Empfindungen einen räumlichen Doppelcharakter: auf der einen Seite sind sie gegenstandsbezogen oder „*objektiviert*", auf der anderen Seite auf den eigenen Körper bezogen oder „*somatisiert*". Eine ausführliche Erörterung dieser Verhältnisse hat v. Kries (*1*) gegeben, der auch noch eine weitere Stufe einfügt: die unbestimmte Objektivierung, die mit dem Worte „es" bezeichnet wird. Die Aussagen „mir ist kalt — meine Haut ist kalt — es ist kalt — die Luft ist kalt" mögen als Beispiele einer fortschreitenden Reihe von der subjekt- bzw. körperbezogenen bis zur objektbezogenen Wahrnehmung dienen.

Daß die Grenzlinie zwischen Objektivierung und Somatisierung durch *intentionale Einstellung* (vgl. S. 27) erheblich verschoben werden kann, ist an Hand des obigen Beispiels leicht einzusehen. Auch sind diese Verhältnisse bei den einzelnen Qualitätsdimensionen der Hautsinne ganz unterschiedlich ausgeprägt. Am meisten objektiviert sind die Berührungserlebnisse, die ja auch maßgebend an der Konstitution der dinglichen Außenwelt beteiligt sind, in der Mitte liegen etwa die Temperaturerlebnisse, während der Schmerz in erster Linie einen Zustand des eigenen Körpers zum Bewußtsein bringt und somit stark somatisiert ist.

Wie bereits erwähnt, läßt sich die cutane Erlebnismannigfaltigkeit nur in sehr unvollkommener Weise begrifflich wiedergeben. Das zeigt sich schon an den Unsicherheiten des Sprachgebrauches bei der Benennung gewisser Empfindungsqualitäten der Haut, etwa des Kitzels und des Juckens. In dem Bestreben nach klareren Abgrenzungen hat man immer wieder versucht, von den phänomenalen Inhalten auf die mit den verschiedenen Qualitäten verknüpften Reizarten oder Receptorenarten überzugehen, wodurch freilich das Problem nicht gelöst, sondern nur auf eine andere Ebene verschoben wird. Wenn wir die verschiedenen Hautempfindungen zu analysieren und in bestimmte Kategorien einzuordnen suchen, so ist dabei vor allem zu berücksichtigen, daß zwischen manchen Erlebnisinhalten fließende Übergänge bestehen können.

Die Hautsinne vermitteln jedoch nicht nur Inhalte für das Erkennen der Außenwelt, sondern erfüllen darüber hinaus auch wichtige *biologische* Funktionen, die teils bewußt werden, teils aber auch unterhalb der Bewußtseinssphäre ablaufen. Man denke in diesem Zusammenhang etwa an die Bedeutung der Thermoreceptoren für die Temperaturregelung des Organismus. Die Methoden der klassischen Sinnesphysiologie, welche vom Wahrnehmungsinhalt eines Beobachters ausgehen, vermögen nur den phänomenalen Anteil der cutanen Sensibilität zu erfassen, während die biologische Seite der Sinnestätigkeit eine Domäne der „objektiven" Physiologie ist. Vor allem der modernen Elektrophysiologie verdanken wir wesentliche Fortschritte auf diesem Gebiet, ist sie doch in der Lage, auch jenen Bereich neuraler Aktivität zu erforschen, der nicht mit Bewußtseinsäußerungen einhergeht.

II. Der mechanische Erlebnisbezirk

1. Berührung

Es hat sich als sinnvoll erwiesen, die von der Haut vermittelten mechanischen Tasterlebnisse, welche man in ihrer Gesamtheit als Tastwahrnehmungsgestalt bezeichnen kann, in die phänomenalen Bereiche der Berührungsempfindungen und der Druckempfindungen aufzugliedern. Berührungserlebnisse, wie sie durch leichte mechanische Reizung der Haut oder der Haare hervorgerufen werden, sind von flüchtigem Charakter und von schwacher, kaum abstufbarer Intensität. Die Lokaldimension ist bei der Berührungsqualität im wesentlichen flächenhaft und übertrifft an manchen Körperstellen, wie den Fingerbeeren oder der Zungenspitze, an Feinheit der örtlichen Differenzierung bei weitem die Lokalerlebnisse der übrigen Qualitätsbereiche. Es ist in erster Linie die Berührungswahrnehmungsgestalt, welche das taktile Erkennen der Form und Oberflächenbeschaffenheit von Dingen ermöglicht. Bei der haptischen Gesamtleistung spielt in ganz entscheidender Weise die Zeitlichkeit des Erlebnisses und besonders auch die Tätigkeit des Bewegungs- oder Kraftsinnes mit, denn erst durch bewegtes Tasten — sei es, daß ein Gegenstand passiv über die Haut geführt wird oder daß wir einen Körper aktiv betasten — sind wir in der Lage, nennenswerte Aufschlüsse über die tastbare Beschaffenheit der Dinge zu erhalten. Eine ausführlichere Behandlung dieser komplexen Leistungen, bei denen die Tätigkeit der Hautsinne nur einen Ausschnitt bildet, würde den Rahmen der vorliegenden Arbeit bei weitem überschreiten. (Eine eingehende Behandlung dieser Probleme findet sich bei v. SKRAMLIK, *3*).

Gemäß ihrem objektiv-somatischen Doppelcharakter erleben wir bei Berührungen nicht nur einen äußeren Gegenstand, sondern auch eine ganz bestimmte Stelle unseres eigenen Körpers, wobei die Genauigkeit der Lokalisation an den verschiedenen Körperstellen innerhalb weiter Grenzen schwankt. Die reinen Berührungserlebnisse können in der verschiedensten Weise in andere Qualitäten übergehen. Periodische mechanische Reize führen oberhalb einer bestimmten Frequenz zu einer besonderen Erlebnisqualität, der „Vibrationsempfindung", welcher übrigens auch eine wesentliche Rolle für die Empfindung der Glätte oder Rauhigkeit von Oberflächen beim Betasten zukommt. Ferner kann die Berührungswahrnehmung unter gewissen Bedingungen mit Kitzelempfindungen verbunden sein und damit eine mehr affektive Färbung annehmen.

2. Druck

Steigert man den auf eine Hautfläche ausgeübten mechanischen Druck, so geht die Berührungsempfindung kontinuierlich in eine Druckempfindung über. Diese besitzt im Gegensatz zu den Berührungserlebnissen eine deutliche und vielfach abgestufte Intensitätsdimension, verbunden mit einer weniger ausgeprägten räumlichen Drucktiefendimension. Hinzu kommt das Erlebnis einer größeren oder kleineren Fläche, auf die der Druck ausgeübt wird, sowie die Wahrnehmung einer bestimmten Lokalisation am Körper. Bezüglich der Vibrationsempfindung finden wir ähnliche Verhältnisse wie bei der Berührung. Wird schließlich der mechanische Druck bis über einen gewissen Betrag hinaus erhöht, so geht die Druckempfindung in ein Schmerzerlebnis über.

3. Kitzel

Die Schwierigkeiten einer genaueren Umschreibung der Kitzelempfindung beruhen vorzugsweise darauf, daß sie eine gewisse Verwandtschaft mit der Berührung und mit dem Jucken aufweist. So nimmt es nicht wunder, wenn im

Schrifttum offenbar verschiedenartige Sinneserlebnisse als „Kitzel" bezeichnet werden (vgl. v. SKRAMLIK, *3*). In unserem Zusammenhang interessiert in erster Linie die oberflächliche Kitzelempfindung, wie sie durch leichte mechanische Reizung der Hautoberfläche, der Schleimhäute und der Haare ausgelöst werden kann. Dabei kommt es einerseits auf die Körperstellen an (bevorzugt sind z. B. Lippen, harter Gaumen, Nase, Augenlider, Ohr, Handflächen, Fußsohlen), andererseits auf die Art der mechanischen Einwirkung. Nur schwache Reize sind mit Kitzelempfindungen verknüpft, wie man jederzeit demonstrieren kann, wenn man einmal leicht und einmal stark über die Handflächen streicht; ferner spielt die Zeitgestalt eine entscheidende Rolle, etwa als Geschwindigkeit, mit der über die Haut hinweggestrichen wird, oder als Frequenz einer zeitlichen Folge von Reizen. Hervorzuheben ist die angenehme oder unangenehme Affektbetonung der Kitzelerlebnisse, die auch mit vegetativen Reaktionen, z. B. peripherer Vasoconstriction, einhergehen kann (UHLENBRUCK; EBBECKE, *2*).

4. Vibration

Diskontinuierliche mechanische Erschütterungen der Haut sind innerhalb eines gewissen Frequenzbereichs mit einer charakteristischen „Vibrationsempfindung" verknüpft. Vom phänomenologischen Standpunkt ist es durchaus berechtigt, die Vibration als eigene Qualität herauszuheben, es liegt aber keinerlei Grund vor, nun etwa einen besonderen „Vibrationssinn" zu postulieren. Der Frequenzbereich der typischen Vibrationsempfindungen, der stark orts- und intensitätsabhängig ist, dürfte im Durchschnitt größenordnungsmäßig zwischen 10 und 1000 Hz liegen. Die im allgemeinen vorwiegend als somatisiert erlebte Vibration besitzt eine gut ausgeprägte Intensitätsdimension und vor allem auch eine relativ fein abgestufte Frequenzerlebnisdimension, d. h. wir sind in der Lage, Frequenzunterschiede in der Größenordnung von 10% wahrzunehmen (KEIDEL, *4*). Hieraus ergibt sich die praktische Konsequenz, daß die Vibrationsempfindung bis zu einem gewissen Grad das Gehör zu ersetzen vermag, wie überhaupt enge physiologische Parallelen zwischen der Vibrationsreception und der Funktion des Gehörorgans bestehen. Vibrationen von bestimmter Intensität und Frequenz können an gewissen Hautstellen, z. B. den Lippen, mit starken und oft unangenehm affektbetonten Kitzelempfindungen einhergehen.

III. Der thermische Erlebnisbezirk

1. Wärme und Kälte

Aus dem Gesamtkomplex der cutanen Sinnesmannigfaltigkeit lassen sich die Temperaturerlebnisse leicht herausgliedern. Sie teilen sich wiederum in zwei unverwechselbare, polar entgegengesetzte Qualitätsdimensionen: *Wärme* und *Kälte*. Innerhalb jeder Dimension gibt es eine Reihe von Abstufungen, die vorwiegend den Charakter verschiedener Intensitäten haben. Wieweit diesen intensiven Stufen auch noch gewisse qualitative Verschiedenheiten zukommen, ist, wie schon v. KRIES (*1*) bemerkte, sehr schwer zu entscheiden. Zumindest bei der Hitzeempfindung dürfte der Unterschied aber auch ein qualitativer sein. Die Abstufungen im Bereich der Kältedimension kann man mit den Begriffen „indifferent" — „kühl" — „kalt" — „eisig" —, bei der Wärmedimension mit den Begriffen „indifferent" — „lau" — „warm" — „heiß" bezeichnen, wobei allerdings eine eindeutige Übereinkunft über den Geltungsbereich der einzelnen Begriffe kaum zu erzielen sein dürfte. Bei stärkeren Graden der Erwärmung und Abkühlung gehen die Temperaturempfindungen kontinuierlich in schmerzhafte Erlebnisse über. Im thermischen Erlebnisbereich sind die Zeitdimension und die Lokaldimension viel undifferenzierter als etwa beim Berührungssinn, was durchaus mit der natürlichen Funktion des Temperatursinnes in Einklang steht, bei der ein feines räumliches und zeitliches Auflösungsvermögen ganz irrelevant ist.

2. Hitze

Das Wesen der Hitzeempfindung ist weder phänomenologisch noch physiologisch befriedigend geklärt. Schon der gewöhnliche Sprachgebrauch zeigt eine sehr unterschiedliche Verwendung dieses Begriffes. So sind die Aussagen „ein heißer Tag" oder „mir ist heiß" meist mit Temperaturerlebnissen verknüpft, die der Sinnesphysiologe höchstens als Warmempfindungen gelten lassen würde. Ferner macht Hahn (*5*) darauf aufmerksam, daß z.B. die französische Sprache gar kein Wort für „heiß" besitzt.

Für die Entstehung der Hitzeempfindung wurden folgende Möglichkeiten in Betracht gezogen: 1. gesteigerte Wärme; 2. Kombinationen von Wärme und Kälte; 3. Wärme und Schmerz; 4. Wärme, Kälte und Schmerz. Eine Entscheidung ist trotz zahlreicher Versuche noch nicht möglich. Der zuerst von Alrutz (*2*) aufgestellten Theorie, daß heiß eine Verschmelzung von warm und kalt sei, stehen andere Auffassungen entgegen. Als Beweis für das Entstehen der Heißempfindung aus warm und kalt wird angesehen, daß gleichzeitige Wärme- und Kältereizung mittels eines Rasters aus warmen und kalten Punkten eine Art Heißempfindung ergibt, doch findet man in statistischen Untersuchungen an ungeschulten Versuchspersonen eine Abnahme der Urteile „heiß", wenn statt der Warmreize gleichzeitig Wärme und Kälte appliziert werden (Literatur bei Hensel, *3*). Für die Ansicht, Hitze sei eine Vorstufe des Wärmeschmerzes, spricht einerseits der Übergang der Heißempfindung in Schmerz, andererseits aber auch die Erfahrung, daß reine Schmerzempfindungen ein Vorstadium durchlaufen können, das z.B. als „brennend" oder „stechend" beschrieben wird (Keele u. Armstrong).

3. Frieren und Schwüle

Mit den eigentlichen Temperaturwahrnehmungen ist der Bereich aller möglichen Erlebnisse des thermischen Bereiches noch keineswegs erschöpft. Vielmehr kennen wir gerade hier Übergänge zu intensiven „protopathischen" Erlebnissen. Das „*Frieren*", das meist mit regulativen Vorgängen (Zittern, Vasoconstriction, Kontraktion der arrectores pilorum usw.) verbunden ist, und sein Gegenbild, das Erlebnis der „*Schwüle*", das ebenfalls mit charakteristischen körperlichen Erscheinungen (Vasodilatation, Schweißausbruch usw.) gekoppelt ist, zeichnen sich durch eine stark unlustbetonte affektive Komponente aus.

Die im weitesten Sinn in den Bereich des „Frierens" und der „Schwüle" gehörenden Erlebnisse wurden von Ebbecke (*4*) untersucht, der den ganzen Kreis dieser von ihm als „Reflexempfindungen" bezeichneten Phänomene in zwei polare Gruppen gliedert. Dabei faßt er alle Affekte, die mit einer Steigerung der Kerntemperatur einhergehen, als „Heizaffekte" zusammen und stellt sie einer Gruppe von Affekten gegenüber, die mit der Senkung der Kerntemperatur verbunden sind, den „Entwärmungsaffekten". Zu den ersteren rechnet er, außer dem Frieren und dem Schüttelfrost des Fieberanstieges, auch Angst, Schreck, „Lampenfieber", ferner Aufgeregtheit, Spannung, Erwartung, Munterkeit, Wachheit und ähnliche Affekte, zu den letzteren, außer der Schwüle, die Affekte der Behaglichkeit, Entspannung, Müdigkeit, Erschöpfung, Schläfrigkeit.

IV. Der nociceptive Erlebnisbezirk

Die wichtigste Empfindungsqualität dieses Bereiches ist zweifellos der Schmerz; dennoch erscheint es sinnvoll, unter dem Begriff „*Nociception*“ eine Mannigfaltigkeit von Erlebnissen zusammenzufassen, die nicht nur schmerzhafter Art sind. Sucht man nach einem gemeinsamen Kriterium, so kann man die Wahrnehmung von „Noxen“, also von schädigenden Einflüssen auf die Haut, nennen — eine Definition, die freilich an Klarheit sehr zu wünschen übrigläßt. Nociceptive Erlebnisse sind fast rein *somatisiert*, also nicht auf äußere Wahrnehmungsobjekte, sondern in erster Linie auf einen Zustand des eigenen Körpers gerichtet. Damit hängt es zusammen, daß auf diesem Gebiet die äußeren Reizbegriffe unbestimmt und vieldeutig sind. Ein weiteres Kennzeichen ist die starke, vorwiegend negative *Affektkomponente*, die besonders bei den Schmerzerlebnissen ganz in den Vordergrund treten kann.

1. Schmerz

Bei der Schmerzempfindung steht die affektive oder „protopathische“ Unlustempfindung so sehr im Vordergrund, daß man sich fragen muß: Gehört der Schmerz überhaupt noch zu den Sinneserlebnissen, oder ist er nicht vielmehr ein reiner Affekt? Wie schon der Sprachgebrauch lehrt (besonders deutlich in dem englischen Wort „pain“ = Schmerz, Weh, Pein, Kummer), gibt es keine klare Grenze zwischen einem „physischen“ und einem „psychischen“ Schmerzerlebnis. Wenn man sagt, Schmerz sei ein „subjektives“ Phänomen, so meint man damit vor allem die Tatsache, daß er sich vorwiegend auf einen Zustand des eigenen Körpers bezieht, daß er stark „*somatisiert*“ ist, während ein äußeres Wahrnehmungsobjekt nur in einer ganz diffusen Weise erlebt wird oder sogar völlig fehlt. Der Schmerz hat keinen „Gegenstand“ wie etwa ein Seherlebnis, und damit hängt es auch zusammen, daß es nicht gelingt, einen eindeutigen äußeren Reizbegriff zu bilden. In konventioneller Redeweise heißt das: Alle äußeren Reizarten können die „Ursache“ von Schmerzen sein. Auch hat die Qualitätsdimension der Schmerzerlebnisse eine „offene“ Struktur, d.h. nahezu alle Sinnesqualitäten können bei Überschreitung einer bestimmten Intensität in Schmerz übergehen oder mit Schmerzempfindungen verbunden sein.

Der *Hautschmerz*, mit dem wir uns hier ausschließlich befassen wollen, hat noch am ehesten den Charakter eines Sinneserlebnisses, denn einerseits ist er verhältnismäßig gut lokalisierbar, andererseits deutet er in vielen Fällen auf ein unspezifisches äußeres Reizobjekt oder eine schädigende Noxe. Dabei spielen freilich noch andere Sinnesqualitäten mit, was auch zum Teil der Grund dafür sein mag, daß wir die verschiedenen Schmerzqualitäten mit Ausdrücken wie „drückend“, „schneidend“, „stechend“ oder „brennend“ belegen. Durch besondere Versuchsanordnungen ist es jedoch möglich, an der Haut auch *reine* Schmerzempfindungen zu erzeugen, bei denen mechanische oder thermische Komponenten fehlen (Keele u. Armstrong). Deutlich ausgeprägt sind die Qualitätsunterschiede des „*hellen*“, oberflächlichen und des „*dumpfen*“, tiefen Hautschmerzes. Der helle Schmerz, den man sich durch Kneifen einer ganz oberflächlichen, dünnen Hautfalte zum Bewußtsein bringen kann, ist scharf lokalisiert. Den dumpfen Schmerz kann man beispielsweise durch stumpfes Zusammendrücken einer dicken Hautfalte zwischen den Fingern erzeugen; seine Lokalität ist wesentlich diffuser, nach den Randgebieten hin unscharf begrenzt und seine Qualität unangenehmer als die des hellen Schmerzes.

Die Intensitätsdimension der Schmerzerlebnisse läßt sich in eine Reihe von Stufen gliedern, die man in neuerer Zeit mittels verschiedener eigenmetrischer

Maßskalen zu erfassen versucht hat. Diese Verhältnisse werden an anderer Stelle (S. 197) noch genauer behandelt. Dabei ergeben sich allerdings erhebliche Schwierigkeiten in der sprachlichen Übereinkunft, wie überhaupt die Semantik des Schmerzes — das „vocabulary of pain“ (SMITH) — wegen der „Begriffsfremdheit“ dieses Bezirkes viel problematischer ist als etwa die begrifflich-verbale Verständigung im visuellen Bereich. Wie manche Untersucher betonen (BISHOP, *2*; KEELE, *3*), gibt es zwischen den völlig schmerzfreien Empfindungen und dem eigentlichen, unangenehm affektbetonten Schmerz noch einen Bereich, der etwa mit den Ausdrücken „stechend“, „scharf“, „beißend“ oder „brennend“ zu umschreiben ist. Obzwar diese Empfindungen eine gewisse qualitative Ähnlichkeit mit den stärkeren Graden des Schmerzes haben, fehlt ihnen die typische negative Affektkomponente, ja, bisweilen werden sie als durchaus angenehm empfunden (Beispiele: Kratzen der Haut, heißes Bad, scharfe Gewürze). Für diese schwächeren, noch nicht mit emotionellem Protest und Abwehrreaktionen einhergehenden Erlebnisse hat man Bezeichnungen wie „unterschwelliger Schmerz“ oder „nicht schmerzhafter Schmerz“ (non-painful pain) vorgeschlagen. Um diese recht unglücklichen Begriffe zu vermeiden, spricht KEELE (*3*) von „*Metaesthesie*“, wogegen er den typisch schmerzhaften, unlustbetonten Bereich als „*Algaesthesie*“ bezeichnet.

Bei vielen pathologischen Zuständen der Haut (Verbrennungen, Abschürfungen, Ultraviolettbestrahlung, Erfrierungen usw.) werden leichte, normalerweise nicht schmerzhafte Berührungen, z. B. zwischen Haut und Kleidung, als schmerzhaft erlebt. Oft ist diese *Hyperalgesie* durch eine besonders unangenehme, „protopathische“ Schmerzqualität mit sehr diffuser Lokaldimension gekennzeichnet. HARDY, WOLFF u. GOODELL (*2*) unterscheiden dabei nochmals zwei verschiedene Formen: die primäre und die sekundäre Hyperalgesie. Die *primäre* oder lokale Hyperalgesie ist in ihrer räumlichen Ausbreitung auf den Ort der Schädigung beschränkt, die Schmerzschwellen sind erniedrigt, und die Schmerzqualität hat einen brennenden, aber nur mäßig unangenehmen Charakter. Bei der *sekundären* Hyperalgesie reicht das schmerzhafte Areal weit über die unmittelbar geschädigte Hautfläche hinaus, die Schmerzschwelle ist erhöht, aber der Schmerz wird als besonders quälend, ausgebreitet und lang anhaltend erlebt. Diese sekundäre Form besteht niemals länger als 48 Std, während die primäre Hyperalgesie viele Tage lang dauern kann.

Es gibt wohl kaum einen Bereich sinnlicher Erlebnisse, der so stark von der *intentionalen Einstellung* des Subjekts abhängt wie der Schmerz. Nicht nur, daß die Schmerzempfindlichkeit individuell sehr verschieden ist, es kommt auch auf die momentanen Begleitumstände an, ob ein und dieselbe Noxe als schmerzhaft erlebt wird oder nicht. Allgemein bekannt ist die Tatsache, daß Schmerzen durch Erwartungsspannung und Angst erheblich gesteigert und umgekehrt durch Gleichgültigkeit und Ablenkung herabgedämpft werden können. Die durch Suggestionen, Verabreichung von Placebos (WILSON), Hypnose und durch gewisse ekstatische Zustände erzielte Schmerzfreiheit gehört ebenfalls hierher. Auch Motivationen spielen eine entscheidende Rolle. So schrieb GUTHRIE schon 1827 über den Schmerz bei Kriegsverletzungen: "In two kinds of persons suffering apparently from the same kind of injury, and with the same detriment, one will writhe with agony, whilst the other will smile with contempt." Wesentlich für den Grad des Schmerzerlebnisses ist nicht nur die objektive Schädigung, sondern vor allem die *Bedeutung*, welche wir ihr beimessen (vgl. BEECHER, *3*). Wieweit das auch für die angeborene totale Analgesie gilt, wie sie in seltenen Fällen bei Menschen mit anscheinend normalem Nervensystem beobachtet wird (BAXTER u. OLSZIEWSKI), kann noch nicht entschieden werden.

Für die Einstellungsabhängigkeit der Schmerzerlebnisse finden wir ein physiologisches Korrelat in der efferenten Innervation der Sinneskanäle (S. 222). Registrierungen von langsamen Rindenpotentialen am wachen Menschen bei Schmerzreizen (Spreng u. Ichioka) haben gezeigt, daß die Potentialhöhe deutlich abnimmt, wenn die Aufmerksamkeit der Versuchsperson durch andere Sinnesreize beansprucht wird. Dies stimmt völlig mit der Alltagserfahrung überein, wonach Schmerzen durch intensive Zuwendung zu anderen Inhalten in ihrer Intensität vermindert oder sogar völlig unterdrückt werden können.

2. Jucken

Für den nociceptiven Charakter der Juckempfindung kann man die Tatsache anführen, daß sie vorzugsweise durch chemische Reizstoffe, also letztlich durch eine Schädigung des Gewebsstoffwechsels, ausgelöst wird. Ferner löst das Jucken eine typische, als Abwehrreaktion (Keidel, *8*) deutbare Verhaltensweise aus, die übereinstimmend als wesentliches Kriterium hervorgehoben wird, nämlich das Kratzen der Haut (Rothman, *3*; Keele u. Armstrong). Auch die unangenehme Affektbetonung, welche die Juckempfindung auszeichnet, kann in diesem Zusammenhang genannt werden. Jucken ist nur von den obersten Hautschichten, nicht aber von tieferen Geweben auslösbar (Arthur u. Shelley, *2*).

Das seit v. Frey (*9*) diskutierte Problem, ob Jucken durch Reizarten hervorgerufen werden könne, die in höherer Intensität Schmerz verursachen, und ob die Juckinformation im gleichen Fasersystem geleitet werde wie die Schmerzinformation, soll an anderer Stelle (S. 225) erörtert werden; hier interessiert zunächst nur die Frage, wieweit die Juckempfindung als eigene Qualität der cutanen Sinnesmannigfaltigkeit zu betrachten ist, d.h. also — allgemein sinnesphysiologisch gesprochen — sich unabhängig (orthogonal) gegenüber anderen Qualitäten verhalten kann. Dafür sprechen nun, abgesehen von der eigenen Wortbezeichnung für das Jucken, eine Reihe von Gründen, unter denen Keele u. Armstrong folgende nennen: 1. Jucken und Schmerz sind über einen großen Intensitätsbereich, vom Schwellenerlebnis bis zu unerträglichen Zuständen, phänomenal deutlich voneinander unterscheidbar. Arthur u. Shelley (*2*) konnten mit besonderer Versuchsmethodik alle Intensitätsstufen des Juckens ohne begleitende Schmerzempfindung erzeugen, wie umgekehrt reiner Schmerz aller Grade erlebbar ist. Schon Lewis (*4*) machte darauf aufmerksam, daß Juckempfindung und Schmerzempfindung auch gleichzeitig auftreten und dabei getrennt wahrgenommen werden können. 2. Taucht man die Hand in Wasser von 40 bis 41°C, so verschwindet das Jucken, während ein brennender Schmerz intensiviert wird. 3. Morphin kann die Juckempfindung verstärken, Schmerzempfindungen hingegen werden abgeschwächt. 4. Auch die Verhaltensweisen sind verschieden: Oberflächlicher Hautschmerz führt zu einer Fluchtbewegung, wohingegen die Juckempfindung mit typischen Kratzbewegungen verknüpft ist.

B. Anatomische Substrate der cutanen Sensibilität

Die Frage nach den sensiblen Endorganen der Haut ist seit langem Gegenstand lebhafter Auseinandersetzungen auf anatomischem wie auf physiologischem Gebiet. Nachdem Blix seine berühmte Arbeit über die „Sinnespunkte" der Haut veröffentlicht hatte, lag es nahe, an den Sinnespunkten nach morphologisch spezialisierten Typen von Receptoren zu suchen und die mannigfachen Formen cutaner Nervenendigungen in Beziehung zu bestimmten Erlebnisqualitäten zu setzen. So entstand jene vorwiegend auf v. Frey (*1*, *11*) zurückgehende Lehre von den Hautsinnen, wie sie auch heute noch in den meisten Lehrbüchern der

Physiologie zu finden ist. Danach werden den Qualitäten Druck, Wärme und Kälte jeweils anatomisch definierte Formen von „Endkörperchen" zugeordnet, während die Schmerzqualität mit den sog. freien Nervenendigungen in Verbindung gebracht wird. Wer freilich die sehr vorsichtigen Formulierungen v. FREYs (*1*) im Original liest, wird zugeben müssen, daß die ganze Konzeption nicht mehr als eine Arbeitshypothese ist. Und über dieses Stadium ist sie auch niemals hinausgekommen.

Auf Grund der neueren anatomischen und physiologischen Forschungen hat sich diese Lehre als unhaltbar erwiesen. Schon vom rein morphologischen Aspekt ist es zweifelhaft, ob sich überhaupt aus der fließenden Formenreihe cutaner Nervenendigungen die geforderten fest umrissenen Gebilde herausgliedern lassen. STÖHR bemerkt hierzu, „daß das, was wir unter Meissnerschen, Pacinischen, Ruffinischen Körperchen usw. verstehen, rein willkürlich aus einer unendlichen Formenreihe herausgegriffene Typen sind, die man aber niemals als feste, nebeneinander bestehende, unveränderliche Formgebilde ansehen darf, sondern die durch eine riesige Menge von ‚Modifikationen' alle ineinander gleichsam fließend übergehen. Daher ist in sehr vielen Fällen eine sichere Begrenzung der gerade in Frage kommenden Endorgane ganz unmöglich. Die gewöhnlich mit den Autorennamen bezeichneten Endkörperchen sind eben nur wie Kurvengipfel einer Reihe der sensiblen Endorgane zu betrachten, ein morphologischer Befund, der freilich jedem Versuch, den einzelnen Endkörperchen jeweils verschiedene physiologische Deutungen beizulegen, nur eine sehr unsichere Unterlage liefern kann."

Vor allem ist es die These von den morphologisch spezialisierten „Endkörperchen", die in entscheidenden Punkten revidiert werden muß. So fanden SINCLAIR, WEDDELL u. ZANDER sowie HAGEN u. Mitarb. am Menschen Hautareale, die über die ganze Skala cutaner Empfindungsqualitäten verfügen, obwohl sie nur von „freien" Nervenendigungen versorgt werden und keinerlei differenzierte Endorgane nach Art der Krauseschen oder Meissnerschen Körperchen besitzen. Diese Befunde stimmen voll mit den elektrophysiologischen Ergebnissen überein. Allerdings darf hieraus nicht gefolgert werden, es existierten keine *funktionell* spezifischen Receptoren. Selbst die Verfechter morphologisch unspezifischer Receptoren, wie SINCLAIR, müssen zugeben, daß spezifische Nervenendigungen im funktionellen Sinn nach wie vor möglich sind, auch wenn wir mit unseren gegenwärtigen Methoden keine morphologischen Unterschiede sehen.

I. Periphere Nervenendigungen

1. Unbehaarte Haut

Soweit nicht besonders vermerkt, beziehen sich die folgenden Ausführungen auf die Verhältnisse am Menschen. Vom neurohistologischen Standpunkt aus erscheint es zweckmäßig, zwischen unbehaarter und behaarter Haut zu unterscheiden. Unbehaarte Hautflächen finden wir an der Palmarseite der Finger und an den Plantarseiten der Zehen, an Handteller und Fußsohle, an Teilen der Dorsalseite von Fingern und Zehen und in variabler Ausdehnung auch am Handrücken. Mittels verschiedener neurohistologischer Techniken lassen sich folgende Typen von Nervenendigungen einigermaßen klar unterscheiden (WEDDELL, PALMER u. PALLIE; WINKELMANN, *2*; WEDDELL, *4*; WEDDELL u. MILLER):

a) Meissnersche Körperchen. Obwohl diese in Größe und Form recht verschieden sein können — bei Handarbeitern sind sie beispielsweise größer und komplexer geformt (CAUNA, *1*) —, besitzen sie eine morphologisch abgrenzbare Struktur. Die Meissnerschen Körperchen liegen in den Papillen der Cutis und bilden cellulär-bindegewebige, an ihrer Spitze mit den basalen Schichten der

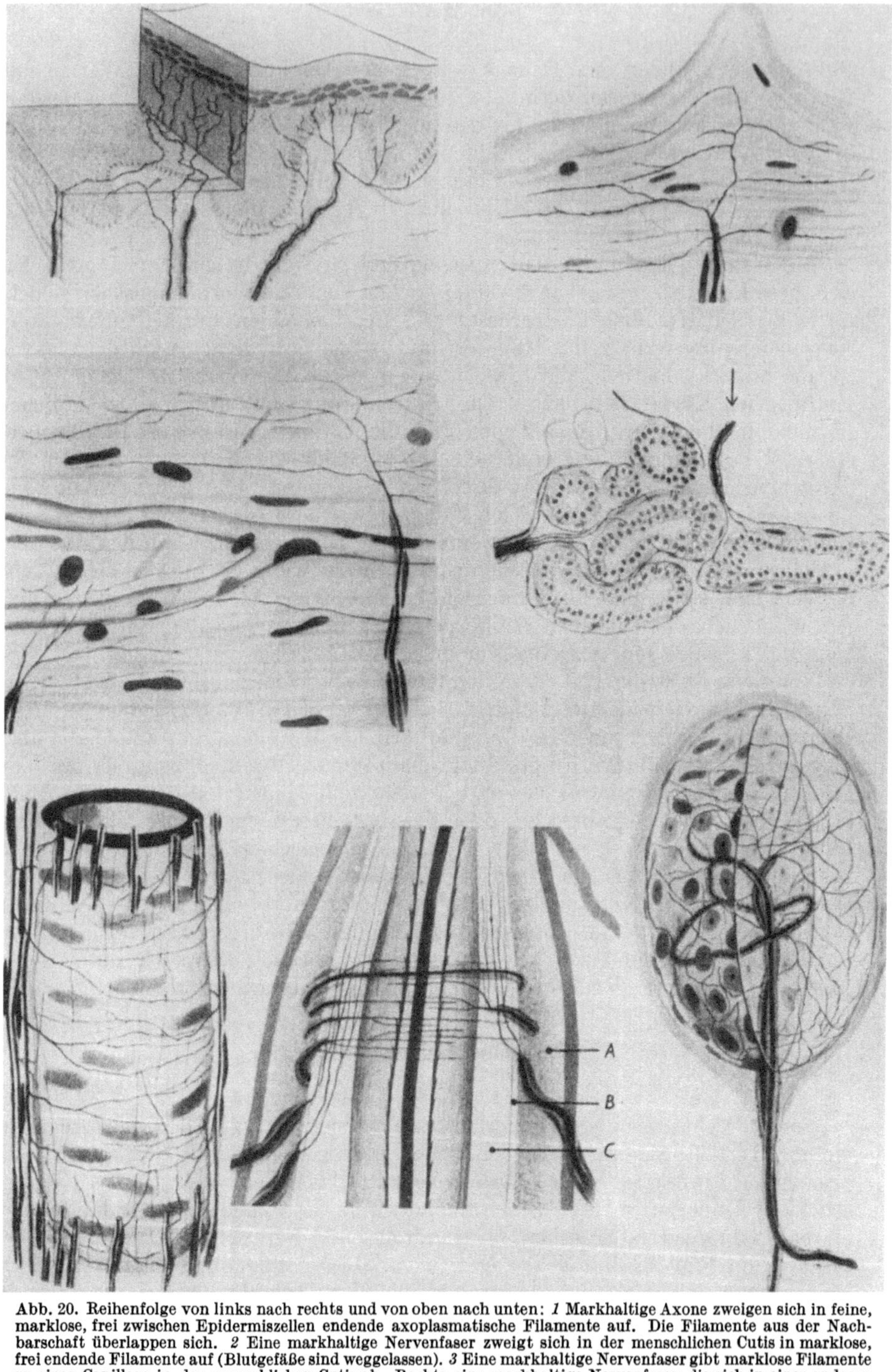

Abb. 20. Reihenfolge von links nach rechts und von oben nach unten: *1* Markhaltige Axone zweigen sich in feine, marklose, frei zwischen Epidermiszellen endende axoplasmatische Filamente auf. Die Filamente aus der Nachbarschaft überlappen sich. *2* Eine markhaltige Nervenfaser zweigt sich in der menschlichen Cutis in marklose, frei endende Filamente auf (Blutgefäße sind weggelassen). *3* Eine markhaltige Nervenfaser gibt marklose Filamente zu einer Capillare in der menschlichen Cutis ab. Rechts eine markhaltige Nervenfaser, die sich in einer anderen Schicht der Cutis aufzweigt. *4* Markhaltige Nervenfasern zweigen sich in marklose Filamente auf, die zwischen den Schweißdrüsenzellen und an deren Oberfläche enden. Der Pfeil bezeichnet eine Faser, deren Aufzweigungen frei im adventitiellen Gewebe des Schweißausführungsganges enden. *5* Cutane Arteriole, umgeben von markhaltigen Nervenfasern, die sich in bestimmten Abständen in feine, sich gegenseitig überlappende marklose Filamente aufzweigen; diese liegen zwischen den glatten Muskelfasern. *6* Haarfollikel des Kaninchens. Eine Gruppe markhaltiger Nervenfasern zweigt sich in marklose Filamente auf, die zirkulär im Bindegewebe (*A*) des Haarbalges verlaufen. Eine andere Gruppe markhaltiger Nervenfasern zweigt sich in parallel zum Haarschaft verlaufende Filamente auf, die innerhalb der vitrösen Schicht (*B*) des Haarfollikels in der äußeren Wurzelscheide (*C*) liegen. *7* Schematische Darstellung der Aufzweigung markhaltiger Nervenfasern in marklose Filamente im Inneren eines eingekapselten Endkörperchens. (Nach WEDDELL, PALMER u. PALLIE)

Epidermis zusammenhängende Kapseln. Versorgt werden sie meist von zwei oder mehreren dicken markhaltigen Nervenfasern, die sich im Innern der Kapsel zu einem komplizierten Netzwerk markloser Nervenfasern aufsplittern (Abb. 20).

b) Merkelsche Scheiben. Diese Strukturen liegen ebenfalls in der Cutis nahe den basalen Schichten der Epidermis. Es sind scheibenartige, parallel zur Haut-

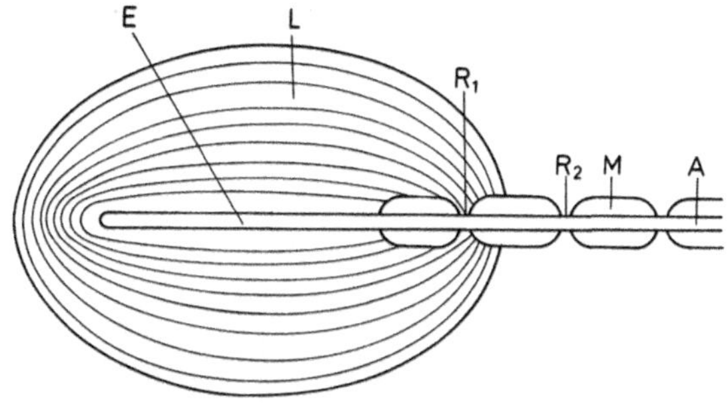

Abb. 21. Schematische Darstellung eines Pacinischen Körperchens. *E* marklose Nervenendigung; *L* Lamellenkapsel; R_1 und R_2 erster und zweiter Ranvierknoten; *M* Markscheide; *A* Achsenzylinder

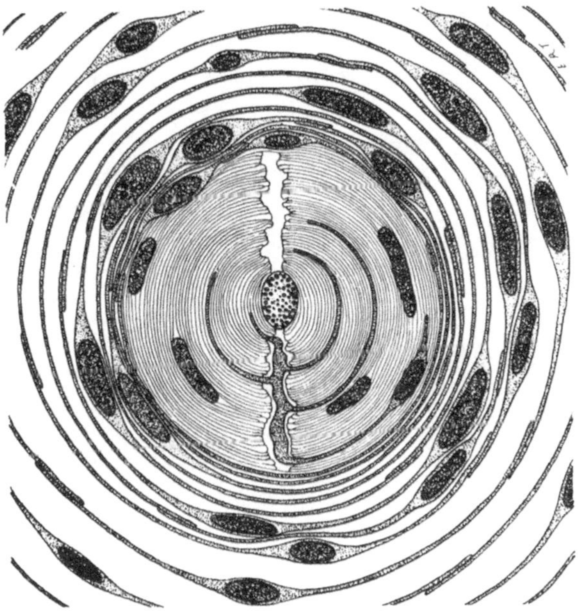

Abb. 22. Querschnitt durch den zentralen Teil eines Pacinischen Körperchens nach elektronenmikroskopischen Aufnahmen. Näheres s. Text. (Nach QUILLIAM, aus GRAY)

oberfläche liegende Endigungen markloser Fasern, die gruppenweise aus einem dicken myelinisierten Axon entspringen. IGGO (*5*) nimmt an, daß die von ihm beschriebenen „touch corpuscles" in der behaarten Haut der Katze den Merkelschen Scheiben entsprechen.

c) Pacinische Körperchen. Sie liegen häufig in Paketen im subcutanen Fettgewebe, außerdem findet man sie auch im Mesenterium. Die Pacinischen Körperchen bestehen aus einer ellipsoidförmigen Bindegewebskapsel von zwiebelschalenartigem Bau, in deren Längsachse eine marklose Nervenendigung liegt, die noch innerhalb des Körperchens in eine dicke markhaltige Nervenfaser übergeht (Abb. 21). Die marklose Nervenendigung hat auf ihrer ganzen Länge einen Durchmesser von etwa 2 μ. Eine Schwannsche Zellscheide scheint zu fehlen;

dagegen ist das Axon von einer komplexen Zellstruktur umgeben, die im Querschnitt zwei D-förmige, durch einen Spaltraum getrennte Abschnitte bildet (Abb. 22). Das marklose Axon hat einen elliptischen Querschnitt und enthält, wie Abb. 23 zeigt, im Inneren dicht an der Membran zahlreiche Mitochondrien.

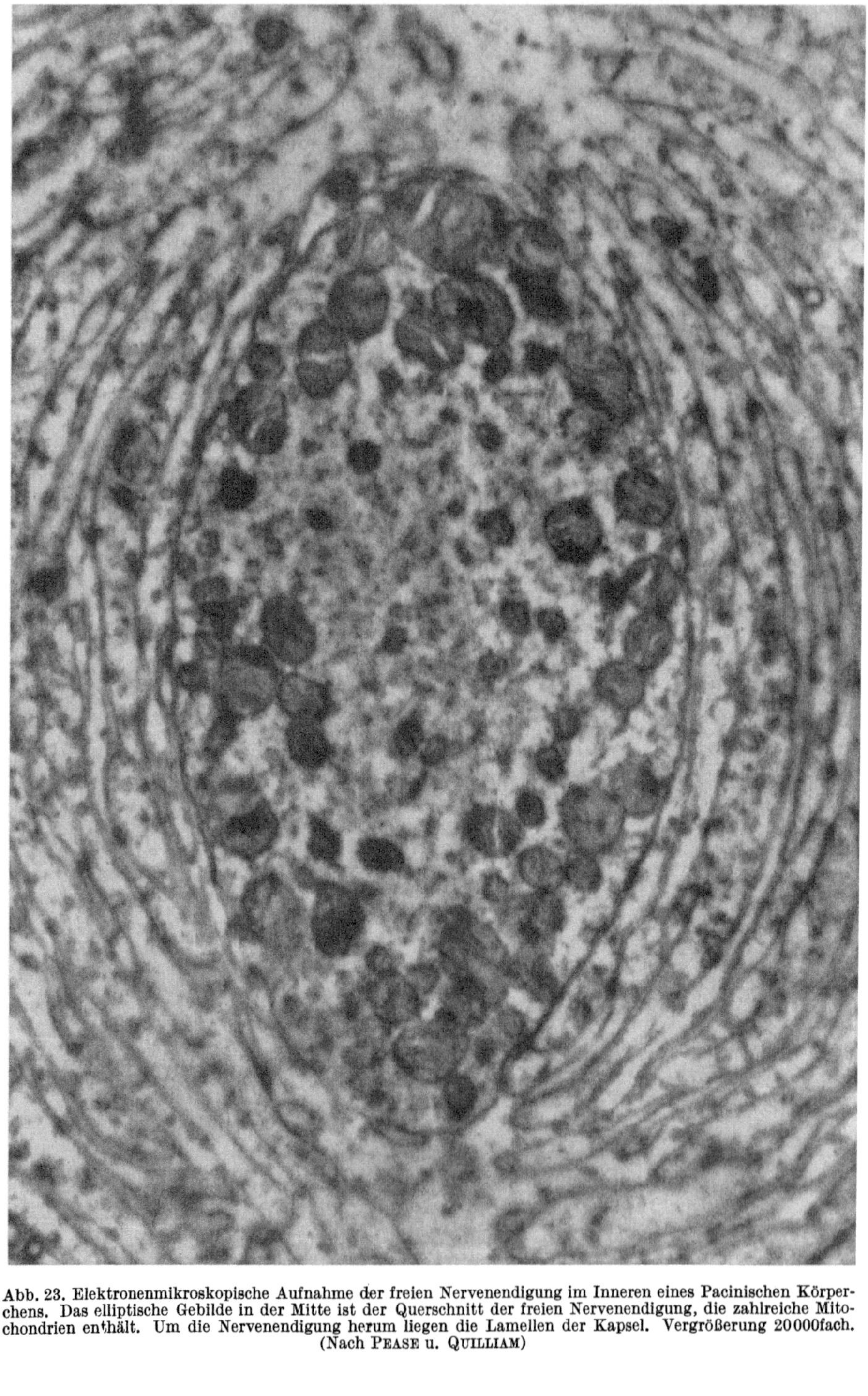

Abb. 23. Elektronenmikroskopische Aufnahme der freien Nervenendigung im Inneren eines Pacinischen Körperchens. Das elliptische Gebilde in der Mitte ist der Querschnitt der freien Nervenendigung, die zahlreiche Mitochondrien enthält. Um die Nervenendigung herum liegen die Lamellen der Kapsel. Vergrößerung 20000fach. (Nach PEASE u. QUILLIAM)

d) „Freie“ Nervenendigungen. Unter diesem Begriff fassen wir jene Nervenendigungen zusammen, die keine corpusculären Strukturen erkennen lassen, sondern feine marklose Aufzweigungen in verschiedenen Schichten der Haut bilden (WEDDELL, PALLIE u. PALMER, *1*; WINKELMANN, *2*). Am dichtesten sind sie in der Nähe der basalen Epidermisschichten angeordnet (Abb. 20), während

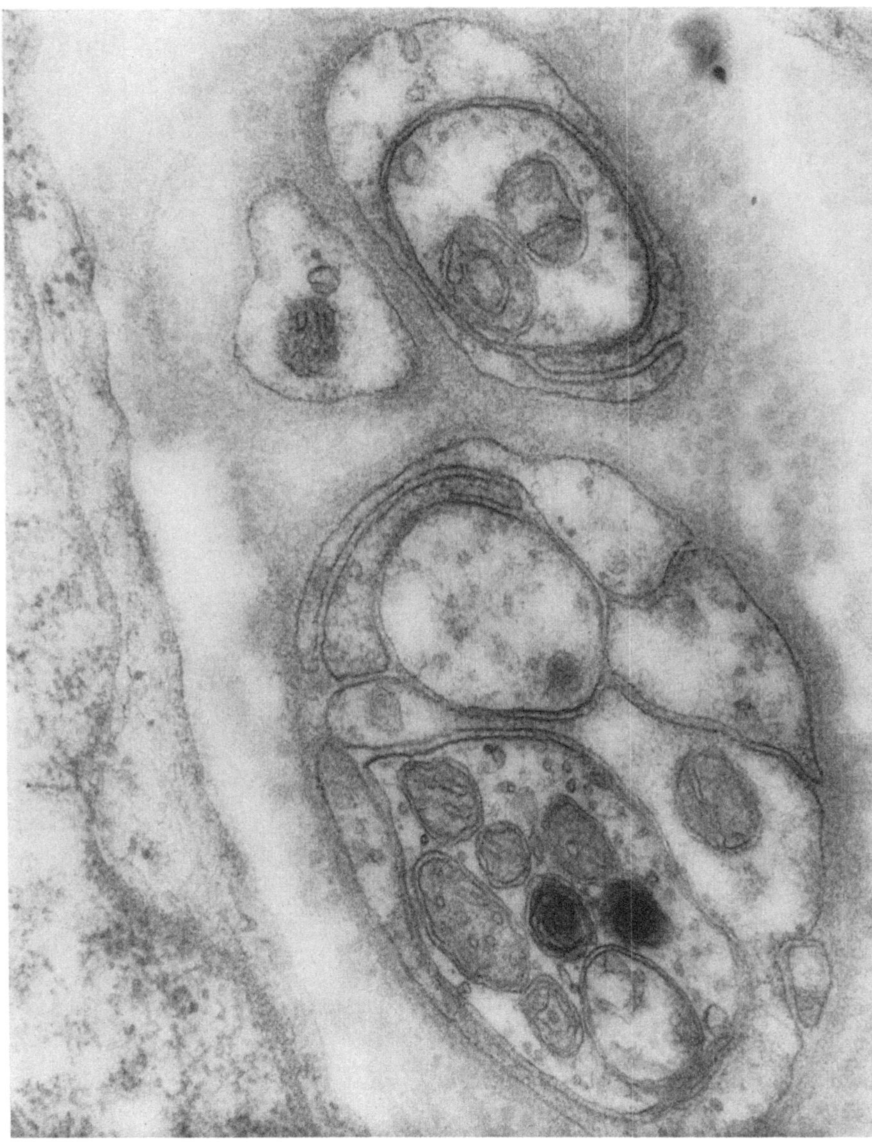

Abb. 24. Elektronenmikroskopische Aufnahme eines Querschnitts durch „freie“ Nervenendigungen in der Spitze einer cutanen Papille. Links: Eine Nervenendigung ist von einer einzelnen Schwannschen Zelle umhüllt und besitzt ein Mesaxon. Rechts: Zwei Nervenendigungen sind von einer aus fünf Zellen bestehenden Zellgruppe umgeben. Die Mitochondrien der dicksten Nervenendigung zeigen Variationen in Größe, Dichte und Struktur. Alle Nervenendigungen enthalten feine Vesikel. Haarlose Haut einer 20jährigen Frau. Vergrößerung 77000fach. (Nach CAUNA, *5*)

in der Epidermis selbst nach neueren Untersuchungen nur ausnahmsweise freie Nervenendigungen vorzukommen scheinen (CAUNA, *2*). Doch dürfte hier das letzte Wort noch nicht gesprochen sein, denn die Grenze, bis zu der die Fasern verfolgt werden können, hängt weitgehend von der neurohistologischen Technik ab. SHELLEY u. ARTHUR sowie ARTHUR u. SHELLEY (*3*), die sich besonders mit den neurohistologischen Substraten der Juckempfindung befaßt haben, fanden auch freie Nervenendigungen innerhalb der Epidermis. Auch die Oberfläche der glatten Muskelzellen der Arrectores pilorum und die Wand der cutanen Blutgefäße werden von zahlreichen freien Nervenendigungen versorgt.

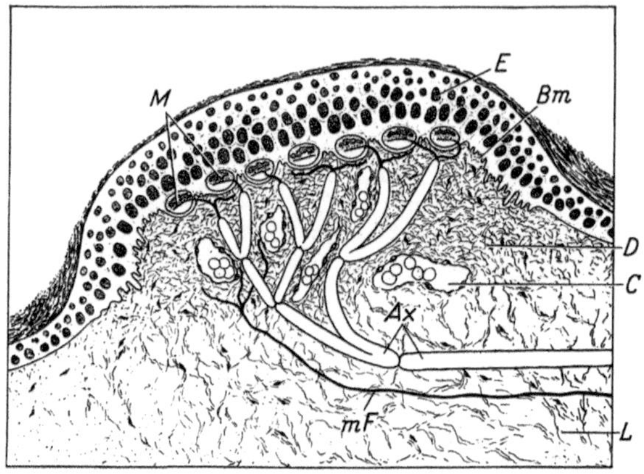

Abb. 25. Querschnitt durch ein „Berührungskörperchen" (touch corpuscle) in der Haut der Katze nach licht- und elektronenmikroskopischen Befunden. Die Äste (*Ax*) eines einzelnen markhaltigen Axons verzweigen sich und endigen in Merkelschen Terminalscheiben (*M*) auf der Basalmembran (*Bm*) unterhalb einer verdickten Epidermis (*E*). Die Hauterhebung enthält zahlreiche Capillaren (*C*) in einem dichten Kollagengewebe (*D*). Darunter liegt lockeres Kollagengewebe (*L*). Ein Bündel markloser Fasern (*mF*) zieht in das Berührungskörperchen. (Nach IGGO u. MUIR, unveröffentlicht[1])

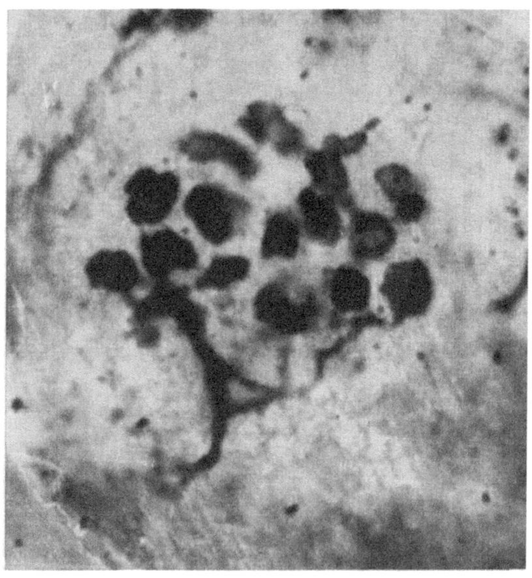

Abb. 26. Flachschnitt durch ein „Berührungskörperchen" (touch corpuscle) in der Haut der Katze. Die Terminalscheiben liegen parallel zur Hautoberfläche. Methylenblaufärbung. (Nach IGGO, *5*)

Ausgehend von der Beobachtung GASSERS (*2*), daß bis zu 15 marklose Axone in einem einzelnen Strang Schwannscher Zellen zusammengefaßt sein können, haben PEASE u. PALLIE; RICHARDSON; WEDDELL (*4*) sowie CAUNA (*5*) die freien Nervenendigungen der menschlichen Haut elektronenmikroskopisch untersucht. Dabei fand sich eine wesentlich größere Zahl und eine komplexere Struktur der marklosen

[1] Für die Überlassung der Aufnahme möchte ich Herrn Prof. IGGO, Dept. of Veterinary Physiology, Univ. of Edinburgh, herzlich danken.

cutanen Fasern, als man dies zunächst erwartet hatte. Oft verlaufen auf längere Strecken sechs bis acht feine, durch Mesaxone verbundene marklose Axone innerhalb des Cytoplasmas von Schwannschen Zellsträngen (Abb. 24). Weiter distal treten viele dieser marklosen Fasern an die Oberfläche des Schwannschen Cytoplasmas, um mit anderen cutanen Gewebselementen oder auch mit anderen

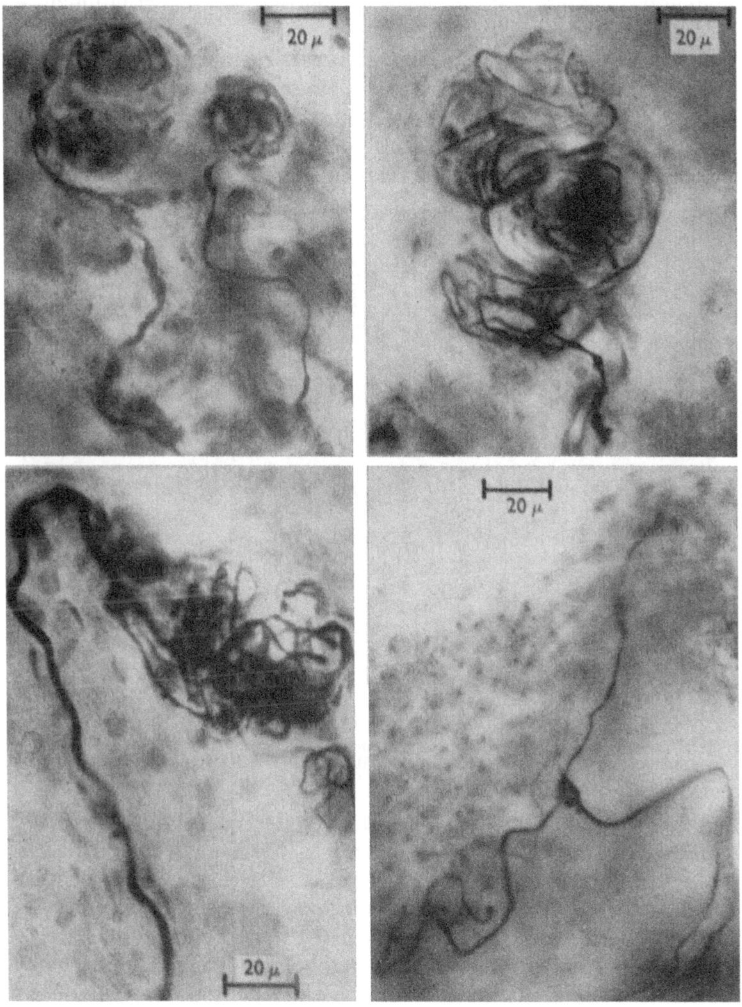

Abb. 27. Endkörperchen der menschlichen Cornea. Oben: „Endkolben". Unten: verschiedene „atypische" Endigungen. Silberimprägnation. (Nach OPPENHEIMER, PALMER u. WEDDELL)

Schwannschen Zellen in Verbindung zu treten. Eine morphologische Differenzierung der Nervenendigungen ist auf Grund der bisherigen Befunde nicht möglich, ja, es läßt sich noch nicht einmal entscheiden, ob es sich um afferente oder efferente Fasern handelt.

2. Behaarte Haut

a) Haarfollikel. Die nervösen Endstrukturen der Haare lassen sich morphologisch einwandfrei abgrenzen (Abb. 20). Aus dem cutanen Nervenplexus treten 2 bis 22 dicke markhaltige Nervenfasern an das Haar heran (WINKELMANN, *1*; WEDDELL, *4*). In der Haarscheide splittern sich die markhaltigen Fasern zu einem

Netz markloser Axone auf, die zwei Kränze um das Haar bilden: einen inneren, dessen Fasern hauptsächlich in Längsrichtung verlaufen, und einen äußeren, zirkulär angeordneten. Wenn auch die markhaltigen Fasern, welche die Haare versorgen, regionale Unterschiede in ihrem Durchmesser aufweisen, so gehören sie doch in den betreffenden Hautarealen jeweils zu den dicksten Fasern. Eine Sonderstellung nehmen die hochspezialisierten Nervenendigungen an den Vibrissae der Katze ein.

b) Merkelsche Scheiben und „Berührungskörperchen“. Im behaarten Teil der menschlichen Haut sowie in den Extremitäten von Kaninchen und Katze finden sich Nervenendigungen, die den Merkelschen Scheiben ähneln (FRANKENHAEUSER; CAUNA, *2*). Genauer untersucht sind neuerdings die „Berührungskörperchen“ (touch corpuscles) in der behaarten Haut der Katze. Nach IGGO (*5*) treten sie als

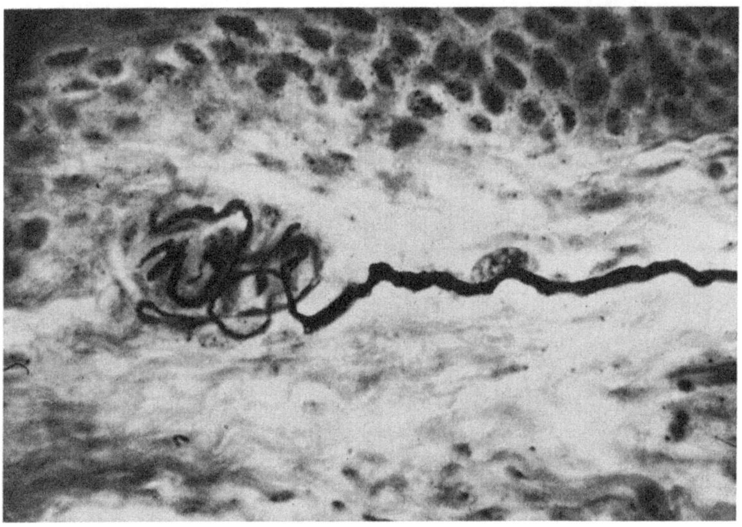

Abb. 28. Endkörperchen aus einer Papilla filiformis der menschlichen Zunge. Die Nervenendigungen stammen von einer einzelnen markhaltigen Stammfaser. 21jährige Frau. Silberimprägnation. Vergrößerung 600fach. (Nach CAUNA, *4*)

äußerlich sichtbare, halbkugelige Erhebungen der Haut von 100 bis 300 μ Durchmesser und etwa 100 μ Höhe in Erscheinung. Sie sind in einer Dichte von 10 bis 20 pro cm^2 auf der Hautoberfläche verteilt und reichlich mit Capillaren versorgt. Die „touch corpuscles“ werden von je einer markhaltigen Faser innerviert, die sich innerhalb des Berührungspunktes in mehrere feine Axone aufsplittert (Abb. 25). Diese endigen dicht unter dem Epithel in scheibenförmigen, zahlreiche Mitochondrien enthaltenden Gebilden von etwa 10 μ Durchmesser und 1 μ Dicke (Abb. 26).

c) „Freie“ Nervenendigungen. Hier zeigen sich keine wesentlichen Unterschiede gegenüber den Verhältnissen an der unbehaarten Haut. Nach WEDDELL u. MILLER kommen in der behaarten Haut im jüngeren Lebensalter keinerlei eingekapselte „Endkörperchen“ vor, können aber im höheren Alter in zunehmender Zahl auftreten.

3. Spezialisierte Integumente

a) „Endkörperchen“. In den besonders dicht innervierten muco-cutanen Übergangsstellen (Lippen, Mammillen, äußere Genitalien, Anus) sowie in der Conjunctiva des Auges findet man einen großen Formenreichtum an „Endkörperchen“. Ihr gemeinsames Merkmal ist eine Schlingen- oder Netzbildung der nervösen Substanz von außerordentlicher Variationsbreite. Bindegewebige

Kapseln fehlen zum größten Teil. Manchmal ausgedehnt und komplex, dann wieder einfacher und kompakter gebaut, haben sich diese Nervenendigungen bis heute anatomisch nicht eindeutig klassifizieren lassen (KANTNER, *1*; WEDDELL u. MILLER). Nach Auffassung von OPPENHEIMER, PALMER u. WEDDELL handelt es sich zumindest bei den Endkörperchen der Conjunctiva, deren große morphologische Variabilität Abb. 27 veranschaulicht, gar nicht um zeitlich konstante Gebilde, sondern um bestimmte Stadien des Wachstums oder des Abbaues von Nervenfasern. Nach CAUNA (*4*) kommen auch in den Papillae filiformes der menschlichen Zunge Endkörperchen vor (Abb. 28).

b) „Freie" Nervenendigungen. In den muco-cutanen Regionen, in der Mundschleimhaut und in der Conjunctiva kommen auch freie Nervenendigungen in großer Zahl vor. Zum Unterschied gegenüber dem äußeren Integument reichen sie in den Schleimhäuten bis in das Stratum germinativum und teilweise auch noch in höhere Epithelschichten hinein (WALTER). An der Zunge der Katze fand KANTNER (*2*) keinerlei eingekapselte Endkörperchen, sondern lediglich flächenhafte Nervennetze, von denen aus Fibrillen in das Epithel eintreten. Ebenso gibt es in der Cornea des Auges nur freie Nervenendigungen (WEDDELL u. ZANDER; ZANDER u. WEDDELL).

II. Innervation der Haut

Die Innervation der Hautreceptoren oder Nervenendigungen erfolgt keineswegs so, daß je ein einzelner Receptor von einer einzigen Nervenfaser versorgt wird. Vielmehr treten von verschiedenen Seiten Axone an die Endorgane heran,

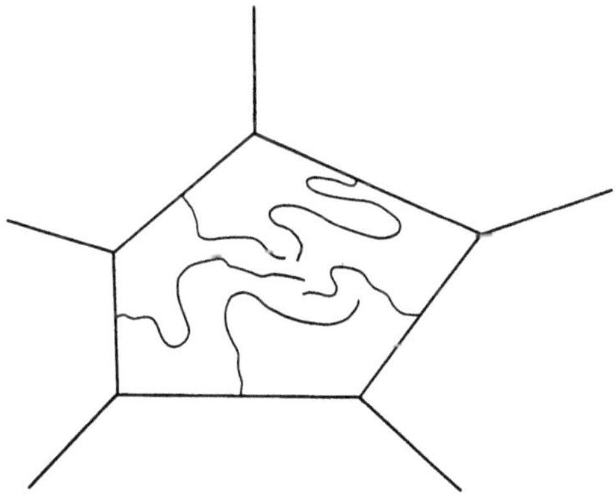

Abb. 29. Schema des cutanen Nervenplexus. Man sieht die multiple Innervation eines Hautpunktes. (Nach WINKELMANN, *2*)

um sie *multipel* zu innervieren. Dabei kann sowohl eine Nervenfaser mit mehreren Receptoren in Verbindung treten, als auch umgekehrt ein einzelner Receptor von mehreren Nervenfasern versorgt werden. Informationstheoretisch gesehen, handelt es sich also um eine „Netzwerkleitung" mit „Konvergenz-Divergenzschaltung". Die Fasern, welche zu den Endorganen ziehen, stammen aus einem flächenhaften polygonalen Maschenwerk, dem *cutanen Nervenplexus*, dessen prinzipiellen Aufbau Abb. 29 zeigt. Am genauesten ist der cutane Nervenplexus am Kaninchenohr untersucht (WEDDELL, *1*, *2*; WEDDELL, PALLIE u. PALMER, *2*; WEDDELL, TAYLOR u. WILLIAMS), doch dürften auch an der menschlichen Haut die Verhältnisse grundsätzlich ähnlich sein (WINKELMANN, *2*; WEDDELL u. MILLER). Das Beispiel der Innervation des Kaninchenohrs in Abb. 30 läßt die vielfachen Verbindungen der verschiedenen Nervenbündel untereinander und die multiple Innervation der Haarfollikel ohne weiteres erkennen. Natürlich ist es ganz unmöglich, in einem intakten Nervenplexus alle Verzweigungen eines einzelnen Stammaxons zu verfolgen, doch haben Degenerations- und Regenerationsversuche nach experimenteller Nervendurchschneidung gezeigt, daß die einzelnen Endorgane tatsächlich Fasern aus verschiedenen Ursprungsgebieten erhalten. WEDDELL (*1*) schätzt die Zahl der Haarfollikel am Kaninchenohr, mit denen eine Nervenfaser in Verbindung treten kann, auf 300, was einem Hautareal von etwa 1 cm² entsprechen würde. Zwischen Haarfollikeln und „freien" Nervenendigungen scheint eine getrennte Innervation zu bestehen, jedenfalls ist es bisher nicht gelungen, Axone zu verfolgen, die mit ihren Aufzweigungen beide Arten von Endigungen versorgen (WEDDELL u. MILLER). Obwohl in der Haut eine konver-

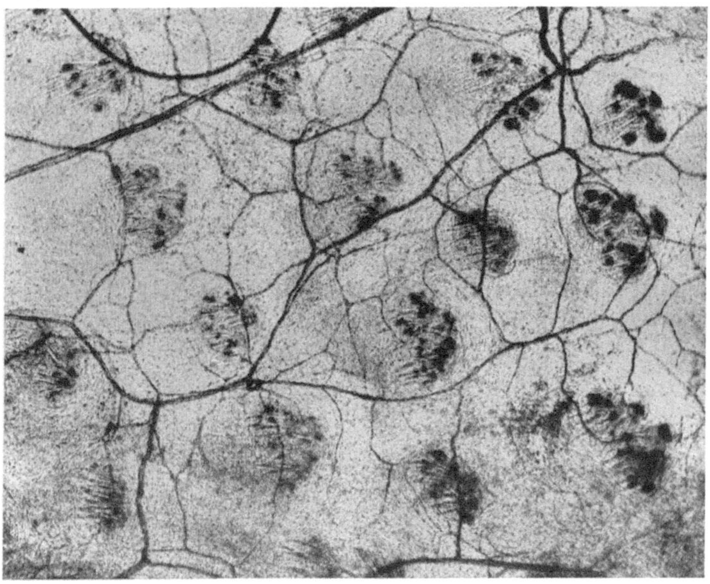

Abb. 30. Cutaner Nervenplexus aus dem Kaninchenohr. Die dunklen Flecken sind Gruppen von Haarfollikeln. Vitalfärbung mit Methylenblau. (Nach WEDDELL, *1*)

gente und divergente Innervation vorkommt, überwiegt das Konvergenzprinzip, denn die Zahl der Haarfollikel ist etwa 20mal so groß wie die Zahl der Stammaxone, die das betreffende Hautareal versorgen.

Die konvergente und divergente Netzwerkleitung der cutanen Nervenfasern dürfte eine Reihe eigenartiger Erscheinungen der normalen und pathologischen Hautsensibilität verständlich machen, die mit der Annahme einer linearen Faserverbindung nicht oder nur schwer vereinbar sind. Hierzu gehören das Überlappen der sensiblen Felder, die „Irradiation" und die „referred sensations" sowie der „Funktionswandel" (STEIN u. v. WEIZSÄCKER; v. HATTINGBERG) und die „protopathische" Sensibilität (HEAD, RIVERS u. SHERREN) nach peripheren Nervenläsionen.

Manche Receptoren, z.B. die Meissnerschen Körperchen, werden nicht nur von dickeren, markhaltigen Nervenfasern des cerebrospinalen Systems, sondern auch von dünnen, markhaltigen und marklosen Fasern versorgt (Abb. 31). Teils dürfte es sich um cerebrospinale, teils um vegetative Fasern handeln. Die Funktion dieser „accessory fibres" (WOOLLARD u. Mitarb., WEDDELL, *2*) ist nicht bekannt. Möglicherweise hängen sie mit einer efferenten sympathischen Innervation der Receptoren zusammen, wie sie mittels elektrophysiologischer Methoden nachgewiesen wurde (s. S. 146).

An der Zungenspitze der Katze fand KANTNER (2) ein epithelnahes Nervennetz von flächenhafter Gestalt. Es besteht aus dünnen Neurofibrillenbündeln, welche den unteren Epithelsaum begleiten, indem sie den Wölbungen der Zapfen folgen. Das Netz liegt durchschnittlich 10 μ unter dem Epithel und hat nach zwei Seiten Verbindungen. Einmal steigen dünne Fibrillenbündel in die Epider-

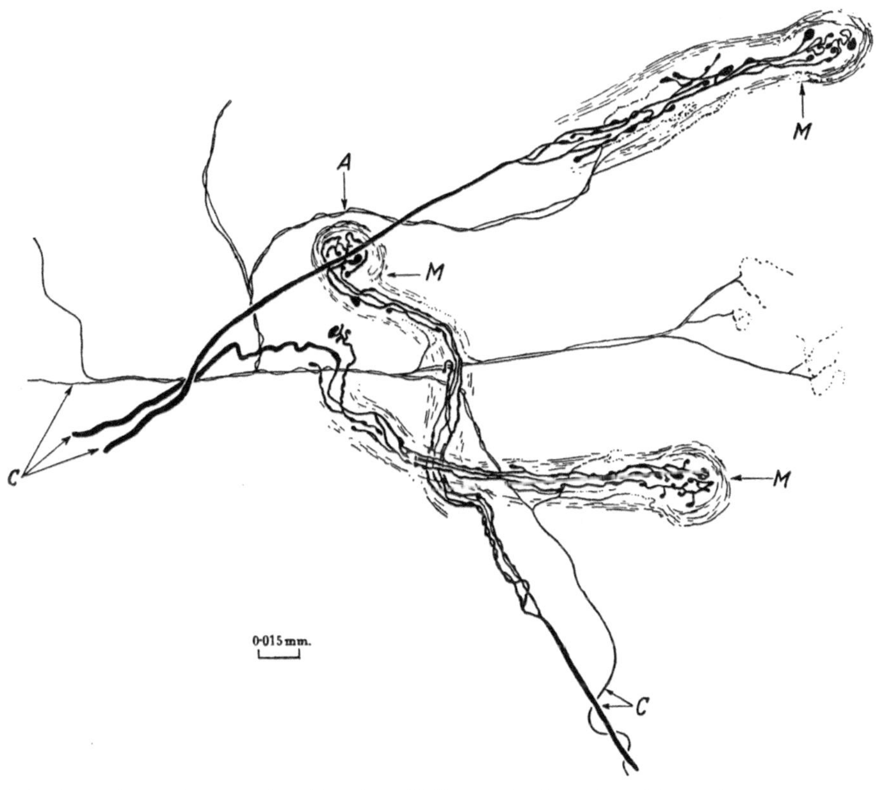

Abb. 31. Innervation von Meissnerschen Körperchen. *M* Meissnersche Körperchen; *C* Nervenfasern aus cutanem Nervenplexus; *A* „akzessorische" Nervenfasern. (Nach WEDDELL, 2)

mis empor, zum anderen tauchen dickere nach unten zu einem gröberen, breitmaschigen Nervengeflecht, das etwa 30 μ vom Epithel entfernt ist. Die Papillae fungiformes zeichnen sich durch großen Nervenreichtum aus. Dickere und dünnere Nervenfaseranteile kommen aus der Tiefe des Gewebes und zweigen sich etwa in der Mitte der Bindegewebspapille büschelförmig auf. Sie verlaufen dann in gröberer oder feinerer Wellenform nach oben, um entweder an Geschmacksknospen Anschluß zu finden oder als „freie" Nervenendigungen ins Epithel einzutreten.

In der Cornea zweigen sich die einzelnen markhaltigen Axone des Ciliarnerven (bei der Katze etwa 500) in zahlreiche marklose Fasern auf. Dabei überlappen sich die sensiblen Felder jedes einzelnen Stammaxons sehr stark und bedecken meist mehr als einen Quadranten der Cornea (TOWER). Die cornealen Nervenfasern bilden einen flächenhaften Plexus, der dem der Haut ähnelt (LELE u. WEDDELL).

In den Hautnerven variieren die Fasern nach Dicke, Leitungsgeschwindigkeit und Ausbildung der Markscheide über einen weiten Bereich. Nach histologischen Untersuchungen und elektrophysiologischen Messungen ist die Faserverteilung nicht homogen, sondern zeigt gewisse statistische Häufungen, so daß man von *Fasergruppen* sprechen kann. Gemäß der Einteilung von ERLANGER u. GASSER unterscheiden wir in den cutanen Nerven markhaltige Fasern der A,β- und A,δ-Gruppe sowie marklose C-Fasern (Tabelle 13). Die prozentuale Verteilung der verschiedenen Nervenfasern unterliegt beträchtlichen Schwankungen; in den Nerven der äußeren Haut kommen die C-Fasern mit einem Anteil von über 80% (GASSER, *2*) weitaus am häufigsten vor, während man z. B. im N. lingualis nur sehr wenige oder gar keine marklosen Fasern findet. In Tabelle 13 sind auch einige Angaben über den Zusammenhang zwischen Fasertyp und Funktion aufgenommen, die sich in erster Linie auf Ergebnisse neuerer elektrophysiologischer Untersuchungen gründen. Als „unspezifisch" sind dabei solche Fasern bezeichnet, die im nichtschmerzhaften Bereich auf mehr als eine Reizqualität mit Impulsentladungen ansprechen. Nähere Einzelheiten hierüber werden jeweils in den betreffenden Abschnitten behandelt.

Tabelle 13. *Eigenschaften afferenter Hautnervenfasern*

Fasergruppe	Durchmesser μ	Leitungsgeschwindigkeit m/sec	Funktion
A, β markhaltig	10—15	30—60	Berührung Druck Vibration
A, δ markhaltig	1,5—6	10—30	Druck (Wärme) Kälte heller Schmerz (unspez.: Druck, Kälte)
C marklos	unter 2	0,5—2	Berührung (Kitzel?) Wärme Kälte Jucken dumpfer Schmerz (unspez.: Druck, Wärme, Kälte)

III. Zentrale Leitungsbahnen

Der Verlauf der afferenten Bahnen aus den Hautreceptoren ist beim Menschen und bei den höheren Laboratoriumstieren im großen und ganzen bekannt; die Kenntnis der genaueren Anordnung ist jedoch auch heute noch in manchen Punkten recht lückenhaft. Dabei ist vor allem zu berücksichtigen, daß infolge der Netzwerkleitung der Sinneskanäle die Leitungsbahnen gar nicht völlig starr festgelegt sind, sondern je nach dem augenblicklichen Funktionszustand variieren können. Auf dieses Problem haben besonders ROSE u. MOUNTCASTLE eindringlich hingewiesen: "If one considers that most morphological groupings in the central nervous system establish synaptic contacts with more than one other morphological entity, the number of potentially activated synaptic regions may be expected to increase in geometrical progression with each synaptic relay. It is likely, therefore, that within a short time a signal in an afferent fiber could be relayed, at least in principle, to almost any grouping within the central nervous system" (S. 395).

Weitaus die meisten cutanen Nervenfasern treten über das Spinalganglion und die dorsalen Wurzeln in das Rückenmark ein. Analoge Verhältnisse gelten für die sensiblen Anteile der Hirnnerven, und zwar des N. trigeminus, des N. glossopharyngeus und des N. vagus. Auch die Chorda tympani enthält außer den Geschmacksfasern mechano- und thermosensible Fasern (PFAFFMANN, *2*; DODT u. ZOTTERMAN, *1*). Neben den spinalen Bahnen werden auch extraspinale Leitungswege von cutanen Afferenzen in Betracht gezogen.

1. Hinterstrangbahn und mediale Schleife

Afferente Fasern aus dem Spinalganglion ziehen auf der ipsilateralen Seite des Rückenmarks in der Hinterstrangbahn (Fasciculus gracilis et cuneatus) zu den *Hinterstrangkernen* in der Medulla oblongata (Nucleus gracilis et cuneatus, Goll-Burdachscher Kern). Soweit bekannt, kreuzen die aus den genannten Kernen entspringenden zweiten Neurone vollständig auf die andere Seite und ziehen als mediale Schleifenbahn (Lemniscus medialis) zum Thalamus, wo sie in Zellen des ventrobasalen Komplexes (Rose u. Mountcastle) endigen. Die dritten Neurone erreichen über die Corona radiata vorwiegend die Regio postcentralis der Großhirnrinde.

Es ist sicher, daß die meisten Fasern aus dem sensorischen Nucleus terminalis des *N. trigeminus* ebenfalls gekreuzt im Lemniscus medialis zum ventrobasalen Komplex des Thalamus gelangen, und zwar zu dessen medialem Teil. Ob daneben auch eine ungekreuzte Trigeminusbahn vorkommt, ist noch nicht hinreichend geklärt. Neuere Degenerationsversuche (Torvik, *2*) sprechen dafür, daß der dorsomediale Teil des sensorischen Trigeminuskernes Fasern zur ipsilateralen Seite des Thalamus entsendet, während die übrigen sensiblen Trigeminusfasern gekreuzt verlaufen. Nach elektrophysiologischen Beobachtungen ist das Vorhandensein einer ungekreuzten Trigeminusbahn sehr wahrscheinlich, denn in der rechten oder linken Thalamushälfte lassen sich jeweils Impulse aus beiden Gesichtshälften registrieren (Rose u. Mountcastle).

Weitaus die meisten Fasern, die über die Hinterstrangbahn den Goll-Burdachschen Kern erreichen, dürften unmittelbar den Spinalganglienzellen entspringen. Wieweit darüber hinaus auch zweite Neurone aus Zellen innerhalb des Rückenmarks zu den Hinterstrangkernen gelangen, ist nicht genauer bekannt. Nach Glees u. Soler sollen bei der Katze etwa 25% aller über die Hinterwurzeln in das Rückenmark eintretenden markhaltigen Fasern unmittelbar zu den Hinterstrangkernen ziehen. Ob es auch direkte spino-corticale und bulbo-corticale Verbindungen gibt, also Bahnen, die ohne Unterbrechung im Thalamus unmittelbar vom Rückenmark oder der Medulla oblongata die Großhirnrinde erreichen, ist eine alte und bis heute noch nicht befriedigend gelöste Frage. In neuerer Zeit haben vor allem Brodal u. Walberg sowie Brodal u. Kaada diese Ansicht vertreten, doch liegen auch gegenteilige Befunde vor, so von Patton u. Amassian (*2*) und von Landau.

Wie Degenerationsversuche zeigen, liegen die afferenten Neurone in den Hintersträngen sowie im Nucleus gracilis et cuneatus in einer laminären, die Topographie der Körperperipherie recht genau repräsentierenden Anordnung (Abb. 32), wobei die Fasern aus den untersten Körpersegmenten am weitesten medial gelegen sind und die Axone aus höheren Segmenten sich jeweils nach lateral anlagern (Foerster; Walker u. Weaver; Chang u. Ruch, *1*; Glees, Livingston u. Soler). Innerhalb eines einzelnen Körpersegmentes überlappen sich die Endigungen der verschiedenen Fasern beträchtlich, während die intersegmentale Überlappung nur sehr gering ist (Glees, Livingston u. Soler; Glees u. Soler). Elektrophysiologische Versuche bestätigen die beschriebene Lamination der Hinterstrangbahn (Yamamoto, Sugihara u. Kuru), doch liegen bisher noch keine ausreichenden Versuche über die topographische Repräsentation der Körperperipherie in den Hinterstrangkernen und im Nucleus terminalis des N. trigeminus vor. Daß auch dort ein solches räumliches Muster vorhanden sein muß, dafür sprechen die Impulsregistrierungen im ventrobasalen Komplex des Thalamus, in welchem die Trigeminusbahn endigt.

Neben dicken markhaltigen Fasern aus Muskelspindeln und Sehnenorganen enthält die Hinterstrangbahn vor allem die mechanosensiblen, schnell leitenden

A,β-Fasern der Haut. Dementsprechend werden in dieser Bahn vorzugsweise jene Afferenzen geleitet, die mit der gnostischen oder epikritischen Mechanosensibilität verknüpft sind. Damit stimmen auch die klinischen Befunde bei isoliertem Ausfall der Hinterstränge sehr gut überein. Es wird in erster Linie die Druck- und Berührungswahrnehmung betroffen, und zwar die feine örtliche und zeitliche Unterscheidungsfähigkeit sowie die Vibrationsempfindung. Gröbere mechanosensible Lokalisation, Temperaturempfindung und Schmerzempfindung bleiben erhalten. Allerdings sind neuerdings von GENTRY, WHITLOCK u. PERL im Nucleus gracilis auch afferente Impulse bei thermischer Reizung der Haut registriert worden. Bei Patienten, deren Vorderseitenstrangbahn durch Chordotomie

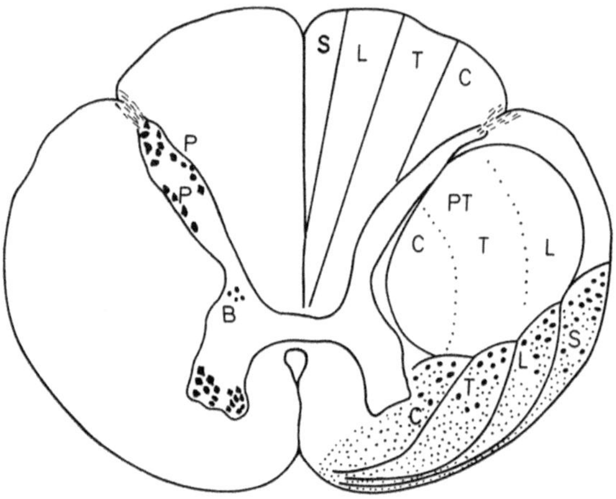

Abb. 32. Halbschematischer Querschnitt des Rückenmarks in der unteren Cervicalregion, der die topographische Lamination verschiedener Bahnen zeigt. Im Vorderseitenstrang ist die vermutliche Lage der Temperaturfasern durch dicke, der Berührungs- und Druckfasern durch mittlere und der Schmerzfasern durch dünne Punkte bezeichnet. *C* cervicale, *T* thorakale, *L* lumbale und *S* sacrale Bahnen. *PT* Pyramidenbahn, *P* pericornuale und *B* basale Zellgruppen des Hinterhorns. (Nach WALKER, *2*)

operativ ausgeschaltet war (vgl. Abb. 32), führte starke elektrische Reizung der Hinterstränge zu unerträglichen Schmerzen (WHITE u. SWEET). Nachuntersuchungen ergaben jedoch, daß die Empfindungen zwar äußerst unangenehm, aber nicht eigentlich schmerzhaft waren; ihr völlig fremdartiger und mit keiner bekannten Qualität vergleichbarer Charakter wurde als „shocklike“ und „tingling“ beschrieben (WEDDELL u. MILLER).

2. Vorderseitenstrangbahn

Verglichen mit der Hinterstrangbahn und ihrer Fortsetzung in der medialen Schleife ist der zweite Hauptweg für die Leitung cutaner afferenter Impulse, die Vorderseitenstrangbahn, auch heute noch recht unzureichend erforscht. Aus dem Spinalganglion treten Fasern über die hinteren Wurzeln in das Rückenmark ein, wo sie entweder im gleichen Segment oder zwei bis drei Segmente höher an Zellen der Substantia gelatinosa Rolandi endigen. Diese stellt eine das ganze Rückenmark durchziehende, den Hinterhörnern rinnenartig aufsitzende Säule von Ganglienzellen dar. Von dort kreuzen die Fasern des zweiten Neurons in der ventralen grauen Kommissur größtenteils auf die kontralaterale Seite und ziehen in den Vorderseitensträngen als *Tractus spinothalamicus medialis* und *lateralis* (Edingersches Bündel) nach oben. Der Ausdruck „spinothalamicus“ ist eine vereinfachende Abkürzung, denn nur ein Teil der afferenten Vorderseitenstrangfasern endigt tatsächlich im Thalamus, während andere vorwiegend zur Formatio reticularis ziehen. Neben der gekreuzten Vorderseitenstrangbahn scheint auch ein ungekreuzter Anteil zu bestehen. Dafür sprechen folgende Argumente: 1. Nach antrolateraler Chordotomie beim Menschen wird in vielen Fällen auch die Schmerz- und Temperaturempfindung auf der operierten (ipsilateralen) Seite betroffen. 2. Chordotomie führt zu ipsilateralen retrograden Degenerationen. 3. Elektrische Reizung des Tractus spinothalamicus beim Menschen kann auf derselben Seite zu Schmerzempfindungen führen. 4. Elektrophysiologische Befunde bei der Katze und beim Affen zeigen, daß die Vorderseitenstrangbahn auf beiden Thalamushälften repräsentiert ist (Näheres bei ROSE u. MOUNTCASTLE).

Auf Grund anatomischer und neurochirurgischer Befunde darf es als gesichert gelten, daß die Fasern des Tractus spinothalamicus in einer somatotopischen Lamination angeordnet sind, und zwar in umgekehrter Weise wie in den Hintersträngen. Es treten nämlich die Neuriten der höheren Segmente jeweils von medial her in die Vorderseitenstrangbahn ein, so daß die Fasern der untersten Segmente am weitesten nach lateral zu liegen kommen (Abb. 32). Damit stimmen auch die Ergebnisse der antrolateralen Chordotomie (KAHN u. RAND) beim Menschen überein: Durchtrennung der lateralen Teile des Tractus spinothalamicus schaltet vorwiegend die Schmerz- und Temperaturempfindungen der unteren Körperhälfte aus. Prinzipiell die gleiche topische Anordnung der Vorderseitenstrangfasern finden wir auch in der Medulla oblongata, im Mittelhirn und an den Endigungen im Thalamus (Literatur bei ROSE u. MOUNTCASTLE).

Für diejenigen sensorischen Anteile des N. trigeminus, die über den Nucleus tractus spinalis n. trigemini Anschluß an den Tractus spinothalamicus gewinnen, ist eine somatotopische Anordnung ebenfalls erwiesen. Anatomische Untersuchungen zeigen, daß die aus der Mandibularregion stammenden Trigeminusfasern am weitesten dorsal liegen (ÅSTRÖM; TORVIK, *1*), was gut mit elektrophysiologischen Ergebnissen (MCKINLEY u. MAGOUN) übereinstimmt.

Nach BAILEY u. GLEES hat die Mehrzahl der Fasern im Tractus spinothalamicus eine Dicke von 2 bis 4 μ; 35% liegen bei 4 bis 6 μ, während einzelne Fasern bis 10 μ erreichen. Es ist üblich, den Tractus spinothalamicus in einen medialen und einen lateralen Teil zu gliedern, wobei man annimmt, der letztere werde aus dem lateralen, vorwiegend dünne markhaltige und marklose Fasern enthaltenden Teil der Hinterwurzeln versorgt, während der Tractus spinothalamicus medialis seine Fasern vom medialen Teil der Hinterwurzeln erhalten soll, der sich vorwiegend aus dickeren markhaltigen Axonen zusammensetzt. Doch ist dieses Schema sicher nicht streng gültig, vielmehr dürften beide Anteile der Hinterwurzeln sowohl zum medialen als auch zum lateralen Vorderseitenstrang Fasern entsenden.

Aus klinischen und elektrophysiologischen Befunden können wir schließen, daß die im Vorderseitenstrang geleiteten Impulse mit folgenden cutanen Empfindungsqualitäten verknüpft sind: 1. Druck und Berührung (nur teilweise), 2. Wärme, 3. Kälte, 4. Schmerz, 5. Kitzel, 6. Jucken, 7. sexuelle Empfindungen. Jedoch ist die Frage, ob dabei eine topographische Dissoziation verschiedener Qualitäten stattfindet, bis heute noch nicht geklärt.

Es sei in diesem Zusammenhang erwähnt, daß offenbar noch weitere spinale Leitungsmöglichkeiten für cutane Afferenzen bestehen. So wurde bei der Katze kürzlich eine medial vom Tractus spinocerebellaris dorsalis (Flechsigsche Kleinhirnseitenstrangbahn) liegende Bahn identifiziert, in der Berührungsimpulse aus der Haut geleitet werden (MORIN, *2*; MCINTYRE u. MARK; LUNDBERG u. OSCARSSON).

3. Thalamus

Sämtliche afferenten Bahnen der Haut werden im Thalamus unterbrochen. Dabei verflechten sich die Fasern des Lemniscus medialis und des Tractus spino-

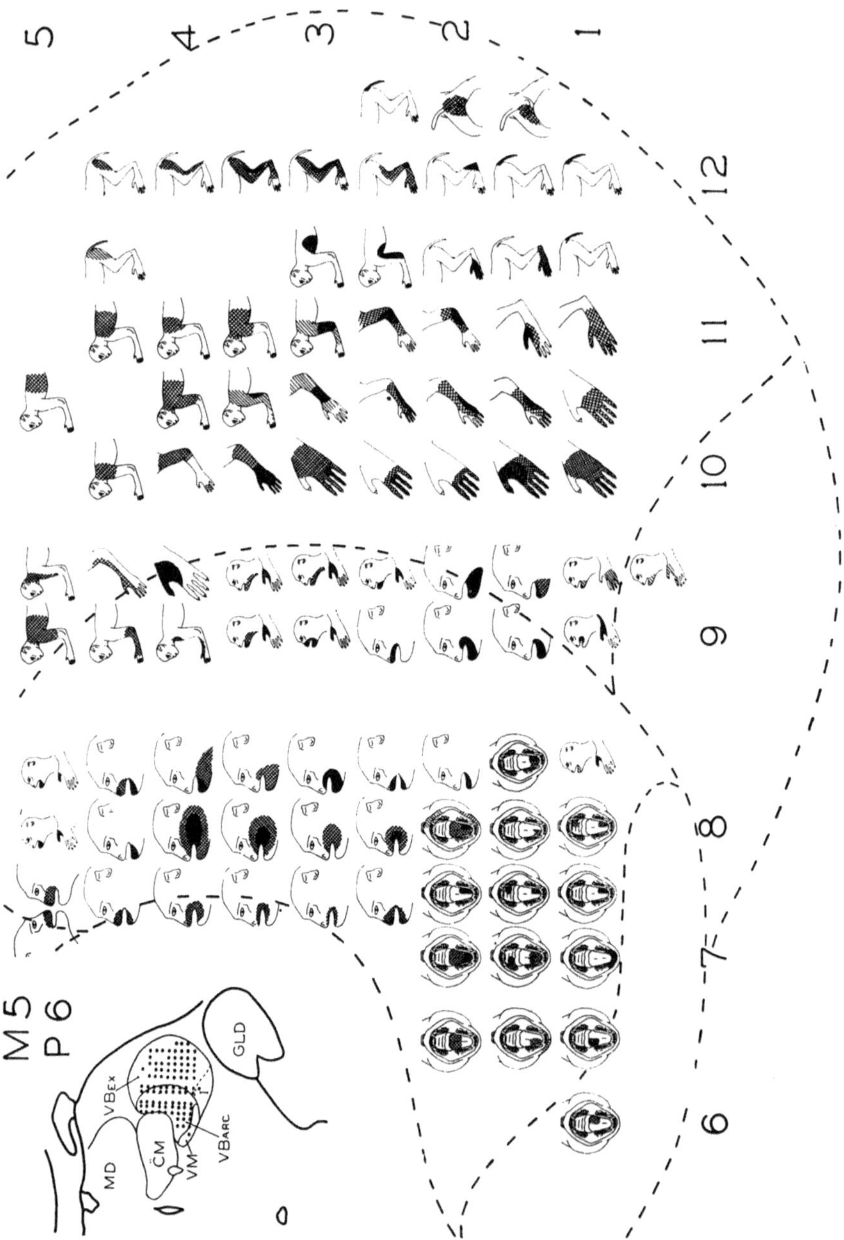

Abb. 33. Repräsentation der Körperoberfläche im ventrobasalen Komplex des Thalamus beim Rhesusaffen (*Macacus rhesus*). Die Schemazeichnung links zeigt die Thalamusstrukturen in einer Horsley-Clarke-Ebene (Frontalebene 6). Die Ableitungsstellen elektrischer Impulse bei taktiler Reizung der Körperoberfläche sind durch Punkte bezeichnet; ihnen entsprechen jeweils die eingezeichneten Körperschemata. Körperregionen, von denen starke, mittlere und schwache elektrische Signale auslösbar waren, sind durch schwarze, gekreuzt und einfach schraffierte Felder bezeichnet. Der Körper ist kontralateral repräsentiert, mit Ausnahme der bilateral vertretenen Gesichts- und intraoralen Region. Die Zahlen bezeichnen die mediolateralen und vertikalen Horsley-Clarke-Koordinaten. *MD* Nucleus medialis dorsalis; *CM* Nucleus centralis (Centre médian von Luys); *VB_{ARC}* ventrobasaler Komplex, innerer Teil (Nucleus arcuatus, N. ventralis posteromedialis); *VB_{EX}* ventrobasaler Komplex, äußerer Teil (Nucleus ventralis posterolateralis); *I* unterster Teil der ventralen Kerngruppe; *VM* Nucleus ventralis medialis; *GLD* Corpus geniculatum laterale. (Nach Mountcastle u. Henneman, 2)

thalamicus in so erheblichem Maße, daß die im Rückenmark vorhandene Trennung der Bahnen nach Modalitäten praktisch aufgehoben wird. Bei Verletzungen im Bereich des Thalamus beobachten wir daher keine Modalitätsdissoziation, wie sie für Rückenmarksläsionen so charakteristisch ist. Die topographische Organisation der Fasern hingegen bleibt im Thalamus und in den mit ihm verknüpften corticalen Projektionsfeldern in ihrer Grundstruktur erhalten.

Verschiedene experimentelle Methoden haben gezeigt, daß die cutanen sensorischen Impulse im „*ventrobasalen Komplex*" des Thalamus umgeschaltet werden. Es ist dies ein Kerngebiet im ventralen Teil, das sich gegenüber seiner Umgebung durch eine spezielle Cytoarchitektonik heraushebt und nach Läsionen der postcentralen Rindenfelder allein der retrograden Degeneration verfällt (LE GROS CLARK u. BOGGON; WALKER, *1*; LE GROS CLARK u. POWELL). Das ventrobasale Kerngebiet besteht aus einem medialen, den Nucleus centralis (Centre médian von LUYS) halbmondförmig umschließenden Teil (Nucleus ventralis posteromedialis oder Nucleus arcuatus) und einem lateralen Teil (Nucleus ventralis posterolateralis), die in einem Frontalschnitt in Abb. 33 schematisch dargestellt sind.

Die aus den Hinterstrangkernen entspringenden Fasern der medialen Schleife endigen ganz überwiegend auf der kontralateralen Seite des ventrobasalen Komplexes, während die Trigeminusschleife auch eine ungekreuzte Komponente enthalten dürfte, ebenso wie der Tractus spinothalamicus.

Eine genauere Analyse der topographischen Struktur der sensiblen Thalamuskerne verdanken wir elektrophysiologischen Untersuchungen (MOUNTCASTLE u. HENNEMAN, *1*, *2*; ROSE u. MOUNTCASTLE; POGGIO u. MOUNTCASTLE; MOUNTCASTLE, POGGIO u. WERNER). Führt man Mikroelektroden mittels stereotaktischer Methoden in den Thalamus ein, so erhält man bei taktiler Reizung der Haut „evoked potentials", deren Ort von der Lage des gereizten Hautfeldes abhängt (Abb. 33). Freilich dürfen wir uns dieses topographische Abbildungsverhältnis keineswegs als eine strenge Punkt-zu-Punkt-Projektion vorstellen, sondern nur als eine statistische Beziehung: Gemäß dem Konvergenz-Divergenzprinzip der nervösen Informationsübertragung entspricht einer bestimmten Hautstelle ein Ort maximaler Aktivität im Thalamus, umgeben von einem Hof abnehmender Aktivität, und umgekehrt entspricht einer bestimmten Stelle im Thalamus ein peripheres Hautfeld maximaler Sensibilität, das von einer ausgedehnten Zone geringerer Sensibilität umgeben ist (Abb. 34). Die Analyse von Abb. 33 zeigt, daß die cranio-caudale Körperachse in medio-lateraler Richtung auf das thalamische Kerngebiet projiziert wird, während sich die dorso-ventrale Körperachse im Thalamus ebenfalls in dorso-ventraler Richtung abbildet. Dabei ist die Projektion der Körperoberfläche topologisch stark verzerrt und zeigt bei Primaten ein starkes Übergewicht der Gesichts-, Mund- und Handregion. Die relative Ausdehnung des betreffenden Projektionsgebietes im Thalamus entspricht — genau wie bei den corticalen Projektionsfeldern — jeweils der funktionellen Bedeutung des zugehörigen peripheren Körperteils als sensorisches Areal.

Diese elektrophysiologischen Ergebnisse stimmen mit anatomischen Degenerationsversuchen überein, nach denen die Neurone aus dem Nucleus gracilis im lateralen und die Neurone aus dem Nucleus cuneatus im medialen Teil des Nucleus ventralis posterolateralis endigen, während die Fasern der Trigeminusschleife vorwiegend zum Nucleus ventralis posteromedialis (Nucleus arcuatus) ziehen (WALLENBERG; RANSON u. INGRAM; LE GROS CLARK, *1*; WALKER, *1*). Nach CHANG u. RUCH (*1*, *2*) endigen die Fasern des Tractus spinothalamicus im Nucleus ventralis posterolateralis, und zwar ebenfalls so, daß die caudalen Körperregionen am weitesten lateral zu liegen kommen. Ein entsprechendes topographisches Degenerationsmuster im Thalamus findet sich auch nach Ausschaltung verschiedener Anteile des Gyrus postcentralis der Großhirnrinde (LE GROS CLARK u. BOGGON; WALKER, *1*; LE GROS CLARK u. POWELL).

Eine unmittelbare Bestätigung der Topographie der sensiblen Thalamuskerne haben schließlich Untersuchungen an Patienten erbracht, bei denen im Zuge einer Thalamotomie zur Beseitigung unstillbarer Schmerzzustände die ventralen Thalamuskerne mittels stereotaktisch implantierter Elektroden elektrisch gereizt wurden (Monnier, *1*, *2*). Dabei ergab eine Reizung des ventrobasalen Komplexes Empfindungen in der Körperperipherie, deren Lokalisation den Ergebnissen in Abb. 33 entsprach; die Empfindungen traten nur auf der kontralateralen Seite auf.

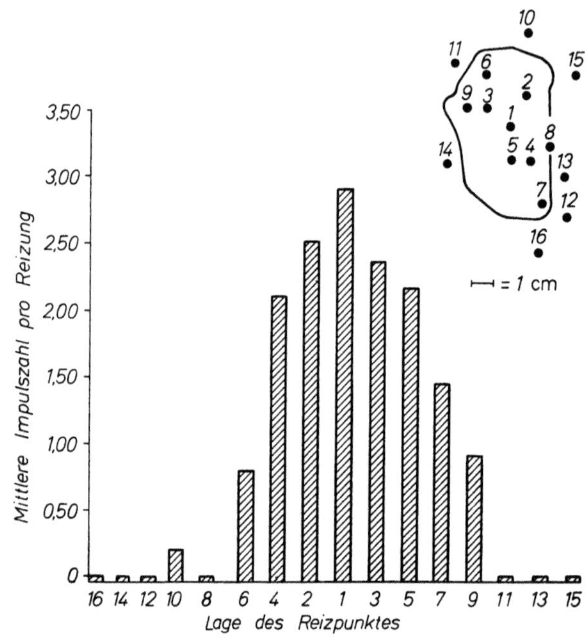

Abb. 34. Impulszahl einer Nervenzelle im ventrobasalen Komplex des Thalamus als Funktion des Reizortes an der Haut. Rechts oben das Reizfeld mit den eingezeichneten Reizpunkten. Elektrische Reizung der thorakalen Haut mit Nadelelektroden, Katze in tiefer Pentobarbitalnarkose. Das Diagramm beruht auf insgesamt 1208 Reizversuchen. (Nach Rose u. Mountcastle)

4. Somatische Areale der Großhirnrinde

Die Fasern des ventrobasalen Komplexes im Thalamus verlaufen bei Primaten zum ipsilateralen Gyrus postcentralis der Großhirnrinde (*somatisches Feld I*), wobei sich die topographische Anordnung nur noch in dem Sinne verändert, daß eine dreidimensionale Struktur auf eine zweidimensionale Fläche projiziert wird. Der Nucleus ventralis posteromedialis (Nucleus arcuatus), der die Gesichtsregion repräsentiert, hat sein corticales Feld im lateralen Teil der hinteren Zentralwindung, während der weiter außen gelegene Nucleus ventralis posterolateralis mit den mittleren und medialen Teilen des Gyrus postcentralis in Verbindung tritt. Somit liegt das Feld für die cranialen Körperteile am weitesten medial, das für die caudalen Partien am weitesten lateral. Auch im Gyrus postcentralis der Großhirnrinde zeigt sich die schon im Thalamus vorhandene topologische Verzerrung in der Repräsentation der Körperoberfläche mit Bevorzugung der besonders dicht innervierten Gesichts-, Mund- und Handregion.

Neben dem somatischen Feld I im Gyrus postcentralis finden wir noch ein weiteres Projektionsfeld, das sich vom unteren Teil des Gyrus postcentralis bis zum Boden der Fissura Sylvii erstreckt (Stein, Wortis u. Jolliffe; Woolsey u. Fairman). Dieses *somatische Feld II*, das bei Primaten und bei der Katze näher untersucht ist, besitzt eine nicht sehr deutlich ausgeprägte topographische Struktur, und die „evoked potentials“ sind hier nur mit erheblicher Latenz auszulösen. Die Repräsentation der Körperperipherie im somatischen Feld II steht gegenüber der im Feld I auf dem Kopf, d.h. die Gesichtsregion liegt am weitesten cranial, die Fußregion am weitesten caudal. Wesentlich ist, daß in diesem Feld eine elektrische Aktivität nicht nur durch kontralaterale, sondern auch durch ipsilaterale periphere Reize auslösbar ist (MARK u. STEINER; NAKAHAMA, *1*); allerdings wissen wir noch nicht sicher, ob dabei die Impulse etwa im ipsilateralen Teil des Tractus spinothalamicus verlaufen (vgl. GARDNER u. HADDAD; GARDNER u. MORIN). Soweit man aus Ablationsversuchen an Affen schließen kann, hängt die Funktion des somatischen Feldes II nicht mit der feineren sensorischen Unterscheidungsfähigkeit zusammen (ORBACH u. CHOW). Nach Untersuchungen von NAKAHAMA u. SAITO sowie NAKAHAMA (*1*, *2*) an der Katze bestehen enge funktionelle Verbindungen zwischen den somatischen Feldern I und II.

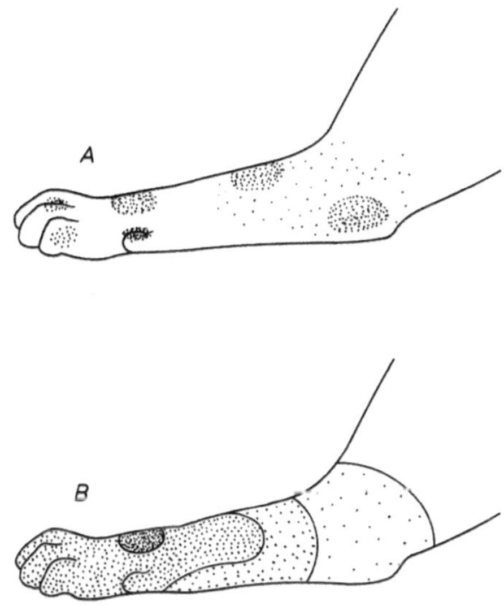

Abb. 35 A u. B. Typen von peripheren Receptorenfeldern einzelner corticaler Zellen im Gyrus sigmoideus anterior und posterior der Katze. A kleine Felder, die sich im Laufe von 70 min nicht verändern ("fixed local fields"); die Dichte der Punktierung zeigt die örtliche Wirksamkeit der Reize an. B kleines Feld, das sich im Laufe der Zeit immer mehr ausbreitet ("initially local labile field"); die unterschiedliche Dichte der Punkte bezeichnet die Größe der sensiblen Felder zu verschiedenen Zeiten. (Nach BROOKS)

Registriert man mit kleinflächigen Elektroden die elektrische Aktivität des somatischen Feldes I, so zeigt sich, daß die durch periphere taktile Reizung auslösbaren „evoked potentials“ eine topographische Anordnung besitzen, die den Dermatomen der Haut entspricht (WOOLSEY, MARSHALL u. BARD; POWELL u. MOUNTCASTLE, *1*, *2*; ROSE u. MOUNTCASTLE). Allerdings ist auch hier — genau wie im Thalamus — die somatotopische Zuordnung nur eine statistische, d.h. sie gilt nur für einen über viele Neurone gemittelten Wert, aber nicht für das Einzelelement, dessen peripheres Receptorenfeld sich über weite Gebiete des Körpers, ja über verschiedene Extremitäten erstrecken kann. Nach Untersuchungen von TOWE u. AMASSIAN reagieren einzelne corticale Neurone bei wiederholter Reizung einer bestimmten Hautstelle mit maximaler Häufigkeit, während sie bei Reizung der umliegenden Zone um so seltener ansprechen, je weiter man sich vom Maximalpunkt entfernt. Auf diese Weise erhalten wir eine räumliche Wahrscheinlichkeitsverteilung der Sensibilität, deren Steilheit für die einzelnen corticalen Neurone sehr verschieden sein kann: je kleiner das Receptorenfeld, desto steiler wird die Wahrscheinlichkeitskurve. BROOKS, RUDOMIN u. SLAYMAN (*2*) konnten zeigen, daß einzelne Zellen der sensorischen Rinde ein konstantes peripheres Receptorenfeld besitzen, während die sensiblen Areale anderer corticaler Elemente in ihrer räumlichen Ausdehnung sich mit der Zeit stark ändern (Abb. 35). Die konstanten Receptorenfelder corticaler Elemente nennt BROOKS „fixed fields“, während er bei den zeitlich variablen Arealen von „labile fields“ spricht. Das in Abb. 35B gezeigte „labile“ Feld breitete sich während der Darbietung mechanischer Testreize innerhalb von 2 min vom Focus bis zum Randgebiet aus und schrumpfte nach Aufhören der taktilen Reizung wieder auf die initiale Größe zusammen. Unter den Bedingungen, von denen die somatotopische Projektion im Zentralnervensystem abhängt, spielen auch die Reizstärke (ROSNER u. Mitarb.) und die Narkoseart (MALCOLM u. DARIAN-SMITH) eine wesentliche Rolle. Aus allem geht hervor, daß man sich die topographische Zuordnung zwischen Körperperipherie und Großhirnrinde nicht etwa als anatomisch fixierte Struktur, sondern als ein funktionelles, zeitlich und räumlich variables Erregungsmuster in einem Netzwerk vorzustellen hat.

Anhaltspunkte für eine topographische Gliederung der somatischen Rindenfelder nach Sinnesqualitäten sind bisher nicht gefunden worden; vielmehr spricht alles für eine Konvergenz verschiedener Qualitäten in ein und demselben Rindenareal. MOUNTCASTLE hat die Ansicht geäußert, die funktionellen Einheiten der sensorischen Rinde seien in vertikalen Neuronengruppen zu suchen, da diese identische periphere Receptorenfelder besitzen, mit annähernd derselben Latenz ansprechen und auch im allgemeinen nur durch eine einzige periphere Reizqualität erregt werden. Indessen gilt dies nur für einen Teil der corticalen Zellen, denn nach den auf S. 81 dargelegten Untersuchungen sprechen nur etwa 75% der Elemente auf eine einzige Modalität an — darunter etwa 60% auf mechanische Reizung —, während bei den restlichen corticalen Einheiten mehrere Modalitäten konvergieren. Es ist also nicht so, daß die funktionelle Struktur der sensorischen Felder ein einfaches Mosaik qualitätsspezifischer Elemente darstellt.

Mit diesen elektrophysiologischen Befunden stimmen auch die Ergebnisse lokaler elektrischer Reizversuche an den sensorischen Rindenfeldern wacher Patienten überein (PENFIELD u. RASMUSSEN; LIBET u. Mitarb.). Reizt man das Projektionsareal einer bestimmten Körperstelle, so tritt in der Peripherie eine lokalisierte Empfindung auf. Auch von den sog. motorischen Rindenfeldern (4 und 6), die besser als sensomotorische Felder zu bezeichnen wären, lassen sich oft derartige Empfindungen auslösen, auch wenn der Gyrus postcentralis zerstört ist. Meist haben die so hervorgerufenen Erlebnisse eine ziemlich unbestimmte mechanosensible Qualität, ähnlich wie bei der Reizung eines peripheren Hautnerven, oft ist es auch ein Bewegungserlebnis ohne wirkliche Bewegung, während Schmerz-, Wärme- und Kälteempfindungen selten sind.

Es sei an dieser Stelle erwähnt, daß zwar die somatischen Areale I und II ohne Zweifel die wesentlichsten Projektionsgebiete der cutanen Sensibilität sind, daß aber auch andere Rindenfelder Afferenzen aus Hautreceptoren erhalten. Außer den präcentralen Feldern (KRUGER) sind hier in erster Linie die sog. *Assoziationsfelder* zu nennen. In diesen Feldern lassen sich bei Reizung der Haut „evoked potentials" auslösen, darüber hinaus findet dort aber auch eine starke Konvergenz von Impulsen aus taktilen, optischen und akustischen Bahnen statt (AMASSIAN; ALBE-FESSARD u. ROUGEUL; BUSER u. BORENSTEIN; THOMPSON, JOHNSON u. HOOPES; THOMPSON, SMITH u. BLISS).

5. Aufsteigendes retikuläres System

Aus elektrophysiologischen Untersuchungen läßt sich schließen, daß das unspezifische Aktivierungssystem der Formatio reticularis (vgl. S. 73) aus der Haut und den Eingeweiden afferente Impulse erhält, die sich mit Impulsen aus akustischen, optischen und vestibulären Sinneskanälen vereinigen. Über die anatomischen Verhältnisse dieser multisynaptischen, im Zentrum des Hirnstammes verlaufenden aufsteigenden Bahn (FRENCH, VERZEANO u. MAGOUN; STARZL, TAYLOR u. MAGOUN; JASPER) ist noch wenig bekannt; nach ROSE u. MOUNTCASTLE sollen die Kollateralen von den Hautreceptoren hauptsächlich aus dem Tractus spinothalamicus stammen. Einige Beobachtungen sprechen dafür, daß im multisynaptischen Kanal des Hirnstammes, der durch das zentrale Grau und die Formatio reticularis zieht, Impulse aus Schmerzfasern geleitet werden können (MELZACK, STOTLER u. LIVINGSTON; COLLINS u. RANDT). Nähere Ausführungen über die elektrische Aktivität von Neuronen in der Formatio reticularis des Hirnstammes finden sich auf S. 148.

IV. Extraspinale Leitungsbahnen

Neben den klassischen spinalen Leitungsbahnen der cutanen Sensibilität muß auch eine extraspinale Leitung über das *vegetative Nervensystem* in Betracht gezogen werden, vor allem für die Impulse aus den Thermoreceptoren der Haut.

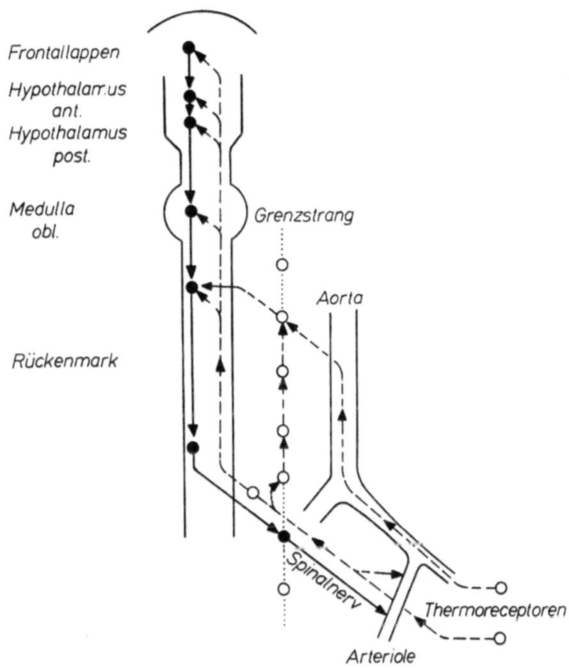

Abb. 36. Schema der möglichen spinalen und extraspinalen Verbindungen zwischen peripheren Thermoreceptoren und vasoconstrictorischen Nerven beim Menschen. (Nach HENSEL, *13*)

An Patienten mit kompletter Querdurchtrennung des Rückenmarks fehlt bei Kältereizen am Fuß die konsensuelle Vasoconstriction auf der Gegenseite, während im supraläsionellen Innervationsgebiet an der Hand eine deutliche reflektorische Vasoconstriction auftritt (FOERSTER). Die bewußte Temperaturempfindung am Fuß ist dabei völlig erloschen. Die vermuteten extraspinalen afferenten Bahnen sind in Abb. 36 schematisch dargestellt. Wird nach unilateraler lumbaler Sympathektomie das Bein erwärmt, so bleibt die vorher bestehende reflektorische Vasodilatation der Hand aus; vom gesunden Bein ist sie nach wie vor auslösbar (Abb. 100, S. 193). Auch hier ist die bewußte Temperaturempfindung durch die Sympathektomie nicht verändert (COOPER u. KERSLAKE). Alle diese Befunde legen die Vermutung nahe, daß die Afferenzen für die Auslösung thermischer Reflexe mindestens teilweise extraspinal über vegetative Bahnen verlaufen, während die Afferenzen der bewußten Temperaturempfindung nur auf spinalem Wege (Tractus spinothalamicus) vermittelt werden.

C. Mechanoreception

I. Mechanische Eigenschaften der Haut

Während Auge und Ohr über hochspezialisierte physikalische Einrichtungen verfügen, welche eine selektive Filterung der für die Sinneszellen adäquaten Reize ermöglichen, gilt dies für die Hautsinne nur in sehr beschränktem Maße. Sowohl mechanische als auch thermische Reize wirken fast unbeschränkt auf die cutanen Receptoren ein und werden durch die physikalischen Eigenschaften der Haut lediglich in ihrer Größe sowie in ihrem räumlichen und zeitlichen Verlauf modifiziert. Lichtstrahlung hingegen gelangt nur zu einem verhältnismäßig geringen Teil an die cutanen Nervenendigungen, ebenso bildet die unverletzte Haut eine recht wirksame Barriere gegenüber mannigfachen chemischen Einflüssen. Empfindlicher sind in dieser Hinsicht die Schleimhäute der Körperöffnungen und besonders die des Auges. Soweit man also von einer Reizspezifität der Hautreceptoren sprechen kann (vgl. S. 136), so ist diese in erster Linie in der Receptorstruktur selbst und nicht in den Eigenschaften der Haut als dem „Antransportorgan" für den äußeren Reiz zu suchen.

Wie auf S. 133 näher ausgeführt wird, sind die wichtigsten physikalischen Reizparameter für eine Erregung der Mechanoreceptoren 1. das lokale Druckgefälle dP/dx in der Haut und 2. die zeitliche Änderungsgeschwindigkeit des Druckes dP/dt. Bei der natürlichen mechanischen Beanspruchung der Haut, die zu einer Erregung der cutanen Druckreceptoren führt, handelt es sich fast stets um zeitlich veränderliche Reize. Zu diesen gehören nicht nur Vibrationen verschiedener Frequenz, sondern auch alle Arten von sprunghaften oder langsamen Druckänderungen, wie sie beim Tasten, Gehen, Stehen, Sitzen und Liegen auftreten. Demgegenüber erscheint die rein statische Beanspruchung der Mechanoreceptoren als eine Laboratoriumsbedingung, die unter physiologischen Verhältnissen kaum vorkommt. Daraus ergibt sich, daß jede physikalische Betrachtung der mechanischen Reizformen sowohl die statischen als auch die dynamischen Eigenschaften der Haut zu berücksichtigen hat.

1. Statische Deformationen

Die Haut stellt ein inhomogenes, aus vielen verschiedenen Geweben und miteinander verflochtenen Fasern bestehendes Medium dar. Über die mechanischen Eigenschaften der einzelnen Gewebselemente ist nur sehr wenig bekannt, dagegen hat die Messung integraler Größen an ausgedehnten Gewebsabschnitten zu recht guten Einblicken in das mechanische Verhalten der Haut geführt.

Für die deformierende Wirkung statischer Kräfte ist in erster Linie die *Elastizität* der Haut, ihr Widerstand gegen mechanische Verformung von Bedeutung. Dabei wird die Deformation in der Receptorenschicht nur innerhalb eines verhältnismäßig kleinen Bereiches gemäß dem Hookeschen Gesetz linear mit der angreifenden Kraft ansteigen, weil mit zunehmender Dehnung das Gewebe steifer wird (Abb. 37). Für diesen nichtlinearen Verlauf der Spannungs-Deformationskurve (statische Kennlinie) sind nach Dick vorwiegend die kollagenen Fasern der Haut verantwortlich, während die elastischen Fasern mehr den Turgor der Haut, also den durch den Flüssigkeitsgehalt der Haut ausgeübten hydrostatischen Druck aufnehmen.

Bei einem homogenen elastischen Medium würde eine punktförmige Belastung (P) senkrecht zur Oberfläche eine Deformation bewirken, deren Tiefe (l) sich umgekehrt proportional zum Radius (r) um den Belastungspunkt verhält:

$$l = \frac{k \cdot P}{r}.$$

Diese Kurve stellt eine Hyperbel dar (Abb. 38); sie läßt sich z.B. an Glycerin-Gelatine leicht verifizieren (v. BÉKÉSY, *1*). Drückt man hingegen in gleicher Weise die menschliche Haut über dem entspannten M. biceps brachii ein, so erhält man einen von der Hyperbelform abweichenden Deformationsverlauf, der darauf schließen läßt, daß die oberen Hautschichten sich wie eine biegungssteife

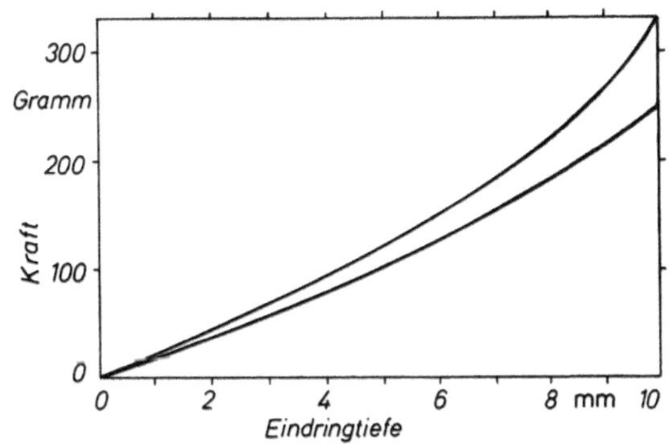

Abb. 37. Statische Deformationskurve der Haut bei kleinflächiger Krafteinwirkung senkrecht zur Hautoberfläche. Die beiden Kurven stammen von verschiedenen Versuchspersonen. (Nach FRANKE)

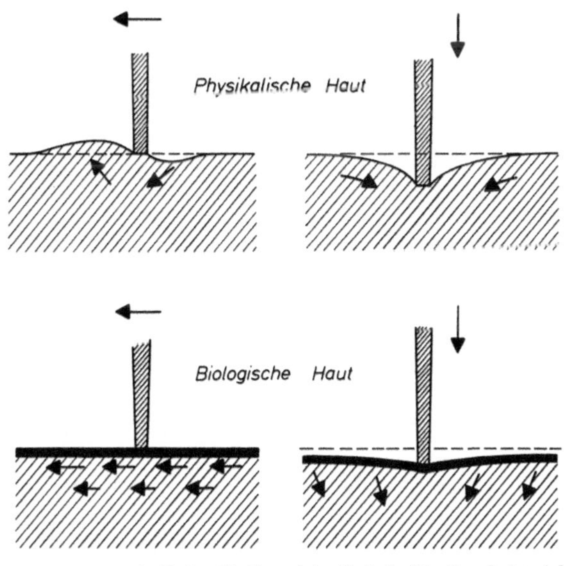

Abb. 38. Verhalten eines homogenen elastischen Mediums (physikalische Haut) und eines inhomogenen Mediums (biologische Haut) bei lokalen Deformationen in vertikaler und tangentialer Richtung. (Nach v. BÉKÉSY, *1*)

Platte oder Membran auf einer weicheren Unterlage verhalten. Ebenso finden sich, wie aus Abb. 38 ersichtlich, typische Unterschiede zwischen einem homogenen und einem inhomogenen Medium, wenn man die Oberfläche in tangentialer Richtung verformt. Allgemein verlaufen im inhomogenen Gewebe mit steifer Oberflächenschicht (biologische Haut) die Deformationen mehr in Richtung der Anregungskräfte, während in einem homogenen Medium (physikalische Haut) größere Abweichungen zwischen den Deformationsrichtungen und der Anregungsrichtung auftreten.

2. Dynamische Deformationen

Wirken periodische sinusförmige Druckänderungen auf die Haut ein, so hängt die Geschwindigkeit (v), mit der sich ein Gewebsteilchen bewegt, von der Größe der einwirkenden Kraft (P) und einem dynamischen Widerstand ab, den man als *mechanische Impedanz* (Z) bezeichnet (Dimension dyn · sec · cm^{-1}). Für diese gilt

$$Z = \frac{P}{v} = R + jQ \qquad j = \sqrt{-1}\,.$$

Der komplexe Ausdruck für die Impedanz enthält einen Realteil R (Wirkwiderstand), der von der inneren Reibung oder *Viscosität* des Gewebes abhängt, und

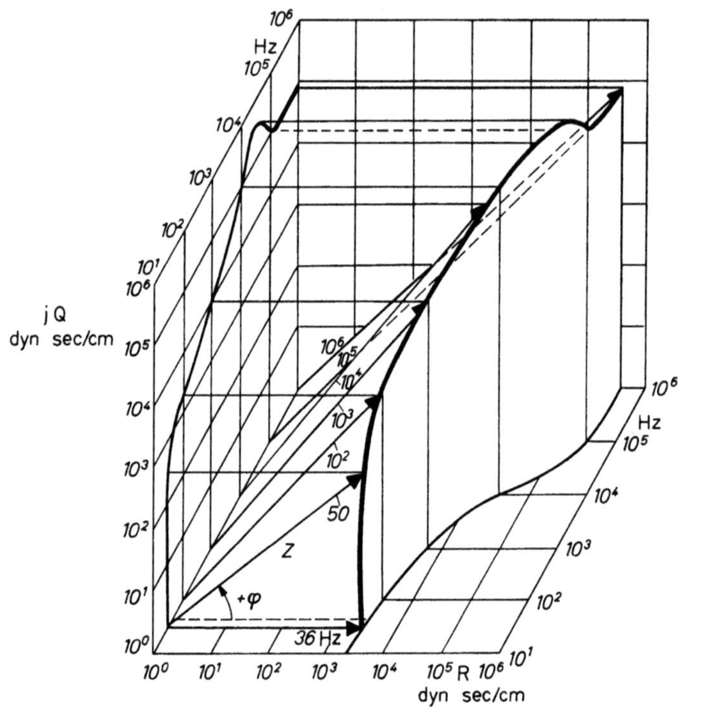

Abb. 39. Impedanzwerte der Körperoberfläche bei Frequenzen zwischen 10 und 10^6 Hz (Unterlagegewebe Muskulatur). Auf der Abszisse ist der Realteil R (Reibungsanteil), auf der Ordinate der Imaginärteil jQ (Reaktanz) aufgetragen. Die Pfeile zeigen die Impedanz Z nach Betrag (Länge des Pfeils) und Phasenwinkel φ an. Der positive Wert von φ bedeutet, daß die Massenreaktanz überwiegt.
(Nach v. Gierke u. Mitarb., umgezeichnet aus Keidel, *4*)

einen Imaginärteil jQ (Blindwiderstand oder Reaktanz), der durch die Energiespeicher im schwingenden Gewebe, also die *Massenträgheit* und die *Elastizität*, bestimmt wird. Für die Reaktanz gilt

$$jQ = jwm + \frac{|k|}{jw}\,,$$

wobei m [g] die Masse, k [dyn · cm^{-1}] die Federfeldstärke und w [sec^{-1}] die Kreisfrequenz ($2\pi n$) ist. Art und Größe der Reaktanz sind maßgebend für den Phasenwinkel (φ) des schwingenden Systems, d.h. für die Phasenverschiebung zwischen anregender Kraft und Geschwindigkeitsamplitude der schwingenden Teilchen. Bei reiner Massenreaktanz beträgt der Phasenwinkel $+90^0$, bei reiner Federreaktanz -90^0. Nimmt die Reaktanz den Wert Null an, dann wird auch der

Phasenwinkel Null und das System schwingt in Phase (Resonanz). Eingehendere Darlegungen über die Theorie der Hautschwingungen finden sich bei OESTREICHER (*1*, *2*), v. GIERKE u. Mitarb. und KEIDEL (*4*).

Die mechanische Impedanz der Körperoberfläche hängt 1. vom Ort der Messung, 2. vom Auflagedruck, 3. von der Vibrationsfrequenz und 4. von der Vibratorfläche ab.

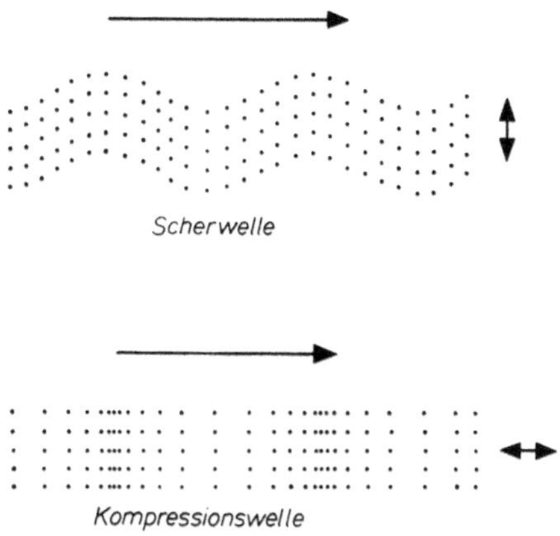

Abb. 40. Die bevorzugten Wellenformen der Hautschwingungen. Bei niedrigen Frequenzen überwiegen transversale Scherwellen, bei hohen Frequenzen longitudinale Kompressionswellen. Die langen Pfeile bezeichnen die Richtung der Wellenausbreitung, die kurzen die Richtung der schwingenden Teilchen

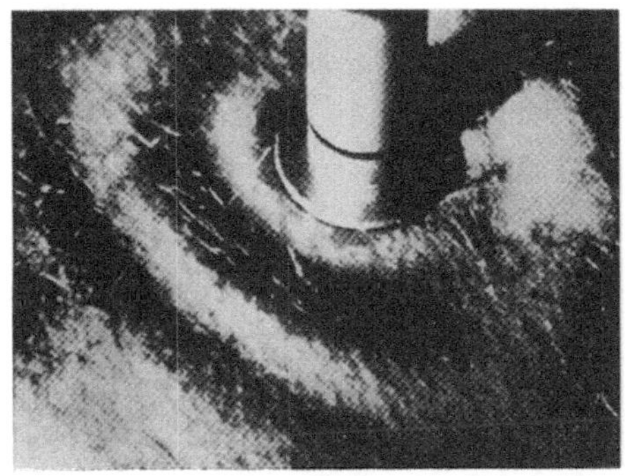

Abb. 41. Stroboskopische Aufnahme der Wellenausbreitung um einen vibrierenden Kolben auf dem Oberschenkel. Frequenz 64 Hz, Kolbenfläche 5,3 cm². (Nach v. GIERKE u. Mitarb.)

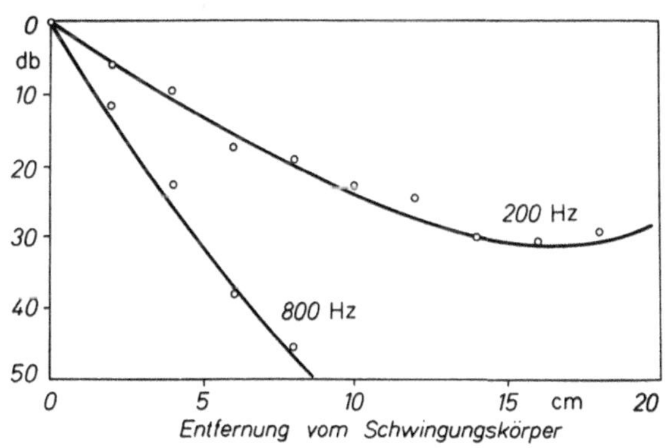

Abb. 42. Dynamische Dämpfung der Oberflächenwellen der Haut während ihrer Ausbreitung längs des Unterarmes. (Nach v. BÉKÉSY, *1*)

Bei Messungen mit kleinflächigen Vibratoren über entspanntem Muskelgewebe ergeben sich für verschiedene Frequenzen die in Abb. 39 dargestellten Impedanzwerte. Das dreidimensionale Diagramm zeigt die Impedanz Z nach Betrag und Phasenwinkel φ sowie den Wirkwiderstand (Realteil R) und die Reaktanz (Imaginärteil jQ). Unterhalb einer Vibrationsfrequenz von 38 Hz ist φ negativ, es überwiegt also die Federreaktanz, bei 38 Hz erreicht φ den Wert Null und steigt im höheren Frequenzbereich steil zu positiven Werten an, d.h. die Reaktanz hat hier vorwiegend Massencharakter. Ferner sieht man, daß die Viscosität (Wirkwiderstand R) mit zunehmender Frequenz stärker in Erscheinung tritt. Die Erregung der Mechanoreceptoren spielt sich bevorzugt im Frequenzbereich zwischen 0 und 1000 Hz ab.

Wirken sinusförmige Vibrationsreize senkrecht auf die Hautoberfläche ein, so breiten sich gedämpfte mechanische Wellen an der Hautoberfläche aus. Im Frequenzbereich von 0 bis 10^3 Hz, der hier in erster Linie interessiert, herrscht eine Wellenform vor, die man als *Scherwellen* bezeichnet; es sind dies Transversalschwingungen der Haut senkrecht zur Oberfläche, die sich tangential um den Erregungspunkt ausbreiten (Abb. 40 und 41). Dagegen überwiegen bei Frequenzen oberhalb 10^4 Hz longitudinale *Kompressionswellen.*

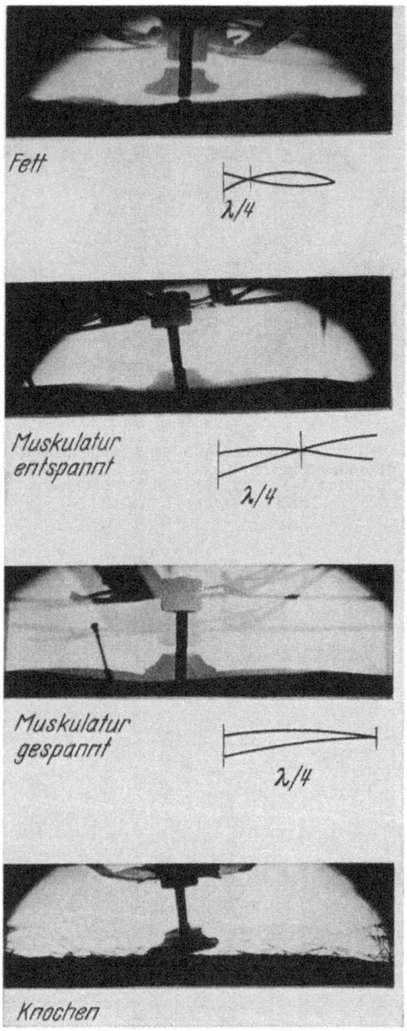

Abb. 43. Abhängigkeit der Hautwellenlänge vom Unterlagegewebe. Messungen in stroboskopischer Beleuchtung an der Haut. (Nach KEIDEL u. SCHMITT)

Die für die Scherwellen der Körperoberfläche maßgebenden Konstanten sind nach OESTREICHER (*1, 2*) und v. GIERKE u. Mitarb. der Scherelastizitätskoeffizient μ_1 [dyn · cm^{-2}] und der Scherviscositätskoeffizient μ_2 [dyn · sec · cm^{-2}] des Gewebes. Für μ_1 wurden je nach Hautstelle, Unterlage und Auflagedruck Werte zwischen 2 und 5 dyn · cm^{-2} gefunden, für μ_2 Werte zwischen 100 und 500 dyn · sec · cm^{-2}. Der hohe Betrag von μ_2, der dem Reibungswiderstand entspricht, läßt eine starke Dämpfung der Scherwellen erwarten. Tatsächlich trifft dies nach Messungen v. BÉKÉSYs (*1*) zu; außerdem ist die örtliche Dämpfung der Oberflächenwellen stark frequenzabhängig (Abb. 42). Die Wellengeschwindigkeit der Hautwellen hängt in erheblichem Maß von der Konsistenz der Gewebeunterlage ab (KEIDEL, *1*; KEIDEL u. SCHMITT). Je steifer das Gewebe, desto höher die Wellengeschwindigkeit (Abb. 43). In Tabelle 14 sind einige Zahlenwerte der Wellengeschwindigkeit über verschiedenen Unterlagegeweben zusammengestellt. Außerdem hat sich gezeigt, daß auch eine Abhängigkeit der Wellengeschwindigkeit von der Frequenz besteht, und zwar nimmt bei höheren Frequenzen die Wellengeschwindigkeit zu. Diese Dispersion der Wellengeschwindigkeit ist aus Tabelle 15 zu entnehmen.

Zur quantitativen Beschreibung der Hautwellenform sind verschiedene Ersatzmodelle der Haut angegeben worden, aus denen Gleichungssysteme abgeleitet und die Elastizitäts- und Viscositätskonstanten der Haut in guter Übereinstimmung mit den experimentellen Messungen errechnet werden können. OESTREICHER (*2*) ersetzt die mechanischen Hauteigenschaften durch das Modell einer in einem elastisch-viscösen Medium schwingenden Kugel, während KEIDEL (*1, 4*) in Anlehnung an ein Modell von RANKE (*1*) die Haut als ein System zweier hintereinandergeschalteter Federn auffaßt, von denen die eine durch ein viscöses

Tabelle 14. *Abhängigkeit der Wellengeschwindigkeit von der Unterlage.* (Nach KEIDEL u. SCHMITT)

Epigastrium		Muskulatur (Unterarm)				Knochen	
		entspannt		gespannt			
$\lambda/4$ cm	v cm/sec	$\lambda/4$ cm	v cm/sec	$\lambda/4$ cm	v cm/sec	$\lambda/4$ cm	v cm/sec
0,35	70	1,4	280	2,6	520	>5	>1000
		0,6	120	2,6	520		
		2,25	450	3,25	650		

Medium gedämpft ist. Dabei wird die rein elastische Feder der Epidermis und den oberen Coriumschichten, die elastisch-viscöse Feder den tieferen Coriumschichten und der Subcutis zugeordnet. Mit Hilfe dieser Modellvorstellung lassen sich vor allem die Dispersion der Wellengeschwindigkeit und die Dämpfung theoretisch ableiten.

Tabelle 15. *Dispersion der Wellengeschwindigkeit in Abhängigkeit von der Frequenz*

Frequenz Hz	Wellengeschwindigkeit m/sec	Autor
10—180	1,6	FRANKE u. Mitarb.
450 60000	7—450 1200	KEIDEL (*1*)
800000	1465—1568	FRUCHT

II. Reizbedingungen der Druck- und Berührungsempfindung

1. Adäquater Reiz

Nach den klassischen Untersuchungen v. FREYS (*1, 2, 3, 5, 11*), die auch heute noch grundsätzlich gültig sind, ist als Reizbedingung für die statische Druckempfindung das örtliche Druckgefälle dP/dx in der Haut anzusehen, wobei es keinen Unterschied macht, ob die cutane Deformation durch Druck oder durch Zug zustande kommt. Soweit es sich um zeitlich veränderliche Reize handelt, kommt noch eine dynamische Komponente hinzu, nämlich der Differentialquotient des Druckes nach der Zeit dP/dt. Schließlich spielt unter den mechanischen Bedingungen auch die Größe der Reizfläche F eine Rolle. Der adäquate Reiz für die Druck- und Berührungsempfindung (E) ist somit eine Funktion des örtlichen und zeitlichen Druckgradienten sowie der Reizfläche

$$E \to f(dP/dx, dP/dt, F),$$

wobei $\to$ das Abbildungszeichen ist (Definition s. S. 56). Eine allgemeine quantitative Formulierung der Funktion f steht allerdings bis heute noch aus, nicht zuletzt deshalb, weil die örtlichen und zeitlichen Druckverhältnisse in der Haut wegen der inhomogenen und nichtlinearen mechanischen Eigenschaften des Gewebes äußerst kompliziert sind.

Unter allen cutanen Sinnesorganen besitzen die Berührungs- und Druckreceptoren zweifellos den höchsten Grad von Spezifität, und zwar sind sie sowohl empfindungsspezifisch als auch reizspezifisch (vgl. S. 76). Zumindest gilt das für jene Nervenendigungen, die mit schnelleitenden A-Fasern verbunden sind. Auf die Frage der Reizspezifität der Mechanoreceptoren werde ich im Zusammenhang mit den elektrophysiologischen Befunden noch näher eingehen. Für die Empfindungsspezifität der Druckempfänger spricht besonders die Tatsache, daß auch inadäquate Reizarten — namentlich elektrische Reize und Abkühlung der Haut — zu mechanischen Empfindungen führen können. Wie WEBER schon vor mehr als hundert Jahren zeigen konnte, erscheint ein auf die Haut aufgelegtes kaltes Gewichtsstück wesentlich schwerer als ein Gewicht von indifferenter

Temperatur. Diese sog. Webersche Täuschung wurde von verschiedenen Untersuchern (v. Frey, *7*; Goldscheider u. Hahn u.a.) mit sinnesphysiologischen Methoden bestätigt; nach neueren elektrophysiologischen Befunden beruht dieses Phänomen auf einer Erregung mechanosensibler Nervenendigungen durch die Abkühlung (Hensel u. Zotterman, *5*; Witt u. Hensel; Hensel u. Boman).

2. Druck- und Berührungsschwellen

An dieser Stelle werden nur die Schwellen für *nichtperiodische* mechanische Reize behandelt, während die Schwellen für periodische Vibrationsreize in einem gesonderten Abschnitt (S. 151) dargestellt werden sollen. Bei der Anwendung

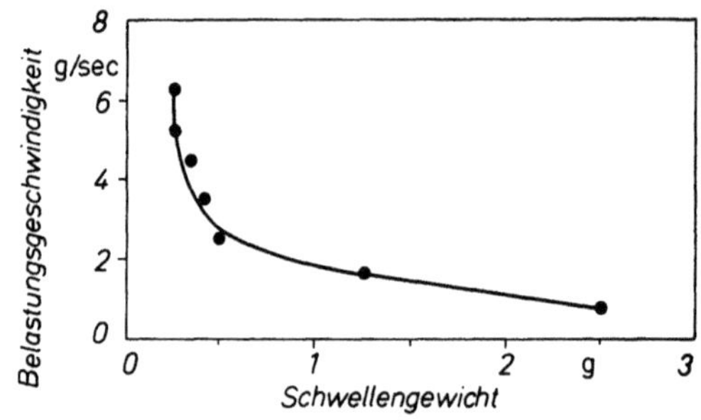

Abb. 44. Abhängigkeit der Druckschwellen von der Belastung der Haut und der Belastungsgeschwindigkeit. (Nach v. Frey, *2*)

statischer mechanischer Reize ist zu berücksichtigen, daß bei Reizbeginn stets auch eine dynamische Komponente vorhanden ist, die als Reizparameter mit eingeht.

Die ersten Schwellenbestimmungen, bei denen sowohl der örtliche Druckgradient dP/dx als auch die zeitliche Druckänderung dP/dt gemessen wurden, hat v. Frey (*2*) ausgeführt. Wie Abb. 44 zeigt, wird bei konstanter Reizfläche das erforderliche Schwellengewicht, d.h. die Deformationsgröße der Haut, um so kleiner, je schneller die zeitliche Druckänderung vor sich geht. Der bilineare Reizausdruck für die Schwellenempfindung entspricht im untersuchten Bereich etwa dem Produkt aus Schwellengewicht P und Belastungsgeschwindigkeit dP/dt, stellt also eine Hyperbelfunktion dar:

$$E \rightarrow P \cdot dP/dt = k.$$

Tabelle 16. *Minimalenergien und Minimalimpulse der Druckempfindung bei Stoßreizen von 0,51 mm² Fläche.* (Nach Wolf)

Reizort	Minimal-energie $g \cdot cm^2 \cdot sec^{-2}$	Minimal-impuls $g \cdot cm \cdot sec^{-1}$
Fingerbeere, re. 1. Finger	0,026	22
Fingerbeere, re. 2. Finger	0,052	31
Fingerbeere, re. 4. Finger	0,092	42
Fingerbeere, re. 4. Finger	0,037	27
re. Unterarm, Radialseite	0,113	46
re. Unterarm, Radialseite	0,032	25
re. Unterarm, Ulnarseite	0,092	42

Über die Schwellenenergie ($g \cdot cm^2 \cdot sec^{-2}$) bzw. den Schwellenimpuls ($g \cdot cm \cdot sec^{-1}$) bei kleinflächiger mechanischer Reizung liegen verschiedene Untersuchungen vor. So berechnete v. Frey (*8*), daß die Minimalenergie der Berührungsempfindung bei Verbiegung eines einzelnen Haares 0,04 Erg beträgt. Für kleinflächige Stoßreize an der Haut (Wolf) ergaben sich die in Tabelle 16 angegebenen Schwellenwerte. Man sieht, daß die Minimalenergien des Drucksinnes in der Größenordnung von 10^{-2} bis 1 Erg liegen, also um 8 bis 10 Zehnerpotenzen höher sind als die Energieschwellen des Auges und des Ohres. Die beträchtliche Ortsabhängigkeit der Drucksinnesschwellen dürfte einerseits mit den unterschiedlichen mechanischen Eigenschaften der einzelnen Hautstellen, andererseits mit der verschiedenen Dichte und Empfindlichkeit der Receptoren zusammenhängen. Es sei an dieser Stelle nochmals darauf hingewiesen, daß es sich bei den zur Schwellenmessung eingeführten Energie- oder Impulswerten um arbitäre Reizparameter handelt, die ebenso gut durch andere physikalische Größen, z.B. Leistung ($g \cdot cm^2 \cdot sec^{-3}$) oder Wirkungsgröße ($g \cdot cm^2 \cdot sec^{-1}$) ersetzt werden könnten.

Bei Vergrößerung der *Reizfläche F* nehmen die erforderlichen Schwellengewichte zu (HANSEN; v. BAGH, *1*). Sofern aber als Reizparameter die Eindringtiefe gewählt wird, bleiben die Schwellenwerte bei Flächen zwischen 0,2 und 25 mm^2 annähernd konstant, und zwar streuen sie um einen Mittelwert von 0,06 mm (v. BAGH, *1*). Allerdings ist bei gleichzeitiger Darbietung zweier oder mehrerer punktförmiger Druckreize eine ausgeprägte örtliche Summation zu beobachten, d.h. der Schwellenwert für den einzelnen Reizpunkt sinkt um so mehr ab, je größer die Zahl der Reizpunkte ist und je näher sie räumlich zusammenliegen (SCHÄFER; BOHNENKAMP, SCHÄFER u. SCHMÄH; MADLUNG; v. BAGH, *2*).

Läßt man sukzessive Druckreize auf die Haut einwirken, so folgen die *Unterschiedsschwellen* der Druckempfindung in einem weiten Bereich der sog. Weberschen Regel, wonach der Quotient $\Delta R/R$ eine Konstante ist (VOORHOEVE). Dabei hat sich gezeigt, daß für eine sukzessive Steigerung der Reizintensität die Unterschiedsempfindlichkeit feiner ist als für eine Verminderung der Intensität, der Quotient $\Delta R/R$ also bei Reizstärkenzunahme kleiner ist als bei Reizstärkenabnahme.

3. Lokalisation

Im Bereich der Druck- und Berührungswahrnehmungen spielt die *Lokaldimension* eine entscheidende Rolle; ist sie doch die Grundlage unserer taktilen Orientierung am eigenen Körper und unseres haptischen Formerkennens. Dagegen sind beim Temperatursinn und beim Schmerz die Ortsdimensionen nur von untergeordneter Bedeutung.

Eine für die Feinheit der Tastwahrnehmung wichtige Maßzahl ist die *Raumschwelle*; man versteht darunter den Abstand zweier auf die Haut einwirkender punktförmiger Reize — etwa die beiden Spitzen eines Tastzirkels —, die eben noch als räumlich getrennt erlebt werden können. Je nachdem, ob die beiden Reize gleichzeitig oder nacheinander einwirken, spricht man von einer simultanen oder sukzessiven Raumschwelle. In Tabelle 17 sind einige simultane Raumschwellen für verschiedene Körperstellen zusammengestellt. Man erkennt die erhebliche Ortsabhängigkeit der Raumschwellen, die nicht so sehr mit der peripheren Receptorendichte als vielmehr mit der zentralnervösen Repräsentation der verschiedenen Hautfelder zusammenhängt. So entsprechen den Stellen mit der kleinsten Raumschwelle, nämlich Zungenspitze, Fingerbeeren und Lippen, besonders ausgedehnte Felder in den somatischen Arealen der Großhirnrinde. Die räumlich getrennte Wahrnehmung zweier Punkte auf der Haut ist also in erster Linie eine Frage der Schaltung und Informationsübertragung im Zentralnervensystem. Allgemein läßt sich sagen, daß die Raumschwellen an den Acren

Tabelle 17. *Ortsabhängigkeit der simultanen Raumschwellen.* (Nach WEBER)

Körperstelle	Raumschwelle mm
Zungenspitze . . .	1
Fingerbeere, 5. Finger	2
Lippenrot	4
Nasenspitze	7
Daumen, Metacarpus	9
Zehenbeere, 1. Zehe .	11
Fingerrücken. . . .	16
Stirn	22
Handrücken	31
Kniescheibe	36
Unterarm	40
Brustbein	45
Rücken	54
Oberarm	68
Oberschenkel. . . .	68

(Zungenspitze, Lippen, Nase, Finger und Zehen) am kleinsten sind und nach dem Rumpf hin größer werden.

Bei überschwelligem Abstand zweier Reizpunkte folgen die räumlichen Unterschiedsschwellen nicht der Weberschen Regel $\Delta R/R$ = konst., sondern einer Funktion, bei der eher der Wert ΔR konstant bleibt (GATTI; DANESINO; RICCI). So ändert sich bei Grundabständen zwischen 10 und 50 mm die Unterschiedsschwelle ΔR nur im Verhältnis 1:1,2, während der Quotient $\Delta R/R$ von 0,36 auf 0,065, also im Verhältnis 5,5:1 abnimmt.

Die Abstände zweier Reizpunkte auf der Haut werden stets zu kurz geschätzt, genauer gesagt: bei der Übertragung des haptischen Längenerlebnisses in eine optische Längenvorstellung fällt diese kleiner aus, als es der tatsächlich gesehenen Länge auf der Haut entspricht. Dabei ist die Fehlschätzung um so größer, je weiter proximal die Reizorte liegen (SCHÖBEL). Beispielsweise wird am Handrücken ein Reizabstand von 5 cm um 1,5 cm zu kurz geschätzt, am Oberarm dagegen um 3 cm. Von der Intensität der Druckreize ist die Lokalisationsgenauigkeit weitgehend unabhängig (DISHER). Weitere Einzelheiten über taktile Längen- und Winkelschätzungen unter verschiedenen Bedingungen finden sich bei OBERTO sowie V. SKRAMLIK (*3*, *4*).

III. Neurophysiologie der Mechanoreception

1. Spezifität der Receptoren

a) Spezifische Mechanoreceptoren der A-Fasergruppe. Am klarsten liegen die Verhältnisse bei denjenigen Mechanoreceptoren, die mit schnelleitenden A,β-Fasern verbunden sind. Bei ihnen kann heute kein Zweifel mehr bestehen, daß sie in hohem Maße reizspezifisch sind (vgl. HENSEL, *10*). Ein Beispiel für die mechanische Spezifität eines isolierten Pacinischen Körperchens zeigt Abb. 45. Im Gegensatz zu der sehr hohen Sensitivität gegenüber mechanischen Deformationen besteht eine völlige Unempfindlichkeit gegenüber Temperaturänderungen. Das eigentliche Substrat dieser Spezifität scheint nicht die Hüllstruktur und auch nicht das myelinisierte Axon, sondern die marklose Nervenendigung innerhalb des Pacinischen Körperchens zu sein.

Diese hohe Spezifität stimmt sehr gut mit Befunden an anderen Mechanoreceptoren überein und ebenso mit den ersten elektrophysiologischen Ergebnissen an Mechanoreceptoren des Menschen (HENSEL u. BOMAN). Abb. 46 zeigt die hohe Reizspezifität eines Haarreceptors an der Dorsalseite der Hand, der weder auf steile Abkühlungen noch auf Erwärmungen anspricht. Sogar die Dauerfrequenz spezifischer Mechanoreceptoren bei konstantem Druck wird durch gleichzeitige Abkühlung praktisch nicht beeinflußt. Die Versuche am Menschen bieten erstmals die Möglichkeit, beide Aspekte der Spezifität — die Korrelation mit der *Reizqualität* und mit der *Empfindungsqualität* (vgl. S. 79) — direkt zu vereinigen. Das Ergebnis ist, daß diese menschlichen Mechanoreceptoren sowohl reizspezifisch als auch empfindungsspezifisch sind.

Diese Versuche haben noch weitere Konsequenzen. Es hat sich gezeigt, daß die Schwellen zur Auslösung mechanosensibler Impulse am Menschen identisch sind mit den sinnesphysiologischen Berührungsschwellen. Bei schwellennahen Verbiegungen eines menschlichen Haares wird jeweils nur ein einziger Impuls in einer einzelnen A-Faser ausgelöst. Auch wenn man berücksichtigt, daß ein Haar von mehr als einer markhaltigen Faser versorgt wird (WEDDELL, TAYLOR u. WILLIAMS), so erscheint es doch nicht ausgeschlossen, daß in Grenzfällen ein einziger Impuls in einer einzigen Faser der mechanischen Berührungsschwelle entspricht. Das Korrelat der unverwechselbaren mechanischen Berührungsqualität könnte in diesem Fall eines Einzelimpulses kein peripheres „Pattern“ sein, zumal wir hier durch direkte Vergleichsversuche wissen, daß die Impulsfrequenz nicht mit der Qualität, sondern mit der Intensität der Druckempfindung korreliert ist.

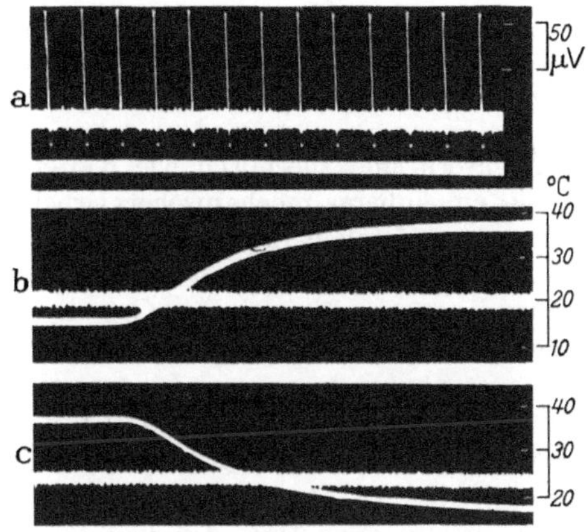

Abb. 45a—c. a Aktionspotentiale bei mechanischer Reizung der freipräparierten marklosen Nervenendigung eines Pacinischen Körperchens; jeder Punkt markiert einen Reiz; b Erwärmung; c Abkühlung. Thermische Reize sind wirkungslos. (Nach LOEWENSTEIN, *8*)

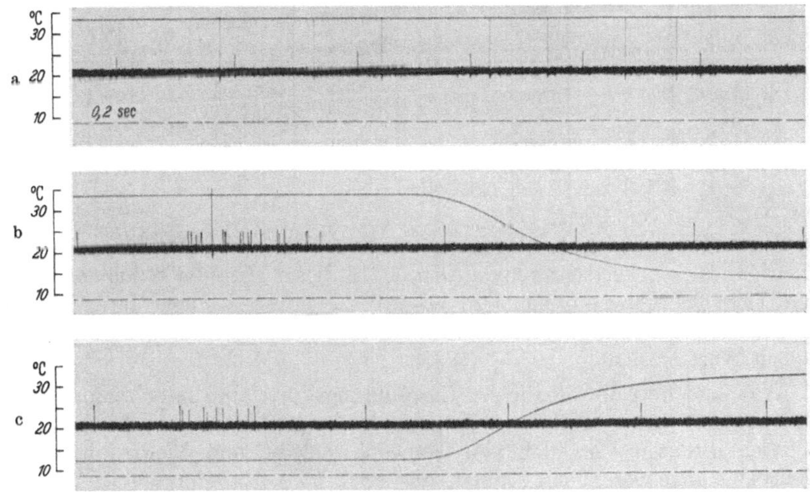

Abb. 46a—c. Impulse aus einer dünnen Präparation des R. superficialis n. radialis beim Menschen. a bei wiederholter Verbiegung eines Haares, wobei jeder Reiz einen einzigen großen Impuls erzeugt; b bei Abkühlung; c bei Erwärmung des Receptorenfeldes am Handrücken. Die großen mechanosensiblen Impulse treten nur bei mechanischer Reizung (in *b* durch Erschütterung der Thermode beim Umschalten des Wasserdurchflusses) auf. (Nach HENSEL u. BOMAN)

b) Unspezifische Receptoren der A-Fasergruppe. Einige mechanosensible A-Fasern der Katzenzunge können durch starke Abkühlung phasisch erregt werden (HENSEL u. ZOTTERMAN, *5*). Wenn man diese Nervenendigungen noch mit einiger Berechtigung als Mechanoreceptoren klassifizieren konnte, so haben die elektrophysiologischen Untersuchungen der letzten Jahre eine ganze Reihe biophysikalisch unspezifischer Receptorenarten zutage gefördert. In der äußeren Haut der Katze findet man neben zahlreichen mechanosensiblen A-Fasern auch solche, die sich wie typische Kältefasern verhalten, also eine stationäre Dauerentladung bei konstanten Temperaturen und entsprechende phasische Frequenzänderungen bei Kälte- und Wärmesprüngen zeigen. Diese Fasern sind aber auch durch Berührung des Receptorenfeldes mit einem Reizhaar oder durch Aufsetzen eines leichten, temperaturindifferenten Gewichtes erregbar (WITT u. HENSEL; HUNT u. MCINTYRE). Es ist klar, daß man bei Abkühlungen von wenigen Grad oder Gewichten von einigen Gramm nicht mehr von inadäquater Reizung sprechen kann.

Andere cutane A-Fasern sind thermisch wie Kältereceptoren erregbar, aber nur, wenn gleichzeitig ein äußerer mechanischer Druck einwirkt. Das legt die Frage nahe, ob die Spontantätigkeit der vorerwähnten A-Fasern nicht auch auf einer mechanischen Dauerdeformation, etwa durch intracutane Spannungen beruht. Solche Nervenendigungen wären also im Grunde als Mechanoreceptoren zu betrachten, deren Tätigkeit durch Temperatureinflüsse modifiziert wird (HUNT u. MCINTYRE, *1*).

Auch am Menschen findet man spontan tätige A-Fasern, die auf leichten mechanischen Druck sowie auf Abkühlung ansprechen (Tabelle 18). Gemeinsam

Tabelle 18. *Quantitatives Verhalten von cutanen Receptoren beim Menschen, die durch Druck und Abkühlung erregt werden.* (Nach HENSEL u. BOMAN)

Nr. der Präparation	Spontantätigkeit 32°C	Mechanische Reizung		Abkühlung		
		Art der Reizung	Maximalfrequenz	von bis °C	Maximalfrequenz	dynamische Empfindlichkeit
	Imp/sec		Imp/sec		Imp/sec	Imp/sec °C
10	1	Druck 13 g	50	32—24	8	−3
21a	9	Druck 13 g	127	34—21	17	−1,9
18b	1	Streichen	125	34—24	6	−5
29a	1,5	leichter Druck auf Thermode	25	34—13	10	−1,7

ist diesen Receptoren, daß ihr Frequenzmaximum bei großen Kältesprüngen viel niedriger ist als bei schwachem Druck. In dieser Hinsicht scheinen sie sich von den typischen thermosensiblen Fasern zu unterscheiden, deren dynamische Empfindlichkeit auf Temperaturänderungen größenordnungsmäßig den zehnfachen Wert erreicht.

Was sind nun die möglichen Empfindungskorrelate dieser reizunspezifischen Receptoren? Ist es Kälte oder Druck oder beides? Hier sind wir ausschließlich auf den direkten Vergleich von Sinnesphysiologie und Elektrophysiologie am Menschen angewiesen, ein Gebiet, das noch in den allerersten Anfängen steht. Eine mögliche Antwort ergibt sich aus der Tatsache, daß es eine Druckempfindung bei Abkühlung der Haut, aber nicht umgekehrt eine Kälteempfindung bei mechanischem Druck auf die Haut gibt (Webersche Täuschung, S. 133). Man kann also vermuten, daß diese „Mechano-Kältereceptoren" eine mechanische Empfindungsqualität vermitteln.

LELE u. WEDDELL sowie WEDDELL (*3*) fanden ein außerordentlich unspezifisches Verhalten der Nervenendigungen bei Ableitung von markhaltigen Ciliarnerven der Katze, die die *Cornea* versorgen. Wenn hier auch keine Einzelfaserableitungen vorliegen, so lassen sich doch mit einiger Sicherheit einzelne Einheiten erkennen, die praktisch auf alle Arten von Reizqualitäten reagieren. Allerdings darf man nicht vergessen, daß auch die Empfindungsqualitäten der Cornea wesentlich unspezifischer, undeutlicher und stärker schmerzbetont sind als an der äußeren Haut (KENSHALO, *1*), so daß Verallgemeinerungen dieser Befunde nur mit großen Vorbehalten möglich sind.

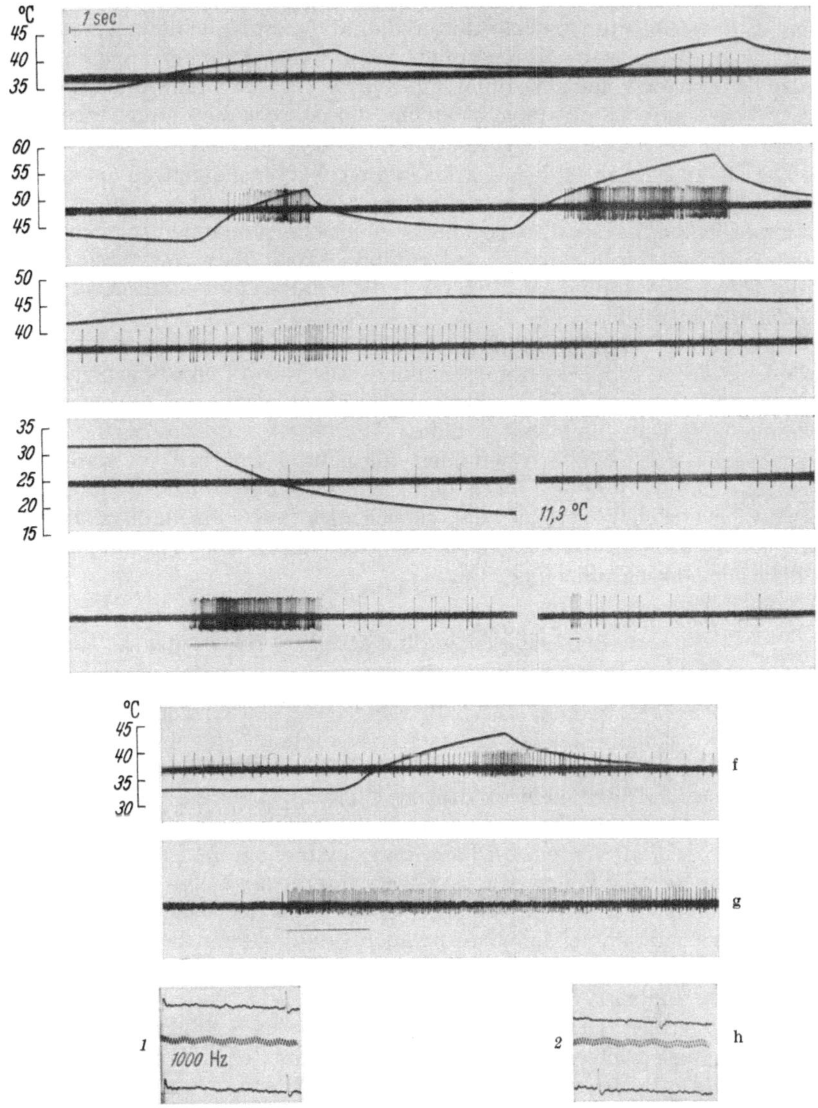

Abb. 47a—h. Afferente Impulse einer einzelnen unspezifischen marklosen C-Faser aus dem N. saphenus der Katze. a Wärmestrahlung, Hauttemperatur max. 42,5 und 43,2°C; b Hauttemperatur max. 51,5 und 57°C; c Dauererwärmung; d Abkühlung durch Thermode und Dauerentladung bei 11,3°C; e starker und schwacher Fingerdruck (Schwelle > 3 g) und Nachentladung; f 7,5 min nach Auftropfen konzentrierter Histaminlösung auf die unverletzte Haut. Dauerentladung und größerer Effekt durch Wärmestrahlung; g 10 min nach Histaminapplikation. Druck und Nachentladung über etwa 20 sec; h Messung der Leitungsgeschwindigkeit; *1* Impuls durch elektrische Reizung des Nerven, Start des Elektronenstrahls durch den Reizimpuls (li. Rand), Leitungszeit 45 msec, Leitungsstrecke 41 mm, Leitungsgeschwindigkeit 0,9 m/sec; *2* derselbe Impuls durch Erwärmung ausgelöst. (Nach WITT)

c) Spezifische und unspezifische Receptoren der C-Fasergruppe. Wie verhält sich nun die Gruppe der marklosen C-Fasern, die nach GASSER (*1, 2*) etwa 80% aller Fasern im cutanen Nerven ausmachen? Bereits ZOTTERMAN (*4*), MARUHASHI, MIZUGUCHI u. TASAKI sowie DOUGLAS u. RITCHIE (*1*) hatten gezeigt, daß diese Gruppe nicht nur „nociceptive“ Fasern enthält, wie man früher angenommen hatte, sondern auch empfindliche mechanosensible Fasern. Die von IGGO (*1*) ausgearbeitete Technik, mit Hilfe von Leitungsgeschwindigkeitsmessungen einzelne C-Fasereinheiten zu identifizieren, hat es ermöglicht, einen detaillierten Einblick in die funktionelle Zusammensetzung dieser Fasergruppe zu gewinnen. Dabei hat sich ein völlig neues Bild ergeben, welches man dahingehend zusammenfassen kann, daß das gesamte Spektrum von cutanen Receptorentypen in dieser Fasergruppe vertreten ist (Übersicht bei DOUGLAS u. RITCHIE, *3*).

Der überwiegende Anteil der marklosen Nervenendigungen in der äußeren Haut der Katze, deren Fasern Leitungsgeschwindigkeiten zwischen 0,5 und 1,5 m/sec haben, ist sensibel gegenüber nichtschmerzhafter mechanischer Deformation, wobei die quantitative Empfindlichkeit über einen weiten Bereich streut (IGGO, *3*), während ein kleinerer Teil der C-Receptoren auf Erwärmung oder Abkühlung anspricht.

Neben diesen verhältnismäßig spezifischen Receptoren finden sich nun innerhalb der C-Fasergruppe auch unspezifische. DOUGLAS, RITCHIE u. STRAUB hatten festgestellt, daß ein Teil der mechanosensiblen marklosen C-Fasern auf Abkühlung anspricht, und später haben IRIUCHIJIMA u. ZOTTERMAN (*1*) sowie WITT marklose Einzelfasern gefunden, die nahezu auf jede Art von Reizen ansprechen: Druck, Wärme, Kälte und chemische Substanzen (Abb. 47). Dabei möchte ich nochmals betonen, daß es sich nicht etwa um unphysiologische, inadäquate Reizintensitäten handelt. Die Receptoren ähneln in ihrem Verhalten in mancher Hinsicht denen der Cornea.

2. Reizbedingungen und periphere Adaptation

Sämtliche Mechanoreceptoren der Haut sind dynamisch erregbar, während ihre statische Erregbarkeit innerhalb weiter Grenzen schwankt. Besonders die von dicken, schnell leitenden A-Fasern versorgten Nervenendigungen, wie die Haarreceptoren und die Pacinischen Körperchen, adaptieren so rasch, daß sie praktisch nur auf zeitlich veränderliche Reize ansprechen. Verbiegt man beispielsweise ein menschliches Haar um einen kleinen, konstanten Betrag, so registriert man in der afferenten A,β-Faser jeweils nur einen einzigen Impuls (Abb. 46); bei stärkerer Reizung können auch mehrere Impulse auftreten. Ähnlich verhalten sich die von GRAY u. MATTHEWS untersuchten, aus den Pacinischen Körperchen der Katzenzehe stammenden Fasern; auch sie adaptieren bei Berührungsreizen innerhalb 0,2 bis 1 sec, während bei Druckreizen kleinere, langsam adaptierende Potentiale in anderen Nervenfasern auftreten.

Im Unterschied zu diesen auf Berührungs- und Stoßreize spezialisierten Nervenendigungen haben andere Mechanoreceptoren einen langsameren Adaptationszeitgang mit einer statischen Erregungskomponente, die auch auf konstanten Dauerdruck anspricht (FRANKENHAEUSER; HUNT u. MCINTYRE, *2*). Die afferenten Impulse dieser Gruppe von Nervenendigungen werden meist in dünneren A-Fasern geleitet. In Abb. 48, die die Impulsentladung einer einzelnen mechanosensiblen Faser der menschlichen Haut wiedergibt, ist zu sehen, wie mit steigender Belastung sich die Impulsfolgefrequenz erhöht, wobei die statische Komponente der Entladung über einen weiten Bereich etwa dem Logarithmus des Druckes entspricht. Bei starken mechanischen Reizen nähert sich dann die Impulsfrequenz einem Maximalwert, der, wie aus Abb. 49 ersichtlich, bei unspezifischen Mechanoreceptoren früher erreicht wird als bei spezifischen.

Man sieht ferner in Abb. 48 deutlich das PD-Verhalten des Receptors, also die überschießende Entladung am Beginn des Reizsprungs mit nachfolgender

Adaptation auf einen konstanten Endwert der Impulsfrequenz. Quantitative Messungen des Adaptationszeitganges wurden an verschiedenen Typen von Mechanoreceptoren ausgeführt, so von FITZGERALD an den Vibrissen der Katze und von IGGO (*6*) an Mechanoreceptoren in der Haut des Affen. Manche dieser

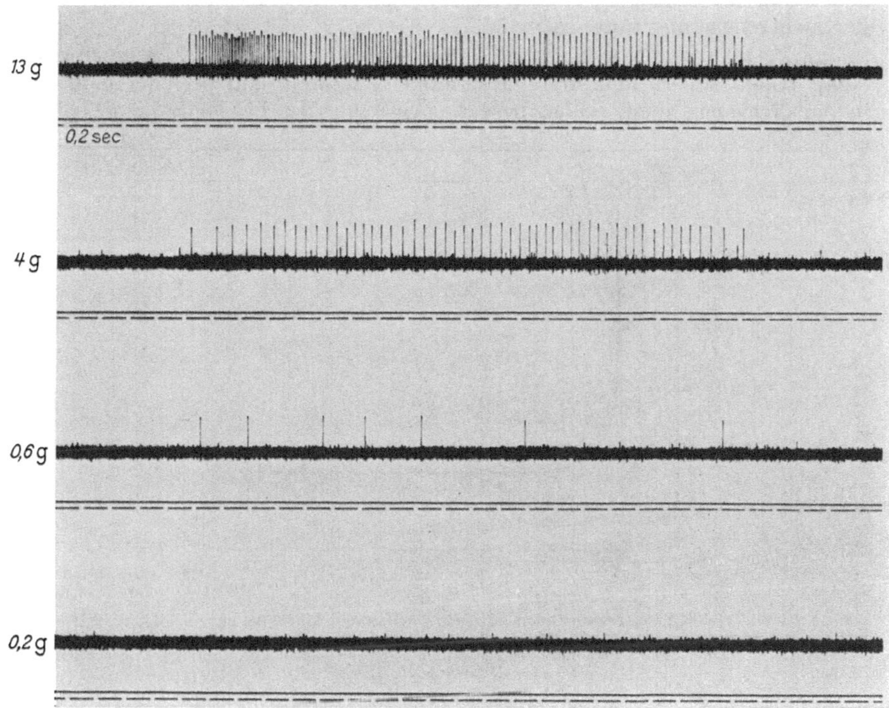

Abb. 48. Afferente Impulse einer einzelnen spezifischen Druckfaser im R. superficialis N. radialis beim Menschen. Die Druckreize am Handrücken wurden durch einen mit verschiedenen konstanten Gewichten belasteten Plexiglasstift von 1 mm Durchmesser erzeugt. (Nach HENSEL u. BOMAN)

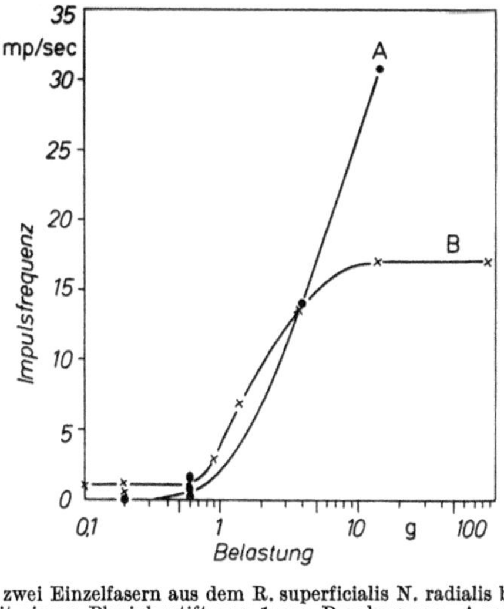

Abb. 49. Impulsfrequenz von zwei Einzelfasern aus dem R. superficialis N. radialis beim Menschen als Funktion des Druckes auf die Haut mit einem Plexiglasstift von 1 mm Durchmesser. A spezifischer Mechanoreceptor; B Receptor, der auf Druck und Abkühlung anspricht. (Nach HENSEL u. BOMAN)

Nervenendigungen zeigen zum Teil auch ohne äußeren Reiz eine spontane Dauerentladung, vielleicht infolge einer gewissen intradermalen Spannung, und reagieren auf einen rechteckförmigen Druck mit überschießender Frequenzerhöhung und Adaptation auf einen neuen Proportionalwert, während ein Abwärtssprung des Reizes zu einer vorübergehenden Hemmung („false start“ oder „silent period“) der Dauerentladung führt (Abb. 50).

Es besteht somit kein Zweifel, daß die sinnesphysiologisch nachweisbare Adaptation der Druckempfindung zumindest teilweise auf peripheren Prozessen in der Nervenendigung selbst beruht. Allerdings ist bis heute weder über die

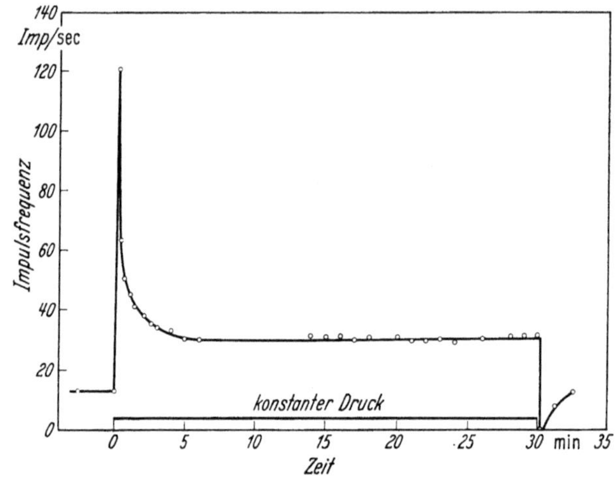

Abb. 50. Adaptationszeitgang eines Mechanoreceptors in der Haut des Affen. Bei Beginn des konstanten Druckes tritt eine vorübergehende Frequenzsteigerung auf ("overshoot"), nach Ende des Druckes eine vorübergehende Hemmung ("silent period"). Während des konstanten Reizes sieht man eine stationäre Dauerentladung. (Nach Iggo, 6)

Art noch über den Ort der Adaptationsvorgänge im Receptor Genaueres bekannt. Nach Hoagland soll die Adaptation von Mechanoreceptoren in der Froschhaut dadurch zustande kommen, daß die Deformation in den Epithelzellen Kalium freisetzt, welches seinerseits eine Hemmung der afferenten Entladung bewirkt (Hoagland, *1*, *2*; Hoagland u. Rubin). Indessen ist dies sicher nicht der einzige Adaptationsmechanismus, denn auch die isolierte marklose Nervenendigung eines Pacinischen Körperchens, bei der natürlich keine Kaliumfreisetzung aus Epithelzellen in Frage kommt, zeigt bereits eine ausgesprochene Adaptation (Loewenstein u. Rathkamp; Loewenstein, *6*, *7*, *9*).

Eine Erklärungsmöglichkeit für das adaptive Verhalten der Nervenendigung wäre der Zeitgang von *Stoffwechselvorgängen*, wobei wegen der PD-Eigenschaften des Receptors formal mindestens zwei entgegengesetzt wirkende Prozesse gefordert werden müssen. Hierfür sind verschiedene Modellvorstellungen entwickelt worden (Sand; Hensel, *3*; Ranke, *2*; Keidel, *7*; Zerbst, Dittberner u. William). So könnte man sich nach Ranke und Keidel vorstellen, daß die Erregungsgröße des Receptors durch die Bildungsgeschwindigkeit einer Erregungssubstanz bestimmt wird. Aus einer Vorratssubstanz a wird durch Reizeinwirkung I mit der Bildungsgeschwindigkeit

$$v_b = k_1 \cdot I(a - x)$$

die Erregungssubstanz x gebildet. Diese kann z.B. in bimolekularer Reaktion mit der Rückbildungsgeschwindigkeit

$$v_r = k_2 \cdot x^2$$

wieder zur Ausgangssubstanz a rücksynthetisiert werden. (Zugehörige Gleichungen bei KEIDEL, 7). Die Zellgrenzmembran integriert die Bildungsgeschwindigkeit zur Konzentration, elektrisch zum Generatorpotential. Bei konstanter Reizgröße stellt sich ein Fließgleichgewicht $v_b = v_r$ mit konstantem Generatorpotential ein. Je undichter die Membran der Sinneszelle ist („Leckstoffwechsel"), desto mehr wird sich ihre P-Empfindlichkeit zugunsten einer D-Empfindlichkeit verschieben, d.h. sie wird bevorzugt auf den zeitlichen Differentialquotienten der Reizänderung ansprechen. Bei einem Aufwärtssprung der Reizgröße hinkt die Rückbildungsgeschwindigkeit v_r hinter der Bildungsgeschwindigkeit v_b nach, da v_r erst ansteigen kann, wenn die Substanzkonzentration x größer geworden ist. So entsteht ein initialer Overshoot mit anschließender Adaptation auf einen neuen stationären Wert. Auch die überschießende Hemmung („false start" oder „silent period") nach einem Abwärtssprung der Reizgröße läßt sich mit diesem Modell beschreiben. Dabei wird zuerst die Bildungsgeschwindigkeit der Erregungssubstanz vermindert, d.h. v_b wird sofort sehr klein gegenüber v_r. Das Fließgleichgewicht wird in Richtung eines zu starken Abtransports der erregenden Substanzen verschoben und braucht Zeit bis zur Neueinstellung, weil v_r sich erst dann vermindern kann, wenn die Substanzkonzentration x entsprechend abgesunken ist. Erst wenn auch v_r kleiner geworden ist, stellt sich ein neues Gleichgewicht ein, das aber höher ist als der Wert unmittelbar nach dem negativen Reizsprung.

Ein einfaches elektrisches Analogiemodell hierfür ist der Stromverlauf an einem durch einen hohen Widerstand R überbrückten Kondensator C. Bei konstanter Spannung E_1 fließt über den Widerstand R ein spannungsproportionaler Strom I_1. Steigt die Spannung sprunghaft auf E_2 an, so fließt zunächst ein starker Strom (Aufladung von C), der dann auf einen niedrigeren, durch R bestimmten Proportionalwert I_2 absinkt. Bei einem Abwärtssprung der Spannung auf E_1 wird I infolge des entgegengesetzt gerichteten Entladungsstroms von C zunächst sehr klein, um dann langsam wieder auf den Proportionalwert I_1 anzusteigen.

Andererseits sind auch rein *mechanische* Komponenten bei der Adaptation nicht von der Hand zu weisen. HUBBARD hat an einzelnen Pacinischen Körperchen des Katzenmesenteriums den Zeitgang der mechanischen Verformung gemessen. Die Verschiebung der Lamellen ist nach seinen Untersuchungen abhängig vom Ausmaß und von der Geschwindigkeit der Deformation, wobei der Zeitgang der Lamellenverformung dem Zeitverlauf der raschen Adaptation sehr ähnlich ist. Wenn HUBBARD allerdings zu dem Schluß kommt, die schnelle Adaptation des Körperchens sei eine direkte Folge dieser mechanischen Eigenschaften, so ist hiergegen zu sagen, daß auch die freigelegte marklose Nervenendigung grundsätzlich denselben Zeitgang der Adaptation besitzt wie das intakte Lamellenkörperchen. Doch ist das natürlich kein Gegenbeweis gegen eine mechanische Adaptationskomponente überhaupt, denn eine solche könnte ja auch beim isolierten Axon vorhanden sein. LOEWENSTEIN (*2*) postuliert ebenfalls einen mechanischen Faktor bei der Adaptation von Druckreceptoren und stützt seine Ansicht vor allem darauf, daß manche Receptoren je nach Vorspannung der Haut ihre adaptiven Eigenschaften stark ändern können.

3. Mechano-elektrische Vorgänge am Receptor

Die Forschungen der letzten Jahre haben uns manchen wichtigen Einblick in den mechano-elektrischen Primärvorgang am Receptor gewährt. Was die Physiologie cutaner Mechanoreceptoren betrifft, so sind hier besonders die Befunde an isolierten Pacinischen Körperchen zu erwähnen. Leitet man die elektrische Aktivität eines Pacinischen Körperchens nahe an der Eintrittsstelle der markhaltigen Nervenfaser ab (ALVAREZ-BUYLLA u. DE ARELLANO; GRAY u. SATO, *1*), so kann man bei adäquater Reizung zwei verschiedene Arten von Potentialänderungen beobachten. Bei sehr schwacher mechanischer Deformation des Receptors tritt lediglich ein lokales elektrotonisches Potential auf, aber keine fortgeleitete Erregung in der Nervenfaser (Abb. 51). Die Amplitude dieses lokalen *Generatorpotentials* oder *Receptorpotentials* ist eine kontinuierliche Funktion der Reizgröße; überschreitet das Receptorpotential bei stärkerem Reiz einen kritischen Schwellenwert, so werden in der afferenten Nervenfaser fortgeleitete Aktionspotentiale von konstanter Amplitude ausgelöst. Es ist möglich, die fortgeleitete Erregungskomponente durch Procain zu blockieren, ohne das Generatorpotential selbst

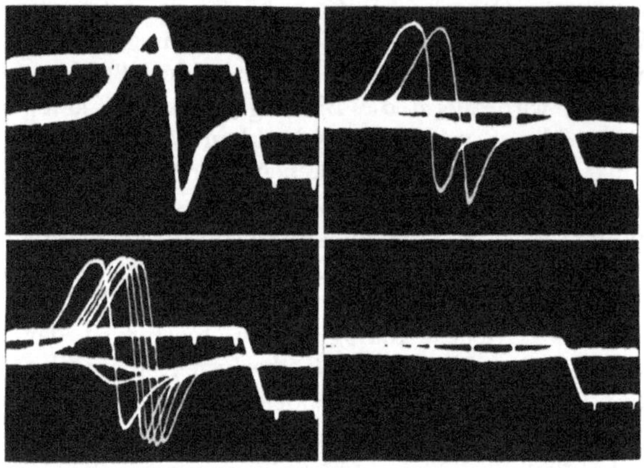

Abb. 51. Generator- und Aktionspotentiale eines Pacinischen Körperchens bei zunehmenden mechanischen Deformationen; letztere sind als Stufenkurven mit aufgesetzten Zeitmarken von 1 msec registriert. Schwache Deformationen erzeugen nur lokale Generatorpotentiale, während stärkere Deformationen neben größeren Generatorpotentialen auch fortgeleitete Neuritenpotentiale auslösen, die mit wachsender Reizstärke immer besser synchronisiert werden. (Nach GRAY u. SATO, *1*)

erheblich zu verändern (GRAY u. SATO, *1*). Auf diese Weise kann man den Verlauf des örtlichen Receptorpotentials ohne Überlagerung durch das Neuritenpotential registrieren. Bei einer statischen Verformung des Körperchens adaptiert das Receptorpotential sehr rasch; die Zeitkonstante beträgt hierbei nur wenige Millisekunden. Dementsprechend führen zeitlich veränderliche Deformationen zu um so größeren Receptorpotentialen, je steiler der Druckanstieg erfolgt (Abb. 52). Adaptation und Differentialquotientenempfindlichkeit sind also bereits im mechanoelektrischen Primärprozeß des Receptors veranlagt.

LOEWENSTEIN u. RATHKAMP fanden, daß die Mechanosensibilität eines Pacinischen Körperchens sich praktisch nicht ändert, wenn man nach Entfernung der gesamten Lamellenstruktur die Druckreize unmittelbar auf die freigelegte marklose Nervenendigung einwirken läßt (vgl. Abb. 53). Drückt man zusätzlich mit einer Mikronadel auf den ersten Ranvierschen Schnürring des markhaltigen Axons, der noch innerhalb des Lamellenkörperchens liegt, so fällt das fortgeleitete Neuritenpotential aus, während das Generatorpotential unverändert bleibt. Als Entstehungsort des fortgeleiteten Aktionspotentials ist daher der erste Ranviersche Schnürring anzusehen, während das lokale Receptorpotential in der marklosen Nervenendigung selbst entsteht (vgl. DIAMOND, GRAY u. SATO). Auch in anderer Hinsicht ist das Generatorpotential vom Neuritenpotential unabhängig, so etwa im Verlauf seines Refraktärstadiums bei wiederholter Reizung (LOEWENSTEIN u. ALTAMIRANO-ORREGO). Durch künstliche Polarisation der Receptormembran läßt sich die Amplitude des mechanisch ausgelösten Generatorpotentials innerhalb weiter Grenzen verändern und damit die

Empfindlichkeit des Receptors, ausgedrückt als Amplitude des Generatorpotentials bei einem Standardreiz, beeinflussen (LOEWENSTEIN u. ISHIKO, *2*).

Wie schon auf S. 136 erwähnt, wird die Nervenendigung eines Pacinischen Körperchens durch Abkühlung nicht erregt. Nach Untersuchungen von ISHIKO u. LOEWENSTEIN ist aber das durch mechanischen Reiz ausgelöste Generatorpotential stark temperaturabhängig. Wird der Receptor von 40° C auf 10° C abgekühlt, so sinkt die Amplitude des Generatorpotentials auf etwa 12% des Ausgangswertes ab, der Receptor wird also unempfindlicher.

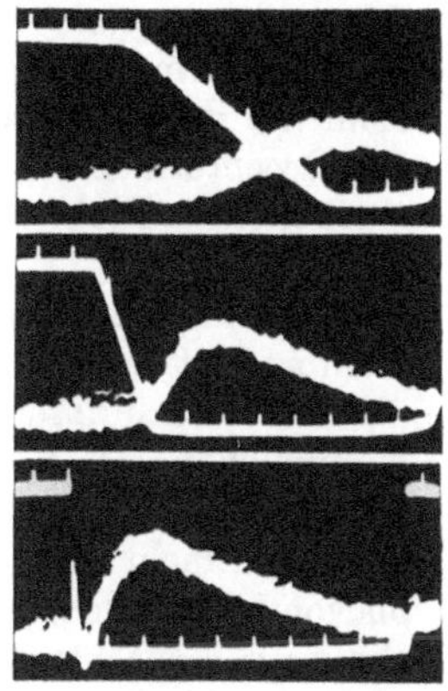

Abb. 52. Generatorpotentiale eines isolierten Pacinischen Körperchens bei mechanischen Deformationen von zunehmender Steilheit. Die Deformationen sind als Stufenkurven mit Zeitmarken von 1 msec registriert. Das Neuritenpotential ist durch Procain ausgeschaltet. (Nach GRAY u. SATO, *1*)

Ableitungen mit Mikroelektroden an der freigelegten Nervenendigung des Lamellenkörperchens haben weitere Aufschlüsse über den mechano-elektrischen Transformationsvorgang erbracht (LOEWENSTEIN u. ISHIKO, *1*; LOEWENSTEIN, *5*, *6*, *7*, *9*). Übt man an einer bestimmten Stelle der Nervenendigung einen punktförmigen Druck aus, so breitet sich das Generatorpotential nicht gleichmäßig über die gesamte Receptormembran aus, sondern bleibt auf den Ort der mechanischen Einwirkung beschränkt. Zwei gleichzeitig nebeneinander gesetzte lokale Verformungen führen zu zwei voneinander unabhängigen Potentialfeldern, die sich örtlich summieren (Abb. 53). Auf Grund dieser Befunde hat LOEWENSTEIN (*9*) die Theorie aufgestellt, daß die Receptormembran aus einer

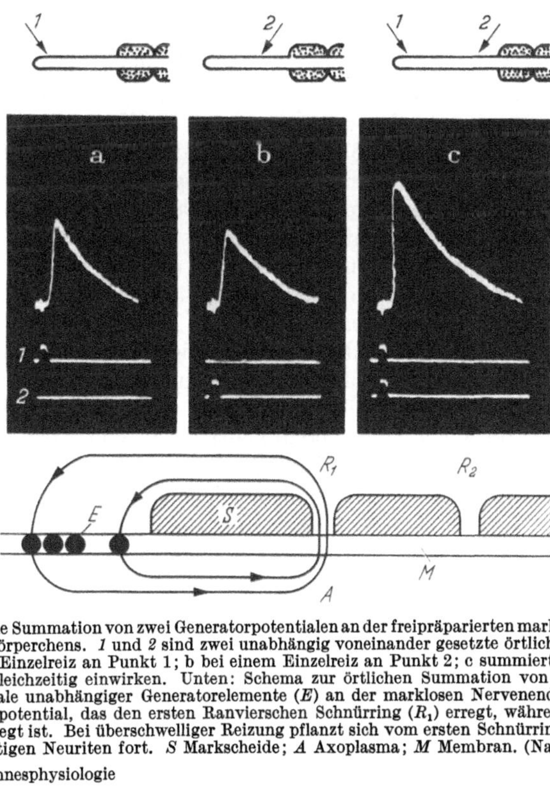

Abb. 53a—c. Örtliche Summation von zwei Generatorpotentialen an der freipräparierten marklosen Nervenendigung eines Pacinischen Körperchens. *1* und *2* sind zwei unabhängig voneinander gesetzte örtliche Reize. a Generatorpotential bei einem Einzelreiz an Punkt 1; b bei einem Einzelreiz an Punkt 2; c summiertes Generatorpotential, wenn beide Reize gleichzeitig einwirken. Unten: Schema zur örtlichen Summation von Generatorpotentialen. Die lokalen Potentiale unabhängiger Generatorelemente (*E*) an der marklosen Nervenendigung summieren sich zu einem Generatorpotential, das den ersten Ranvierschen Schnürring (R_1) erregt, während der zweite Schnürring (R_2) noch unerregt ist. Bei überschwelliger Reizung pflanzt sich vom ersten Schnürring ein Aktionspotential über den markhaltigen Neuriten fort. *S* Markscheide; *A* Axoplasma; *M* Membran. (Nach LOEWENSTEIN, *5*)

großen Zahl voneinander unabhängiger Generatorelemente besteht, von denen jedes bei mechanischer Reizung ein lokales Miniaturpotential erzeugt. Diese *Elementarpotentiale* summieren sich räumlich zu einem Gesamtpotential. Je nach Verformung der Receptormembran werden mehr oder weniger Generatorelemente erregt. Für die Annahme diskontinuierlicher Elementarvorgänge an der Receptormembran spricht vor allem auch die Beobachtung einer auffälligen statistischen Fluktuation des Generatorpotentials bei gleichbleibender Reizgröße.

Über die Natur des mechano-elektrischen Primärprozesses an der Receptormembran ist bis heute noch nichts bekannt. Zwar liegen einige Untersuchungen über die Beeinflussung des lokalen Receptorpotentials durch Natrium- und Kaliumionen (Diamond, Gray u. Inman) und über den Ionentransport im Pacinischen Körperchen vor (Gray u. Sato, *2*), doch läßt sich aus diesen Befunden kaum mehr schließen, als daß die Receptormembran bei mechanischer Deformation in irgendeiner Weise durchlässiger für die genannten Ionen wird. Acetylcholin in Konzentrationen von 10^{-4} bis 10^{-6} bewirkt eine vorübergehende Erregungssteigerung und Schwellensenkung der cutanen Mechanoreceptoren, die von einer Hemmungsphase gefolgt ist (Jarrett; Fjällbrant u. Iggo). Erwähnt sei in diesem Zusammenhang noch ein von Loewenstein u. Molins erhobener Befund, wonach das marklose Axon des Lamellenkörperchens eine sehr hohe Cholinesteraseaktivität besitzt, während die Lamellenstruktur praktisch keine Cholinesterase enthält (vgl. Cauna, *3*).

4. Efferente Innervation der Mechanoreceptoren

Obwohl C. Bernard (zit. bei Brücke) schon vor mehr als hundert Jahren einen Einfluß des Sympathicus auf die Hautsensibilität postuliert hatte, ist erst in den letzten Jahren Näheres über eine efferente Innervation der cutanen Mechanoreceptoren bekanntgeworden. Die ersten elektrophysiologischen Untersuchungen zu diesem Thema stammen von Jirmunskaya. Sie konnte zeigen, daß afferente Entladungen von Mechanoreceptoren der Froschhaut durch elektrische Reizung des sympathischen Grenzstranges verändert werden. Loewenstein (*1*) und Chernetski haben diese Befunde bestätigt und in wesentlichen Punkten erweitert. Registriert man am isolierten Hautnervenpräparat des Frosches (*Rana pipiens* und *clamitans*) afferente Impulse bei mechanischer Deformation der Haut und reizt zugleich den Grenzstrang, so wird die Schwelle der Druckreceptoren gegenüber dem adäquaten mechanischen Reiz erniedrigt, doch erreicht die Schwellensenkung selten mehr als 10% der ursprünglichen Werte. Dagegen kann bei gleichbleibender überschwelliger Druckintensität die Zahl der afferenten Impulse sich auf das Mehrfache des Ausgangswertes erhöhen (Abb. 54), ferner wird die Adaptation in ihrem Zeitgang verlangsamt. Endlich kann die Sympathicusreizung auch eine Spontanentladung von Druckreceptoren ohne äußeren Reiz auslösen. Alle diese Einflüsse hängen von der mechanischen Vorspannung der Haut ab und werden mit zunehmender Spannung verstärkt. Nach den Untersuchungen von Chernetski kann eine Empfindlichkeitssteigerung der Mechanoreceptoren auch auf reflektorischem Wege durch visuelle, akustische, taktile und nociceptive Reize, die zu einer allgemeinen Sympathicuserregung führen, hervorgerufen werden; daß auch diese Wirkungen über sympathische Efferenzen in den Hautnerven vermittelt werden, zeigt ihr Ausfall nach Sympathektomie.

Es handelt sich also um eine efferente Kontrolle des *Receptorwirkungsgrades* (Drischel) im Sinne einer Verstellung der statischen und dynamischen Empfindlichkeit. Diese Veränderungen der Receptorfunktion werden wahrscheinlich über eine adrenalinähnliche Substanz vermittelt, die an den sympathischen Nervenendigungen freigesetzt wird und von dort an die Druckreceptoren gelangt. Durch Bepinselung eines ungereizten Hautpräparates mit der Ringerlösung eines sympathisch gereizten Präparates gelingt es, die Empfindlichkeit der Druckreceptoren in gleicher Weise wie bei einer Sympathicusreizung zu verändern. Ähnliche Wirkungen kann man auch mit stark verdünnter Adrenalin- und Noradrenalinlösung erzielen (Abb. 54). Schließlich läßt sich mit der Ringerlösung des Hautpräparates nach Sympathicusreizung ein positiv inotroper Effekt am Frosch-

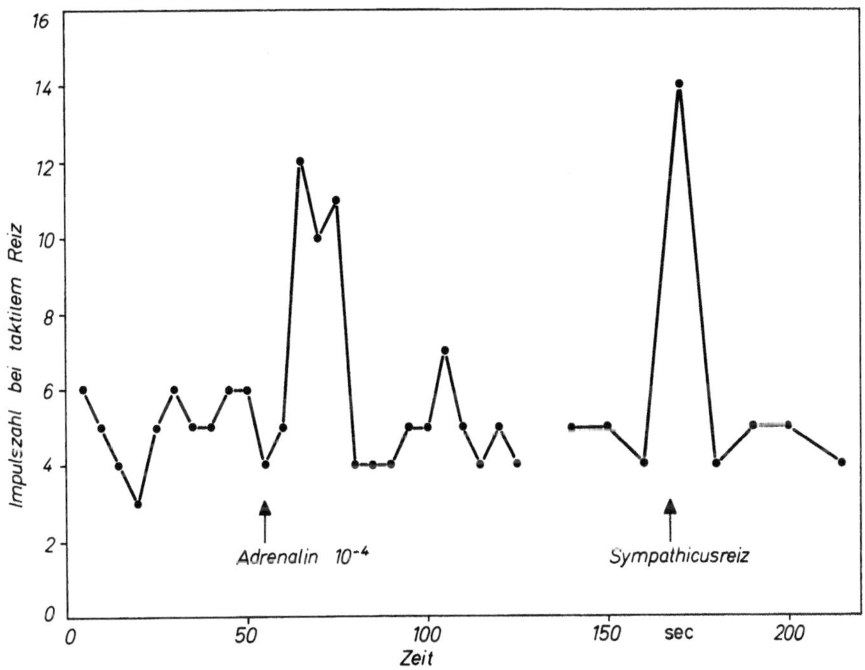

Abb. 54. Zahl der afferenten Impulse in einem dorsalen Hautnerven von *Rana clamitans* bei wiederholter mechanischer Reizung der Haut mit konstanter Intensität. Durch Perfusion mit Adrenalin ($1:10^4$) oder durch elektrische Reizung des sympathischen Grenzstranges (20 Hz, 0,4 sec) wird die Entladung der Mechanoreceptoren stark erhöht. (Nach CHERNETSKI)

herzen auslösen. Eine ähnliche Steigerung der mechanischen Empfindlichkeit durch adrenerge Substanzen, wie sie bei den Druckreceptoren der Froschhaut beobachtet wurde, fand LOEWENSTEIN (*3*) auch an isolierten Pacinischen Körperchen aus dem Mesenterium der Katze.

5. Zentrale Informationsverarbeitung

a) Spezifische und unspezifische Neurone. Die Spezifität der peripheren Mechanoreceptoren läßt sich größtenteils auch im Verhalten der nachgeschalteten Neurone des taktilen Sinneskanals wiederfinden, so im Thalamus (LANDGREN, *3*, *4*; POGGIO u. MOUNTCASTLE; MOUNTCASTLE, POGGIO u. WERNER; POGGIO u. VIERNSTEIN) und in den somatischen Feldern der Großhirnrinde (LANDGREN, *2*; BROOKS, RUDOMIN u. SLAYMAN, *1*; CARRERAS u. ANDERSSON). LANDGREN (*3*, *4*) registrierte die elektrische Aktivität einzelner Zellen im Thalamus (Nucleus ventralis posteromedialis) der Katze und fand, daß 60 bis 90% aller untersuchten Neurone spezifisch auf mechanische Reize ansprechen. Ähnliches gilt für das Zungenfeld der sensorischen Rinde; dort reagieren etwa 60% aller Zellen nur auf mechanische Deformation der Zunge.

Im gleichen Rindenfeld findet man aber auch unspezifische Zellen, die auf mehrere Reizqualitäten ansprechen (Tabelle 19). Nach unseren heutigen Kenntnissen dürfte die Unspezifität dieser zentralen Neurone zum Teil schon durch die unspezifischen Eigenschaften der cutanen Receptoren bedingt sein, doch kommt hier sicher noch eine zentrale Komponente hinzu, nämlich die *Konvergenz* von Impulsen aus verschiedenen afferenten Nervenfasern an ein und derselben Nervenzelle. Dies gilt namentlich für gewisse Teile des somatischen Rindenfeldes II bei der Katze, wo die mechanosensiblen Impulse mit akustischen und vestibulären Afferenzen konvergieren (Mickle u. Ades; Berman, *1*, *2*), und vor allem für die sog. Assoziationsfelder, in denen sich eine Konvergenz von taktilen, akustischen und optischen Afferenzen nachweisen läßt (Amassian; Albe-Fessard u. Rougeul; Buser u. Borenstein; Thompson, Johnson u. Hoopes; Thompson, Smith u. Bliss).

Tabelle 19. *Entladung einzelner Zellen im corticalen Zungenfeld der Katze bei verschiedenen Reizqualitäten an der Zunge.* (Nach Landgren, *2*)

Reizqualität	Zahl der corticalen Zellen
1. Spezifisch	
Berührung	32
Deformation*	29
Kälte	12
Wärme	1
2. Unspezifisch	
Berührung, Kälte	8
Deformation*, Kälte	9
Berührung, Kälte, Wärme	3
Deformation*, Kälte, Wärme, Geschmack	3
Deformation*, Kälte, Geschmack	1
Geschmack	1
Berührung, Geschmack	2
Summe	101

* Als Deformation werden verschiedenartige mechanische Reize bezeichnet, wie Dehnung der Zunge, Zungenbewegungen und stärkerer Druck auf die Zunge.

In der *Formatio reticularis* des Hirnstammes, deren Bedeutung als unspezifische multisynaptische Bahn bereits erwähnt wurde, finden sich zu etwa einem Drittel spezifische mechanosensible Neurone und zu zwei Dritteln unspezifische Zellen, die auf zwei, drei oder mehr Modalitäten ansprechen. Nachgewiesen wurden an einzelnen Elementen der Formatio reticularis konvergente Erregungen aus dem Großhirn und Kleinhirn (v. Baumgarten u. Mollica) sowie aus visceralen, optischen und akustischen Kanälen (Amassian u. de Vito; Scheibel u. Mitarb.; Bell u. Mitarb.).

b) Zentrale Adaptation. Bei mechanischer Reizung der Haut findet man auf jeder Stufe des Zentralnervensystems einen bestimmten Adaptationszeitgang der afferenten Impulse. Ein Beispiel zeigt Abb. 55. Es ist die Entladung einer einzelnen Zelle in der sensorischen Projektionsrinde der Katze registriert, wenn auf die Haut ein konstanter Druck ausgeübt wird (Mountcastle; Mountcastle, Davies u. Berman). Man sieht, wie die corticale Zelle sich in ihrem zeitlichen Erregungsablauf ähnlich wie ein peripherer Druckreceptor verhält: vor Reizbeginn eine stationäre Dauerentladung, während des Reizes ein initialer Overshoot mit Adaptation auf einen neuen konstanten Frequenzwert und nach Aufhören des Reizes eine „silent period", an die sich eine Restitutionsphase der stationären Dauerentladung anschließt. Ganz ähnliche Befunde wurden an der sensorischen Rinde von Affen bei mechanischer Reizung der Haut und der Gelenke erhoben (Mountcastle u. Powell, *1*, *2*; Mountcastle, Poggio u. Werner).

Ist nun die zentrale Adaptation lediglich ein Abbild der peripheren Receptoradaptation, oder sind hier noch zusätzliche Komponenten im Spiel? In der Tat läßt sich zeigen, daß die synaptischen Systeme ihren eigenen langsameren Adaptationszeitgang besitzen. Reizt man die taktilen Fasern eines Hautnerven mit einer Folgefrequenz von 10 Hz, so tritt im Summenpotential des peripheren Nerven keine Adaptation ein, d.h. statische und dynamische Kennlinie fallen zusammen (Abb. 56). Die statische Kennlinie ist gegeben durch die Verbindungs-

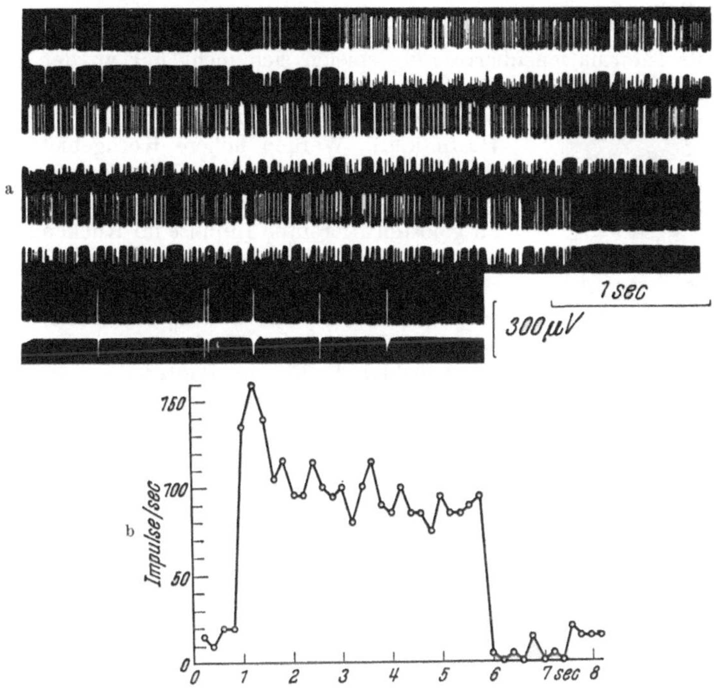

Abb. 55a u. b. Impulsentladung einer einzelnen Zelle in der taktilen Projektionsrinde der Katze bei statischer Druckreizung der Haut. Man sieht deutlich den Adaptationszeitgang. a Originalregistrierung; b Auswertung. (Nach MOUNTCASTLE)

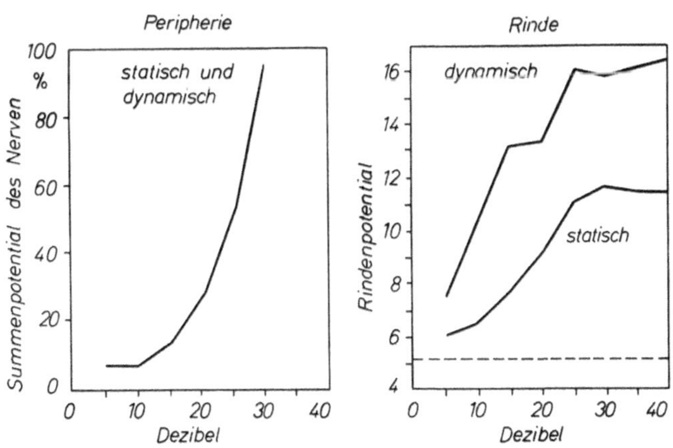

Abb. 56. Dynamische (overshoot-Werte) und statische (steady state-Werte) Kennlinien der Adaptation für Impulszüge von 10 Hz im taktilen Sinneskanal der Katze. Links: Größe des Summenaktionspotentials im N. maxillaris bei verschiedener Reizstärke. Rechts: Größe des Rindenpotentials im sensorischen Projektionsfeld bei verschiedener Reizstärke. (Nach KEIDEL, 6)

linie aller Amplituden des Summenpotentials bei verschiedenen Reizstärken im steady state, die dynamische Kennlinie durch die Verbindungslinie aller initialen Overshoots der Amplitude bei Reizbeginn. Im Gegensatz zum Verhalten des peripheren Nerven zeigt die Amplitude der Rindenpotentiale in den sensorischen Feldern eine deutliche Adaptation, kenntlich am Auseinanderfallen der statischen und dynamischen Kennlinien (Keidel, Keidel u. Kiang; Keidel u. Mitarb.; Keidel, *5*, *6*).

c) Efferente Kontrolle des taktilen Sinneskanals. Zentrifugale Einflüsse auf die taktile Informationsübertragung spielen sich nicht nur an den peripheren Receptoren, sondern auch an den zentralen Synapsen ab (Zusammenfassungen bei Hernández-Peón, *1*, *2*; Hagbarth). Werden höhere Kerngebiete elektrisch gereizt, so beobachtet man Veränderungen der postsynaptischen, durch Erregung von Hautreceptoren ausgelösten afferenten Impulse im Rückenmark (Hagbarth u. Fex; Towe u. Jabbur; Jabbur u. Towe). Beispielsweise kann die Entladungsfrequenz eines einzelnen, durch Druck auf die kontralaterale Pfote erregten Neurons im Nucleus cuneatus der Katze durch elektrische Reizung der sensomotorischen Rinde völlig gehemmt werden. In ähnlicher Weise wird auch die Impulsübertragung in den somatosensorischen Relaiskernen des Thalamus durch Reizung der Großhirnrinde verändert (Iwama u. Yamamoto).

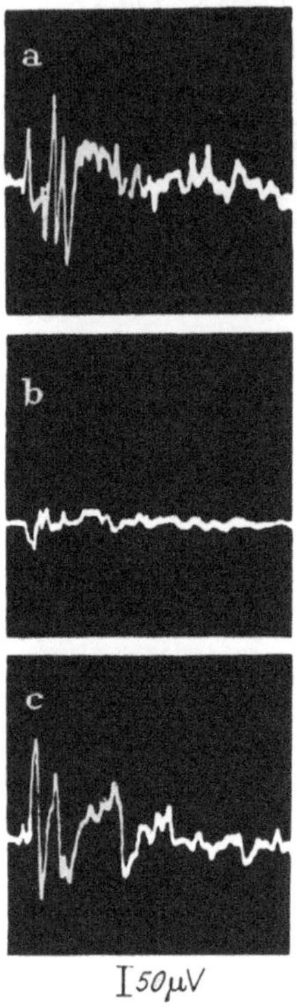

Abb. 57a—c. Evoked potentials m Rückenmark der wachen Katze bei taktiler Reizung der Haut. a Das Tier ist ruhig; b die Katze wendet sich aufmerksam einem Geruchsreiz zu, die taktilen Potentiale werden unterdrückt; c das Tier hat sich wieder beruhigt. (Nach Hernández-Peón, *2*)

Wichtig für die efferente Kontrolle der taktilen Bahnen ist vor allem die *Formatio reticularis* des Hirnstammes. Von diesem Kerngebiet können Einflüsse auf die synaptische Übertragung im gesamten taktilen Sinneskanal ausgehen; nachgewiesen wurden solche Effekte im Rückenmark (Hagbarth u. Kerr), in der Medulla oblongata (Hernández-Peón, Scherrer u. Velasco), im Thalamus (Moruzzi u. Magoun; Hernández-Peón u. Hagbarth; King, Naquet u. Magoun) und in der sensorischen Rinde (Parma u. Zanchetti). Untersuchungen über die reticuläre Beeinflussung der Informationsverarbeitung im Thalamus und im Cortex haben Appelberg, Kitchell u. Landgren ausgeführt. Wird die Zunge mechanisch oder elektrisch gereizt, so lassen sich im Nucleus ventralis posteromedialis des Thalamus und im Zungenprojektionsfeld der Großhirnrinde „evoked potentials" auslösen; durch elektrische Reizung der Formatio reticularis werden diese Potentiale verkleinert oder unterdrückt. Es sind aber auch bahnende Einflüsse der Großhirnrinde (Jabbur u. Towe) und der Formatio reticularis (Long) auf die taktile Informationsverarbeitung beschrieben worden, wobei allein schon eine Veränderung der Reizform genügt, um eine bahnende oder hemmende Wirkung zu erzielen. Long konnte zeigen, daß eine höherfrequente Reizung (250 Hz) der Formatio reticularis die cutanen Afferenzen im Thalamus und in der somatischen Rinde hemmt, während niederfrequente Reize (5 bis 10 Hz) zu einer deutlichen Verstärkung der Impulsübertragung führen.

In Versuchen am wachen Tier wurde neuerdings der Zusammenhang zwischen der *Aufmerksamkeit* beim Wahrnehmen und der Informationsübertragung im taktilen Sinneskanal unmittelbar nachgewiesen. So sieht man, wie Abb. 57 zeigt, im Rückenmark der Katze deutliche Potentialschwankungen bei Reizung eines peripheren Hautfeldes. Bietet man zugleich einen Geruchsreiz an, dem das Tier sich aufmerksam zuwendet, so werden die taktilen Potentiale fast völlig unterdrückt. Nachdem der Geruchsreiz entfernt worden ist und das Tier sich beruhigt hat, treten die Potentiale wieder in ursprünglicher Stärke auf (HERNÁNDEZ-PEÓN, *2*). An der menschlichen Großhirnrinde haben SPRENG u. KEIDEL ähnliche Erscheinungen registriert, allerdings bei akustischen Reizen; doch dürften die taktilen Afferenzen sich ganz analog verhalten. Die durch Schallreize ausgelösten langsamen Rindenpotentiale werden gedrosselt, wenn zugleich optische Reize dargeboten werden (vgl. Abb. 18, S. 91). Eine Aufmerksamkeitszuwendung scheint sich also neurophysiologisch so auszudrücken, daß die elektrische Aktivität im zugehörigen Sinneskanal erhöht wird, während sie gleichzeitig in den übrigen Sinneskanälen abnimmt. Wahrscheinlich spielt auch hier die Formatio reticularis eine entscheidende Rolle, ist doch ihre Funktion eng mit dem allgemeinen Grad der Wachheit, Aufmerksamkeit und psychischen Anspannung verknüpft (MAGOUN; JASPER).

Ein anderes Beispiel für die zentrifugale Drosselung der afferenten neuralen Aktivität ist die *Gewöhnung* (Habituation) an wiederholte Sinnesreize. Dabei beobachtet man sowohl in den taktilen Neuronen zweiter Ordnung als auch auf der thalamischen und corticalen Ebene (ROSNER; BROOKS, RUDOMIN u. SLAYMAN, *1*) eine Verminderung der zentripetalen Impulse, die HERNÁNDEZ-PEÓN (*2*) als „afferent neuronal habituation" bezeichnet.

IV. Vibrationsreception

In mancher Hinsicht erweist es sich als zweckmäßig, die physiologischen Verhältnisse bei Vibrationsreizen, also bei Einwirkung *periodischer Wechseldrücke* auf die Haut, gesondert zu behandeln. Maßgebend hierfür ist nicht etwa die Existenz eines besonderen „Vibrationssinnes" — es darf heute als gesichert gelten, daß die „Vibrationsreceptoren" identisch sind mit den gewöhnlichen Mechanoreceptoren —, sondern die besondere Art der Reizphysik und der physiologischen Informationsübertragung. Zusammenfassende Darstellungen der Vibrationsreception finden sich bei KEIDEL (*4*) und v. BÉKÉSY (*6*).

1. Vibrationsschwellen

a) Intensitätsschwellen. Die Größe der Vibrationsschwellen mißt man am besten als Deformation der Haut, also in der Dimension einer Längeneinheit. Am Menschen sind zahlreiche Messungen der *Minimalschwelle* ausgeführt worden, deren Resultate in Tabelle 20 zusammengestellt sind. Danach ergibt sich als Mittelwert der absoluten Vibrationsschwelle für ungeübte Versuchspersonen an der Fingerspitze im Optimalbereich von 200 Hz eine Deformation von 10^{-4} mm.

Tabelle 20. *Minimalschwelle des Menschen für Vibrationsreize im Frequenzoptimum.* (Nach einer Zusammenstellung von KEIDEL, *8*)

Schwellenwert mm	Untersucher
$0,8 \cdot 10^{-3}$	v. BAGH (*1*)
$0,7 \cdot 10^{-4}$	v. BÉKÉSY (*1*)
$1,8 \cdot 10^{-4}$	HUGONY
$0,6 \cdot 10^{-3}$	KATZ u. NOLDT
$1,3 \cdot 10^{-5}$ bis $1,2 \cdot 10^{-3}$	KEIDEL (*2*)
10^{-5} bis 10^{-3}	KNUDSEN
$2,6 \cdot 10^{-4}$	RAICH
$2,5 \cdot 10^{-5}$	SETZEPFAND
$5 \cdot 10^{-5}$	WILSKA

Die Vibrationsschwellen sind stark frequenzabhängig, was teils mit den mechanischen Eigenschaften der Haut (S. 130), teils mit der Physiologie der Receptorenerregung und der zentralen Informationsverarbeitung zusammenhängt. Am niedrigsten liegen die Schwellenwerte im Frequenzbereich von 200 Hz (KNUDSEN; HUGONY; SETZEPFAND; v. BÉKÉSY, *1*; KEIDEL, *2*; WILSKA). Abb. 58

zeigt den Verlauf der Vibrationsschwellen sowie eine Schar von Kurven gleicher Empfindungsstärke bei überschwelligen Vibrationsreizen. Während für die meisten Schwellenbestimmungen vertikale Deformationen der Haut angewandt wurden, hat v. BÉKÉSY (*1*) die Vibrationsschwellen auch bei tangentialer Hautverformung gemessen; dabei ergab sich ebenfalls ein Minimum im Bereich von 200 Hz (Abb. 59). Mit steigendem Auflagegleichdruck verschiebt sich die Optimalfrequenz der Intensitätsschwellen in einen höheren Bereich, und zugleich sinkt die Schwellenamplitude ab (KEIDEL, *2*).

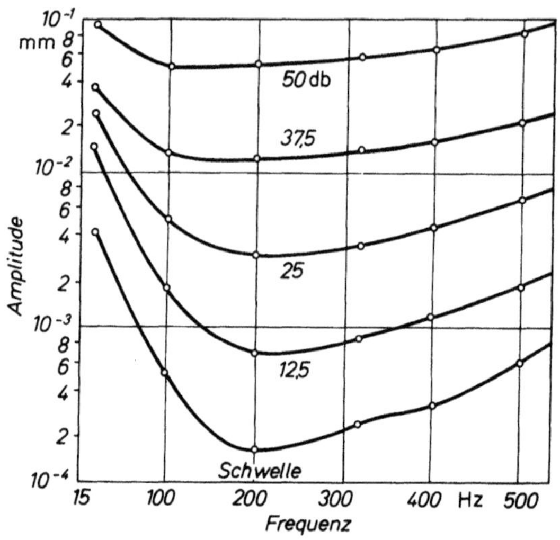

Abb. 58. Frequenzabhängigkeit der Intensitätsschwellen und der Werte gleicher Intensität bei Vibrationsreizen (Nach HUGONY)

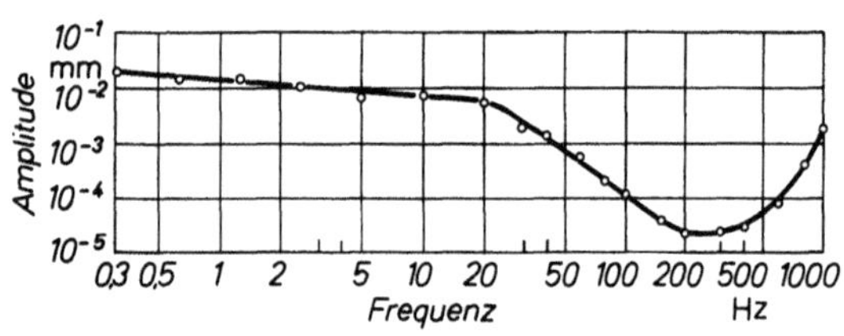

Abb. 59. Frequenzabhängigkeit derIntensitätsschwellen bei tangentialer Vibration der Haut. (Nach v. BÉKÉSY, *1*)

Bestimmt man die Vibrationsschwellen an verschiedenen Körperstellen, so findet man Unterschiede von 2 bis 3 Zehnerpotenzen (KEIDEL, *2*; WILSKA). Wie aus Tabelle 21 hervorgeht, sind die Werte an Finger, Hand und Fußsohle am niedrigsten und über der Abdominal- und Glutäalgegend am höchsten. Diese Ortsabhängigkeit der Intensitätsschwellen hat ihren Grund einerseits in der durch die Unterlage (Knochen, Muskulatur, Fett) bedingten unterschiedlichen mechanischen Impedanz des Gewebes (KEIDEL u. SCHMITT), andererseits in der örtlich verschiedenen Dichte der Receptoren. Daß die Zahl gleichzeitig erregter Druckreceptoren offenbar einen wesentlichen Einfluß hat, zeigt sich auch an der Reizflächenabhängigkeit der Vibrationsschwellen (v. HALLER GILMER, *1*).

Neuere Messungen der *Intensitätsunterschiedsschwellen* wurden von SCHILLER ausgeführt. Das Ergebnis ist in Tabelle 22 zusammengestellt. Im Bereich niedriger Reizintensitäten haben die Unterschiedsschwellen ihren Höchstwert mit

Tabelle 21. *Ortsabhängigkeit der Intensitätsschwellen für Vibrationsreize.* (Nach WILSKA)

Körpergegend Regio	Vibrationsschwellenamplitude in 10^{-3} mm bei				
	50 Hz	100 Hz	200 Hz	400 Hz	800 Hz
Volaris digitorum manus	2,0	0,6	0,07	0,05	0,3
Volaris manus	2,5	0,7	0,07	0,06	1,1
Dorsalis manus	4,1	1,8	0,11	0,16	5,5
Antebrachii ulnaris	4,0	1,2	0,28	0,15	5,4
Antebrachii dorsalis	4,3	1,6	0,42	0,32	7,2
Plantaris pedis	6,5	1,5	0,45	0,36	7,1
Antebrachii volaris	7,6	1,8	0,39	0,72	10
Sternalis	7,6	3,8	0,28	0,6	5,8
Plantaris digitorum pedis	8,8	3,7	0,77	0,74	14
Malleolaris lateralis	18	11	1,8	0,6	13
Olecrani	25	7,2	1,3	0,9	11
Malleolaris medialis	12	6,2	1,4	1,1	14
Calcanea	4,2	0,9	1,8	14	—
Brachii posterior	21	12	1,1	5,6	18
Brachii anterior	5,3	4,2	3,2	1,6	16
Scapularis	11	4,5	1,4	11	—
Femoris anterior	12	6,4	1,8	16	—
Mammalis	7,2	4,0	1,7	3,8	18
Oralis	19	8,0	2,2	6,1	—
Cruris anterior	41	14	2,5	8,2	—
Cruris posterior	12	5,4	2,8	12	—
Nuchae	10	5,6	3,1	3,1	6,9
Patellaris	95	31	5,6	3,3	18
Lumbalis	13	8,1	4,2	13	18
Frontalis	19	14	4,2	7,4	—
Nasalis	4,1	7,8	4,7	20	—
Parotideo-masseterica	5,1	7,4	6,3	29	—
Mentalis	14	8,6	5,6	17	—
Suralis	23	11	5,6	27	—
Laryngea	36	12	5,6	18	—
Epigastrica	35	10	5,9	9,6	—
Hypogastrica	56	11	4,5	31	—
Coxae	115	29	5,6	18	—
Glutaeae	40	27	14	60	

15% und fallen dann mit steigender Reizstärke auf einen mittleren Wert von 10% ab.

b) Frequenzunterschiedsschwellen. Besonderes Interesse verdient schließlich die Frequenzunterscheidung mittels der Vibrationsempfindung, weil sich dabei gewisse Parallelen zum Gehör ergeben. Schon GUTZMANN stellte fest, daß im Bereich zwischen 110 und 176 Hz ein Frequenzunterschied von 12% noch wahrgenommen wird. Diese Ergebnisse wurden von KNUDSEN und später vor allem von GELDARD (*1, 2*) mittels sorgfältiger Messungen bestätigt. Dabei lagen die Frequenzunterschiedsschwellen zwischen 8 und 29%. Oberhalb 250 Hz steigen sie steil an. Es ist also bei tieferen Frequenzen möglich, Tonhöhen mit Hilfe der Vibrationsempfindung zu unterscheiden. Freilich ist das Frequenzauflösungsvermögen, verglichen mit dem des Gehörs, außerordentlich grob, denn das Ohr vermag im Optimalbereich noch Frequenzunterschiede von 0,2% wahrzunehmen.

Tabelle 22. *Mittelwerte der Intensitätsunterschiedsschwellen in Abhängigkeit von der Reizfrequenz.* (Nach SCHILLER)

Frequenz Hz	Zuwachs der Reizstärke $\Delta I/I$	Verminderung der Reizstärke $\Delta I/I$
50	0,16	0,13
100	0,14	0,10
200	0,11	0,11
400	0,12	0,12
800	0,15	0,12

2. Empfindungsstärken

Gemäß den methodischen Ansätzen von STEVENS (vgl. S. 56) ist es möglich, für die Vibrationsempfindungen eine eigenmetrische Intensitätsskala aufzustellen, die auch eine gewisse praktische Bedeutung — etwa als Belästigungsmaß bei mechanischen Erschütterungen — besitzt. Bei der Aufstellung der „*Vibron-Skala*"(KEIDEL u. DINDINGER; DINDINGER) hat die Versuchsperson die Aufgabe, eine Vibration am Zeigefinger in der Reizstärke selbst so einzustellen, daß sie als halb oder doppelt so stark empfunden wird wie ein Vergleichsreiz. Als Standardreiz wird eine Vibrationsamplitude von $0{,}65 \cdot 10^{-3}$ mm gewählt und als 1 Vibron gesetzt. Der halben Empfindungsstärke wird dann der Wert 0,5 und der doppelten der Wert von 2 Vibron zugeordnet. Die Vibronwerte sind im Be-

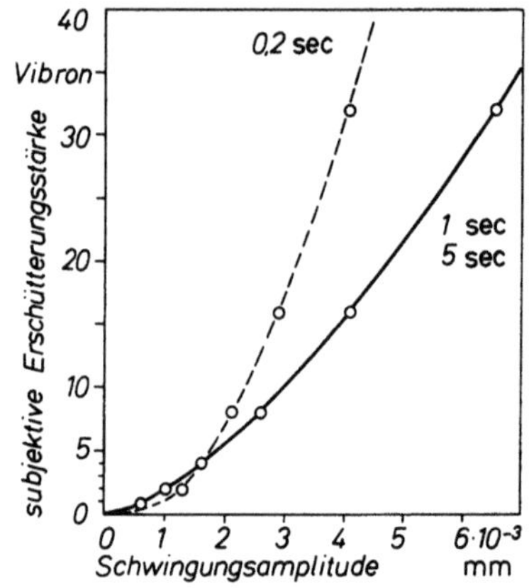

Abb. 60. Vibron-Skala bei Vibrationsreizen am Finger. Die Skala gilt nur für Reize, die so lange dargeboten werden, bis die Empfindung voll angeklungen ist (etwa 1 sec). Für kürzere Vibrationszeiten (gestrichelte Kurve) erhält man falsche Werte. Dagegen ist die Vibron-Skala unabhängig von der Adaptation: die Meßwerte bei 1 und 5 sec Darbietungszeit sind identisch. (Nach DINDINGER)

reich zwischen 50 und 800 Hz unabhängig von der Frequenz und auch unabhängig von der Darbietungszeit, sofern diese 1 sec nicht unterschreitet. Bei kürzeren Zeiten ergeben sich wegen des Anklingens der Empfindungen falsche Werte. Die Beziehung der eigenmetrischen Vibronskala zur physikalischen Schwingungsamplitude ist in Abb. 60 wiedergegeben.

3. Zeitgang der Vibrationsempfindung

Schaltet man eine mechanische Schwingung plötzlich ein, so vergeht eine gewisse Anklingzeit, bis sich die Vibrationsempfindung vollständig ausgebildet hat. Die Dauer dieser Phase ist von v. BÉKÉSY (*1*) mit etwa 1,2 sec bestimmt worden (Abb. 61) und entspricht etwa der Anklingzeit der statischen Druckempfindung. Bei konstantem Vibrationsreiz läßt die Intensität der Empfindung nach einiger Zeit deutlich nach und verblaßt manchmal völlig. v. BÉKÉSY (*2*) hat den Zeitgang der Adaptation während einer Dauervibration gemessen und dabei gefunden, daß bei einer Reizfrequenz von 100 Hz die Empfindungsstärke nach 60 sec auf die Hälfte abgesunken ist. Eine andere Möglichkeit, den Adaptationsgang quantitativ zu verfolgen, besteht darin, nach dem Aufhören eines vorgegebenen Adaptationsreizes fortlaufend die Vibrationsschwellen zu messen (WEDELL u. CUMMINGS; RAICH). Abb. 62 zeigt die Ergebnisse für einen Adaptationsreiz von 50 Hz an der Fingerspitze. Genau genommen stellt sich die Schwelle nicht aperiodisch auf ihren Ausgangswert ein, sondern in Form einer gedämpften

Schwingung, indem 225 sec nach Reizende ein unternormaler Schwellenwert durchlaufen wird, dem später wieder ein übernormaler folgt. Erst dann wird die endgültige normale Schwelle erreicht.

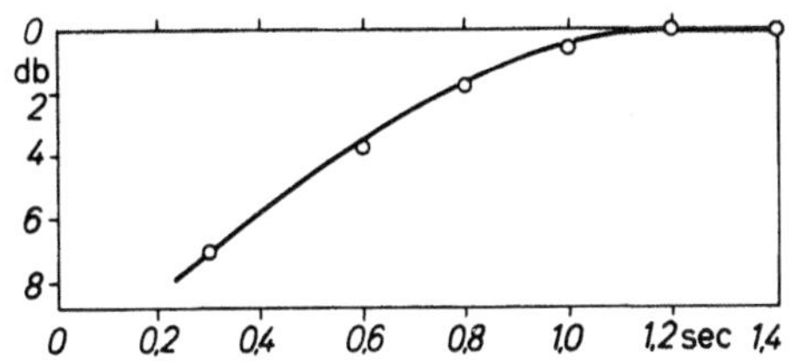

Abb. 61. Anklingen der Intensität einer Vibrationsempfindung, wenn ein Reiz von 100 Hz plötzlich auf die Fingerspitze einwirkt. (Nach v. BÉKÉSY, *1*)

4. Neurale Abbildung der Vibrationsfrequenz

Bei Vibrationen der Haut lassen sich von einzelnen afferenten Nervenfasern Impulse ableiten, die mit den periodischen Wechseldrücken bis zu einer bestimmten Grenzfrequenz im Verhältnis 1:1 synchronisiert sind. Wird die Vibrations-

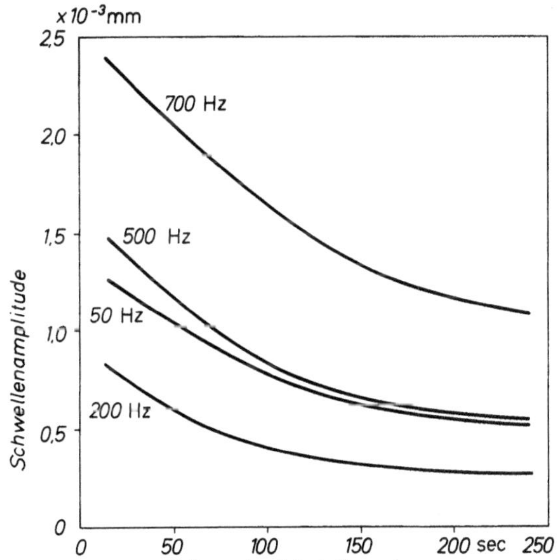

Abb. 62. Zeitlicher Adaptationsverlauf am Finger, bestimmt mittels Schwellenmessung bei verschiedenen Frequenzen, nach Aufhören eines Adaptationsreizes von 50 Hz, 3 min Dauer und einer Intensität von 35 Watt. (Nach Messungen von RAICH)

frequenz weiter erhöht, so zeigen die Mechanoreceptoren in vielen Fällen ein „*Untersetzerverhalten*" (KEIDEL, *4*) oder, wie v. BÉKÉSY (*4*) sagt, eine „*demultiplication*": es tritt dann nur noch bei jeder zweiten Reizperiode ein Aktionspotential auf, bei weiterer Frequenzerhöhung nur noch bei jeder dritten Periode usw. Dabei bleibt die Synchronisation mit den Vibrationsreizen erhalten, nur werden die Frequenzen im Verhältnis 1:2, 1:3, 1:4 ... 1:∞ untersetzt.

LOEWENSTEIN (*4*) hat die Funktionsweise isolierter Pacinischer Körperchen, die nach HUNT vorzugsweise als Vibrationsreceptoren in Betracht kommen, bei periodischen Deformationen genauer untersucht. Während das lokale Generatorpotential selbst hohen Reizfrequenzen noch zu folgen vermag, ist die

Folgefrequenz des im ersten Ranvierschen Schnürring entstehenden fortgeleiteten Aktionspotentials infolge der Refraktärzeit des Neuriten stark begrenzt. Nach Auslösung eines Aktionspotentials steigt die Schwelle des Schnürringes steil an und fällt erst im Laufe einiger Millisekunden exponentiell wieder auf den Ausgangswert ab. Diese Verhältnisse sind in Abb. 63 schematisch dargestellt. Bei Vibrationsreizen von kleiner Amplitude und niedriger Frequenz führt jedes lokale Generatorpotential zu einem fortgeleiteten Neuritenpotential, weil die Schwelle

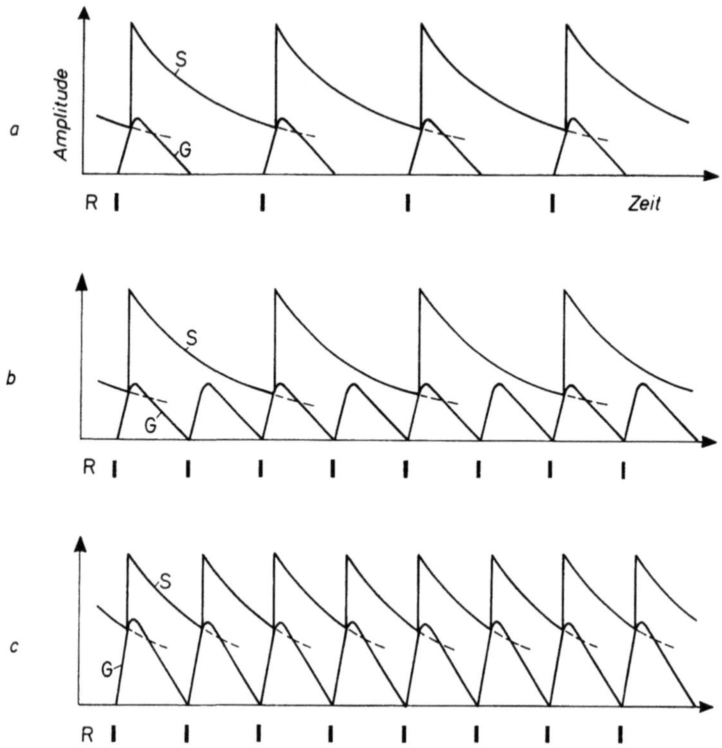

Abb. 63a—c. Schematisierter Verlauf des lokalen Generatorpotentials (*G*) und der Schwelle (*S*) des ersten Ranvierknotens bei wiederholter Reizung (*R*) eines Pacinischen Körperchens. Unterschreitet *S* den Wert von *G*, so wird ein fortgeleiteter Neuritenimpuls ausgelöst. a Niedrige Reizfrequenz, kleine Reizamplitude; b hohe Reizfrequenz, kleine Reizamplitude; c hohe Reizfrequenz, große Reizamplitude. (Unter Verwendung von Befunden von LOEWENSTEIN, *4*)

des Ranvierknotens nach jedem Impuls wieder so weit absinkt, daß das folgende Generatorpotential eine Erregung auslösen kann. Hält man die Vibrationsamplitude konstant und erhöht die Frequenz, so kommt es schließlich nur noch bei jeder zweiten Periode zu einem Neuritenpotential, während das Generatorpotential weiterhin bei jeder Reizperiode auftritt (Abb. 64). Dieses Untersetzerverhalten von 1:2 kommt dadurch zustande, daß die Schwelle des Ranvierknotens erst nach jeder zweiten Periode unter den Wert des Generatorpotentials absinkt. Bei weiterer Frequenzsteigerung würde die Synchronisationsrate des Neuriten zu immer niedrigeren ganzzahligen Werten, also 1:3, 1:4, 1:5 usw., abfallen. Erhöht man nun die Reizamplitude und damit auch die Amplitude des Generatorpotentials, so springen die fortgeleiteten Aktionspotentiale wieder auf das Synchronisationsverhältnis von 1:1, weil jetzt die Generatorpotentiale groß genug sind, um trotz erhöhter Schwelle des Ranvierknotens bei jeder Periode einen Impuls auszulösen. Die Frequenzuntersetzung im

Mechanoreceptor hängt also 1. von der Vibrationsfrequenz und 2. von der Vibrationsamplitude ab: je niedriger die Frequenz und je kleiner die Amplitude, desto niedriger wird die Synchronisationsrate.

Im *Gesamtnerven* werden zum Teil wesentlich höhere Frequenzen übertragen als in der Einzelfaser, weil mehrere Fasern im Rhythmus der periodischen Reize alternieren können. Dabei arbeitet eine Faser z.B. im Untersetzungsverhältnis 1:2, eine zweite feuert mit gleicher Frequenz, aber auf Lücke mit der ersten, so daß eine Frequenzverdoppelung resultiert. Sind mehrere Fasern beteiligt, so steigt die obere Grenzfrequenz der reizsynchronen Salven oder ,,volleys" im Gesamtnerven noch weiter an. Dieses Prinzip der Frequenzvervielfachung, beim

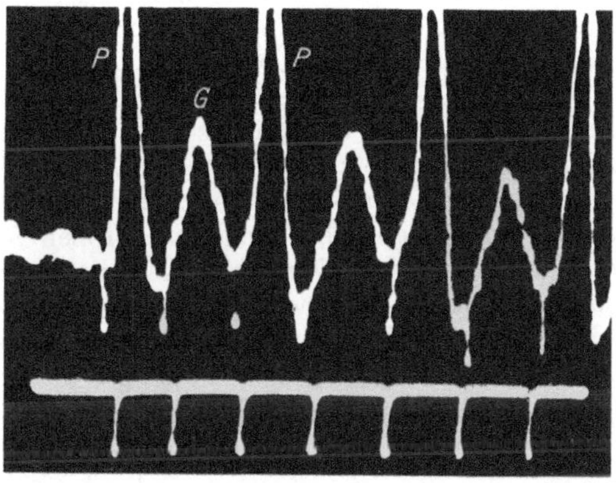

Abb. 64. Untersetzerverhalten eines isolierten Pacinischen Körperchens bei mechanischer Reizung von 250 Hz. Jede Reizperiode löst ein Generatorpotential (*G*) aus, während ein fortgeleitetes Aktionspotential (*P*) nur bei jeder zweiten Reizperiode auftritt. Untere Kurve: Reizmarkierung. (Nach LOEWENSTEIN, *4*)

Gehörnerven schon seit langem bekannt (DAVIS u. Mitarb.), konnte von PFAFFMANN (*1*) auch für die mechanosensiblen Nerven der Zähne bei Vibrationsreizung experimentell bewiesen werden.

Auch an den *zentralen Synapsen* der taktilen Bahn läßt sich ein Untersetzerverhalten beobachten. So sieht man in Abb. 69 (S. 160), wie ein einzelnes Neuron im ventrobasalen Komplex des Thalamus einer periodischen elektrischen Reizung des peripheren Hautnerven bis zu 20 Hz noch zu folgen vermag, bei 25 Hz fallen die Impulse aus dem Tritt und zeigen zum Teil Untersetzungsverhältnisse von 1:2 und 1:3, wobei die Entladung stets in Phase mit den Reizperioden auftritt. Andere thalamische Neurone arbeiten bis zu etwa 100 Hz reizsynchron, dann wird die Entladung ziemlich unregelmäßig (ROSE u. MOUNTCASTLE; POGGIO u. MOUNTCASTLE). Auch durch räumliche Summation kann nach HILALI u. WHITFIELD eine Frequenzuntersetzung zustande kommen: Erhält die Synapse asynchrone Afferenzen aus mehreren Nervenfasern, so tritt eine fortgeleitete Erregung immer dann auf, wenn zwei oder mehrere einlaufende Impulse zeitlich koinzidieren. Daraus resultiert im Ausgang der Synapse eine langsamere, unregelmäßige Impulsfolge.

In diesem Zusammenhang erhebt sich die Frage, ob das neurophysiologische Korrelat für die Unterscheidung verschiedener Vibrationsfrequenzen eine reizsynchrone Folge von Erregungssalven oder — wie beim Gehör — ein Ortsmuster von Erregungen ist. Für die Vibrationsempfindung steht eine endgültige Entscheidung zwischen einer ,,Frequenztheorie" und einer ,,Ortstheorie" noch aus, doch spricht manches dafür, daß beide Möglichkeiten in Betracht kommen (vgl. hierzu KEIDEL, *1*, *4*; v. BÉKÉSY, *3*, *6*). So hat KEIDEL (*1*) an der menschlichen

Haut eine örtliche Frequenzdispersion nachgewiesen, die als Grundlage einer Frequenzabbildung in einem Ortsmuster von Nervenerregungen in Betracht kommen könnte. In diesem Zusammenhang sei ein Phänomen erwähnt, das v. BÉKÉSY (*5*, *6*) als „*funneling*" bezeichnet: Während die Vibrationswellen sich über ein großes Hautgebiet fortpflanzen, empfindet man die Vibration nur an Stellen mit maximaler Amplitude. Diese örtliche Kontrastanhebung, wie sie auch beim Auge und beim Gehör bekannt ist, hängt mit einer kollateralen Hemmung von Neuronen in der Umgebung der Erregungsmaxima zusammen.

Soweit die Reizfrequenz durch eine Folgefrequenz neuraler Erregungssalven wiedergegeben wird, stellt sich ein interessantes informationstheoretisches Problem, denn in diesem Fall würde ja sowohl die Information „Periodizität" als auch die Information „Intensität" mittels einer neurophysiologischen Zeitdimension übertragen. Man könnte sich dies etwa so vorstellen, daß die Periodizität (Vibrationsfrequenz) durch eine Folgefrequenz von Erregungssalven, die Intensität (Vibrationsstärke) hingegen durch die Impulszahl pro Salve oder durch die Höhe eines entsprechenden Summenpotentials abgebildet wird. Experimentelle Anhaltspunkte hierfür ergeben sich aus einer Untersuchung von POGGIO u. MOUNTCASTLE an einzelnen mechanosensiblen Thalamusneuronen von wachen Affen bei elektrischer Vibrationsreizung der Haut. Bei niedrigeren Frequenzen treten in den Nervenzellen reizsynchrone, aus mehreren Impulsen bestehende Entladungssalven auf, wobei die Impulszahl innerhalb der Einzelsalve deutlich von der Reizstärke abhängt.

5. Periphere und zentrale Adaptation

Bei langdauernder Vibrationsreizung zeigen die peripheren Mechanoreceptoren eine deutliche Adaptation. So haben schon ADRIAN, CATTELL u. HOAGLAND sowie CATTELL u. HOAGLAND bei Einwirkung intermittierender Luftstöße auf die

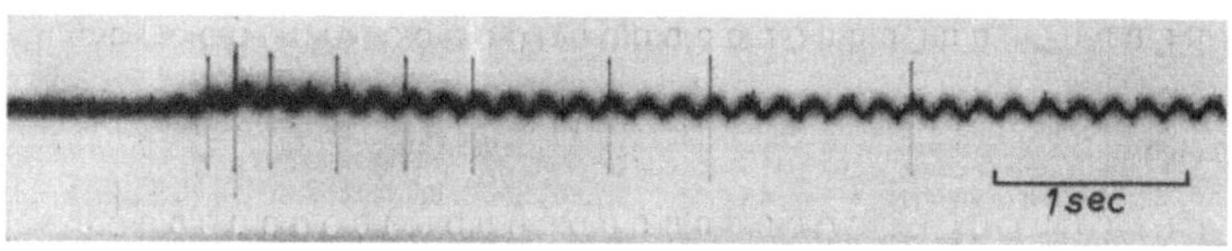

Abb. 65. Periphere Adaptation auf Vibrationsreize in der Einzelfaser der Froschhaut. Man sieht den initialen Frequenzovershoot und das Abklingen der Aktionspotentialfrequenz auf einen Endwert von einem Aktionspotential pro 10 Reizperioden. (Nach KEIDEL, *3*)

Froschhaut Einzelfaserimpulse im N. dorsocutaneus registriert und dabei gefunden, daß bei einer Reizfrequenz von 150 Hz in der ersten halben Sekunde eine reizsynchrone Entladung im Verhältnis 1:1 erfolgt. Dann aber verlangsamt sich im Laufe mehrerer Sekunden die Entladungsfrequenz immer mehr und erreicht schließlich einen stationären Endwert, der sich zur Reizfrequenz wie 1:3 bis 1:10 verhält. Genauere Untersuchungen am gleichen Präparat wurden später von KEIDEL (*3*) und CATTON ausgeführt. Ein Beispiel für die Entladung einer Einzelfaser im N. dorsocutaneus zeigt Abb. 65. Zuerst löst jeder Druckanstieg einen oder mehrere Impulse aus, dann nimmt die Entladungsfrequenz im Neuriten ab und stellt sich im stationären Zustand auf ein Frequenzverhältnis von 1:10 ein. Auch während der Adaptation ist die Impulsentladung mit den Reizperioden synchronisiert, nur tritt eine gewisse Phasenverschiebung (Phasendrift) gegenüber dem Anfangszustand ein.

Wie LOEWENSTEIN u. COHEN (*1*, *2*) an isolierten Pacinischen Körperchen zeigen konnten, nimmt bei längerer Vibrationsreizung die Amplitude des Generatorpotentials erheblich ab (Abb. 66). Bei dieser von LOEWENSTEIN als „inactivation“ bezeichneten Verminderung des Receptorpotentials, deren Zeitgang Abb. 67 wiedergibt, könnte man ebensogut von Adaptation sprechen, zumal es sich um einen völlig reversiblen Vorgang handelt. Wieweit eine solche Abnahme des Generatorpotentials mit einer adaptiven Verlangsamung der Impulsfolgefrequenz

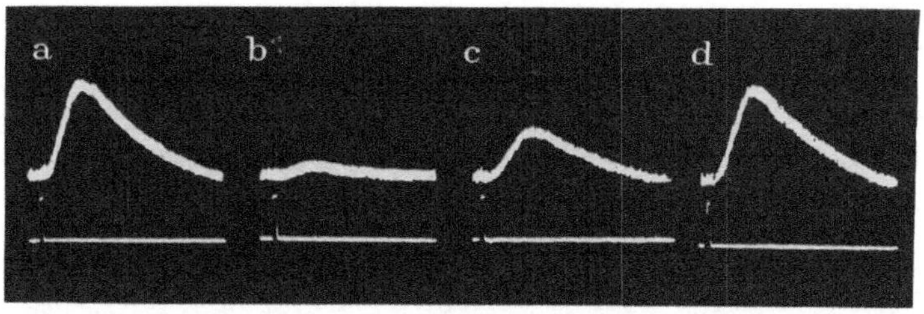

Abb. 66a—d. Änderung des Generatorpotentials eines Pacinischen Körperchens nach Vibrationsreizung von 500 Hz und 30 sec Dauer. a Generatorpotential bei einem Testreiz vor Beginn der Vibration; b Generatorpotential 0,2 sec; c 5 sec und d 50 sec nach Ende der Vibration. Untere Kurve: Markierung des Testreizes. (Nach LOEWENSTEIN u. COHEN, 2)

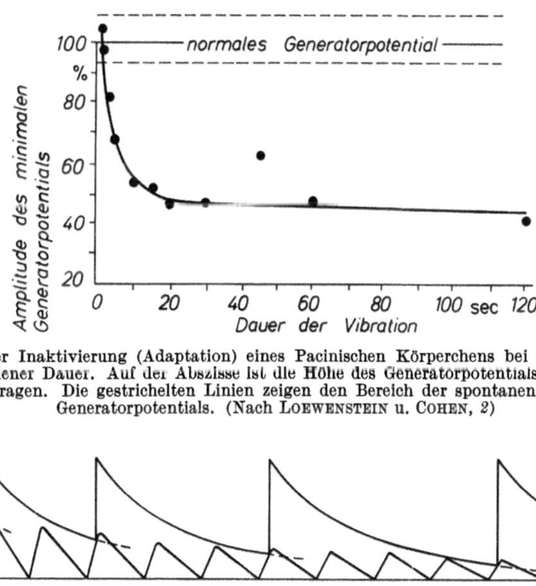

Abb. 67. Zeitgang der Inaktivierung (Adaptation) eines Pacinischen Körperchens bei Vibrationsreizung von 500 Hz und verschiedener Dauer. Auf der Abszisse ist die Höhe des Generatorpotentials bei einem konstanten Testreiz aufgetragen. Die gestrichelten Linien zeigen den Bereich der spontanen Fluktuation des Generatorpotentials. (Nach LOEWENSTEIN u. COHEN, 2)

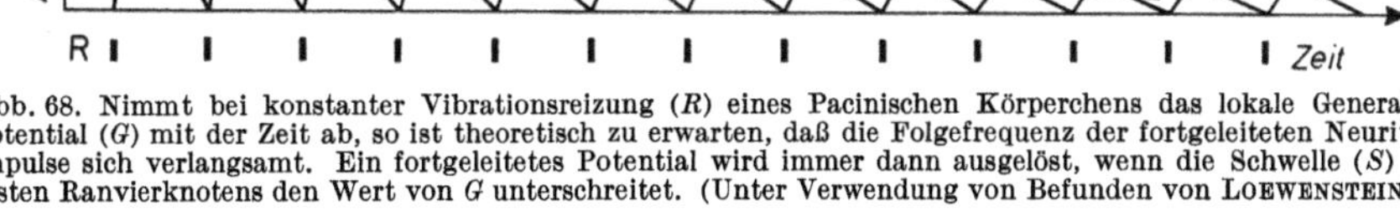

Abb. 68. Nimmt bei konstanter Vibrationsreizung (*R*) eines Pacinischen Körperchens das lokale Generatorpotential (*G*) mit der Zeit ab, so ist theoretisch zu erwarten, daß die Folgefrequenz der fortgeleiteten Neuritenimpulse sich verlangsamt. Ein fortgeleitetes Potential wird immer dann ausgelöst, wenn die Schwelle (*S*) des ersten Ranvierknotens den Wert von *G* unterschreitet. (Unter Verwendung von Befunden von LOEWENSTEIN, *4*)

im Neuriten einhergeht, ist experimentell noch nicht genauer untersucht; theoretisch wäre zu erwarten, daß in einem gewissen Frequenzbereich ein Absinken des Generatorpotentials mit einer niedrigeren Synchronisationsrate gekoppelt ist, wobei aber die Aktionspotentiale nach wie vor in Phase mit den Reizperioden ausgelöst würden (Abb. 68).

Indessen ist die Adaptation der Vibrationsreception nicht auf die Peripherie allein beschränkt. Es läßt sich eine *zentrale* Komponente abtrennen, deren Ursache in reversiblen Stoffwechseländerungen an Synapsen des Zentralnervensystems, wahrscheinlich auch der Hirnrinde, zu suchen ist. So konnten KEIDEL u. Mitarb. statische und dynamische Adaptationskennlinien an den taktilen

Projektionsfeldern der Katze bei gleichzeitiger Registrierung der afferenten Neuritenpotentiale in der Peripherie messen. Durch Vergleich des Adaptationszeitganges an der Rinde und in der Peripherie ist es möglich, aus den Ergebnissen die zentrale Komponente der Adaptation getrennt von der peripheren abzulesen.

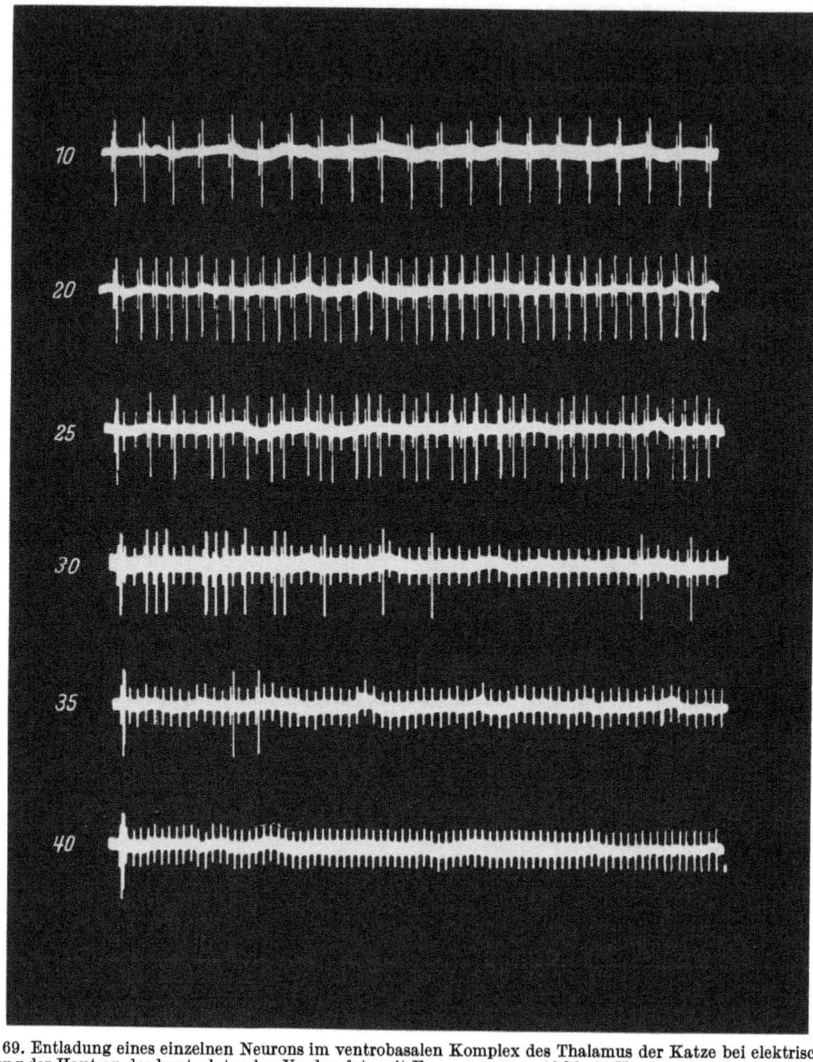

Abb. 69. Entladung eines einzelnen Neurons im ventrobasalen Komplex des Thalamus der Katze bei elektrischer Reizung der Haut an der kontralateralen Vorderpfote mit Frequenzen von 10 bis 40 Hz. Die kleineren Ausschläge sind Reizartefakte. (Nach ROSE u. MOUNTCASTLE)

Nähere Einzelheiten sind aus Abb. 56 und den Darstellungen auf S. 148 zu entnehmen. Ein Beispiel für die Adaptation eines einzelnen Neurons im ventrobasalen Komplex des Thalamus bei elektrischer Reizung eines peripheren Hautnerven mit verschiedenen Frequenzen ist in Abb. 69 gezeigt. Durch die Art der Reizung kann eine Beteiligung peripherer Receptoren am Adaptationszeitgang ausgeschlossen werden. Besonders bei einer Frequenz von 30 Hz sieht man deutlich, wie die Impulse mit der Zeit immer seltener werden, wobei die Entladung stets in Phase mit dem Reiz ausgelöst wird.

D. Thermoreception

I. Wärmebewegung in der Haut

Durch ihre Lage in der Haut oder in den Schleimhäuten haben die Thermoreceptoren weder die Temperatur der Außenwelt noch die Temperatur des Körperkernes oder des Blutes. Die thermischen Vorgänge, die sich an ihnen abspielen, sind vielmehr eine komplizierte Funktion innerer und äußerer Bedingungen. Für alle Fragen des Temperatursinnes und der Thermoreceptoren ist die Kenntnis des intracutanen Temperaturfeldes, d.h. des Temperaturverlaufs in verschiedenen Hautschichten als Funktion des Ortes und der Zeit von entscheidender Bedeutung.

1. Stationärer Wärmestrom

Die im Körper gebildete Wärme gelangt teils durch Leitung im Gewebe, teils durch Konvektion mit dem Blut an die Hautoberfläche. In der blutgefäßlosen Epidermis wird die Wärme ausschließlich durch Leitung transportiert (Abb. 70).

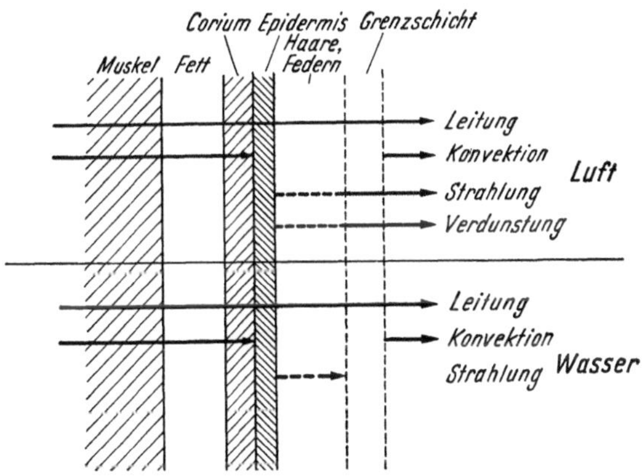

Abb. 70. Komponenten des Wärmestromes zwischen Körper und Umgebung. (Nach HENSEL, *8*)

Wegen der verhältnismäßig schlechten Wärmeleitfähigkeit des Körpergewebes ist der Wärmetransport durch Leitung klein gegenüber dem höchstmöglichen konvektiven Wärmetransport des Blutes.

Im stationären Zustand des Wärmestromes, der freilich nur in den seltensten Fällen gegeben ist, herrscht ein zeitlich konstantes, die Schicht der Thermoreceptoren durchsetzendes Temperaturgefälle vom Körperinneren zur Hautoberfläche. Der stationäre Wärmestrom q [cal · cm^{-2} · sec^{-1}] durch Leitung und Konvektion senkrecht durch eine Gewebsschicht von der Temperaturdifferenz $\vartheta_1 - \vartheta_2$ folgt der Gleichung

$$q = k\,(\vartheta_1 - \vartheta_2).$$

k ist die *Wärmedurchgangszahl* (cal · cm^{-2} · sec^{-1} · ^{0}C^{-1}). Man kann q auch durch die Gleichung

$$q = \lambda' \frac{\vartheta_1 - \vartheta_2}{x}$$

wiedergeben, wobei x die Dicke einer planparallelen, senkrecht von der Wärme durchströmten Schicht und λ' [cal · cm^{-1} · sec^{-1} · ^{0}C^{-1}] die „*Scheinleitfähigkeit*" (BÜTTNER) des Gewebes ist, die sich aus Leitung und Konvektion ergibt. Wird die Hautdurchblutung gedrosselt, so geht die Scheinleitzahl in die Wärmeleitzahl (λ) über.

Die *Wärmeleitzahl* λ der lebenden, nicht durchbluteten menschlichen Haut (Tabelle 23) liegt zwischen 0,9 und $1{,}2 \cdot 10^{-3}$ cal · cm^{-1} · sec^{-1} · $^0C^{-1}$, und zwar handelt es sich dabei um Integralwerte über verschiedene Hautschichten (HENSEL u. DOERR). Nach allgemeiner Auffassung ist die Wärmeleitzahl in der Epidermis am niedrigsten, um in tieferen Schichten allmählich zuzunehmen. Neuere Untersuchungen an menschlichen Hautstücken mit Wärmeleitmessern verschiedener Eindringtiefe haben jedoch gezeigt, daß im Gegenteil die Wärmeleitzahl der Haut von der Oberfläche nach der Tiefe hin abnimmt (HENSEL, *11*). Der Einfluß der statischen Blutfülle (nicht der Konvektion!) auf die Werte von λ ist praktisch zu vernachlässigen (HENSEL u. BENDER; HEITE u. KAYMA), was theoretisch auch zu erwarten ist, denn das Blut hat nahezu dieselbe Wärmeleitzahl wie die Haut. Auch der Einfluß der wechselnden Hautfeuchte — von den obersten Hornschichten der Epidermis vielleicht abgesehen — ist verhältnismäßig gering. So fanden HENSEL u. DOERR, daß selbst bei mehrstündigen Versuchen in feuchter Kammer die λ-Werte der Haut nur um etwa 6% anstiegen. (Näheres über Wärmeleitfähigkeitsmessungen an menschlichen Geweben siehe GOLENHOFEN, HENSEL u. HILDEBRANDT.)

Tabelle 23. *Wärmeleitzahlen nicht durchbluteter menschlicher Gewebe.* (Nach HENSEL, *11*)

Gewebe	Zahl der Messungen n	Wärmeleitzahl 10^{-3} cal · cm^{-1} · sec^{-1} · $^0C^{-1}$	Streuung der Einzelwerte
Haut, Fingerkuppe .	37	1,1	±0,08
Subcutanfett	4	0,51	±0,06
Skeletmuskel . . .	45	1,21	±0,04
Vergleichswerte:			
Blut (Mensch) . .		1,14	
Wasser		1,4	
Luft		0,056	

2. Instationärer Wärmestrom

Von weit größerer Bedeutung als die Kenntnis des stationären Wärmestromes ist für die Temperatursinnesphysiologie die Kenntnis des Wärmestromes im instationären Zustand. Bei jeder zeitlichen Änderung des Wärmeflusses tritt bis zur Einstellung eines neuen stationären Zustandes immer auch eine Speicherung oder Entspeicherung von Wärme im Gewebe ein, die mit zeitlichen Temperaturänderungen in den verschiedenen Gewebsschichten einhergeht. Daher hängen die instationären Vorgänge nicht nur von der Wärmeleitfähigkeit des Gewebes ab, sondern auch von dessen Wärmekapazität pro Volumeneinheit, d.h. von der spezifischen Wärme und der Dichte. Die maßgebliche Konstante ist die *Temperaturleitzahl a*; sie ergibt sich aus der Gleichung

$$a = \frac{\lambda}{c \cdot \varrho},$$

wobei λ [cal · cm^{-1} · sec^{-1} · $^0C^{-1}$] die Wärmeleitzahl, c [cal · g^{-1} · $^0C^{-1}$] die spezifische Wärme und ϱ [g · cm^{-3}] die Dichte des Mediums ist. a hat dieselbe Dimension (cm^2 · sec^{-1}) wie die Diffusionskonstante, weshalb man die Temperaturleitzahl auch als „thermal diffusion coefficient" bezeichnet. Für die Haut und andere Gewebe liegen einige Bestimmungen von a aus den Größen von λ, c und ϱ vor (PÜTTER, *1*; HENRIQUES u. MORITZ). Direkte Messungen der Temperaturleitzahl an der lebenden menschlichen Haut bei instationärer Wärmeleitung wurden von HENSEL (*1*, *3*) ausgeführt (Tabelle 24). Dabei entfällt die sehr problematische Bestimmung von c und ϱ an der lebenden Haut, und außerdem wird auch der Faktor der Haut-

Tabelle 24. *Temperaturleitzahlen von lebendem und totem Gewebe.* (Nach HENSEL, *3*)

Gewebe	Temperaturleitzahl a $10^{-3}\,cm^2 \cdot sec^{-1}$	Autor
Menschliches Gewebe, lebend:		
Haut (Unterarm, 0,45 mm)	0,6	HENSEL (*1*)
Haut (Unterarm, 0,90 mm)	1,0	HENSEL (*1*)
Haut (Unterarm, 1,3 mm)	1,3	HENSEL (*1*)
Tierisches Gewebe, lebend:		
Zungenschleimhaut (Katze)	1,3	HENSEL (*1*)
Tierisches Gewebe, excidiert:		
Haut	1,22	PÜTTER (*1*)
Epidermis (Schwein) . . .	0,5	HENRIQUES u. MORITZ
Corium (Schwein	1,0	HENRIQUES u. MORITZ
Fett (Schwein)	0,9	HENRIQUES u. MORITZ
Muskel (Schwein)	1,2	HENRIQUES u. MORITZ

durchblutung berücksichtigt, der allerdings, wie sich gezeigt hat, die Werte von a nur wenig beeinflußt.

Für einen vorgegebenen Temperaturverlauf an der Hautoberfläche läßt sich bei Kenntnis der Temperaturleitzahl die intracutane Temperaturbewegung als Funktion des Ortes und der Zeit berechnen. Direkte Messungen der intracutanen Temperaturverläufe mit feinsten Thermoelementen in definierter Hauttiefe haben ergeben, daß die berechneten Werte mit den experimentellen Daten gut übereinstimmen (HENSEL, *1*, *3*). Wenn die Temperatur an der Hautoberfläche ($x=0$) um den Betrag ϑ_c springt und dann konstant bleibt, so gilt für die intracutane Temperaturbewegung in der Tiefe x die Gleichung (GRÖBER u. ERK; SCHMALTZ):

$$\vartheta = \vartheta_c\left[1 - \frac{2}{\sqrt{\pi}}\int\limits_0^{\frac{x}{\sqrt{4at}}} e^{-\frac{x^2}{4at}}\, d\left(\frac{x}{\sqrt{4at}}\right)\right] = \vartheta_c\left[1 - \Phi\left(\frac{x}{\sqrt{4at}}\right)\right],$$

wobei ϑ [^{0}C] die Temperatur in der Tiefe x [cm], t [sec] die Zeit und a [$cm^2 \cdot sec^{-1}$] die Temperaturleitzahl ist. Φ ist das Gaussche Fehlerintegral der Form

$$\Phi = \frac{2}{\sqrt{\pi}}\int\limits_0^x e^{-t^2}\, dt.$$

Das dreidimensionale Diagramm (Abb. 71) zeigt die intracutane Temperaturbewegung als Funktion der Zeit und der Tiefe bei einem rechteckigen Temperatursprung an der Hautoberfläche. Die Intracutantemperatur nähert sich zunächst schnell, dann immer langsamer der Oberflächentemperatur, wobei die Temperaturwelle um so später beginnt und um so flacher verläuft, je größer die Tiefe x ist.

Bei zeitlich linearen Temperaturänderungen an der Hautoberfläche bis zu 0,1 ^{0}C/sec verläuft die intracutane Temperaturbewegung in allen für die Thermoreceptoren in Frage kommenden Schichttiefen praktisch linear. Dabei bleibt die Steilheit der intracutanen Temperaturbewegung gegenüber der Steilheit an der Hautoberfläche um so mehr zurück, je schneller die Temperaturänderung und je größer die intracutane Tiefe ist (Abb. 72). Für eine Reihe anderer instationärer Temperaturverläufe an der Hautoberfläche wurden von HENSEL (3) die intracutanen Temperaturbewegungen berechnet und durch Kontrollmessungen gesichert.

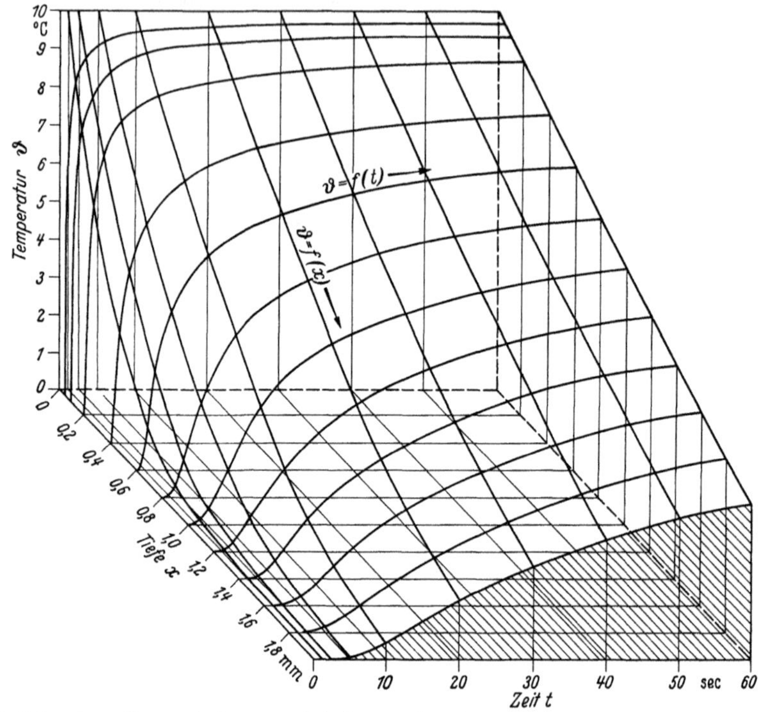

Abb. 71. Intracutane Temperaturbewegung bei einem rechteckigen Wärmesprung auf der Hautoberfläche. Temperaturleitzahl $a = 0{,}5 \cdot 10^{-3}\,\mathrm{cm}^2 \cdot \mathrm{sec}^{-1}$. Die ϑ, t-Kurven stellen die Temperatur ϑ als Funktion der Zeit t für verschiedene Tiefen x dar, die ϑ, x-Kurven die Temperatur ϑ als Funktion der Tiefe x für verschiedene Zeiten t. (Nach HENSEL, 1)

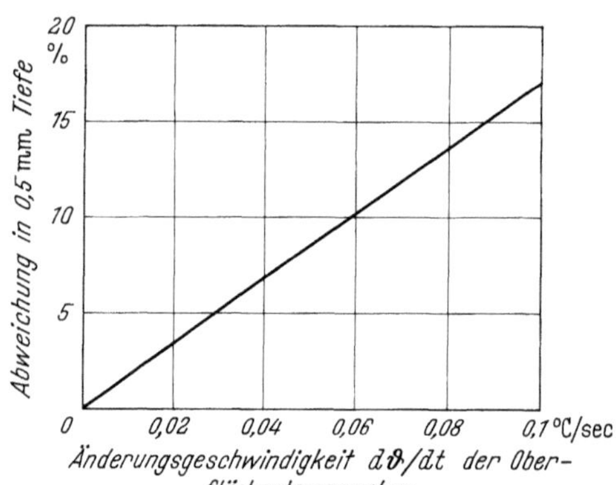

Abb. 72. Prozentuale Abweichung der Temperaturänderung $\Delta\vartheta$ und der Änderungsgeschwindigkeit $d\vartheta/dt$ in 0,5 mm Tiefe gegenüber den Verhältnissen an der Hautoberfläche bei Änderungsgeschwindigkeiten der Oberflächentemperatur zwischen 0 und 0,1°C/sec. Temperaturleitzahl $1{,}0 \cdot 10^{-3}\,\mathrm{cm}^2 \cdot \mathrm{sec}^{-1}$

Bis jetzt war nur von der eindimensionalen Wärmeleitung senkrecht zur Hautoberfläche die Rede gewesen. Eine solche Vereinfachung ist aber nur für großflächige äußere Temperaturreize zulässig. Unterschreitet hingegen die Reizfläche einen Durchmesser von etwa 1 cm, dann macht sich außer dem senkrechten auch der tangentiale Wärmefluß parallel zur Hautoberfläche immer mehr bemerkbar (Abb. 73). Dieser dreidimensionale Wärmestrom wirkt sich so aus, daß bei gleicher Oberflächentemperatur der Haut die Eindringtiefe des Temperaturfeldes um so kleiner wird, je kleiner die Reizfläche ist. Auf diese Weise lassen sich viele angeblich physiologische Flächenwirkungen beim Temperatursinn rein physikalisch erklären!

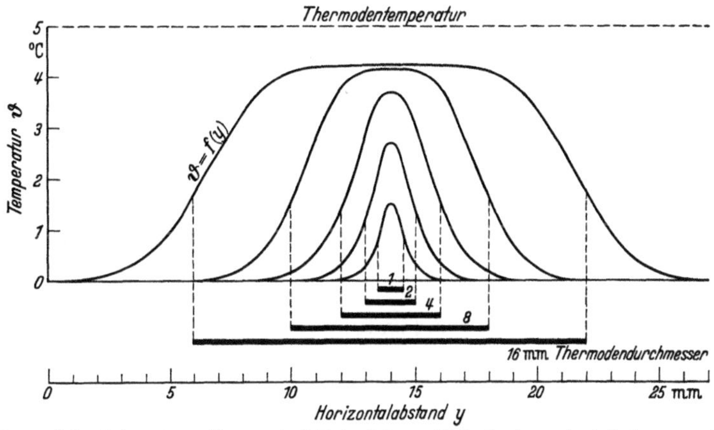

Abb. 73. Tangentiales intracutanes Temperaturfeld in 0,5 mm Tiefe, 1 min nach Aufsetzen von temperaturkonstanten Metallthermoden von verschiedenem Durchmesser. Die ϑ, y-Kurven stellen die Temperatur ϑ in 0,5 mm Tiefe entlang des Thermodendurchmessers y für verschiedene Thermodengrößen dar. Temperaturdifferenz zwischen Haut und Thermode vor dem Versuch jeweils 5°C. (Nach HENSEL, *3*)

II. Physiologische Tiefenbestimmung der Thermoreceptoren

Für viele Probleme der Temperatursinnesphysiologie ist es wichtig, die intracutane Tiefenlage der Thermoreceptoren zu kennen. Da die Thermoreceptoren bislang anatomisch nicht sicher identifizierbar sind, hat man versucht, auf physiologischem Wege Aufschluß über ihre Tiefenlage zu gewinnen, doch sind die Ergebnisse je nach den theoretischen Voraussetzungen so unterschiedlich, daß sich über die intracutane Tiefe der Temperatursinnesorgane beim Menschen nur recht vage Angaben machen lassen.

In älteren Untersuchungen, die sich auf Reaktionszeitmessungen und Berechnungen der intracutanen Temperaturbewegung stützen, wurde für die Wärmereceptoren eine Hauttiefe zwischen 0,12 und 0,32 mm ermittelt (PÜTTER, *1*, *2*). Weitere physiologische Tiefenmessungen führten BAZETT, MCGLONE u. BROCKLEHURST mittels Reaktionszeitmessungen und thermoelektrischer Registrierung der intracutanen Temperaturbewegung aus, wobei sich eine mittlere Tiefe von $0{,}15 \pm 0{,}1$ mm für die Kaltreceptoren und $0{,}6 \pm 0{,}2$ mm für die Warmreceptoren ergab. Ein Differenzverfahren, das auf einer Reizung der Temperaturnerven von oben und von unten (durch eine dünne Hautfalte hindurch) basiert, führte zu einem Wert von 0,3 bis 0,6 mm für die Warmreceptoren und weniger als 0,17 mm für die Kaltreceptoren (BAZETT u. MCGLONE, *1*; BAZETT u. Mitarb.; BAZETT, *1*).

Es ist natürlich nicht möglich, für alle Körperstellen einen einheitlichen Wert der Receptorentiefe anzugeben, weil die Dicke der Hautschichten beträchtlich schwankt. Nach den erwähnten Tiefenbestimmungen läge die Schicht der Kaltreceptoren ziemlich dicht unter der Epidermis, während sich für die Warmreceptoren eine Tiefenlage in den oberen und mittleren Schichten des Coriums ergeben würde. Übereinstimmend geht aus allen Untersuchungen hervor, daß für die Thermoreceptoren keinesfalls eine subcutane Lage in Betracht kommt.

Wesentlich exaktere Tiefenbestimmungen sind mittels elektrophysiologischer Verfahren möglich, bei denen die afferente Entladung der Thermoreceptoren in der Peripherie objektiv registriert wird (HENSEL, STRÖM u. ZOTTERMAN). Auf diese Weise werden alle Fehler, die sich durch die zentrale Informationsverarbeitung ergeben, ausgeschaltet. Erzeugt man an der Zunge der Katze rechteckige Kältesprünge von genau definiertem Beginn, so kann man bei Kenntnis der Temperaturleitzahl a berechnen, mit welcher Geschwindigkeit sich die Kältewelle in die Tiefe fortpflanzt. Aus den Latenzzeiten der Kälteimpulse, die nur wenige hundertstel Sekunden beträgt, und dem Schwellenwert kann man die Mindesttiefe der Kältereceptoren ermitteln; sie liegt im Mittel bei $0{,}18 \pm 0{,}05$ mm, während die Maximaltiefe etwa 0,22 mm beträgt. Daraus geht klar hervor, daß die Kaltreceptoren nur auf eine sehr oberflächliche Schicht der Zunge beschränkt sein können.

Diese elektrophysiologischen Tiefenmessungen stimmen gut mit den histologischen Befunden überein. Danach liegen die Kaltreceptoren der Zungenspitze dicht unter dem Epithel oder an der Basis der Papillae filiformes. In dieser Schicht finden sich nach KANTNER (*2*) außerordentlich zahlreiche sensible Nervenendigungen. Schon in 0,3 mm Tiefe beginnt die Zungenmuskulatur, in der die Receptoren mit Sicherheit nicht lokalisiert sind.

III. Reizbedingungen der Temperaturempfindung

1. Adäquater Reiz

Um die Frage nach dem adäquaten Reiz des menschlichen Temperatursinnes zu beantworten, ist es unerläßlich, den Zusammenhang zwischen Temperaturempfindungen und tatsächlichen Temperaturbewegungen in der Haut zu kennen. Ein wesentlicher Fortschritt in dieser Richtung konnte dadurch erzielt werden, daß die intracutanen Temperaturverläufe nicht nur berechnet, sondern auch mittels feinster, in definierte Schichttiefen der Haut eingeführter Thermoelemente direkt registriert wurden (HENSEL, *1*, *2*, *3*). Auf diese Weise war es möglich, die Reizmetrik des Temperatursinnes auf eine sichere Basis zu stellen und in wesentlichen Punkten einen gewissen Abschluß zu erzielen. Auf die älteren widerspruchsvollen Temperatursinnestheorien, die heute nur noch historisches Interesse besitzen, möchte ich daher an dieser Stelle nicht näher eingehen (ausführliche Diskussion bei HENSEL, *3*).

Zunächst ist festzuhalten, daß eine Reizung der Thermoreceptoren von der Unterseite her, z.B. durch intravenöse Injektion kalter und warmer Lösungen, zu denselben Temperaturempfindungen wie bei normaler Temperaturreizung führt. Direkte thermoelektrische Messungen haben ergeben, daß bei intravenöser Abkühlung und Erwärmung das Temperaturgefälle über der Vene gegenüber den Verhältnissen bei äußerer Abkühlung gerade umgekehrt verläuft (HENSEL, *2*). Nach diesen Versuchen kommt es also für die Auslösung der Temperaturempfindung nur auf die bloße Abkühlung oder Erwärmung der Haut an, unabhängig von der Richtung und Steilheit des räumlichen Temperaturgefälles. Übrigens hat schon WILLIAM HARVEY beobachtet, daß durch kaltes Venenblut Kälteempfindungen hervorgerufen werden. In seinem 1628 erschienenen Werk „Exercitatio anatomica de motu cordis et sanguinis in animalibus" schreibt er: „Ferner fühlt derjenige, dem so für längere Zeit die Hand oder der Arm abgebunden war und dadurch die Hände geschwollen und etwas kälter geworden sind — er fühlt, sage ich, nach Lösen der mäßig festen Abschnürung etwas Kaltes bis zum Ellbogen oder zur Achsel hinaufkriechen, offenbar zugleich mit dem zurückfließenden Blut" (S. 178). Auch neuere Versuche mit Mikrowellen und Infrarot-Strahlung sprechen dafür, daß die Wärmeempfindung nur von der Temperaturerhöhung der Haut und nicht vom räumlichen intracutanen Temperaturgefälle abhängt (VENDRIK u. VOS).

Weiter hat sich gezeigt, daß bei völlig konstanter Intracutantemperatur eine Dauerempfindung vorhanden sein kann, deren Intensität um so größer ist, je mehr die Hauttemperatur vom Indifferenzbereich — etwa 33°C — abweicht. Neben der Absoluttemperatur ϑ ist als zweiter wichtiger Reizparameter der zeitliche Differentialquotient der Temperaturänderung $d\vartheta/dt$ zu berücksichtigen. Bei gleicher Hauttemperatur wird die Temperaturempfindung um so intensiver sein, je steiler die zeitliche Temperaturänderung ist. Schließlich spielt bei allen Temperaturempfindungen die Größe der Reizfläche F und damit die Zahl der erregten Thermoreceptoren eine wichtige Rolle. Größere Reizflächen führen bei gleichen thermischen Bedingungen zu stärkeren Temperaturempfindungen. Für alle diese Gesetzmäßigkeiten lassen sich zahlreiche Beispiele aus dem täglichen Leben anführen.

Faßt man die Reizbedingungen für das Auftreten einer Temperaturempfindung (E) zusammen, so können sie durch folgenden Ausdruck wiedergegeben werden:

$$E \to f\,(\vartheta, d\vartheta/dt, F).$$

Der Ausdruck besagt, daß der adäquate Reiz der Temperaturempfindung eine Funktion (f) von Temperatur, Temperaturänderungsgeschwindigkeit und Reizfläche ist. Das Abbildungszeichen $\to$ ist auf S. 56 definiert. Eine allgemeine quantitative Formulierung der Funktion f ist bis heute noch nicht möglich, doch kann man sie in erster Näherung als ein konstantes Produkt der Parameter ϑ, $d\vartheta/dt$ und F auffassen.

2. Temperaturempfindung und intracutane Wärmebewegung

a) Absoluttemperatur und zeitliche Temperaturänderung. Adaptiert man eine mittelgroße Hautfläche, wie etwa die Hand oder den Fuß, an eine konstante Temperatur von 25°C und läßt dann die Hauttemperatur linear mit einer bestimmten Änderungsgeschwindigkeit $d\vartheta/dt$ ansteigen, so durchläuft die Temperaturempfindung alle Stufen von „kühl" über „indifferent" bis „warm" (Abb. 74). Wenn man den Temperaturanstieg an einer Stelle auf ein konstantes Niveau übergehen läßt, wird die Temperaturempfindung sogleich merklich schwächer. Bei einer anschließenden linearen Abkühlung der Haut beginnt die Kaltempfindung schon in einem Bereich, in dem während des Anstieges eine Warmempfindung vorhanden war. Eine Kalt- und Warmschwellenbestimmung mit verschiedenen Richtungen und Steilheiten der linearen intracutanen Temperaturänderung bei einer Reizfläche von 20 cm² zeigt Abb. 75. Der Ausgangswert liegt immer bei einer normalen Hauttemperatur von 33,5°, bei der weder kalt noch warm empfunden wird (Indifferenztemperatur). Je langsamer die Temperatur sich ändert, desto weiter liegt die Schwellentemperatur von der Ausgangstemperatur entfernt.

Trägt man diese Ergebnisse in ein Diagramm ein, das die Änderungsgeschwindigkeit $d\vartheta/dt$ mit der Schwellentemperatur ϑ in Beziehung setzt, so erhält man die in Abb. 76 gezeigten Kurven, welche Hyperbelfunktionen der Form

$$E \to \vartheta \cdot d\vartheta/dt = k$$

darstellen. Danach liegt also die Warmschwelle bei um so niedrigeren Temperaturen, je größer die Anstiegsgeschwindigkeit der Temperatur ist. Für die Kaltschwellen gelten analoge Gesetzmäßigkeiten, wenn man die Erwärmungen sinngemäß durch Abkühlungen ersetzt. Wie ersichtlich, sind bei Temperaturen oberhalb 38°C und unterhalb 25°C auch sehr langsame Temperaturänderungen von +0,001°C/sec und —0,001°C/sec noch wirksam. In Bereichen, die noch weiter außerhalb liegen, sinkt schließlich die erforderliche Steilheit $d\vartheta/dt$ bis zum Wert Null ab, d.h. es tritt eine Dauerempfindung bei konstanter Haut-

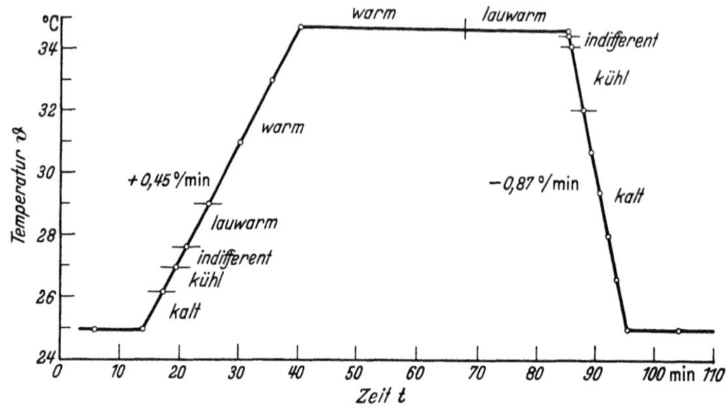

Abb. 74. Verlauf der Temperaturempfindung bei linearer Erwärmung und Abkühlung des Fußes in einem wassergefüllten Thermostaten. (Nach HENSEL, 3)

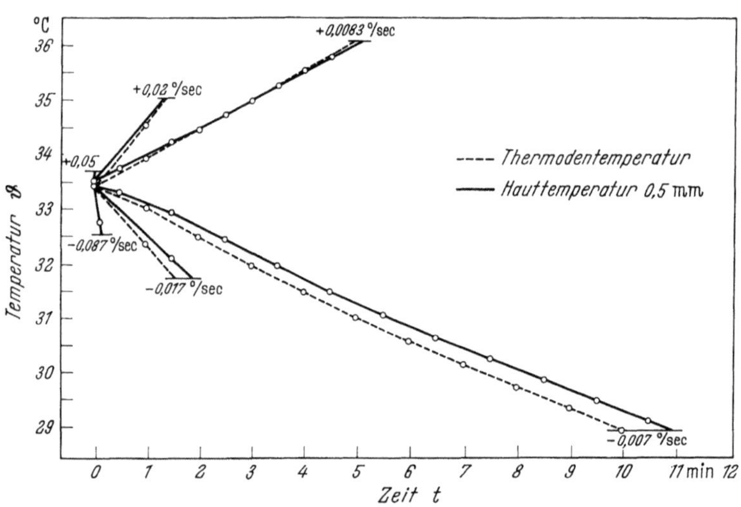

Abb. 75. Lage der Warm- und Kaltschwellen am Unterarm bei linearen Temperaturänderungen verschiedener Richtung und Geschwindigkeit. Reizfläche 20 cm². Die Punkte stellen Meßwerte dar. Die Schwellen liegen um so weiter von der Indifferenztemperatur (33,4°C) entfernt, je langsamer die Temperatur sich ändert. (Nach HENSEL, 2)

temperatur ein. Die Grenztemperaturen für das Auftreten von Dauerempfindungen wurden von HEAD u. RIVERS mit 26 und 35°C, von GERTZ mit 24 und 35°C angegeben. Nach Untersuchungen von HENSEL (*2*), bei denen mittels intracutaner Temperaturmessungen sichergestellt war, daß in allen für die Thermoreceptoren in Frage kommenden Hautschichten tatsächlich konstante Verhältnisse herrschten, lagen für eine Reizfläche von 20 cm² die Grenztemperaturen der stationären Kälteempfindung bei 20°C und die der stationären Warmempfindung bei 40°C.

Wenn man die Temperaturanstiege von verschiedenen Ausgangstemperaturen beginnen läßt, ergibt sich das in Abb. 77 dargestellte Bild. Man sieht, daß die Schwellentemperaturen bei gleichen Anstiegsgeschwindigkeiten in deutlicher

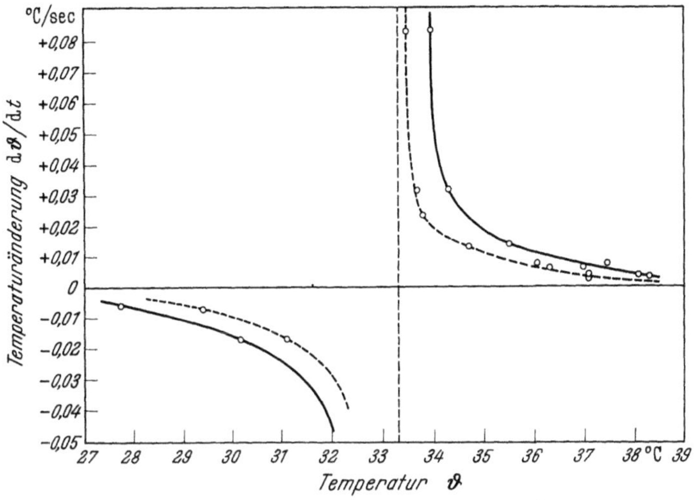

Abb. 76. Mittelwerte der Warm- und Kaltschwellen in Abhängigkeit von der Änderungsgeschwindigkeit $d\vartheta/dt$ und der Absoluttemperatur ϑ. Gestrichelte Kurven: Schwellenempfindung; durchgezogene Kurven: deutliche Empfindung. Ausgangstemperatur für alle Versuche 33,3°C. (Nach HENSEL, 2)

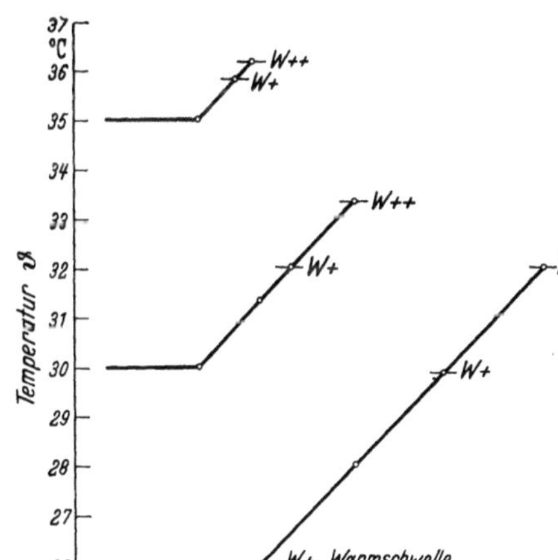

Abb. 77. Warmschwellen am Unterarm bei linearen Temperaturanstiegen von 0,017°C/sec und verschiedenen Ausgangstemperaturen. Reizfläche 20 cm². (Nach HENSEL, 3)

Weise von der Ausgangstemperatur abhängen. Je tiefer man die Ausgangstemperatur des Anstieges legt, desto tiefer kann man bei gleicher Anstiegssteilheit die Warmschwelle herunterdrücken. Dabei verschieben sich aber die Warmschwellentemperaturen nicht parallel mit den sinkenden Ausgangstemperaturen, sondern bleiben immer mehr zurück, d.h. die Differenz zwischen Ausgangstemperatur und Warmschwelle wird immer größer. So beträgt die Differenz bei

35°C Ausgangstemperatur +0,7°C, während sie bei 25°C schon auf +5°C angewachsen ist.

In dem Diagramm Abb. 78 ist als weiterer Parameter noch die Anstiegsgeschwindigkeit $d\vartheta/dt$ einbezogen; die Kurven zeigen die zum Erreichen der Warmschwelle erforderliche Temperaturdifferenz $\Delta\vartheta_s$ für verschiedene Anstiegssteilheiten als Funktion der Ausgangstemperatur ϑ_A. Diese Verhältnisse gelten in sinngemäßer Weise auch für die Kälteempfindung. Daß zur Auslösung einer Warmempfindung um so größere Schritte erforderlich sind, je kälter die Haut ist, während umgekehrt zur Auslösung einer Kälteempfindung die größten Schritte bei warmer Haut notwendig sind, steht im Einklang mit zahlreichen Untersuchungen (HAHN, *1*, *5*; EBAUGH u. THAUER; WEIGMANN; THAUER u. EBAUGH; LELE) und ebenso mit der subjektiven Erfahrung, „daß der gut aufgewärmte Organismus in der Kälte zunächst weniger friert als der ausgekühlte" (THAUER, *2*).

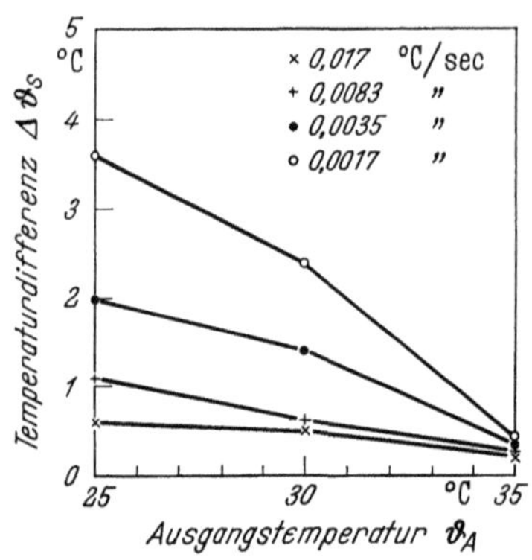

Abb. 78. Temperaturdifferenzen $\Delta\vartheta_s$ bis zum Erreichen der Warmschwellen (Hand) als Funktion der Ausgangstemperatur ϑA für verschiedene Anstiegsgeschwindigkeiten der Temperatur von 0,0017 bis 0,017°C/sec. Die erforderliche Temperaturdifferenz wird um so größer, je tiefer die Ausgangstemperatur liegt und je langsamer der Anstieg erfolgt. (Nach HENSEL, *3*)

b) Temperatur-Nachempfindungen. Bei sehr tiefen Ausgangstemperaturen gelangt man schließlich in einen Bereich dauernder Kälteempfindung, die sogar dann noch weiter bestehen kann, wenn die Haut sich langsam aufwärmt, der Wert von $d\vartheta/dt$ also positiv wird. Diese Tatsache liegt der sog. Temperatur-Nachempfindung zugrunde, welche schon vor mehr als hundert Jahren von E. H. WEBER beschrieben wurde: „Wenn man einen Teil der Haut des Gesichtes, z.B. der Stirn, mit einem 2° kalten Metallstab einige Zeit, z.B. 30 sec, in Berührung bringt und denselben dann entfernt, so fühlt man ungefähr 21 sec lang die Kälte in jenem Teil der Haut. Nach dem, was soeben mitgeteilt wurde, hätte man glauben sollen, wir würden das Gefühl der Wärme haben, während ein erkälteter Teil der Haut wieder erwärmt wird." Nach unseren heutigen Kenntnissen ist die Temperatur-„Nachempfindung" nichts anderes als eine gewöhnliche Kälteempfindung, bedingt durch die kalte Absoluttemperatur der Haut. Auch elektrophysiologische Untersuchungen haben gezeigt, daß eine Dauerentladung von Kältereceptoren bei tiefen Temperaturen durch langsame Aufwärmung nicht aufgehoben wird (HENSEL u. ZOTTERMAN, *2*). — Entsprechend der Kältenachempfindung gibt es auch eine Wärmenachempfindung (BAZETT u. MCGLONE, *2*; HENSEL, *2*).

c) Einfluß der Reizfläche. Daß die Größe der Reizfläche einen erheblichen Einfluß auf die Temperatursinnesschwellen und die Intensität der Temperaturempfindung hat, ist aus zahlreichen Untersuchungen bekannt (WEBER; BOHNENKAMP u. PASQUAY; HARDY u. OPPEL, *1*, *2*; HERGET u. HARDY; HENSEL, *2*; weitere Literatur bei HENSEL, *3*). Abb. 79 zeigt ein Beispiel hierfür. Es sind die Warmschwellen bei gleichen Anstiegsgeschwindigkeiten der Temperatur als Funktion der Reizflächengröße zwischen 1 und 1000 cm^2 dargestellt. Wie man sieht, tritt bei den großen Flächen eine Schwellensenkung um mehrere Grad auf. Es sei an dieser Stelle nochmals daran erinnert, daß Untersuchungen mit Reizflächen unter 1 cm^2 mit großer Vorsicht zu bewerten sind, weil dort rein physikalische Flächeneinflüsse ins Spiel kommen, die nichts mit physiologischen Vorgängen zu tun haben (S. 165).

Im Zusammenhang mit der biologischen Funktion des menschlichen Temperatursinnes interessieren vor allem die Verhältnisse bei großen und größten Reizflächen. MARÉCHAUX u. SCHÄFER untersuchten die Temperaturempfindungen bei thermischer Beeinflussung des ganzen Körpers. In einer Klimakammer wurden möglichst lineare Anstiege der Raumtemperatur mit einer Steilheit von 0,001 bis 0,01°C/sec erzeugt, wobei auch die Hauttemperaturen relativ gerad-

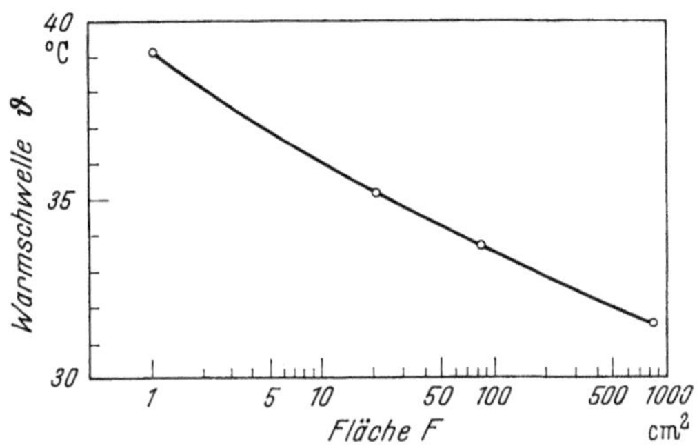

Abb. 79. Warmschwellen bei linearen Temperaturanstiegen von 0,017°C/sec und 30°C Ausgangstemperatur in Abhängigkeit von der Reizfläche. Die Kurvenpunkte sind Mittelwerte aus einer größeren Versuchsreihe. Mittlerer Fehler der Mittelwerte etwa ± 0,5°C. Die Flächengrößen sind in logarithmischem Maßstab aufgetragen. (Nach HENSEL, *2*)

linig anstiegen. Wie man den in Tabelle 25 zusammengestellten Ergebnissen entnehmen kann, führen bei großen Flächen selbst äußerst langsame Temperaturanstiege von weniger als 0,001°C/sec schon bei 35°C zu einer Warmempfindung. Hiermit stimmt die Tatsache gut überein, daß der thermische Behaglichkeitsbereich des Gesamtkörpers nur eine schmale Zone der integralen Hauttemperatur — etwa von 32 bis 34°C — umfaßt (WEZLER u. NEUROTH).

Tabelle 25. *Warmschwellentemperaturen bei Aufwärmung des Körpers in der Klimakammer.* Mittelwerte aus 8 Versuchen. (Nach MARÉCHAUX u. SCHÄFER)

Anstiegs-geschwindigkeit	Stirn	Bauch	Hand	Fuß	Integrale Haut-temperatur
0,001°/sec	34,8 ± 0,3	34,5 ± 0,6	31,7 ± 1,7	31,5 ± 1,1	34,2 ± 0,6
0,002 bis 0,003°/sec	34,7 ± 0,5	34,8 ± 0,8	31,7 ± 3,4	31,5 ± 1,9	34,3 ± 0,94

3. Inadäquate Reize

a) „Paradoxe" Empfindungen. Durch starke Erhitzung der Haut läßt sich eine eigenartige Kälteempfindung auslösen, die v. FREY (*1*) als „*paradoxe Kaltempfindung*" bezeichnet hat. Dieses Phänomen ist von zahlreichen Untersuchern bestätigt und kann heute als gesicherte Tatsache gelten (ALRUTZ, *1*; THUNBERG; HAHN, *2*, *5*). Bedingung einer paradoxen Kaltempfindung ist stets eine unverhältnismäßig große Erwärmung der Haut, die in keiner Weise vergleichbar ist mit den geringen Beträgen der Abkühlung als Reizbedingung der gewöhnlichen Kaltempfindung; im allgemeinen werden Temperaturen um 45°C und darüber als günstigster Bereich für die Auslösung der paradoxen Kaltempfindung angegeben. Auch elektrophysiologisch hat sich bei Temperaturen über 45°C eine „paradoxe" Erregung der Kaltreceptoren nachweisen lassen (S. 181).

Ob es auch eine „paradoxe" Warmempfindung gibt, ist noch nicht sicher entschieden (Literatur bei HENSEL, *3*). STRÜMPELL beschrieb Patienten mit spezifischem Ausfall der Kälteempfindung, bei denen eine starke Abkühlung der Haut sehr deutliche Warmempfindungen hervorrief. Diese paradoxe Warmempfindung könnte normalerweise vielleicht durch die starke Kälteempfindung maskiert sein. Elektrophysiologische Befunde sprechen dafür, daß sich, wenn überhaupt, eine paradoxe Warmempfindung nur durch große Abkühlungen von mehr als 8°C auslösen läßt (S. 181).

b) Chemische Reize. Die bekannteste Substanz, die bisher auch die spezifischste zu sein scheint, ist das *Menthol*. Es ruft bei indifferenter Hauttemperatur eine deutliche Kälteempfindung hervor. Schon GOLDSCHEIDER (*1*) wies nach, daß diese Kaltempfindung nicht etwa auf Verdunstungskälte, sondern auf einer chemischen Wirkung beruht und daß durch Menthol eine Schwellensenkung gegenüber Kaltreizen hervorgerufen wird. Menthol wirkt auch auf dem Blutwege (SCHWENKENBECHER). Über die elektrophysiologische Analyse der Mentholwirkung auf Kaltreceptoren s. S. 181.

Substanzen, die eine deutliche Warmempfindung hervorrufen, sind das *Calcium*, das intracutan und intravenös wirkt und eine Schwellensenkung für Warmreize bei gleichzeitiger Schwellenerhöhung für Kaltreize hervorruft (HIRSCHSOHN u. MAENDL; SCHREINER) sowie die *Kohlensäure* als Gas und als Kohlensäurebad (LILJESTRAND u. MAGNUS; GOLLWITZER-MEIER). Chloroform, über dessen Wirkung zahlreiche Untersuchungen vorliegen, scheint stark schwellensenkend auf die Warmreceptoren zu wirken, gleichzeitig aber auch erhebliche Wirkungen auf andere Hautreceptoren auszuüben (ALRUTZ, *1*; REIN, *1*; SCHMIDT). Auch gewisse Extraktstoffe aus *Gewürzen*, wie Capsaicin (spanischer Pfeffer), Cinnamonylacrylsäurepiperidid (schwarzer Pfeffer), Undecylensäurevanillylamid (Paprika), sollen eine starke Erregung der Warmreceptoren bewirken, daneben aber auch die Schmerznerven reizen (HÖGYES; HEUBNER; STARY; SANS).

Weitere Einzelheiten, auch über Untersuchungen mit anderen Stoffen, die meist eine ziemlich unspezifische Reizung aller Hautsinnesorgane ergaben, finden sich in einer Zusammenstellung von HENSEL (*3*), auf die hier verwiesen sei.

IV. Neurophysiologie der Thermoreception

1. Spezifität der Receptoren

Da alle Stoffwechselvorgänge im Organismus und damit auch die Erregungsvorgänge der Receptoren bis zu einem gewissen Grade temperaturabhängig sind, müssen wir uns zunächst fragen, wie ein spezifischer Thermoreceptor zu definieren sei (vgl. HENSEL, *10*). Eine qualitative Temperaturempfindlichkeit allein besagt offenbar wenig, entscheidend ist vielmehr das *quantitative* Verhalten des Receptors gegenüber thermischen und anderen Reizarten. HENSEL, IGGO u. WITT haben folgende biophysikalischen Kriterien zur Definition eines Kälte- (Wärme-) Receptors vorgeschlagen: 1. Anstieg (Abfall) der Impulsfolgefrequenz bei schneller Abkühlung; 2. keine Impulse bei schneller Erwärmung (Abkühlung) oder Hemmung einer vorher bestehenden Dauerentladung; 3. eine temperaturabhängige stationäre Dauerentladung bei konstanter Temperatur; 4. kein Ansprechen auf mechanische Reize oder zumindest eine wesentlich höhere Schwelle als die der spezifischen Mechanoreceptoren; 5. eine quantitative thermische Empfindlichkeit, welche der des menschlichen Temperatursinnes vergleichbar ist.

Es sei in diesem Zusammenhang daran erinnert, daß nach den Ausführungen im allgemeinen Teil (S. 76) diese biophysikalischen Kriterien noch durch sinnesphysiologische Kriterien zu ergänzen sind, welche etwas über den Zusammenhang der Receptorfunktion mit den Empfindungsqualitäten aussagen.

Bei den Homoiothermen kennen wir heute eine ganze Reihe spezifischer Thermoreceptoren, welche der hier gegebenen biophysikalischen Definition genügen. Am klarsten liegen die Verhältnisse wohl bei den von markhaltigen A-Fasern versorgten Kaltreceptoren in der Zunge, deren Spezifität schon durch die ersten Untersuchungen von ZOTTERMAN (*2*, *3*) klargestellt und seither in zahlreichen weiteren Arbeiten bestätigt worden ist (HENSEL u. ZOTTERMAN, *1*,*2*,*3*; DODT u. ZOTTERMAN, *2*; HENSEL, *5*, *6*, *7*, *12*; ZOTTERMAN, *7*, *9*). Bei den Warmreceptoren der Zunge dürfte die Spezifität ebenfalls gesichert sein (DODT u. ZOTTERMAN, *1*), wenn auch die Befunde nicht in allen Punkten so eindeutig sind wie bei den Kaltreceptoren.

Auch in der äußeren Haut finden sich innerhalb der A-Fasergruppe spezifische Kältereceptoren, zusammen mit zahlreichen unspezifischen, auf Druck und

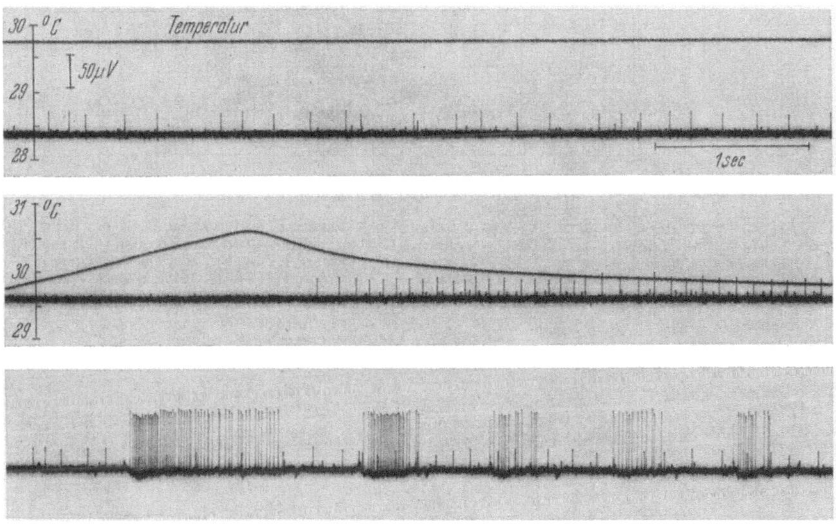

Abb. 80a—c. Aktionspotentiale einzelner spezifischer Kältefasern und Druckfasern im N. infraorbitalis der Katze bei thermischer und mechanischer Reizung eines Hautfeldes am Nasenrücken. a Konstante Hauttemperatur; b Erwärmung und Abkühlung der Haut; c fünfmaliger leichter Druck auf die Haut bei konstanter Temperatur. (Nach HENSEL, *4*)

Abkühlung reagierenden Nervenendigungen, deren Funktion bereits auf S. 137 besprochen wurde. Markhaltige Kältefasern kommen vor im N. infraorbitalis der Katze (HENSEL, *4*; BOMAN), welcher die Nasenregion versorgt. Ein Beispiel hierfür ist in Abb. 80 gezeigt. Bei konstanter Hauttemperatur sieht man die stationäre Dauerentladung einer einzelnen Kältefaser, die durch leichte Erwärmung gehemmt, durch Abkühlung stärker erregt wird. Übt man zusätzlich einen leichten Druck auf die Nasenhaut aus, so erscheinen große, von einer spezifischen Druckfaser stammende Impulse, während die Dauerentladung der Kältefaser unbeeinflußt weitergeht. Kältereceptoren mit afferenten A-Fasern wurden ferner in der Haut von Affen (IGGO, *6*) und in menschlichen Hautnerven (HENSEL u. BOMAN) gefunden. Hingegen scheinen nach allen bisherigen Befunden in der Haut keine markhaltigen Wärmefasern der A-Gruppe vorzukommen (WITT u. HENSEL; HENSEL u. BOMAN; IGGO, *6*).

Dafür hat man kürzlich in der äußeren Haut spezifische Kältereceptoren und Wärmereceptoren entdeckt, die von marklosen C-Fasern versorgt werden (HENSEL, IGGO u. WITT; IRIUCHIJIMA u. ZOTTERMAN). Diese thermosensiblen C-Fasern dürften weitaus den größten Teil der cutanen Temperaturimpulse übermitteln, während die Mehrzahl der A-Fasern entweder nur auf mechanische Reize oder unspezifisch auf Druck und Kälte reagiert.

2. Thermoreceptoren der A-Fasergruppe

a) Kältereceptoren. Wie schon aus Abb. 80 und weiter aus Abb. 84 zu ersehen ist, zeigen die Kältereceptoren bei konstanter Temperatur eine stationäre Dauerentladung von afferenten Impulsen, deren Folgefrequenz eine Funktion der

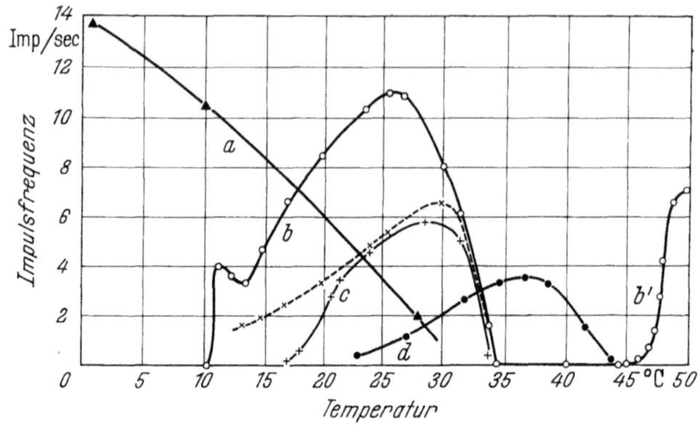

Abb. 81. Stationäre Impulsfrequenz einzelner thermosensibler A-Fasern als Funktion der Temperatur. *a* Kältenfaser, N. trigeminus (Hamster); *b* Kältefaser, N. lingualis (Katze); gestrichelte Linie: Frequenz der Impulsgruppen bei periodischer Entladung; *b'* paradoxe Entladung derselben Faser; *c* Kältefaser, N. saphenus (Katze); *d* Wärmefaser, N. lingualis (Katze). (Nach DODT u. ZOTTERMAN, *1*, *2*; DODT, *1*; WITT u. HENSEL; RATHS, WITT u. HENSEL, unveröffentlicht)

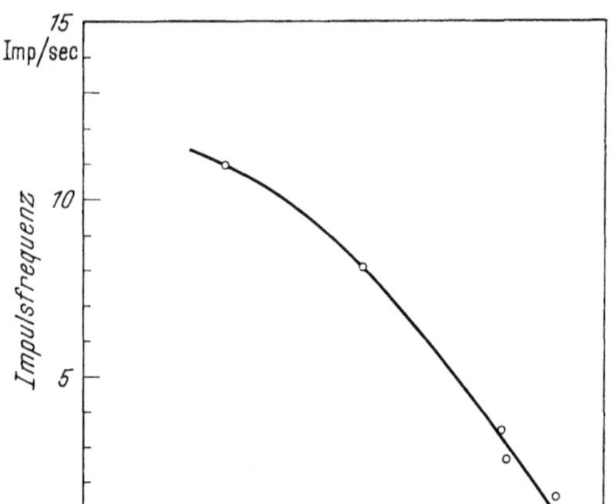

Abb. 82. Frequenz der stationären Dauerentladung einer Kältefaser aus dem R. superficialis N. radialis des Menschen als Funktion der konstanten Hauttemperatur am Handrücken. (Nach HENSEL u. BOMAN)

Absoluttemperatur ist. In einem bestimmten Temperaturbereich hat die statische Impulsfrequenz ein Maximum, das an der Einzelfaser bis zu 15 Imp/sec erreicht, während bei höheren und tieferen Temperaturen die Frequenz immer weiter abnimmt und schließlich den Wert Null erreicht (Abb. 81). Die einzelnen Kältefasern haben individuelle Temperaturmaxima, die zwischen 15 und 34°C liegen; die oberen und unteren Grenztemperaturen, innerhalb derer eine stationäre Entladung der Kältefasern möglich ist, betragen etwa 10°C und 41°C. Für eine einzelne Kältefaser aus dem N. radialis beim Menschen, deren Receptorenfeld am Handrücken liegt, ist die stationäre Impulsfrequenz als Funktion der konstanten Temperatur in Abb. 82 dargestellt. Die Dauerentladung beginnt bei etwa 39°C und steigt bei kälteren Hauttemperaturen immer mehr an. Das Maximum ist in diesem Versuch nicht mehr erfaßt, doch dürfte es schätzungsweise bei 13°C liegen.

Aus der Steilheit dieser Temperatur-Frequenzkurven ergibt sich die *statische* Empfindlichkeit der Kältereceptoren (Tabelle 26). In Abb. 81 beträgt sie an der

Tabelle 26. *Maximale statische und dynamische Temperaturempfindlichkeit spontan tätiger Receptoren*

Die statische Empfindlichkeit ist für den Bereich positiver und negativer Temperaturkoeffizienten angegeben.

Lage des Receptors	Faser	Reagiert auf	Empfindlichkeit Imp/sec · °C statisch pos.	Empfindlichkeit Imp/sec · °C statisch neg.	Empfindlichkeit Imp/sec · °C dynamisch	Autor
Haut, Pfote (Katze) .	A	Druck, Kälte			— 4	Witt u. Hensel
Haut, Pfote (Katze) .	C	Kälte	+3	−0,7	−30	Hensel, Iggo u. Witt
Haut, Pfote (Katze) .	C	Wärme	+8	−5	+33	Hensel, Iggo u. Witt
Haut, Nase (Katze) .	A	Kälte			−55	Hensel (*4*)
Zunge (Katze)	A	Kälte	+1	−2,5	−30	Hensel u. Zotterman (*5*)
Zunge (Katze)	A	Wärme	+0,3	−0,6	+ 6	Dodt u. Zotterman (*1*)
Haut, Hand (Mensch).	A	Druck, Kälte			— 5	Hensel u. Boman
Haut, Hand (Mensch).	A	Kälte		−0,6	—45	Hensel u. Boman
Grubenorgan (Crotalus)	A	Wärme			+2000	Bullock u. Diecke
Lorenzinische Ampullen (Scyllium)	A	Druck, Kälte	+1,4	−7	−90	Hensel (*9*)

steilsten Stelle —2,5 Imp/sec·°C, d.h. bei einer Temperatursenkung von 1°C steigt die stationäre Entladung um 2,5 Imp/sec an, während der höchste Wert der statischen Empfindlichkeit in Abb. 82 bei —0,6 Imp/sec·°C liegt.

Beim einzelnen Kältereceptor umfaßt der stationäre Bereich von der oberen Grenztemperatur bis zum Maximum jeweils nur etwa 7°C, also ein verhältnismäßig schmales Band (Abb. 83). Da aber die Maxima der Kältefasern bei ganz verschiedenen Temperaturen liegen, ergibt sich für den Gesamtnerven eine wesentliche Verbreiterung des wirksamen Temperaturbereiches, wobei die Lage des Maximums stark nach unten verschoben wird, weil immer neue Kältefasern bei tieferen Temperaturen hinzutreten. So rückt nach Messungen von Hensel u. Zotterman (*3*) an Mehrfaserpräparationen des N. lingualis der Maximalwert für die stationäre Gesamtfrequenz der Kältefasern bis in einen Temperaturbereich zwischen 20 und 15°C. An der äußeren Haut mit ihren zahlreichen marklosen Kältefasern liegt vielleicht die Temperatur des Gesamtmaximums noch niedriger.

Besonders tiefe Temperaturbereiche der stationären Dauerentladung haben Raths, Witt u. Hensel kürzlich an einzelnen kältesensiblen Fasern im N. trigeminus bei winterschlafenden Hamstern (*Cricetus cricetus*) registriert (Abb. 81). Im Winterschlaf herrscht eine unregelmäßige Tätigkeit der cutanen Kältefasern, die zur A, δ- und zur C-Gruppe gehören. Der Temperaturbereich der Dauerentladung liegt zwischen + 33 und —5°C, mit einem mittleren Maximum bei + 4°C. Das ist weit tiefer als bei den Homoiothermen, deren A,δ-Kältereceptoren und Nervenfasern bei Temperaturen unter + 10°C blockiert sind. Diese Befunde stimmen mit der Tatsache überein, daß die Temperaturregelung im Winterschlaf intakt ist und die Tiere bei zusätzlicher äußerer Abkühlung ihren Energieumsatz steigern und schließlich erwachen.

Bei einem Kältesprung auf eine konstante tiefere Temperatur erhöht sich die Impulsfrequenz der einzelnen Kältereceptoren vorübergehend auf Werte bis zu 140 Imp/sec und adaptiert sich dann auf einen niedrigeren Dauerwert, der der neuen konstanten Temperatur entspricht (Abb. 84 und 85). Je schneller die Abkühlung vor sich geht, desto höher steigt unter sonst gleichen Bedingungen die überschießende Erregung („overshoot") an, wie aus Abb. 86 zu ersehen ist. Die

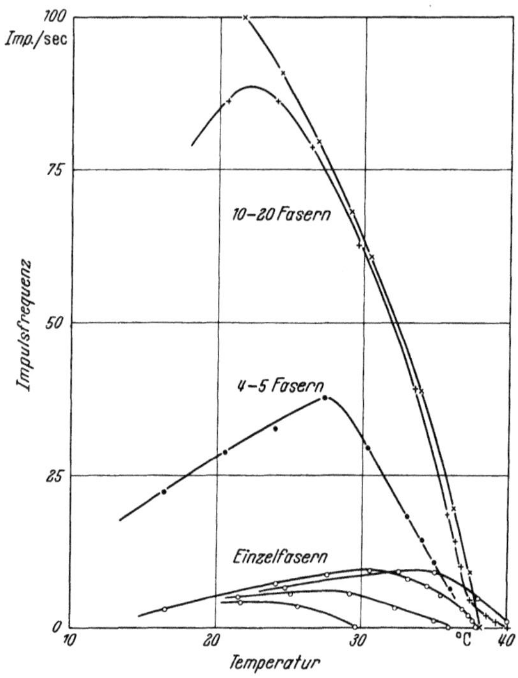

Abb. 83. Impulsfrequenz der stationären Dauerentladung einzelner und mehrerer Kältefasern im N. lingualis der Katze als Funktion der Zungentemperatur. (Nach HENSEL u. ZOTTERMAN, *3*)

Thermoreceptoren sprechen also nicht nur auf die Temperatur ϑ, sondern auch auf den zeitlichen Differentialquotienten der Temperaturänderung $d\vartheta/dt$ an, verhalten sich also wie ein Proportional-Differential-Fühler (PD-Fühler). Der hierbei wirksame Zeitfaktor der Adaptation, ausgedrückt als Zeitkonstante der annähernd exponentiell abfallenden Impulsfrequenz nach einem rechteckigen Kältesprung, beträgt nach Messungen von HENSEL (*7*) an einzelnen Kältefasern 0,3 bis 2,2 sec. Bei gleich großen Kältesprüngen, z.B. von je 2°C, hängt die Größe des Overshoot auch von der Ausgangstemperatur ab. Je höher diese liegt, desto geringer wird die überschießende Erregung, bis sie schließlich bei sehr warmen Ausgangstemperaturen überhaupt nicht mehr auslösbar ist.

Aus der Höhe des Overshoot bei steilen Kältesprüngen läßt sich die *dynamische* Empfindlichkeit der Kältereceptoren ermitteln. Sie ergibt sich aus der überschießenden Frequenzsteigerung pro Grad Temperatursenkung und liegt mit Werten bis zu —55 Imp/sec · °C viel höher als die statische Empfindlichkeit. In Tabelle 26 sind einige Zahlenwerte für verschiedene Kältereceptoren angegeben, zugleich mit einigen Daten für Warmreceptoren und unspezifische Druck-Kälte-Receptoren. Bemerkenswert erscheint die Tatsache, daß die dynamischen Empfindlichkeiten der unspezifischen Receptoren im allgemeinen kleiner sind als die der spezifischen Kälte- und Wärmefasern. Zum Vergleich sind noch die Werte der extrem wärmeempfindlichen Infrarotreceptoren der Klapperschlange (*Crotalus*)

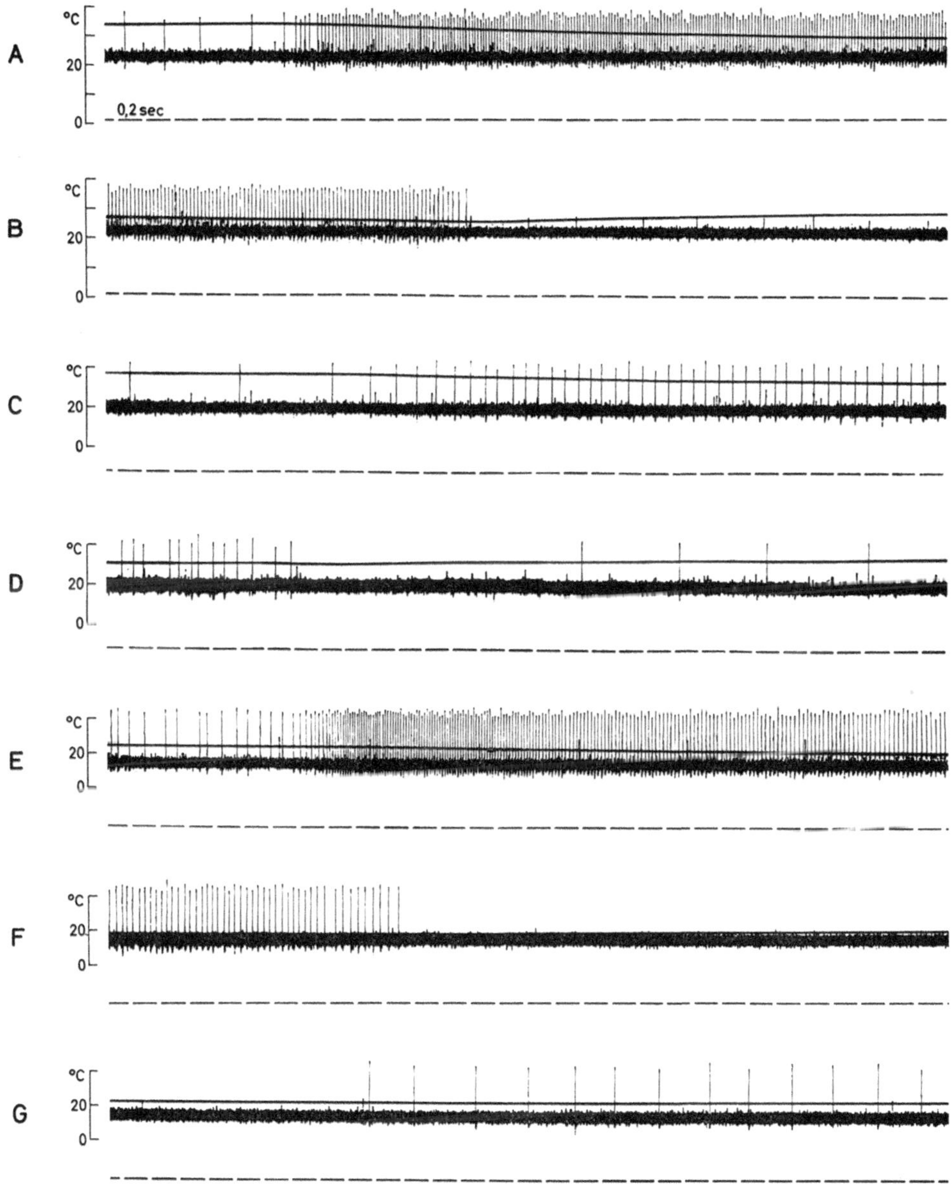

Abb. 84 A—G. Afferente Impulse in einer einzelnen Kältefaser im R. superficialis N. radialis des Menschen bei thermischer Reizung des Handrückens. Die Hauttemperatur ist mitregistriert. A Abkühlung von 34 auf 26°C; B Wiedererwärmung; C Abkühlung von 38 auf 35°C; D Wiedererwärmung; E Kühlung von 24 auf 16°C; F Wiedererwärmung; F 13 sec nach Beginn der Wiedererwärmung; G Fortsetzung von F. (Nach HENSEL u. BOMAN)

und der auf Abkühlung ansprechenden Lorenzinischen Ampullen des Katzenhaies (*Scyllium*) angeführt. Allerdings ist die biologische Funktion der Lorenzinischen Ampullen bis heute noch nicht klargestellt.

Bei einem Wärmesprung auf eine höhere konstante Temperatur verhält sich die Entladungsfrequenz des Kältereceptors genau spiegelbildlich zum Verlauf bei Kältesprüngen: Zunächst tritt eine überschießende Hemmung („silent period“

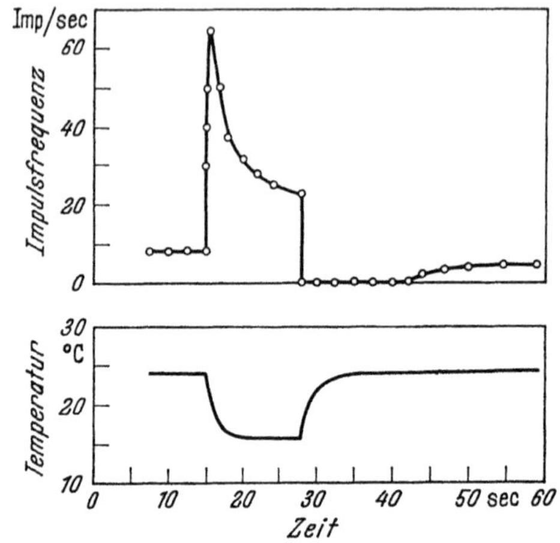

Abb. 85. Impulsfrequenz einer einzelnen Kältefaser aus dem R. superficialis. N. radialis des Menschen bei Abkühlung und Erwärmung des Handrückens. Die Kurven sind die graphische Auswertung der Registrierungen E bis G in Abb. 84. (Nach Hensel u. Boman)

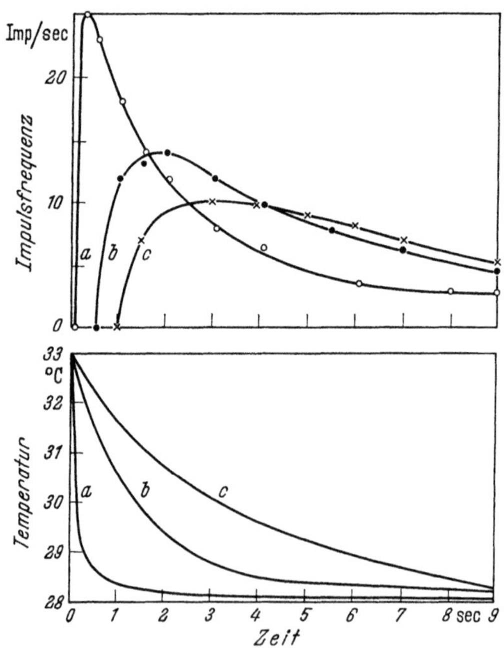

Abb. 86. Entladungsfrequenz einer einzelnen Kältefaser aus dem N. lingualis der Katze bei Abkühlung der Zunge mit verschiedener Geschwindigkeit. (Nach Hensel, 7)

oder „false start“) ein, d.h. die Entladung sinkt unter den stationären Frequenzwert ab oder hört bei größeren Wärmesprüngen ganz auf. Dann erhöht sich die Frequenz allmählich wieder und stellt sich auf einen neuen stationären Wert ein (Abb. 84 und 85).

In Abb. 87 ist das statische und dynamische Verhalten eines Kältereceptors zusammenfassend dargestellt. Dabei ist folgendes zu beachten: Bei konstanten Temperaturen oberhalb des Maximums hat der Receptor einen negativen Temperaturkoeffizienten, arbeitet also als statischer „Kaltreceptor", während er im Bereich des positiven Temperaturkoeffizienten unterhalb des Maximums nach Art eines statischen „Wärmereceptors" arbeitet. Bei Temperatursprüngen hin-

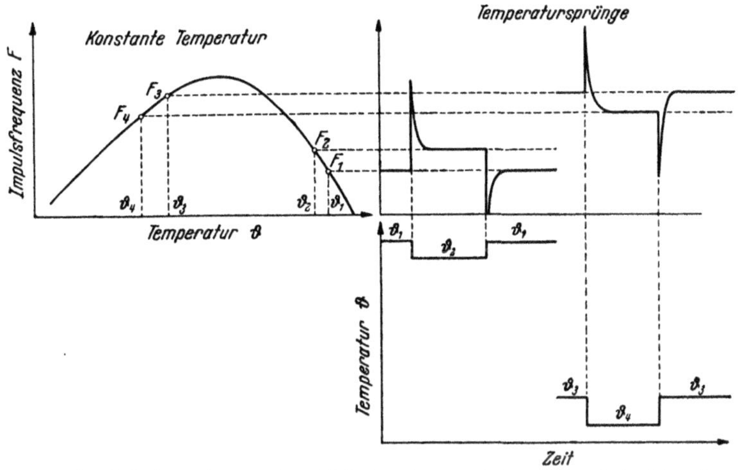

Abb. 87. Schema der Entladung einer einzelnen Kältefaser bei konstanten und veränderlichen Temperaturen. Links: Impulsfrequenz bei konstanten Temperaturen; rechts: Impulsfrequenz bei Temperatursprüngen im Bereich oberhalb und unterhalb des stationären Maximums. (Nach HENSEL, *8*)

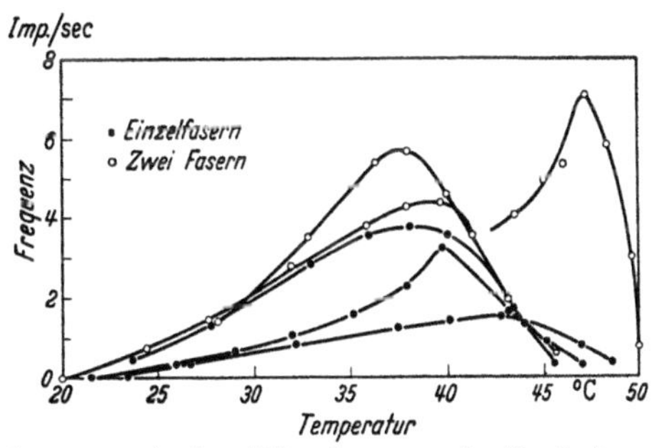

Abb. 88. Stationäre Impulsfrequenzen einzelner Wärmefasern aus der Chorda tympani der Katze als Funktion der Zungentemperatur. (Nach DODT u. ZOTTERMAN, *1*)

gegen verhalten sich die Endorgane im gesamten Temperaturbereich eindeutig als Kältereceptoren, d.h. bei rascher Abkühlung steigt ihre Frequenz immer an, bei Erwärmung sinkt sie ab. Für die Definition eines Kälte- oder Wärmereceptors ist also in erster Linie sein dynamisches Verhalten und nicht das Verhalten bei stationären Temperaturen maßgebend.

b) Wärmereceptoren. Während Kälteimpulse fast von jeder Präparation des N. lingualis abzuleiten sind, beobachtet man nur ziemlich selten afferente Impulse aus spezifischen Wärmefasern der Zunge. An der äußeren Haut scheinen, wie schon erwähnt, keine markhaltigen Wärmefasern vorzukommen. Die Erregungsgesetze von Wärmefasern in der Zunge der Katze wurden von DODT u. ZOTTERMAN (*1*) genauer untersucht. Wie die Kältefasern, so zeigen auch die Wärmefasern eine temperaturabhängige stationäre Dauerentladung (Abb. 88), deren Impulsfolge allerdings nicht so regelmäßig ist wie die der Kältereceptoren. Vielleicht mag dies damit zusammenhängen, daß eine Nervenfaser aus mehreren Endorganen Impulse erhält. Der Temperaturbereich, in dem eine stationäre Entladung zu beobachten ist, erstreckt sich von 20°C bis 50°C, wobei die Temperaturen der Maximalfrequenz meist zwischen 38 und 43°C liegen.

Bei schnellen Abkühlungen und Erwärmungen verhalten sich die Wärmereceptoren umgekehrt wie die Kältereceptoren, sie antworten also auf Erwärmung mit einer überschießenden Erregung und auf Abkühlung mit einer überschießenden Hemmung (vgl. Abb. 96). Bei plötzlicher Abkühlung um 8 bis 15°C tritt eine rasche phasische Entladung von kurzer Latenz auf, die DODT u. ZOTTERMAN (*1*) jedoch eher einer direkten Reizung der Nervenfasern als einer Erregung von Nervenendorganen zuschreiben.

c) Intracutaner Temperaturgradient. Schon die sinnesphysiologischen Versuche (S. 166) hatten gezeigt, daß für die Temperaturempfindung nur die Abkühlung oder Erwärmung der Thermoreceptoren maßgebend ist, nicht aber die Richtung und Steilheit des räumlichen intracutanen Temperaturgefälles $d\vartheta/dx$. Dies konnte in elektrophysiologischen Versuchen von HENSEL u. ZOTTERMAN (*6*) an den Kaltreceptoren der Zunge bestätigt werden. Wenn man die Receptoren der Zungenoberfläche von unten abkühlt, indem man die Kälte von der Zungenunterseite zuführt, so bekommt man einen umgekehrten Temperaturgradienten, jedoch eine normale Entladung der Kältereceptoren. Auch Temperaturgradienten zwischen Gefäßen und Receptoren, wie sie vor allem BAZETT (*2*) als adäquaten Reiz für die Thermoreceptoren vermutet, sind nicht entscheidend, denn kurzfristige Drosselung der Blutzufuhr der Zunge ändert das Ergebnis der Versuche mit retrograden Temperaturgradienten nicht wesentlich. Ferner kann man auch durch Abkühlung der Kaltreceptoren mittels intraarterieller Injektion von kalter Ringerlösung eine Entladung auslösen.

WILLIAMS hält diese Versuche allerdings noch nicht für ausreichend, um die „Gradiententheorie“ oder „thermocouple theory“ zwingend zu widerlegen. Er schreibt hierzu: "On the basis of the ionic thermocouple theory, if fibers are isolated which exhibit 'spontaneous activity' which is accelerated by cooling the surface of the tongue and inhibited by warming the surface, it would be explained that the spontaneous activity was due to the fact that the most superficial part of the terminal was cooler than the deeper, and hence cooling from below would first abolish the spontaneous discharge as the terminal was made isothermal and then cause it to discharge as the deeper part of the terminal becomes cooler than the more superficial part. Unfortunately, the initial temperature of the surface of the tongue was chosen at 37°C, a temperature at which, as has been previously discussed, the cold fiber stationary discharge is virtually zero. The records in this paper are clearly compatible with the ionic thermocouple theory described above. In the opinion of the author, an experiment which would go far to prove or disprove the ionic thermocouple hypothesis would be to repeat HENSEL and ZOTTERMAN'S experiment with the surface temperature at, say, 30°C at which the cold fiber stationary discharge is at a maximum. On cooling the surface, the stationary discharge should accelerate without interruption of the stationary discharge. On the basis of the ionic thermocouple theory, cooling of the lower surface of the tongue would decrease the stationary discharge as that layer approached isothermality before increasing the discharge again, as the gradient was reversed, provided that the blood flow was not changed during the time course of these events." Die von WILLIAMS vorgeschlagenen modifizierten Kühlversuche an der Unterseite der Zunge wurden inzwischen ausgeführt (HENSEL u. WITT) und haben das in Abb. 89 dargestellte Resultat erbracht. Danach steigt die stationäre Entladungsfrequenz der Kältefasern an der Zungenoberseite ohne jede

Unterbrechung auf einen höheren Wert, sobald die Kälte von der Zungenunterseite her die Receptorenschicht erreicht. Nach den Annahmen von WILLIAMS hätten die Kaltreceptoren mit der Verkleinerung des räumlichen Temperaturgradienten zuerst gehemmt und mit der Gradientenumkehr wieder erregt werden müssen. Damit dürfte die Gradiententheorie der Thermoreceptorenerregung endgültig widerlegt sein.

d) „Paradoxe" Entladungen. Während im Bereich zwischen 40 und 45° C keine stationäre Erregung der Kaltreceptoren zu sehen ist, setzt bei Zungentemperaturen über 45°C eine erneute stationäre Dauerentladung ein (DODT u. ZOTTERMAN, *2*; DODT, *1*; ZOTTERMAN, *7*). Diese paradoxe Erregung der Kältereceptoren stimmt gut mit der paradoxen Kaltempfindung beim Menschen über-

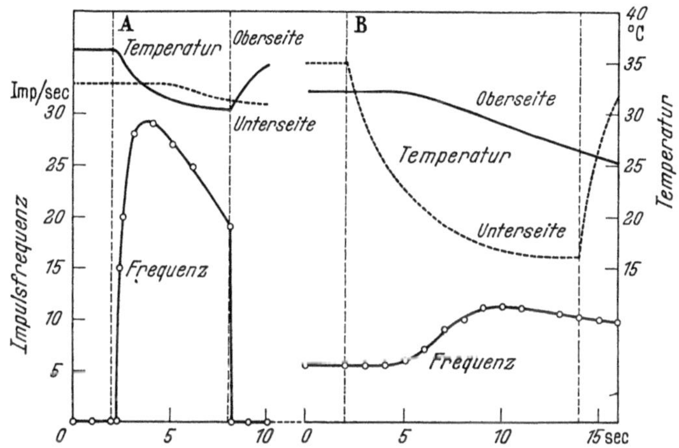

Abb. 89 A u. B. Impulsfrequenz einer einzelnen Kältefaser, welche die Oberseite der Zunge versorgt, und Temperaturregistrierung an beiden Seiten der Zunge bei der Katze. A Abkühlung und Wiedererwärmung der Zunge an der Oberseite; B Abkühlung und Wiedererwärmung an der Unterseite. (Nach HENSEL u. WITT)

ein. Steigt die Temperatur noch weiter an, so erhöht sich die Entladungsfrequenz der Kältefasern und erreicht einen Endwert bei etwa 50°C (Abb. 81). Oberhalb dieser Temperatur werden die Receptoren geschädigt. Eine andere Art von paradoxer Entladung wurde an den Warmreceptoren der Katzenzunge beobachtet (DODT u. ZOTTERMAN, *1*; DODT, *1*). Bei plötzlicher Abkühlung der Zunge um mehr als 8°C tritt eine kurze phasische Entladung der Wärmefasern auf.

e) Nichtthermische Einflüsse. Wie allgemein bekannt, ruft *Menthol* eine Kälteempfindung hervor, wenn es auf die Zunge oder die äußere Haut gebracht wird. HENSEL u. ZOTTERMAN (*4*) konnten diese Wirkung an afferenten Kälteimpulsen der Katzenzunge objektiv nachweisen. Bei einer konstanten Zungentemperatur von 40°C sind meist keine Kaltimpulse zu sehen. Bringt man bei derselben Temperatur eine wäßrige Menthollösung ($1:10^4$) auf die Zunge, so tritt eine starke Dauerentladung von Kaltimpulsen auf, die sich durch eine entsprechende Temperaturerhöhung völlig aufheben läßt (Abb. 90). Es handelt sich also bei der Mentholwirkung nicht einfach um eine inadäquate Reizung der Kältereceptoren, sondern um eine Verschiebung ihres physiologischen Arbeitspunktes in einen höheren Temperaturbereich. Die Schwellenkonzentration der Mentholwirkung liegt bei ungefähr $5 \cdot 10^{-6}$. Weitere Untersuchungen von DODT, SKOUBY u. ZOTTERMAN haben ergeben, daß Menthol nicht nur die normale Tätigkeit der Kältefasern, sondern auch die paradoxe Entladung im Temperaturbereich zwischen 45 und 50°C verstärkt.

Im Zusammenhang mit Befunden von Bing u. Skouby, daß schwache Konzentrationen cholinerger Substanzen die Kältesensibilität der menschlichen Haut erhöhen, untersuchten Dodt, Skouby u. Zotterman die Wirkung dieser Stoffe auf einzelne Kältefasern. *Acetylcholin* in kleinsten Dosen verschiebt den Bereich der stationären Dauerentladung in Richtung auf höhere Temperaturen und

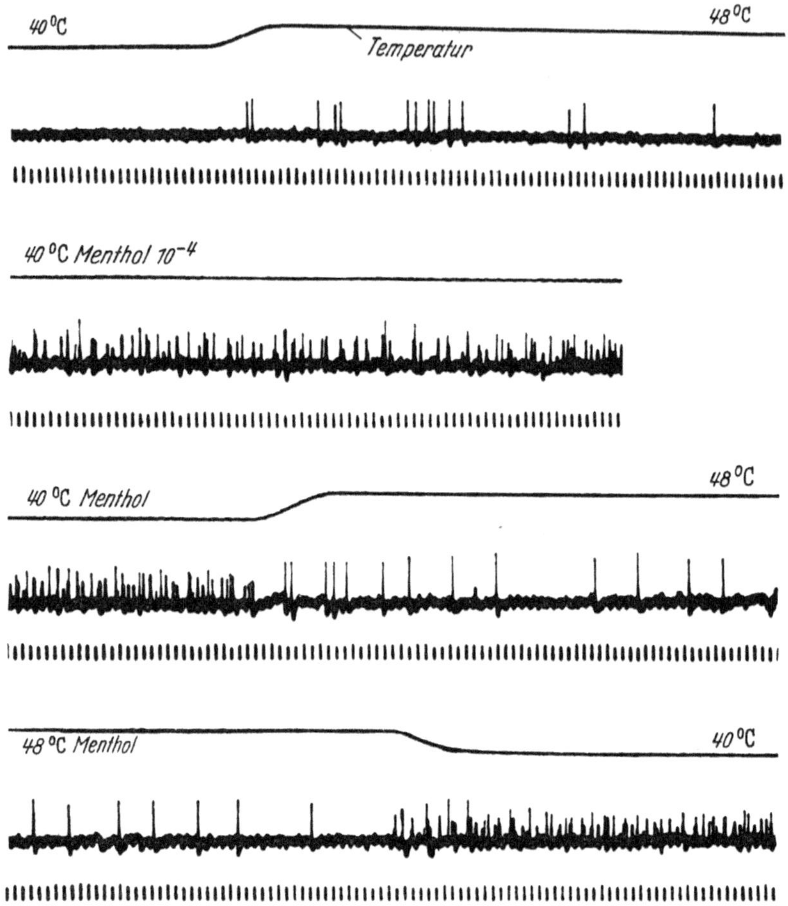

Abb. 90. Aktionspotentiale von Kälte- und Wärmefasern aus dem N. lingualis der Katze. Nach Auftropfen einer Mentholösung (1:10⁴) tritt bei 40°C eine starke Entladung von Kältefasern auf, die bei Erwärmung auf 44°C verschwindet, während zugleich eine Wärmefaser in Aktion tritt. Zeitmarken 0,02 sec. (Nach Hensel u. Zotterman, *4*)

erhöht die Impulsfrequenz innerhalb des normalen Temperaturbereiches beträchtlich. Höhere Konzentrationen bewirken eine Hemmung der stationären Tätigkeit und engen den thermischen Aktivitätsbereich der Receptoren ein. Ähnliches gilt auch für die Warmreceptoren.

Endlich ist noch die Wirkung der *Kohlensäure* und des *Sauerstoffmangels* auf die Impulsentladung der Thermoreceptoren zu erwähnen. Ein erhöhter pCO_2-Wert führt zu einer deutlichen Hemmung der Kaltreceptorenentladung und gleichzeitig zu einer Erregung der Wärmefasern (Dodt, *3*; Boman, Hensel u. Witt), was mit den subjektiven Empfindungen im CO_2-Bad gut übereinstimmt. Wird die Blutzufuhr zur Haut unterbrochen, so verlangsamt sich die Folgefrequenz der Kälteimpulse stetig und erreicht schließlich den Wert Null, um nach Aufhören der Drosselung wieder auf den Ausgangswert zurückzukehren; in manchen Fällen sieht man dabei eine vorübergehende Steigerung der Impulsfrequenz über den Initialwert hinaus (Abb. 91). Die Hemmung der Kältefaserentladung bei Ischämie dürfte in erster Linie auf den O_2-Mangel und zum Teil vielleicht auch auf die CO_2-Anhäufung im Gewebe zurückzuführen sein (HENSEL, *6*). Diesem Verhalten der Kaltreceptoren bei Ischämie entspricht subjektiv das „Ebbeckesche Phänomen" (EBBECKE, *1*): Wird der Blutstrom einer vorher abgekühlten und gedrosselten Extremität freigegeben, so ist das Einschießen des Blutes überraschenderweise mit einer intensiven Kälteempfindung verbunden.

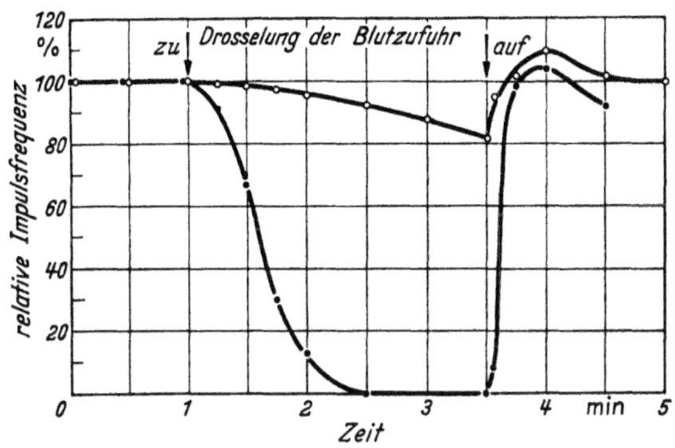

Abb. 91. Änderung der relativen Impulsfrequenz zweier Kältefasern aus dem N. lingualis der Katze bei Unterbrechung und Freigabe der Blutzufuhr zur Zunge. Konstante Zungentemperatur 30°C. (Nach HENSEL, *6*

3. Thermoreceptoren der C-Fasergruppe

In der äußeren Haut sind bisher nur wenige markhaltige Kältefasern und keine markhaltigen Wärmefasern gefunden worden. Dafür hat man in den letzten Jahren spezifische cutane Thermoreceptoren entdeckt, deren afferente Impulse

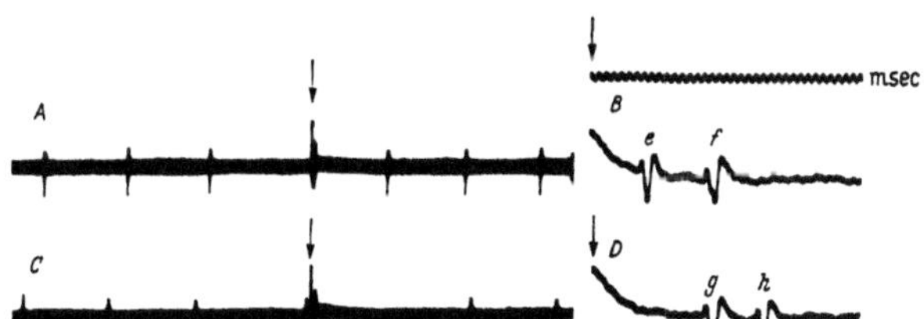

Abb. 92A—D. Identifizierung einer Kältefaser in einer Präparation mit mehreren C-Fasern aus dem N. saphenus der Katze. A Spontanentladung einer spezifischen Kältefaser und Wirkung einer distalen elektrischen Reizung (Pfeil) des N. saphenus. B Schnellere Registrierung der Vorgänge nach dem elektrischen Reiz; *e* ist ein Spontanimpuls der Kältefaser, *f* ein elektrisch ausgelöster Impuls einer anderen C-Faser. C Dieselbe Registrierung wie in A, nur mit stärkerem elektrischem Reiz; es fällt jetzt ein spontaner Kälteimpuls durch Kollision aus. D Schnellere Registrierung; beide Impulse sind nunmehr elektrisch ausgelöst: *g* ist identisch mit *f*, *h* ist der elektrisch ausgelöste Impuls der Kältefaser. Die Leitungszeit dieses Impulses beträgt 28 msec, die Leitungsstrecke 31 mm, die Leitungsgeschwindigkeit 1,1 m/sec. (Nach HENSEL, IGGO u. WITT)

in marklosen C-Fasern geleitet werden. Durch Registrierung der Aktionspotentiale einzelner C-Fasern war es möglich, die Tätigkeit dieser Receptorengruppe genauer zu analysieren (IGGO, *2*; HENSEL, IGGO u. WITT; IRIUCHIJIMA u. ZOTTERMAN, *1*). Die marklosen Einzelfasern wurden durch Leitungsgeschwindigkeitsmessung identifiziert, indem der Hautnerv distal von der Ableitungsstelle elektrisch gereizt und die Laufzeit der Impulse von der Reizstelle bis zur Ableitungsstelle oscillographisch gemessen wurde (Abb. 92). Bei bekannter Leitungsstrecke ergibt sich daraus die Leitungsgeschwindigkeit. Für die thermosensiblen C-Fasern der Haut liegen die Leitungsgeschwindigkeiten zwischen 0,5 und 1,5 m/sec.

Innerhalb der C-Fasergruppe lassen sich wiederum spezifische Kältefasern und Wärmefasern unterscheiden, deren thermische Empfindlichkeit zum Teil sehr groß ist (Tabelle 26); daneben kommen aber auch sehr zahlreiche unempfindliche C-Fasern vor, die erst bei extremen Hauttemperaturen ansprechen und vermutlich die Funktion von Schmerzfasern haben. In ihren qualitativen Erregungsgesetzen unterscheiden sich die Thermoreceptoren mit marklosen C-Fasern nicht von den früher beschriebenen Receptoren der A-Fasergruppe, auf die hier verwiesen sei.

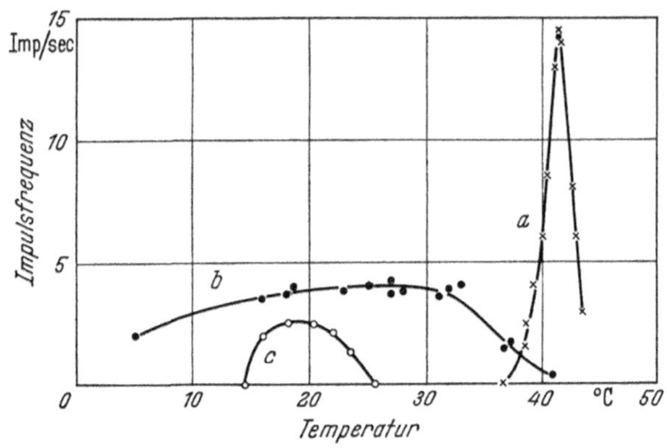

Abb. 93. Stationäre Entladungsfrequenz von drei einzelnen C-Fasern aus dem N. saphenus der Katze als Funktion der konstanten Hauttemperatur. *a* Wärmefaser; *b* und *c* Kältefasern. (Nach HENSEL, IGGO u. WITT)

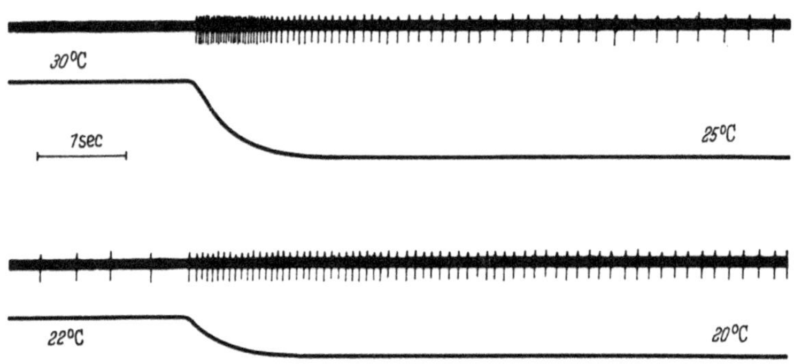

Abb. 94. Afferente Impulse einer einzelnen C-Faser aus dem N. saphenus der Katze und Verlauf der Hauttemperatur bei Kältesprüngen. (Nach HENSEL, IGGO u. WITT)

Abb. 93 zeigt die stationäre Dauerentladung einzelner thermosensibler C-Fasern der Katze als Funktion der Hauttemperatur, und zwar stammt die Kurve *a* von einem spezifischen Warmreceptor, während die Kurven *b* und *c* je einem spezifischen Kaltreceptor zugehören. Im Gegensatz zu den Befunden an A-Fasern der Zunge liegt das stationäre Maximum mancher C-Kältefasern der äußeren Haut bei ziemlich tiefen Temperaturen, wobei die stationäre Dauerentladung teilweise bis in den Bereich unter 5°C reicht. Bei den Wärmefasern liegen die Grenzen der stationären Tätigkeit für verschiedene Präparationen zwischen 38,5 und 48°C; eine Faser war noch bei einer konstanten Hauttemperatur von 57°C tätig.

Das Verhalten einer marklosen Kältefaser bei konstanten Temperaturen und Kältesprüngen ist in Abb. 94 dargestellt. Bei einer konstanten Hauttemperatur von 30°C ist noch keine Dauerentladung vorhanden, während bei einem Kältesprung auf 25°C eine überschießende Frequenzerhöhung mit anschließender Adaptation auf einen neuen statischen Wert auftritt. Dagegen sieht man bei einer Ausgangstemperatur von 22°C eine stationäre Impulsfolge, die schon durch eine geringfügige Abkühlung von 2°C stark erhöht wird. Die meisten empfindlichen Kältefasern der C-Gruppe sprechen schon auf Abkühlungen von 0,2°C

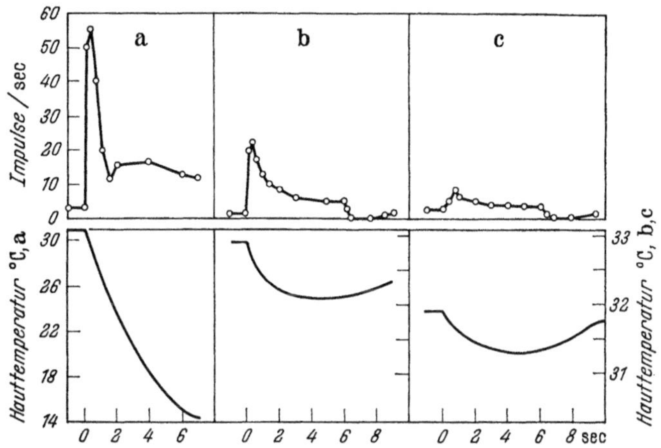

Abb. 95a—c. Impulsfrequenz einer einzelnen C-Kältefaser aus dem N. saphenus der Katze bei Abkühlung und Erwärmung der Haut. Die linke Temperaturskala gilt für a, die rechte für b und c. (Nach HENSEL, IGGO u. WITT)

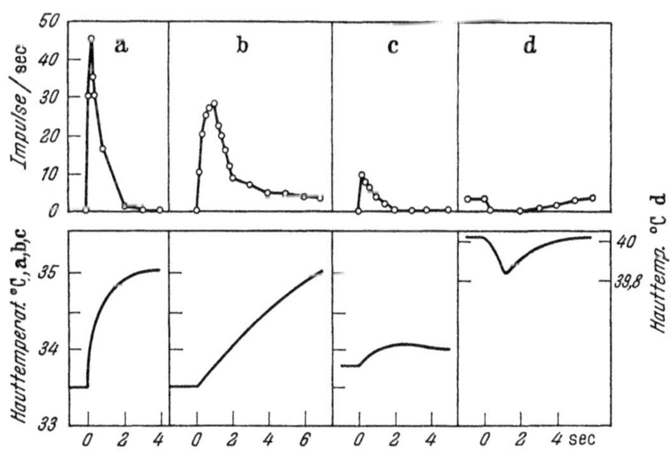

Abb. 96a—d. Impulsfrequenz einer einzelnen C-Wärmefaser aus dem N. saphenus der Katze bei Erwärmung und Abkühlung der Haut. Die linke Temperaturskala gilt für a, b und c, die rechte für d. (Nach HENSEL, IGGO u. WITT)

mit einer deutlichen Frequenzsteigerung an (Abb. 95); auf Erwärmungen derselben Größenordnung tritt eine deutliche Hemmung der Kältefaserentladung ein, der dann ein langsamer Wiederanstieg der Frequenz folgt.

Genau das umgekehrte dynamische Verhalten zeigen die marklosen Wärmefasern, nämlich eine überschießende Erregung bei Erwärmung und eine überschießende Hemmung bei Abkühlung. Abb. 96 zeigt ein Beispiel für das Verhalten eines sehr empfindlichen C-Wärmereceptors, der bei einer Ausgangstemperatur von 33,7°C auf eine Erwärmung um 0,2°C mit einer Frequenzsteigerung von 0 auf 10 Imp/sec anspricht. Daneben finden sich auch unempfindliche

Receptoren, die erst durch Erwärmungen um mehrere Grad, z.B. von 30 auf 38°C, erregt werden.

Was läßt sich nun über die physiologische Bedeutung der thermosensiblen C-Fasern sagen? Vergleicht man die Empfindlichkeit dieser Fasern mit der des menschlichen Temperatursinnes, so ergibt sich größenordnungsmäßig eine recht gute Übereinstimmung. Freilich sind beim Menschen bisher noch keine cutanen Wärmefasern gefunden worden; auch steigt die Gesamtaktivität von Mehrfaserpräparationen menschlicher Hautnerven bei Abkühlung stets an und sinkt bei Erwärmung unter den stationären Wert ab (HENSEL u. BOMAN). Soeben hat KENSHALO (*2*) über Versuche berichtet, bei denen Katzen in Verhaltensversuchen sehr sorgfältig auf das Unterscheiden von Temperaturreizen an der enthaarten Rückenhaut dressiert wurden. Überraschenderweise war bei indifferenter Ausgangslage (32°C) eine Erwärmung um 18°C, also eine Hauttemperatur von 50°C erforderlich, um die Warmschwelle zu erreichen, während Kältereaktionen schon bei Abkühlungen um 5°C auftraten. Im Vergleich dazu ist der menschliche Temperatursinn viel empfindlicher und arbeitet zudem im warmen und kalten Bereich symmetrisch, wobei unter denselben Bedingungen die erforderlichen Schwellenschritte nach beiden Seiten etwa 2°C betragen. Wie man die hohe Empfindlichkeit der C-Wärmereceptoren mit der im Verhaltensversuch erwiesenen Unempfindlichkeit der Katze gegenüber Erwärmungen vereinbaren soll, bleibt eine offene Frage, solange über die Receptorentätigkeit in der Rückenhaut nichts bekannt ist; alle bisherigen Ableitungen cutaner Temperaturimpulse stammen ja vom N. saphenus und N. trigeminus. Man könnte aber auch daran denken, daß den C-Wärmereceptoren vielleicht nur eine autonome Funktion im Dienste der Temperaturregelung zukommt, während sie für die Temperaturempfindung nur geringe Bedeutung haben.

4. Zur Theorie der Thermoreceptorenerregung

Die elektrophysiologischen Versuche haben eindeutig gezeigt, daß eine stationäre Dauererregung der Thermoreceptoren auch dann möglich ist, wenn ein Temperaturgleichgewicht zwischen beiden Seiten der Receptorenschicht herrscht, der räumliche und zeitliche Temperaturgradient also Null wird. In diesem Fall besteht ein thermisches Energiegleichgewicht zwischen Außenwelt und Receptor, bei dem kein Austausch von Wärmeenergie durch den Receptor hindurch stattfindet. Es ist daher auch nicht sinngemäß, die Schwellen des Temperatursinnes in Analogie zum Auge und zum Ohr in Arbeits- oder Leistungsgrößen anzugeben.

Im Thermoreceptor spielen sich also spontane stationäre Vorgänge ab, in erster Linie wohl chemischer Art, ohne daß von außen her eine thermische Arbeitsleistung am Receptor erfolgt. Selbstverständlich ist keine Erregung ohne Energieaufwand möglich; diese Energie muß aber nicht von außen als thermische Energie zugeführt werden, sondern kann ebensogut aus einem Stoffwechselprozeß im Receptor selbst stammen. Dabei wirkt die Temperatur lediglich als steuernder Faktor.

Über den Erregungsmechanismus der Thermoreceptoren ist bis heute praktisch nichts bekannt. Es sind zwar eine Reihe von Modellvorstellungen entwickelt worden, um das Verhalten der Receptoren zu beschreiben, doch haben diese Ansätze rein formalen Charakter und bestenfalls einen gewissen heuristischen Wert. Ein solches Modell soll mindestens zwei Arten von Vorgängen richtig abbilden, nämlich 1. das statische Verhalten des Thermoreceptors bei konstanten Temperaturen und 2. das dynamische Verhalten bei Temperaturänderungen. Für das dynamische Verhalten von Receptoren sind verschiedene Ansätze entwickelt worden, die letztlich auf die Einführung zweier entgegengesetzt wirkender zeitabhängiger Prozesse hinauslaufen. Das schon auf S. 142 erwähnte Adaptationsmodell von RANKE (*2*) und KEIDEL (*7*) geht von der Bildungsgeschwindigkeit v_b einer Erregungssubstanz und einer nach dem Massenwirkungsgesetz von ihr abhängigen Rückbildungsgeschwindigkeit v_r aus. Bei der Zwei-Faktoren-Theorie von SAND werden ein Erregungsprozeß E und ein davon unabhängiger Hemmungsprozeß H angenommen, deren Differenz $E—H$ der tatsächlichen Impulsfrequenz F des Thermoreceptors entspricht. Für den Bereich der statischen Entladung ist $E > H$. Bei einem Reizsprung stellen sich E und H exponentiell mit verschiedenen Zeitkonstanten auf neue stationäre Werte ein. Der Zeitgang der Impulsfrequenz ergibt sich aus der Differenz zweier e-Funktionen:

$$F(t) = (a - F_2) \cdot e^{-t/k_E} + F_2 - (a - F_1) \cdot e^{-t/k_H}.$$

Darin bedeuten F_1 die Ausgangsfrequenz vor dem Temperatursprung, F_2 die stationäre Endfrequenz nach dem Temperatursprung, a eine Konstante, k_E die Zeitkonstante des Erregungsvorganges und k_H die Zeitkonstante des Hemmungsvorganges. Der Ansatz zeigt, daß die e-Funktionen die gemessenen Werte nur dann decken, wenn als dritte Größe der Steady-state-Frequenzwert addiert wird. Sonst würden die e-Funktionen zum Nullwert zurückführen. Für k_E ergaben sich experimentelle Werte zwischen 0,3 und 2,2 sec (HENSEL, *7*), während k_H mit weniger als 0,1 sec praktisch vernachlässigt werden kann.

Verschiedene PD-Receptormodelle, wie das von RANKE und KEIDEL oder das von ZERBST, DITTBERNER u. WILLIAM, versagen jedoch im Hinblick auf die stationäre Entladung der Thermoreceptoren. Während nämlich die statische Erregung der übrigen Receptoren monoton mit der Reizgröße ansteigt und insoweit auch vom Modell richtig wiedergegeben wird, zeigt die Entladungsfrequenz der Thermoreceptoren eine Temperaturfunktion, die vom Nullwert auf ein Maximum ansteigt und dann wieder auf Null abfällt. Daß ein solcher Verlauf nicht durch einen einzigen temperaturabhängigen Stoffwechselvorgang gemäß der Van't-Hoff-Arrheniusschen Regel darzustellen ist, bedarf keiner weiteren Erörterung. Man muß also in den Ansatz weitere Parameter einführen oder überhaupt das statische Verhalten vom dynamischen trennen, was natürlich den Wert des Modells erheblich vermindert. Die Theorie von SAND würde es erlauben, auch das statische Verhalten des Thermoreceptors grundsätzlich richtig wiederzugeben, und zwar dadurch, daß man für die Vorgänge E und H verschiedene Temperaturabhängigkeiten annimmt. Diese lassen sich so wählen, daß die Differenzkurve $E—H$ ein Maximum durchläuft (vgl. ZOTTERMAN, *7*, *9*).

5. Zentrale Informationsverarbeitung

a) Spezifität der Neurone. Wie man aus Tabelle 19 (S. 148) entnehmen kann, sprechen zahlreiche Neurone im corticalen Zungenfeld der Katze spezifisch auf Kältereizung der Zunge an, ohne auf andere Reizqualitäten zu reagieren. Wesentlich geringer scheint die Zahl wärmespezifischer Zellen in der Rinde zu sein (LANDGREN, *1*, *2*). Auch im ventrobasalen Komplex des Thalamus, der von afferenten Bahnen aus der Zunge erreicht wird, bestehen nach Untersuchungen von LANDGREN (*4*) ähnliche Verhältnisse: Unter insgesamt 62 einzelnen Neuronen sprachen 20 nur auf Kühlung der Zunge, vier auf Berührung und Kälte und ein Neuron spezifisch auf Erwärmung an. Über die unspezifischen Nervenzellen wurden schon im Zusammenhang mit der Mechanoreception einige Ausführungen gemacht, auf die ich hier verweise (S. 147). Diese Befunde stellen eine wichtige Ergänzung der Registrierungen an afferenten Hautnervenfasern dar, beweisen sie doch einmal mehr die Spezifität der peripheren Thermoreceptoren. Und sie zeigen darüber hinaus, daß diese Spezifität sich nicht nur auf die peripheren Strukturen beschränkt, sondern bis zu den zentralen Neuronen des Thalamus und der Rinde verfolgt werden kann. Trotz Netzwerkleitung und Konvergenz werden also diese spezifischen Nervenzellen ausschließlich von Impulsen aus den cutanen Temperaturnerven und von keinen anderen Afferenzen erreicht.

Das Verhalten der zentralen Neurone bei Temperaturreizung der Haut folgt denselben Grundgesetzen, wie sie für die peripheren Thermoreceptoren gelten (Abb. 97). So zeigen die kältespezifischen Zellen im Thalamus eine temperaturabhängige stationäre Dauerentladung, bei Kältesprüngen eine überschießende Frequenzsteigerung mit anschließender Adaptation auf einen neuen konstanten Wert und bei Wärmesprüngen eine vorübergehende Hemmung der Entladung. Wärmespezifische Zellen verhalten sich umgekehrt; ihre Impulsfrequenz steigt bei peripherer Erwärmung an und vermindert sich bei Abkühlung. Ein wesentlicher Unterschied gegenüber den peripheren Thermoreceptoren liegt darin, daß die Impulsfolge der zentralen Neurone einer viel stärkeren statistischen Streuung unterworfen ist (vgl. hierzu auch Abb. 10, S. 75).

Nach LANDGREN (*1*) sprechen die corticalen „Kältezellen“ auf plötzliche Abkühlung der Zunge mit minimalen Latenzen von 20 msec an, auf elektrische Reizung mit einer Latenz von etwa 15 msec, während die unspezifischen, durch mehrere Reizqualitäten erregbaren Neurone viel längere Latenzzeiten (etwa 100 msec) besitzen. Im Gegensatz dazu findet man bei den druck- und berührungsspezifischen Neuronen der Rinde Latenzen von nur 5 bis 8 msec, so daß die ersten mechanosensiblen Spikes in der Rinde zeitlich mit dem Beginn des „slow evoked potential“ zusammenfallen. Wie man aus den Registrierungen von LANDGREN entnehmen kann, setzen die corticalen Kälteimpulse erst auf dem absteigenden Ast des langsamen Rindenpotentials ein.

b) Zentrale Schwellen. Die Erregungsschwellen der cutanen Thermoreceptoren und die Schwellen der bewußten Temperaturempfindung stimmen keineswegs überein. So sieht man z.B. in Abb. 84, wie eine Kältefaser der menschlichen Haut bei einer konstanten Hauttemperatur von 34°C stationär tätig ist. Das ist eine Temperatur, die subjektiv als völlig indifferent empfunden wird. Es ist also ständig eine beträchtliche Entladung unserer Thermoreceptoren im Gange, ohne daß wir etwas davon merken. Erst wenn eine gewisse Gesamtzahl von afferenten Temperaturimpulsen pro Zeiteinheit an das Zentralnervensystem gelangt, tritt eine bewußte Temperaturempfindung auf.

Man hat hierfür den Begriff der „*zentralen Schwelle*“ eingeführt, der besagt, daß nicht die Schwelle des peripheren Receptors, sondern die Größe eines integralen Prozesses im Zentralnervensystem mit der Schwelle der bewußten Empfindung korreliert ist. Nach neueren Untersuchungen an der menschlichen Großhirnrinde (S. 74) könnte man sich diese zentrale Größe etwa als langsames Rindenpotential (P) vorstellen. Dieses wiederum wäre von der Impulsfrequenz (ν) der peripheren Einzelfaser und von der Zahl (n) der erregten Fasern abhängig. Da die Impulsfrequenz der Einzelfaser durch die absolute Temperatur (ϑ) und den zeitlichen Differentialquotienten der Temperaturänderung ($d\vartheta/dt$) bestimmt wird, während die Zahl der beteiligten Fasern auch noch von der Reizfläche (F) abhängt, läßt sich die Temperaturempfindung (E) durch folgenden Ausdruck abbilden:

$$E \rightarrow P \rightarrow f(n, \nu) \rightarrow \varphi\,(\vartheta, d\vartheta/dt, F).$$

Dieser Ausdruck enthält einen zentralen Erregungsprozeß, einen peripheren Erregungsprozeß und einen äußeren physikalischen Reiz. $\rightarrow$ ist das Abbildungszeichen (Definition s. S. 56). Die Funktionen f und φ können in erster Näherung als Produkt der in den Klammern enthaltenen Parameter betrachtet werden.

c) Zentrale Adaptation. Auch im Hinblick auf den Adaptationszeitgang ergeben sich beträchtliche Unterschiede zwischen Thermoreceptorenerregung und Temperaturempfindung. Bei Einwirkung eines rechteckigen Kältesprunges erreicht die Impulsfrequenz der meisten Kaltreceptoren schon innerhalb der ersten 6 sec 90% des konstanten Endwertes, während die Adaptation der Temperaturempfindung mehrere Minuten dauern kann. Für die Adaptation einzelner Kältefasern wurden Zeitkonstanten von 0,3 bis 2,2 sec gefunden (HENSEL, *7*); für die Temperaturempfindung stehen quantitative Messungen des Adaptationszeitganges noch aus, doch darf man hier ohne Zweifel wesentlich längere Zeitkonstanten annehmen.

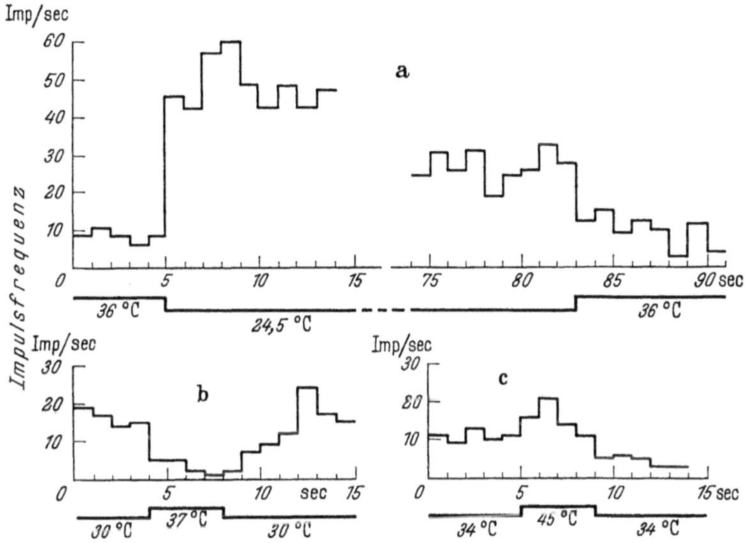

Abb. 97a—c. Impulsfrequenz einzelner thermosensibler Neurone im Thalamus (Nucleus ventralis posteromedialis) der Katze bei definierten Kälte- und Wärmesprüngen an der Zunge. a und b Kältespezifisches Neuron c wärmespezifisches Neuron. (Nach LANDGREN, *4*)

Daraus läßt sich schließen, daß die periphere Receptoradaptation durch eine zentrale Adaptation mit langsamerem Zeitgang überlagert wird. Zu ähnlichen Folgerungen haben auch sinnesphysiologische Untersuchungen über das dynamische Verhalten der Wärme- und Kälteschwellen beim Menschen geführt (VENDRIK u. VOS; EIJKMAN; EIJKMAN u. VENDRIK): Bei kurzen linearen Temperaturanstiegen ergibt sich für die Warmschwellen eine Zeitkonstante von 0,3 sec, die vermutlich der peripheren Receptoradaptation zuzuschreiben ist, während bei Wärmereizen von mehr als 2 bis 4 sec Dauer die Ergebnisse nicht mehr mit der Annahme einer Zeitkonstante von 0,3 sec vereinbar sind, sondern für eine langsamere zentrale Adaptation sprechen. Diese wäre so zu definieren, daß bei gleichbleibender Größe der peripheren Afferenzen die zentrale Erregungsgröße sich mit der Zeit vermindert. — Auf zentrale Adaptationsvorgänge von noch längerer Dauer, die man als *Habituation* und *Akklimatisation* bezeichnet, möchte ich an dieser Stelle nicht näher eingehen; eine zusammenfassende Darstellung dieser Probleme findet sich bei HENSEL u. HILDEBRANDT.

Über die neurophysiologischen Korrelate der zentralen Adaptation beim Temperatursinn ist noch nichts Genaueres bekannt, doch kann man einigen Registrierungen von LANDGREN (*4*) an kältespezifischen Neuronen im Thalamus entnehmen, daß der Adaptationszeitgang dieser Zellen offenbar wesentlich langsamer ist als der der peripheren Kaltreceptoren. So sieht man in Abb. 97a, wie bei einem Kältesprung an der Zunge die Impulsfrequenz des zentralen Neurons erst nach etwa 3 sec den Gipfel des Overshoot erreicht und innerhalb der ersten 10 sec kaum abfällt. Im Gegensatz dazu erreicht ein peripherer Kaltreceptor unter gleichen Bedingungen schon nach einigen zehntel Sekunden sein Erregungsmaximum und adaptiert sich nach 10 sec fast vollständig auf den neuen stationären Frequenzwert.

V. Thermoreceptoren und Temperaturregelung

Wie die Forschungen der letzten Jahrzehnte immer klarer gezeigt haben, liegt die eigentliche Bedeutung der Thermoreceptoren auf dem Gebiet der Temperaturregelung des Organismus. Diese Funktion äußert sich in zweierlei Weise, nämlich 1. in der Übermittlung von Temperaturempfindungen, die ihrerseits wieder zu bestimmten Verhaltensweisen führen (Verhaltensregelung oder „behavioural thermoregulation") und 2. in der Auslösung reflektorischer, größtenteils unterhalb der Bewußtseinsschwelle verlaufender Regelungsvorgänge (autonome Temperaturregelung). Zur Verhaltensregelung im weitesten Sinne gehören auch jene künstlichen Hilfsmittel, die der Mensch zur Erweiterung seiner Thermoregulation geschaffen hat, wie Heizung, Wohnung und Kleidung. Neurophysiologisch ist an der Verhaltensregelung die Großhirnrinde beteiligt, während die autonome Thermoregulation mit Vorgängen im Hypothalamus und in tieferen Abschnitten des Zentralnervensystems verknüpft ist. Doch ist in vielen Fällen weder von der Funktion noch von der neurophysiologischen Analyse her eine scharfe Abgrenzung von Reflex und Verhaltensweise möglich; man denke etwa an die Änderung der Körperhaltung im Dienste der Temperaturregelung. (Zum Problem: Reflex und Verhaltensweise vgl. Ebbecke, *5*.).

1. Homoiothermie als Regelungsvorgang

An Hand eines stark vereinfachten Schemas (Abb. 98) möchte ich die Temperaturregelung des homoiothermen Organismus und die Bedeutung der Thermoreceptoren für diese Regelungsvorgänge kurz erörtern, soweit dies nach unseren gegenwärtigen Kenntnissen möglich erscheint. Bezüglich einer genaueren Darstellung der Thermoregulation sei auf neuere Arbeiten verwiesen (Aschoff; Hensel, *3*, *8*, *13*; Thauer, *1*, *2*). Von einer Regelung sprechen wir, wenn eine Größe auf Grund fortlaufender Messungen und korrigierender Eingriffe konstant gehalten wird. Es ist sicher, daß die Temperaturregelung der Homoiothermen nicht etwa nach Art eines einfachen Thermostaten funktioniert, da an ihr eine Mehrzahl von „Temperaturfühlern" und „Stellgliedern" an verschiedenen Stellen des Körpers beteiligt sind. (Eine Erklärung regelungstheoretischer Grundbegriffe findet sich auf S. 67.)

Gegenregulationen können 1. durch thermische Störungen im Körperkern und 2. durch Temperatureinwirkungen an der Körperschale ausgelöst werden. Als innere Temperaturfühler kommen thermosensible Strukturen im Zentralnervensystem und andere Thermoreceptoren im Körperinneren in Betracht. Als äußere Temperaturfühler kennen wir die Kalt- und Warmreceptoren der Haut. Durch nervöse Übermittlung ihrer Impulse an das Zentralnervensystem wird die Wärmekapazität des Körpers umgangen („Störgrößenaufschaltung"), so daß äußere thermische Störungen ausgeregelt werden können, bevor sie überhaupt den Körperkern erreichen. Hierbei macht sich die PD-Empfindlichkeit der Thermoreceptoren günstig bemerkbar, erlaubt sie doch eine besonders wirksame Kompensation plötzlicher Störungen.

Außer den zentral gesteuerten Vorgängen werden auch noch selbständige periphere Regelmechanismen (Thauer, *2*) in Betracht gezogen, wie lokale temperaturbedingte Gefäßreaktionen, auf die wir in diesem Zusammenhang nicht eingehen können. Für eine vollgültige Temperaturregelung sind sie allein nicht ausreichend, da bei ihnen die Kerntemperatur als Eingangsgröße des Regelungssystems fehlt.

Als Erfolgsorgane (Stellglieder) kommen beim Menschen vor allem in Betracht: 1. innere Organe und Skeletmuskulatur (Steuerung der Wärmebildung), 2. Hautgefäße (Steuerung des konvektiven Wärmedurchlaßwiderstandes der Körper-

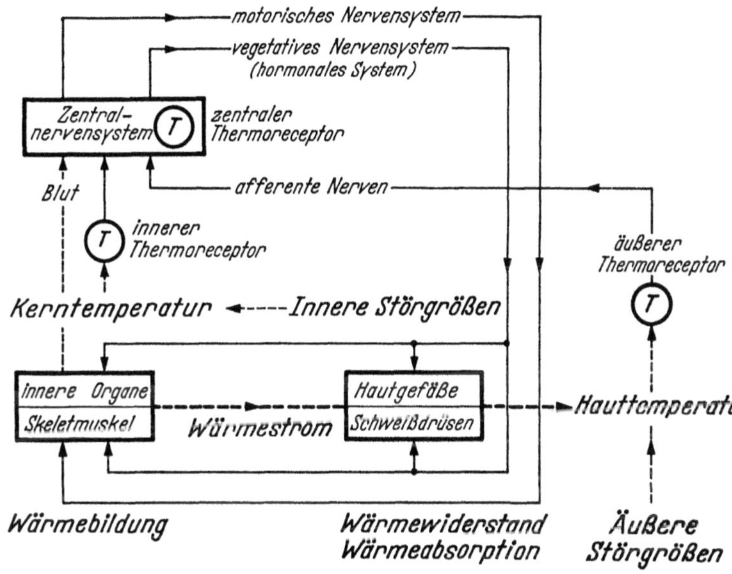

Abb. 98. Schema der menschlichen Temperaturregelung. Weiteres s. Text. (Nach Hensel, *13*, etwas modifiziert)

schale) und 3. Schweißdrüsen (Steuerung der Wärmeabsorption an der Körperoberfläche). Es ist wesentlich, daß die Wärmebildung nicht nur als Stellgröße der Temperaturregelung, sondern bei Körperarbeit auch als Störgröße auftreten kann, die dann durch die übrigen Stellglieder ausgeregelt werden muß. Im mittleren Temperaturbereich wird vorwiegend vasomotorisch geregelt. Bei stärkerer Kältebelastung wird zusätzlich zu der cutanen Vasoconstriction auch der Energiestoffwechsel gesteigert, während bei höheren Graden der Wärmebelastung neben der cutanen Vasodilatation die Schweißsekretion in Gang kommt.

Abweichungen der Kerntemperatur vom „Normalwert" können passiv bedingt sein durch quantitative Überlastung der Stellglieder bei erhaltener Funktion. Diese Temperaturänderungen, die als Hyperthermie bzw. Hypothermie bezeichnet werden, sind dadurch charakterisiert, daß sie von der Größe der äußeren thermischen Belastung abhängen. Dies trifft nicht zu für diejenigen Kerntemperaturabweichungen, die man als „Sollwertverstellung" bezeichnet. Sieht man von der teleologischen Färbung dieses regelungstechnischen Begriffes ab und versteht darunter lediglich die Regelung auf einem abweichenden Temperaturniveau, so liegen Sollwertverstellungen vor bei den Temperaturerhöhungen während Körperarbeit und im Fieber, wahrscheinlich auch bei den emotionalen Temperatursteigerungen und den Tagesschwankungen der Körpertemperatur (Aschoff; Hensel, *8*).

2. Die Bedeutung der peripheren Thermoreceptoren

Wie man dem Schema der menschlichen Temperaturregelung (Abb. 98) entnehmen kann, sind sowohl zentrale Temperaturwirkungen als auch afferente Impulse aus den peripheren Thermoreceptoren an der Auslösung thermoregulatorischer Veränderungen beteiligt. Für die Abkühlung des Körpers, die ja im allgemeinen von außen einsetzt, ist die Bedeutung peripherer Afferenzen klar

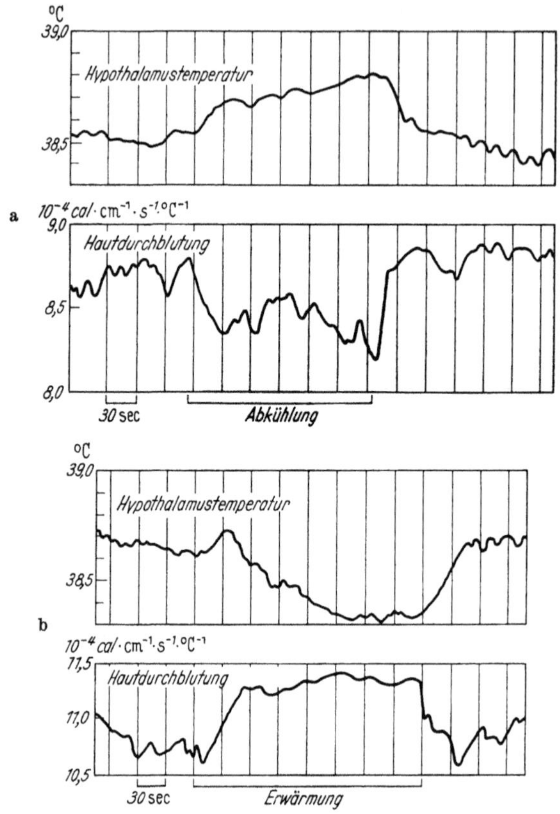

Abb. 99a u. b. Hautdurchblutung des Ohres und Hypothalamustemperatur der wachen Katze bei Abkühlung und Erwärmung der Vorderpfote durch Eintauchen in Wasser von 19°C und 40°C. (Nach Kundt, Brück u. Hensel)

erwiesen (Abb. 99); nicht so genau abgrenzbar ist deren Anteil bei Erwärmungen. In der letzten Zeit ist hierüber eine lebhafte Diskussion entbrannt, vor allem durch Arbeiten Benzingers, welche eine überwiegende Bedeutung der intracranialen Temperatur für die Thermoregulation des Menschen unter warmen Bedingungen postulieren. Daß auch periphere Erwärmungen — ohne Erhöhung der Hypothalamustemperatur — reflektorische Vasodilatationen der Haut induzieren können, räumt Benzinger ausdrücklich ein (s. S. 434). Es geht hier weniger um das bloße Vorhandensein als vielmehr um die quantitative Bedeutung der peripheren Temperaturkomponente im Rahmen der gesamten Thermoregulation.

Erwärmt man bei der wachen Katze die Extremitäten, so dilatieren sich die Ohrgefäße sehr deutlich (Kundt, Brück u. Hensel), gleichzeitig sinkt die Hypothalamustemperatur um mehrere zehntel Grad ab (Abb. 99). Das Umgekehrte sieht man bei peripherer Abkühlung. Es ist damit bewiesen, daß die cutane Vasodilatation in diesem Fall ausschließlich reflektorisch von der Haut ausgeht.

Ähnliche Befunde sind auch am Menschen beschrieben, wenn auch nicht mit direkter Registrierung der Hypothalamustemperatur. Wärmestrahlung auf das Bein oder den Rumpf löst eine cutane Vasodilatation an der Hand aus bei deutlichem Abfall von Sublingual- und Oesophagustemperatur (KERSLAKE u. COOPER). Diese Tatsache wie auch die Latenzzeit von nur wenigen Sekunden sprechen sehr für eine periphere Auslösung. Dasselbe gilt auch für eine durch Wärmestrahlung ausgelöste reflektorische Schweißsekretion mit einer Latenz von nur 1,6 sec (BREBNER u. KERSLAKE).

Den Beweis schließlich für eine periphere Genese thermischer Fernwirkungen auf die Hautdurchblutung liefern Versuche von COOPER u. KERSLAKE, bei denen das Bein erwärmt und die Handdurchblutung registriert wurde (Abb. 100). Nach Sympathektomie des Beines war die reflektorische Vasodilatation an der Hand

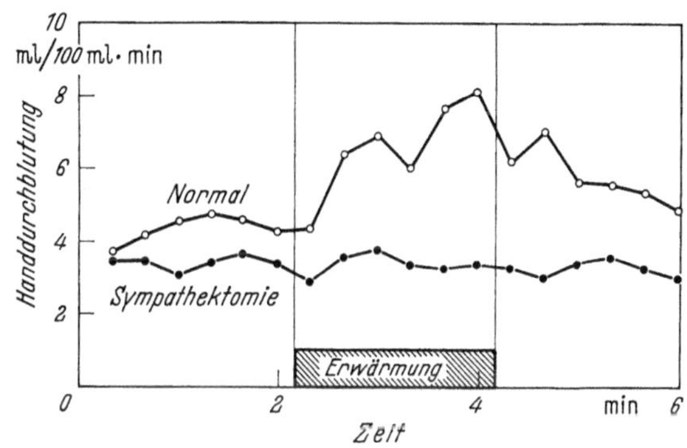

Abb. 100. Mittelwerte aus neun Durchblutungsmessungen an der linken Hand von drei Patienten bei Erwärmung des linken Beines vor und nach Sympathektomie. (Nach COOPER u. KERSLAKE)

praktisch nicht mehr auslösbar, obwohl interessanterweise noch eine subjektive Wärmeempfindung bestand.

Dies lenkt uns auf die Möglichkeit einer Dissoziation zwischen subjektiver Temperaturempfindung und thermischen Reflexen an der Haut mit einer getrennten Leitung beider Afferenzen. Hierfür sprechen auch Beobachtungen an querschnittgelähmten Patienten, bei denen umgekehrt die Temperaturempfindung des Beines erloschen ist, während von dort noch thermische vasomotorische Reflexe an der Hand ausgelöst werden können (FOERSTER). Man wird also für die Leitung von thermischen Afferenzen, welche die Hautdurchblutung beeinflussen, neben der klassischen spinalen Bahn vor allem auch extraspinale Leitungswege — vermutlich über den sympathischen Grenzstrang oder Geflechte der Aorta — annehmen müssen. In dem Schema in Abb. 36 (S. 127) habe ich versucht, die verschiedenen Möglichkeiten einer nervösen Übermittlung thermosensibler Impulse darzustellen.

3. Thermosensible Strukturen im Körperinneren

Was die Frage nach Thermoreceptoren im Inneren des Körpers betrifft, so sind wir noch weitgehend auf Vermutungen angewiesen. Auch würde eine ausführlichere Behandlung dieses Themas den Rahmen unserer Darstellung überschreiten. Neben Thermoreceptoren in den Schleimhäuten (Mund- und Nasenhöhle, Bronchien, Magen) werden vor allem Nervenendigungen an oder in der Nähe von Gefäßen als Ausgangspunkt thermischer Reflexe diskutiert. So spricht manches dafür, daß das Kältezittern bei Kühlung einer isolierten, mit dem Körper nur über die Gefäße verbundenen Extremität durch Receptoren an den Gefäßen zustande kommt, zumal sich dabei weder Rectal- noch Gehirntemperatur nennenswert ändern (BLATTEIS). Auch ist es gelungen, von afferenten Nervenfasern perfundierter Venenabschnitte eine spontane Dauerentladung von Impulsen abzuleiten, deren Frequenz sich erheblich mit der Temperatur ändert (MINUT-SOROCHTINA u. SIROTIN). Schließlich kann man durch lokale Kühlung des Wirbelkanals beim Hund Kältezittern und Stoffwechselsteigerungen auslösen (SIMON u. Mitarb.; RAUTENBERG u. SIMON), wobei allerdings noch nicht feststeht, ob diese Effekte von thermosensiblen Strukturen im Bereich des Rückenmarks selbst oder von extraspinalen Thermoreceptoren ausgehen. In Abb. 98 wurden die im Körperinneren, aber außerhalb des Zentralnervensystems gelegenen thermosensiblen Substrate als „innere Thermoreceptoren" bezeichnet.

Ob die temperaturempfindlichen Strukturen im Hypothalamus oder in anderen Regionen des Zentralnervensystems „Thermoreceptoren" im engeren Sinne, also spezifische Nervenendigungen mit afferenten Fasern sind, oder ob es sich um temperaturabhängige synaptische Überträgermechanismen handelt, ist nicht bekannt. Untersuchungen über die Temperaturabhängigkeit der Entladung einzelner Ganglienzellen bei Wirbellosen (KERKUT u. TAYLOR; BULLOCK; BURKHARDT) haben zu dieser Frage bisher nur ziemlich unspezifische Resultate erbracht. Soeben ist es gelungen, an einzelnen Neuronen im Hypothalamus des Hundes Frequenzsteigerungen der Entladung bei lokaler Erwärmung (NAKAYAMA u. Mitarb.) und an anderen Neuronen Frequenzsteigerungen bei lokaler Kühlung (HARDY, HELLON u. SUTHERLAND) zu registrieren. Diese Gruppe von thermosensiblen Strukturen innerhalb des Zentralnervensystems wurde in Abb. 98 als „zentrale Thermoreceptoren" bezeichnet.

E. Nociception

I. Bedingungen der Schmerzempfindung

1. Adäquater Reiz

Die Frage nach dem adäquaten Reiz der Schmerzempfindung führt uns auf eine Reihe von Problemen, wie sie im Bereich der übrigen Hautsinnesmodalitäten nicht oder höchstens andeutungsweise bestehen. Bekanntlich lassen sich Schmerzen durch alle Arten von äußeren Reizen — seien sie mechanischer, thermischer, chemischer, osmotischer oder elektrischer Natur — auslösen, wenn die Reizintensität einen gewissen Wert überschreitet. Diese Unspezifität gegenüber der Reizqualität ist ein besonderes Kennzeichen der Schmerzreception. Versucht man in Analogie zur Mechano- und Thermoreception den adäquaten Reiz der Schmerzempfindung von der äußerlich einwirkenden Energieform her zu definieren, so gelangt man also zu einem unbestimmten und mehrdeutigen Reizbegriff.

Ferner kennen wir Schmerzzustände, deren „Ursache" gar nicht in einer Einwirkung von außen her, sondern in einem pathologischen Gewebsprozeß zu suchen ist. Ein Beispiel hierfür wäre eine lokale Entzündung der Haut. Es leuchtet ein, daß man in diesem Fall überhaupt keinen äußeren Reizbegriff bilden kann, der dem Schmerzerlebnis entspricht.

Dagegen ist es möglich, zu einer befriedigenden Definition des adäquaten Reizes zu kommen, wenn man nicht von den äußeren Reizformen, sondern von den organphysiologischen Korrelaten der Schmerzempfindung ausgeht. Eine gemeinsame Bedingung des Schmerzes ist die Schädigung des Gewebes. Folglich kann man sagen: Der adäquate Reiz der Schmerzempfindung ist die *Gewebsschädigung* oder die *Noxe*. Freilich ist der Begriff der Schädigung sehr allgemein gefaßt, und es erscheint daher erforderlich, ihn noch genauer zu umschreiben.

Nach REIN (*2*, *3*) besteht die schmerzerzeugende Noxe in einer pathologischen Störung des Zellstoffwechsels, während HARDY (*2*, *3*) den adäquaten Reiz der Schmerzempfindung in einer Verschiebung des Gleichgewichts zwischen anabolischen und katabolischen Vorgängen im Gewebe sieht. Danach wäre die Bedingung zum Auftreten eines Schmerzerlebnisses gegeben, wenn die Geschwindigkeit der katabolischen Gewebsprozesse die Geschwindigkeit der anabolischen Vorgänge um einen bestimmten Betrag überschreitet. Zweifellos können Schmerzen bereits bei Störungen des Gewebsstoffwechsels auftreten, die noch völlig reversibel sind, so daß die Nociception der Haut in erster Linie als ein biologischer Warnsinn für drohende Schädlichkeiten und nicht so sehr als ein Indicator für manifeste und irreversible Zerstörungen des Gewebes anzusehen wäre: "Pain is analogous to the needle which registers the speed, whereas tissue damage is more analogous to the mileage recorder which indicates how far the machine has gone. In this way, pain is a warning that tissue damage is in progress rather than an indication of potential or existing tissue injury. Thus, extensive wounds may be painless, whereas slight wounds may be extremely painful due to a progressive tissue damage" (HARDY, *3*).

Wie schon die tägliche Erfahrung lehrt, geht die Intensität der Schmerzempfindung keineswegs dem Ausmaß oder der Gefährlichkeit einer Noxe parallel. Kleinste Gewebsschäden, etwa an der Zahnpulpa, können zu unerträglichen Schmerzen führen, wie umgekehrt schwere Zerstörungen des Gewebes durch Tumoren oder chronische Entzündungen völlig schmerzfrei verlaufen können. Offenbar kommt es hier auf die Art der biochemischen Veränderungen und vielleicht auch auf den Zeitgang der Schädigung an. Weiter ist zu berücksichtigen, daß die periphere Noxe nicht die einzige Bedingung für das Auftreten einer Schmerzempfindung ist. Wie schon auf S. 105 ausgeführt, kommt es gerade beim Schmerz entscheidend auf die *subjektive* Einstellung an. So sagt BEECHER (*1,2,3*) mit Recht, die Intensität eines Schmerzerlebnisses sei nicht nur vom Ausmaß der objektiven Schädigung abhängig, sondern vor allem auch davon, welche Bedeutung wir der Schädigung in einer bestimmten Situation beimessen. Indessen sind dies alles keine grundsätzlichen Einwände gegen eine objektive Reizmetrik des Schmerzes, nur müssen die anderen Faktoren entsprechend berücksichtigt und nach Möglichkeit konstant gehalten werden. Überdies ist die Abhängigkeit der Erlebnisse von der Intention des wahrnehmenden Subjektes ein ganz allgemeiner Sachverhalt der Sinnesphysiologie, der nur in den anderen Sinnesbereichen weniger deutlich zutage tritt als bei der Nociception.

Über die Art der Stoffwechselnoxen, die als adäquater Reiz der Schmerzempfindung anzusehen sind, wissen wir trotz zahlreicher Untersuchungen noch sehr wenig. Es dürfte aber sicher sein, daß es sich dabei um eine Vielzahl von biochemischen Veränderungen oder von physiologischen „Schmerzstoffen" handelt und nicht nur um einen einzigen, stets gleichartigen Vorgang. Auf diese Fragen werde ich im Abschnitt über chemische Schmerzauslösung (S. 201) noch näher eingehen.

2. Mechanische Schmerzreize

Verschiedene Untersucher haben zur Schmerzschwellenbestimmung Nadelspitzen oder Stachelborsten verwendet, die mit definierter Kraft auf die Haut aufgesetzt werden (v. FREY, *5*, *6*, *10*; SIMPSON; MARSHALL). Bei den Versuchen von MARSHALL an der Dorsalseite der Hand ergab sich für eine konische Nadelspitze eine Schwellenbelastung von 13 bis 18 g, wobei weniger der absolute Wert interessiert als vielmehr die Tatsache, daß die Schmerzschwellen bei ein und derselben Versuchsperson innerhalb mehrerer Tage nur um etwa 1 g schwankten.

Mit diesem Verfahren läßt sich eine sofort einsetzende Schmerzempfindung von einem etwas verzögerten Schmerz unterscheiden. Durch Ischämie wird zuerst die schnelle Schmerzkomponente gedämpft, während eine Leitungsanaesthesie des Nerven sich zuerst in einem Ausfall des verzögerten Schmerzes bemerkbar macht. Dies stimmt gut mit der Annahme überein, daß die afferenten Impulse der schnellen Schmerzkomponente in markhaltigen A, δ-Fasern und die der langsameren Komponente vorwiegend in marklosen C-Fasern geleitet werden.

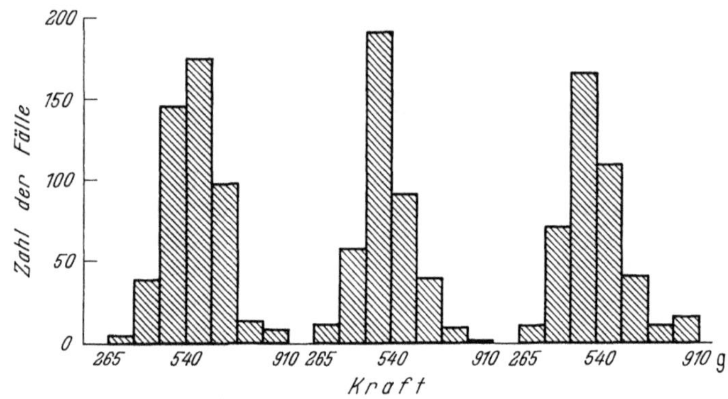

Abb. 101. Häufigkeitsverteilung der Schwellen für dumpfen Schmerz bei Druck auf die Stirn mittels Federalgesimeter. Reizfläche 0,78 cm². Je 800 Messungen an drei verschiedenen Versuchspersonen. (Nach HARDY, WOLFF u. GOODELL, *4*)

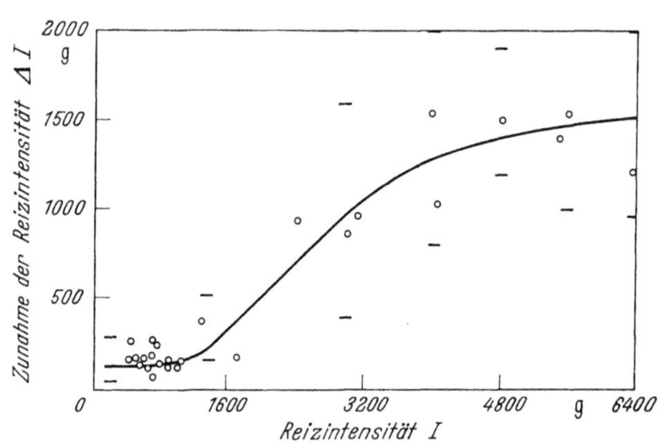

Abb. 102. Größe des eben merklichen Reizstärkenzuwachses für den Druckschmerz in Abhängigkeit von der Reizstärke. Reizfläche 0,78 cm². (Nach HARDY, WOLFF u. GOODELL, *4*)

Sticht man eine Nadel in die Haut ein und läßt sie dort ohne weitere Bewegung stecken, so läßt die Schmerzempfindung schon nach kurzer Zeit merklich nach und hört mitunter vollständig auf. STONE u. DALLENBACH (*2*) verwendeten für solche Untersuchungen eine Platte von 1,5 cm Durchmesser, auf der mehrere Nadeln von 0,1 mm Spitzendurchmesser angebracht waren; die Platte konnte unter Gewichtsbelastung (28 bis 123 g) auf die Dorsalseite des Unterarms aufgesetzt werden. Dabei war schon nach 1 bis 3 min keine Schmerzempfindung mehr vorhanden, während weiterhin reiner Druck empfunden wurde. Ein auf die Haut ausgeübter Dauerdruck, der zu einer deutlichen Adaptation der Druckempfindung und zu einer Schwellenerhöhung für kleinflächige Druckreize führt, scheint die Schmerzschwellen nicht zu verändern (HINES). Ob das Verblassen der Schmerzempfindung bei einer mechanischen Dauerdeformation der Haut allerdings einer physiologischen Adaptation zuzuschreiben ist, erscheint mehr als fraglich. Denn sind erst einmal die Zellen mechanisch geschädigt, etwa durch einen Nadelstich, so tritt keine weitere Gewebsschädigung mehr ein, und die toxischen Stoffwechselprodukte können abtransportiert werden. In diesem Fall hört also der Schmerz nicht deshalb auf, weil die sensible Nervenendigung sich adaptiert, sondern weil trotz mechanischer Deformation der eigentliche Schmerzreiz — die Gewebsnoxe — beseitigt ist.

Anders mögen die Dinge bei langfristiger Anpassung an wiederholte mechanische Schmerzreize liegen, etwa beim Barfußgehen auf spitzen Steinen. Zu dieser Frage hat BASLER an Kindern quantitative Untersuchungen ausgeführt, die eine deutliche Erhöhung der Schmerzschwelle im Laufe von 2 bis 3 Tagen ergaben. Diese Anpassung war nicht auf eine Verdickung der Epidermis zurückzuführen und beschränkte sich auf den mechanisch ausgelösten Schmerz, während die thermischen Schmerzschwellen unverändert blieben.

Tabelle 27. *Unterschiedsschwellen für Druckschmerz an der menschlichen Stirn* (Reizfläche 0,78 cm^2). (Nach HARDY, WOLFF u. GOODELL, *4*)

Reizintensität I g	Reizstärkenzuwachs ΔI g	Unterschiedsschwelle $\Delta I/I$	Zahl der Unterschiedsstufen	Empfindungsstärke in „dol“
540	—	—	0	Schwelle
665	125	0,19	1	
790	125	0,16	2	1
915	125	0,14	3	
1040	125	0,12	4	2
1165	125	0,11	5	
1290	125	0,10	6	3
1465	175	0,12	7	
1640	175	0,11	8	4
1940	300	0,15	9	
2400	460	0,21	10	5
3200	800	0,25	11	
4200	1000	0,24	12	6
5200	1000	0,19	13	
6600	1400	0,21	14	7

Mit Hilfe eines Federalgesimeters von 0,78 cm^2 Fläche, das für 2 sec auf die Stirnhaut aufgesetzt wurde, bestimmten HARDY, WOLFF u. GOODELL (*4*) die *Minimalschwelle* des dumpfen Druckschmerzes („aching pain“). Aus je 800 Versuchen an drei verschiedenen Personen ergab sich die in Abb. 101 dargestellte Häufigkeitsverteilung der Schmerzschwellen, deren Mittelwert 537 ± 115 g betrug. Außerdem wurden die *Unterschiedsschwellen* des dumpfen Schmerzes bei sukzessiver Darbietung der Druckreize gemessen (Abb. 102). Wie aus Tabelle 27 zu ersehen ist, nimmt der Quotient $\Delta I/I$, d.h. das Verhältnis zwischen dem eben unterscheidbaren Reizzuwachs ΔI und der Reizstärke I, bei steigender Reizintensität zunächst ab, erreicht in einem Bereich zwischen 900 und 1700 g einen annähernd konstanten Wert von 10 bis 12% und steigt bei hohen Reizstärken wieder an. Eine Intensitäts-Unterschiedsschwelle von etwa 10% entspricht den Verhältnissen bei den übrigen Hautsinnen. Allerdings kann man beim Schmerz wohl nur mit erheblichen Einschränkungen von einer Gültigkeit der Weberschen Regel sprechen, denn die Konstanz von $\Delta I/I$ erstreckt sich gemäß Tabelle 27 nur auf einen schmalen Reizstärkenbereich von etwa 3 Dezibel.

Die Intensitätsdimension des dumpfen Druckschmerzes umfaßt 14 unterscheidbare Stufen, aus denen sich eine eigenmetrische Schmerzstärkenskala gewinnen läßt. Bei der „dol“-Skala der Schmerzintensität von HARDY, WOLFF u. GOODELL (*3*, *4*) werden jeweils zwei Unterschiedsstufen als 1 dol gesetzt, so daß der gesamte Intensitätsbereich des Druckschmerzes 7 dol umfaßt. Nach weiteren Untersuchungen der Autoren ist die Unterschiedsschwellenskala unabhängig von der Qualität des Schmerzes. Erzeugt man durch mechanischen Druck dumpfen

Schmerz und mittels Wärmestrahlung hellen Schmerz, so kann man beide Schmerzqualitäten auf phänomenal gleiche Intensitäten einstellen; es zeigt sich dann, daß gleich starken Schmerzerlebnissen jeweils auch eine gleiche Zahl von Unterschiedsschwellen entspricht (Abb. 103).

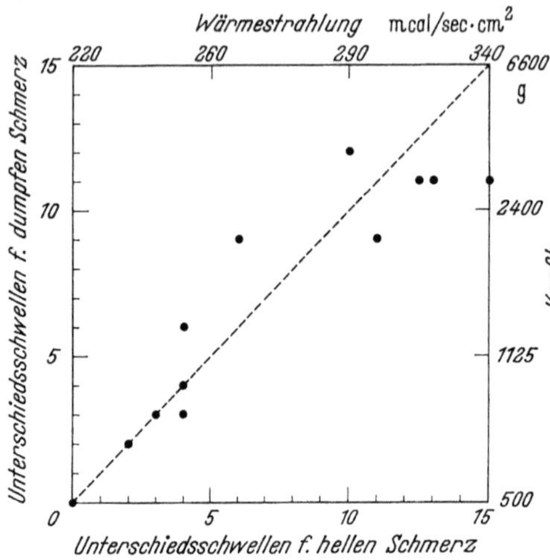

Abb. 103. Punkte gleicher Empfindungsintensität für dumpfen und hellen Schmerz. Die gestrichelte Linie verbindet die Punkte mit gleicher Zahl von Unterschiedsschwellen. Auf der Abszisse sind ferner die Reizgrößen für hellen Schmerz (Wärmestrahlung), auf der Ordinate die Reizgrößen für dumpfen Schmerz (Druck) aufgetragen. (Nach HARDY, WOLFF u. GOODELL, *4*)

3. Thermische Schmerzreize

Zur Reizmetrik des *Wärmeschmerzes* hat sich die Anwendung strahlender Wärme von definierter Intensität und Einwirkungsdauer bewährt (HARDY, WOLFF u. GOODELL, *1*; HARDY, GOODELL u. WOLFF; WHYTE; GREGG; COOK;

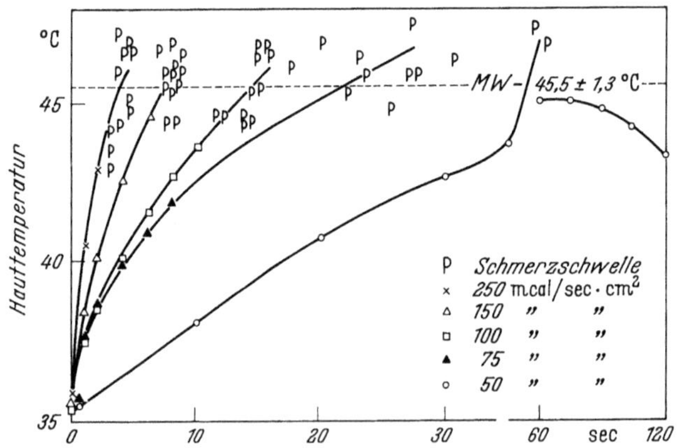

Abb. 104. Schmerzschwellen (*P*) bei Erwärmung der Stirnhaut mit verschiedener Geschwindigkeit. Man beachte, daß die Schmerzschwelle nur von der absoluten Hauttemperatur abhängt. (Nach HARDY, *1*)

HARDY, *1*, *3*). Abb. 104 zeigt das Ergebnis von Schmerzschwellenmessungen an der menschlichen Stirnhaut mittels Wärmestrahlung von 50 bis 250 mcal/sec·cm². Obwohl die Geschwindigkeit des Hauttemperaturanstieges je nach Strahlungsintensität innerhalb weiter Grenzen variiert, wird die Schmerzschwelle mit bemerkenswerter Konstanz bei einer Hauttemperatur von 45,5 ± 1,3°C erreicht. Die Schwellenbedingung für den Wärmeschmerz ist also offensichtlich nur die absolute Hauttemperatur ϑ, unabhängig von der Änderungsgeschwindigkeit $d\vartheta/dt$ und der Einwirkungsdauer t. Wie ANDRELL zeigen konnte, ist die Schmerzschwelle auch unabhängig von der Ausgangstemperatur der Haut.

Mißt man statt der Hauttemperatur die Strahlungsintensität, so geht die Zeit mit in den Reizausdruck ein, da aus rein physikalischen Gründen gleiche Hauttemperaturen um so früher erreicht werden, je stärker die Wärmestrahlung ist (Abb. 105). HARDY (*1*) gibt für die Berechnung der Schmerzschwellentemperatur folgende Formel an:

$$\vartheta_s = \vartheta_0 + Q \cdot k \cdot \sqrt{t}\,.$$

Hierin bedeuten ϑ_s [°C] die Hauttemperatur der Schmerzschwelle, ϑ_0 [°C] die Hauttemperatur vor Beginn der Reizung, Q [mcal · sec^{-1} · cm^{-2}] den Strahlungswärmestrom, k eine Konstante (0,032) und t [sec] die Expositionszeit bis zum

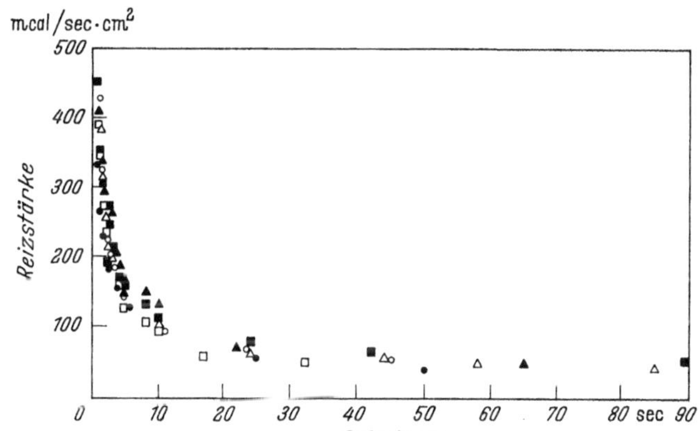

Abb. 105. Schmerzschwellen bei sechs verschiedenen Versuchspersonen als Funktion der Zeit und der Intensität eines Wärmestrahlers. (Nach HARDY, *1*)

Erreichen der Schmerzschwelle. Daraus ergibt sich z.B. für eine Einwirkungszeit von 90 sec ein Schwellenwärmestrom von etwa 40 mcal/sec · cm². Allerdings enthält die Berechnung der Hauttemperatur aus der Wärmestrahlung einen entscheidenden Unsicherheitsfaktor, nämlich die variable Wärmeleitzahl der Haut (WHYTE; COOK; HARDY, *1*). Da die Wärmeleitzahl von der Durchblutung abhängt, unterliegt sie nicht nur spontanen Schwankungen, sondern steigt auch mit der Intensität und Dauer der Wärmestrahlung an. Jede Vasodilatation der Haut führt zu einem erhöhten Wärmeabtransport, so daß nunmehr die Hauttemperatur bei gleicher Strahlungsintensität flacher ansteigt, als das bei niedriger Durchblutung der Fall wäre.

Wird die Hauttemperatur über den Schwellenwert von 45°C erhöht, so steigt die Intensität der Schmerzempfindung in 22 unterscheidbaren Stufen bis zu einem Maximalwert an (Abb. 106). Dabei folgen die Unterschiedsschwellen etwa dem Logarithmus der Temperaturerhöhung (Schmerzschwelle = Nullwert). Ob man diese Funktion als Ausdruck des sog. Weber-Fechnerschen Gesetzes interpretieren darf, möchte ich dahingestellt sein lassen, da es sich bei der Temperaturskala um eine Intervallskala (vgl. S. 48) und nicht, wie bei den anderen physikalischen Reizgrößen, um eine Rationalskala handelt.

In Versuchen mit Infrarot verschiedener Wellenlängen und mit Mikrowellen (Wellenlänge 10 cm, Frequenz 3000 MHz) konnte COOK die Befunde von HARDY (*1*) bestätigen, wonach nur die absolute Hauttemperatur für die Schwelle des Wärmeschmerzes maßgebend ist. Als Mittelwert fand er etwa 46°C für verschiedene Stellen des Körpers. Aus dem Vergleich von Infrarotstrahlung und Mikrowellen läßt sich schließen, daß die an der Auslösung des Wärmeschmerzes beteiligten Nervenendigungen in verhältnismäßig oberflächlichen Hautschichten liegen, denn die Schmerzschwelle wird immer dann erreicht, wenn die in einer Schichttiefe bis zu 1,5 mm absorbierten Wärmemengen gleich groß sind (etwa 30 mcal/sec · cm^2), obgleich in dieser Schicht nur 20% der Mikrowellenenergie, dagegen 90% der Strahlungsenergie bei kurzwelligem Infrarot ($\lambda < 1{,}4\,\mu$) und

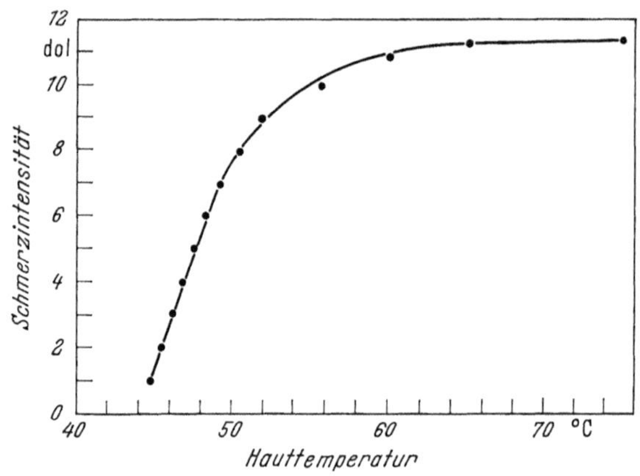

Abb. 106. „Dol"-Skala der thermischen Schmerzempfindung als Funktion der Hauttemperatur. 1 dol entspricht zwei Unterschiedsschwellen. Die Punkte stellen Meßwerte dar. (Nach HARDY, *1*)

100% bei langwelligem Infrarot absorbiert werden. Die hohe Wärmeentwicklung in tieferen Gewebsschichten, die bei Mikrowellen auftritt, ist also offenbar für die Auslösung des cutanen Wärmeschmerzes ohne Bedeutung.

Mit der subjektiven Empfindungsschwelle des Wärmeschmerzes stimmen die Schwellen für verschiedene nociceptive Reflexe erstaunlich gut überein. So fand HARDY (*1*) bei einer paraplegischen Patientin, deren Füße völlig anaesthetisch waren, eine mittlere Hauttemperatur von $44{,}1 \pm 0{,}73$°C als Schwelle für die reflektorische Beugerkontraktion des Beines bei Wärmebestrahlung des Fußrückens (Tabelle 28); die Schmerzschwellen an der Hand waren mit $43{,}6 \pm 1{,}1$°C völlig normal. Ebenso werden manche nociceptiven Reflexe bei Tieren durch Hauttemperaturen ausgelöst, die der menschlichen Schmerzschwelle entsprechen. Für den Schwanzreflex („tail flick reflex") der Ratte fand HARDY (*1*) eine Schwellentemperatur von $44{,}7 \pm 0{,}75$°C und für die Kontraktion der Hautmuskulatur (M. cutaneus maximus) beim Meerschweinchen einen Wert von $44{,}7 \pm 0{,}51$°C. Auch hier waren die Reflexschwellen nur von der absoluten Hauttemperatur und nicht von der Änderungsgeschwindigkeit und der Expositionszeit abhängig. Ähnliches gilt für die Schmerzreflexe des Hundes (ANDREWS u. WORKMAN).

Über die Art der Gewebsveränderungen, die bei Temperaturen über 45°C als adäquater Reiz der Nociception in Frage kommen, gibt es bis heute nur Vermutungen. Versuche von BENJAMIN (*1*, *2*) haben ergeben, daß die Schwellentemperatur für die Ausbildung eines Erythems im Mittel 5,4°C über der Schmerzschwellentemperatur liegt. Nach HENRIQUES sowie HENRIQUES u. MORITZ liegt die kritische Temperatur für eine beginnende Denaturierung der Gewebsproteine bei 45°C. Auf Grund dieser Befunde stellte HARDY (*1, 2, 3*) die Hypothese auf, daß die schmerzhafte Gewebsnoxe in einem Proteinzerfall an den nociceptiven Nervenendigungen zu suchen sei, wobei es nicht auf die statische Größe der Schädigung, sondern auf die Geschwindigkeit des Denaturierungsprozesses ankommt. Hierfür spricht vor allem die Abhängigkeit der Schmerzempfindung von der absoluten Temperatur und ihre Unabhängigkeit von der Expositionszeit; im Gegensatz dazu stellt das Ausmaß einer statischen Gewebszerstörung eine integrale Größe dar, die von der Zeitdauer der Exposition abhängt.

Weniger gut erforscht sind die Reizbedingungen des *Kälteschmerzes*. Der dumpfe, undeutlich lokalisierbare und weit in die Umgebung ausstrahlende Charakter dieser Schmerzqualität läßt auf Vorgänge schließen, die sich von denen des hellen, scharfen Hitzeschmerzes wesentlich unterscheiden. Bis heute ist nicht hinreichend geklärt, wieweit der Kälteschmerz unmittelbar auf eine kältebedingte Gewebsnoxe oder mittelbar auf Gefäßspasmen zurückzuführen ist. Für eine Beteiligung der Vasomotorik spricht die von WOLF u. HARDY beobachtete Beeinflußbarkeit des Kälteschmerzes durch vasoconstrictorische Pharmaka und das synchrone Auftreten von Vasoconstriction und Kälteschmerz. Doch fehlt bislang der Beweis, daß die Vasoconstriction als solche eine Bedingung für den Kälteschmerz ist. Bei sehr tiefen Temperaturen, die zu einer lokalen periodischen Kältedilatation führen („hunting reaction", LEWIS, *3*; GREENFIELD, SHEPHERD u. WHELAN) tritt der stärkste Schmerz gerade während der Vasodilatation auf, dagegen besteht in den constrictorischen Phasen ein Gefühl der Taubheit (KUNKLE).

Tabelle 28. *Schwellen des Beugereflexes, der durch Erwärmung des Fußes bei einem paraplegischen Patienten ausgelöst wird.* (Nach HARDY, *1*)

Expositionszeit	Mittlere Reizstärke	Mittlere Hauttemperatur	
		Ausgangswert	Schwellenwert (berechnet)
sec	mcal/sec·cm²	°C	°C
0,65	495	32,0	43,5
1,62	333	32,2	44,5
2,60	258	32,6	44,5
3,54	224	32,8	44,9
5,40	170	32,9	44,4
7,20	141	32,9	43,8
8,90	119	33,0	43,3
10,00	100	33,4	43,4
18,00	78,2	33,8	42,8
18,50	81	32,9	43,1
25,50	57,3	33,5	44,9
26,00	81	32,9	44,0
55,00	48	33,6	44,0
300	41		keine Reaktion
300	32,5		keine Reaktion
300	28,8		keine Reaktion

4. Chemische Schmerzreize

Für die Frage nach dem adäquaten Reiz der Nociception kommt den Untersuchungen über chemische Schmerzauslösung besondere Bedeutung zu. Im Mittelpunkt des Interesses stehen dabei körpereigene algogene Substanzen, also Stoffe, die bei schmerzhafter Reizung des Gewebes entstehen und bei geeigneter experimenteller Darbietung Schmerz auszulösen vermögen. Hatte man am Anfang dieser Forschungen vielleicht noch geglaubt, alle Arten von Schmerz auf eine einheitliche Stoffwechselnoxe oder einen einzigen „Schmerzstoff" zurückführen zu können, so hat sich inzwischen gezeigt, daß dies zumindest sehr unwahrscheinlich ist; jedenfalls kennen wir heute eine ganze Reihe endogener Substanzen, die als schmerzauslösendes Prinzip in Frage kommen (vgl. hierzu FLECKENSTEIN; KEELE u. ARMSTRONG).

Da die gesunde Haut einen natürlichen Schutz gegen das Eindringen chemischer Noxen bildet, ist eine experimentelle Prüfung von Schmerzstoffen in der

Regel erst nach künstlicher Verletzung der obersten Hautschichten möglich. Das bedeutet aber eine zusätzliche Schädigung, die in den meisten Fällen schon an und für sich schmerzhaft ist und deshalb so klein wie möglich gehalten werden muß. Für die intracutane und subcutane Injektion von Testlösungen hat sich eine Methode bewährt, bei der ein 0,1 mm feiner Strahl unter hohem Druck ohne Injektionskanüle in die Haut gespritzt wird („jet injection"); diese Injektionsart ist nahezu schmerzlos (LINDAHL). Ein anderes, häufig angewandtes Verfahren besteht darin, die Lösungen auf eine Hautfläche zu bringen, deren oberste Epidermisschichten entfernt wurden, so daß die zu untersuchenden Stoffe unmittelbar an die freigelegten sensiblen Nervenendigungen gelangen können. Die Epidermisschichten kann man entweder durch Flachschnitt mit einer Rasierklinge abtrennen (ROSENTHAL u. MINARD), oder man erzeugt durch mehrstündiges Auflegen eines 0,3%igen Cantharidinpflasters eine epidermale Blase und trägt diese vorsichtig ab (ARMSTRONG u. Mitarb., *1*). Es liegt dann das Stratum basale der Epidermis frei, das zahlreiche Nervenendigungen enthält. Wird die Basis der Cantharidinblase mit Ringerlösung bespült, so ist sie völlig schmerzfrei, was einen großen experimentellen Vorteil bedeutet. Außerdem lassen sich die Testlösungen bequem und in häufiger Wiederholung applizieren, und schließlich ist auch die Dosierbarkeit der Substanzen besser als bei intracutaner Injektion.

Zur quantitativen Schätzung der Schmerzintensität werden bei diesen Versuchen meist eigenmetrische Ordinalskalen (S. 48) verwendet, welche die gesamte Intensitätsdimension des Schmerzes in mehrere überschwellige Schritte gliedern. Die von ARMSTRONG u. Mitarb. (*1*) eingeführte Schmerzskala hat die Stufen: kein Schmerz (0) — leichter Schmerz (1) — mäßiger Schmerz (2) — starker Schmerz (3) — sehr starker Schmerz (4), während LINDAHL eine 5stufige Skala verwendet: kein Schmerz (0) — sehr leichter Schmerz (1) — leichter Schmerz (2) — mäßiger Schmerz (3) — starker Schmerz (4) — sehr starker Schmerz (5). Da die Schmerzempfindlichkeit großen individuellen Schwankungen unterliegt, ist die intersubjektive Gültigkeit dieser Skalen verhältnismäßig begrenzt, doch lassen sich bei genügender Übung durchaus brauchbare und reproduzierbare Ergebnisse gewinnen.

Ob eine körpereigene Substanz, die im Experiment Schmerz auslöst, tatsächlich *in vivo* als Schmerzstoff gelten kann, ist sehr schwer zu entscheiden. Nach KEELE u. ARMSTRONG sind dabei folgende Punkte zu beachten:

1. Die Substanz muß bei geeigneter experimenteller Applikation Schmerz auslösen. Stoffe mit hoher Wirksamkeit (1 μg/ml oder weniger), wie Serotonin und Bradykinin, sind im allgemeinen als bevorzugte Kandidaten zu betrachten, doch gibt es hiervon auch Ausnahmen. So wirken Kaliumionen erst in Konzentrationen über 0,5 mg/ml schmerzerzeugend, aber sie können im Organismus unter pathologischen Bedingungen durchaus in dieser Konzentration freigesetzt werden.

2. Bei inneren oder äußeren Noxen muß die Substanz in wirksamer Konzentration in den geschädigten, schmerzhaften Gewebsstrukturen auftreten. Dabei kann in den Zellen, im Blut oder in anderen Körperflüssigkeiten eine inaktive Vorstufe vorhanden sein, die unter dem Einfluß der Noxe in den aktiven Stoff übergeht.

3. Alle Faktoren, die die fragliche Substanz freisetzen oder aktivieren, müssen zugleich Schmerz auslösen. Beispiele hierfür sind die Bildung von Serotonin durch Thrombocytenzerfall oder die Freisetzung von Kaliumionen aus hämolysierten Erythrocyten. Umgekehrt ist zu fordern, daß diejenigen Vorgänge, die zu einer Verminderung der Substanz oder zu einer Hemmung ihrer Wirkung führen, auch die Schmerzintensität herabsetzen.

a) Wasserstoffionenkonzentration. Daß man durch Säuren an der verletzten Hautoberfläche oder bei intracutaner Injektion Schmerz hervorrufen kann, ist seit langem bekannt (GRÜTZNER; HACKER; GAZA u. BRANDI). Dabei erhebt sich vor allem die Frage, ob die in vivo auftretenden pH-Änderungen groß genug sind, um als schmerzauslösender Faktor in Betracht zu kommen. Normalerweise haben die Körperflüssigkeiten einen bemerkenswert konstanten pH von 7,3 bis 7,4, und auch bei extremer Acidose und Alkalose schwanken die Werte im Blut nur zwischen 7,0 und 7,7. Lokale Entzündungen und schmerzhafte Tumoren können jedoch mit einer erheblichen Säuerung des Gewebes und der interstitiellen Flüssigkeit einhergehen, wobei pH-Werte bis zu 5,5 und weniger gemessen wurden (FRUNDER; REVICI u. Mitarb.). Nach Untersuchungen von ARMSTRONG u. Mitarb. (*1*) läßt sich an eröffneten Cantharidinblasen erst bei pH-Werten unter 3,0 Schmerz hervorrufen. Injiziert man aber saure Pufferlösungen intracutan (Tabelle 29), so zeigt sich, daß die Schmerzschwelle schon bei einem pH von 6,2 erreicht wird. Mit weiterer pH-Senkung nimmt die Schmerzintensität laufend zu und erreicht ihr Maximum bei einem pH von 3,2 (LINDAHL). Damit dürfte die Bedeutung der H-Ionenkonzentration als eines möglichen physiologischen Schmerzfaktors hinreichend erwiesen sein.

Tabelle 29. *Experimenteller Hautschmerz bei intracutaner Injektion saurer Pufferlösungen.* Mittelwerte aus je 40 Injektionen bei 20 Versuchspersonen. (Nach LINDAHL)

pH	Schmerz-intensität Einheiten	Schmerz-dauer sec
6,2	1,81	10
5,6	2,51	14
5,1	3,34	12
4,6	3,54	12
4,1	3,86	14
3,6	3,90	17
3,2	4,18	19

b) Kaliumionen. Injiziert man isotonische Lösungen von Kaliumsalzen (KCl 1,15%, K_2HPO_4 1,76%, KH_2PO_4 1,3%) intracutan, so tritt eine deutliche Schmerzempfindung auf (HACKER; RHODE; SKOUBY, *2*; BENJAMIN, *3*; LINDAHL). Genauere Untersuchungen über die Beziehung von Kaliumionenkonzentration und Schmerzintensität wurden von LINDAHL ausgeführt. Er injizierte neutrale isotonische Lösungen mit einem K^+-Gehalt von 5,0 (normale Plasmakonzentration) bis 100 mmol/l intracutan. Wie Tabelle 30 zeigt, ergab sich eine enge Beziehung von K^+-Konzentration, Schmerzintensität und Schmerzdauer. Bei etwa 20 mmol/l wird die Schmerzschwelle erreicht, dann wird der Schmerz stärker, erreicht aber selbst bei der höchsten K^+-Konzentration nur eine mäßige Intensität. Eine ähnliche Korrelation erhielt SMITH bei oberflächlicher Applikation von Kaliumionen auf eine eröffnete Cantharidinblase, nur lag in diesem Fall die Schmerzschwelle bei etwa 10 mmol/l.

Tabelle 30. *Experimenteller Hautschmerz bei intracutaner Injektion von Kaliumionen.* Mittelwerte aus je 40 Injektionen bei 20 Versuchspersonen. (Nach LINDAHL)

Kaliumionenkonzentration mmol/l	Schmerz-intensität Einheiten	Schmerz-dauer sec
5,0	1,23	9
18,4	1,54	12
31,8	1,78	12
45,2	1,95	17
58,6	2,05	24
72,0	2,53	25
85,4	2,49	27
98,8	2,83	41

Können nun im Organismus K^+-Konzentrationen auftreten, die oberhalb der Schmerzschwelle liegen? Da der Kaliumgehalt der intracellulären Flüssigkeit 100 bis 150 mmol/l beträgt, ist es sehr wohl denkbar, daß die Konzentration der bei Zellschädigung in den extracellulären Raum gelangenden Kaliumionen überschwellige Werte erreicht. So fand MENKIN in entzündlichen Exsudaten beim Menschen K^+-Gehalte bis zu 15 mmol/l, also Werte, die etwas über der Schmerzschwelle liegen. KEELE u. ARMSTRONG erzeugten einen definierten Zellzerfall durch Hämolyse von Erythrocyten und untersuchten den K^+-Gehalt sowie die algogene Wirkung der Hämolysate.

Abb. 107 zeigt ein Beispiel hierfür. Wird ein Dialysat aus hämolysierten menschlichen Erythrocyten ($K^+ = 16$ mmol/l) auf eine eröffnete Cantharidinblase gebracht, so tritt eine deutliche Schmerzempfindung auf. Allerdings kann diese nicht allein durch die K-Ionen bedingt sein, denn eine isotonische KCl-Lösung von 16 mmol/l erzeugt einen wesentlich schwächeren Schmerz. Besonders deutlich tritt dieser zusätzliche, noch unbekannte Schmerzfaktor in Erscheinung, wenn man statt menschlicher Erythrocyten ($K^+ = 100$ mmol/l) Katzenerythrocyten verwendet, deren Kaliumgehalt nur 6 mmol/l beträgt (DAVSON u. DANIELLI). Auch in diesem Fall ist nach wie vor eine beträchtliche algogene Wirkung vorhanden, obwohl der K^+-Gehalt der Hämolysate den Normalwert des K^+-Spiegels

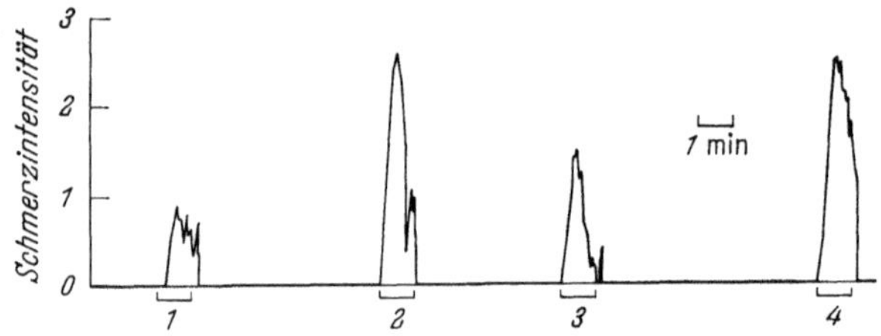

Abb. 107. Schmerzwirkung eines Dialysats menschlicher Erythrocyten auf einer eröffneten Cantharidinblase. *1* KCl-Lösung 16,5 mmol/l, mit NaCl isotonisch gemacht; *2* Dialysat menschlicher Erythrocyten mit 16 mmol/l K^+ und 102 mmol/l Na^+; *3* KCl 50 mmol/l, mit NaCl isotonisch gemacht; *4* wie *2*. (Nach KEELE u. ARMSTRONG)

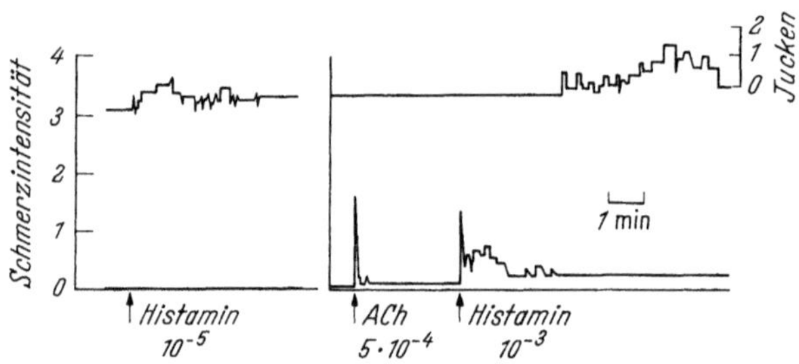

Abb. 108. Erzeugung von Schmerz und Jucken durch Histamin auf einer eröffneten Cantharidinblase. Obere Kurve: Jucken; untere Kurve: Schmerz. Konzentrationen von Histamin und Acetylcholin *(ACh)* in g/ml. (Nach ARMSTRONG u. Mitarb., *1*)

im menschlichen Blutplasma nicht überschreitet (KEELE u. ARMSTRONG). Innerhalb des Körpers dürfte freilich die K^+-Freisetzung durch Hämolyse nur in Ausnahmefällen — etwa bei einem Hämatom — schmerzhafte Werte erreichen. Eher noch kommt als Quelle erhöhter lokaler K^+-Konzentrationen der geschädigte Skeletmuskel in Frage (MANERY u. SOLANDT; FÅHRAEUS).

c) Acetylcholin. Im Experiment an der eröffneten Cantharidinblase wirkt Acetylcholin (ACh) noch in Konzentrationen von $5 \cdot 10^{-6}$ g/ml schmerzerzeugend. Wird die Dosis bis auf 10^{-4} g/ml gesteigert, so tritt ziemlich starker Schmerz auf, der etwa den Wert 3,5 einer vierstufigen Skala erreicht (ARMSTRONG u. Mitarb., *1*). Die Schmerzempfindung setzt unmittelbar nach der Acetylcholingabe in voller Stärke ein und klingt verhältnismäßig rasch wieder ab (Abb. 108, 110). Nicht so eindeutig sind die Ergebnisse bei intracutaner Injektion von ACh, doch sind auch hierbei Schmerzempfindungen beobachtet worden (CHALMERS u. KEELE; MARRA u. VECCHIET; LINDAHL). Die algogene Wirkung von ACh kann durch seine Antagonisten, z.B. d-Tubocurarin, Dekamethonium, Hexamethonium und Atropin, aufgehoben werden (ARMSTRONG).

Es ist anzunehmen, daß ACh unmittelbar erregend auf die sensiblen Nervenendigungen der Haut wirkt. Allerdings erstreckt sich diese Wirkung auch auf Mechanoreceptoren (DOUGLAS u. GRAY; DOUGLAS u. RITCHIE, *2*; FJÄLLBRANT u.

IGGO) und Thermoreceptoren (DODT, SKOUBY u. ZOTTERMAN), so daß man wohl kaum von einer schmerzspezifischen Funktion dieser Substanz sprechen kann. Wenn in den Versuchen an Cantharidinblasen die Schmerzempfindung im Vordergrund steht, so mag das einfach daran liegen, daß unter diesen Bedingungen die nociceptiven Nervenendigungen besonders leicht zugänglich sind.

Nach KEELE u. ARMSTRONG ist es sehr unwahrscheinlich, daß die Konzentration von endogenem ACh jemals den Schmerzschwellenwert überschreitet. Jedenfalls gelingt es nicht, durch Hemmung der Cholinesterase genügend ACh in der Haut anzuhäufen, um die nociceptiven Nervenendigungen direkt zu erregen (SKOUBY, *1*; HURLEY u. KOELLE). Dagegen soll ACh nach Untersuchungen von SKOUBY (*1*, *2*) eine Hyperalgesie der Haut bewirken, also die Schwelle für Schmerzreize herabsetzen.

d) Histamin. Charakteristisch für die Histaminwirkung ist eine Juckempfindung, die später noch genauer behandelt werden soll (S. 228). Doch wirkt Histamin auch schmerzerzeugend, wenn es in tiefere Hautschichten gelangt. ROSENTHAL u. MINARD konnten dies nachweisen, indem sie Histaminlösungen auf eine Hautfläche brachten, deren oberste Schichten durch Flachschnitt mit einer Rasierklinge entfernt worden waren. Bei einer Konzentration von $2{,}5 \cdot 10^{-5}$ g/ml trat leichtes Stechen und Brennen auf und bei $2{,}5 \cdot 10^{-4}$ g/ml akuter Schmerz. In guter Übereinstimmung damit stehen Befunde von ARMSTRONG u. Mitarb. (*1*), wonach Histamin an eröffneten Cantharidinblasen in Konzentrationen über 10^{-5} g/ml Schmerz auslöst (Abb. 108). Dem Schmerz folgt meist eine Juckempfindung, die aber vermutlich nicht von der Testfläche selbst ausgeht, sondern durch Diffusion der Histaminlösung in die obersten Epidermisschichten der Umgebung zustande kommt. Auch intracutane Histamininjektionen in Konzentrationen von 10^{-5} bis 10^{-3} g/ml führen zu Schmerzempfindungen, während Jucken nur selten auftritt (ROSENTHAL u. MINARD; BAIN, BROADBENT u. WARIN; BROADBENT, *1*; MARRA u. VECCHIET; LINDAHL). Nach ROSENTHAL u. SONNENSCHEIN sollen intracutane Histamininjektionen noch in Konzentrationen von 10^{-18} g/ml schmerzhaft sein; dieser Befund konnte allerdings von anderen Untersuchern nicht bestätigt werden und wird namentlich von KEELE u. ARMSTRONG angezweifelt, weil bei den Versuchen von ROSENTHAL u. SONNENSCHEIN bis zu 58% der Versuchspersonen auch auf Kontrollinjektionen von Ringerlösung positiv reagierten.

Histamin kommt in fast allen Geweben vor, besonders in der Haut, im Darmtrakt und in der Lunge, also an äußeren und inneren Oberflächen, die in Kontakt mit der Umgebung stehen (PATON; FELDBERG, *2*). LEWIS (*1*) hat als erster die Vermutung geäußert, daß endogenes Histamin („H-Substanz") bei Einwirkung von Noxen in der Haut freigesetzt wird und eine wichtige Rolle bei der lokalen Gewebsreaktion spielt. Tatsächlich läßt sich nachweisen, daß der Gehalt an Histamin oder histaminähnlichen Körpern in der Haut nach schädigender Reizung erhöht ist (ROSENTHAL u. MINARD; HAAS, *1*, *2*; ROSENTHAL, *1*). Auch wirken Extrakte aus geschädigter Haut bei intracutaner Injektion schmerzerzeugend (LEWIS, *3*; ROSENTHAL u. MINARD; ROSENTHAL, *1*; ARMSTRONG u. Mitarb., *1*; CHAPMAN u. Mitarb.). Ob man daraus freilich den Schluß ziehen darf, Histamin sei der eigentliche chemische Vermittler des Hautschmerzes (ROSENTHAL, *1*, *2*, *3*), erscheint mehr als zweifelhaft, denn erstens ist der Schmerz selbst nach hohen Dosen von Histamin ziemlich schwach (LINDAHL), und zweitens läßt sich nicht ausschließen, daß in der Haut noch weitere Schmerzstoffe gebildet werden (KEELE u. ARMSTRONG). Man wird also dem Histamin höchstens die Rolle eines möglichen schmerzerzeugenden Agens unter mehreren anderen zuschreiben können.

e) 5-Hydroxytryptamin (Serotonin). Nach Untersuchungen von ARMSTRONG u. Mitarb. (*1*) gehört 5-Hydroxytryptamin oder Serotonin, das beim Zerfall von Thrombocyten freigesetzt wird, zu den hochwirksamen Schmerzstoffen. In Konzentrationen von 10^{-6} g/ml erzeugt es deutliche Schmerzempfindungen an eröffneten Cantharidinblasen (Abb. 109), und in manchen Fällen sind selbst Konzentrationen von 10^{-8} g/ml noch wirksam. In gleicher Weise wie reines Serotonin wirken auch Extrakte aus zerfallenen Blutplättchen. Diese Befunde konnten von FASTIER, McDOWALL u. WAAL bestätigt werden. Von anderen Tryptaminderivaten wirkt N-methyl-5-hydroxytryptamin noch stärker schmerzauslösend als Serotonin, während Tryptamin nur etwa ein Hundertstel der Wirksamkeit von Serotonin besitzt (ARMSTRONG u. JEPSON, zit. bei KEELE u. ARMSTRONG).

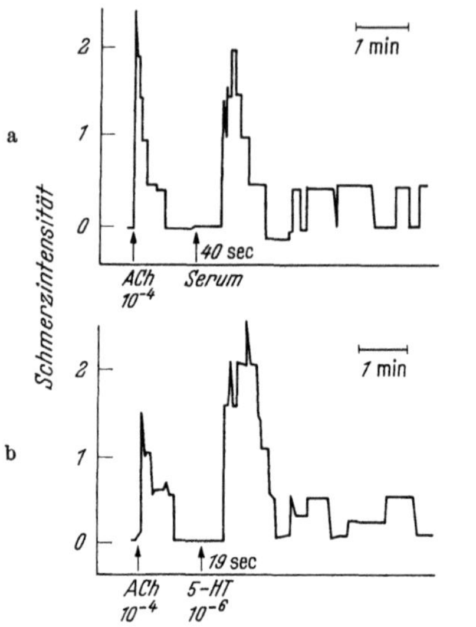

Abb. 109 a u. b. Schmerzerzeugung an einer eröffneten Cantharidinblase durch Serum und 5-Hydroxytryptamin (5-HT, Serotonin). a Serum; b 5-HT in einer Konzentration von 10^{-6} g/ml. *ACh* Acetylcholin. (Nach ARMSTRONG u. Mitarb., *1*)

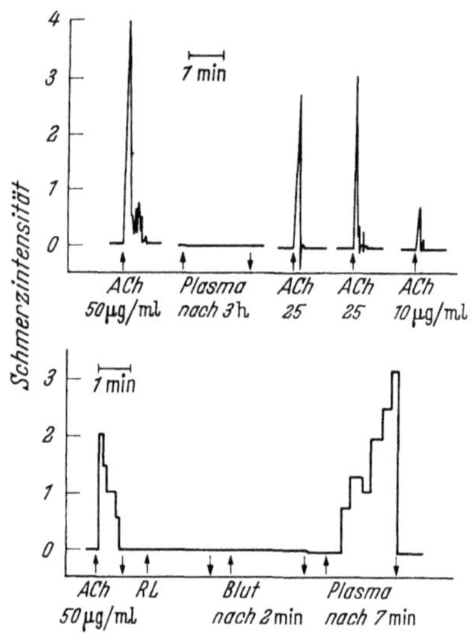

Abb. 110. Schmerzwirksamkeit von menschlichem Blutplasma auf einer eröffneten Cantharidinblase. Obere Kurve: 3 Std nach der Entnahme ist das Plasma unwirksam. Untere Kurve: 2 min nach der Entnahme ist Blut bzw. Plasma ebenfalls unwirksam, erzeugt jedoch 7 min später starken Schmerz. *ACh* Acetylcholin, *RL* Ringerlösung. (Nach KEELE, *1*)

Im Organismus entsteht Serotonin überall dort, wo eine Schädigung oder ein Zerfall von Blutplättchen stattfindet. Die dabei auftretenden Wirkstoffkonzentrationen können den Schmerzschwellenwert wesentlich überschreiten. So geht aus Abb. 109 hervor, daß menschliches Blutserum, auf eine eröffnete Cantharidinblase gebracht, Schmerz von mittlerer Intensität erzeugt. Im Unterschied zu Acetylcholin setzt der Schmerz erst nach einer Latenz von 15 bis 45 sec ein, hält für 1 bis 2 min an und klingt dann allmählich ab. Vergleicht man im vorliegenden Versuch die schmerzauslösende Wirkung des Serums mit der einer reinen Serotoninlösung, so kommt man auf eine wirksame Konzentration von 10^{-6} g/ml. Auf Grund von Analysen des Serums und pharmakologischer Tests an der glatten Muskulatur des Rattenuterus darf man annehmen, daß es sich bei der schmerzaktiven Substanz des Blutserums tatsächlich um 5-HT handelt.

f) Plasmakinine. Auch im Blutplasma und in der Gewebsflüssigkeit kann unter bestimmten Bedingungen ein schmerzauslösender Faktor (PPS = „pain producing substance") entstehen (ARMSTRONG u. Mitarb., *2*, *4*; KEELE, *1*), der im Unterschied zum stabilen, aus Thrombocyten stammenden Serotonin verhältnismäßig labil ist. Bringt man Blutplasma oder Flüssigkeit aus schmerzfreien Exsudaten sofort nach der Entnahme auf eine eröffnete Cantharidinblase, so tritt zunächst kein Schmerz auf (präaktives Stadium). Dagegen erzeugen diese Flüssigkeiten eine starke Schmerzempfindung, wenn sie nach der Entnahme etwa 7 min lang in einem Glasgefäß aufbewahrt worden waren (Abb. 110). Nach einigen Stunden ist die Wirksamkeit wieder erloschen. Schmerzhafte Brandblasen enthalten PPS bereits in aktiver Form, was daran erkennbar ist, daß frischer Brandblaseninhalt, auf eine eröffnete Cantharidinblase gebracht, sofort sehr intensive Schmerzen erzeugt (Abb. 111). Auch hier erlischt die algogene Wirksamkeit bei 20°C nach etwa 1 Std, während sie über Wochen erhalten bleibt, wenn man die Brandblasenflüssigkeit bei —20°C aufbewahrt.

Bis heute ist die chemische Natur des algogenen Plasmafaktors PPS noch nicht hinreichend geklärt, doch spricht alles dafür, daß es sich um ein *Polypeptid* handelt. Acetylcholin, Kalium, Histamin, Adenosintriphosphat und 5-Hydroxytryptamin sind mit Sicherheit auszuschließen. Ultrafiltrate und Extrakte des schmerzaktiven Plasmas zeigen ähnliche physikalische, chemische und biologische Eigenschaften wie die aus dem Blutplasma gebildeten Polypeptide Bradykinin und Kallidin. Bradykinin (ROCHA E SILVA u. Mitarb.; ROCHA E SILVA, *1*, *2*) ist ein Nonapeptid, dessen Synthese kürzlich gelungen ist (BOISSONNAS u. Mitarb.), während Kallidin II ein Dekapeptid darstellt (WEBSTER u. PIERCE). ELLIOT, LEWIS u. HORTON sowie HORTON fanden, daß reines Bradykinin an eröffneten Cantharidinblasen in Konzentrationen von 10^{-7} bis 10^{-6} g/ml Schmerz ohne begleitende Juckempfindung erzeugt; ebenso kann man durch intracutane und intraarterielle Injektion von Bradykinin Schmerzempfindungen hervorrufen (CORMIA u. DOUGHERTY; BURCH u. DE PASQUALE). In Abb. 111 ist ein Vergleich zwischen der algogenen Wirkung von Brandblasenflüssigkeit und Bradykinin dargestellt, bei dem auch der ähnliche Zeitverlauf des Schmerzes bemerkenswert ist.

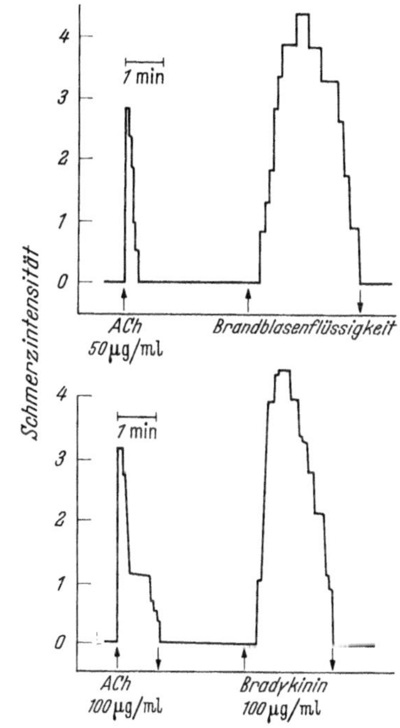

Abb. 111. Schmerzerzeugung durch Brandblasenflüssigkeit (obere Kurve) und Bradykinin (untere Kurve) auf einer eröffneten Cantharidinblase. *ACh* Acetylcholin als Vergleich. (Nach KEELE, *2*)

In vitro entstehen schmerzaktive Plasmakinine vor allem dann, wenn das Plasma oder Exsudat mit Glasoberflächen in Berührung kommt (ARMSTRONG u. Mitarb., *3*; GALLETTI, MARRA u. VECCHIET; MARRA, VECCHIET u. GALLETTI). Hier bestehen wichtige Zusammenhänge mit der Blutgerinnung: Nach MARGOLIS (*1*, *2*) ist der Faktor XII (Hagemann-Faktor), welcher die Blutgerinnung einleitet, auch für den Beginn jener zum Teil noch hypothetischen Reaktionskette maßgebend, in deren Verlauf die aktiven Plasmakinine (Bradykinin, Kallidin etc.) entstehen. Durch Einwirkung des durch Glasoberflächen oder andere Agentien aktivierten Hagemann-Faktors wird aus dem inaktiven Plasmakallikreinogen das aktive Plasmakallikrein gebildet. Dieses wiederum katalysiert die Bildung von Plasmakininen (Bradykinin, Kallidin) aus dem inaktiven Kallidinogen. Auch durch Einwirkung des proteolytischen Enzyms Fibrinolysin oder Plasmin können

Plasmakinine entstehen (EISEN). Diese wiederum werden durch das Enzym Plasmakininase zerstört, das vom kininbildenden System unabhängig ist. Es wirkt wie eine Carboxylpeptidase und spaltet vom Bradykinin- und wahrscheinlich auch vom Kallidinmolekül die Aminosäure Arginin ab (ERDÖS u. Mitarb.).

Wie die schmerzauslösenden Plasmakinine bei Gewebsnoxen in vivo gebildet werden, ist noch nicht bekannt, doch haben Versuche von EISEN zu dem Ergebnis geführt, daß PPS im menschlichen Blutplasma entsteht, wenn dieses mit einer frisch geschädigten Hautoberfläche oder mit excidierten Gewebsstücken in Berührung kommt. CHAPMAN u. Mitarb. perfundierten ein Hautareal am menschlichen Unterarm subcutan mit Ringerlösung und untersuchten die Eigenschaften des Perfusats vor und nach Quetschung der Haut neben der Entnahmestelle. Die Prüfung des Perfusats erfolgte durch intracutane Injektion am Rücken der gleichen Versuchsperson. Während der Kontrollperiode unterschied sich die Schmerzaktivität der Perfusionslösung nicht von der einer reinen Ringerlösung, und auch die an der Injektionsstelle sichtbaren lokalen Hautreaktionen zeigten keine signifikanten Unterschiede. Dagegen löste das Perfusat, das nach Quetschung der Haut entnommen worden war, eine wesentlich stärkere Schmerzempfindung aus. Wie Abb. 112 zeigt, war dabei auch die lokale Hautreaktion weit umfangreicher. Auf Grund pharmakologischer Untersuchungen nehmen CHAPMAN u. Mitarb. an, daß für die Schmerzauslösung und die vasomotorische Reaktion ein dem Bradykinin ähnliches, aber nicht mit ihm identisches Polypeptid verantwortlich sei, dem sie die Bezeichnung ,,Neurokinin" gaben. Doch ist nach KEELE u. ARMSTRONG nicht auszuschließen, daß es sich bei dem sog. Neurokinin um ein Gemisch aus Bradykinin, Histamin und Substanz P handelt.

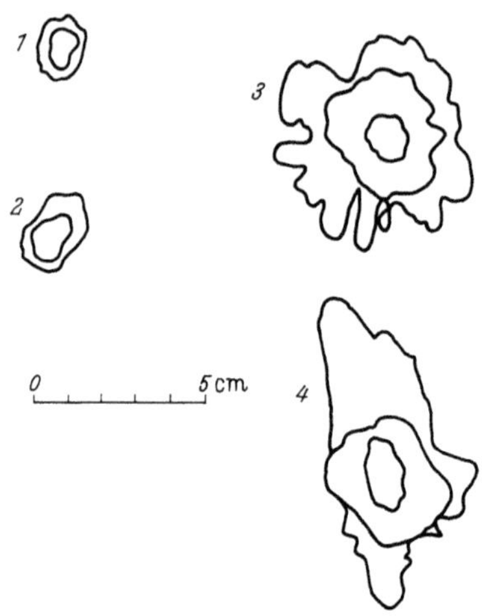

Abb. 112. Die Haut am Unterarm einer Versuchsperson wurde mit Ringerlösung perfundiert und 0,05 ml des Perfusats intracutan in die Rückenhaut injiziert. Der Umfang der lokalen Hautreaktion (Quaddel und Erythem) an der Injektionsstelle wurde jeweils mit Tusche markiert. *1* und *2* lokale Reaktion auf ein Perfusat aus normaler Haut; *3* und *4* lokale Reaktion bei Injektion eines Perfusats aus mechanisch geschädigter Haut. (Nach CHAPMAN u. Mitarb.)

Tabelle 31. *Schmerzwirksamkeit einiger natürlicher Polypeptide.* (Nach KEELE u. ARMSTRONG)

Substanz	Schmerzschwelle g/ml
1. Substanz P	10^{-7} bis 10^{-6}
Bradykinin	10^{-7} bis 10^{-6}
Kallidin	10^{-7} bis 10^{-6}
2. Vasopressin	10^{-5}
Oxytocin	10^{-5}
3. Angiotensin	$5 \cdot 10^{-5}$
4. Leukotaxin	10^{-3}

Substanz P ist ein weiteres schmerzaktives Polypeptid, das im Dünndarm, in Teilen des Zentralnervensystems, in den hinteren Wurzeln des Rückenmarks und in peripheren Nerven vorkommt (v. EULER u. GADDUM; DOUGLAS u. Mitarb.; UMRATH, *1, 2, 3*; GADDUM). ARMSTRONG u. Mitarb. (*2*) haben gereinigte Präparate von Substanz P an der eröffneten Cantharidinblase getestet und dabei eine sehr hohe Schmerzwirksamkeit von $3{,}3 \cdot 10^{-8}$ g/ml gefunden. In Tabelle 31 sind einige natürlich vorkommende Polypeptide in der Reihenfolge ihrer algogenen Wirkung zusammengestellt.

g) Tierische und pflanzliche Schmerzgifte. Im Zusammenhang mit dem vorher Gesagten ist es bemerkenswert, daß die im menschlichen Organismus gebildeten endogenen Schmerzstoffe auch in vielen tierischen und pflanzlichen Schmerzgiften vorkommen (Tabelle 32). So enthält das Gift der Biene (*Apis mellifica*) Histamin (REINERT) und ein noch nicht näher identifiziertes schmerzaktives Protein, das NEUMANN u. HABERMANN (*1, 2*) als „Fraktion I" bezeichnen. Im Wespengift (*Vespa vulgaris*) kommen Histamin, Serotonin und ein hochwirksames, dem Bradykinin ähnliches „Wespen-Kinin" vor (JAQUES u. SCHACHTER; HOLDSTOCK, MATHIAS u. SCHACHTER). Besonders aktiv ist das Gift der Hornisse (*Vespa crabro*), das eine hinsichtlich der Schmerzwirksamkeit geradezu optimale Mischung von Histamin, Acetylcholin, Serotonin und einem „Hornissen-Kinin" enthält (NEUMANN u. HABERMANN, *2*; BHOOLA, CALLE u. SCHACHTER). KEELE u. ARMSTRONG sagen hierzu: "If we had been asked to design a reliable pain-producing mixture consisting of low molecular weight substances of animal

Tabelle 32. *Wirkstoffe einiger tierischer und pflanzlicher Schmerzgifte*

Species	Histamin	Acetylcholin	5-Hydroxytryptamin (Serotonin)	Proteine Kinine	Autor
Biene (*Apis mellifica*)	10 mg/g			„Fraktion I"	REINERT NEUMANN u. HABERMANN (*1, 2*)
Wespe (*Vespa vulgaris*)	16 mg/g		0,32 mg/g	Wespen-Kinin	JAQUES u. SCHACHTER HOLDSTOCK, MATHIAS u. SCHACHTER
Hornisse (*Vespa crabro*)	3 bis 10 mg/g	10 bis 50 mg/g	7 bis 19 mg/g	Hornissen-Kinin	NEUMANN u. HABERMANN (*2*) BHOOLA, CALLE u. SCHACHTER
Brennessel (*Urtica urens*,	2 mg/ml	100 mg/ml			EMMELIN u. FELDBERG
Urtica dioica)	+	+	0,2 mg/ml		COLLIER u. CHESHER

origin we should very likely have concocted a brew containing histamine, 5-HT and a kinin (polypeptide) such as occurs in vasp venom. The added rapier thrust contributed by ACh in hornet venom is sheer (evil) genius." Auch im Gift der gewöhnlichen Brennessel (*Urtica urens*) wurden Histamin und ACh nachgewiesen (EMMELIN u. FELDBERG), während das Gift einer anderen Nessel (*Urtica dioica*) zusätzlich noch Serotonin enthält (COLLIER u. CHESHER).

5. Elektrische Schmerzreize

Da elektrische Ströme leicht zu erzeugen und zu messen sind, könnte man glauben, sie seien zur Schmerzschwellenbestimmung besonders geeignet; tatsächlich aber ist die elektrische Schmerzreizung ein recht problematisches und mit mancherlei Tücken behaftetes Verfahren. Das liegt einmal am unscharfen Übergang zwischen nicht schmerzhaften und schmerzhaften Empfindungen bei dieser Reizform, zum anderen aber an der unkontrollierbaren Verzerrung des tatsächlich an die Schmerznerven gelangenden Reizes infolge der stark veränderlichen elektrischen Eigenschaften der Haut. Endlich läßt sich oft nicht klar entscheiden, ob es sich um eine Erregung nociceptiver Nervenendigungen oder um eine Erregung des Nervenstammes handelt; im letzteren Fall spiegeln die Schmerzschwellen nur die allgemeinen Gesetzmäßigkeiten der elektrischen Nervenreizung wider, ohne etwas Spezifisches über die Schmerzreception auszusagen.

Für die Chronaxie einzelner Schmerzpunkte der Haut gibt ISHIKAWA Werte zwischen 0,05 und 0,4 msec an. Am Zahn fand sich eine Schmerzchronaxie von 0,346 ± 0,0085 msec (MATSUMOTO u. NAKAZAWA). In vergleichenden Untersuchungen an der menschlichen Haut erhielten NEFF u. DALLENBACH Schmerzchronaxiewerte von 0,278 bis 0,452 msec und Druckchronaxiewerte von 0,106 bis 0,133 msec. Von dieser kurzen Chronaxie der Schmerzempfindung konnten TIMOFEEV u. LJUBAVSKAJA eine zweite, erheblich längere Chronaxie abgrenzen, die vermutlich den marklosen C-Fasern zuzuschreiben ist, während die kurzen Chronaxiewerte einer Erregung der markhaltigen A,δ-Fasern entsprechen dürften. Indessen handelt es sich bei den älteren Chronaxiewerten fast durchweg um „Pseudochronaxien", weil dabei die „katastrophale Rolle der Haut" (SCHAEFER, S. 131ff.) nicht berücksichtigt worden ist. Bei angelegten Rechteckspannungen z.B. reizt man die Schmerznerven in Wirklichkeit mit der Ladezacke der Haut-

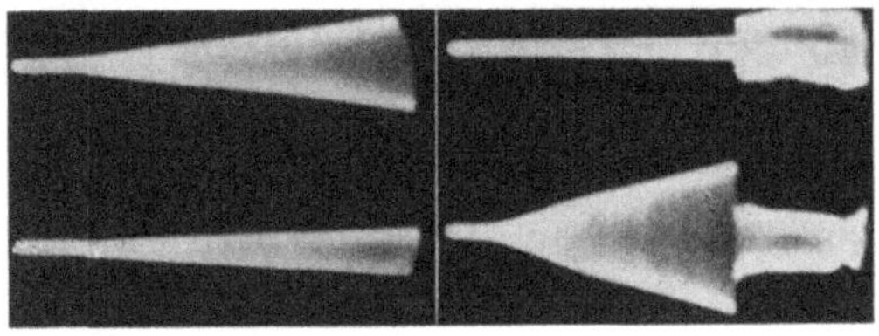

Abb. 113 a u. b. Hautwiderstandsänderung im Augenblick der Schmerzschwellenüberschreitung bei linear ansteigendem Wechselstromreiz (b). Bei künstlich niederohmiger Elektrodenanordnung fehlt der Widerstandssprung (a). Unterer Kurvenzug jeweils Spannung, oberer Kurvenzug Strom an der Haut. (Nach MUELLER, LOEFFEL u. MEAD)

kapazität, was völlig andere Reizbedingungen und damit falsche Chronaxiewerte ergibt. — Weitere Schmerzschwellenmessungen liegen vor bei Reizung mit sinusförmigem Wechselstrom (v. HALLER GILMER, *2*; TIMOFEEV u. LJUBAVSKAJA; HILL u. Mitarb. u.a.), für die ähnliche Einwände gelten.

In neuer Zeit haben MUELLER, LOEFFEL u. MEAD die Beziehung zwischen Reizspannung, Reizstrom, Hautimpedanz und Schmerzempfindung genauer untersucht. Über einen Satz stiftförmiger Elektroden von 0,5 mm Spitzendurchmesser und eine großflächige indifferente Elektrode führten sie der Haut einen sinusförmigen Wechselstrom von 1200 Hz zu. Wird der Hautwiderstand durch eine gut leitende Elektrodenpaste herabgesetzt, so steigt der Reizstrom linear mit der Reizspannung an, wobei die Empfindung nur vibratorischen Charakter ohne Schmerzkomponente hat (Abb. 113a). Bei hohem Hautwiderstand hingegen tritt bei einer bestimmten Reizspannung ein plötzlicher Zusammenbruch der Impedanz mit entsprechendem Anstieg des Stromwertes auf (Abb. 113b). Der gleichzeitig auftretende Phasensprung beweist, daß in diesem Augenblick der kapazitive Anteil des Hautwiderstandes verschwindet, weil der Hautkondensator von der Reizspannung durchgeschlagen wird. Zugleich tritt ein starker, stechender Schmerz auf, der bei weiterem Anstieg der Reizstärke in eine unangenehme, bohrende Schmerzempfindung übergeht. In Übereinstimmung mit Arbeiten von ROSENTHAL u. MINARD soll zum Zeitpunkt des Impedanzsprunges Histamin freigesetzt werden, das für die Auslösung des Schmerzes verantwortlich gemacht wird.

Wird ein Hautnerv mit wiederholten Stromimpulsen von variabler Zahl und Folgefrequenz gereizt, so kann man aus dem Verhalten der Schmerzschwellen gewisse Schlüsse auf die summativen Eigenschaften des zentralen nociceptiven Systems ziehen. So fand OPITZ bei frequenter Reizung des N. cutaneus antebrachii lateralis, daß die mit einwandfreier Methodik bestimmten Schmerzchronaxien sich von 1,2 bis auf 0,2 msec verkürzten, wenn die Reizfrequenz der verwendeten Kondensatorentladungen von niedrigen Werten bis auf 30 pro sec erhöht wurde. Nach Untersuchungen von HAUCK u. NEUERT sowie HAIMANN u. SCHENK liegt das Minimum der menschlichen Schmerzschwelle für periodische Nervenreizung mit Kondensatorentladungen bei 15,7 Hz und für Rechteckreize bei 9,8 Hz; oberhalb dieser Frequenz bleiben die Schwellenwerte annähernd konstant. Daraus läßt sich schließen, daß die Summationszeit (vgl. SCHRIEVER, *4*) bei diesen Frequenzen einen Optimalwert besitzt.

6. Adaptation der Schmerzempfindung

Im Gegensatz zu den meisten anderen Sinnesempfindungen scheint der Schmerz nach mannigfachen Erfahrungen des täglichen Lebens so gut wie keine Adaptation zu zeigen. Man denke etwa an einen Zahnschmerz, an eine Trige-

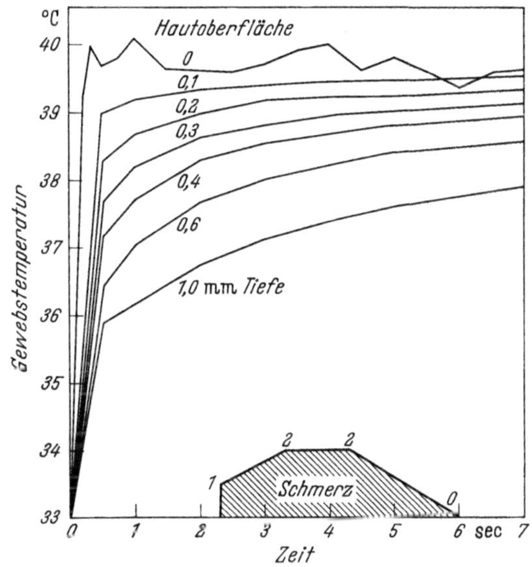

Abb. 114. Vorübergehender Schmerz bei einem Wärmesprung an der Hautoberfläche. (Nach HARDY, *3*)

minusneuralgie oder eine Kausalgie; alle diese Schmerzzustände können über Tage hinweg mit unverminderter Stärke anhalten. Auch die Ergebnisse sinnesphysiologischer Versuche deuten in die gleiche Richtung. Stellt man einen Wärmereiz für eine Dauer von 10 bis 12 min ständig so ein, daß gerade die Schmerzschwelle erreicht wird, so zeigt sich, daß die erforderliche Schwellentemperatur nach Reizbeginn zunächst etwas abnimmt und sich dann asymptotisch einem annähernd konstanten Endwert nähert (HARDY, *3*). Dieses Ergebnis spricht nicht nur für ein Fehlen der Adaptation, sondern zeigt, daß sich im Laufe der Zeit sogar eine schwache Hyperalgesie ausbildet. Demgemäß ist bei langsam ansteigenden elektrischen Reizen (GRINDLEY) praktisch kein Einschleichen in die Schmerzschwelle möglich, und dasselbe gilt, wie Abb. 104 zeigt, für Erwärmungen der Haut. Unabhängig von der Geschwindigkeit des Temperaturanstieges wird die Schmerzschwelle jeweils bei ein und derselben Absoluttemperatur erreicht.

Indessen sind auch Versuche beschrieben worden, die für eine wenn auch geringfügige Schmerzadaptation sprechen (HINES; STONE u. DALLENBACH, *1*, *2*; EDES u. DALLENBACH; HARDY, *3*). Wird in einem Wasserbad die Hauttemperatur sprunghaft von 33 auf 40°C erhöht (Abb. 114), so tritt nach 2 bis 3 sec ein mäßiger

Schmerz auf, der nach 6 sec wieder abgeklungen ist, obwohl die Hauttemperatur während dieser Zeit nicht abfällt, sondern in den tieferen Schichten sogar noch ansteigt.

Dagegen kann man wohl kaum von einer Schmerzadaptation sprechen, wenn nach Einstechen einer Nadel in die Haut die initiale Schmerzempfindung allmählich abnimmt oder sogar völlig verblaßt. Denn hier hat auch der Reiz, nämlich die Schädigung des Gewebsstoffwechsels, nur eine beschränkte Zeitdauer. Sind die Zellen einmal zerstört und die algogenen Stoffwechselprodukte beseitigt, so hört damit auch die schmerzerzeugende Noxe auf.

Eine *langfristige*, vorwiegend auf zentralnervösen Vorgängen (S. 221) beruhende Anpassung oder „Gewöhnung" (Habituation) an mäßige Schmerzreize (z.B. Barfußgehen oder Anfassen heißer Gegenstände) ist aus dem täglichen Leben bekannt. Diese Erfahrung steht nur scheinbar im Widerspruch zu einer teleologischen Deutung des Schmerzes, die DALLENBACH so formuliert: "Pain is deleterious; adaptation would be of anti-survival value, as organisms that become adapted to pain would, in the long run, not survive; hence pain is nonadaptable." Diese Ansicht ist sicher richtig, sofern es sich um eine vollständige Schmerzadaptation handelt. Auf der anderen Seite aber ist es biologisch durchaus sinnvoll, wenn der Organismus sich an schwache Schmerzreize, die ihn erfahrungsgemäß nicht ernstlich schädigen, im Laufe der Zeit gewöhnt. Überdies nimmt der Schmerz in dieser Hinsicht gar keine Sonderstellung ein, denn die vollständige Adaptation an alle anderen Sinnesreize wäre natürlich ebensowenig mit dem Leben vereinbar wie eine komplette Schmerzadaptation.

7. Lokalisation

Über die Topographie der Schmerzempfindlichkeit an der Hautoberfläche und an den Schleimhäuten der Körperöffnungen liegen zahlreiche Untersuchungen vor, auf die hier verwiesen sei (v. FREY, *6*; STRUGHOLD; SCHRIEVER, *1*, *2*; BEETZ; v. SKRAMLIK, *3*). Nach GELDARD (*2*) nimmt die cutane Schmerzempfindlichkeit der Extremitäten zu, wenn man von proximal nach distal fortschreitet. Besonders schmerzempfindlich sind die Hornhaut des Auges und das Trommelfell des Ohres, während manche Stellen der Mundhöhle, namentlich die untere Hälfte der Uvula und die innere Wangenfläche gegenüber dem zweiten unteren Molarzahn (Kiesowscher Ort) völlig schmerzunempfindlich sind.

Sofern man mittels mechanischer Schmerzreize — meist Stachelborsten — die Ortsschwellen bestimmt, dürfte eine saubere Trennung gegenüber den Ortsschwellen des Drucksinnes recht problematisch sein. So nimmt es auch nicht wunder, daß hier die Ergebnisse ziemlich widersprüchlich sind. Während v. SKRAMLIK (*3*) für Schmerzreize einen größeren Lokalisationsfehler als für Druckreize angibt, sollen nach Untersuchungen von KIESOW (*3*) sowie ZIGLER, MOORE u. WILSON stechende Schmerzreize genauer lokalisiert werden können als taktile Reize, also die Ortsschwellen der Schmerzempfindung kleiner sein als die der Druckempfindung.

II. Neurophysiologie des Schmerzes

1. Spezifität der Schmerznerven

Geht man von der Empfindungsqualität aus, so kann man von einem spezifischen Schmerzreceptor dann sprechen, wenn dessen Erregung stets nur mit Schmerzempfindungen, aber nicht mit anderen cutanen Sinnesqualitäten verknüpft ist. Konsequenterweise dürfte ein solcher Receptor nur durch hohe Reizintensitäten erregbar sein, da anderenfalls jeder Reiz als schmerzhaft erlebt würde. Eine Spezifität für bestimmte Qualitäten des Reizes ist nicht erforderlich, denn bekanntlich können alle Reizarten — seien sie mechanischer, thermischer, chemischer, osmotischer oder elektrischer Natur — Schmerz auslösen, wenn sie eine bestimmte Intensität überschreiten. Indessen ist es theoretisch durchaus denkbar, daß einzelne Schmerznervenfasern auch auf bestimmte Reizqualitäten spezialisiert sind, indem die einen nur auf starken mechanischen Druck, die anderen nur auf extreme Abkühlung usw. ansprechen.

Im Gegensatz dazu könnte man sich vorstellen, daß schmerzhafte und nichtschmerzhafte Empfindungsqualitäten durch identische periphere Nervenfasern vermittelt werden, wobei die Schmerzqualität an ein besonderes Erregungsmuster, etwa die Überschreitung einer bestimmten Zahl von afferenten Impulsen pro Zeiteinheit, gebunden ist. In diesem Fall müßte bei Zunahme der Reizintensität jeder Schmerzempfindung ein nicht schmerzhaftes Sinneserlebnis vorangehen.

Diese beiden Alternativen bilden den Kern zweier klassischer, mit den Namen v. Freys (*6*, *10*) und Goldscheiders (*2*) verknüpfter Schmerzhypothesen. Während v. Frey das Vorhandensein spezifischer peripherer Schmerzfasern postulierte, nahm Goldscheider an, der Schmerz werde durch zentrale Summation von Erregungen aus Druck- und Berührungsreceptoren der Haut ausgelöst. Eine kritische Sichtung der vorliegenden Befunde ergibt nun zwar Hinweise auf eine zentralnervöse Summation nociceptiver Erregungen (Schriever, *3*; Achelis, *1*, *2*, *3*), aber keinen Anhaltspunkt für eine reine „Summationshypothese" des Schmerzes, während wir heute zahlreiche Befunde, namentlich elektrophysiologischer Art, kennen, die für das Vorhandensein funktionell spezifischer Schmerzreceptoren sprechen.

2. Selektive Beeinflussung von Schmerzfasern

Bei Einwirkung eines kurzen mechanischen oder thermischen Schmerzreizes auf die Haut beobachtet man häufig eine *doppelte* Schmerzempfindung (Abb. 115), nämlich einen rasch einsetzenden „hellen" oder oberflächlichen und einen etwas

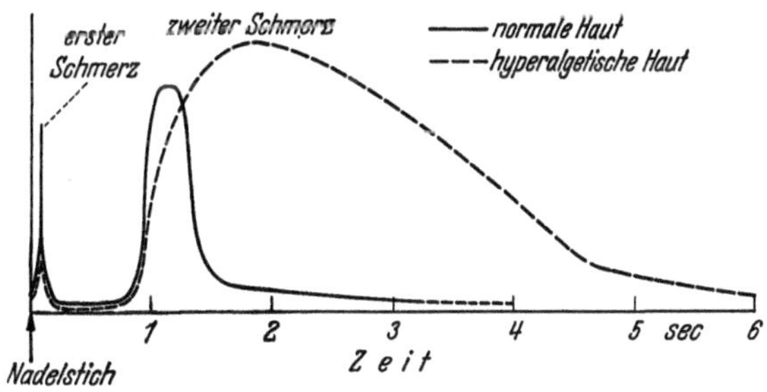

Abb. 115. Zeitgang der Schmerzempfindung für den ersten und zweiten Schmerz bei Einstich einer Nadel. Erster Schmerz beim Eindringen in eine Tiefe von 0,25 bis 0,5 mm, zweiter Schmerz bei einer Nadeltiefe von 0,5 bis 1 mm. (Nach Bigelow u. Mitarb.)

verzögerten „dumpfen" oder tiefen Schmerz (Thunberg; Zotterman, *1*; Lewis u. Pochin, *1*; Bigelow u. Mitarb.). Nach Lewis u. Pochin (*1*) ist der zeitliche Abstand zwischen dem „ersten" und dem „zweiten" Schmerz um so größer, je länger der Leitungsweg bis zum Gehirn ist. Von der Kopfregion aus ist überhaupt nur eine einzige Schmerzempfindung auszulösen, während die größte Verzögerung von etwa 2 sec an der Zehe gefunden wird. Hieraus und aus den elektrophysiologisch gemessenen Leitungsgeschwindigkeiten läßt sich schließen, daß der erste und zweite Hautschmerz durch Fasersysteme von verschiedener Leitungsgeschwindigkeit vermittelt wird.

Darüber hinaus können wir besonders bei Verbrennungen der Haut noch eine stark verzögerte, dritte Schmerzkomponente beobachten (Abb. 116), die nach etwa 25 sec einsetzt und ihren Höhepunkt erst im Laufe einiger Minuten erreicht. Hier kann es sich natürlich nicht mehr um eine Frage der Nervenleitung handeln; vielmehr dürfte der verzögerte Verlauf des Schmerzes mit dem Zeitgang der Entstehung von Schmerzstoffen zusammenhängen (KEELE, *2*).

Weitere Hinweise für die Existenz spezifischer Schmerzfasern ergeben sich aus sinnesphysiologischen Untersuchungen während einer *Ischämie* an den Extremitäten. Etwa 20 min nach Drosselung der Blutzufuhr steigt die Schwelle für Druck und Berührung stark an, während die Schmerzschwellen konstant bleiben oder sogar etwas absinken (ZOTTERMAN, *1*). Die ischämische Anaesthesie betrifft also zunächst nur den Drucksinn. Erst im weiteren Verlauf vermindert sich auch die Schmerzempfindlichkeit, und zwar nimmt zuerst der helle Oberflächenschmerz und später der dumpfe Tiefenschmerz ab (LEWIS u. POCHIN, *2*). Diese Befunde wurden später von MARSHALL bestätigt, der darüber hinaus auch die Wirkung einer lokalen Ischämie des Nervenstammes auf die Schmerzempfindung untersuchte. Die Schwelle für den ersten Schmerz steigt 12 bis 18 min nach Ischämie des Nerven an und geht nach 31 bis 35 min in totale Analgesie über, während eine Analgesie für den zweiten Schmerz erst nach 40 bis 45 min erreicht wird. Berücksichtigt man, daß die Nervenfasern um so unempfindlicher gegenüber O_2-Mangel werden, je dünner sie sind, so fügen sich auch die Ischämieversuche gut in die Konzeption verschieden schnell leitender Fasersysteme für Druckempfindungen und Schmerzempfindungen ein.

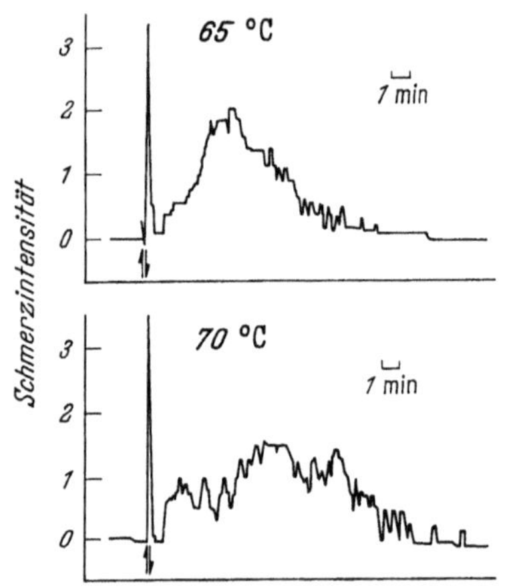

Abb. 116. Verlauf der Schmerzempfindung nach Aufsetzen einer erhitzten Thermode von 10 mm Durchmesser auf die Haut des Unterarmes für eine Dauer von 3 sec. Reiztemperatur 65°C (obere Kurve) und 70°C (untere Kurve). Unmittelbar nach dem Hitzereiz starker Schmerz, gefolgt von einem schmerzfreien Intervall, dann langsam ansteigender und abnehmender verzögerter Schmerz. (Nach KEELE, *2*)

Einen gegenteiligen Zeitverlauf der selektiven Ausschaltung cutaner Empfindungsqualitäten beobachtet man nach Einführung von *Cocain* in die Haut. Gemäß der Tatsache, daß Cocain — vermutlich wegen des kleineren Membrandiffusionsweges — zuerst die Leitung der dünnsten Fasern blockiert, wird zunächst der dumpfe Schmerz, dann der helle und zuletzt die Druckempfindung aufgehoben.

Wie WEIGMANN u. SCHINDEWOLF gezeigt haben, läßt sich durch Einwirkung von gasförmigem und gelöstem *Kohlendioxyd* auf die Haut ebenfalls eine Dissoziation zwischen verschiedenen cutanen Sinnesqualitäten erzeugen. Während die Schwellen für Schmerz- und Juckempfindungen erheblich ansteigen ($12{,}4 \pm 2{,}5$ g/mm²), wird die Schwelle für Druck und Kitzel nur geringfügig erhöht ($3{,}3 \pm 0{,}6$ g/mm²). Auch dieser Effekt beruht vermutlich auf einer unterschiedlichen Wirkung von CO_2 auf verschiedene Fasergruppen der Haut.

Schließlich sprechen auch Unterschiede im *Adaptationsverhalten* für die Spezifität peripherer Schmerzreceptoren. HINES erzeugte eine Druckbelastung der Haut am Unterarm durch Aufsetzen einer runden Metallscheibe von 15 mm Durchmesser (Auflagedruck 20 bis 100 mm Hg). Nach einer gewissen Zeit war infolge Adaptation der Druckreceptoren jegliche Tastempfindung unter dem Druckscheibchen erloschen. Durch eine zentrale Bohrung des Scheibchens konnte mit einer Stachelborste die Erregbarkeit der Schmerzreceptoren in dem druckadaptierten Areal gemessen werden. Es zeigte sich, daß die Schmerzschwellen unverändert blieben, obwohl die Druckschwellen deutlich erhöht waren.

3. Afferente Impulse von Nociceptoren

Den größten Fortschritt in der Frage spezifischer Schmerzfasern hat zweifellos die elektrophysiologische Registrierung afferenter Impulse im Hautnerven erbracht. Dabei hat sich gezeigt, daß es Nervenendigungen gibt, die erst auf hohe, für den Menschen schmerzhafte Reizintensitäten ansprechen. Indessen sind die Ergebnisse heute noch keineswegs so eindeutig, daß man den cutanen Mechanoreceptoren und Thermoreceptoren eine klar abgrenzbare Gruppe von Nociceptoren gegenüberstellen könnte. Die gegenwärtige Sachlage auf diesem Gebiet hat IGGO (*4*) so zusammengefaßt: "The available evidence justifies the division of cutaneous fibres into at least two categories: (a) mechanoreceptors and (b) thermoreceptors. A third category, nociceptors, may have to be added but the evidence from single fibre studies, while suggestive, is as yet inconclusive." Hinzu kommt, daß die bisherigen Registrierungen afferenter Impulse aus nociceptiven Nervenfasern sich ausschließlich auf Tierversuche beschränken, deren Übertragbarkeit auf den Menschen gerade beim Schmerz besonders problematisch ist.

HEINBECKER, BISHOP u. O'LEARY haben an freigelegten menschlichen Hautnerven (Patienten mit diabetischer Gangrän) die elektrischen Reizschwellen für Druckempfindung und Schmerzempfindung bestimmt, dann den Nerven excidiert und die Leitungsgeschwindigkeit der afferenten Aktionspotentiale bei den vorher angewandten Reizstärken gemessen. Bei Reizen, die nur eine Druckempfindung auslösten, aber für die Schmerzempfindung unterschwellig waren, traten im Oscillogramm ausschließlich Impulse einer Fasergruppe mit einer mittleren Leitungsgeschwindigkeit von 100 m/sec auf, während die schmerzhaften Reizintensitäten zu einer zweiten Welle im Oscillogramm führten, die von Fasern mit durchschnittlich 25 m/sec Leitungsgeschwindigkeit herrührte. Die Reizschwelle für diese Fasergruppe, welche die Autoren der Schmerzleitung zuordnen, war 4,5 bis 6mal höher als die der schnelleitenden Fasern. Zu entsprechenden Ergebnissen gelangten CLARK, HUGHES u. GASSER bei elektrischer Reizung des N. saphenus an der Katze. Waren die schnelleitenden, markhaltigen Fasern durch Asphyxie oder mechanischen Druck blockiert und nur noch die C-Fasern funktionsfähig, so ließen sich weiterhin beträchtliche Wirkungen auf die Atmung und den Kreislauf auslösen, die sich als nociceptive Reflexe deuten lassen. Neuere Versuche von KOLL u. Mitarb. haben den Zusammenhang zwischen der Aktivierung langsamer Fasergruppen im peripheren Hautnerven (post δ-Fasern, Leitungsgeschwindigkeit 4 bis 9 m/sec, und C-Fasern, Leitungsgeschwindigkeit 0,5 bis 2 m/sec) und der Auslösung nociceptiver Reflexe bestätigt.

Die großen Aktionspotentiale der schnellsten Fasergruppe im Hautnerven des Warmblüters, der A,β-Fasern, wurden schon frühzeitig als Impulse der Druck- und Berührungsfasern identifiziert (ADRIAN, *1*; ADRIAN u. ZOTTERMAN), jedoch waren sie zunächst nicht von anderen Impulsen unterscheidbar. Später ließen sich bei schmerzhafter Reizung der Haut im afferenten Nerven auch kleinere Potentiale neben den großen Berührungsimpulsen nachweisen (ADRIAN, *2*, *3*, *4*). Wesentliche Einblicke in den Zusammenhang von Nociception und Impulsentladung im Warmblüternerven verdanken wir den grundlegenden Untersuchungen von Zotterman (*2*, *3*, *4*, *8*, *11*). In Abb. 117 ist ein Beispiel dargestellt, aus dem hervorgeht, daß bei schmerzhafter Reizung der Zunge durch starken Druck oder heißes Wasser im N. lingualis kleine Impulse auftreten, die teilweise aus mark-

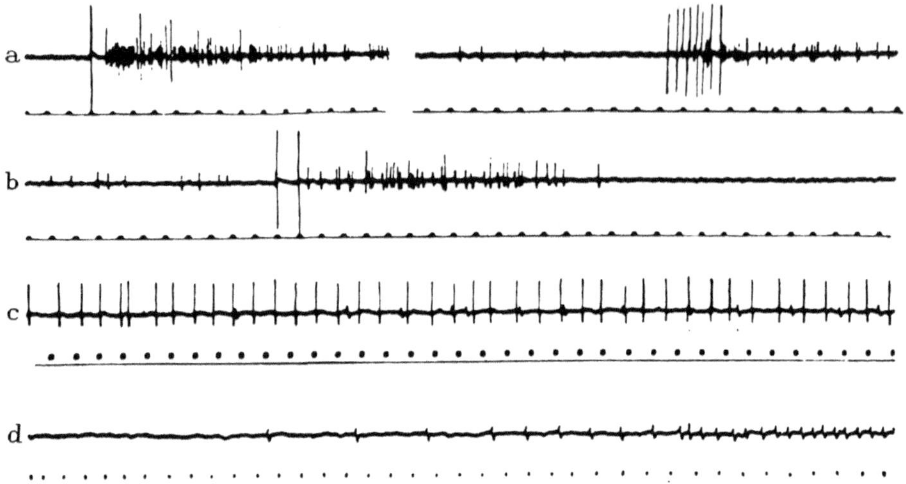

Abb. 117a—d. Afferente Impulse aus einer dünnen Präparation des N. lingualis der Katze bei verschiedenartiger Reizung der Zunge. a Wassertropfen von 14°C. Anblasen mit Luft, zunächst schwach ohne sichtbare Deformation, dann stärker. b Wassertropfen von 80°C. c Druck mit einem spitzen Stab. d Bespülen mit Wasser von 60°C; man sieht die Entladung einer einzelnen marklosen Faser. (Nach Zotterman, *3*)

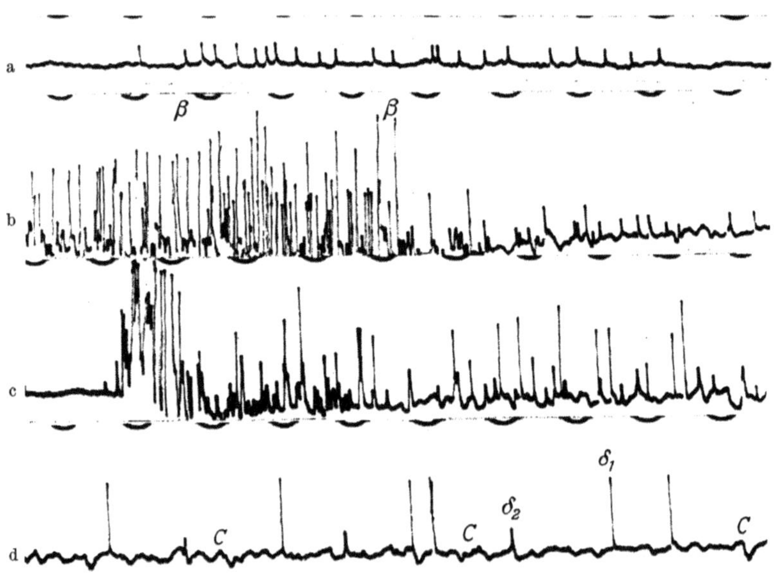

Abb. 118. Aktionspotentiale eines dünnen Astes aus dem N. saphenus der Katze bei Applikation verschiedener Reize an der Hinterpfote. a Reizantwort in A, δ_2-Fasern bei leichtem Bestreichen der Haut mit Watte; b Ende einer starken mechanischen Reizung der Haut; c Nadelstich; d 4 sec später, die Nadel drückt mit konstanter Belastung (52 g) auf die Haut. Zeitmarken 0,02 sec. (Nach Zotterman, *4*)

losen C-Fasern stammen (vgl. Iriuchijima u. Zotterman, *2*). Ähnliche Ergebnisse erhielt Zotterman (*4*) auch am N. saphenus der Katze bei schmerzhafter Reizung der Pfote (Abb. 118). Wird mit einem Holzstab ein starker mechanischer Reiz auf die Haut ausgeübt, so treten zuerst massive Entladungen in A,β-Fasern auf, die nach Aufhören des mechanischen Reizes von einer Nachentladung dünner markhaltiger Fasern (δ_1 und δ_2) und markloser C-Fasern gefolgt sind. Ebenso

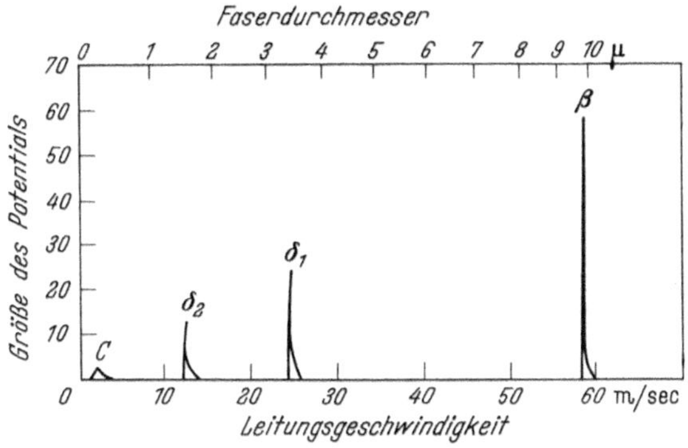

Abb. 119. Verteilung der Fasergruppen (A, δ_1; A, δ_2 und C), die an der Leitung der Schmerzinformation beteiligt sind. Ableitung von einer dünnen Hautnervenpräparation der Katze. Die A,β-Fasern leiten die Berührungsinformation. Die Potentiale unterscheiden sich in der Größe proportional zum Faserdurchmesser. (Nach ZOTTERMAN, *4*; Angabe der Faserdurchmesser nach persönlicher Mitteilung, zit. bei KEIDEL, *8*)

erzeugt ein Nadelstich eine initiale Entladung von A,β-Impulsen, dann eine Erregung der A,δ_1- und δ_2-Fasern; die Nachentladung besteht hauptsächlich aus C-Impulsen. Bei leichter Verbrennung der Haut hingegen treten lediglich A,δ- und C-Faserentladungen auf.

In diesen Versuchen wurden für die beteiligten nociceptiven Fasern folgende Leitungsgeschwindigkeiten und Durchmesser ermittelt: A,δ_1-Gruppe: Leitungsgeschwindigkeit 20 bis 30 m/sec, Faserdicke 3,5 bis 6 μ. A,δ_2-Gruppe: Leitungsgeschwindigkeit 8 bis 27 m/sec, Faserdicke 1,5 bis 3 μ (nach ZOTTERMAN, persönliche Mitteilung, zit. bei KEIDEL, *8*). Bei den marklosen C-Fasern liegt die Leitungsgeschwindigkeit zwischen 0,5 und 2 m/sec, während ihr Faserdurchmesser noch kleiner als der Durchmesser der A,δ_2-Fasern ist (Abb. 119). Nach diesen Ergebnissen liegt es nahe, die A,δ_1 und δ_2-Fasern mit dem hellen, ersten Schmerz und die C-Fasern mit dem zweiten, dumpfen Schmerz in Verbindung zu bringen. Direkte Bestimmungen des Durchmessers einzelner intakter markhaltiger Nervenfasern der Haut wurden von MARUHASHI, MIZUGUCHI u. TASAKI ausgeführt. Zugleich wurden die Funktion und das innervierte Hautareal geprüft. Danach haben die nociceptiven Fasern Durchmesser zwischen 3 und 11 μ und versorgen Hautfelder von 2 bis 50 mm^2 Fläche.

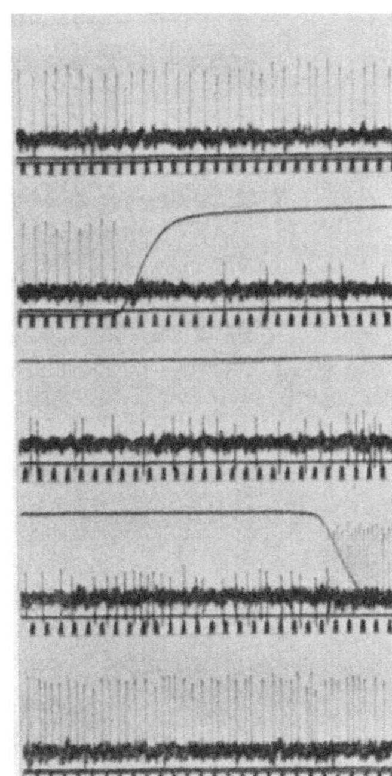

Abb. 120. Aktionspotentiale einer einzelnen A, δ_1-Schmerzfaser aus dem N. lingualis der Katze bei Erwärmung der Zunge auf 54°C. Die großen Potentiale gehören zu einer einzelnen Druckfaser, die während der Erwärmung (Registrierung 2, 3 und 4) gehemmt ist. (Nach DODT, *2*)

Auch bei Wärmereizen treten Impulse auf, die man nociceptiven Fasern zuordnen kann. Abb. 120 zeigt eine Registrierung von Aktionspotentialen einer

A,δ-Schmerzfaser bei Erwärmung der Zunge von 30 auf 54°C. Bemerkenswert ist, daß während der Erwärmung die spontane Dauerentladung eines stationär tätigen Mechanoreceptors gehemmt wird. Die Schwelle für das Auftreten der nociceptiven A,δ-Impulse liegt oberhalb 45°C, entspricht also dem absoluten

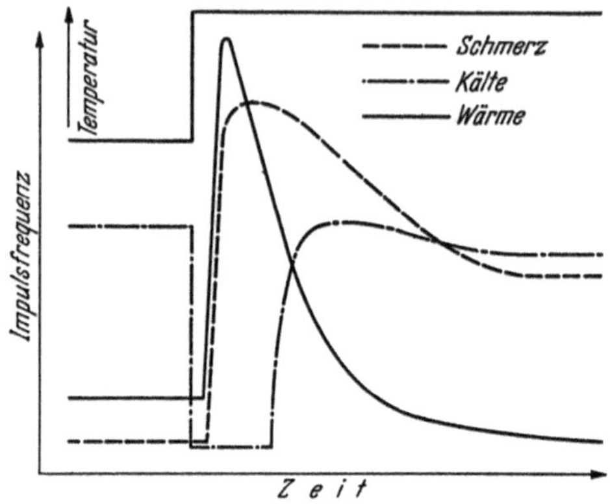

Abb. 121. Übergangsfunktion von Schmerz-, Kälte- und Wärmefasern aus dem N. lingualis der Katze bei einem schmerzhaften Temperaturreiz mit paradoxer Entladung der Kältefaser. (Nach DODT, 2)

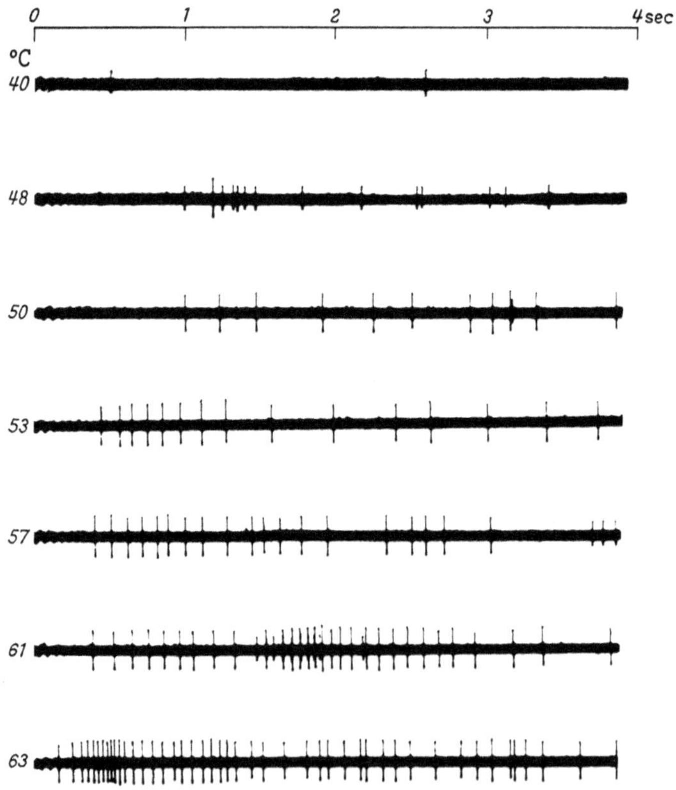

Abb. 122. Erregung eines „Hitzereceptors“ bei der Katze durch Aufsetzen einer Thermode von 10 mm Durchmesser auf die Haut. Die Thermodentemperaturen sind links angegeben, die Reizdauer betrug jeweils 4 sec. Die kleinen Impulse in den beiden obersten Registrierungen stammen von einem 10 mm entfernten Mechanoreceptor, der durch das Aufsetzen der Thermode mechanisch gereizt wurde. Der Hitzereceptor selbst wurde durch diesen mechanischen Reiz nicht erregt. (Nach IGGO, 2)

Temperaturbereich, der auch beim Menschen Wärmeschmerz erzeugt. Diese Schmerzfasern zeigen im Gegensatz zu den Wärmefasern bei Dauerreizung nur eine geringe Adaptation (Abb. 121). Ebenso adaptieren auch die während der Erwärmung mit einer „paradoxen" Erregung ansprechenden Kältefasern nur sehr wenig.

Schließlich finden sich nach neueren Untersuchungen auch innerhalb der Gruppe markloser C-Fasern zahlreiche Einheiten, die erst bei extremen Reizstärken ansprechen und somit als Nociceptoren gelten können (Iggo, *2*, *3*). Abb. 122 zeigt die Entladung einer marklosen nociceptiven Faser bei Erwärmung auf Temperaturen oberhalb 48°C. Es hat sich herausgestellt, daß manche nociceptiven C-Fasern bis zu einem gewissen Grad reizspezifisch sind, also entweder nur auf starke mechanische Reize, auf extreme Abkühlung oder auf extreme Erwärmung reagieren. Diese Tatsache legt es nahe, unsere klassische Konzeption völlig reizunspezifischer Nociceptoren durch eine Gruppe von reizspezifischen Druck-Nociceptoren, Hitze-Nociceptoren und Kälte-Nociceptoren zu erweitern (Iggo, *4*).

4. Zentrale Informationsverarbeitung

a) Summation und zentrale Schwelle. Wenn auch die Goldscheidersche „Summationshypothese" des Schmerzes sich in dieser Form als unhaltbar erwiesen hat, so kann doch kein Zweifel darüber bestehen, daß Summationsvor-

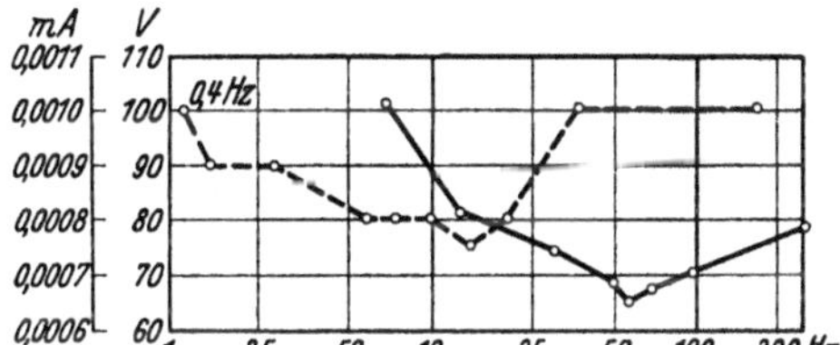

Abb. 123. Bestimmung der Schmerzschwellen beim Menschen mittels frequenter elektrischer Reize. Abszisse: Reizfrequenz in Hertz, Ordinate in Milliampère bzw. Volt. Ausgezogene Kurve: Schmerzschwellen bei Reizung mit Kondensatorentladungen (Volt). Gestrichelte Kurve: Schmerzschwellen bei Reizung mit rechtwinkligen Stromstößen (Milliampère). (Nach Haimann u. Schenk)

gänge bei der Übertragung von Schmerzimpulsen eine wichtige Rolle spielen. Nach unseren heutigen Vorstellungen handelt es sich dabei um eine Summation von Impulsen aus spezifischen peripheren Schmerzfasern und nicht aus Fasern des Drucksinnes oder des Temperatursinnes. Besonders deutlich läßt sich eine *zeitliche Summation* beim Schmerz nachweisen, wenn man den Hautnerven durch rhythmische Stromstöße von konstanter Dauer (Rechteckimpulse, Kondensatorentladungen) und variabler Folgefrequenz reizt. Es zeigt sich dabei, daß sowohl die Chronaxie (Opitz) als auch die Schwellenstromstärke des Schmerzes (Hauck u. Neuert; Haimann u. Schenk) deutlich von der Reizfrequenz abhängen, und zwar fällt die erforderliche Schwellenstromstärke mit steigender Frequenz zunächst bis zu einem Minimum ab, um bei höheren Frequenzen wieder anzusteigen (Abb. 123). Dieses Verhalten deutet auf eine zentrale Summation, für die ferner auch die Tatsache spricht, daß die gemessenen Schwellenkurven durch zentral angreifende Maßnahmen, wie Hypoglykämie und Alkoholgaben, gegenüber der Norm verschoben werden.

Eine *örtliche Summation* tritt bei Applikation zweier räumlich getrennter elektrischer Schmerzreize nur dann ein, wenn die Reize etwa gleich stark sind. Bei ungleicher Reizstärke kommt es dagegen zu einer Verdeckung, wobei der stärkere Reiz die Wahrnehmbarkeit des schwächeren unterdrückt (Hauck u.

NEUERT). Auch bei anderen Arten von Schmerzreizen sind örtliche Summationserscheinungen zu beobachten. So fanden GREENE u. HARDY eine signifikante Flächenabhängigkeit der Schwellen des Wärmeschmerzes an der Stirn, während der Kälteschmerz an einer Hand durch die Abkühlung der anderen Hand nicht meßbar beeinflußt wurde. Summationsphänomene, die teils zeitlicher, teils örtlicher Natur sein dürften, treten schließlich auf, wenn man eine Nadel langsam unter Druck über die Haut führt. Während anfänglich nur eine Druckempfindung vorhanden ist, tritt nach einer bestimmten Zeit ein stechender Schmerz auf (BREIG; GREENE u. HARDY).

Über die zentralnervösen Strukturen, in denen die Summation der Schmerzinformation stattfindet, ist bis heute nur wenig bekannt. GELLHORN, GELLHORN u. TRAINOR gehen von der Goldscheiderschen Beobachtung aus, daß die durch eine Hautklemme hervorgerufene Hyperalgesie der Haut eine segmentale Ausbreitung besitzt. Durch eine solche spinale Irradiation läßt sich der Lokalisationsfehler für Schmerzreize um 35% verkleinern, woraus man auf eine Summation in Höhe des spinalen Segments schließen kann. Die Annahme einer spinalen Schmerzsummation wird durch elektrophysiologische Untersuchungen von KOLMODIN u. SKOGLUND gestützt, die an einzelnen spinalen Interneuronen eine Konvergenz von nociceptiven Impulsen aus weit voneinander entfernten Hautfeldern feststellen konnten.

Neben den spinalen Strukturen kommt als Ort der Schmerzsummation vor allem auch das Hypothalamus- und Thalamusgebiet in Frage (REIN, *2*, *3*; EBBECKE, *3*, *6*; GELLHORN). Zerstört man bei der Katze den Hypothalamus posterior, so bleibt die corticale Erregung an der ipsilateralen Seite nach peripheren Schmerzreizen aus. Ferner kommt es bei lokaler Strychninwirkung auf die Rinde und das Hypothalamusgebiet zu corticalen Krampfströmen, die durch Schmerzreize verstärkt werden können.

Aus den Befunden über die Schmerzsummation können wir auf eine *zentrale Schwelle* der Schmerzempfindung schließen. Dieser Begriff besagt, daß nicht die Schwelle des peripheren Receptors, sondern die Größe eines integralen Prozesses im Zentralnervensystem mit der bewußten Empfindung korreliert ist. (Näheres hierüber auf S. 188.)

b) Schmerzverdeckung. Die Möglichkeit einer Schmerzlinderung durch gleichzeitige intensive Reizung anderer Hautsinne an der schmerzhaften Stelle oder an anderen Körperregionen ist eine alte Erfahrung, von der auch mannigfacher praktischer Gebrauch gemacht wird. Ihre neurophysiologische Grundlage findet diese Erscheinung in der Konvergenz afferenter Impulse an bestimmten zentralnervösen Strukturen, sei es im Rückenmark oder im Bereich des Stammhirns, des Thalamus und der sensorischen Rinde. v. BAGH (*3*) untersuchte an einer Gruppe neurologischer Patienten die Schmerzschwellen und fand in bestimmten Fällen eine deutliche Schwellenerhöhung durch zusätzliche Druckreize. Nach DUNCKER kann eine am Handrücken ausgelöste Schmerzempfindung durch einen zweiten Schmerzreiz am anderen Handrücken abgeschwächt werden. Ähnliche Wirkungen lassen sich auch durch akustische Reize und intensive Muskelanspannung erzielen, worauf später noch näher eingegangen werden soll. Ebenso findet sich eine Erhöhung der cutanen Schmerzschwellen, wenn gleichzeitig Kältereize, Wärmereize oder Vibrationsreize gesetzt werden (GAMMON u. STARR).

Genauere Untersuchungen über die Schmerzverdeckung durch Vibration wurden von RAICH an der Fingerhaut und an der Mundschleimhaut gesunder Versuchspersonen ausgeführt. Wie aus Abb. 124 hervorgeht, läßt sich durch kräftige Vibration der Haut (80 db über Schwelle; 50 Hz) eine Schmerzschwellenerhöhung um 100% erzielen, die nach Aufhören des verdeckenden Vibrationsreizes im Laufe von etwa 100 sec wieder zur Norm zurückkehrt. Kombiniert man den Vibrationsreiz mit einem zusätzlichen elektrischen Reiz (50 Hz), so erreicht die Schmerzschwellenerhöhung sogar Werte bis zu 175% (ALBRECHT); eine vollständige Analgesie läßt sich jedoch auf diese Weise nicht erzielen.

Die neurophysiologischen Substrate für die Schmerzverdeckung liegen sicher zum großen Teil schon im Rückenmark, wie KOLMODIN u. SKOGLUND neuerdings durch Ableitung von Impulsen einzelner spinaler Interneurone direkt nachweisen konnten (Abb. 125). Wird bei Katzen durch Anlegen einer Klemme am Schwanz ein konstanter nociceptiver Reiz gesetzt, so antwortet das zugehörige spinale

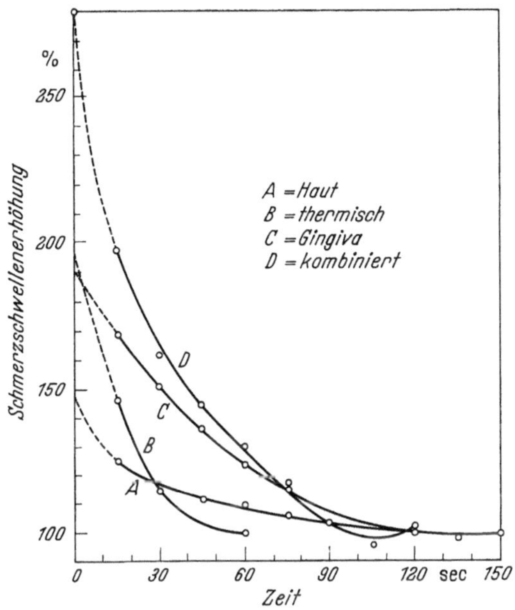

Abb. 124. Schmerzschwellenerhöhung und Rückkehr zur Norm unmittelbar nach Absetzen elektrischer (Kurven *A* bis *C*) und kombinierter elektrischer und mechanischer Vibrationsreize an Haut und Schleimhaut. (Kurven *A* bis *C* nach RAICH; Kurve *D* nach ALBRECHT)

Neuron mit einer ständigen Dauerentladung von Impulsen. Durch mechanischen Druck an der ipsilateralen Hinterpfote ist es möglich, die nociceptive Entladung trotz Fortbestehen des Schmerzreizes für einige Zeit vollständig zu hemmen.

c) Zentrale Adaptation. Zur Frage einer zentralen Schmerzadaptation liegen bisher nur sehr spärliche experimentelle Befunde vor, doch kann man aus einer Reihe indirekter Hinweise auf die Existenz solcher Vorgänge schließen. Namentlich die langfristige Gewöhnung an wiederholte schmerzhafte Reize kann wohl nur durch die Annahme einer zentralnervösen Erregungsminderung erklärt werden.

Ein erstes greifbares Resultat in dieser Richtung stellen die Befunde von GLASER u. GRIFFIN dar. Taucht man die Hand in Wasser von 4°C — eine Temperatur, die beim Menschen nach einiger Zeit Kälteschmerz auslöst —, so kommt es zu einem deutlichen Anstieg von Blutdruck und Pulsfrequenz. Bei täglicher Wiederholung des Kältereizes nimmt diese Reaktion immer mehr ab und verschwindet nach etwa 10 Tagen. Analoge Wirkungen auf die Pulsfrequenz lassen sich bei Ratten hervorrufen, wenn man den Schwanz in Wasser von 4°C taucht; auch hier tritt im Laufe von etwa 10 Tagen eine Habituation ein. Durch Ausschaltung des Frontalhirnes ist es möglich, diesen Anpassungsvorgang zu unterbrechen, wie man ihn umgekehrt mittels elektrischer Reizung der betreffenden Hirnregion vorzeitig auslösen kann. Soeben konnte GRIFFIN an leukotomierten Patienten, bei denen die nervösen Verbindungen zum Frontalhirn weitgehend unterbrochen waren, feststellen, daß die Anpassung der Blutdruckreaktion an wiederholte starke Kältereize (4°C) gegenüber gesunden Versuchspersonen stark verzögert ablief. Derartige Anpassungserscheinungen sind sicher keine Angelegenheit der peripheren Receptoren, wie WITT u. GRIFFIN in direkten Versuchen zeigen konnten. Bei langfristiger Darbietung schmerzhafter Kältereize zeigen die nociceptiven Impulse aus dem Schwanz von Ratten keine Adaptation, obwohl während dieses Zeitraumes bereits eine deutliche Anpassung der Herzfrequenz eintritt.

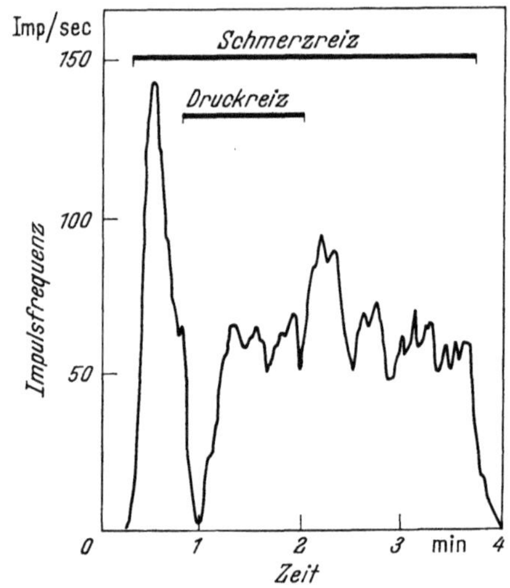

Abb. 125. Hemmung der nociceptiv ausgelösten Impulsentladung eines spinalen Interneurons bei der Katze durch einen taktilen Reiz. Der nociceptive Reiz wurde durch starkes Kneifen des Schwanzes, der taktile durch Druck auf die ipsilaterale Hinterpfote erzeugt. (Nach KOLMODIN u. SKOGLUND)

d) Efferente Kontrolle der Schmerzreception. Wie schon bei der Darstellung der Schmerzempfindung (S. 105) betont wurde, gibt es kaum einen Bereich von Sinneserlebnissen, der in so hohem Maße von der intentionalen Einstellung abhängig wäre wie der Schmerz. Einerseits können Schmerzen durch Erwartungsspannung oder Angst gesteigert werden, wie sie andererseits durch Gleichgültigkeit, Ablenkung der Aufmerksamkeit oder Suggestion unterdrückbar sind.

In den letzten Jahren hat das Schmerzproblem einen neuen Aspekt durch die Entdeckung erhalten, daß der sensible Erregungsstrom aus der Peripherie von zentral her gesteuert wird. Auf die bisher bekannten Mechanismen dieser efferenten Kontrolle des taktilen Sinneskanals brauche ich an dieser Stelle nicht näher einzugehen, da diese Vorgänge schon auf S. 150 genauer behandelt wurden. Eine Beeinflussung der einlaufenden Schmerzimpulse vollzieht sich in allen Abschnitten des Zentralnervensystems von der Großhirnrinde bis zum Rückenmark, vielleicht sogar bis zu den peripheren Receptoren.

Am Menschen konnten SPRENG u. ICHIOKA kürzlich mittels eines elektronischen Autokorrelationsverfahrens langsame corticale Potentiale bei peripheren Schmerzreizen registrieren. Hierbei interessiert besonders die Tatsache, daß diese Schmerzpotentiale durch gleichzeitige Beanspruchung eines weiteren Sinneskanals, z.B. des akustischen, beeinflußt werden. Die oberste Potentialkurve in Abb. 126 wurde durch kurze Beschallung der Versuchsperson (200 μsec Dauer,

90 db) gewonnen, die mittlere durch einen elektrischen Schmerzreiz am Schneidezahn. Werden nun beide Reize gleichzeitig gegeben, so sieht man eine corticale Reizantwort (untere Kurve), die nahezu identisch mit der Reizantwort auf rein akustische Reizung ist. Es wird also bei leichter bis mittlerer Schmerzreizung die auftretende Reizantwort stets durch eine gleichzeitig auftretende Antwort auf akustische Reizung unterdrückt. Nach subjektiven Aussagen der Versuchspersonen ist bei gleichzeitiger akustischer Reizung und Schmerzreizung der akustische Reiz stark dominant, und meistens tritt eine Schmerzempfindung überhaupt nicht mehr auf. Offenbar stellen die Schmerzimpulse im Vergleich zur Erregung anderer Sinnesorgane für das Zentralnervensystem primär keine informationsreiche Nachricht dar und werden als Folge einer Optimalisierung der anderen Sinneskanäle gedrosselt oder unterdrückt.

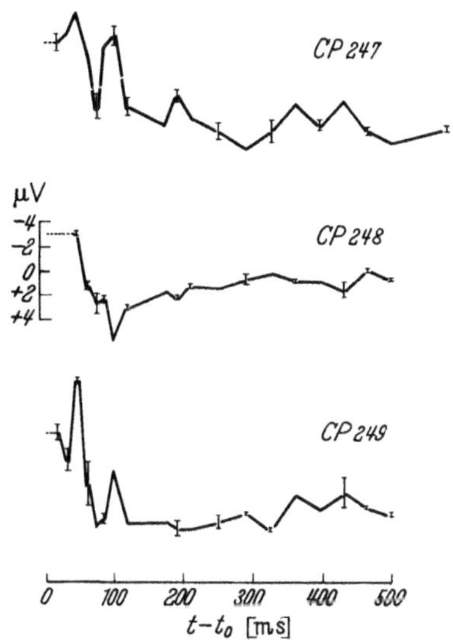

Abb. 126. Unterdrückung der durch Schmerzreiz hervorgerufenen corticalen Reizantwort am Menschen bei gleichzeitiger akustischer Reizung. Obere Kurve: nur akustischer Reiz (Click). Mittlere Kurve: Schmerzreiz. Untere Kurve: gleichzeitiger akustischer Reiz und Schmerzreiz. (Nach SPRENG u. ICHIOKA)

Die Frage einer efferenten Kontrolle der Schmerzreception führt uns in einen Grenzbereich zwischen Physiologie und Psychologie. Denn der Schmerz ist nicht nur ein einfaches Sinneserlebnis, sondern schließt stets auch eine *Bewertung* und Deutung mit ein. Dafür spricht schon die große Abhängigkeit der Erlebnisfähigkeit für Schmerzen von soziologischen Faktoren und erzieherischen Einflüssen der Umwelt (MELZACK u. THOMPSON). Wichtig sind in diesem Zusammenhang die Untersuchungen von NISSEN, CHOW u. SEMMES an jungen Schimpansen und von MELZACK u. SCOTT an jungen Hunden, die von der Säuglingszeit bis zum Erwachsenenalter in völliger Isolierung von anderen Tieren und von der natürlichen Außenwelt mit ihren Noxen aufgezogen wurden. Als die Hunde nach 8 Monaten freigelassen wurden, reagierten sie auf Nadelstiche und brennende Streichhölzer usw. mit lokalen reflektorischen Zuckungen und einem momentanen Zurückweichen, setzten sich aber den gleichen schädlichen Reizen sofort wieder aus, schnupperten an der Flamme oder ließen sich eine Nadel tief in die Haut stechen. Sie verhielten sich so, als ob sie keinen Schmerz fühlten. Auch gegen andere Widerstände stießen sie immer wieder an. Die isoliert aufgezogenen Hunde waren offenbar unfähig, angemessen auf schädliche Reize zu reagieren, und sie waren vor allem nicht in der Lage, eine Wiederholung dieser Reize zu vermeiden.

Es scheint demnach für die Ausbildung eines normalen Verhaltens gegenüber Schmerzreizen notwendig zu sein, daß der jugendliche Organismus in einer bestimmten Entwicklungsphase mit solchen Reizen in Berührung kommt. Ähnliche Beobachtungen hat LIVINGSTON auch beim Menschen gemacht. Diese *cognitive*, bis zu einem gewissen Grad erlernbare Funktion des Schmerzes kann bei manchen Hirnläsionen gestört sein. Es tritt dann eine „*Schmerz-Asymbolie*" auf (Literatur bei SWEET), die in manchem an das Verhalten der schmerzfrei aufgezogenen Hunde erinnert. Die betreffenden Patienten haben zwar keine Analgesie im gewöhnlichen Sinn, aber die psychischen Schmerzreaktionen fehlen ebenso wie das adäquate Verhalten gegenüber schädlichen Reizen.

5. Nociceptive Reflexe und vegetatives Nervensystem

Bei der Schmerzreception spielen neben den Bewußtseinsinhalten vor allem auch unbewußte, reflektorische Vorgänge eine entscheidende Rolle. Das stark vereinfachte Blockschema in Abb. 127, das sich an die Vorstellungen der Regelungstheorie anlehnt, soll die wichtigsten dieser Funktionsbeziehungen verdeutlichen. Man erkennt einige efferente Rückkoppelungssysteme, deren Wirkung im wesentlichen darauf hinausläuft, die einwirkende Schädigung wieder zu beseitigen oder sie zu vermeiden. In dem Schema ist ferner eine Rückkoppelungsschleife über den Sympathicus zu den peripheren Schmerzreceptoren eingezeichnet, die

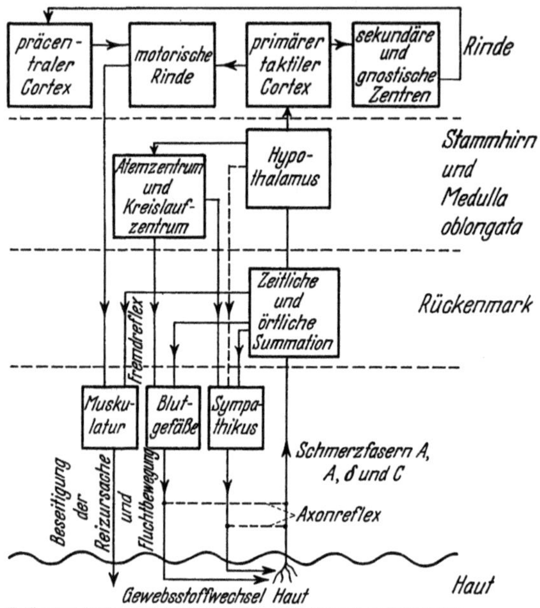

Abb. 127. Blockschema der Nociception in Regelkreisdarstellung. (Nach KEIDEL, *8*)

für eine Wirkungsgradverstellung (DRISCHEL) der Receptoren verantwortlich gemacht werden könnte. Was die Schmerzreception betrifft, so hat CHERNETSKI kürzlich an der Froschhaut nachgewiesen, daß afferente nociceptive Impulse durch Sympathicusreiz verstärkt werden.

Eine Reihe von nociceptiven *Abwehrreflexen* (HARDY, *1*; RADUCO-THOMAS, NOSAL u. RADUCO-THOMAS) verläuft über das motorische System; beim Hautschmerz bestehen diese vorwiegend in einer Fluchtbewegung oder allgemein in einer Erhöhung der motorischen Aktivität. Schmerzen aus tieferen Geweben und Eingeweiden hingegen führen zu einer gegenteiligen Reaktion, nämlich einer motorischen Hemmung und Ruhigstellung, die bis zum passiven Zusammensinken gehen kann. Als Beispiele lassen sich Knochenbrüche oder Eingeweidekoliken anführen.

Schmerzhafte Reizung der Haut erzeugt ferner eine *lokale Gefäßreaktion*, deren biologische Bedeutung man vielleicht darin sehen könnte, daß eine örtliche Mehrdurchblutung zu einem rascheren Abtransport der schädlichen Stoffwechselprodukte führt. Auf welchem Wege diese lokale Vasodilatation zustande kommt, ist bis heute nur zum Teil geklärt. Soweit die Reaktion am Ort der Schädigung selbst auftritt, kommt in erster Linie eine direkte Wirkung körpereigener algogener Stoffe (z.B. Bradykinin) auf die Blutgefäße in Frage. Lokale Vasodilatationen der Haut bleiben aber nicht nur auf den unmittelbaren Ort der Einwirkung beschränkt, sondern können sich mehrere Zentimeter weit in die Umgebung fortpflanzen. Nachdem bislang meist der etwas ominöse „Axonreflex" zur Erklärung dieses Phänomens herangezogen wurde, diskutiert man jetzt auch die Möglichkeit einer Fortleitung der vasodilatatorischen Welle in der Gefäßwand (CROCKFORD, HELLON u. HEYMAN; CROCKFORD, HELLON u. PARKHOUSE; HILTON). Darüber hinaus kennen wir auch reflektorische Vasodilatationen der Haut über das Zentralnervensystem, die teils auf einer Hemmung des constrictorischen Sympathicotonus, teils auf einer Vasodilatation über cholinerge sympathische Fasern beruhen (Näheres bei HENSEL, *14*).

Unter den *generalisierten* vegetativen Reaktionen auf Schmerzreize sind vor allem Wirkungen am Kreislaufsystem zu nennen. Es handelt sich hierbei im wesentlichen um eine unspezifische ergotrope Reaktion mit erhöhtem Sympathicotonus, wie sie bei den verschiedensten Affekten auftritt. Nach PSCHONIK erfolgt bei nicht schmerzhaften Wärmereizen (43°C) eine reflektorische Vasodilatation an der Haut, während schmerzhafte Wärmereize (63°C) zu einer reflektorischen Constriction führen. Bekannt sind Blutdruckänderungen bei Schmerzreizen, die allerdings nicht immer einsinnig verlaufen. Nach STOKVIS verursacht Schmerzreizung normalerweise entweder ein Ansteigen oder Absinken des Blutdruckes. Die Dysregulation wird im Laufe von Sekunden wieder normalisiert. Bei Schreck oder Erregung dagegen reagiert die Versuchsperson stets mit einem Blutdruckanstieg, bei nur geringfügiger Pendelung um den höheren Wert. Eine weitere Reaktion bei Schmerzreizen, die auf dem Wege über das vegetative Nervensystem vermittelt wird, ist die Senkung der elektrischen Hautimpedanz, auch als „galvanischer Hautreflex" bezeichnet (MCKENNA, *1*, *2*).

Endlich ist an dieser Stelle noch auf den Zusammenhang zwischen *visceraler* und *cutaner* Sensibilität einzugehen, bei dem das vegetative Nervensystem ebenfalls eine maßgebliche Rolle spielt. Wird im Bereich der Eingeweide eine Noxe gesetzt, so kann an bestimmten Hautfeldern, den Headschen Zonen, eine Hyperalgesie auftreten. Dieser „*übertragene Schmerz*" (referred pain) zeigt eine charakteristische Topographie, und zwar tritt er im Dermatom desjenigen Rückenmarksegments auf, das die betreffende viscerale Region sensibel versorgt. Wahrscheinlich beruht das Phänomen des übertragenen Schmerzes darauf, daß cutane Afferenzen und viscerale Afferenzen an ein und demselben spinalen Neuron konvergieren. Für die neuronalen Schaltungen kämen dann folgende Möglichkeiten in Betracht: 1. Neurone, die nur von cutanen Afferenzen erreicht werden, übermitteln reinen Hautschmerz. 2. Neurone, an denen sowohl viscerale als auch cutane Schmerzimpulse eintreffen, bilden die Grundlage des übertragenen Schmerzes. 3. Neurone, die nur mit visceralen Schmerzfasern verknüpft sind, vermitteln reinen Eingeweideschmerz.

III. Bedingungen der Juckempfindung

1. Beziehungen zwischen Jucken und Schmerz

Die Empfindung des Juckens kann an der gesamten äußeren Haut und an einigen Schleimhautpartien, z.B. der Conjunctiva palpebralis (ROTHMAN, *1*), aber nicht an der Nasen- und Mundschleimhaut (ARTHUR u. SHELLEY, *2*) ausgelöst werden. Auch die inneren Organe sind nicht juckempfindlich. Wie schon auf S. 106 näher ausgeführt wurde, ist die Qualität des Juckens gegenüber den Berührungs-, Druck- und Temperaturempfindungen phänomenal deutlich abgrenzbar. Ebenso läßt sich die Juckempfindung von der Schmerzempfindung unterscheiden — das zeigt schon die Bildung einer besonderen Begriffskategorie —, so daß die seit v. FREY (*9*) vieldiskutierte Frage, ob das Jucken eine Art unterschwelliger Schmerz sei, weniger die Empfindungsqualitäten als vielmehr die Reizbedingungen und neuralen Erregungsvorgänge betrifft.

In der Tat bestehen enge Beziehungen zwischen der Auslösung des Juckens und des Schmerzes. So haben zahlreiche Untersuchungen gezeigt, daß man an bestimmten Punkten der Haut durch schwache Reizung Jucken und durch starke Reizung Schmerz hervorrufen kann (v. FREY, *9*; ROTHMAN, *2, 3, 4, 5*; BISHOP, *1,3*; SHELLEY u. ARTHUR). Die „Juckpunkte" korrespondieren also mit den „Schmerzpunkten". An den juckempfindlichen Hautpunkten läßt sich in der Epidermis und in den subepidermalen Schichten mittels Methylenblaufärbung eine dichtere Verteilung freier Nervenendigungen nachweisen als in den übrigen Arealen (SHELLEY u. ARTHUR; ARTHUR u. SHELLEY, *2, 3*).

Über die *Neurophysiologie* des Juckens ist nur wenig bekannt, doch deuten einige elektrophysiologische Befunde darauf hin, daß die afferenten Impulse bei Juckreizen vorwiegend in marklosen C-Fasern verlaufen (ZOTTERMAN, *4*; ARTHUR u. SHELLEY, *2, 3*). Im Rückenmark wird nach BICKFORD die Juckinformation zusammen mit der Schmerzinformation in der Vorderseitenstrangbahn geleitet, und dementsprechend fallen nach einer Chordotomie zugleich mit den Schmerzempfindungen auch die Juckempfindungen aus, während die Berührungsempfindlichkeit erhalten bleibt. Auch die Beobachtungen bei einer Reihe neurologischer Erkrankungen deuten in die gleiche Richtung. So ließ sich bei Tabes dorsalis mit erhaltener Schmerzleitung, aber zerstörter Berührungsleitung noch Jucken auslösen (WINKLER; ROTHMAN, *1*), während umgekehrt in analgetischer Haut bei intakten Berührungsreceptoren in Fällen von Lepra, Syringomyelie und anderen Rückenmarkserkrankungen kein Jucken hervorzurufen war (TÖRÖK; BICKFORD). Im Zusammenhang damit wäre noch zu erwähnen, daß bei Personen mit angeborener Analgesie die Juckempfindung ebenfalls fehlt (KUNKLE u. CHAPMAN; CRITCHLEY; ARTHUR u. SHELLEY, *2*).

Es ist eine allgemeine Erfahrung, daß die Juckempfindung durch schmerzhafte Reize, z.B. Kratzen oder Stechen, vorübergehend *gehemmt* werden kann. Diese Hemmung ist nicht nur dann auslösbar, wenn der Schmerzreiz am Ort des Juckens selbst gesetzt wird, sondern sie kann auch von entfernten Hautstellen ausgehen. Ebenso läßt sich in einem hyperalgetischen Hautareal kein Jucken auslösen (GRAHAM, GOODELL u. WOLFF, *1, 2*). Die physiologische Grundlage dieses Phänomens dürfte in der Konvergenz von Impulsen an ein und demselben spinalen Neuron zu suchen sein. GRAHAM, GOODELL u. WOLFF (*2*) haben dazu die Hypothese aufgestellt, daß bei Juckreizen über eine Kreisschaltung von Zwischenneuronen ein langdauernder Erregungsprozeß abläuft, der durch die zusätzlichen Schmerzimpulse unterbrochen wird.

BICKFORD beobachtete, daß nach intracutaner Injektion von Histamin die juckende Hautstelle von einem wesentlich größeren Areal mit erniedrigter Juckschwelle („itchy skin") umgeben war; in diesem Areal konnten durch leichte Berührungsreize Juckempfindungen ausgelöst werden. Offenbar entspricht dieses Phänomen der sekundären Hyperalgesie beim Schmerz (S. 105).

Wenn auch an der Existenz einer gemeinsamen, sowohl Jucken wie Schmerz übermittelnden nociceptiven Bahn wohl kaum zu zweifeln ist, so ist damit natürlich noch nicht die Hypothese v. FREYs (*9*) bewiesen, wonach die *peripheren Nervenendigungen* für beide Empfindungsqualitäten identisch sein sollen und de Unterschied lediglich in der Art des Erregungsmusters zu suchen ist. Dieses Problem läßt sich heute wohl noch nicht endgültig klären, doch kennen wir eine ganze Reihe von Tatsachen, die für die Möglichkeit getrennter Receptoren sprechen:

1. Jucken und Schmerz besitzen spezifische Qualitäten, die über den gesamten Intensitätsbereich unterscheidbar sind (LEWIS, *4*; MOULTON, SPECTOR u. WILLOUGHBY; KEELE, *2*). Mit besonderer Technik (S. 228) konnten ARTHUR u. SHELLEY (*2*) alle Grade von Jucken ohne Schmerz erzeugen, und umgekehrt ist es auch möglich, alle Schmerzintensitätsstufen ohne begleitende Juckempfindungen hervorzurufen (KEELE u. ARMSTRONG). Endlich kann man, wie LEWIS (*4*) betont, beide Qualitäten gleichzeitig an ein und derselben Hautstelle erleben.

2. An bestimmten Hautarealen (Nasen- und Mundschleimhaut) läßt sich Schmerz, aber kein Jucken auslösen. Dasselbe gilt für die tieferen Gewebe und inneren Organe.

3. Morphinderivate heben Schmerzen auf, aber verstärken die Juckempfindung.

4. Eintauchen der Haut in Wasser von 40 bis 41°C unterdrückt das Jucken sehr rasch, während brennende Schmerzen gesteigert werden (LEWIS u. HESS).

5. Jucken kann nur von den äußersten Schichten der Epidermis ausgelöst werden (ARTHUR u. SHELLEY, *2*). Nach Entfernung der Epidermis und des subepidermalen Nervennetzes verschwindet die Juckempfindung, aber der cutane Schmerz bleibt weiterhin bestehen.

Nach diesen Befunden erscheint es berechtigt, die Juckempfindung als eine besondere Qualität innerhalb des nociceptiven Bereiches anzusehen und ihr vielleicht auch besondere Nervenstrukturen in den obersten Schichten der Epidermis zuzuordnen (KEELE, *3*; KEELE u. ARMSTRONG).

2. Physikalische Juckreize

Mechanische Erregung von „Juckpunkten" mittels eines Reizhaares (v. FREY, *9*) oder eines feinen Wolframdrahtes (SHELLEY u. ARTHUR) führt bei schwächerer Reizintensität zu einer Juckempfindung, bei größerer Intensität zu Schmerz. Ähnliches gilt auch für elektrische Reize (BISHOP, *1*, *2*, *3*; SHELLEY u. ARTHUR). Bemerkenswert ist, daß sowohl die mechanischen wie die elektrischen Reize meist mehrere Sekunden andauern müssen, um eine Juckempfindung hervorzurufen. v. FREY erklärte diese lange Latenzzeit mit der Bildung chemischer Substanzen in der Haut — eine Hypothese, die durch die Experimente von LEWIS (*1*); LEWIS GRANT u. MARVIN sowie von HARRIS bestätigt werden konnte. Bei mechanischer Schädigung der Haut wird eine histaminähnliche Substanz („H-Substanz") freigesetzt, die bei intracutaner Injektion neben einer lokalen Hautreaktion auch Jucken erzeugt.

3. Chemische Juckreize

Jucken kann durch eine Vielzahl exogener Substanzen und durch einige endogene Stoffe hervorgerufen werden. Soweit es sich um exogene Juckreizstoffe handelt, können diese entweder direkt auf die oberflächlichsten Nervenelemente der Epidermis oder indirekt durch Freisetzung natürlicher Pruritogene, wie Histamin oder proteolytische Enzyme, wirken.

Zahlreiche Substanzen erzeugen Juckreiz auf der unverletzten Haut, und zwar meist als Vorstadium einer Schmerzempfindung. Unter ihnen sind zu nennen: Essigsäure und Ameisensäure (LEBERMANN) sowie HCl und HNO_3 (SHELLEY u. ARTHUR). An der verletzten Haut wurden Juckempfindungen beschrieben nach Injektion einer 10%igen NaCl-Lösung (GAMMON u. STARR), nach 1% NaOH (SOLLMAN u. PILCHER) und nach Methylbromid (WATROUS; WYERS).

Daneben rufen einige Stoffe auch auf *zentralem* Wege Juckempfindungen oder bei Tieren eine dem Jucken entsprechende Verhaltensweise, den Kratzreflex, hervor. So konnte KÖNIGSTEIN (*1*, *2*) bei Katzen nach intrazisternaler Gabe von

Kaliumsalzen heftige Attacken von Kratzbewegungen auslösen, wobei es wesentlich auf den Quotienten Kalium-Calcium anzukommen scheint. Auch Morphinkörper (Morphin, Codein, Paracodein) können starke Kratzreflexe hervorrufen, wenn sie dem Liquor cerebrospinalis im 4. Ventrikel zugeführt werden (MEHES; KÖNIGSTEIN, *1*; FELDBERG, *1*). Dionin und Heroin sind wirkungslos, ebenso tritt keine Wirkung ein, wenn die Morphinderivate nicht in den 4. Ventrikel, sondern intralumbal oder paraventral injiziert werden.

a) Histamin. Diese Substanz gehört zu den am besten untersuchten pruritogenen Stoffen. Als erster konnte EPPINGER beobachten, daß Histamin an oberflächlich skarifizierter Haut Jucken, Quaddelbildung und Erythem hervorruft. Die Schwellen für die Juckempfindung liegen nach SOLLMAN u. PILCHER bei $2 \cdot 10^{-6}$g. Es waren dann vor allem die klassischen Arbeiten von LEWIS (*1*) über die Bildung von endogenem Histamin oder, wie er vorsichtig sagte, von ,,H-Substanzen“ bei cutanen Noxen, welche zahlreiche Untersuchungen über die Juckempfindung nach Histamingaben anregten. Besonders sicher läßt sich Jucken auslösen, wenn die Haut durch einen Histamintropfen hindurch mit einer Nadel punktiert wird (LEWIS, *4*; BICKFORD; EMMELIN u. FELDBERG). Es entwickelt sich dann innerhalb 20 bis 50 sec eine Juckempfindung, die von einer Quaddelbildung und einem Erythem gefolgt ist. In der Umgebung wird die Haut juckempfindlich gegenüber schwachen mechanischen Reizen, die normalerweise kein Jucken erzeugen (“itchy skin“). Auch durch andere Applikationsarten, welche die Histaminlösung in die obersten Hautschichten bringen, kann Jucken hervorgerufen werden, z.B. durch Iontophorese (MELTON u. SHELLEY), intraepidermale Injektion mittels feinster Pflanzenstacheln (SHELLEY u. ARTHUR) und an Hautfeldern, deren oberste Epidermisschichten entfernt wurden (LORINCZ; ARMSTRONG u. Mitarb., *1*). Ein Beispiel für die juckerzeugende Wirkung von Histamin an einer eröffneten Cantharidinblase ist in Abb. 108 gezeigt.

Die große Ähnlichkeit zwischen lokaler Histaminwirkung (Jucken, Quaddelbildung und Hautrötung) und urticariellen Reaktionen hat seit LEWIS (*1*) zu der Ansicht geführt, daß Urticaria und vielleicht noch andere juckende Dermatosen auf einer Histaminfreisetzung beruhen könnten. Hierfür spricht die klinische Wirkung der Antihistaminica und der Histaminazoproteinbehandlung (BORELLI u. SCHOTT). SCHACHTER nimmt sogar an, daß jedes peripher ausgelöste Jucken durch Histamin verursacht sei, doch darf man mit ROTHMAN (*4*) wohl annehmen, daß zwischen Histamin und Juckempfindung keine so ausschließliche Beziehung besteht, zumal neuerdings auch noch andere körpereigene Juckreizstoffe entdeckt worden sind. Auf die Bedeutung des Histamins in Fällen von pathologischem Jucken werde ich nochmals zurückkommen.

b) Proteolytische Enzyme. Aus den Stachelhärchen der tropischen Pflanze *Mucuna pruriens* (Cowhages, Juckpulver) konnten ARTHUR u. SHELLEY (*1*) ein proteolytisches Enzym, das *Mucunain*, isolieren, welches bei intracutaner Injektion starken Juckreiz erzeugt und typisches Kratzen auslöst. Beim Einreiben der Cowhages dringen die Spitzen der Härchen in die obersten Epidermisschichten ein und lösen auf chemischem Wege eine Juckempfindung aus; ein mechanischer Faktor ist dabei mit Sicherheit auszuschließen (BROADBENT, *1*). Je nach Art und Menge der Applikation kann eine reine Juckempfindung oder eine Kombination von Jucken mit Brennen und Stechen auftreten (HARDY, WOLFF u. GOODELL, *3*; BROADBENT, *1*, *2*; ARTHUR u. SHELLEY, *1*).

ARTHUR u. SHELLEY (*1*) stachen unter dem Mikroskop einzelne Härchen von *Mucuna pruriens* in flacher Richtung intraepidermal ein und konnten auf diese Weise eine reine Juckempfindung ohne Quaddelbildung und Hautrötung erzeugen. Am stärksten war das Jucken, wenn die Stacheln an der epidermo-dermalen

Grenze lagen (SHELLEY u. ARTHUR), während bei senkrechtem Einstich in tiefere Hautschichten keine Juckempfindung auftrat. Nach Abziehen der Epidermis mittels Tape hatten die Cowhages keinen Effekt. Daraus läßt sich schließen, daß Jucken nur von den oberflächlichsten Nervenendigungen der Haut ausgeht.

Neben dem Mucunain besitzt eine ganze Gruppe von *Endopeptidasen* eine deutliche pruritogene Wirkung, die sich mittels Injektion in Cantharidinblasen nachweisen läßt (SHELLEY u. ARTHUR; ARTHUR u. SHELLEY, *2*). Als aktiv haben sich erwiesen: 1. pflanzliche Enzyme: Mucunain, Papain, Bromelin, Ficin und Pilzproteinase; 2. tierische Enzyme: Trypsin, Chymotrypsin und Pankreatin. Dagegen waren Pepsin, Carbopeptidase, Aminopeptidase und Renin unwirksam.

4. Pathologisches Jucken

An dieser Stelle soll das Problem des pathologischen Juckens nur so weit gestreift werden, als sich dabei Zusammenhänge mit bekannten physiologischen Tatsachen abzeichnen. Jucken ist ein hervorstechendes Symptom mancher Erkrankungen, die teils mit, teils ohne Manifestation an der Haut ablaufen. Unter den Hautkrankheiten sind — neben den durch Pilze und tierische Parasiten erzeugten Formen, den Mykosen und Epizoonosen — folgende durch starken Juckreiz charakterisiert: 1. Urticaria, 2. ekzematöse Reaktionen, 3. Lichenifikation (z.B. Lichen ruber und Lichen simplex chronicus), 4. Dermatitis herpetiformis. Außerdem können auch die cutanen Manifestationen der Hodgkinschen Krankheit mit Jucken einhergehen. Um die Ursachen des Juckreizes bei diesen Erkrankungen zu klären, ist vor allem zu berücksichtigen, daß andere Hautkrankheiten, wie Psoriasis und die spezifischen Läsionen bei Hauttuberkulose, Syphilis und Lepra, ohne Jucken ablaufen (Näheres bei BORELLI u. SCHOTT; ROTHMAN, *4*, *5*).

Manche Hauterkrankungen sind vor allem durch eine Senkung der Juckschwelle („itchy skin") ausgezeichnet (ROTHMAN, *5*). Bei Urticaria z.B. ist spontanes Jucken nur so lange vorhanden, als sichtbare Quaddeln vorhanden sind, später bleibt nur noch eine Übererregbarkeit gegenüber Juckreizen zurück. In noch stärkerem Maße findet sich eine solche pruritogene Hyperästhesie an der ekzematösen oder lichenifizierten Haut; hier bewirken thermische und mechanische Reize, die normalerweise kein Jucken auslösen, eine außerordentlich starke, langdauernde und weit in die Umgebung ausstrahlende Juckempfindung.

Am besten ist wohl die Rolle des endogenen Histamins bei allen allergischen Reaktionen vom urticariellen Typ gesichert. Nach ROTHMAN (*4*) kann kaum bezweifelt werden, daß die Juckempfindung in diesen Fällen durch Histamin hervorgerufen wird. Eine ausführliche Diskussion der Histaminfreisetzung im Organismus findet sich bei KEELE und ARMSTRONG. Ferner scheinen bei manchen juckenden Hauterkrankungen auch proteolytische Fermente eine Rolle zu spielen (SHELLEY u. ARTHUR; UNGAR u. HAYASHI), doch ist diese Annahme noch weitgehend hypothetisch. Endlich sei hier noch die generalisierte Juckempfindung beim Verschlußikterus erwähnt. Da sie prompt verschwindet, sobald der Serumspiegel der gallensauren Salze gesenkt wird — sei es durch Eröffnung der Gallenwege oder durch Anwendung des basischen Anionenaustauschers Cholecystyramin (CAREY; VAN ITTALIE u. Mitarb.) — liegt es nahe, eine Ablagerung von gallensauren Salzen in der Haut für die Auslösung der Juckempfindung verantwortlich zu machen.

Physiologie des Geschmackssinnes

A. Die Erlebnismannigfaltigkeit des Geschmacks

Der „Geschmack" eines Stoffes ist zumeist ein Komplex von Empfindungen aus verschiedenen Sinnen, insbesondere Geschmacks- und Geruchsempfindungen, ferner Druck-, Temperatur- und Schmerzempfindungen. Was die Beteiligung des Geruchssinnes betrifft, so ist man immer wieder über die Feststellung verblüfft, daß bei einem Schnupfen oder beim Zuhalten der Nase alles, was wir als Aroma einer Speise, als Bukett eines Weines „schmecken", verschwindet und nur eine sehr dürftige Skala von Empfindungen übrigbleibt. Das Prickeln und die Schärfe einer Speise rühren von einer Mitreizung des Drucksinnes und der Schmerznerven her. Eigenartig ist die Empfindung der „Adstrinktion" durch Säuren oder saure Metallsalze (Rhabarber, Gerbsäure, essigsaure Tonerde), die sich in einer „Stumpfheit" der Schleimhaut äußert. Sie hängt wahrscheinlich mit einer geringgradigen Schädigung der Drucksinnesempfänger durch die H-Ionen (Veränderung der Eiweißstruktur) zusammen. Von schmeckenden Substanzen, die gleichzeitig auch den Temperatursinn erregen, sind bekannte Beispiele das Menthol, das eine Kaltempfindung hervorruft, und der Alkohol, der zu einer Erregung des Wärmesinnes führen kann.

Wenn man von solchen zusätzlichen Sinnesempfindungen absieht, so bleiben als eigentliche Qualitäten der Geschmacksmodalität die allgemein anerkannten Grundempfindungen: *sauer*, *salzig*, *süß* und *bitter* übrig. Diese Grundqualitäten lassen sich phänomenal nicht mehr weiter zerlegen. Es erscheint somit berechtigt, die Geschmacksqualitäten als eine vierdimensionale Mannigfaltigkeit zu betrachten (vgl. v. Skramlik, *1*), wobei allerdings die Frage noch offenbleiben muß, wieweit es sich dabei um eine euklidisch-pythagoräische Mannigfaltigkeit mit orthogonalen Dimensionen handelt. Entsprechende Untersuchungen, wie sie für andere Sinne bereits vorliegen (S. 50), stehen im Modalbezirk des Geschmacks noch aus. Immerhin kann man die Geschmacksdimensionen: sauer, salzig, süß und bitter, insofern als orthogonal ansehen, als sie gleichzeitig erlebt und bis zu einem gewissen Grade unabhängig voneinander variiert werden können.

Innerhalb der vier Grunddimensionen der Geschmacksqualität können wir wiederum eine Reihe deutlich abstufbarer *Intensitätsgrade* erleben. Dabei finden besonders im schwellennahen Bereich auch gewisse qualitative Veränderungen statt. Bei sehr schwachen Intensitäten ist das Geschmackserlebnis zunächst qualitativ unbestimmt; man spricht von einer unspezifischen oder generellen Schwelle (detection threshold, sensitivity threshold). So kann man beispielsweise Leitungswasser von destilliertem Wasser mit großer Sicherheit geschmacklich unterscheiden (Cox, Nathans u. Vonau), obwohl dabei noch keine spezifische Qualität auftritt. Erst mit stärkeren Intensitätsgraden nimmt der Geschmack eine spezifische Qualität an. Diese Grenze bezeichnet man als spezifische Schwelle (recognition threshold).

Außer den „reinen", eindimensionalen Geschmacksqualitäten kennen wir verschiedene Arten von *Mischgeschmäcken*, von denen beim Würzen der Speisen ausgiebig Gebrauch gemacht wird. Die verschiedenen Geschmackskomponenten verschmelzen dabei teilweise zu einer neuen Qualität; auch kann eine Qualität dabei die andere verdecken oder kompensieren. Besonders leicht verschmelzen süß-sauer, süß-salzig, sauer-salzig, weniger leicht: süß-bitter, schwer oder gar nicht: sauer-bitter und salzig-bitter (v. SKRAMLIK, *1*, *2*).

Ob eine weitere Geschmacksqualität, *alkalisch*, zu den irreduziblen Grundempfindungen zu rechnen sei, darüber herrscht bis heute keine Übereinstimmung. Nach v. FREY (*4*) soll der alkalische Geschmack von einer Geruchsempfindung — vielleicht ausgelöst durch flüchtige Basen aus zersetzten Epithelzellen — herrühren. Dem stehen aber Untersuchungen von HAHN, KUCKULIES u. TAEGER entgegen, die bei sorgfältiger Ausschaltung des Geruchssinnes nach wie vor einen spezifisch alkalischen Geschmack feststellen konnten. Dabei betrugen die Schwellenwerte 1,3 bis $3{,}0 \cdot 10^{-6}$ mol/l, während die Schwellen für die süße Geschmackskomponente der alkalischen Lösung 100 bis 1000mal höher lagen. Zu ähnlichen Ergebnissen kamen auch LILJESTRAND u. ZOTTERMAN (*2*). Eine NaOH-Lösung von 0,0025 mol/l (pH 11,1) kann mit Sicherheit von Leitungswasser (pH 7,8) unterschieden werden, und selbst Unterschiede zwischen pH 9,8 und pH 9,2 sind noch wahrnehmbar. Damit ist die Empfindlichkeit des Geschmackssinnes nach der alkalischen Seite etwa gleich groß wie nach der sauren. MONCRIEFF (*1*) vertritt die Auffassung, die alkalische Qualität rühre von einer allgemeinen chemischen Reizung der Mundschleimhaut und nicht von einer Erregung spezifischer Geschmacksreceptoren her. Mißt man jedoch die Schwellen des alkalischen Geschmacks an Stellen ohne Geschmacksreceptoren (Zungenmitte) und an dicht mit Receptoren versorgten (Zungenspitze), so liegen die Schwellen an letzteren wesentlich niedriger, woraus KLOEHN u. BROGDEN auf eine Mitbeteiligung von Geschmacksreceptoren schließen, wenn sie auch der alkalischen Qualität nicht die Bedeutung einer primären Erlebnisdimension einräumen, sondern sie als eine komplexe Empfindung betrachten.

Unter allen Sinnesmodalitäten — vom Schmerz vielleicht abgesehen — besitzen Geschmack und Geruch eine besonders starke *emotionale* Komponente (BEEBE-CENTER, *1*; PFAFFMANN, *7*). Es herrscht fast allgemein Übereinstimmung darüber, daß ein stark bitterer Geschmack als unangenehm und ein süßer Geschmack als angenehm erlebt wird. Außerdem hängt die positive oder negative Affektbetonung der Geschmacksqualitäten stark von der Konzentration der Schmecklösungen ab. So können schwache Salzlösungen und Säuren angenehm schmecken, während sie mit steigender Konzentration einen zunehmend unangenehmen Eindruck hervorrufen (SAIDULLAH; ENGEL). Bei diesen Versuchen wurden vereinzelt auch negative Affektkomponenten bei Darbietung konzentrierter Zuckerlösungen beobachtet; die betreffenden Versuchspersonen berichteten über eine Abneigung gegenüber der süßen Geschmacksqualität, die vermutlich mit einem exzessiven Konsum von Süßigkeiten in der Jugendzeit zusammenhing. Überhaupt scheinen Erziehung, Gewohnheit und momentane Begleitumstände die emotionale Beteiligung bei Geschmackseindrücken stark zu beeinflussen — ein Problem, das freilich noch sehr wenig erforscht ist (YOUNG, *1*, *2*; WARREN u. PFAFFMANN, *1*; KARE u. HALPERN).

B. Anatomische Substrate des Geschmackssinnes

I. Topographie der Geschmacksempfindung

Geschmacksempfindlichkeit kommt beim Menschen nur bestimmten Stellen der Mundschleimhaut zu. An der Zunge sind es die am Zungengrund gelegenen Papillae vallatae, ferner die Papillae foliatae am Zungenrand und die über die ganze Zunge verteilten Papillae fungiformes, aber nicht die sehr zahlreichen Papillae filiformes. Nach einer großen Zahl von Untersuchungen mit lokaler

Anwendung von Schmecklösungen sind beim Erwachsenen folgende Teile der Mundhöhle geschmacksempfindlich: der vordere Teil der Zungenoberfläche und die Ränder der Zunge, der Zungengrund in der Gegend der Papillae vallatae und foliatae, ferner der weiche Gaumen und die anschließenden Teile des Gaumensegels, die Vorderfläche des vorderen Gaumenbogens, die hintere Rachenwand in Höhe der Zungenwurzel, der Kehldeckel und Teile des Kehlkopfinneren. Das Geschmacksvermögen der Gaumenmandeln und des hinteren Gaumenbogens ist umstritten. Bei Kindern besteht noch Geschmacksempfindung auf der ganzen Zungenoberfläche, auf der Unterseite der Zungenspitze, dem harten Gaumen und wahrscheinlich auch auf der Lippen- und Wangenschleimhaut. Nicht geschmacksempfindlich sind die Unterseite der Zunge, das innere und äußere Zahnfleisch, die Wangenschleimhaut, der harte Gaumen, das Zäpfchen, die oberen Anteile der Rachenwand (Pars nasalis), der Oesophagus und die Trachea.

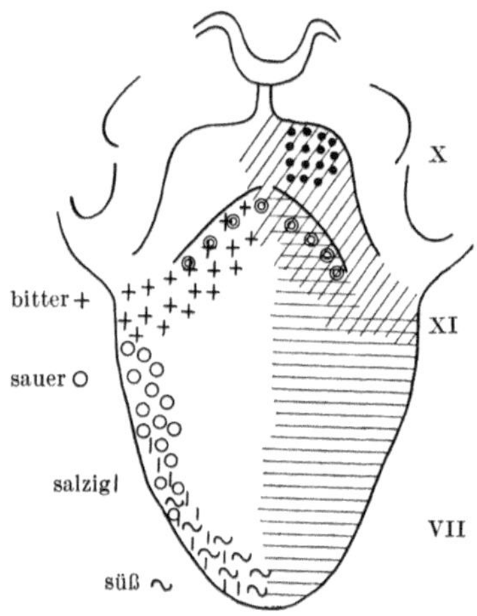

Abb. 128. Verteilung der Nerven (rechts) und der Geschmacksempfindungen (links) auf der menschlichen Zunge. (Nach REIN-SCHNEIDER)

Die Empfindlichkeit für die einzelnen Geschmacksqualitäten ist lokal verschieden (Abb. 128). Für süß besteht maximale Empfindlichkeit an der Zungenspitze, für sauer an den Zungenrändern, für salzig an der Spitze und an den Rändern, für bitter am Zungengrund. Die individuellen Unterschiede sind hierbei recht groß. Stoffe mit Mischgeschmack werden also an verschiedenen Stellen der Zunge verschieden schmecken. Auch von den einzelnen Zungenpapillen, die als Sitz der Geschmacksorgane anzusprechen sind, reagieren manche vorwiegend auf die eine, manche vorwiegend auf die andere Geschmacksqualität, wie ÖHRWALL schon 1891 demonstrieren konnte. Daneben kommen aber auch Reaktionen auf zwei oder mehrere Arten von Geschmacksreizen vor.

II. Periphere Receptoren

Spezifisch für die geschmacksempfindlichen Teile der Mundhöhle sind die *Geschmacksknospen* (Abb. 129). Es sind innerhalb des Epithels gelegene tönnchen- oder knospenförmige Gebilde, die aus besonders differenzierten Epithelzellen aufgebaut sind. Die Zellen reichen nicht bis zur Oberfläche, sondern nur bis an die oberste Lage des vielschichtigen Plattenepithels. Diese Epithelschicht ist von einem feinen Kanal, dem Geschmacksporus, durchbohrt. Die schmalen freien Enden der Sinneszellen sind gegen den Porus geneigt und senden in ihn feine Plasmafortsätze. Neben den spezifischen Sinneszellen sind auch dickere „Stützzellen" beschrieben worden, doch ist es durchaus möglich, daß alle Formen nur verschiedene Entwicklungsstadien der Geschmackszellen sind (KOLMER; BEIDLER, *9*). Histochemisch lassen sich im unteren Teil der Geschmacksknospe und vor allem in deren Nervenplexus hohe Konzentrationen von Cholinesterase nachweisen (ELLIS; BARADI u. BOURNE).

In den Wänden und Gräben der Papillae vallatae und foliatae liegen zahlreiche Geschmacksknospen. Ausnahmsweise, bei Kindern häufiger, finden sich Geschmacksknospen in oberflächlicher Lagerung im Epithel von Papillae fungiformes, die beim Kinde über den ganzen Zungenrücken verteilt, beim Erwachsenen auf Zungenspitze und vorderen Rand beschränkt sind. Außerdem kommen

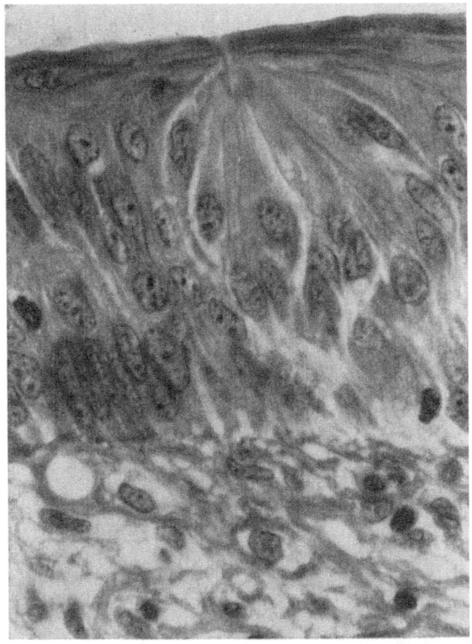

Abb. 129. Geschmacksknospe der Papilla vallata eines erwachsenen Mannes im axialen Schnitt. Vergr. 740fach. (Nach KOLMER)

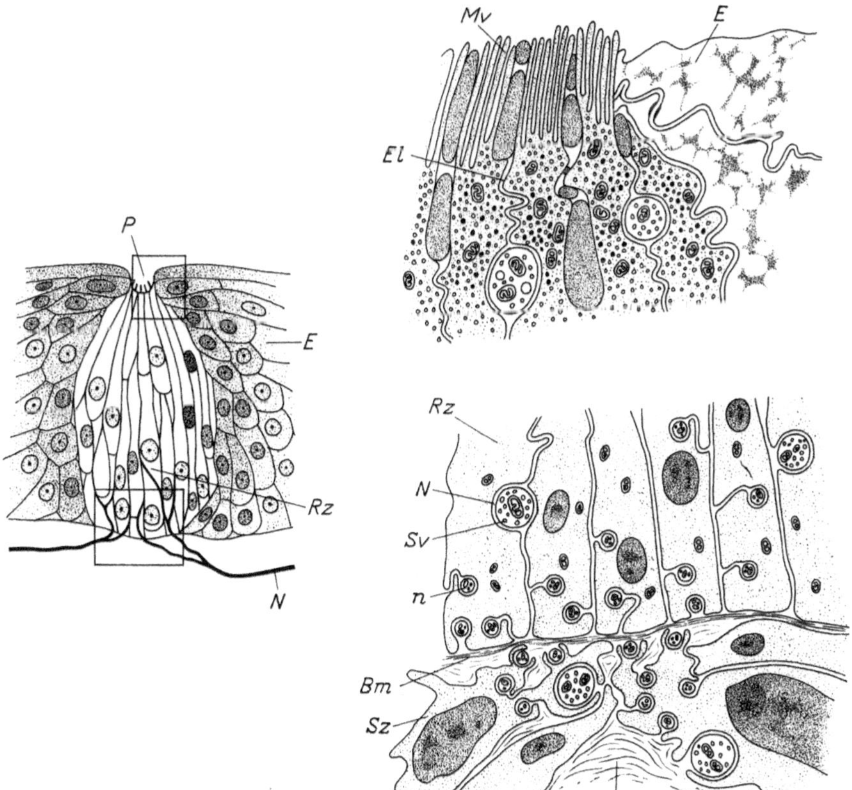

Abb. 130. Schematische Darstellung der Ultrastruktur einer Geschmacksknospe beim Kaninchen nach elektronenmikroskopischen Befunden. Links: Geschmacksknospe. *E* Epithel; *P* Porus; *Rz* Receptorzelle; *N* Nerv. Rechts: Vergrößerte Ausschnitte. *Mv* Mikrovilli; *E* Epithel; *El* Endleisten; *Rz* Receptorzelle; *N* dicke Nervenfaser; *Sv* Synaptische Vesikel; *n* dünne Nervenfaser; *Bm* Basalmembran; *Sz* Schwannsche Zelle; *F* Fibroblast; *K* Kollagen. (Nach DE LORENZO, *4*)

Geschmacksknospen vereinzelt auch außerhalb der Zunge vor: am weichen Gaumen (aber nicht an der Uvula), am vorderen Gaumenbogen, auf beiden Seiten des oberen Endes der Epiglottis, im Kehlkopfeingang und im Pharynx auf der Rückfläche des Kehlkopfes.

Eine Papilla vallata des Erwachsenen enthält etwa 100 bis 150 Geschmacksknospen, an allen Wallpapillen zusammen finden sich also ungefähr 1000. In den Papillae foliatae sind sie weit seltener, höchstens 100 auf jeder Seite. Hinzu kommen noch etwa 100 Papillae fungiformes mit je drei bis vier Geschmacks-

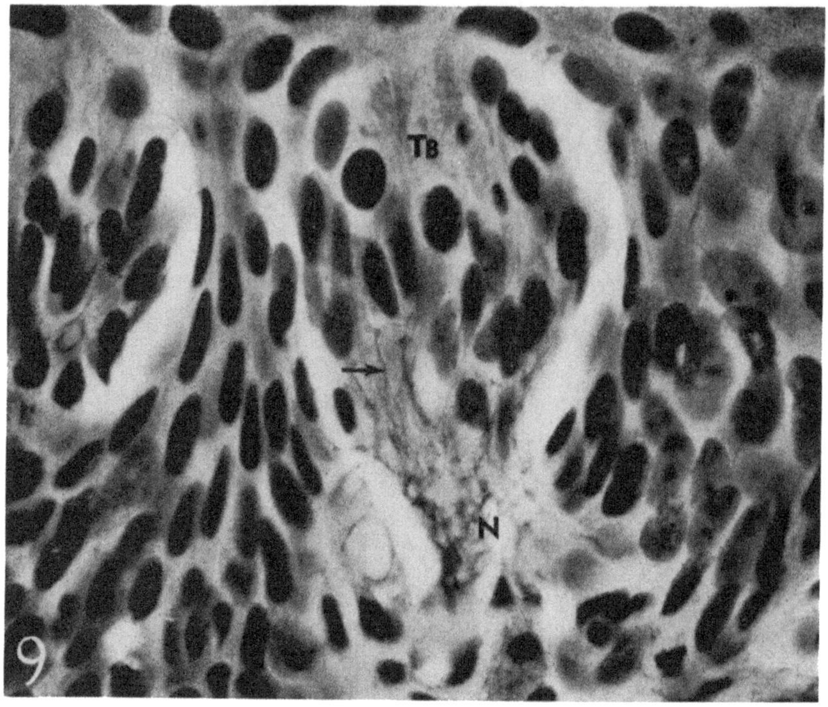

Abb. 131. Silberpräparation einer Geschmacksknospe aus der Papilla foliata des Kaninchens. Man sieht den Nervenplexus, aus dem dünne Fasern zu den Geschmackszellen ziehen. Vergr. 1000fach. (Nach DE LORENZO, *4*)

knospen, so daß sich beim Erwachsenen mittleren Alters eine Gesamtzahl von ungefähr 2000 Knospen ergibt. Beim Greis ist die Zahl auf etwa ein Drittel reduziert (AREY, TREMAINE u. MONZINGO), und dementsprechend ist auch die Geschmacksempfindlichkeit stark vermindert (COHEN u. GITMAN; COOPER, BILASH u. ZUBECK).

Abb. 130 zeigt in etwas schematisierter Form die Feinstruktur einer Geschmacksknospe nach neueren elektronenmikroskopischen Untersuchungen (ENGSTROM u. RYTZNER; TRUJILLO-CENOZ; DE LORENZO, *2*, *4*). In den Geschmacksporus ragen die apicalen Teile der Receptorzellen mit zahlreichen zottenartigen Plasmafortsätzen, den Mikrovilli, hinein. Diese sind 0,1 bis 0,2 μ breit und 1 bis 2 μ lang. Das Cytoplasma der Zellen enthält in seinem porusnahen Teil eine große Zahl von Vesikeln, Mitochondrien und dichten Granula, die an neurosekretorische Granula in anderen Geweben erinnern. In ihrem apicalen Teil sind die Sinneszellen in charakteristischer Weise miteinander verzahnt, während zwischen den Zellen Anhäufungen eines osmophilen, wahrscheinlich mukösen Materials zu finden sind.

An die Basis der Geschmacksknospe treten markhaltige Nervenfasern von 1 bis 6 μ Dicke heran, die größtenteils ihre Markscheide verlieren und unterhalb der Basalmembran einen Plexus bilden. Von diesem gelangen feine marklose

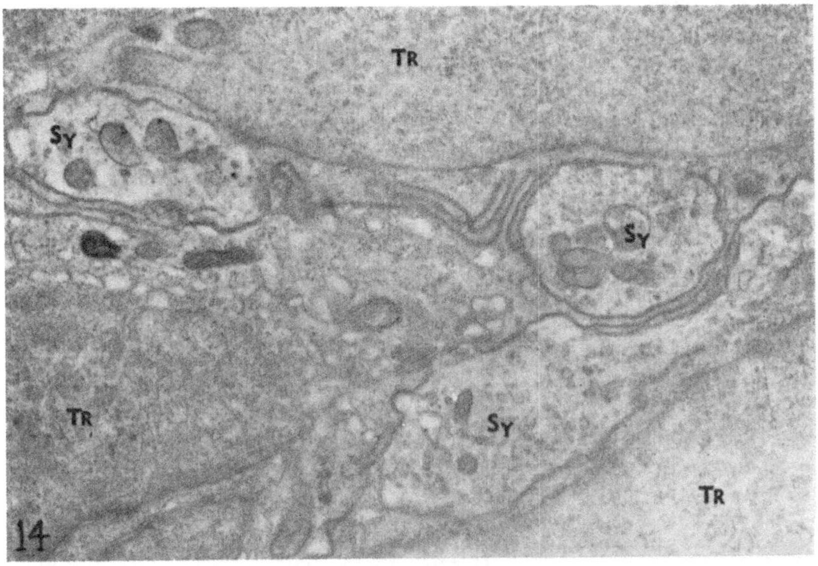

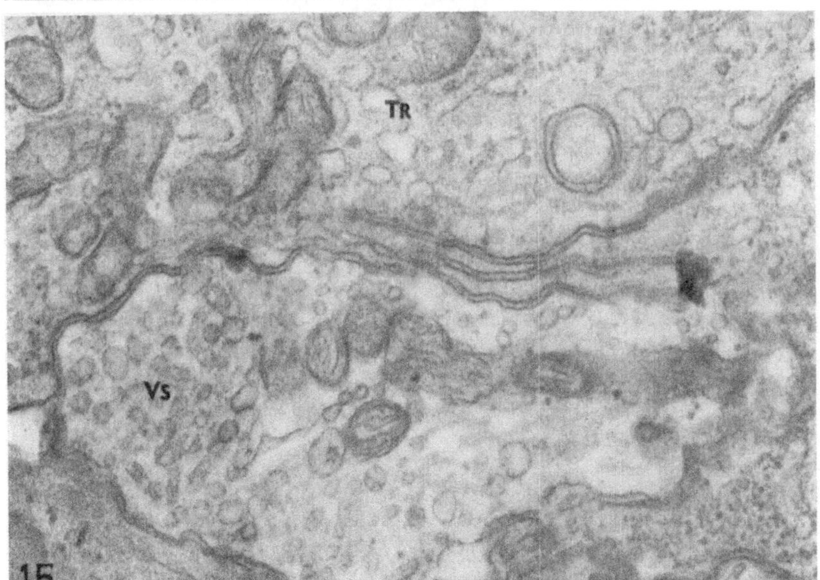

Abb. 132. Elektronenmikroskopische Aufnahme von Endigungen dickerer Axone zwischen den Geschmacksreceptoren. *TR* Geschmackszelle; *Sy* synaptische Endigung; *Vs* Vesikel. Vergr. 30000fach (oben) und 80000fach (unten). (Nach DE LORENZO, *4*)

Fasern an und in die Receptorzellen (Abb. 131). Auffällig ist, daß neben Fasern von 0,5 bis 1 μ Durchmesser auch außerordentlich dünne Nervenfasern mit Durchmessern bis herunter zu 0,05 μ zu finden sind. Die dickeren Fasern endigen in intercellulär gelegenen, zahlreiche Mitochondrien und Vesikel enthaltenden synaptischen Endstrukturen (Abb. 132), wogegen die dünnen Fasern, umgeben von einer mesaxonähnlichen Duplikatur der Receptormembran (Abb. 130), in das Innere der Geschmackszellen eindringen; ihre Endigungen enthalten nur wenige Vesikel und einige Mitochondrien. Es liegt nahe, beiden Typen von Nervenendigungen verschiedene Funktionen zuzuordnen, möglicherweise im Zusammenhang mit einer afferenten und efferenten Innervation der Sinneszellen (DE LORENZO, *4*), doch sind dies bis jetzt reine Hypothesen.

Nach Untersuchungen von BEIDLER (*5*, *9*) sowie DE LORENZO (*4*) darf man sich die Geschmacksreceptoren nicht etwa als stabile Gebilde vorstellen, vielmehr handelt es sich um dynamische Strukturen, die einer raschen Alterung und Neubildung unterliegen. Die Lebensdauer einer einzelnen Zelle beträgt wahrscheinlich nur wenige Tage. Daraus ergibt sich die wichtige Konsequenz, daß die Eigenschaften der Sinneszelle und deren synaptische Kontakte einem ständigen Wechsel unterliegen müssen.

III. Leitungsbahnen

Die vorderen zwei Drittel der Zunge werden vom N. lingualis versorgt (Abb. 128), der neben den Geschmacksfasern auch Fasern für Berührung, Temperatur und Schmerz enthält. Die afferenten Geschmacksfasern treten vom N.

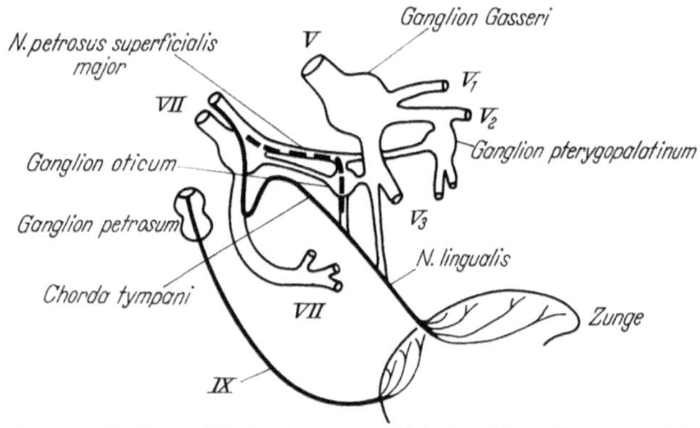

Abb. 133. Geschmacksnerven der Zunge. Die durchgezogenen Linien bezeichnen die hauptsächlichsten Leitungswege, die gestrichelten Linien die in manchen Fällen erwogenen alternativen Wege. (Nach PFAFFMANN, *3*)

lingualis in die Chorda tympani über, welche durch das Mittelohr zieht, um dann als Teil des VII. Hirnnerven den Hirnstamm zu erreichen (Abb. 133). Manche Autoren ziehen auch einen alternativen Weg über den N. petrosus superficialis major in Betracht (CUSHING; MORUZZI u. LECHTINSKI; SCHWARTZ u. WEDDELL). Außer den Geschmacksfasern enthält die Chorda tympani noch taktile und thermische Elemente sowie efferente Fasern für die Speichelsekretion. Die Geschmacksknospen im hinteren Teil der Zunge werden von afferenten Fasern aus dem N. glossopharyngeus versorgt, während die Areale des Pharynx und Larynx ihre Geschmacksnerven aus dem N. vagus erhalten.

Bei den Geschmacksfasern handelt es sich um dünne, markhaltige Neuriten unter 6 μ Durchmesser (ZOTTERMAN, *2*; KITCHELL). Eine einzelne Faser innerviert mehrere (meist vier bis acht) verschiedene Sinneszellen einer Geschmacksknospe, und umgekehrt kann eine einzelne Zelle von mehr als einer Geschmacksfaser versorgt werden (BEIDLER, *9*). Die Innervation der Geschmacksreceptoren erfolgt also nach dem Prinzip einer Konvergenz-Divergenzschaltung.

Die Geschmacksfasern aus dem VII., IX. und X. Hirnnerven verlaufen gemeinsam im Tractus solitarius in der Medulla oblongata dorsal vom Zentralkanal in Höhe des 4. Ventrikels. Diese Bahn ist von einem Mantel von Nervenzellen, dem *Nucleus tractus solitarii*, umgeben, an denen die Geschmacksfasern endigen. Von diesem Kerngebiet konnten ERICKSON sowie MAKOUS u. Mitarb. mittels Mikroelektroden afferente Impulse einzelner Neurone bei chemischer Reizung der vorderen Zungenregion registrieren. Viele dieser Elemente sprachen aber zugleich auch auf taktile und thermische Reize an der Zunge an. Offenbar findet schon auf der Ebene des zweiten Neurons eine erhebliche Konvergenz von Geschmacksimpulsen und somatosensiblen Impulsen statt.

Auch im weiteren Verlauf der Geschmacksbahn bleibt die enge Verbindung mit den somatosensorischen Bahnen der Mundhöhle erhalten. Nach dem Ergebnis von Degenerationsversuchen verlaufen die aus dem Nucl. tractus solitarii entspringenden Neuriten über die mediale Schleife zum medialen Teil des Nucl. ventralis posteromedialis (Nucl. arcuatus) im Thalamus (ALLEN, *2*; GEREBTZOFF, *1*, *2*). Diese Befunde konnten neuerdings mit elektrophysiologischen Methoden bestätigt werden (ANDERSSON u. JEWELL; APPELBERG u. LANDGREN), wobei sich zeigte, daß die Geschmacksneurone im Nucl. ventralis posteromedialis am weitesten medial liegen, während die taktilen Neurone ihren Schwerpunkt lateral davon haben (EMMERS, BENJAMIN u. ABLES; BLOMQUIST, BENJAMIN u. EMMERS; BENJAMIN). Zerstört man dieses Kerngebiet beim Affen, so zeigt sich in Verhaltensversuchen eine Erhöhung der Geschmacksschwellen für Chinin (PATTON, RUCH u. WALKER). Beim Menschen sind Ausfälle der Geschmacksempfindung und der Schleimhautsensibilität auf der kontralateralen Seite beschrieben worden, wenn der mediale Anteil des Nucl. arcuatus durch einen einseitigen Tumor zerstört war (ADLER).

IV. Corticale Repräsentation

Ausschaltungsversuche und elektrophysiologische Impulsableitungen haben gezeigt, daß die Projektionsfelder des Geschmackssinnes eng mit den somatosensorischen Feldern der Mundregion verknüpft sind, so daß man von einem besonderen Geschmacksfeld nur mit Vorbehalt sprechen kann (WOOLSEY u. LE MESSURIER; PATTON u. AMASSIAN, *1*; BENJAMIN u. PFAFFMANN; COHEN u. Mitarb.). Die Geschmacksbahnen endigen in der am weitesten caudal gelegenen Region des Gyrus postcentralis einschließlich der verdeckten Gebiete des Operculum und der Insula. COHEN u. Mitarb. fanden bei der Katze, daß die Projektionsfelder des N. lingualis und der Chorda tympani sich weitgehend decken, während nach Versuchen von BENJAMIN bei Affen (*Saimiri sciureus*) eine gewisse Dissoziation zu erfolgen scheint, indem die gustatorischen Elemente ein Rindenareal bevorzugen, das etwas caudal vom Schwerpunkt der taktilen Elemente des Zungenfeldes liegt. Doch dürfte eine strenge Trennung zwischen beiden Arealen schon deshalb nicht möglich sein, weil an einzelnen Neuronen des corticalen Zungenfeldes eine beträchtliche Konvergenz von Geschmacksimpulsen mit Erregungen aus anderen Receptoren der Zunge stattfindet (LANDGREN, *2*).

Geschmacksstörungen bei Affen können nach BAGSHAW u. PRIBRAM nur ausgelöst werden, wenn die Läsionen sich über den caudalen Teil der hinteren Zentralwindung hinaus auch auf das Operculum und den parainsulären Cortex erstrecken. Beim Menschen sind Störungen der Geschmacksempfindung und der Zungensensibilität nach Verletzung der caudalen Regio postcentralis beobachtet worden (BÖRNSTEIN). PENFIELD u. BOLDREY konnten durch elektrische Reizung dieses Rindenareals bei wachen Patienten Geschmacksempfindungen hervorrufen.

C. Reizbedingungen der Geschmacksempfindung

Als adäquaten Reiz des Geschmackssinnes kann man lösliche chemische Stoffe ansehen, die sich entweder schon in Lösung befinden oder im Speichel gelöst werden. Die Deutlichkeit der Geschmacksempfindungen wird außerordentlich erhöht, wenn man die Zunge in der Mundhöhle bewegt. Wir bezeichnen diese aktive Unterstützung des Geschmacksvorganges, wie sie sich auch natürlicherweise bei der Nahrungsaufnahme abspielt, als „schmecken". Dabei wird einerseits die Schmecklösung auf die gesamte geschmacksempfindliche Oberfläche verteilt, andererseits das Heranbringen der Geschmacksstoffe an die Geschmacksknospen in den Spalten der Papillen begünstigt.

Über die *physikalischen* und *chemischen* Eigenschaften, die ein Stoff besitzen muß, um eine Geschmacksempfindung auszulösen, lassen sich nur wenige allgemeine Gesetze aufstellen. Zunächst muß die Substanz wasserlöslich sein. Unlösliche Stoffe, wie Gold und Platin, sind ganz ohne Geschmack, nicht dagegen andere Metalle, wie Kupfer, Eisen, Silber und Metallegierungen. Es gibt aber auch Stoffe, z.B. die Gase O_2, N_2, H_2, die trotz Wasserlöslichkeit nicht schmecken. Der Grad der Löslichkeit und die Art der Lösung — ionendispers, molekulardispers, kolloidal — gehen nicht mit dem Geschmack parallel. Das schlechter lösliche Saccharin schmeckt beispielsweise viel stärker süß als der gut lösliche Rohrzucker. Es gibt Substanzen, die bei ähnlichem chemischem Bau ähnlich schmecken (Traubenzucker und Fruchtzucker), ferner Stoffe, die bei ähnlichem Bau verschieden schmecken (D-Phenylalanin: süß, L-Phenylalanin: bitter) und schließlich Stoffe, die bei verschiedenem Bau ähnlich schmecken (Zucker und Saccharin). Von geschmacksgebenden Atomgruppen wissen wir, daß der saure Geschmack an das Vorhandensein von H-Ionen gebunden ist. Der salzige Geschmack ist nur durch Kochsalz rein auszulösen, alle anderen Salze haben Mischgeschmäcke. Über die chemischen Bedingungen des süßen und bitteren Geschmacks lassen sich bis heute keine allgemeinen Regeln aufstellen.

I. Chemische Bedingungen der Geschmacksqualitäten

1. Sauer

Es ist seit langem bekannt, daß der saure Geschmack durch *Wasserstoffionen* ausgelöst wird und in seiner Intensität mit der H-Ionenkonzentration zunimmt. So schmecken, wie Abb. 134 zeigt, vollständig dissoziierte Säuren stärker sauer als äquimolare Lösungen schwach dissoziierter Säuren (Richards; Kahlenberg; Paul; Beatty u. Cragg). Neutralisierung der Säuren hebt den sauren Geschmack auf. Nicht alle Säuren schmecken jedoch sauer: Aminosäuren z.B. haben einen süßen und Pikrinsäure einen stark bitteren Geschmack.

Bis jetzt ist es freilich nicht gelungen, eine allgemeine, für verschiedene Säuren gültige quantitative Beziehung zwischen Wasserstoffionenkonzentration und Geschmacksintensität aufzufinden. Denn es ist keineswegs so, daß etwa alle Säuren von gleichem pH auch gleich sauer schmecken; namentlich scheinen schwach dissoziierte, organische Säuren, z.B. Essigsäure, bei gleichem pH-Wert einen stärkeren sauren Geschmack hervorzurufen.

Liljestrand fand, daß der Schwellenwert bei schwachen organischen Säuren zwischen pH 3,7 und 3,9, bei starken Mineralsäuren dagegen zwischen pH 3,4 und 3,5 lag. Worauf diese Unterschiede beruhen, ist noch nicht hinreichend geklärt. Ein Faktor mag darin zu suchen sein, daß der Mundspeichel in Verbindung mit schwach dissoziierten Säuren ein Puffersystem bildet, dessen pH-Wert sich verhältnismäßig wenig ändert (v. Skramlik, *2*; Cragg, *3*). Doch verschwinden die Intensitätsunterschiede auch dann nicht vollständig, wenn man die Zunge in einem abgeschlossenen System ohne Berührung mit Speichel für längere Zeit mit den sauren Lösungen bespült (Beidler). Es scheinen also noch zusätzliche physiologische Faktoren im Spiel zu sein, etwa chemische Reaktionen der H-Ionen mit Substanzen in den Geschmacksreceptoren.

Schließlich ist noch darauf hinzuweisen, daß die Intensität des sauren Geschmacks bei aliphatischen organischen Säuren nicht nur mit der H-Ionenkonzentration, sondern auch mit der Länge der Kohlenstoffkette zunimmt (DETHIER, *1*). Somit scheinen die Wasserstoffionen zwar die wichtigste, aber nicht die alleinige Bedingung des sauren Geschmacks zu sein.

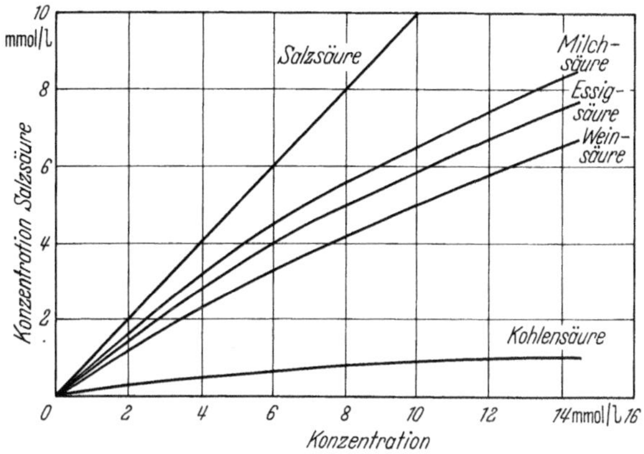

Abb. 134. Konzentrationen, bei denen verschiedene Säuren gleich sauer schmecken wie eine Salzsäurelösung von vorgegebener Konzentration. (Nach PAUL)

2. Salzig

Alle Stoffe mit salzigem Geschmack sind kristalline, wasserlösliche Salze, die in Lösung positive und negative Ionen abdissoziieren. Unter diesen Salzen besitzt nur Natriumchlorid einen rein salzigen Geschmack, während alle anderen mehr oder weniger deutliche Mischgeschmäcke hervorrufen (Ammoniumchlorid: sauer-salzig, Magnesiumchlorid: salzig-bitter, Natriumbicarbonat: süß-salzig, Kaliumsulfat: sauer-bitter, Berylliumsulfat: süß-sauer, Magnesiumsulfat: süß-bitter). Allerdings schmeckt NaCl, wie auch manche anderen Salze, in sehr niedrigen Konzentrationen schwach süß (Tabelle 33).

Tabelle 33. *Geschmacksqualität von Salzen bei verschiedener Konzentration.* (Nach RENQVIST)

mol/l	NaCl	KCl
0,009	kein Geschmack	süß
0,01	schwach süß	stark süß
0,02	süß	süß, vielleicht bitter
0,03	süß	bitter
0,04	salzig, schwach süß	bitter
0,05	salzig	bitter, salzig
0,1	salzig	bitter, salzig
0,2	rein salzig	salzig, bitter, sauer
1,0	rein salzig	salzig, bitter, sauer

Sowohl die Anionen wie die Kationen tragen zur spezifischen Geschmacksqualität und zur Geschmacksintensität der Salze bei (GAYDA). So schmeckt eine 0,04 molare Lösung von Natriumchlorid deutlich salzig, während eine äquimolare Lösung von Natriumacetat keinen salzigen Geschmack besitzt. Bei einer Reihe von Natriumsalzen ändert sich die Geschmacksqualität mit der Art der Anionen, und dasselbe gilt für eine Serie von Chloridverbindungen, deren Kationen variiert werden. Von verschiedenen Haliden einwertiger Alkalimetalle schmecken diejenigen mit niedrigerem Molekulargewicht vorwiegend salzig, die mit höherem Molekulargewicht bitter (KIONKA u. STRÄTZ). Salze von Schwermetallen, wie Quecksilber, haben einen metallischen Geschmack, mit Ausnahme einiger süß schmeckender Bleisalze (Bleiacetat, „Bleizucker") und Berylliumsalze.

Um die Geschmacksqualität verschiedener Salze quantitativ zu charakterisieren, hat v. SKRAMLIK (*2*) *Geschmacksgleichungen* aufgestellt. Bei diesen wurde der komplexe Geschmack (E) eines Salzes (Sa) mit dem eines Gemisches aus „reinen“ Schmeckstoffen, nämlich Natriumchlorid (Na), Chininsulfat (Ch), Fructose (Fr) und Kaliumtartrat (Kt) verglichen. In der angegebenen Reihenfolge schmecken diese Stoffe salzig, bitter, süß und sauer. Die Gleichung kann so formuliert werden:

$$E \rightarrow C_{\mathrm{Sa}} \rightarrow C_{\mathrm{Na}} + C_{\mathrm{Ch}} + C_{\mathrm{Fr}} + C_{\mathrm{Kt}},$$

wobei C die jeweils benötigte molare Konzentration der Substanzen ist. $\rightarrow$ bedeutet das Abbildungszeichen (Definition auf S. 56).

Ferner hat v. SKRAMLIK (*2*) versucht, die salzige Komponente eines Komplexgeschmackes durch Einführung eines „Salzquotienten“ zu messen. Es wird diejenige Konzentration von Natriumchlorid (C_{Na}) aufgesucht, die unter Vernachlässigung aller anderen Qualitäten einen gleich starken Salzgeschmack wie ein Salz von vorgegebener molarer Konzentration (C_{Sa}) hervorruft. Aus beiden Konzentrationen wird der Quotient $C_{\mathrm{Na}}/C_{\mathrm{Sa}}$ gebildet. Der sinnesphysiologische Ausdruck hierfür lautet

$$E_{\mathrm{S}} \rightarrow C_{\mathrm{Sa}} \rightarrow C_{\mathrm{Na}}/C_{\mathrm{Sa}}.$$

Hierin bedeutet E_{S} die Intensität der salzigen Geschmacksempfindung. In Tabelle 34 sind Mittelwerte des so gemessenen Salzquotienten für verschiedene Salze zusammengestellt. Daraus ergeben sich für den Grad der „Salzigkeit“ die Reihenfolgen:

Tabelle 34. *Mittlerer Salzquotient* ($C_{\mathrm{Na}}/C_{\mathrm{Sa}}$) *für verschiedene Salze.* (Nach v. SKRAMLIK, *2*)

	Cl	I	Br	SO_4	NO_3	HCO_3
NH_4	2,83	2,44	1,83	1,26	1,03	
K	1,36	0,54	1,16	0,26	0,14	0,23
Ca	1,23					
Na	1,00	0,77	0,91	1,25	0,17	0,21
Li	0,44	0,57	0,79		0,23	
Mg	0,20			0,01		

Kationen (Chloride): $NH_4 > K > Ca > Na > Li > Mg$

Anionen (Natriumsalze): $SO_4 > Cl > Br > I > HCO_3 > NO_3$

Ähnliche Ionenreihen lassen sich auch durch Verhaltensversuche (FRINGS) und mittels elektrophysiologischer Registrierung an der Chorda tympani ermitteln (PFAFFMANN, *4*; BEIDLER, FISHMAN u. HARDIMAN). Interessant ist, daß man bei Fleischfressern und Nagetieren typisch verschiedene Kationensequenzen findet, nämlich

Carnivora: $NH_4 > Ca > Sr > K > Mg > Na > Li$

Rodentia: $Li > Na > NH_4 > Ca > K > Sr > Mg$

Besonders fällt dabei die unterschiedliche Stellung von Natrium und Kalium auf.

3. Süß

Der süße Geschmack kommt hauptsächlich einer Reihe organischer Verbindungen zu, unter denen aliphatische Hydroxyverbindungen, wie Alkohole, Glykole, Zucker und Zuckerderivate, am besten bekannt sind. Daneben schmecken aber auch völlig andere organische Substanzen süß, ebenso wie manche anorganischen Blei- und Berylliumsalze. Es ist bis heute nicht gelungen, die sehr komplexen Beziehungen zwischen Süßgeschmack und chemischer Struktur in ein befriedigendes System zu bringen (COHN). OERTLY u. MYERS haben eine Anzahl süß schmeckender aliphatischer Verbindungen zusammengestellt und daraus die Regel abgeleitet, daß mindestens zwei charakteristische Gruppen, ein „Glucophor“ und ein „Auxogluc“, vorhanden sein müssen (Tabelle 35). Doch gelten diese Gesetzmäßigkeiten nur für eine beschränkte Klasse von Stoffen, aber beispielsweise nicht für Saccharin und Dulcin. Bei manchen Homologen geht mit zunehmendem Molekulargewicht der süße Geschmack oft in einen bitteren über (Tabelle 36).

Tabelle 35. *Mögliche strukturelle Basis für den süßen Geschmack.* (Nach OERTLY u. MYERS)

Substanz	Glucophor	Auxogluc
Glykol . .	$CH_2OH—CHOH$	H—
Glycerin . .	$CH_2OH—CHOH$	CH_2OH
Glucose . .	—CO—CHOH	CH_2OH
Glycin . . .	$COOH \cdot CHNH_2—$	H—
Chloroform .	$—CCl_3$	H—
Äthylnitrat	$—CHONO_2$	CH_3

Tabelle 36. *Geschmack verschiedener Glykole.* (Nach MONCRIEFF, *1*)

Substanz	Geschmack
Äthylenglykol . . .	süß
Trimethylenglykol .	süß
Propylenglykol (1,2)	süßlich
Tetramethylenglykol	weniger süß
Hexamethylenglykol	bitter

Für den süßen Geschmack ist die *räumliche* Anordnung bestimmter Gruppen im Molekül von entscheidender Bedeutung. Selbst kleine Änderungen vermögen die Geschmacksqualität stark zu beeinflussen. Ein Beispiel sind die Homologen des Nitrotoluidins. Das 3-Nitro-o-Toluidin hat keinen Geschmack, während das 5-Nitro-o-Toluidin süß und das 2-Nitro-p-Toluidin schwach bitter schmecken.

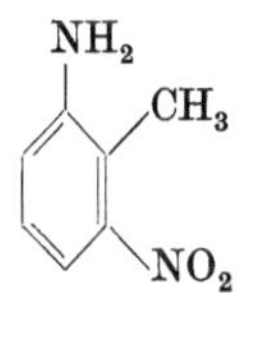

kein Geschmack

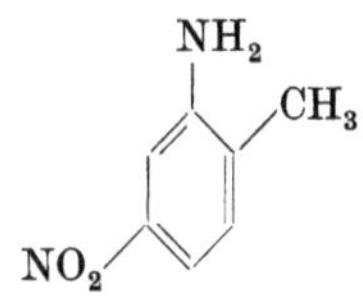

süß

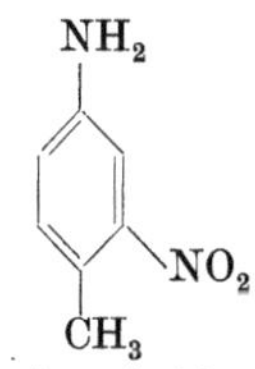

schwach bitter

Unter den synthetischen Süßstoffen ist Saccharin der bekannteste.

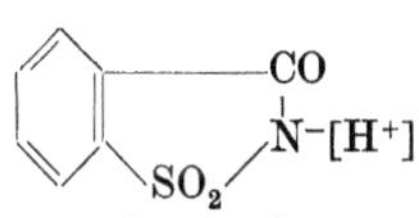

Saccharin

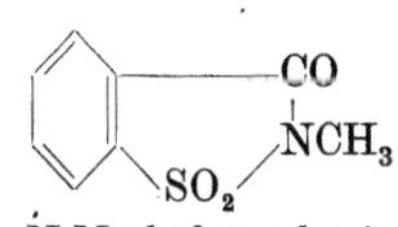

N-Methyl-saccharin

Bedingung zur Auslösung des süßen Geschmacks ist die ionisierte Form. Nicht dissoziable Verbindungen, wie N-Methyl-saccharin, bei dem das Wasserstoffatom der Imidgruppe durch eine Methylgruppe ersetzt ist, haben keinen Geschmack. Weitere intensiv süß schmeckende Substanzen sind 4-Äthoxyphenylharnstoff (Dulcin) und die 4-Äthoxy-3-amino-nitrobenzene. Das N-Propylderivat dieser Stoffklasse (P-4000) besitzt den stärksten Süßgeschmack unter den bekannten Substanzen, wirkt aber zugleich toxisch (BLANKSMA).

Auch die *Stereoisomerie* von Substanzen kann ein wesentlicher Faktor für die Auslösung der süßen Geschmacksqualität sein. So schmeckt D-Phenylalanin süß, L-Phenylalanin bitter; D-Asparagin schmeckt ebenfalls süß, während L-Asparagin keinen Geschmack besitzt. Frischbereitete Lösungen von α-D-Glucose schmecken stärker süß als entsprechende Konzentrationen von β-D-Glucose (CAMERON).

4. Bitter

Noch unübersichtlicher als beim süßen Geschmack sind die chemischen Bedingungen der bitteren Geschmacksqualität, so daß es bislang nicht möglich war, irgendeine chemische Invariante für den bitteren Geschmack verantwortlich zu machen. Bei anorganischen Salzen nimmt mit steigendem Molekulargewicht die bittere Komponente zu, und ebenso schmeckt man bei manchen organischen Molekülen mit zunehmender Kettenlänge einen Übergang von süß nach bitter. Einige süß schmeckende Stoffe, wie Saccharin, besitzen einen bitteren Nachgeschmack, der besonders deutlich wird, wenn die Schmecklösung den Zungengrund erreicht.

Typische Bitterstoffe sind die Alkaloide, komplexe Stickstoffverbindungen von oft hoher Toxicität, wie Chinin, Coffein, Strychnin und Nicotin (MONCRIEFF, *1*). Nitroverbindungen (z.B. Prikinsäure) schmecken meist bitter, besonders wenn mehrere Nitrogruppen vorhanden sind. Folgende chemische Gruppen sind oft mit einem bitteren Geschmack verknüpft:

$$(NO_2) > 2 \qquad \equiv N \qquad = N \equiv$$
$$-SH \qquad -S- \qquad -S-S- \qquad -CS-$$

Ein eigenartiges Phänomen auf dem Gebiet des bitteren Geschmacks ist die „*Geschmacksblindheit*“ (taste blindness) für Phenylthioharnstoff und andere Substanzen, welche die Gruppe

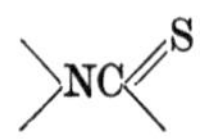

besitzen. Diese Ausfallserscheinung besitzt einen recessiven Erbgang und tritt sowohl beim Menschen (COHEN u. OGDON, *1*, *2*; BOYD) wie bei anthropoiden Affen auf (HARRIS u. KALMUS). Die Spezifität dieser Störung wird dadurch unterstrichen, daß weder die übrigen Geschmacksqualitäten noch die Sensibilität für andere Bitterstoffe verändert sind.

II. Elektrischer Geschmack

Daß elektrische Ströme auf der Zunge eine Geschmacksempfindung hervorrufen können, war bereits VOLTA bekannt. Er beobachtete einen sauren Geschmack, wenn ein Stromkreis mit zwei verschiedenen Metallen die Zunge berührte. Im Gegensatz zu den Verhältnissen am peripheren Nerven entsteht der elektrische Geschmack nicht nur im Augenblick der Schließung und Öffnung des Stromes, sondern hält während der gesamten Flußzeit an. Anodische Polarisation der Zunge erzeugt für gewöhnlich einen sauren, kathodische Polarisation einen alkalischen Geschmack (v. SKRAMLIK, *2*).

Während bei Anwendung polarisierbarer Elektroden der saure und alkalische Geschmack unschwer durch die bei der Elektrolyse des Speichels entstehenden H^+- und OH^--Ionen erklärt werden kann und damit für die Geschmackstheorie uninteressant ist, verdienen die Ergebnisse mit unpolarisierbaren Elektroden besondere Beachtung (BUJAS u. CHWEITZER, *1*, *2*). Denn in diesem Fall werden keine H^+- und OH^--Ionen durch Elektrolyse freigesetzt, sondern es findet ein Elektronentransport gemäß der Reaktion

$$Ag \rightleftharpoons Ag^+ + e^-$$

statt. Trotzdem empfindet die Versuchsperson weiterhin einen sauren Geschmack, der vermutlich auf einer Ionenverschiebung an der Receptormembran beruht.

Gegen die elektrolytische Theorie und für eine unmittelbare Wirkung des Stromes auf die Sinneszellen spricht ferner die Tatsache, daß unter bestimmten elektrischen Reizbedingungen auch salzige (DZENDOLET), bittere (BUJAS

u. CHWEITZER, *2*) und süße (v. BÉKÉSY, *7*) Geschmacksqualitäten auftreten. Eine direkte Erregung des Nerven unter Umgehung der Endorgane ist mit hoher Wahrscheinlichkeit auszuschließen, da die Schwelle des elektrischen Geschmacks bei anodischen Strömen niedriger liegt als bei kathodischen, während für die Nervenfaser das Gegenteil zutrifft (BUJAS u. CHWEITZER, *2*). Elektrophysiologische Untersuchungen an einzelnen Geschmacksfasern führten zum gleichen Ergebnis (PFAFFMANN, *2*). Bei anodischer Polarisation der Zunge tritt eine afferente Entladung auf, die bis auf ihre kürzere Latenz sich nicht von einer adäquaten Erregung der Geschmacksreceptoren unterscheidet. Die Entladung hält für die gesamte Dauer des Gleichstromreizes an und wird durch einen Katelektrotonus gehemmt, verhält sich also genau umgekehrt wie die Erregung einer peripheren Nervenfaser.

III. Reizparameter der Geschmacksintensität

1. Schwellenwerte

a) Minimalschwellen. Wird die Konzentration einer Schmecklösung vom Nullwert beginnend allmählich erhöht, so tritt zuerst ein qualitativ unbestimmtes Geschmackserlebnis auf, das sich aber vom Geschmack des reinen Wassers unterscheidet. Diese Art des Minimalerlebnisses nennen wir die *unspezifische* oder generelle Schwelle (detection threshold, sensitivity threshold). Erst bei weiterem Konzentrationsanstieg wird schließlich eine spezifische Geschmacksqualität erlebt, deren Minimalintensität die *spezifische* Schwelle (recognition threshold) darstellt.

In Tabelle 37 sind die mittleren Schwellenkonzentrationen für eine Reihe saurer, salziger, süßer und bitterer Substanzen nach Angaben zahlreicher Autoren zusammengestellt (PFAFFMANN, *6*). Die meisten Schwellenwerte streuen sehr stark, oft bis zu 2 Zehnerpotenzen. Dies mag zum Teil darauf beruhen, daß beim Geschmackssinn die individuelle Empfindlichkeit der einzelnen Versuchspersonen besonders stark variiert. Ferner können die verschiedenen Applikationsmethoden der Geschmacksreize, die Menge der Lösung, die Größe des Zungenareals und die psychologischen Umstände der Schwellenbestimmung bei der gleichen Gruppe von Versuchspersonen zu einer erheblichen Variation der Schwellen führen (RICHTER u MACLEAN).

Bei keiner der vier Geschmacksqualitäten konnte bis jetzt eine Reizinvariante gefunden werden, welche die Schwellenbedingung hinreichend beschreibt. Selbst die Schwellenwirkung verschiedener Säuren läßt sich nicht auf einen einheitlichen Nenner — etwa gleichen pH-Wert — bringen, obwohl hier die Verhältnisse noch am einfachsten zu liegen scheinen. Bei den Schwellenbedingungen des salzigen Geschmacks hat man unter anderem als Invarianten in Betracht gezogen die molare Konzentration der Kationen (HAHN, *4*), den reziproken Wert des Molekulargewichts (GAYDA) und die Größe der Kationenmobilität (FRINGS), ohne daß diese Versuche zu allgemein gültigen Resultaten geführt hätten. Vollends verwickelt wird das Problem beim süßen und beim bitteren Geschmack.

Die Geschmacksschwellen ändern sich innerhalb gewisser Grenzen auch mit der *Temperatur* der Lösungen. Im allgemeinen liegt der Bereich niedrigster Schwellen bei mittleren Temperaturen zwischen 30 und 40 °C, während sehr niedrige (0 °C) und sehr hohe (50 °C) Temperaturen die Geschmacksschwellen stark erhöhen (KOMURO; v. SKRAMLIK, *2*; GOUDRIAAN; SATO). Schwellenmessungen von HAHN (*4*), nach denen die Temperaturverläufe für verschiedene Geschmacksqualitäten stark voneinander abweichen, konnten in neueren

Tabelle 37. *Geschmacksschwellen (Mittelwerte) für sauer, salzig, süß und bitter*
Schwellenkonzentration für Säuren in val/l, für die übrigen Substanzen in mol/l.
[Zusammengestellt nach PFAFFMANN (*6*), dort Literatur über die Einzeldaten]

Substanz	Formel	Molekulargewicht	Schwelle
Salzsäure	HCl	36,5	0,0009
Salpetersäure	HNO_3	63,1	0,0011
Schwefelsäure	H_2SO_4	98,1	0,001
Ameisensäure	HCOOH	46,0	0,0018
Essigsäure	CH_3COOH	60,1	0,0018
Buttersäure	$CH_3(CH_2)_2COOH$	88,1	0,0020
Oxalsäure	$COOHCOOH \cdot 2\,H_2O$	126,1	0,0026
Bernsteinsäure	$COOH(CH_2)_2COOH$	118,1	0,0032
Milchsäure	$CH_3CHOHCOOH$	90,1	0,0016
Apfelsäure	$HOOCCH(OH)CH_2COOH$	134,1	0,0016
Weinsäure	$HOOC(CHOH)_2COOH \cdot H_2O$	168,1	0,0012
Citronensäure	$(COOH)CH_2C(OH)(COOH)CH_2COOH$	192,1	0,0023
Lithiumchlorid	LiCl	42,4	0,025
Ammoniumchlorid	NH_4Cl	53,5	0,004
Natriumchlorid	NaCl	58,5	0,03
Kaliumchlorid	KCl	74,6	0,017
Magnesiumchlorid	$MgCl_2$	95,23	0,015
Calciumchlorid	$CaCl_2$	110,99	0,01
Natriumfluorid	NaF	42,00	0,005
Natriumbromid	NaBr	102,91	0,024
Natriumjodid	NaI	149,92	0,028
Saccharose	$C_{12}H_{22}O_{11}$	342,2	0,17
Glucose	$C_6H_{12}O_6$	180,1	0,08
Saccharin-natrium	H_4C_6—CO—N Na + $2\,H_2O$ (mit SO_2-Brücke zwischen C_6 und N)	241,1	0,000023
Berylliumchlorid	$BeCl_2$	80,0	0,0003
Natriumhydroxyd	NaOH	40,1	0,008
Chinin-sulfat	$(C_{20}H_{24}N_2O_2)_2H_2SO_4$	746,90	0,000008
Chinin-hydrochlorid	$C_{20}H_{24}N_2O_2HCl$	360,88	0,00003
Strychnin-monochlorid	$C_{21}H_{22}N_2O_2HCl$	370,75	0,0000016
Nicotin	$C_5H_4NC_4H_7NCH_3$	162,2	0,000019
Coffein	$C_8H_{10}N_4O_2$	194,1	0,0007
Phenylthioharnstoff	$C_6H_5NHCSNH_2$	152,21	0,00002
Harnstoff	$CO(NH_2)_2$	60,1	0,12
Magnesiumsulfat	$MgSO_4 \cdot 7\,H_2O$	246,49	0,0046

Untersuchungen nicht bestätigt werden und stimmen auch nicht mit den elektrophysiologischen Ergebnissen an Geschmacksfasern überein (SATO). Weitreichende theoretische Schlüsse lassen sich aus diesen Verhältnissen nicht ziehen, da die Temperaturabhängigkeit der bewußten Geschmacksempfindung von zahlreichen Faktoren, möglicherweise auch von einer zentralen Konvergenz gustatorischer und thermischer Impulse aus der Zunge, abhängt.

b) Unterschiedsschwellen. Beim Geschmackssinn schwanken die Unterschiedsschwellen ($\Delta I/I$), gemessen als eben merklicher Konzentrationszuwachs ΔI im Verhältnis zur Ausgangskonzentration I einer Substanz, zwischen 0,1 und 1,0 mit einem Mittelwert von $\Delta I/I = 0{,}2$. Eine Reihe von Unterschiedsschwellen sind in Tabelle 38 aufgeführt. Die Schwankungen von $\Delta I/I$ sind verhältnismäßig groß, doch ändern sich die Werte innerhalb weiter Konzentrationsbereiche nur verhältnismäßig wenig, jedenfalls viel weniger als bei anderen Sinnen. Für die verschiedenen Geschmacksqualitäten scheinen die Unterschiedsempfindlichkeiten nicht parallel zu gehen (SCHUTZ u. PILGRIM).

Tabelle 38. *Unterschiedsschwellen ($\Delta I/I$) für verschiedene Geschmacksqualitäten* (S) Saccharin, (Ch) Chinin. (Nach einer Zusammenstellung von PFAFFMANN, *6*)

Zahl der Versuchspersonen	Süß (Saccharose)	Salzig (NaCl)	Bitter (Coffein)	Sauer (Citronensäure)	Autor
	0,11	0,15	0,21 (Ch)		KOPERA
2	0,32	0,26		0,19	BUJAS (*1*)
1	0,20				LEMBERGER
	0,16 (S)				
2		0,15			FODOR u. HAPPISCH
8		0,14			SAIDULLAH
6	0,21				KROG u. JENSEN, zit. bei KOPERA
	0,27 (S)				
2		0,33			HOLWAY u. HURVICH
1		0,22			BEIDLER (*3*)
10	0,17	0,15	0,30	0,22	SCHUTZ u. PILGRIM (*1*)
Indiv. Streubreite .	0,25—0,50	0,10—0,40	0,15—0,87	0,09—0,62	SCHUTZ u. PILGRIM (*1*)
Mittelwert .	0,20	0,15	0,25	0,21	

2. Empfindungsstärken

Zur Messung der überschwelligen Intensität eines Geschmackserlebnisses sind verschiedene Methoden angewandt worden. Durch Abzählen von Unterschiedsschwellenschritten erhält man eine eigenmetrische Skala, die jedoch keine kon-

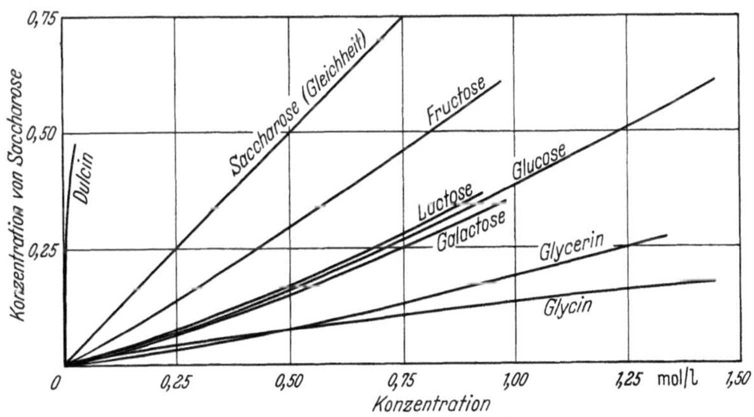

Abb. 135. Konzentrationen, bei denen verschiedene Substanzen gleich süß schmecken wie eine Saccharoselösung von vorgegebener Konzentration. (Nach CAMERON)

sistenten Ergebnisse liefert, wenn eine bestimmte Geschmacksqualität durch verschiedene Substanzen erzeugt wird. So schmeckt Saccharin bei gleicher Zahl von Unterschiedsschwellen weniger süß als Saccharose (LEMBERGER).

Intensitätsvergleiche sind sowohl innerhalb einer einzigen Geschmacksqualität (PAUL; CAMERON; LICHTENSTEIN) als auch zwischen verschiedenen Qualitäten ausgeführt worden (BEEBE-CENTER, RODGERS u. ATKINSON). In Abb. 134 sind die Konzentrationen aufgetragen, bei denen verschiedene Säuren gleich sauer schmecken wie eine Salzsäurelösung von vorgegebener Konzentration. Aus diesen Kurven läßt sich entnehmen, daß beispielsweise eine Essigsäurekonzentration von 6 mmol/l dieselbe Intensität des sauren Geschmacks ergibt wie eine Salzsäurekonzentration von 4 mmol/l. Analoge Kurven gleicher Intensität für den süßen Geschmack zeigt Abb. 135. Wie man sieht, hat Saccharose unter den Zuckern die stärkste Süßkraft. Um dieselbe Geschmacksintensität zu erzeugen, wie sie durch eine bestimmte Saccharosekonzentration hervorgebracht wird, ist beispielsweise die dreifache Galaktosekonzentration erforderlich. Saccharose wiederum wird weit übertroffen von dem synthetischen Süßstoff Dulcin.

Ausgehend von den methodischen Ansätzen von STEVENS (vgl. S. 56) wurden in den letzten Jahren eine Reihe eigenmetrischer Rationalskalen der Geschmacksintensität entwickelt, die vor allem für die Nahrungsmittelforschung praktische Bedeutung erlangt haben (BEEBE-CENTER u. WADDELL; LEWIS; BEEBE-CENTER, *2*; MACLEOD; DOVE; WARREN). Bei Aufstellung der „Gust-Skala" hat die Versuchsperson die Aufgabe, die Intensität eines Geschmacksreizes so einzustellen, daß sie als doppelt oder halb so stark erlebt wird wie die Intensität eines Vergleichsreizes. Ausgangspunkt der Skala ist eine Standardkonzentration der zu untersuchenden Substanz. Nach STEVENS läßt sich die Geschmacksintensität (E) durch die Potenzfunktion

$$E \to k\,(C - C_0)^n$$

wiedergeben, wobei C die Substanzkonzentration und C_0 die Schwellenkonzentration ist (vgl. S. 56). Der Exponent n soll beim Geschmackssinn den Wert 1 haben, was bedeuten würde, daß die Geschmacksstärke linear mit der Konzentration ansteigt. Doch sind auch andere Funktionen beschrieben worden (SCHUTZ u. PILGRIM, *2*; ALLEN, *1*), so daß die Beziehung zwischen Geschmacksintensität und Konzentration des Schmeckstoffes noch nicht als endgültig geklärt gelten kann.

3. Räumliche und zeitliche Parameter

a) Reizfläche. Bringt man die Schmecklösung auf einzelne Papillen oder auf ein kleines Areal, so liegen die Schwellen höher als bei Verteilung der Lösung über die ganze Zunge. Ebenso ruft kleinflächige Geschmacksreizung bei gleicher Kon-

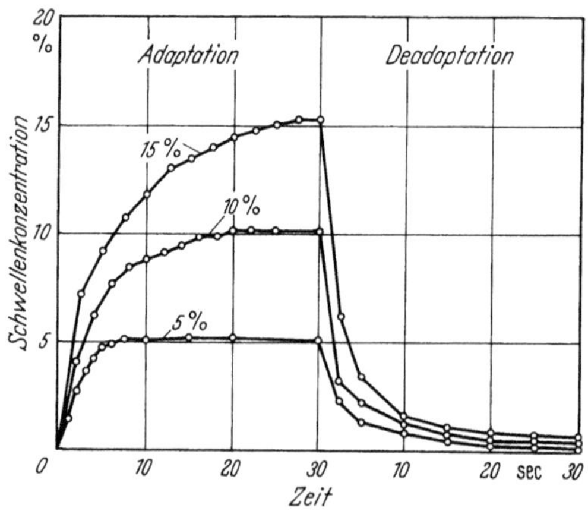

Abb. 136. Adaptation und Deadaptation der Geschmacksempfindung für NaCl. Die Ordinate gibt die Schwellenkonzentrationen an. Der Adaptationsverlauf ist für NaCl-Lösungen von 5, 10 und 15% angegeben. Die unadaptierte Schwelle für NaCl betrug 0,24%. (Nach HAHN, *3*)

zentration eine geringere überschwellige Geschmacksintensität hervor (v. SKRAMLIK, *2*; CAMERON; HARA). Für Flächen bis zu 90 mm² läßt sich die gegenseitige Abhängigkeit von Konzentration (C) und Flächengröße (F) als Bedingung der Minimalschwelle (e) durch den Ausdruck

$$e \to C \cdot F^n = k$$

wiedergeben, wobei n ein Exponent ist, der für Natriumchlorid 0,73, für Citronensäure 0,6, für Saccharose 0,93 und für Chininhydrochlorid 1,42 beträgt. Ähnliche Beziehungen gelten auch für die Intensität überschwelliger Geschmackserlebnisse (Bujas u. Ostojcic).

b) Adaptation. Wird eine Schmecklösung längere Zeit im Mund behalten, so nimmt die Geschmacksintensität allmählich ab (Abrahams, Krakauer u. Dallenbach; Krakauer u. Dallenbach; McBurney u. Pfaffmann). Allerdings läßt sich bei dieser Methode eine Verdünnung der zu prüfenden Substanz durch den Speichel nicht ausschließen. Um diese Fehlerquelle zu vermeiden, kann man die Schmecklösung in einer auf die Zunge aufgesetzten, nur nach der Zungenoberfläche hin offenen Kammer mit gleichmäßiger Geschwindigkeit über das Geschmacksfeld strömen lassen (Hahn, *3*, *5*; Hahn, Kuckulies u. Taeger). Ein Beispiel für den Zeitgang der Adaptation und Deadaptation der Geschmacksempfindung bei Darbietung von NaCl-Lösungen verschiedener Konzentration zeigt Abb. 136. In diesen Versuchen wurde die Adaptation dadurch bestimmt, daß in bestimmten Zeitabständen nach Einwirkung des Adaptationsreizes die Schwellen gemessen wurden. Wie später noch genauer zu erörtern sein wird (S. 260), hängt die Adaptation der Geschmacksempfindung nicht nur mit Vorgängen an den peripheren Receptoren, sondern zum Teil auch mit zentralnervösen Prozessen zusammen.

4. Wechselseitige Beeinflussung von Geschmacksreizen

Bei der simultanen oder sukzessiven Darbietung von mehr als einer Schmecksubstanz finden mannigfache wechselseitige Einflüsse statt, die sich sowohl auf die Intensität wie auf die Qualität der Geschmackserlebnisse erstrecken. So ist seit langem bekannt, daß destilliertes Wasser süß schmeckt, wenn vorher eine schwache Säure auf die Zunge gebracht worden war. Adaptation an Saccharose oder Natriumchlorid erhöht oft die Empfindlichkeit für andere Geschmacksqualitäten, während eine Adaptation an Salzsäure die nachfolgenden Qualitäten nur wenig beeinflußt (Mayer; Dallenbach u. Dallenbach). Calciumcyclamat verstärkt den süßen Geschmack von Zucker in mittleren Konzentrationen (Kamen), während Mononatriumglutamat zu einer selektiven Schwellenerhöhung für süß und sauer führt (Pilgrim, Schutz u. Peryam). Auch unterschwellige Konzentrationen von Stoffen, namentlich von NaCl, vermögen den Geschmack anderer Substanzen zu beeinflussen (Anderson).

Über die wechselseitige Beeinflussung simultaner Geschmacksreize liegen nur verhältnismäßig wenige Untersuchungen vor, die zudem recht verwickelte Resultate erbracht haben. Danach kann man sowohl eine *Verstärkung* als auch eine *Verdeckung* (masking) des Geschmacks einer Substanz durch Darbietung eines zweiten Schmeckstoffes feststellen (v. Skramlik, *1*, *2*; Hambloch u. Püschel; Cragg, *4*; Bender u. Feldman; Anderson; Kamen u. Pilgrim; Kamen u. Mitarb.). Allgemein bekannt ist die Verdeckung des sauren Geschmacks durch einen Süßstoff. v. Skramlik (*5*) hat den Grad der Verdeckung oder Verstärkung — in Analogie zu den Verdeckungsmessungen der Akustik — durch die Größe der Schwellenänderung bestimmt, die der Primärreiz durch den hinzugefügten Sekundärreiz erfährt. Tabelle 39 zeigt das Ergebnis dieser Versuche für drei verschiedene Konzentrationen des Sekundärreizes. Die Schwellenänderung des Primärreizes wird durch den Quotienten C_v/C_0 angegeben, wobei C_0 die Schwellenkonzentration vor der Verdeckung und C_v die Schwellenkonzentration nach der Verdeckung bedeutet. Bei niedrigen Konzentrationen des Sekundärreizes tritt verschiedentlich eine Geschmacksverstärkung des Primärreizes auf ($C_v/C_0 < 1$),

Tabelle 39. *Schwellenänderung eines primären Geschmacksreizes, wenn ein sekundärer Geschmacksreiz von verschiedener Konzentration einwirkt*
g generelle Schwelle; *s* spezifische Schwelle. (Nach v. SKRAMLIK, *5*).

Sekundärreiz		Schwellenänderung (C_v/C_0) des Primärreizes							
Substanz	Konzentration mol/l	Chininhydrochlorid *g*	Chininhydrochlorid *s*	NaCl *g*	NaCl *s*	Weinsäure *g*	Weinsäure *s*	Glucose *g*	Glucose *s*
Chininhydrochlorid	0,00014			7,3	0,7	0,75	0,9	1,1	1,6
	0,00028			7,7	1,9	0,90	1,6	1,2	2,0
	0,0014			7,7	8,2	1,00	2,9	1,4	2,4
NaCl	0,17	1,2	1,2			1,0	2,9	1,7	1,6
	0,34	2,4	2,4			1,2	4,4	1,7	2,2
	0,85	3,5	3,5			2,0	6,7	1,9	1,0
Weinsäure	0,0065	1,4	1,4	0,43	1,1			0,7	1,2
	0,013	1,4	1,4	0,43	1,6			0,8	1,7
	0,033	1,9	1,9	0,48	3,1			0,8	2,0
Glucose	0,55	1,0	1,7	11,0	1,4	1,0	1,5		
	1,1	1,6	3,7	11,0	1,8	1,6	2,6		
	2,2	2,8	7,5	11,0	6,0	2,5	4,7		

während bei höheren Konzentrationen stets eine Verdeckung stattfindet ($C_v/C_0 > 1$).

Verschiedene Tatsachen sprechen dafür, daß es sich bei der wechselseitigen Beeinflussung von Geschmacksstoffen vorwiegend um zentrale Prozesse und nicht nur um Vorgänge an den peripheren Receptoren handelt. So beeinflussen sich die beiden Geschmacksreize auch dann, wenn sie an verschiedenen Stellen der Zunge appliziert werden (KIESOW, *2*; v. SKRAMLIK, *2*). Doch sind mittels elektrophysiologischer Verfahren auch Interaktionen verschiedener Schmeckstoffe an peripheren Receptoren nachweisbar (S. 258).

D. Neurophysiologie der Geschmacksreception

I. Periphere Receptoren

1. Spezifität der Geschmacksfasern

Mit elektrophysiologischen Methoden lassen sich im afferenten Nerven der Zunge die Geschmacksfasern gegenüber den mechanosensiblen, thermosensiblen und nociceptiven Fasern funktionell klar abgrenzen. Neuere Untersuchungen über die Impulsentladung bei verschiedenartigen Geschmacksreizen haben ferner gezeigt, daß die einzelnen gustatorischen Fasern zum Teil nur auf bestimmte Klassen von Substanzen, z.B. Säuren, NaCl, Saccharose oder Chinin, reagieren, so daß man mit gewissen Einschränkungen von einer Repräsentation der Grundqualitäten des Geschmacks durch spezifische Receptoren sprechen kann. Indessen finden sich auch Fasern, die auf mehr als eine Reizqualität ansprechen. So werden nach PFAFFMANN (*2*) manche „Salzfasern" nicht nur durch NaCl, sondern auch durch stärkere Säuren erregt. Bei allen derartigen Untersuchungen ist besonders zu beachten, daß zwischen den einzelnen Tierspecies große Unterschiede im funktionellen Spektrum der Geschmacksfasern bestehen. Beispielsweise findet man beim Hund zahlreiche Elemente, die spezifisch auf Saccharose ansprechen (ANDERSSON u. Mitarb.), während die Katze praktisch keine derartigen „Süßfasern" besitzt (ZOTTERMAN, *2*; PFAFFMANN, *2*), was übrigens mit dem unterschiedlichen Verhalten dieser beiden Tierarten gegenüber süßen Geschmacksreizen gut übereinstimmt. Es würde zu weit führen, hier die Geschmacksmuster verschiedener Tierspecies im einzelnen zu behandeln; nähere Angaben hierüber finden sich bei PFAFFMANN, *4*; BEIDLER, FISHMAN u. HARDIMAN; APPELBERG sowie KITCHELL.

Abb. 137 zeigt die afferente Entladung einer Geschmacksfaser aus der Chorda tympani beim Rhesusaffen. Nach Applikation von NaCl-Lösungen an der Zunge treten große Impulse auf, deren Folgefrequenz deutlich von der Konzentration der Lösungen abhängt. Außerdem sieht man eine gewisse Adaptation innerhalb der ersten Sekunden nach Reizbeginn. Die Schwelle dieser Faser liegt bei einer

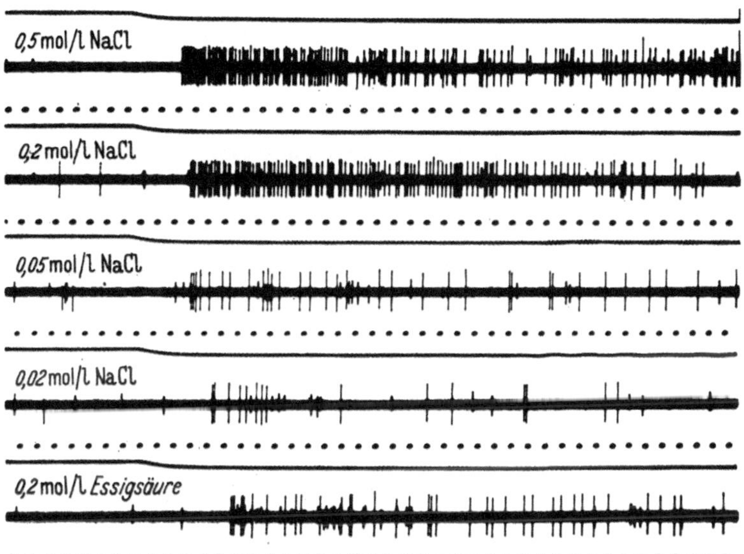

Abb. 137. Aktionspotentiale einer dünnen Präparation aus der Chorda tympani des Rhesusaffen bei Applikation verschiedener Schmecklösungen an der Zunge. Schwelle für NaCl etwa 0,01 mol/l. Zeitmarken 0,1 sec. (Nach ZOTTERMAN, *10*)

NaCl-Konzentration zwischen 0,01 und 0,02 mol/l. Wie die unterste Registrierung zeigt, spricht der Receptor auch auf Essigsäure (0,2 mol/l) mit einer mäßigen Erregung an. Bei Gabe von Chinin und Saccharose hingegen sind keine Impulse auslösbar. Neuere Versuche haben gezeigt, daß neben diesen auf Salz und Säure reagierenden Fasern beim Rhesusaffen auch spezifische „Salzfasern“ vorkommen, die auf Säuren nicht ansprechen (ZOTTERMAN, *10*). Weiter findet man bei dieser Species zahlreiche Elemente, die spezifisch durch süßschmeckende Stoffe, wie Saccharose, Glycerin, Äthylenglykol und Saccharin, erregt werden (Abb. 138). Der Rhesusaffe ist die einzige bisher bekannte Tierart, bei der die „Süßfasern“ sowohl auf Saccharose wie auf Saccharin ansprechen (GORDON u. Mitarb.; ZOTTERMAN, *10*), wogegen beim Hund die durch Saccharose erregten Fasern für Saccharin unempfindlich sind. Starke Konzentrationen von Saccharin führen hier zu einer Entladung von „Bitterfasern“ (ANDERSSON u. Mitarb.). Beim Hund kommen auch Receptoren vor, die sowohl durch Zucker wie durch Salz erregt werden (FUNAKOSHI u. ZOTTERMAN; ANDERSEN, FUNAKOSHI u. ZOTTERMAN, *2*). In Abb. 138 sieht man außerdem größere Impulse einer Geschmacksfaser, die nur auf Essigsäure, aber auf keine der übrigen Substanzklassen anspricht und daher als spezifische „Säurefaser“ bezeichnet werden kann. Endlich wurden beim

Rhesusaffen auch „Bitterfasern“ gefunden, die spezifisch auf Chinin reagierten (ZOTTERMAN, *10*), während manche chininempfindlichen Fasern bei der Katze auch durch Säure schwach erregt werden. Man kann diese Ergebnisse dahingehend zusammenfassen, daß zumindest beim Affen spezifische Geschmacksfasern für salzig, sauer, süß und bitter nachweisbar sind.

Bei Katzen, Hunden und Affen treten in der Chorda tympani auch dann Geschmacksimpulse auf, wenn reines Wasser auf die Zunge gebracht wird. Dieser zuerst am Frosch entdeckte „Wassergeschmack“ (ZOTTERMAN, *5*, *6*; ANDERSSON

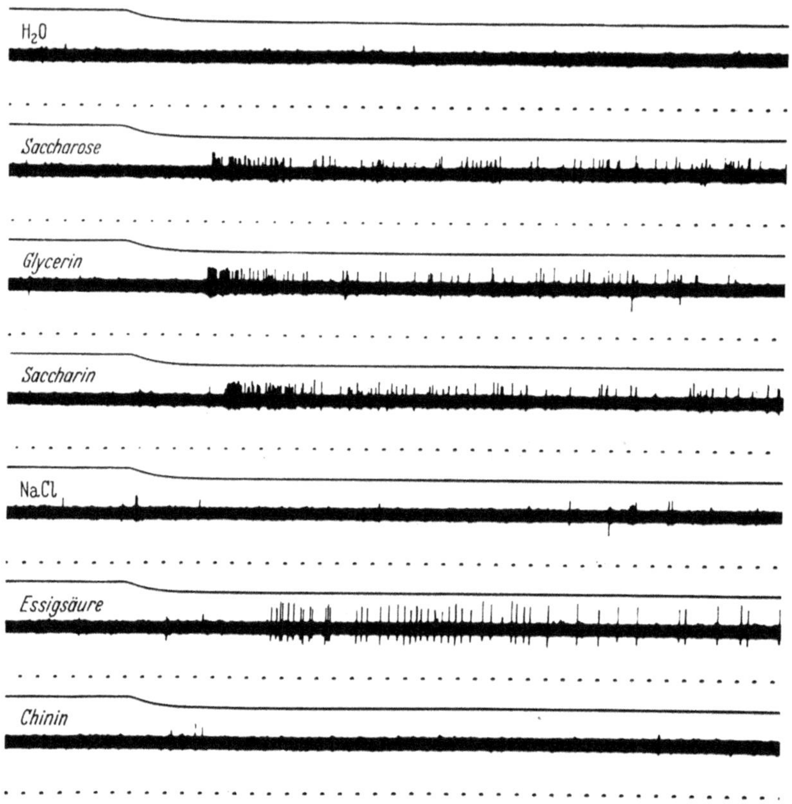

Abb. 138. Aktionspotentiale einer dünnen Präparation aus der Chorda tympani des Rhesusaffen bei Applikation verschiedener Schmecklösungen an der Zunge. Die oberen Kurven markieren jeweils den Reizbeginn. Zeitmarken 0,1 sec. (Nach ZOTTERMAN, *10*)

u. ZOTTERMAN; KUSANO u. SATO) ist an besondere „Wasserfasern“ gebunden, die erst bei NaCl-Konzentrationen unterhalb 0,03 mol/l erregt werden (LILJESTRAND u. ZOTTERMAN, *1*; COHEN, HAGIWARA u. ZOTTERMAN). Abb. 139 zeigt ein Beispiel für die Entladung einer „Wasserfaser“ der Katze. Diese Faser reagiert nicht auf NaCl-Lösungen von 0,5 mol/l, dafür aber auf Chinin und HCl. Für den alkalischen Geschmack hingegen lassen sich keine spezifischen Receptoren finden. Bei Applikation alkalischer Lösungen sieht man eine Impulsentladung in der Chorda tympani, die auf einer gleichzeitigen Erregung von „Wasserfasern“, „Salzfasern“ und zum Teil auch „Chininfasern“ beruht (LILJESTRAND u. ZOTTERMAN, *2*).

Ein von Cohen, Hagiwara u. Zotterman ausgearbeitetes Schema (Tabelle 40), das für die Verhältnisse an der Katze gilt und daher keine „Süßfasern“ enthält, faßt die Geschmacksreceptoren auf Grund der elektrophysiologischen Befunde zu bestimmten Typen zusammen, nämlich einen „Wasserreceptor“, der auch auf Säure und Chinin anspricht, einen „Salzreceptor“, der zum Teil auch durch Säure erregt wird, einen „Säurereceptor“ und einen „Chininreceptor“. Hierbei

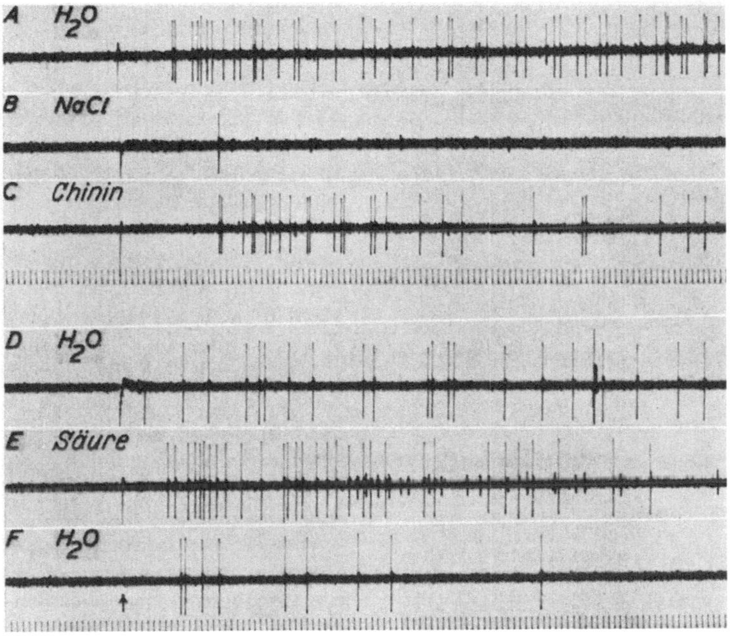

Abb. 130. Aktionspotentiale einer einzelnen „Wasserfaser“ aus der Chorda tympani der Katze bei Applikation verschiedener Lösungen an der Zunge. Die Kurven *A* bis *C* stammen von der gleichen Faser. *A* dest. Wasser; *B* 0,5 mol/l NaCl; *C* 0,02 mol/l Chininhydrochlorid in Ringerlösung. Die Kurven *D* bis *F* stammen von einer anderen Faser. *D* dest. Wasser; *E* HCl von pH 1,5 in Ringerlösung; *F* dest. Wasser 30 sec nach Darbietung der Säure. Der Pfeil gibt jeweils den Reizbeginn an. Während der Registrierperioden wurde die Bespülung der Zunge mit den Lösungen konstant gehalten. Zeitmarken 0,02 sec. (Nach Cohen, Hagiwara u. Zotterman)

Tabelle 40. *Typen von Geschmacksfasern bei der Katze.* (Nach Cohen, Hagiwara u. Zotterman)

Reizqualität	Wasser-faser	Salz-faser	Säure-faser	Chinin-faser	Empfindungs-qualität
H_2O (Salz 0,03 mol/l) .	+	—	—	—	Wasser
NaCl (0,05 mol/l) . .	—	+	—	—	salzig
HCl (pH 2,5)	+	+	+	—	sauer
Chinin	+	—	—	+	bitter

gehen die Geschmacksqualitäten nicht den Fasertypen parallel; z. B. entspricht dem sauren Geschmack eine gleichzeitige Erregung von Wasser-, Salz- und Säurefasern.

Unlängst ist es Diamant u. Zotterman gelungen, am Menschen während Otoskleroseoperationen von der Chorda tympani gustatorische Impulse abzuleiten, und zwar als integrierte Aktivität im Gesamtnerven (Abb. 140). Ein wesentliches Ergebnis dieser Versuche ist das Fehlen von spezifischen „Wasserfasern"; bei Spülung der Zunge mit destilliertem Wasser war stets nur eine Verminderung der elektrischen Aktivität zu sehen. Danach würde die Unterscheidungsfähigkeit des menschlichen Geschmacksinnes für destilliertes Wasser auf einer Hemmung der spontanen Dauertätigkeit von Receptoren beruhen. Weiterhin sieht man in Abb. 140 eine deutliche Aktivität bei allen vier Geschmacksqualitäten, wobei die gleichartige Reaktion auf Saccharose und Saccharin auffällt.

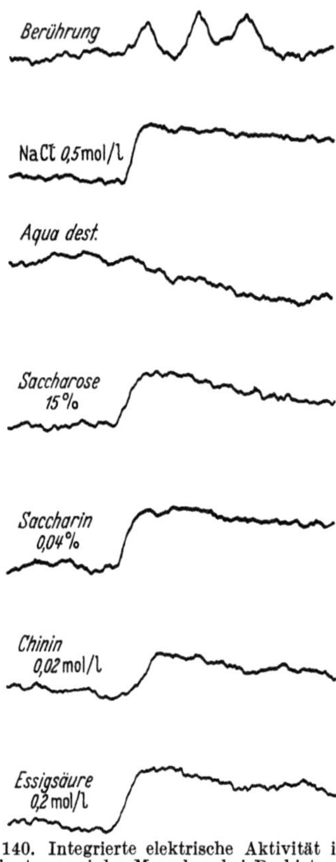

Abb. 140. Integrierte elektrische Aktivität in der Chorda tympani des Menschen bei Darbietung von Geschmacksreizen an der Zunge. Registrierdauer je 8 sec. (Nach DIAMANT u. Mitarb.)

Untersucht man Fasern, die gleichzeitig auf mehrere Geschmacksqualitäten ansprechen, hinsichtlich ihrer quantitativen Empfindlichkeit für die verschiedenen Substanzen, so findet man von Element zu Element charakteristische Unterschiede, die es berechtigt erscheinen lassen, von einer *relativen* Spezifität der Fasern zu sprechen. So wird das Element *A* in Abb. 141 durch NaCl bei allen Konzentrationen stärker erregt als durch entsprechende Konzentrationen von Saccharose; das Element *B* verhält sich gerade umgekehrt, reagiert also auf Saccharose empfindlicher als auf NaCl. Daraus ergeben sich wichtige Konsequenzen: Informationstheoretisch betrachtet, wäre nämlich ein einzelner Receptor dieser Art nicht in der Lage, die periphere Reizinformation eindeutig und vollständig zu übertragen, da es sich dabei um eine zweidimensionale Mannigfaltigkeit (Qualität und Intensität) handelt, während der Receptor nur über einen einzigen Freiheitsgrad, die Impulsfrequenz, verfügt. Beispielsweise könnte das Element *B* nicht zwischen 1 mol/l NaCl und 0,12 mol/l Saccharose unterscheiden, denn die Frequenz beträgt in beiden Fällen 15 Imp/sec. Sind aber die beiden Elemente *A* und *B* gleichzeitig tätig, so läßt sich durch das Orts-Zeitmuster der Impulse die Reizmannigfaltigkeit isomorph abbilden. Der Qualität entspräche dann das Frequenzverhältnis $A:B$ und der Intensität die Größe der Impulsfrequenz (vgl. auch PFAFFMANN, *6*). Ein solches Modell wird auf S. 78 theoretisch behandelt.

Danach läßt sich ein Geschmacksreceptor wohl am besten charakterisieren, wenn man seine relative Empfindlichkeit gegenüber einer Serie typischer Geschmacksstoffe (z. B. HCl, NaCl, Saccharose und Chinin) angibt. Man erhält dann ein „*Geschmacksprofil*" des betreffenden Receptors. In Abb. 142 sind solche Profile für neun verschiedene Einzelfasern in der Chorda tympani der Ratte dargestellt. Manche Elemente sprechen sehr spezifisch auf eine einzige Substanzklasse an, andere dagegen reagieren ziemlich unspezifisch auf mehrere Gruppen von Schmeckstoffen.

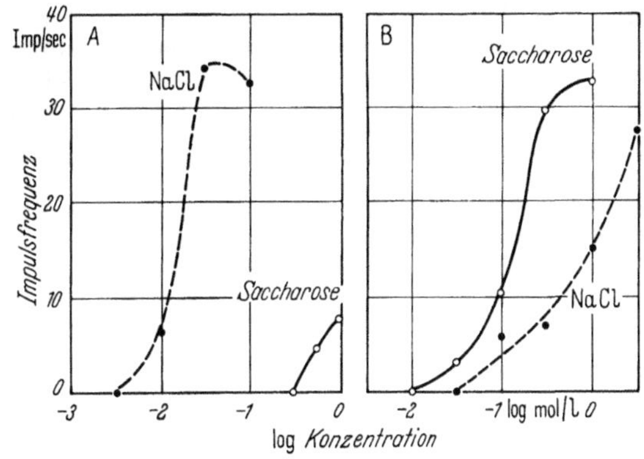

Abb. 141 A u. B. Relative Spezifität zweier Geschmacksfasern aus der Chorda tympani der Ratte. Jede Faser reagiert auf NaCl und Saccharose. Das Element A ist relativ empfindlicher für NaCl, das Element B für Saccharose. (Nach PFAFFMANN, 5)

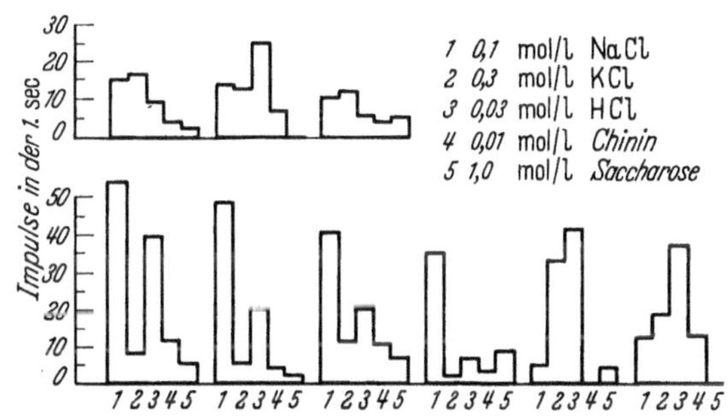

Abb. 142. „Geschmacksprofile“ von neun Einzelfasern aus der Chorda tympani der Ratte bei Darbietung verschiedener Lösungen an der Zunge. (Nach ERICKSON)

2. Lokale Vorgänge am Receptor

In den letzten Jahren konnten MORITA u. YAMASHITA an Chemoreceptoren von Insekten mittels Mikroelektroden lokale Gleichstrompotentiale registrieren, deren Größe durch Einwirkung von Schmeckstoffen stark verändert wurde.

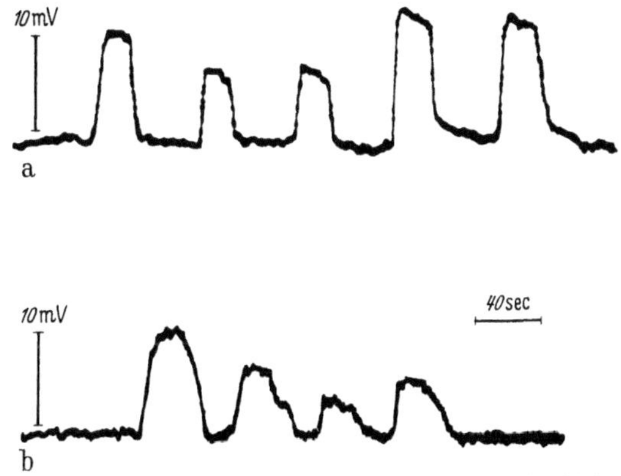

Abb. 143. a Receptorpotential einer einzelnen Geschmackszelle der Ratte bei Darbietung von 0,1 mol/l NaCl, KCl, NH_4Cl, $CaCl_2$ und $MgCl_2$. b Receptorpotential einer Geschmackszelle des Hamsters bei Darbietung von 0,1 mol/l NaCl, 0,02 mol/l Chinin-hydrochlorid, 0,5 mol/l Saccharose und 0,01 mol/l HCl. Zwischen den Geschmacksreizen wurde die Zunge mit Wasser gespült. (Nach KIMURA u. BEIDLER)

Ähnliche Potentiale erhielten KIMURA u. BEIDLER an einzelnen Zellen in den Geschmacksknospen von Ratte und Hamster. Nach Ansicht der Autoren handelt es sich hierbei um Receptorpotentiale der Geschmackszellen. Wird die Mikroelektrode in eine Papilla fungiformis an der Zungenoberfläche eingeführt, so tritt ein negativer Potentialsprung von 30 bis 50 mV auf, der vermutlich das Eindringen der Elektrodenspitze in das Zellinnere anzeigt. Bei Applikation von Geschmackslösungen kann man eine Depolarisation beobachten, deren Größe bis zu 20 mV und mehr erreicht (Abb. 143). Die einzelnen Receptoren verhalten sich gegenüber den typischen Klassen von Geschmacksstoffen sehr unterschiedlich, und zwar im Sinne einer relativen Spezifität. In Tabelle 41 ist die Größe der Receptorpotentiale für 17 verschiedene Zellen bei Applikation von NaCl, Saccharose, Chinin und HCl zusammengestellt. Es fällt auf, daß keines der untersuchten Elemente völlig spezifisch auf eine einzige Substanz anspricht, doch darf man diese Befunde angesichts der großen Unterschiede zwischen den einzelnen Tierarten sicher nicht ohne weiteres verallgemeinern.

Tabelle 41. *Receptorpotentiale (in mV) von einzelnen Geschmacksreceptoren des Hamsters bei Reizung mit verschiedenen Geschmacksstoffen.* (Nach KIMURA u. BEIDLER)

Receptor No.	NaCl 0,1 mol/l	Saccharose 0,1 mol/l	Chinin 0,02 mol/l	HCl 0,01 mol/l
1	10,5	2,0	4,5	—
2	8,5	2,0	7,5	0
3	9,0	1,0	4,5	—
4	11,5	5,0	8,0	22,5
5	10,0	6,5	9,0	12,5
6	6,5	1,5	5,0	—
7	9,5	2,5	7,0	9,0
8	14,0	0	5,0	14,0

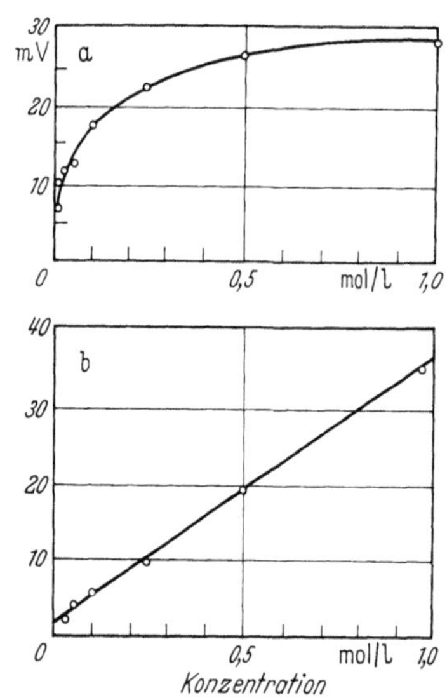

Abb. 144. a Höhe des Receptorpotentials einer einzelnen Geschmackszelle als Funktion der molaren Konzentration von NaCl. b Receptorpotential dividiert durch die molare Konzentration als Funktion der Konzentration. (Nach KIMURA u. BEIDLER)

Bei zeitlicher Konstanz der Konzentration stellt sich das Receptorpotential nach kurzer Zeit auf einen gleichbleibenden Wert ein, dessen Größe konzentrationsabhängig ist. Der allgemeine Verlauf dieser Potential-Konzentrations-Kurve ist bei den verschiedenen Receptoren — abgesehen von quantitativen Differenzen — ziemlich ähnlich und entspricht dem in Abb. 144a gezeigten Beispiel für NaCl. Setzt man als Ausdruck für die Erregungsgröße des Geschmacksreceptors die Höhe des Receptorpotentials P ein, so müßte nach einer von BEIDLER (*1*, *6*, *7*) theoretisch abgeleiteten Gleichung

$$\frac{C}{P} = \frac{C}{P_m} + \frac{1}{k P_m},$$

der Quotient C/P eine lineare Funktion der Konzentration C sein, wobei k die Gleichgewichtskonstante eines Adsorptionsvorganges ist (Näheres s. S. 259). Tatsächlich decken sich die experimentellen Werte mit dieser Geraden sehr gut (Abb. 144b). Für die Reaktion einzelner Geschmackszellen auf NaCl ergeben sich dabei für die Gleichgewichtskonstante k Werte zwischen 7,1 und 40,5 mit einem Mittelwert von 16,7.

3. Reizparameter und periphere Adaptation

a) Konzentration. Wie aus dem in Abb. 145 gezeigten Beispiel hervorgeht, steigt die Impulsfrequenz des einzelnen Geschmacksreceptors mit zunehmender Konzentration der Schmecklösung in gesetzmäßiger Weise an (vgl. auch Abb. 137 und 141). Allerdings ist diese Funktion von Element zu Element recht variabel,

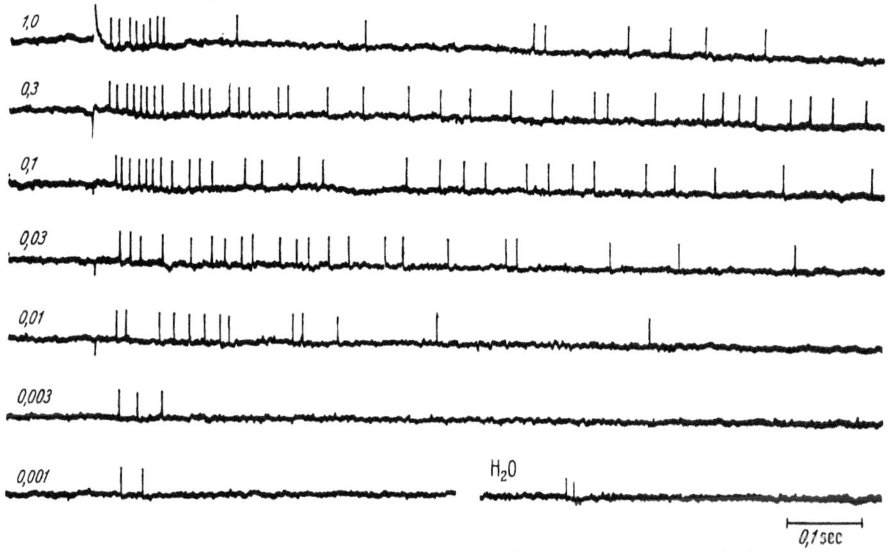

Abb. 145. Aktionspotentiale einer einzelnen Geschmacksfaser aus der Chorda tympani der Ratte bei verschiedenen Konzentrationen von NaCl. Die Faser sprach auch auf HCl und KCl an, aber nicht auf Chinin und Saccharose. (Nach PFAFFMANN, 5)

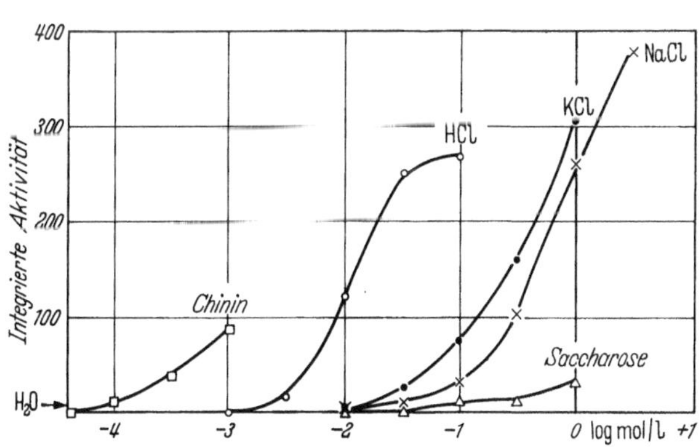

Abb. 146. Höhe der integrierten Impulsaktivität in der Chorda tympani der Ratte als Funktion der molaren Konzentration verschiedener Schmecklösungen. (Nach PFAFFMANN, 5)

so daß sich kaum eine allgemein gültige Beziehung zwischen Substanzkonzentration und Impulsfrequenz angeben läßt. Eine Ausnahme von der allgemeinen Regel machen die „Wasserfasern". Ihre Impulsfrequenz ist bei reinem Wasser am größten und nimmt mit steigender Salzkonzentration bis zum Nullwert ab (COHEN, HAGIWARA u. ZOTTERMAN).

Gemäß den allgemeinen Gesetzen der Receptorenerregung nimmt mit steigender Reizgröße sowohl die Folgefrequenz der Einzelfaser als auch die Zahl der beteiligten Elemente zu. Trägt man die integrierte Impulsaktivität in der gesamten Chorda tympani in Abhängigkeit vom Logarithmus der Konzentration auf, so erhält man meist typische S-förmige Kurven (Abb. 146), die bei mittleren Konzentrationen ihren steilsten Verlauf haben. Auch an der menschlichen Chorda tympani konnten DIAMANT u. Mitarb. derartige Kurven aufnehmen. Die genann-

Tabelle 42. *Reihenfolge der Geschmacksintensität verschiedener Zucker, verglichen mit der Größe der integrierten Aktivität in der Chorda tympani beim Menschen und beim Hund*

Intensitätsvergleich (Mensch) *		Aktivität Chorda tymp. (Mensch) **		Aktivität Chorda tymp. (Hund) ***	
Substanz	rel. Menge	Substanz	rel. Größe	Substanz	rel. Größe
Saccharose	100	Saccharose	100	Fructose	120
Fructose	60	Fructose	92	Saccharose	100
Lactose	37	Lactose	75	Glucose	70
Glucose	36	Glucose	70	Galaktose	59
Galaktose	33	Galaktose	60	Lactose	53

* CAMERON; ** DIAMANT u. Mitarb.; *** ANDERSEN, FUNAKOSHI u. ZOTTERMAN (*1*).

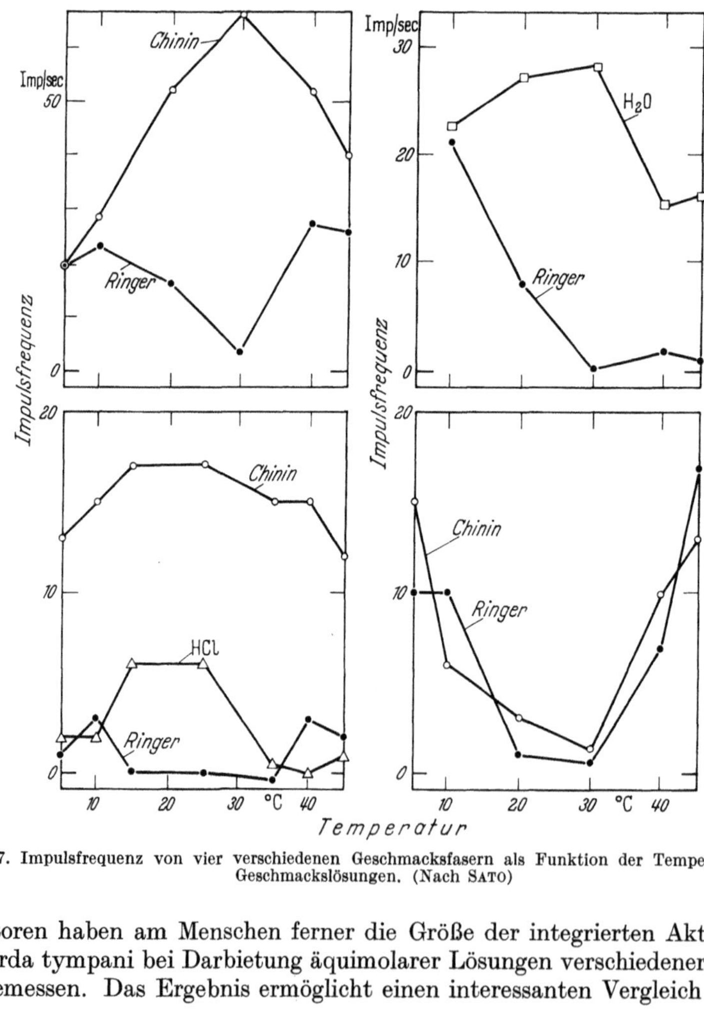

Abb. 147. Impulsfrequenz von vier verschiedenen Geschmacksfasern als Funktion der Temperatur der Geschmackslösungen. (Nach SATO)

ten Autoren haben am Menschen ferner die Größe der integrierten Aktivität in der Chorda tympani bei Darbietung äquimolarer Lösungen verschiedener Zuckerarten gemessen. Das Ergebnis ermöglicht einen interessanten Vergleich mit den in Abb. 135 dargestellten, sinnesphysiologisch ermittelten Süßigkeitsgraden der betreffenden Zucker. Tatsächlich ergeben beide Methoden genau dieselbe Rangfolge der Geschmacksintensität (Tabelle 42). Im Unterschied dazu fand sich beim Hund eine andere Reihenfolge (ANDERSEN, FUNAKOSHI u. ZOTTERMAN, *1*).

An der Chorda tympani der Ratte konnte BEIDLER (*3*) durch Registrierung der elektrischen Gesamtaktivität die sinnesphysiologisch bekannte Tatsache bestätigen, daß verschiedene Säuren von gleichem pH-Wert keineswegs gleich sauer schmecken und insbesondere die organischen, schwach dissoziierten Säuren eine größere Intensität des sauren Geschmacks auslösen. Nach der relativen

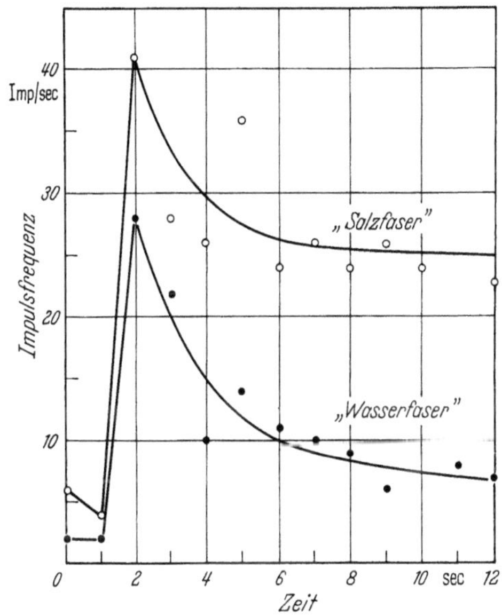

Abb. 148. Adaptationszeitgang der Impulsfrequenz einer „Salzfaser" und einer „Wasserfaser" bei Bespülung der Zunge mit konstanter Geschwindigkeit von 5 ml/sec. Die „Salzfaser" wurde durch 0,5 mol/l NaCl, die „Wasserfaser" durch Wasser erregt. (Nach COHEN, HAGIWARA u. ZOTTERMAN)

Höhe der Impulsentladung (in Zahlen angegeben) ergab sich für eine Reihe von Säuren mit einem pH-Wert von 2,5 die Folge:

Ameisensäure >	Citronensäure >	Essigsäure >	HCl
2,0	1,5	1,4	1,0

b) Temperatur. Eine systematische Untersuchung des Temperatureinflusses auf die Impulsentladung von Geschmacksfasern der Katze hat SATO kürzlich veröffentlicht. Registrierungen der integrierten Aktivität in der gesamten Chorda tympani sind für diese Fragestellung nur bedingt brauchbar, da die Geschmacksimpulse in diesem Fall von den Temperaturimpulsen der Zunge überlagert werden. Aber auch bei einzelnen Fasern ist die Temperaturabhängigkeit ziemlich kompliziert (Abb. 147). So zeigen viele Geschmacksreceptoren, die auf Ringerlösung von mittlerer Temperatur nicht oder nur wenig ansprechen, bei höheren und tieferen Temperaturen eine vermehrte Entladung. Bei Darbietung spezifischer Schmeckstoffe sieht man meist ein Maximum der Impulsfrequenz im mittleren Temperaturbereich, doch kommen auch von dieser Regel Ausnahmen vor, wie die Kurve rechts unten in Abb. 147 beweist. Zudem hängt der Temperatureinfluß auf die Geschmacksimpulse von der Konzentration der Schmecklösung ab.

Es sei an dieser Stelle betont, daß die Temperaturabhängigkeit der Entladungsfrequenz im Nerven noch nicht ohne weiteres etwas über die Temperaturabhängigkeit des Primärvorganges am Receptor aussagt.

c) Periphere Adaptation. Beim Bespülen der Zunge mit Geschmackslösungen von gleichbleibender Konzentration beobachtet man unmittelbar nach Beginn des Reizes eine überschießende Entladung (Overshoot) in den zugehörigen Geschmacksfasern, danach nimmt die Impulsfrequenz wieder ab. Bei höheren Konzentrationen stellt sich eine stationäre Dauerentladung ein, bei niedrigen hören die Impulse nach einiger Zeit ganz auf. Die Geschmacksreceptoren verhalten sich also wie PD-Steuerkörper. In Abb. 148 ist der Zeitgang der Adaptation für eine einzelne „Wasserfaser" und eine „Salzfaser" dargestellt. Wesentlich ist hierbei, daß der Adaptationszeitgang der peripheren Geschmacksreceptoren nicht mit dem Zeitverlauf der bewußten Geschmacksempfindung parallel geht, woraus man schließen kann, daß bei letzterer eine zentralnervöse Komponente beteiligt ist (S. 260).

4. Periphere Interaktion von Substanzen

Bringt man beim Hund eine Saccharoselösung von 0,5 mol/l auf die Zunge, so wird eine Entladung von „Zuckerfasern" ausgelöst. FUNAKOSHI u. ZOTTERMAN haben gefunden, daß diese Entladung unterdrückt wird, wenn die Zunge

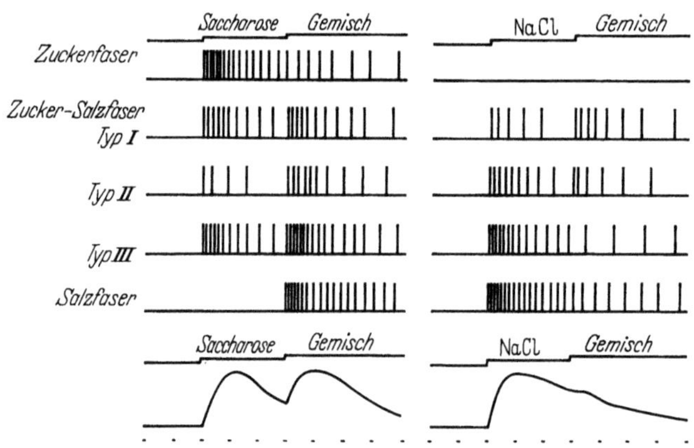

Abb. 149. Schematische Darstellung der Impulsentladung verschiedener Geschmacksfasern bei Darbietung von Saccharose, NaCl und Gemischen beider Substanzen. Untere Kurve: integrierte Aktivität im Gesamtnerven. Nach FUNAKOSHI u. ZOTTERMAN)

zuvor mit einer NaCl-Lösung von 0,5 mol/l bespült worden war. Gibt man jedoch die NaCl-Lösung erst nach Applikation der Saccharose, so bleibt die hemmende Wirkung aus. Umgekehrt gelingt es nicht, spezifische „Salzfasern" durch Zucker zu beeinflussen. Bei einer dritten Gruppe von Fasern, die auf Zucker wie auf Salz ansprechen, wird nur die Zuckerkomponente beeinflußt. Abb. 149 zeigt eine schematische Darstellung dieser Interaktionen bei den verschiedenen Fasertypen und ihre Auswirkung auf die integrierten Potentiale im Gesamtnerven.

Ein sinnesphysiologisch schon seit langem bekanntes Phänomen ist die spezifische Hemmung des süßen und bitteren Geschmacks durch *Gymnemasäure*, eine Substanz, die aus Blättern von *Gymnema sylvestre* gewonnen wird (KIESOW, *1*). Nach WARREN u. PFAFFMANN (*2*) handelt es sich bei dem aktiven Prinzip der Gymnemablätter um Kalium-Gymnemat. Auf die menschliche Zunge gebracht, hebt dieser Stoff sowohl den süßen Geschmack von Zucker wie den von Saccharin auf. Wie man durch Registrierung von Geschmacksimpulsen nachweisen kann, greift diese Wirkung an den peripheren Receptoren an (ANDERSSON u. Mitarb.). Bemerkenswert ist die Tatsache, daß bei Einzelfasern, die sowohl auf süße wie auf salzige Stoffe ansprechen, durch Gymnemasäure nur die süße Komponente gehemmt wird (PFAFFMANN, *6*).

5. Zur Theorie der Receptorprozesse

Über die fundamentalen Prozesse im Geschmacksreceptor lassen sich vorerst nur Vermutungen äußern. Es liegt nahe, den Ort der Primärvorgänge, welche schließlich zu einer Impulsentladung der Nervenfaser führen, in den Microvilli der Geschmackszellen zu suchen, doch sollte man dabei nicht vergessen, daß auch zwischen den Zellen Nervenendigungen liegen, die ebenfalls als Geschmacksreceptoren in Frage kommen könnten. Man neigt heute zu der Annahme, es handle sich bei der primären Reaktion des Schmeckstoffes mit dem Receptor nicht um chemische oder enzymatische Vorgänge (KOSHTOIANTS u. KATALIN), sondern um lockere Adsorptionsprozesse unter der Wirkung schwacher physikalischer Kräfte (RENQVIST; BEIDLER, *1*; DETHIER, *2*, *3*; PFAFFMANN, *6*; EVANS). Wäre der Primärprozeß enzymatischer Natur, so müßte er stark temperaturabhängig sein. DETHIER u. ARAB konnten aber an Chemoreceptoren von Insekten zeigen, daß der Erregungsvorgang über einen weiten Temperaturbereich konstant bleibt.

Nach einer Theorie von BEIDLER (*1*) sollen Moleküle oder Ionen an gleichartigen und unabhängigen Stellen der Receptoroberfläche adsorbiert werden. Der Geschmacksstoff A kann eine spezifische, vermutlich an der Oberfläche des Microvillus gelegene Gruppe B besetzen, wobei die Verbindung AB entsteht

$$A + B \rightleftharpoons AB\,.$$

Die Gleichgewichtskonstante k einer solchen monomolekularen Reaktion ist

$$k = \frac{[AB]}{[A]\,[B]}\,.$$

Nimmt man ferner an, daß die Größe der Receptorerregung R proportional zur Zahl der besetzten Gruppen AB ist und die maximale Erregung R_m dann erreicht wird, wenn alle verfügbaren Gruppen besetzt sind, dann läßt sich die Grundgleichung

$$\frac{C}{R} = \frac{C}{R_m} + \frac{1}{k R_m}$$

ableiten, wobei C die Konzentration des Geschmacksstoffes ist. Der Wert von R kann als Größe eines lokalen Receptorpotentials oder als Impulsfrequenz im Nerven angegeben werden. Wenn man den Quotienten C/R gegen die Konzentration R aufträgt, so erhält man eine Gerade, die sich mit den experimentellen Werten sehr gut deckt (S. 254).

Wahrscheinlich besitzt der Geschmacksreceptor mehrere Arten von Molekülgruppen, an denen bestimmte Klassen von Schmeckstoffen spezifisch adsorbiert werden. Für eine solche Hypothese spräche unter anderem die Tatsache, daß bei Receptoren, die auf mehrere Geschmackskomponenten (z.B. süß und salzig) reagieren, einzelne Komponenten selektiv blockiert werden können (KUSANO u. SATO; WARREN u. PFAFFMANN, *2*; FUNAKOSHI u. ZOTTERMAN). Theoretisch könnte man sich auch vorstellen, die Erregung einzelner Geschmacksfasern durch mehrere Substanzklassen beruhe darauf, daß die Faser jeweils mit mehreren, für verschiedene Geschmacksreize spezifischen Receptoren verbunden sei. Doch scheidet diese Möglichkeit aus, weil nicht nur die peripheren Nervenfasern, sondern — wie Ableitungen der Receptorpotentiale mit Mikroelektroden zeigen — auch die einzelnen Geschmackszellen selbst solche polymodalen Eigenschaften besitzen (MORITA u. YASMASHITA; KIMURA u. BEIDLER).

II. Zentrale Informationsverarbeitung

1. Zentrale Schwellen und Adaptation

Wie man aus einer Reihe von Tatsachen schließen kann, handelt es sich bei den Schwellen der bewußten Geschmacksempfindung um *zentrale Schwellen.* Dieser Begriff besagt, daß nicht die Schwelle des peripheren Receptors, sondern die Größe eines integralen Prozesses im Zentralnervensystem mit dem bewußten Erlebnis korreliert ist (Näheres hierüber s. S. 188). Für das Bestehen einer zentralen Schwelle spricht in erster Linie die Schwellensenkung für Geschmacksreize bei Zunahme der Reizfläche, woraus man auf eine räumliche Summation afferenter Impulse schließen kann. Ferner läßt sich auch eine zeitliche Summation nachweisen, wenn man Geschmacksempfindungen durch rechteckige Stromimpulse an der Zunge auslöst (ICHIOKA, OHBA u. SHIMIZU). Dabei sinkt die zur Auslösung der Minimalschwelle erforderliche Reizstärke um 50% und mehr ab, wenn die Zahl der Reize von 1 auf 10 erhöht wird. Allerdings kann man bei diesen Versuchen, da keine Impulsableitungen im afferenten Nerven vorliegen, periphere Summationsvorgänge an den Geschmacksreceptoren nicht mit Sicherheit ausschließen, obwohl diese Möglichkeit recht unwahrscheinlich sein dürfte.

Ebenso kann man bei der *Adaptation* der Geschmacksempfindung eine *zentrale* Komponente vermuten, wenn auch die Beweise hierfür zunächst mehr indirekter Art sind. Es sei darauf hingewiesen, daß der Zeitgang der erlebten Geschmacksintensität sich nicht mit dem Zeitgang der peripheren Prozesse deckt. Hierfür sprechen vor allem auch die Ergebnisse elektrophysiologischer Versuche, wonach beispielsweise bei Applikation von NaCl-Lösungen eine stationäre Dauerentladung von Geschmacksfasern zu beobachten ist, während die Geschmacksempfindung sich unter gleichen Bedingungen vollständig adaptiert (ABRAHAMS, KRAKAUER u. DALLENBACH; KRAKAUER u. DALLENBACH).

2. Entladung zentraler Neurone

Im Nucleus tractus solitarii der Ratte haben MAKOUS u. Mitarb. Entladungen einzelner Neurone bei Darbietung verschiedener Reizqualitäten an der Zunge registriert. Auffallend ist, daß schon im 2. Neuron der Geschmacksbahn eine erhebliche Konvergenz gustatorischer und somatosensorischer Afferenzen stattfindet. So sprechen 60% der geschmacksempfindlichen Elemente auch auf mechanische Reizung der Zunge an, während nicht weniger als 85% dieser Neuronen auf intensive Kühlung der Zunge reagieren. Was die verschiedenen Geschmacksqualitäten betrifft, so finden sich, wie nicht anders zu erwarten, zahlreiche Einheiten, die auf mehrere Substanzklassen ansprechen, im einzelnen aber deutliche Unterschiede im Sinne einer relativen Spezifität zeigen. Das in Abb. 150 gezeigte Beispiel läßt erkennen, daß das betreffende Neuron in allen Konzentrationsbereichen am empfindlichsten auf NaCl reagiert; andere Zellen wiederum haben ihre Maxima bei anderen Substanzgruppen. Doch finden sich auch zahlreiche Elemente, die auf mehrere Reizqualitäten ziemlich gleichartig ansprechen (ERICKSON; MAKOUS u. Mitarb.).

Für die Neurone im Thalamus gelten ähnliche Gesetzmäßigkeiten. Auch hier findet man neben geschmacksspezifischen Elementen solche, die zugleich von thermischen und mechanischen Afferenzen erreicht werden. Bei Affen (*Saimiri sciureus*) scheinen im Vergleich zur Ratte mehr spezifische Neurone für eine einzige Klasse von Geschmacksstoffen vorzukommen, außerdem lassen sich aber auch zahlreiche bimodale und trimodale Einheiten nachweisen. In der ersten

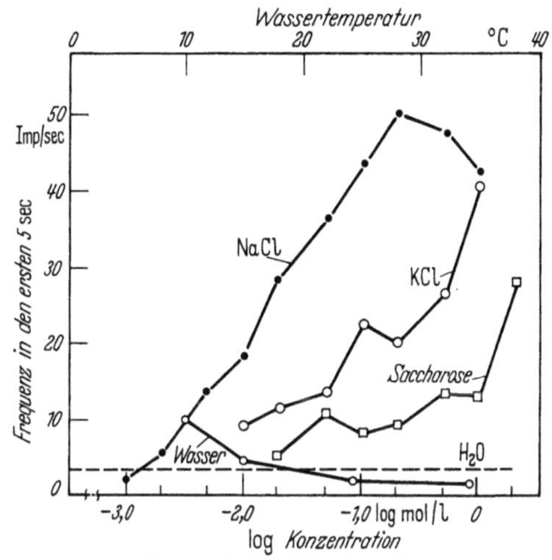

Abb. 150. Impulsfrequenz eines einzelnen Neurons im Nucl. tractus solitarii der Ratte bei gustatorischer und thermischer Reizung der Zunge. Für die mit „Wasser" bezeichnete Kurve gilt die obere Temperaturskala. Die mittlere Aktivität bei destilliertem Wasser ist als gestrichelte horizontale Linie angegeben. (Nach MAKOUS u. Mitarb.)

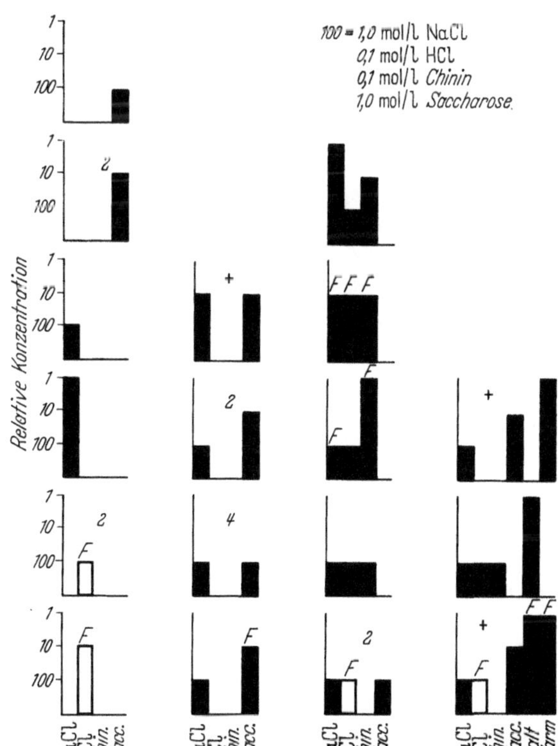

Abb. 151. „Geschmacksprofile" von 27 einzelnen Neuronen im ventrobasalen Komplex des Thalamus beim Totenkopfäffchen *(Saimiri sciureus)*. Näheres s. Text. (Nach BENJAMIN, *3*)

Kolonne von Abb. 151 sind die Reaktionen von acht monomodalen Einheiten auf verschiedene Geschmacksstoffe dargestellt. Die Profile geben an, ob ein bestimmtes Neuron auf eine auf der Ordinate angegebene Substanzkonzentration anspricht oder nicht, wobei über die Größe der Reaktion nichts ausgesagt wird. So bedeutet etwa das Profil links oben, daß diese Einheit nur auf die stärkste

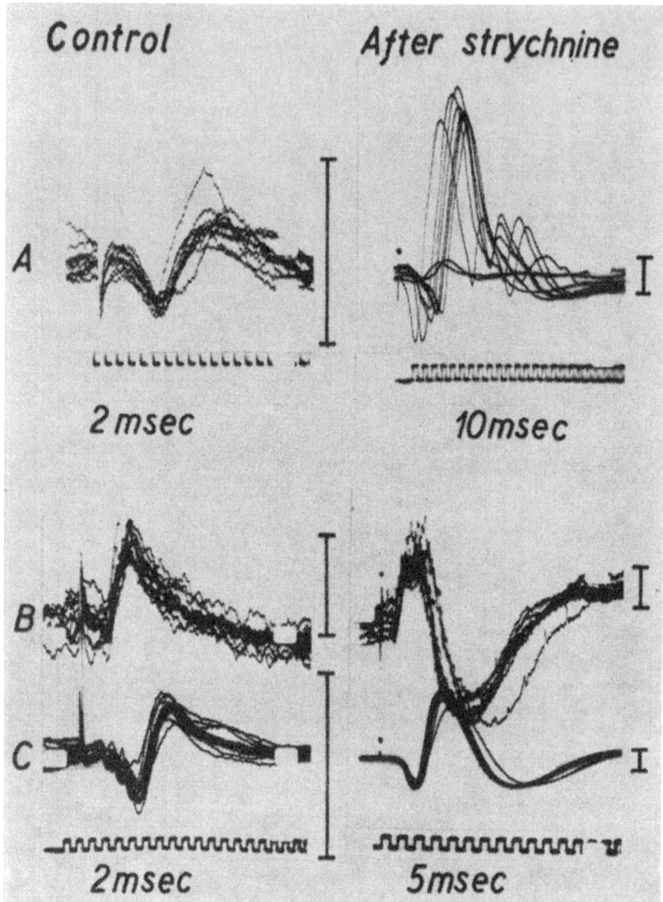

Abb. 152. Langsame Rindenpotentiale (slow evoked potentials) im corticalen Zungenfeld der Katze vor und nach lokaler Applikation von Strychnin. *A* Potentiale an der Rindenoberfläche bei elektrischer Reizung der ipsilateralen Chorda tympani; *B* Potentiale in 1,3 mm Tiefe; *C* Potentiale an der Oberfläche. Jede Registrierung besteht aus zehn superponierten Einzelkurven. Beachte die verschiedene Höhe der Eichmarken von jeweils 1 mV. (Nach COHEN u. Mitarb.)

Konzentration von Saccharose anspricht. Die Nummern geben die Anzahl gleichartiger Elemente an. Weiße Blöcke mit dem Buchstaben *F* bezeichnen Neurone, die nur feuern, wenn die Zunge nach Applikation von HCl mit Wasser bespült wird. Möglicherweise hat dies etwas mit der Beobachtung zu tun, daß destilliertes Wasser süß schmeckt, wenn vorher Säure auf die Zunge gebracht worden war. Diese Neurone sind nicht identisch mit den peripheren „Wasserfasern", deren Entladung durch vorherige Gabe von Säuren gehemmt wird (Abb. 139). In der zweiten Kolonne finden sich die bimodalen Elemente. Hier bedeutet *F* eine on-off-Entladung der betreffenden Einheiten, während das Pluszeichen andeutet, daß positive Spikes von sehr kurzer Dauer und kleiner

Amplitude auftreten, vermutlich von einer Nervenfaser. Bei diesen bimodalen Elementen handelt es sich durchweg um Kombinationen von NaCl und Saccharose. In der dritten Kolonne sind die trimodalen Einheiten zusammengestellt, während die vierte diejenigen Elemente umfaßt, die zugleich auch auf Temperaturreize ansprechen.

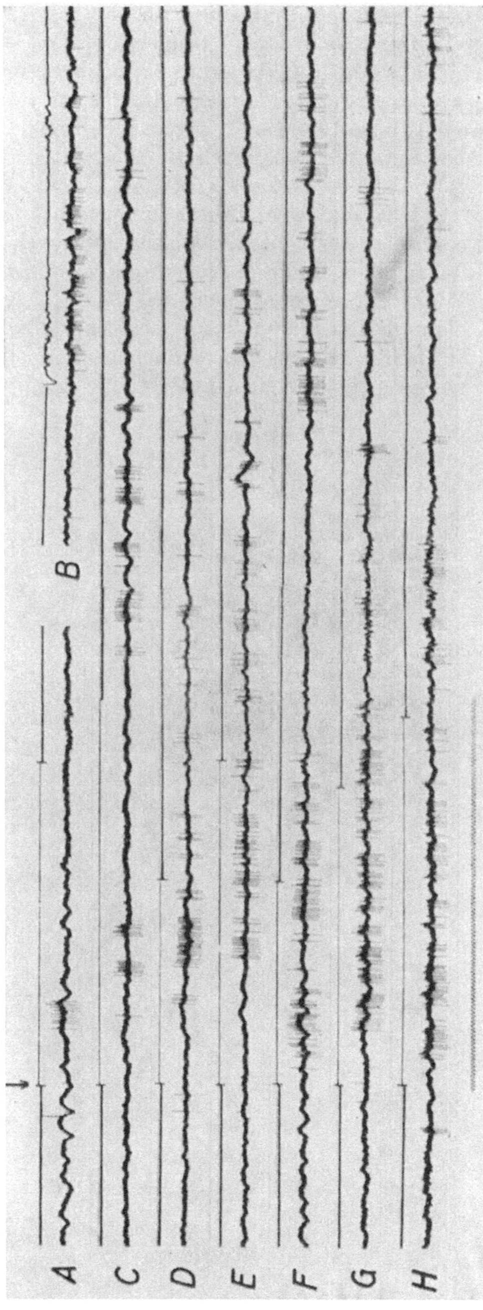

Abb. 153. Aktionspotentiale einer einzelnen Zelle aus dem corticalen Zungenfeld der Katze bei mechanischer, thermischer und chemischer Reizung der Zunge. *A* Ringerlösung von 30°C; *B* mechanische Reizung; *C* Wasser 30°C; *D* 0,5 mol/l NaCl; *E* 0,01 mol/l Chinin-hydrochlorid; *F* 0,3 mol/l Essigsäure; *G* Wasser 42°C; *H* Wasser 17°C. Die Signale in den oberen Kurvenzügen markieren jeweils den Reizbeginn. Zeitmarkierung 0,02 sec. (Nach LANDGREN, 2)

Im corticalen Zungenfeld der Katze treten bei elektrischer Reizung der Chorda tympani langsame negative Potentiale (slow evoked potentials) auf, deren Lokalisation sich im großen und ganzen mit dem somatosensorischen Rindenfeld des N. lingualis deckt. In einer Tiefe von 0,5 bis 0,8 mm geht die negative Welle des langsamen Rindenpotentials in eine negativ-positive Welle über (Abb. 152). Beim Affen hingegen (*Saimiri sciureus*) konnte Benjamin (*3*) eine gewisse räumliche Dissoziation von gustatorischen und sensorischen Arealen finden, was freilich nicht ausschließt, daß zwischen beiden Gebieten starke Überlappungen stattfinden. Dies geht schon aus der von Landgren (*2*) nachgewiesenen Konvergenz taktiler, thermischer und gustatorischer Impulse hervor, wofür Abb. 153 ein Beispiel zeigt (vgl. auch Tabelle 19). Das corticale Neuron spricht in diesem Fall auf praktisch alle überhaupt nur möglichen Reizqualitäten der Zunge an. Freilich ist dies ein extremer Fall, denn andere corticale Neuronengruppen reagieren spezifisch nur auf Geschmacksreize (Cohen u. Mitarb.; Landgren, *1*). Es gilt aber auch für die corticalen Elemente die allgemeine Regel, daß sie durch mehrere Geschmacksqualitäten zugleich erregbar sind, im Gegensatz zu manchen peripheren Receptoren. Somit entspricht den verschiedenen Geschmacksqualitäten keineswegs eine Entladung absolut qualitätsspezifischer Neuronengruppen in der Rinde, sondern ein räumlich-zeitliches Erregungsmuster vieler gleichzeitig tätiger Elemente, denen nur eine relative Spezifität für die einzelnen Substanzklassen zukommt.

Physiologie des Geruchssinnes

A. Die Erlebnismannigfaltigkeit des Geruchs

Der Modalbezirk des Geruchs zeichnet sich phänomenal durch eine unübersehbare Mannigfaltigkeit von Qualitäten aus (v. SKRAMLIK, *6*). Versucht man in diese Mannigfaltigkeit eine rationale Ordnung zu bringen, so stößt man auf eigenartige Schwierigkeiten, wie sie bei den übrigen Sinnen nicht oder nur in angedeuteter Weise bestehen. Dieser Sachverhalt hängt damit zusammen, daß die Geruchsmodalität engste Beziehungen zur Sphäre des Vitalen und Affektiven besitzt, wogegen ihr rationaler Anteil nur schwach entwickelt ist. Gerüche sind sozusagen „begriffsfremd" und entziehen sich weitgehend einer wissenschaftlichen Klassifikation. Das zeigt sich übrigens schon in der Alltagssprache, die ja keine spezifischen Wortbezeichnungen für Geruchsklassen oder Geruchskategorien kennt, während sie etwa für den Bereich der Farbqualitäten klare und jedermann geläufige Begriffe besitzt. Es nimmt daher nicht wunder, daß alle bisherigen Versuche, ein phänomenal begründetes System der Gerüche zu schaffen, zu keinem befriedigenden Resultat geführt haben, obzwar es an Versuchen dazu nicht gefehlt hat.

Angesichts der stark ausgeprägten emotionalen Komponenten der Geruchserlebnisse erscheint es natürlich und auch dem Laien einleuchtend, die Gerüche nach ihrer Gefühlsbetonung einzuteilen. So unterschied A. v. HALLER (zit. bei HOFMANN) Wohlgerüche (Odores suaveolentes), Gestänke (Foetores) und dazwischenliegende, mehr indifferente Gerüche (Odores medii). Neuere Systeme sehen vom Affektgehalt der Geruchserlebnisse so weit wie möglich ab und versuchen die Qualitäten nach ihrer phänomenalen Ähnlichkeit zu ordnen. Bei der von ZWAARDEMAKER (*2*) vorgeschlagenen Einteilung in neun Geruchsklassen ist dies allerdings noch nicht konsequent durchgeführt, denn man findet dort auch die Kategorien „widerliche Gerüche" und „ekelhafte Gerüche". Rein auf einem Ähnlichkeitsvergleich der Geruchsqualitäten fußt die bekannte Einteilung von HENNING (*1*). Er ließ seine Versuchspersonen an etwa 400 verschiedenen Substanzen im unwissentlichen Versuch riechen und veranlaßte sie, die Stoffe nach der Ähnlichkeit des Geruchs zu ordnen, wobei von allen Nebeneindrücken, von Assoziationen und auch von der Nomenklatur abgesehen wurde. Dabei gelangte er zu sechs Grundgerüchen, zwischen denen mannigfache Übergänge möglich sind (Tabelle 43). Das „Geruchsprisma" (Abb. 154) soll diese Verhältnisse in

Tabelle 43. *Einteilung der Gerüche nach* HENNING (*1*)

Qualität	Engl. Bezeichnung	Substanz
1. Würzig oder gewürzhaft	spicy	Pfeffer, Ingwer
2. Blumig oder duftend	flowery	Jasminöl
3. Fruchtig	fruity	Apfeläther
4. Harzig oder balsamisch	resinous	Räucherharz
5. Faulig	foul	Schwefelwasserstoff
6. Brenzlig	burnt	Teer

einem räumlichen Modell abbilden: Jeder Ecke des Körpers entspricht ein Grundgeruch und jedem Punkt des vom Körper umschlossenen Raumes eine bestimmte Mischqualität. Dabei ist zu berücksichtigen, daß dieses Modell nur die Qualität, aber nicht die Intensität abbilden kann, denn hierzu wäre eine sechsdimensionale Mannigfaltigkeit erforderlich, die sich durch ein dreidimensionales Gebilde nicht darstellen läßt. An diesem System ist viel Kritik geübt worden, ohne daß es eigentlich bisher durch ein besseres ersetzt werden konnte. Der Versuch, die Gerüche nach ihrer phänomenalen Ähnlichkeit zu ordnen, ist zweifellos richtig. Dagegen ist es durchaus zweifelhaft, ob HENNING nun wirklich die Grundgerüche alle richtig analysiert hat, ja ob man überhaupt von Grundgerüchen sprechen kann und sich nicht vielmehr auf eine Zusammenstellung ähnlicher Gerüche beschränken soll, wie dies in der Einteilung von ZWAARDEMAKER (*2*) geschehen ist. Sodann macht v. KRIES (*2*) den grundsätzlichen Einwand, es sei nicht sicher, ob das System der Gerüche, wie HENNING meint, ein allseits geschlossenes Kontinuum bildet. Experimentelle Nachprüfungen haben gezeigt, daß das Henningsche Schema in vielen Punkten revisionsbedürftig ist, obwohl es die allgemeinen Beziehungen zwischen den Geruchsqualitäten wohl adäquat wiedergibt (MACDONALD; FINDLEY; DIMMICK; HAZZARD).

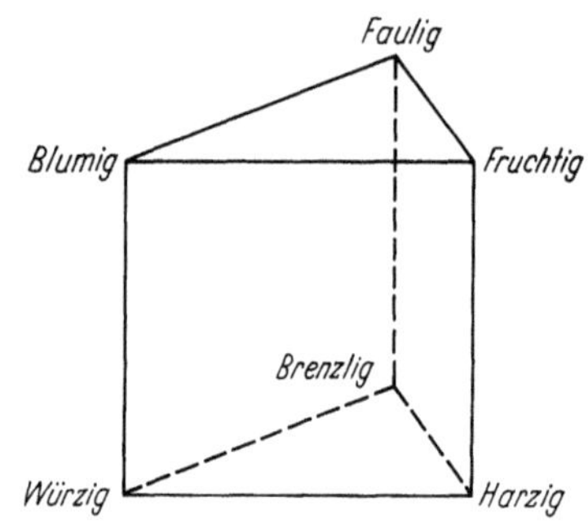

Abb. 154. Grundqualitäten der Geruchsmannigfaltigkeit. Näheres s. Text. (Nach HENNING, *1*)

Eine andere Klassifikation (CROCKER u. HENDERSON; CROCKER) versucht mit den folgenden vier Grundkomponenten auszukommen:

fragrant (duftig),
acid (scharf),
burnt (brenzlig),
caprylic (caprylig).

Außerdem wird für jede Komponente noch eine Ordinalskala der Intensität mit den Zahlen 0 bis 8 eingeführt. Danach kann Essigsäure durch den Wert 3803 charakterisiert werden; er bedeutet, daß die duftige Komponente 3, die scharfe 8, die brenzlige 0 und die caprylige 3 Einheiten der Intensitätsskala erhält. Die Komponenten werden abgeschätzt, indem man eine Geruchsprobe mit einem Satz von Standardsubstanzen vergleicht, deren Geruchswert zuvor bestimmt wurde. Jeder Standard hat einen Wert für alle vier Komponenten, doch wird er vorwiegend verwendet, um eine Hauptkomponente zu charakterisieren. So ist für „duftig 8“ der Standard Methylsalicylat, aber seine vollständige Formel ist 8453. Dieses System kann auch von ungeübten Versuchspersonen recht zuverlässig gehandhabt werden und hat sich für verschiedene praktische Zwecke bewährt (BORING). Eine weitere Einteilung, die von AMOORE, JOHNSTON u. RUBIN angegeben wurde, ist in Tabelle 44 dargestellt. Auf andere phänomenale Klassifikationen der Gerüche will ich hier nicht näher eingehen, da sie letztlich auf dasselbe Prinzip hinauslaufen und wegen der Eigentümlichkeiten der Geruchsmodalität wohl immer bis zu einem gewissen Grad umstritten sein werden.

Für die ungewöhnlich starke *emotionale* Komponente der Geruchserlebnisse lassen sich noch weniger als beim Geschmack allgemeine Regeln aufstellen, da die Gefühlsbetonung der Gerüche nicht nur von biologischen, sondern mehr noch von sozial- und völkerpsychologischen Faktoren abhängt. „So gibt es“, wie

Tabelle 44. *Klassifikation der Primärgerüche nach* AMOORE, JOHNSTON u. RUBIN

Primärgeruch	Chemische Substanz	Trivialsubstanz
campherartig	Campher	Mottenpulver
moschusartig	ω-Hydroxypentadekan-säurelacton	Angelikawurzelöl
blumig	Phenyläthyl-methyl-äthyl-carbinol	Rose
minzig	Menthon	Pfefferminzbonbon
ätherisch	Äthylendichlorid	Fleckenwasser
stechend	Ameisensäure	Essig
faulig	Butylmercaptan	faule Eier

HENNING (*2*) sagt, „von Wasser und Milch an bis zum Wein, und vom Brot bis zu Fäkalien keine als Getränk, Speise, Kosmetikum oder Gebrauchsobjekt dienende Substanz, welche dem einen Volk nicht ebenso ekelhaft wie dem andern geschätzt wäre. Es gibt schlechterdings nichts auf dieser Erde, was ein Volk nicht ebenso ekelerregend verabscheut, als ein anderes Volk es hochschätzt. Mitunter richten sich Ekel und Gefallen auch nach sozialpsychologischen Gruppen (Priesterstand, Kaste usw.). Die sozial- und völkerpsychologische Ausbildung des Gefühls zeigt deutliche Entwicklungsgesetze. Ein anfangs geschätzter Geruch und Geschmack (Pferdefleisch bei den alten Germanen, Schweinefleisch bei den alten Juden und vielen anderen Völkern) wird an einem historischen Zeitpunkt tabuiert und damit dem profanen Gebrauch entzogen. Aus der Tabuierung kann sich einerseits unüberwindlicher Ekel und Abscheu, andererseits unbezwingliche Verehrung entwickeln, je nachdem eine negative oder positive Werthaltung hinzukommt. Dieses Entwicklungsprodukt geht durch Kulturtradition, Nachahmung und Suggestion auf spätere Menschengeschlechter über. Alle vom Beobachter angegebenen Gründe für den Abscheu sind hingegen nur ganz unwesentliche, nachträgliche Rationalisierungen, welche den Abscheu niemals hätten hervorrufen und begründen können. Die grundlegenden Entscheidungen über Lust und Unlust fielen in der Vorzeit; hierin herrschen die Toten stärker über uns als Lebende, welche nur geringere Abänderungen im Wege der Mode und einzelner Motive veranlassen können. Manche Völker lieben den Geruch von Knoblauch, andere hassen ihn. Viele Negerstämme bevorzugen den kadaverösen Geruch des verwesenden Fleisches, vor dem sich der Europäer ekelt. Im Orient wird Moschus den Speisen und Kuchen zugesetzt, was sie uns ungenießbar macht. Und einige Beispiele der historischen Veränderung: Im Altertum benutzte man auch Bittermandelöl und Terpentin, in der Renaissance Baldrian und Pfefferminz als Parfüm. Während der Renaissance wurde Campher in großen Dosen als Speisegewürz verwendet" (S. 404). Weitere Beispiele hierzu finden sich bei HENNING (*1*).

B. Anatomische Substrate des Geruchssinnes

I. Regio olfactoria

Die *Riechschleimhaut* (Regio olfactoria) erstreckt sich beim Menschen auf die obere Nasenmuschel und den ihr entsprechenden Teil des Septums, ausnahmsweise auch auf die Basis der mittleren Muschel, in einer Fläche von etwa 2,5 cm^2 auf jeder Seite (Abb. 155). Aus der anatomischen Lage des Riechepithels ergibt sich, daß diese Region bei ruhiger Atmung nur von einem schwachen Teilstrom der Atemluft bestrichen wird. Bewegt man dagegen die Luft absichtlich schnell hin und her („Schnüffeln"), so wird auch die im oberen Teil der Nase befindliche

Luft stärker bewegt und damit der Kontakt mit den Riechstoffen erhöht. Bei Betrachtung mit bloßem Auge hebt sich die Pars olfactoria gelblichbraun gegenüber der angrenzenden Pars respiratoria der Nasenschleimhaut ab. Im mikroskopischen Bau unterscheidet sich das Riechepithel sehr deutlich vom übrigen Epithel der Nasenhöhle (Abb. 156). Es fehlt der Flimmersaum, es fehlen die Becherzellen, die Zellkerne lassen nach der Oberfläche zu einen breiten plasmati-

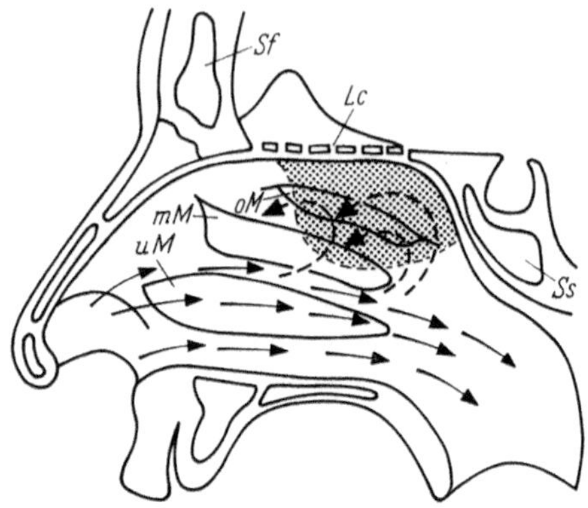

Abb. 155. Diagramm der lateralen Nasenhöhlenwand. Die Regio olfactoria ist punktiert dargestellt. Der Hauptstrom der Luft geht unterhalb des Riechepithels vorbei, das von sekundären Luftwirbeln erreicht wird. (Nach ADEY)

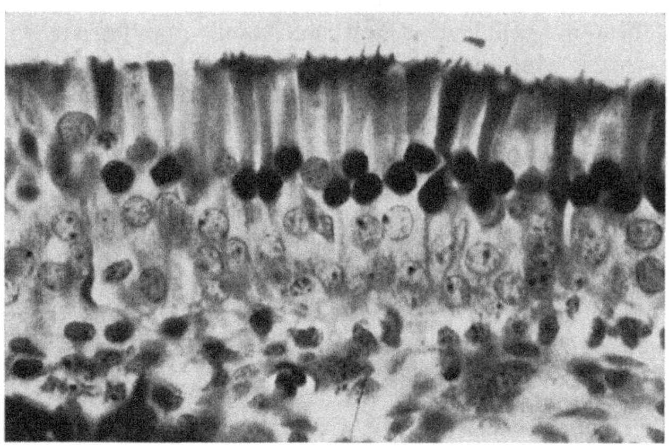

Abb. 156. Epithel der Riechschleimhaut vom Menschen. Kerne der Riechzellen hell, die der Stützzellen dunkel. (Nach KOLMER)

schen Saum frei. Außerdem zeigen die Drüsen der Riechschleimhaut, die Glandulae olfactoriae, eine von den übrigen Schleimdrüsen abweichende Struktur. Das Riechepithel ist von Schleim bedeckt, der vorwiegend das Produkt der Glandulae olfactoriae ist; anscheinend sind aber auch die Stützzellen mit ihrem distalen Zottensaum sekretorisch tätig (BLOOM). Jedenfalls unterscheidet sich der Riechschleim von anderen Körperschleimen und enthält z.B. kein Mucin, wohl aber Fermente. Ob der Schleim dauernd die Riechhaare bedeckt, ist ungewiß. Über die Funktion des Riechschleims ist nichts Näheres bekannt; unter anderem wird vermutet, er habe eine Art Spülfunktion, die eine übermäßige Duftstoffanreicherung an der Oberfläche der Riechzellen verhindert. In diesem Zusammenhang ist die Feststellung wichtig, daß den im Wasser lebenden Vertebraten, bei denen das Riechorgan mit Wasser gefüllt ist, Glandulae olfactoriae fehlen. Die Riechschleimhaut hat eine Dicke von 60 μ und besteht aus gelblich pigmentierten Stützzellen und den eigentlichen Riechzellen. Man schätzt die Gesamtzahl der Riechzellen beim Menschen auf 1 bis $2 \cdot 10^7$. Bei Hunden fanden sich 1,5 bis $1{,}8 \cdot 10^4$ Riechzellen pro Quadratmillimeter oder bis zu $2{,}4 \cdot 10^8$ Zellen in der gesamten Regio olfactoria (A. MÜLLER). Für die Riechschleimhaut des Kaninchens werden 10^8 Receptoren angegeben (ALLISON, *1*).

II. Periphere Receptoren

Zwischen den Stützzellen der Regio olfactoria stehen die eigentlichen *Riechzellen*. Es handelt sich um bipolare Sinnesnervenzellen, die mit schlanken Aus-

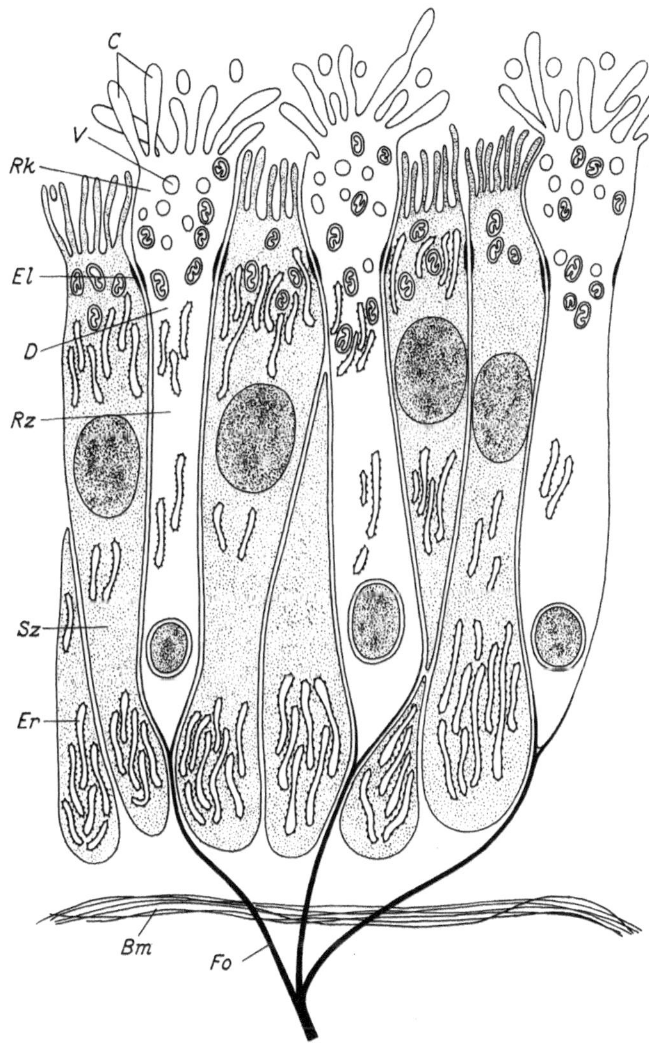

Abb. 157. Schema der Ultrastruktur des Riechepithels nach elektronenmikroskopischen Befunden. *C* Cilien; *V* Vesikel; *Rk* Riechkolben; *El* Endleisten; *D* Dendrit; *Rz* Riechzelle; *Sz* Stützzelle; *Er* Endoplasmatisches Reticulum; *Bm* Basalmembran; *Fo* Fila olfactoria. (Nach DE LORENZO, *4*)

läufern, den Riechstäbchen, über das Niveau der Stützzellen hinausragen und in sechs bis zwölf Cilien von 0,1 μ Dicke und 1 bis 2 μ Länge endigen. Abb. 157 zeigt eine Darstellung der wichtigsten Strukturen, wie sie sich aus elektronenmikroskopischen Untersuchungen ergeben (DE LORENZO, *1, 3, 4*). Umgeben sind die Cilien von einer plasmatischen Membran, die sich bei stärkerer Vergrößerung als eine Doppellamelle, bestehend aus zwei dichteren, 20 Å breiten Streifen und einem helleren, 30 Å breiten Zwischenraum erweist. Ferner enthalten die Enden der Riechstäbchen zahlreiche Mitochondrien und kleine Vesikel, die den „synaptischen Vesikeln“ ähneln. Einige Filamente und Ribosomen vervollständigen das cytologische Bild der Riechstäbchen. Wesentlich erscheint die Tatsache, daß die Stäbchen an ihrem Ende keinerlei Zellscheide besitzen, während sie im übrigen von den Stützzellen und in ihrem weiteren Verlauf von Schwannschen Zellen umschlossen sind. Die sog. Stützzellen — der Ausdruck ist natürlich rein morphologisch und sagt nichts über die Funktion — besitzen an ihrem Ende eine andere Form von Zellausläufern, die man als Microvilli bezeichnet. Cilien und Microvilli sind eng miteinander vermischt, so daß der Gedanke an eine funktionelle Beziehung naheliegt. Bisher ist es nicht gelungen, Unterschiede in der Feinstruktur verschiedener Riechstäbchen zu finden. Damit bleibt die Frage nach der Spezifität einzelner Receptoren für bestimmte Riechstoffklassen bis auf weiteres eine Angelegenheit der Physiologie.

III. Leitungsbahnen

An den Riechzellen entspringen außerordentlich dünne, marklose Nervenfasern von nur 0,2 μ Durchmesser, welche die Basalmembran des Riechepithels durchbrechen und sich zu dünnen Bündeln, den *Fila olfactoria*, zusammenschließen.

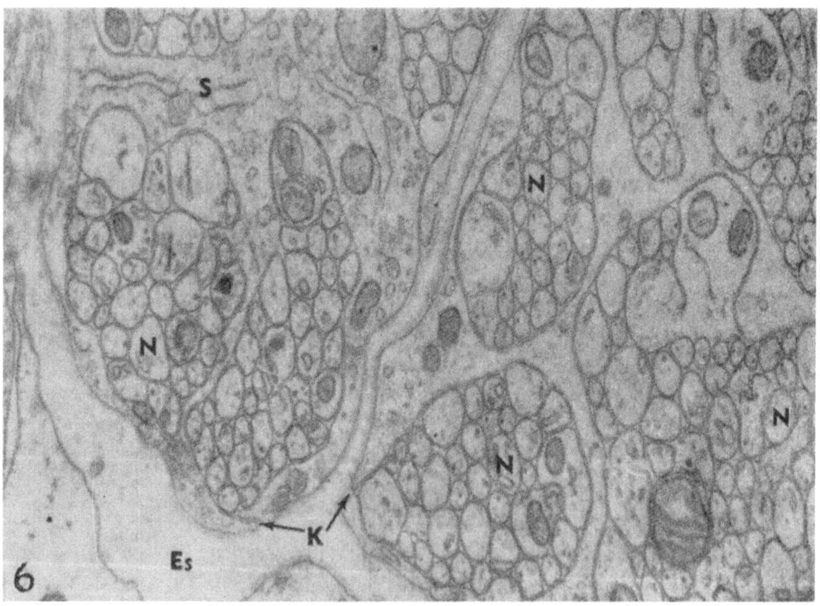

Abb. 158. Elektronenmikroskopische Aufnahme von Querschnitten durch die Fila olfactoria des Kaninchens. *N* Nervenfaser, *S* Schwannsche Zelle; *K* Mesaxone in Kontinuität mit dem extracellulären Raum; *Es* extracellulärer Raum. (Nach DE LORENZO, *4*)

Im Unterschied zu anderen Nervenfasern besitzen die peripheren Geruchsfasern keine einzelnen Mesaxone, sondern werden in dichten, manchmal mehrere hundert Elemente enthaltenden Strängen (GASSER, *3*; DE LORENZO, *4*) von einem Schwannschen Mexaxon umschlossen (Abb. 158). Dabei beträgt der Abstand zwischen den Einzelfasern nur 100 bis 150 Å, was für einen funktionellen Kontakt zwischen den

Elementen sicher nicht ohne Bedeutung ist. In dieser Anordnung durchbrechen die Fila olfactoria die Lamina cribriformis des Siebbeins und endigen im *Bulbus olfactorius*, der als vorgelagerter Hirnteil zu betrachten ist; er bildet die einzige

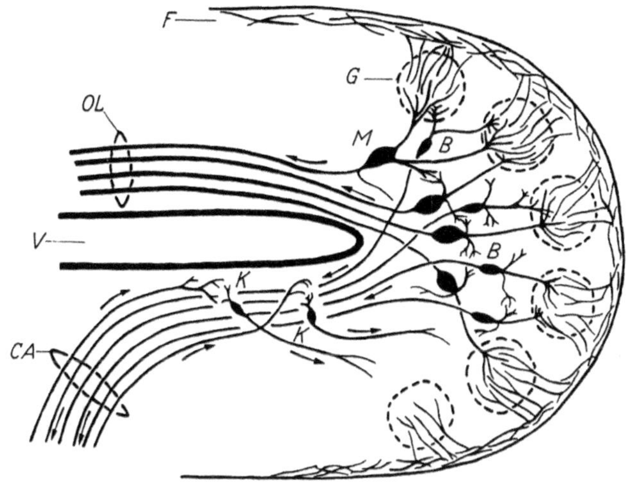

Abb. 159. Schema der neuralen Verbindungen im Bulbus olfactorius. Afferente Fasern (*F*) aus den Geruchsreceptoren ziehen von der Oberfläche des Bulbus zu den Glomeruli olfactorii (*G*), wo sie mit Dendriten aus den Mitralzellen (*M*) und Büschelzellen (*B*) synaptischen Kontakt aufnehmen. Die Neuriten der Mitralzellen ziehen hauptsächlich im Tract. olfactorius lateralis (*OL*) zur primären Rinde. Die dünneren Neuriten der Büschelzellen verlaufen in der Commissura anterior (*CA*) zum Bulbus olfactorius der Gegenseite, wo sie an den Körnerzellen (*K*) endigen. Diese wiederum entsenden efferente Neuriten zur Schicht der Mitral- und Büschelzellen. *V* olfactorischer Ventrikel, der bei niederen Säugern vorkommt und mit den Hirnventrikeln kommuniziert. (Nach ADEY)

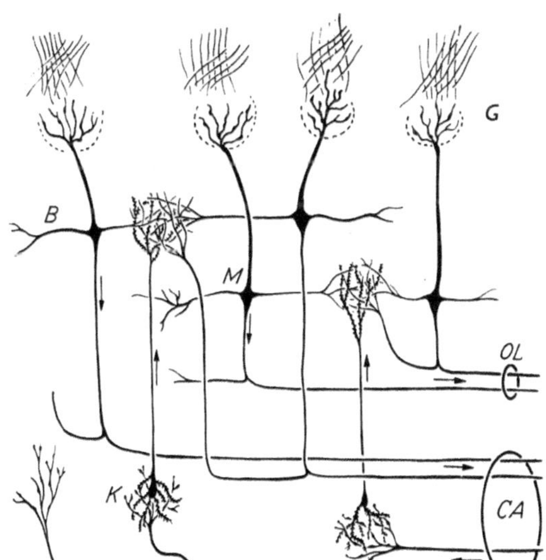

Abb. 160. Strukturen des Bulbus olfactorius. *OL* Tract. olfactorius lateralis; *CA* Commissura anterior; *G* Glomerulus olfactorius; *B* Büschelzelle; *M* Mitralzelle; *K* Körnerzelle. Weiteres s. Text. (Nach KERR u. HAGBARTH)

synaptische Unterbrechung zwischen den peripheren Receptoren und der Hirnrinde. LE GROS CLARK (*4*) sagt hierzu: "There is only one synapse intervening between the impingment of a stimulus on the olfactory receptor and the arrival of the nerve impulse at the cerebral cortex. A directness of connection that far transcends that of any other sensory system".

Innerhalb des Bulbus olfactorius bilden die peripheren Neuriten komplizierte körbchenartige Gebilde, die Glomeruli olfactorii, an denen der synaptische Kontakt mit den Dendriten der Mitralzellen und der Büschelzellen erfolgt (Abb. 159 und 160). Diese Zellen bilden das 2. Neuron der olfactorischen Bahn. Man hat berechnet, daß beim Kaninchen jeder Glomerulus Impulse aus 26000 peripheren Geruchsreceptoren erhält und diese Informationen über 24 Mitralzellen und 68 Büschelzellen weiterleitet (ALLISON u. WARWICK; ALLISON, *1*); es besteht also eine ausgeprägte neurale Konvergenz im Verhältnis von 280:1. Die Neuriten der 60000 Mitralzellen bilden den zur olfactorischen Rinde ziehenden Tractus olfactorius lateralis, während die dünneren Axone der Büschelzellen in der Comissura anterior zum Bulbus olfactorius der Gegenseite ziehen. Innerhalb des Bulbus läßt sich eine gewisse topographische Projektion des Riechepithels nachweisen (ADRIAN, *6*, *7*; LE GROS CLARK, *3*).

Besondere Aufmerksamkeit verdient die von CAJAL entdeckte efferente Innervation des Bulbus olfactorius. In der vorderen Commissur ziehen zentrifugale Fasern, die aus den Büschelzellen der Gegenseite stammen, zu den Körnerzellen (Abb. 160). Diese wiederum entsenden ihre Neuriten zur Schicht der Mitralzellen und der Büschelzellen, so daß eine efferente Rückkoppelungsschleife zwischen den beiden Bulbi olfactorii entsteht (FOX u. SCHMITZ; FOX, FISHER u. DE SALVA; ALLISON, *2*). Ferner ist auf Grund physiologischer Befunde anzunehmen, daß auch aus anderen Kerngebieten zentrifugale Fasern zum Bulbus olfactorius ziehen.

IV. Primäre Rindenfelder

Über die Lage der corticalen Projektionsfelder des Geruchssinnes ist erst in letzter Zeit Genaueres bekanntgeworden. Nachdem man zuerst den Gyrus hippocampi als das primäre olfactorische Rindenfeld angesehen hatte, ist man auf Grund neuerer Befunde von dieser Ansicht abgerückt (ALLEN, *4*, *5*, *6*; BRODAL; LE GROS CLARK u. MEYER; CRAGG, *1*), obwohl das erwähnte Areal zweifellos enge Verbindungen zum Geruchssystem besitzt. Operative Ausschaltung des Bulbus olfactorius beim Affen führt zu einer Degeneration von afferenten Fasern, die im Tractus olfactorius lateralis verlaufen und zu folgenden Hirnregionen ziehen: Tuberculum olfactorium, frontaler Teil des Lobus piriformis, temporale Area praepiriformis, Nucleus amygdalae und Kerngebiet der Stria terminalis (MEYER u. ALLISON; ALLISON, *3*). Dagegen ließ sich keine Degeneration im hinteren Teil des Lobus piriformis und im Gyrus hippocampi nachweisen (Abb. 161). Nach Inoculation von Poliomyelitis-Virus in die Riechschleimhaut von Rhesusaffen fand BODIAN Degenerationen im Tuberculum olfactorium, in der Area praepiriformis der Rinde und im corticalen Gebiet um den Nucl. amygdalae. Gewisse Degenerationen traten auch auf im Hypothalamus, in den medialen Thalamuskernen, im Ganglion habenulae und im Globus pallidus, während im Hippocampus keine Degeneration nachweisbar war.

Diese anatomischen Befunde werden durch neurophysiologische Untersuchungen gestützt (vgl. S. 295). Bei elektrischer Reizung des Bulbus olfactorius lassen sich Rindenpotentiale ableiten, deren Latenz gewisse Rückschlüsse auf das Vorhandensein monosynaptischer oder polysynaptischer Verbindungen erlaubt (FOX, MCKINLEY u. MAGOUN; KAADA; BERRY, HAGAMEN u. HINSEY). Es treten meist mehrere Potentialwellen mit verschiedenen Latenzen auf; die corticalen Potentiale mit kürzester Latenz sind bei der Katze von der Area praepiriformis, vom Lobus piriformis und vom Tuberculum olfactorium abzuleiten (FOX, MCKINLEY u. MAGOUN). Ähnliche Potentiale wurden auch beim Affen gefunden;

ihre schnellste Komponente trat im Tuberculum olfactorium und an der Spitze des Gyrus hippocampi auf (KAADA). Zusammenfassend läßt sich sagen, daß das primäre Rindenfeld des Geruchs sich vorwiegend auf den vorderen Teil des Lobus piriformis und die Area praepiriformis erstreckt.

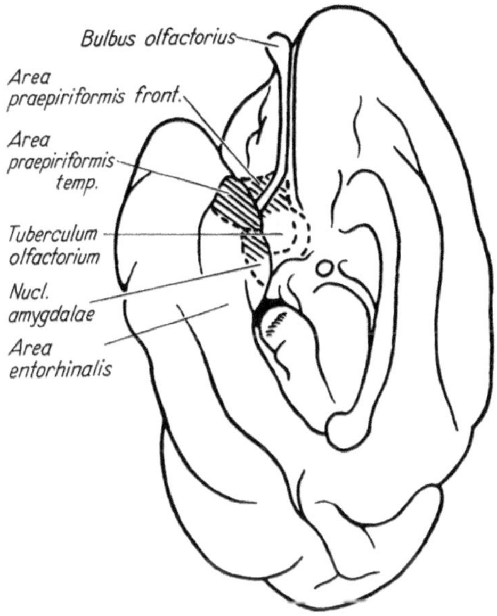

Abb. 161. Primäre Rindenfelder (schraffiert) der Geruchsbahn beim Affen (*Macaca mulatta*). (Nach ALLISON, *1*)

V. Sekundäre zentrale Verbindungen

Die zentralen Verbindungen der Geruchsbahn sind äußerst verwickelt und im einzelnen noch wenig erforscht. Nach neuroanatomischen und neurophysiologischen Untersuchungen scheinen zwischen den primären Geruchsfeldern und den Strukturen des sog. Riechhirns (Rhinencephalon) nur mehr oder weniger indirekte Beziehungen zu bestehen. Dies läßt sich vor allem aus den langen Latenzzeiten der durch elektrische Reizung der Geruchsbahn ausgelösten Potentiale im Gyrus hippocampi, im Hippocampus, in der Stria medullaris und im Tractus mamillothalamicus schließen (BERRY, HAGAMEN u. HINSEY). An Hand eines Schemas von ADEY seien einige, zum Teil allerdings noch nicht gesicherte Verbindungen zwischen der primären olfactorischen Rinde und den Strukturen des Rhinencephalon sowie einigen Gebieten des Mittelhirns und Zwischenhirns kurz erläutert (Abb. 162). Vom Nucl. amygdalae laufen Faserverbindungen über die Stria terminalis zum Hypothalamus (FOX u. SCHMITZ; FOX; ADEY u. MEYER). Der Hypothalamus wiederum besitzt Verbindungen zu einer Reihe medialer Thalamuskerne (LE GROS CLARK, *2*; MORIN, *1*), von denen über den Fornix Impulse zu den Strukturen des Hippocampus (GREEN u. ARDUINI; GREEN u. ADEY) und endlich über die Stria medullaris zum Mittelhirn (ADEY, MERRILLEES u. SUNDERLAND) gelangen. Die Strukturen des Septum, des Hippocampus und des angrenzenden Lobus piriformis gehören zum sog. *limbischen System* oder „visceral brain", das enge Beziehungen zu vegetativen Reaktionen und emotionalen Verhaltensweisen hat (MACLEAN, *1*, *2*, *3*; GREEN). Im Lobus piriformis und im Hippocampus des Kaninchens konnten MACLEAN, HORWITZ u. ROBINSON rhythmische Potentiale bei Einatmung von Rauch registrieren, und ähnliche Reaktionen wurden bei

Schmerzreizen und Geschmacksreizen beobachtet. Offenbar werden diese Regionen über unspezifische Bahnen von allen Sinnesreizen, auch taktilen, akustischen und optischen, erreicht (GERARD, MARSHALL u. SAUL; JUNG u. KORNMÜLLER; MACLEAN, HORWITZ u. ROBINSON; GREEN u. ARDUINI; GOZZANO, RICCI u. VIZIOLI).

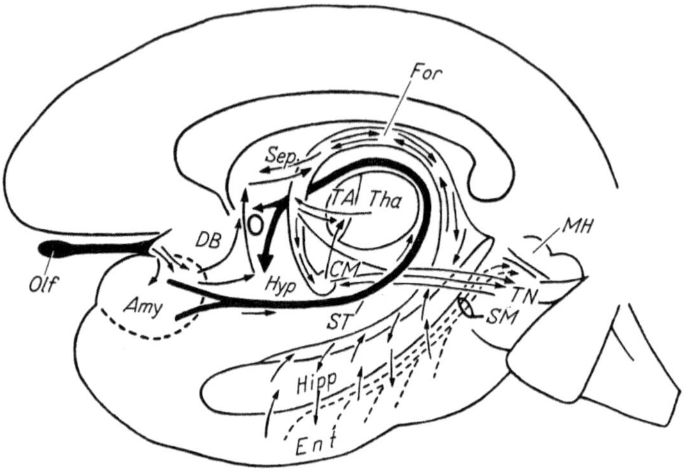

Abb. 162. Mögliche Verbindungen der primären olfactorischen Rinde mit anderen Hirnteilen. Aus dem Bulbus olfactorius (*Olf*) ziehen Fasern zum Nucl. amygdalae (*Amy*), an dem die Stria terminalis (*ST*) entspringt. Diese endet im Hypothalamus (*Hyp*). Eine direkte Verbindung zum Septum (*Sep*) verläuft vermutlich über das Diagonalband (*DB*) von BROCA. Im Fornix (*For*) ziehen Bahnen in beiden Richtungen zwischen Hippocampus (*Hipp*), Septum, vorderem Teil (*TA*) des Thalamus und Hypothalamus, zum Teil auch zum Corpus mamillare (*CM*). Von dort laufen Fasern im Tract. mamillo-thalamicus zum Thalamus (*Tha*). Der Hippocampus ist reziprok mit der Area entorhinalis (*Ent*) verbunden. Kerne des Tegmentum (*TN*) und des Mittelhirns (*MH*) erhalten Fasern vom entorhinalen Feld durch die Stria medullaris (*SM*). Außerdem bestehen Verbindungen zwischen Tegmentum und Corpus mamillare. (Nach ADEY)

C. Reizbedingungen der Geruchsempfindung

I. Chemische Konstitution und Geruch

Bis heute ist es nicht gelungen, die Riechstoffe in befriedigender Weise zu klassifizieren. Obwohl zahlreiche Beziehungen zwischen chemischer Konstitution und Geruch beschrieben worden sind, beschränken sich unsere Kenntnisse meist auf einzelne Stoffklassen und kurze Reihen von Homologen. Dagegen lassen sich derzeit keine allgemeinen chemischen oder physikalischen Eigenschaften angeben, nach denen man vorhersagen könnte, ob eine Substanz geruchlos ist oder nicht, geschweige denn, ob sie eine bestimmte Geruchsqualität besitzt. Allgemeine Übereinstimmung besteht wohl darüber, daß eine Substanz nur dann eine Geruchsempfindung auslösen kann, wenn sie flüchtige Partikel an die Luft abgibt. Indessen ist dies nur eine notwendige, aber nicht hinreichende Bedingung, denn viele flüchtige Stoffe, namentlich eine Reihe von Gasen, sind geruchlos. Weiterhin wird meist ein gewisser Grad von Wasserlöslichkeit und Lipidlöslichkeit gefordert.

Unter den *chemischen Elementen* besitzen nur sieben einen Geruch, nämlich Fluor, Chlor, Brom, Jod, Phosphor, Arsen und Sauerstoff (als Ozon). Diese Elemente erscheinen im Periodensystem unter den höheren Gruppen 5, 6 und 7, ferner macht MONCRIEFF (*3*) darauf aufmerksam, daß sechs von diesen sieben Elementen in der elektrochemischen Reihe am weitesten unten stehen. Alle in der Natur frei vorkommenden Elemente sind unter normalen Bedingungen für den

Menschen geruchlos. Von den anorganischen Substanzen, die eine Geruchsempfindung hervorrufen, sind die meisten nichtmetallische Verbindungen. Die Sinneszellen unseres Geruchsorgans sind ständig von Wasser, Kohlendioxyd und zweiwertigem Sauerstoff umgeben; alle diese Verbindungen sind geruchlos. Wird der Sauerstoff des Wassers durch Schwefel ersetzt, so entsteht die stark riechende Verbindung H_2S.

Organische Verbindungen bilden die weitaus größte Klasse von Riechstoffen. Sowohl die molekulare Grundstruktur als auch das Vorhandensein bestimmter „osmophorer" Gruppen innerhalb des Moleküls scheinen die Geruchsqualität zu beeinflussen. Verbindungen von verschiedener chemischer Konstitution können einen ähnlichen Geruch haben, wie umgekehrt Substanzen von ähnlichem Bau völlig verschiedene Geruchsqualitäten hervorrufen können. Manche isomeren Verbindungen haben verschiedene Gerüche (Diphenyl-2-äthyläther riecht blumig, Diphenyl-4-äthyläther riecht gar nicht), und auch Stereoisomere, bei denen nur die räumliche Konfiguration des Moleküls verschieden ist, können verschiedene Geruchsqualitäten besitzen. Andererseits haben beispielsweise eine Reihe von Benzolderivaten einen sehr ähnlichen Geruch. Hier kann die Substitution verschiedener Gruppen offenbar die osmophoren Eigenschaften des Ringsystems nicht entscheidend beeinflussen. Historisch interessant ist übrigens die Tatsache, daß die ersten natürlichen Benzolabkömmlinge im Zusammenhang mit angenehmen Gerüchen aufgefunden wurden (z. B. Anisöl, Bergamottöl); daher die Bezeichnung „aromatisch" für diese Verbindungen (im Unterschied zu den fettartigen, „aliphatischen" Substanzen). Der natürliche Geruch von Blumen und Früchten wird durch winzige Mengen solcher stark riechenden Öle bestimmt. Fast immer handelt es sich dabei um komplexe Gemische, doch läßt sich der Grundgeruch meist auf wenige Komponenten von bekannter chemischer Struktur zurückführen. Allerdings gelingt es durch Mischung chemisch reiner Substanzen nur bis zu einem gewissen Grade, den natürlichen Geruch zu imitieren, so daß es z. B. bei der Herstellung von Parfüms notwendig wird, den synthetischen Gemischen eine gewisse Menge des Naturprodukts beizufügen, um genau die gewünschte Mischung zu erzielen (Poucher).

Hill u. Carothers fanden bei bestimmten makrocyclischen Kohlenwasserstoffverbindungen eine Beziehung zwischen der Zahl von Atomen und der Geruchsqualität. Verbindungen mit 13 C-Atomen haben einen cederartigen Geruch, mit 14, 15 und 16 Atomen einen moschusartigen und mit 17 oder 18 Atomen einen zibetartigen Geruch. Beispielsweise riechen Pentadecanolid und Decamethylenoxalat stark moschusartig.

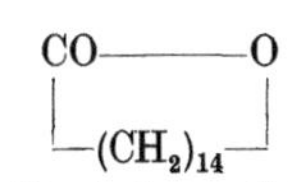
Pentadecanolid

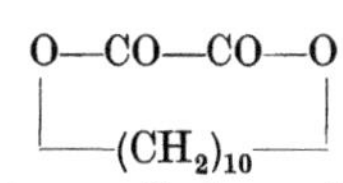
Decamethylenoxalat

Nach Ansicht von Hill u. Carothers wird die Geruchsqualität innerhalb gewisser Grenzen eher durch die Zahl der Atome im Ringsystem als durch die Art der reaktiven Gruppen bestimmt, doch gibt es auch von dieser Regel zahlreiche Ausnahmen. Moncrieff (*2*) vertritt die Ansicht, daß ein Riechstoff neben seiner Flüchtigkeit auch im Riechepithel löslich sein muß. Die frisch präparierte Riechschleimhaut besitzt eine erhebliche Adsorptionskraft für Geruchsstoffe, was die Vermutung nahelegt, daß Adsorptionsvorgänge an der Receptormembran eine entscheidende Rolle als adäquater Reiz spielen (Moncrieff, *3*).

II. Reizparameter der Geruchsintensität

1. Riechschwellen

a) Minimalschwellen. Mit steigender Duftstoffkonzentration nimmt man zuerst einen qualitativ unbestimmten Geruch wahr. Diese Minimalempfindung wird als *unspezifische* Schwelle (detection threshold, sensitivity threshold) bezeichnet. Nimmt die Konzentration weiter zu, so wird schließlich die *spezifische* Schwelle (recognition threshold) erreicht, worunter man das erste Auftreten einer bestimmten Geruchsqualität versteht. Daß Schwellenbestimmungen auf dem Gebiet der Geruchsempfindung mit einer erheblichen Unsicherheit behaftet sind, liegt nicht zuletzt an der Art der Reizdarbietung. Beim Olfactometer nach ZWAARDEMAKER (*1*, *3*) „schnüffelt" die Versuchsperson willkürlich an Riechproben von variabler Konzentration. Andere Verfahren, wie das von ELSBERG u. LEVY, arbeiten mit einem passiv in die Nase geblasenen Luftstrom. Keine dieser Methoden kann jedoch als einwandfrei gelten, da die Luftbewegung über der Riechschleimhaut von einer Reihe unkontrollierbarer aerodynamischer Faktoren abhängt (WENZEL, *1*; JONES, *1*, *2*, *3*). Am besten scheint es noch zu sein, wenn man den ganzen Kopf in eine geruchsfreie Kammer bringt, diese mit Luft von konstanter Geschwindigkeit und konstanter Riechstoffkonzentration durchströmt und dabei normal ein- und ausatmet (WENZEL, *3*).

Tabelle 45. *Spezifische Schwellen für Riechstoffe in Luft.* (Nach einer Zusammenstellung von HOFMANN; dort Literatur über die Einzeldaten)

Substanz	Spezifische Schwelle $10^{-9}\,g \cdot cm^{-3}$
Nitrobenzol	41,0
Essigsäure	5,0
Phenol	2,0
Äthyläther	1,0
Isoamylalkohol	0,1
Valeriansäure	0,008
n-Buttersäure	0,001
Moschus, künstlich	0,001
Skatol	0,00035
Vanillin	0,00018
α-Ionon	0,00005
Mercaptan	0,000043

Manche Riechstoffe können noch in äußerst geringer Konzentration wahrgenommen werden. Legt man die Konzentration der Substanzen zugrunde, so ist der Geruchssinn ungleich empfindlicher als der Geschmackssinn (MONCRIEFF, *1*). Oft bestehen zwischen den Schwellenangaben verschiedener Untersucher Differenzen bis zu mehreren Zehnerpotenzen, was nicht nur eine Frage der Methodik ist, sondern auch mit den großen individuellen Schwankungen der Riechschwellen zusammenhängt. So können die in Tabelle 45 angeführten Werte lediglich ein Anhaltspunkt dafür sein, in welcher Größenordnung sich die Riechschwellen beim Menschen bewegen. (Weitere Angaben über Geruchsschwellen finden sich bei HOFMANN; MONCRIEFF, *1*;PFAFFMANN, *3*). Hoch flüchtige Substanzen, d.h. Stoffe mit höherem Dampfdruck, haben bei gleicher Konzentration eine niedrigere Schwelle als wenig flüchtige Stoffe (ELSBERG, BREWER u. LEVY, *1*), was vermutlich damit zusammenhängt, daß der Dampfdruck ein wichtiger Faktor für den Übertritt des Riechstoffes aus der Luft an das Riechepithel ist. Für verschiedene Mercaptane liegen nach STUIVER die Riechschwellen bei $9 \cdot 10^6$ Molekülen. Da ungefähr $2 \cdot 10^7$ Receptoren zur Verfügung stehen, würde nur jede zweite Riechzelle ein einziges Molekül erhalten, vorausgesetzt, daß die Moleküle homogen über die Regio olfactoria verteilt sind. Aus weiteren Untersuchungen ergibt sich als Schwellenbedingung eine Mindestzahl von 40 gleichzeitig erregten Geruchsreceptoren und eine Zahl von höchstens neun Molekülen pro Receptor.

Über den Einfluß von Temperatur und Luftfeuchte auf die Geruchsschwellen ist nur wenig bekannt. MORIMURA hat Duftstoffe in Luft von verschiedener Temperatur einatmen lassen und dabei festgestellt, daß die Schwellenkonzentration am niedrigsten liegt, wenn die Lufttemperatur am Naseneingang zwischen

25 und 30°C beträgt. Freilich erscheint ein solches Verfahren wegen der unbekannten Temperaturverhältnisse am Riechepithel wenig zuverlässig.

Beim menschlichen Geruchssinn unterliegen die Schwellenwerte besonders großen physiologischen und pathophysiologischen Schwankungen. Nach KUEHNER genügt bereits ein einziger Atemzug von Ammoniakdampf, um die Geruchsempfindlichkeit für 24 Std auf 50% zu reduzieren. Auch die Inhalation von Tabakrauch setzt die Geruchsschwellen stark herauf. Allgemein bekannt ist die Empfindlichkeitsminderung (Hyposmie) durch Infektionen der Nasenhöhle. Hierbei können einzelne Geruchskomponenten selektiv ausgeschaltet sein, ohne daß die Geruchsempfindlichkeit für andere Substanzklassen wesentlich verändert ist; mitunter treten auch Änderungen in der Geruchsqualität bestimmter Stoffe auf (Parosmie). Ferner sind tagesperiodische Schwankungen der Geruchsschwellen beschrieben worden, die in einer gewissen Beziehung zur Nahrungsaufnahme zu stehen scheinen (GOETZL u. STONE, *1*). Im Laufe der Vormittagsstunden sinken die Riechschwellen ab, es erhöht sich also die Riechschärfe. Wird um die Mittagszeit Nahrung aufgenommen, so tritt eine vorübergehende Schwellenerhöhung ein, ebenso bei Gabe von Amphetamin (GOETZL u. STONE, *2*), während bei Nüchternheit die Schwellen unverändert auf dem niedrigen Wert bleiben. Eine Hyperosmie, d.h. eine Senkung der Riechschwellen, beobachtet man kurz vor und während der Menstruation (ELSBERG, BREWER u. LEVY, *2*), dagegen sind die Geruchsschwellen während der Gravidität erhöht (HANSEN u. GLASS). Nach diesen Ergebnissen scheint also die bei Schwangeren oft beobachtete Überempfindlichkeit gegen Geruchsreize nicht auf einer Schwellensenkung zu beruhen, sondern eher mit einer Änderung der affektiven Beteiligung zusammenzuhängen.

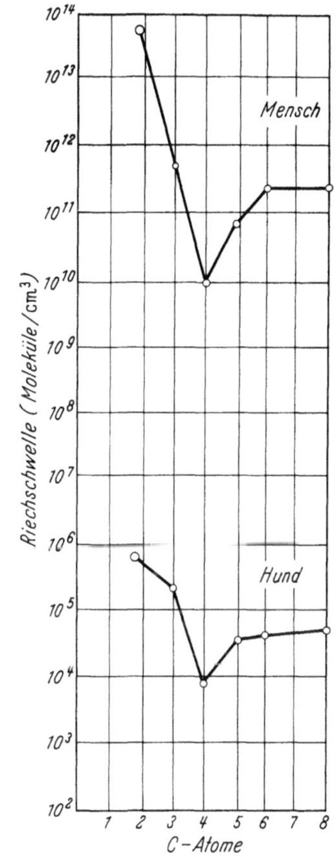

Abb. 163. Riechschwellen bei Hund und Mensch für Essigsäure (C_2), Propionsäure (C_3), Buttersäure (C_4), Valeriansäure (C_5), Capronsäure (C_6) und Caprylsäure (C_8). (Nach NEUHAUS, *1*)

Weit empfindlicher noch als der Mensch, den man zu den Mikrosmaten zählt, reagieren die makrosmatischen Wirbeltiere und manche Insekten auf Geruchsreize. (Eine Übersicht über die vergleichende Physiologie der chemischen Sinne findet sich bei HOFFMANN.) Nach dem Ergebnis von Verhaltensversuchen (NEUHAUS, *1*, *2*, *3*, *4*) liegt die Riechschwelle des Hundes für gewisse Substanzen um 6 bis 8 Zehnerpotenzen tiefer als die des Menschen (Abb. 163). Beim Aal genügen bereits 1800 Moleküle der Substanz β-Phenyl-äthanol pro ml Wasser, das sind wenige oder einzelne Moleküle an den Geruchsreceptoren, um eine andressierte Verhaltensreaktion auszulösen (TEICHMANN). Endlich sind die erstaunlichen Geruchsleistungen von Insekten zu erwähnen. So reagiert der männliche Seidenspinner (*Bombyx mori*) auf den vom weiblichen Falter produzierten Sexuallockstoff

(Hexadekadienol) mit Flügelbewegungen, wenn eine Lösung von 10^{-17} g/cm³ vor die Antenne gehalten wird. Dabei muß der Riechstoff noch verdampfen, so daß auch hier die tatsächliche Stoffmenge an der Antenne in der Größenordnung von wenigen oder gar einzelnen Molekülen liegen dürfte (BUTENANDT).

b) Unterschiedsschwellen. Obwohl die Minimalschwellen beim Geruchssinn sehr niedrig liegen, ist die Unterscheidungsfähigkeit für verschiedene Riechstoffkonzentrationen verhältnismäßig gering (WENZEL, *2*). Nach GAMBLE liegt das Verhältnis von eben merklichem Reizzuwachs ΔI zum Grundreiz I bei Werten von $\Delta I/I$ zwischen 0,2 bis 0,5 mit einem Mittel von 0,38. Am größten sind die $\Delta I/I$-Werte bei niedrigen Riechstoffkonzentrationen I, um im mittleren Bereich auf ein Minimum abzusinken (ZIGLER u. HOLWAY). Dies entspricht dem typischen Verlauf, wie er auch bei anderen Sinnen gefunden wird.

2. Empfindungsstärken

Ähnlich wie beim Geschmackssinn kann man auch beim Geruchssinn eine Rationalskala der Empfindungsstärken aufstellen, indem man eine Versuchsperson auffordert, die Intensität eines Geruchserlebnisses so einzustellen, daß sie als doppelt oder halb so stark erlebt wird wie die Intensität eines Vergleichsreizes (vgl. S. 52). Ausgangspunkt der Skala ist eine Standardkonzentration des zu untersuchenden Riechstoffes. Gemäß dem Ansatz von STEVENS läßt sich die Intensität eines Geruchserlebnisses (E) durch die Potenzfunktion

$$E \rightarrow k\,(C - C_0)^n$$

wiedergeben, wobei C die Riechstoffkonzentration und C_0 die Schwellenkonzentration ist. Der Exponent n hat nach Messungen von JONES (*4, 5*) für den Geruchssinn den Wert 0,5 und ist praktisch unabhängig von der Art des dargebotenen Riechstoffes.

3. Örtliche und zeitliche Parameter

a) Örtliche Summation. Bei Einwirkung von Duftstoffen auf die Regio olfactoria einer Nasenhälfte liegen die Riechschwellen höher als bei doppelseitiger Darbietung (HENNING, *1*; ELSBERG). Es findet also eine gewisse räumliche Summation statt, die darauf hinweist, daß es sich bei den Schwellen der bewußten Geruchserlebnisse nicht um die Erregungsschwelle der peripheren Receptoren, sondern um zentrale Schwellen handelt (vgl. S. 188). Vermutlich vollzieht sich ein großer Teil der zeitlichen und örtlichen Summation bereits im Bulbus olfactorius, der wegen seiner ausgeprägten Faserkonvergenz für eine solche Funktion geradezu prädestiniert erscheint. Eine starke zeitliche Summationswirkung für einlaufende elektrische Reize konnte OTTOSON (*6, 7*) am Bulbus olfactorius des Frosches unmittelbar nachweisen. Was schließlich die wechselseitige Beeinflussung der rechten und linken Regio olfactoria betrifft — sei es in Form einer bilateralen örtlichen Summation oder einer Geruchsverdeckung bei gleichzeitiger Darbietung zweier verschiedener Riechstoffe im linken und rechten Nasengang (dichorhine Reizdarbietung) — so hat dieses Phänomen seine neurophysiologische Grundlage in der Verbindungsbahn zwischen beiden Bulbi olfactorii.

b) Adaptation. Es ist eine bekannte Erfahrung, daß bei längerem Aufenthalt in einem Raum eine anfangs bestehende Geruchsempfindung stark nachläßt oder sogar völlig verschwindet, obwohl die Riechstoffkonzentration konstant geblieben ist. Abb. 164 zeigt den Adaptationsverlauf für zwei verschiedene Substanzen mit je zwei verschiedenen Konzentrationen, gemessen als fortlaufende Erhöhung der

Riechschwelle mit der Zeit. WOODROW u. KARPMAN fanden eine direkte Proportionalität zwischen dem Dampfdruck eines Riechstoffes und der Adaptationszeit, was bedeutet, daß letztere von der Konzentration der Moleküle in der Nasenhöhle abhängt. Zu ähnlichen Ergebnissen kam STUIVER, nach dessen Messungen die Adaptationszeit etwa linear mit der Konzentration des Riechstoffes ansteigt. Neben der Intensitätsminderung treten im Verlauf der Geruchsadaptation auch qualitative Änderungen ein. Beispielsweise geht der Geruch von Nitrobenzol bei längerer Darbietung von einer bittermandelartigen in eine teerartige Qualität über. Der unangenehme Geruch von Mercaptan weicht nach einiger Zeit einer angenehmen ätherischen Qualität (v. SKRAMLIK, *2*). Derartige Änderungen hat man mit einem unterschiedlichen Adaptationszeitgang mehrerer gleichzeitig tätiger Receptorensysteme zu erklären versucht. Hier sind auch die klassischen Experimente NAGELs zu erwähnen, der zwei chemisch inerte Riechstoffe, Vanillin und Cumarin, so mischte, daß der Vanillingeruch den des Cumarins völlig verdeckte. War zuvor eine Adaptation an Vanillin erfolgt, so trat bei Darbietung des Gemisches nunmehr der Cumaringeruch hervor.

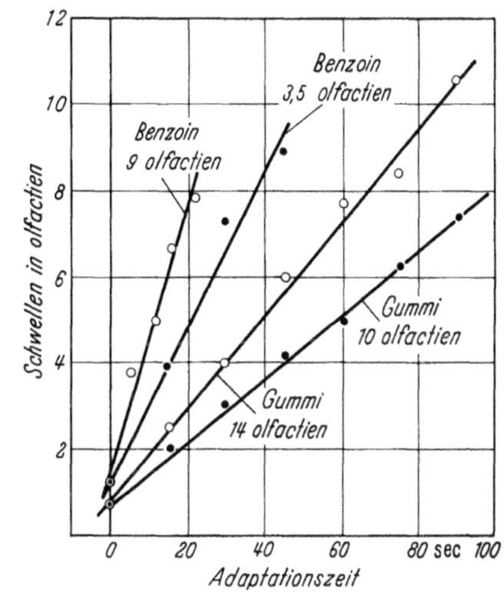

Abb. 164. Zeitgang der Geruchsadaptation, gemessen als Schwellenerhöhung für zwei Substanzen in je zwei verschiedenen Konzentrationen. Die Geruchsadaptation an Benzoin verläuft rascher als die an Gummi, ebenso ist sie schneller bei den höheren Konzentrationen. (Nach ZWAARDEMAKER, *2*)

4. Wechselseitige Beeinflussung von Geruchsreizen

Bietet man zwei oder mehrere Geruchsreize gleichzeitig dar, so können sich diese in ihrer Wirkung gegenseitig beeinflussen. Dabei muß natürlich vermieden werden, daß die Riechsubstanzen physikalisch oder chemisch miteinander reagieren. In manchen Fällen sind die Komponenten eines Duftstoffgemisches ohne weiteres getrennt wahrnehmbar, in anderen Fällen verschmelzen sie zu einer neuen Qualität, in der man die einzelnen Komponenten nur schwer oder gar nicht mehr erkennen kann. Freilich hängt die phänomenale Analyse von Mischgerüchen in hohem Maße von der Übung ab, wie die Leistungen von Expertprüfern, seien es Parfümeure, Aromenfachleute, Wein- und Teeprüfer, beweisen. Hier kommt es in erster Linie darauf an, einen Komplexgeruch („flavor") hinsichtlich seiner erlebnismäßigen Komponenten zu analysieren und diese in einer Ordinalskala der Intensität anzugeben. Die so erhaltenen „Geruchsprofile" finden heute bei der Beurteilung von Lebensmitteln, Parfüms usw. vielfache Anwendung (CAIRNCROSS u. SJÖSTRÖM; CAUL; JELLINEK, *1*, *2*).

a) Verdeckung. Allgemein bekannt und auch praktisch vielfach ausgenutzt ist das Phänomen der Geruchsverdeckung; es besteht darin, daß ein schwacher Geruch durch einen andersartigen starken Geruch in seiner Intensität abgeschwächt oder völlig unterdrückt werden kann. Auch eine gegenseitige Abschwächung zweier Gerüche ist beschrieben worden, die man als *Kompensation* bezeichnet. So kompensieren sich bei einem bestimmten Mischungsverhältnis die Gerüche von Terpineol und Guajacol, von Terpineol und Capronsäure, von Guajacol und Capronsäure. Die wechselseitige Beeinflussung verschiedener

Geruchskomponenten kann nicht nur auf einer Interaktion der Riechstoffwirkungen an den peripheren Receptoren beruhen. Führt man nämlich die beiden Substanzen getrennt je einer Nasenhälfte zu (dichorhine Darbietung), so bleiben die Verdeckungs- und Kompensationserscheinungen bestehen (ZWAARDEMAKER, *2*). Daraus müssen wir schließen, daß es sich hierbei im wesentlichen um zentralnervöse Vorgänge handelt.

b) Gekreuzte Adaptation. Durch Adaptation an einen bestimmten Stoff verändern sich auch die Schwellen für andere Stoffe (gekreuzte Adaptation, cross adaptation). So ist nach Darbietung von Campher die Riechschwelle für Eucalyptol und Eugenol erhöht, und darüber hinaus führt jede der drei Substanzen zu einer Schwellenerhöhung für die anderen, so daß man von einer gegenseitigen adaptiven Wirkung sprechen kann (Abb. 165). Daß es sich dabei nicht etwa um eine unspezifische Ermüdung handelt, geht daraus hervor, daß die Schwellen für Benzaldehyd sich nur wenig ändern. Benzaldehyd wiederum hat nur einen sehr geringen Einfluß auf die Schwellen von Campher, Eucalyptol und Eugenol. MONCRIEFF (*4*) hat das Phänomen der gekreuzten Adaptation herangezogen, um Ähnlichkeitsbeziehungen zwischen verschiedenen Riechstoffen aufzufinden. Ausgehend von der allgemeinen Gesetzmäßigkeit, daß die cross adaptation um so ausgeprägter ist, je mehr sich zwei Gerüche ähneln, hat er einen „*Ähnlichkeitskoeffizienten*" (coefficient of likeness) eingeführt, der für völlige Identität den Wert 1 besitzt (Tabelle 46). Danach ergibt sich z.B. für die ähnlich riechenden Stoffe Amylacetat und Butylacetat ein Koeffizient von 0,89, während Substanzen, deren Geruch phänomenal völlig verschieden ist, Ähnlichkeitskoeffizienten zwischen 0,04 und 0,20 besitzen.

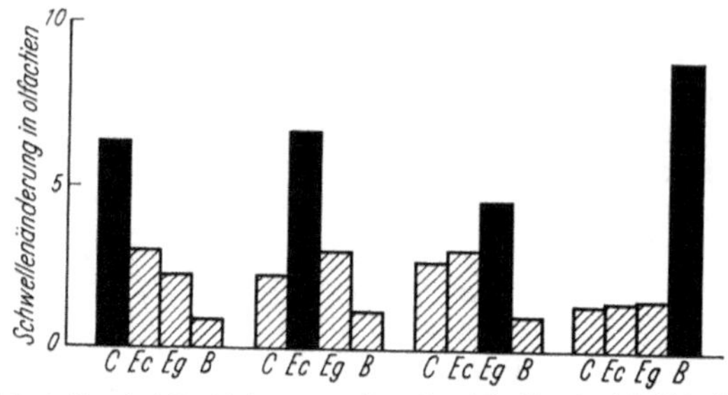

Abb. 165. Gekreuzte Adaptation bei Darbietung von Campher (*C*), Eucalyptol (*Ec*), Eugenol (*Eg*) und Benzaldehyd (*B*). Die Höhe der Säulen gibt die Schwellenerhöhung nach Adaptation an. Die schwarzen Säulen bezeichnen die adaptive Schwellenerhöhung für die dargebotenen Substanzen (Selbstadaptation), die schraffierten Säulen die Schwellenerhöhung für die anderen Stoffe. Man beachte, daß die Schwellen für Benzaldehyd sich nur wenig ändern und diese Substanz ihrerseits nur einen geringen Einfluß auf die Schwellen der übrigen Stoffe ausübt. (Nach V. SKRAMLIK, *2*)

Tabelle 46. *Ähnlichkeitskoeffizienten n für den Geruch zweier Substanzen, bestimmt mittels gekreuzter Adaptation.* (Nach MONCRIEFF, *4*)

Substanz 1	Substanz 2	*n*
Amylacetat	Butylacetat	0,89
α-Ionon . .	β-Ionon	0,45
Benzaldehyd	Nitrobenzol	0,40
n-Propanol	Isopropanol	0,27
n-Butanol .	Methanol	0,19
Isopropanol	Methanol	0,16
Aceton . .	Methanol	0,12
Isopropanol	n-Butanol	0,07
Aceton . .	n-Butanol	0,05
Aceton . .	Isopropanol	0,04

D. Neurophysiologie des Geruchssinnes

Die Physiologie der Geruchsreceptoren und ihrer zentralen Verbindungen war bis vor wenigen Jahren ein fast unerforschtes Gebiet. Mit Recht konnte BEIDLER (*2*) noch im Jahre 1954 sagen: "The difficulties encountered in the study of the response of the olfactory receptors to odor stimulation hinder the sensory physiologist in his attempt to solve the physiological problems related to olfaction. There also appears to be a lack of interest in the sense of smell among biologists and other scientists. For these reasons the physiology of the sense of smell is relatively unexplored as compared to the senses of vision or audition. It is hoped that in the future there will arise enough interest and support in olfactory research so that more scientists will explore this virgin field." Inzwischen sind auf diesem Gebiet einige entscheidende Fortschritte gelungen, obwohl wir auch heute noch in vieler Hinsicht am Anfang stehen.

I. Periphere Receptoren

1. Elektro-olfactogramm und Neuritenpotentiale

Bei Darbietung von Geruchsreizen konnte OTTOSON (*1*, *2*) am Riechepithel des Frosches und später auch an der Regio olfactoria des Kaninchens (OTTOSON, *4*) eine langsame negative Potentialschwankung registrieren, die er als *Elektro-*

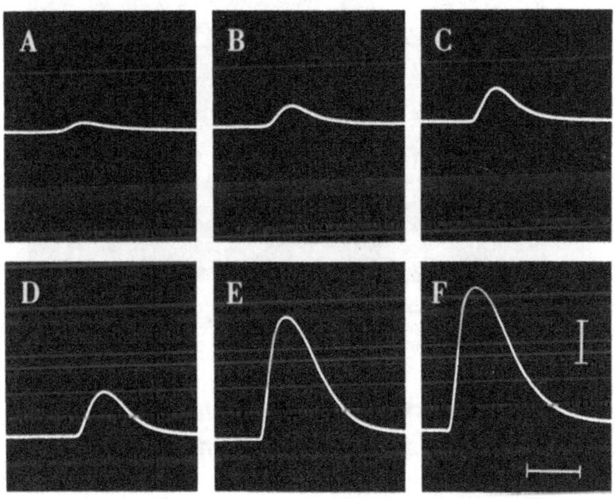

Abb. 166. Lokales Potential (Elektro-olfactogramm) vom Riechepithel des Frosches bei Darbietung von Duftstoffen steigender Konzentration. *A* gefilterte Luft, *B* bis *F* Butanol; *B* 0,001, C 0,005, *D* 0,01, *E* 0,05, *F* 0,1mol/l Luftvolumen jeweils 0,5 ml. Vertikale Eichmarke 1 mV; horizontale Eichmarke 2 sec. (Nach OTTOSON, *2*)

olfactogramm (EOG) bezeichnete (Abb. 166). Ein Luftstoß von 1 sec ruft bei mittlerer Duftstoffkonzentration eine elektrische Schwankung von 4 bis 6 sec Dauer hervor. Dieser für biologische Potentiale sehr langsame Verlauf hängt wohl im wesentlichen von der Diffusion der Moleküle an den Receptor und vom Zeitgang ihrer Inaktivierung ab. Wird das EOG mit einer Mikroelektrode gegen eine indifferente Elektrode abgeleitet, so ist die Amplitude des Potentials an der Oberfläche des Riechepithels am größten und nimmt nach der Tiefe hin kontinuierlich ab, um bei 0,15 bis 0,2 mm — das entspricht etwa der Basalmembran des Epithels — praktisch den Wert Null zu erreichen.

Ferner kann man an den olfactorischen Axonen fortgeleitete rhythmische Aktionspotentiale registrieren (BEIDLER u. TUCKER, *1*; KIMURA; TUCKER). Kürzlich gelang es GESTELAND u. Mitarb., mit Hilfe einer Mikroelektrode von niedriger Impedanz, die nahezu tangential von der Oberfläche des Riechepithels in die Nervenfaserschicht vorgeschoben wurde, beim Frosch Aktionspotentiale einzelner peripherer Elemente abzuleiten (Abb. 167). Für die marklosen Axone in der Nähe der Basalmembran beträgt die Dauer der Spikes 5 bis 7 msec; die Entladungsfrequenzen einzelner Einheiten liegen meist zwischen 1 und 5 Imp/sec und erreichen in Ausnahmefällen bis zu 20 Imp/sec. Nach Messungen von GASSER (*3*) haben diese Fasern eine Leitungsgeschwindigkeit von nur 0,14 m/sec.

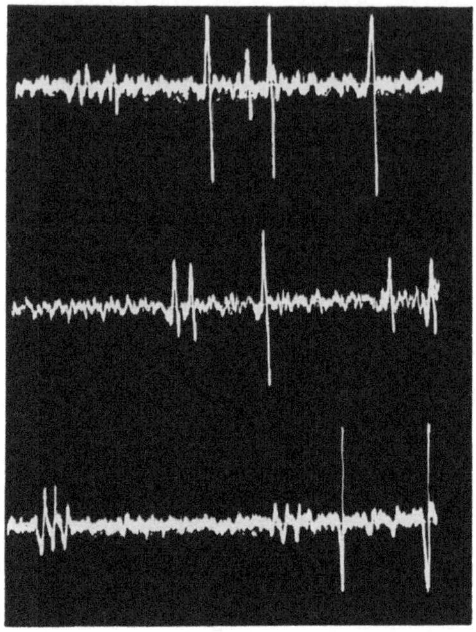

Abb. 167. Aktionspotentiale eines einzelnen Receptoraxons aus der Riechschleimhaut des Frosches. Spontane Ruheentladung ohne Geruchsreize. Länge der Registrierungen jeweils 0,5 sec, Amplitude der größten Impulse 0,4 mV. (Nach GESTELAND u. Mitarb.)

2. Spezifität der Receptoren

Soweit man aus den bisher vorliegenden Befunden an Einzelelementen schließen kann, zeigen die Geruchsreceptoren eine relative Spezifität für verschiedene Riechstoffe. Das heißt: der einzelne Receptor spricht auf mehrere Substanzklassen gleichzeitig an, aber mit verschiedener Erregungsgröße, so daß ein bestimmtes „Geruchsprofil" entsteht. Von Element zu Element sind diese Geruchsprofile verschieden. Abb. 168*a* zeigt die afferenten Impulse einer einzelnen Riechzelle des Frosches bei Darbietung verschiedener Geruchsstoffe. Gleichzeitig wurde mit einem zweiten Kanal das Elektro-olfactogramm der Riechschleimhaut aufgezeichnet und den Nervenimpulsen superponiert. Dabei ist vor allem zu beachten, daß beide Registrierungen nicht streng parallel gehen, weil das EOG die integrierte Aktivität vieler Zellen wiedergibt, während die fortgeleiteten Aktionspotentiale von einem einzelnen Element stammen. Man sieht, daß die betreffende Riechzelle stark auf Moschus, wenig auf Nitrobenzol, noch weniger auf Benzonitril und überhaupt nicht auf Pyridin anspricht. Das Element in Abb. 168*b* zeigt eine starke Reaktion auf Buttersäure und eine schwächere auf Pyridin und n-Butanol. Meist werden die einzelnen Geruchsreceptoren durch mindestens eine Substanz stark und durch mehrere weitere Substanzen schwächer erregt. Nach GESTELAND u. Mitarb. kann man innerhalb der Geruchsreceptoren des Frosches verschiedene funktionelle Gruppen erkennen, die sich allerdings erheblich überschneiden und weder mit phänomenalen Geruchsklassen noch mit chemischen Substanzklassen übereinstimmen, "as if chemical names were not a good way to characterize these types". Es wurden acht Receptorgruppen beschrieben, die auf folgende Substanzen ansprechen: Gruppe 1: starke Reaktion auf Limonen, Campher und Pinen, weniger auf Schwefelkohlenstoff; Gruppe 2: Cumarin und Moschus; Gruppe 3: Buttersäure, Valeriansäure, Mercaptoessigsäure und Cyclohexanol; Gruppe 4: Benzaldehyd, Nitrobenzol, Benzonitril, Moschus und Amylalkohol; Gruppe 5: Pyridin, Moschus, Cinnamaldehyd und n-Butanol; Gruppe 6: starke Reaktion auf Moschus, weniger auf Benzaldehyd und Nitrobenzol; Gruppe 7: starke Reaktion auf Pyridin; Gruppe 8: n-Butanol,

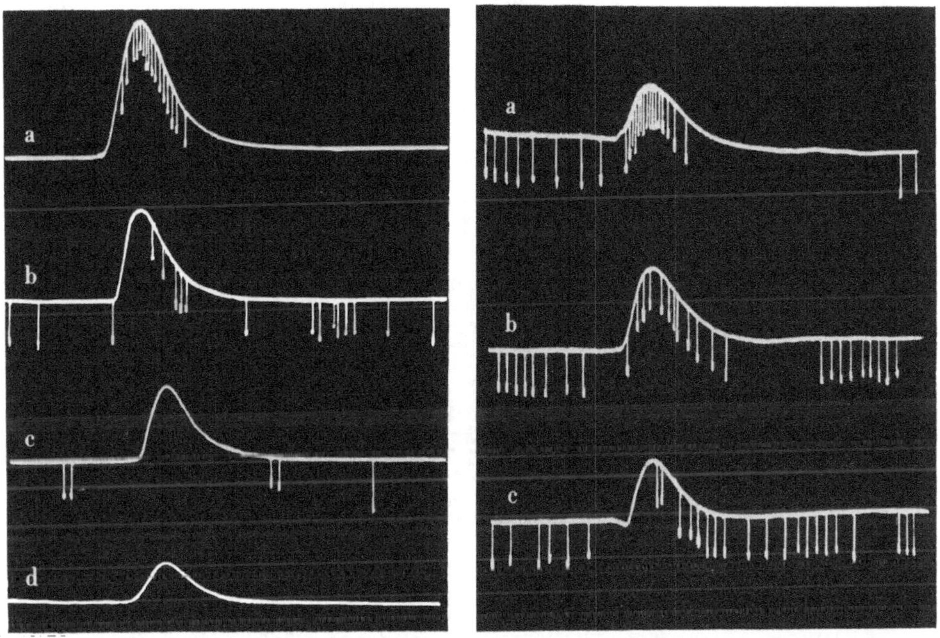

Abb. 168. Lokales Potential der Riechschleimhaut (Elektro-olfactogramm) mit superponierten Aktionspotentialen eines einzelnen Receptoraxons beim Frosch. Links: ein Element, das stark auf Moschus-Xylol (*a*), schwach auf Nitrobenzol (*b*), noch weniger auf Benzonitril (*c*) und gar nicht auf Pyridin (*d*) anspricht. Rechts: ein anderes Element, das unterschiedlich auf Buttersäure (*a*), Pyridin (*b*) und n-Butanol (*c*) reagiert. Dauer der Registrierungen jeweils 10 sec. (Nach GESTELAND u. Mitarb.)

Äthylbutyrat, Amylalkohol und Geraniol. Diese Gruppe ist besonders häufig. Außerdem fanden sich noch weitere Receptortypen, die jedoch keiner bestimmten Gruppe zugeordnet werden konnten. Im ganzen ergibt sich also ein sehr verwickeltes Bild, von dem Tabelle 47 einen Eindruck geben mag. Wieweit diese Verhältnisse auf höhere Vertebraten und auf den Menschen übertragbar sind, läßt sich noch nicht entscheiden.

Von wesentlicher Bedeutung für die Theorie der olfactorischen Primärprozesse ist die Wirkung von *Homologen*, deren chemische und physikalische Eigenschaften systematisch variiert werden. So läßt sich — in Übereinstimmung mit den phänomenalen Geruchserlebnissen — nachweisen, daß isomere Substanzen sehr verschieden auf die Riechzellen wirken können. Abb. 169 zeigt dies für die beiden cyclischen Verbindungen o-Hydroxybenzaldehyd und p-Hydroxybenzaldehyd. Ebenso erregen manche aliphatischen Homologe, wie n-Butanol und Isobutanol, die Geruchsreceptoren in unterschiedlicher Weise (OTTOSON, *3*). Was die aliphatischen Verbindungen betrifft, so hat die Zahl der C-Atome einen wesentlichen Einfluß auf die Erregungsgröße der Riechzellen (Abb. 170). Dies erscheint besonders deshalb wichtig, weil die physikalischen Eigenschaften der Substanzen,

Tabelle 47. *Reaktion einzelner Elemente in der Riechschleimhaut des Frosches auf verschiedene Geruchsreize*

In der 2. Kolonne ist die Gesamtzahl jeweils untersuchter Zellen, in der 3. Kolonne die Zahl der auf den betreffenden Reiz reagierenden Zellen angegeben. (Nach GESTELAND u. Mitarb.)

Substanz	Untersuchte Zellen	Reagierende Zellen	Substanz	Untersuchte Zellen	Reagierende Zellen
n-Amylalkohol . . .	25	14	n-Butanol	47	19
Moschus-Xylol . . .	38	20	c-Hexanol	20	8
Benzaldehyd . . .	36	19	Nitrobenzol	42	16
Benzylacetat . . .	12	6	Triäthylamin. . . .	14	5
Geraniol	18	9	Äthyl-buttersäure. .	31	10
Benzonitril	22	11	Mercapto-essigsäure.	19	6
Pyridin	32	15	Valeriansäure . . .	13	4
Indol	19	9	Limonen	17	5
Campher	32	14	Cumarin	22	6
Methyl-salicylat . .	18	8	Schwefelkohlenstoff	28	7
Buttersäure	30	13	Cinnamaldehyd. . .	25	6
Linalool	14	6	Methyl-anthranilat .	6	1
Pinen	7	3	Salicylaldehyd . . .	21	3

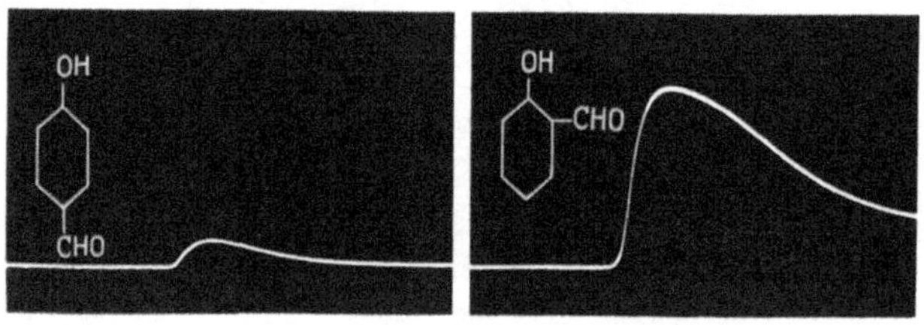

Abb. 169. Lokales Potential der Riechschleimhaut des Frosches bei Darbietung von o-Hydroxybenzaldehyd (links) und p-Hydroxybenzaldehyd (rechts). (Nach OTTOSON, *3*)

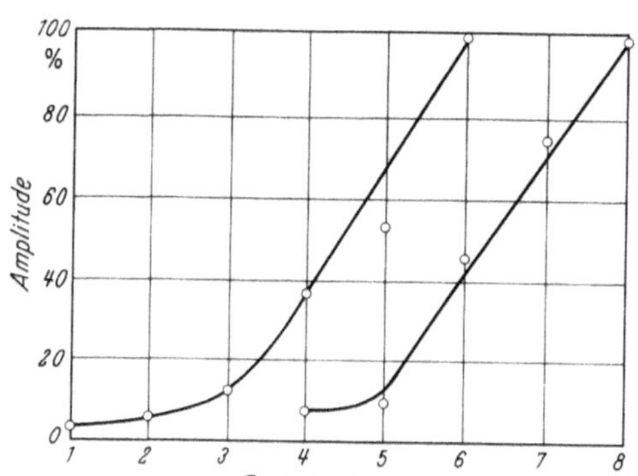

Abb. 170. Amplitude des lokalen Potentials an der Riechschleimhaut des Frosches bei Applikation primärer aliphatischer Alkohole in Abhängigkeit von der Zahl der C-Atome. 0,01 mol/l für Methanol bis Hexanol (erste Kurve), 0,001 mol/l für Butanol bis Octanol (zweite Kurve). (Nach OTTOSON, *3*)

wie Dampfdruck, Wasserlöslichkeit und Lipidlöslichkeit, sich mit der Länge der Kohlenstoffkette stark ändern, während die chemischen Eigenschaften praktisch gleich bleiben.

3. Reizparameter und periphere Adaptation

a) Konzentration. Bei konstanter Luftgeschwindigkeit hängt die Größe der Receptorenerregung — gemessen als Amplitude des lokalen Potentials an der Riechschleimhaut oder als Impulsfrequenz in den afferenten Fasern — in gesetzmäßiger Weise von der Konzentration der Geruchsstoffe ab (OTTOSON, *2*; TUCKER). Abb. 171 zeigt ein Beispiel hierfür (vgl. auch Abb. 166). Trägt man die Höhe des Elektro-olfactogramms gegen den Logarithmus der Duftstoffkonzentration auf, so ergibt sich eine S-förmige Funktion (Abb. 172). Ebenso ändert sich, wie aus Abb. 173 zu ersehen, bei konstanter Konzentration der Geruchsstoffe die Impuls-

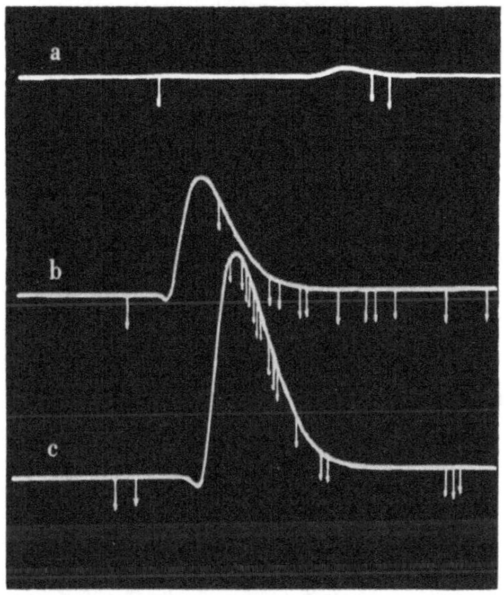

Abb. 171. Lokales Potential (Elektro-olfactogramm) der Riechschleimhaut und Aktionspotentiale eines einzelnen Receptoraxons bei Applikation von n-Butanol verschiedener Konzentration. Länge jeder Registrierung 10 sec. (Nach GESTELAND u. Mitarb.)

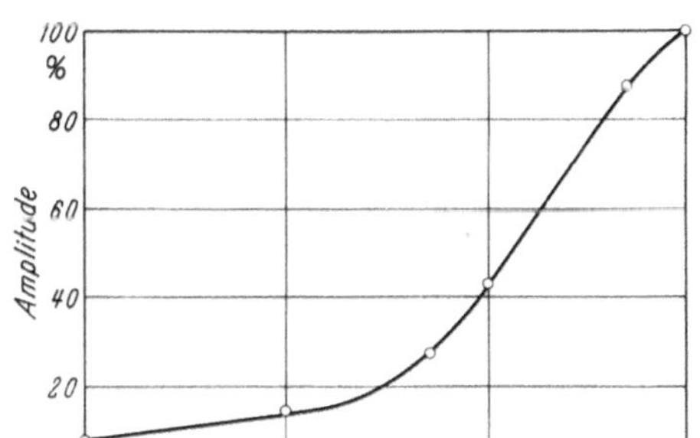

Abb. 172. Amplitude des lokalen Potentials an der Riechschleimhaut des Frosches als Funktion der Duftstoffkonzentration. Auf der Abszisse ist die Konzentration in mol/l für Butanol aufgetragen. 0,1 mol/l Butanol = 100%. (Nach OTTOSON, *2*)

frequenz im afferenten Nerven, wenn die Geschwindigkeit der Luftströmung über dem Riechepithel variiert wird. Auf Grund dieses Sachverhalts erscheint die Annahme berechtigt, daß die Erregungsgröße der Geruchsreceptoren von der Geschwindigkeit abhängt, mit der die Duftstoffmoleküle aus der Luft an die Riechschleimhaut gelangen. Unter sonst gleichen Bedingungen ist die Geschwindigkeit der Riechstoffdiffusion proportional dem Konzentrationsgefälle dC/dx zwischen Luft und Receptor. Die Steilheit dieses Gradienten wird erstens durch die Konzentration der Substanz in der zugeführten Luft und zweitens — wegen der laufenden Riechstoffverluste an das Epithel — auch durch die Geschwindigkeit des Luftstromes über der Receptorenschicht bestimmt.

b) Periphere Adaptation. Nach elektrophysiologischen Befunden zeigen die peripheren Receptoren nur eine verhältnismäßig geringe Adaptation. Erzeugt man über dem Riechepithel einen konstanten Luftstrom von gleichbleibender

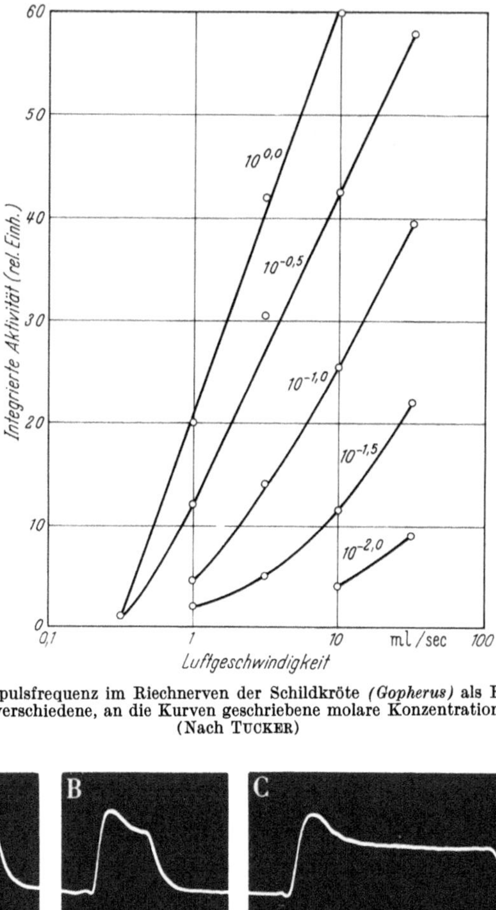

Abb. 173. Integrierte Impulsfrequenz im Riechnerven der Schildkröte *(Gopherus)* als Funktion der Luftstromgeschwindigkeit für verschiedene, an die Kurven geschriebene molare Konzentrationen von Benzylamin. (Nach TUCKER)

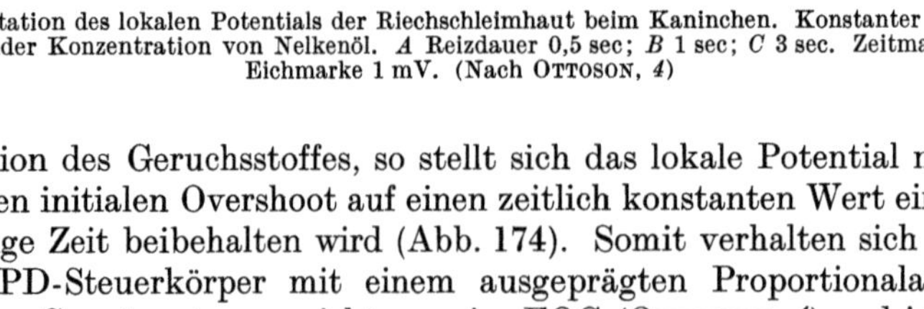

Abb. 174. Adaptation des lokalen Potentials der Riechschleimhaut beim Kaninchen. Konstanter Luftstrom mit gleichbleibender Konzentration von Nelkenöl. *A* Reizdauer 0,5 sec; *B* 1 sec; *C* 3 sec. Zeitmarke 0,5 sec, Eichmarke 1 mV. (Nach OTTOSON, *4*)

Konzentration des Geruchsstoffes, so stellt sich das lokale Potential nach einem geringfügigen initialen Overshoot auf einen zeitlich konstanten Wert ein, der über beliebig lange Zeit beibehalten wird (Abb. 174). Somit verhalten sich die Riechzellen als PD-Steuerkörper mit einem ausgeprägten Proportionalanteil. Bei rhythmischer Spontanatmung sieht man im EOG (OTTOSON, *4*) und im Aktionsstrombild der peripheren Neurone (ADRIAN; TUCKER) regelmäßige atemsynchrone Erregungswellen, die zumindest bei niedriger Riechstoffkonzentration keine Adaptation erkennen lassen. Daraus können wir den Schluß ziehen, daß die sehr ausgeprägte Adaptation der Geruchsempfindung nicht eine Angelegenheit der peripheren Receptoren ist, sondern im wesentlichen auf zentralen Vorgängen beruht.

4. Zur Theorie der Receptorprozesse

Über die Art des Primärprozesses an den Geruchsreceptoren gibt es bis heute nur mehr oder weniger plausible Hypothesen. Die meisten Autoren nehmen an, daß zur Erregung der Riechzellen ein unmittelbarer Kontakt der Geruchsstoffmoleküle mit der Receptormembran erforderlich sei (MONCRIEFF, *1*). Ferner erscheint es gut begründet, sich diesen Kontakt nicht als einen chemischen oder enzymatischen Prozeß (ALEXANDER; KISTIAKOWSKY), sondern als eine lockere Adsorptionsverbindung unter der Wirkung schwacher physikalischer Kräfte vorzustellen. Das gewichtigste Argument hierfür ist wohl die Tatsache, daß die Erregungsgröße von Chemoreceptoren bei Insekten innerhalb weiter Bereiche unabhängig von der Temperatur ist (DETHIER u. ARAB). Auch die äußerst geringe Konzentration, in der manche Riechstoffe noch wirksam sind, spricht nach SUMNER gegen eine enzymatische Theorie.

Ein Hauptproblem, mit dem sich jede Geruchshypothese auseinanderzusetzen hat, ist die qualitative Mannigfaltigkeit der Gerüche und die relative Spezifität der Receptoren für bestimmte Klassen von Geruchsstoffen. In diesem Zusammenhang ist vor allem die verschiedenartige Wirkung von Isomeren zu berücksichtigen, also von Stoffen, die sich lediglich durch die räumliche Konfiguration ihres Moleküls voneinander unterscheiden. Alle Vorstellungen, die man über die Spezifität der Riechzellen entwickelt hat, laufen letztlich darauf hinaus, bestimmte Areale an der Receptormembran zu postulieren, an denen die Geruchsmoleküle entsprechend ihrer Größe, Form, Löslichkeit, elektrischen Ladung und anderer Eigenschaften selektiv adsorbiert werden können (MCCORD u. WITHERIDGE; MONCRIEFF, *1*; MULLINS; WRIGHT, REID u. EVANS; DETHIER, *3*; DAVIES u. TAYLOR; GESTELAND u. Mitarb.; AMOORE, JOHNSTON u. RUBIN). Auf nähere Einzelheiten will ich hier nicht eingehen, da sich nach den bisher vorliegenden experimentellen Daten ohnehin keine Entscheidung zugunsten der einen oder anderen Vorstellung treffen läßt.

Dagegen dürfte eine von BECK u. MILES aufgestellte und seinerzeit viel diskutierte Hypothese wohl jeder zureichenden experimentellen Grundlage entbehren. Nach dieser Konzeption soll der Erregungsvorgang dadurch ausgelöst werden, daß ein Teil der von den Geruchsreceptoren ausgesandten Infrarotstrahlung durch den Riechstoff absorbiert und somit dem Receptor eine bestimmte Energiemenge entzogen wird. Dieser Energieentzug, also die Abkühlung des Receptors, soll den adäquaten Reiz für den Erregungsvorgang bilden. Gegen diese Annahme spricht schon die Tatsache, daß manche Substanzen mit verschiedenem Infrarotspektrum gleichen Geruch haben wie umgekehrt Stoffe, deren Infrarotspektrum identisch ist, verschieden riechen können (YOUNG, FLETCHER u. WRIGHT). In einer späteren Version (BECK) wurden dann noch zusätzliche Parameter, wie Wasserlöslichkeit, Lipidlöslichkeit, Partikelgröße und Infrarotstreuung eingeführt, um den genannten Schwierigkeiten zu entgehen und unter anderem zu erklären, weshalb auch Stoffe ohne Infrarotabsorption, wie Paraffin und Schwefelkohlenstoff, eine Geruchsempfindung auszulösen vermögen. Damit bleibt aber, wie man zugeben wird, von der ursprünglichen Konzeption nicht mehr viel übrig. Eine weitere Konsequenz aus der Hypothese von BECK u. MILES ist das Postulat einer Fernwirkung der Riechstoffe ohne unmittelbaren Kontakt mit der Receptormembran. Wie OTTOSON (*2*) aber an Hand des Elektro-olfactogramms nachweisen konnte, werden die Geruchsreceptoren tatsächlich nur dann erregt, wenn der Riechstoff in direkten Kontakt mit dem Epithel kommt. Wird dieser Kontakt durch Auflegen einer ultradünnen, für den in Frage stehenden Infrarotbereich durchlässigen Kunststoffmembran verhindert, so ist keine Erregung der Geruchszellen mehr auslösbar. Nach Entfernung der Membran tritt das EOG wieder in voller Höhe auf.

II. Erregung von Trigeminusfasern

Bei allen Untersuchungen des Geruchssinnes ist zu berücksichtigen, daß die Nasenschleimhaut einschließlich der Regio olfactoria auch von sensiblen Endigungen des N. trigeminus versorgt wird, die auf zahlreiche flüchtige Substanzen

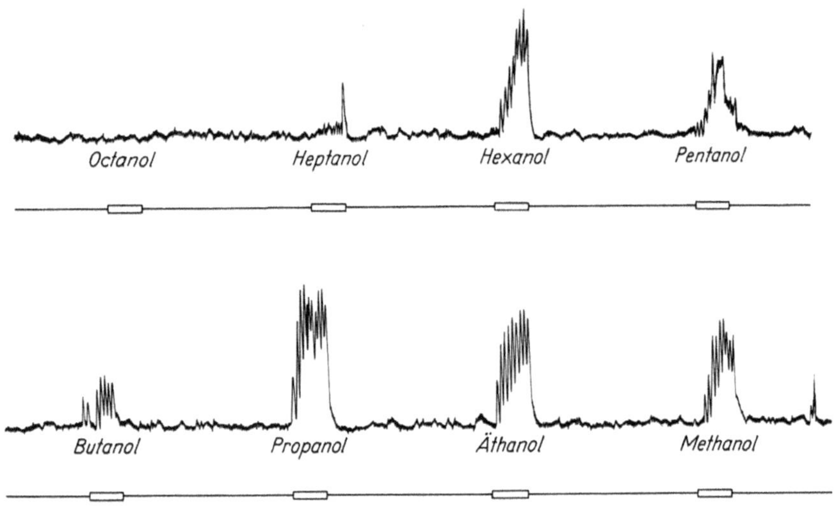

Abb. 175. Integrierte Impulsaktivität im N. trigeminus des Kaninchens bei Geruchsreizen. Die verschiedenen Alkohole werden jeweils für 1 min vor die Nase gehalten. (Nach TUCKER)

ansprechen. Während man früher glaubte, der Trigeminus habe eine rein nociceptive Funktion und werde nur durch stechende oder schädliche Dämpfe, wie Ammoniak, erregt, haben neuere Verhaltensversuche und elektrophysiologische Befunde diese Ansicht widerlegt. Wieweit der Trigeminus am Zustandekommen von Geruchserlebnissen beteiligt ist, läßt sich bis heute nicht sagen — fest steht jedenfalls, daß er im Tierversuch durch schwache Konzentrationen von Stoffen erregt werden kann, die beim Menschen eine reine Geruchsempfindung ohne jede nociceptive Komponente hervorrufen. Das zeigt sich unter anderem in Verhaltensversuchen an Hunden (ALLEN, *3*). Wurden den Tieren bedingte Reflexe auf Eukalyptus, Campher, Pyridin, Buttersäure, Phenol, Äther und Chloroform andressiert, so fielen diese erst dann aus, wenn außer dem Tract. olfactorius auch der N. trigeminus durchtrennt war. Dagegen konnten bedingte Reflexe auf Nelkenöl, Anisöl, Benzol und Xylol schon durch eine Olfactoriusdurchtrennung ausgeschaltet werden.

Am N. trigeminus des Kaninchens lassen sich bei Inhalation von Geruchsstoffen afferente Impulse registrieren (BEIDLER u. TUCKER, *2*; BEIDLER, *4*, *7*; TUCKER). Abb. 175 zeigt die integrierte Impulsaktivität im N. ethmoidalis des Kaninchens bei Einatmung von Dämpfen verschiedener aliphatischer Alkohole. Mit jedem Atemzug steigt die Entladung stufenweise an, besonders typisch bei Hexanol, um schließlich einen Sättigungswert zu erreichen; manchmal ist dies schon nach zwei bis drei Atemzügen der Fall. Obwohl die Schwellen der Riechzellen im allgemeinen niedriger liegen als die der Trigeminusreceptoren, gibt es einige Substanzen, z. B. Phenyläthanol, welche den Trigeminus des Kaninchens schon bei Konzentrationen erregen, die noch keine Impulsentladung in den Riechnervenfasern auslösen.

III. Zentrale Informationsverarbeitung

1. Vorgänge im Bulbus olfactorius

Bei ruhiger Spontanatmung von gefilterter Luft kann man an der Oberfläche des Bulbus olfactorius von Säugern regelmäßige Potentialwellen ableiten (ADRIAN, *5, 6, 7, 8, 9, 10*; MOZELL u. PFAFFMANN; WALSH *1*). Die Frequenz dieser rhyth-

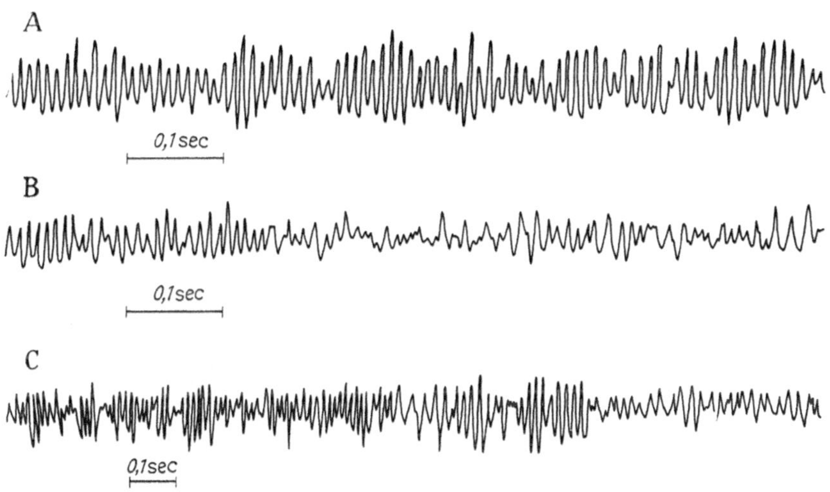

Abb. 176. Wellen im Bulbus olfactorius des Kaninchens. *A* spontane Aktivität; *B* Aufhebung des Spontanrhythmus durch schwache Geruchsreizung mit Amylacetat; *C* bei einer anderen Präparation geht nach Inhalation von Amylacetat in hoher Konzentration der Spontanrhythmus in einen langsameren Rhythmus über. (Umgezeichnet nach ADRIAN, *6*)

mischen Entladungen liegt meist zwischen 70 und 100/sec (Abb. 176). Offensichtlich handelt es sich um eine Spontantätigkeit von Elementen innerhalb des Bulbus selbst, denn die Aktivität besteht auch nach völliger Abtrennung der afferenten und efferenten Bahnen weiter. Beim Frosch konnten GERARD u. YOUNG selbst am isolierten Bulbus derartige Wellen registrieren. Durch tiefe Narkose wird die Spontantätigkeit unterdrückt, während sie bei mittlerer Narkosetiefe so stark sein kann, daß die Reaktion auf Geruchsreize verdeckt wird. Auch an wachen Kaninchen und Katzen läßt sich die Spontanaktivität des Bulbus mittels chronisch implantierter Elektroden nachweisen (MOULTON). Nach ADRIAN (*12*) soll es sich bei den Wellen um Dendritenpotentiale in der Schicht der Glomeruli handeln. Geruchsreize führen zu einer deutlichen Änderung des Spontanrhythmus, und zwar sieht man bei höherer Konzentration der Riechstoffe meist eine Vergrößerung der Amplitude und eine Verminderung der Frequenz. Allerdings hängen die Effekte im einzelnen stark von der Narkoseart und Narkosetiefe ab. Am wachen Kaninchen tritt mit jeder Inhalation des Geruchsstoffes ein spindelartiger Wellenzug auf, dessen Frequenz meist zwischen 50 und 70/sec liegt und oft gegen das Ende hin abnimmt (MOULTON). In diesem Fall beträgt die Frequenz der Spontanwellen 75 bis 90/sec. Eine signifikante

Abhängigkeit der Wellenform von der Qualität der Geruchsreize ließ sich bisher nicht feststellen. Am Menschen konnten SEM-JACOBSEN u. Mitarb. bei Einatmung von Baldriantinktur und Benzol vom Bulbus olfactorius rhythmische Wellen ableiten, während bei Atmung von reiner Luft keine Spontanaktivität zu sehen war.

Zugleich mit den Wellen konnte OTTOSON (*4*, *5*) am Bulbus olfactorius von Frosch und Kaninchen mittels Gleichstromverstärkern eine langsame elektro-

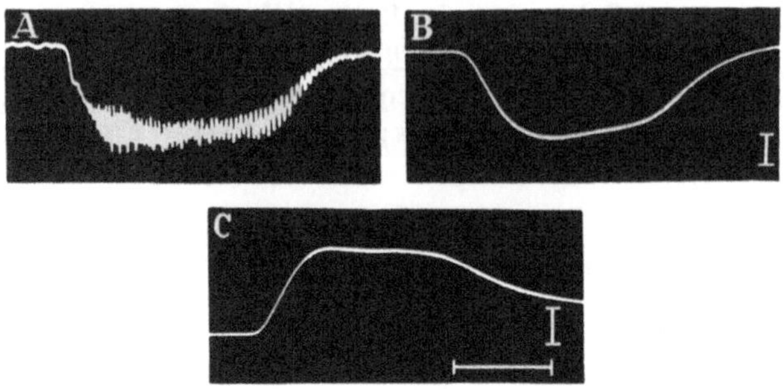

Abb. 177. Vergleich der elektrischen Potentiale im Bulbus olfactorius (*A*), in den Fila olfactoria (*B*) und in der Riechschleimhaut (*C*) beim Kaninchen. Riechstoff: Butanol. Zeitmarke 0,5 sec; Eichmarke in *B* 0,5 mV, in *C* 1 mV. (Nach OTTOSON, *4*)

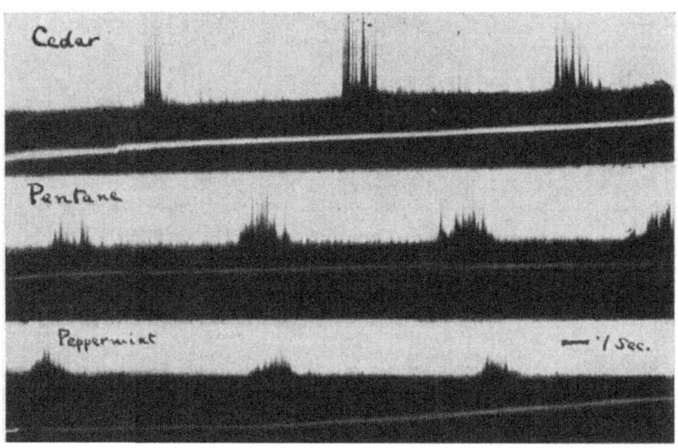

Abb. 178. Aktionspotentiale aus dem Bulbus olfactorius des Kaninchens bei Inhalation von Zedernöl, Pentan und Pfefferminzöl. (Nach ADRIAN, *9*)

tonische Komponente registrieren, die während der ganzen Dauer des Geruchsreizes anhielt. Dieses Gleichstrompotential geht mit dem EOG der Riechschleimhaut parallel und läßt sich nach Entfernung des Bulbus auch von den Fila olfactoria ableiten (Abb. 177). Eine genauere Untersuchung dieser Erscheinungen führte OTTOSON zu dem Schluß, es handle sich um das elektrotonisch fortgeleitete Potential der peripheren Riechzellen.

Endlich lassen sich mittels Nadelelektroden schnelle Spikes von den Neuronen des Bulbus olfactorius ableiten, und zwar sowohl aus der Schicht der Mitralzellen wie aus der weiter außen gelegenen Schicht der Büschelzellen. Im Unterschied zu den Wellen haben die Spikes enge Beziehungen zur Intensität und auch zur Qualität der Geruchsreize. Abb. 178 zeigt eine Registrierung mit einer verhältnismäßig dicken Nadelelektrode in der Schicht der Mitralzellen beim

Kaninchen. Man sieht die Impulse mehrerer Einheiten, wobei Cedernholzöl sehr große Spikes hervorruft, während bei Darbietung von Pentan größere und kleinere Impulse und bei Pfefferminzöl nur kleine Impulse auftreten. Offensichtlich werden also je nach Geruchsstoff andere Neuronengruppen erregt. Eine nähere Untersuchung ergibt bei verschiedenen Geruchsqualitäten ein äußerst verwickeltes Erregungsmuster, das neben einer relativen Spezifität einzelner Elemente auch eine gewisse räumliche Differenzierung erkennen läßt (ADRIAN, *9*, *11*; MOZELL; MOULTON). So sind nach Untersuchungen von MOZELL am Kaninchen die Zellen im vorderen Teil des Bulbus olfactorius gegen Amylacetat relativ empfindlicher als im hinteren Teil, verglichen mit der Empfindlichkeit gegen Heptan. Doch sind diese Befunde, wie MOZELL betont, weit davon entfernt, eine neurophysiologische Basis für die Unterscheidung der Geruchsqualität abzugeben.

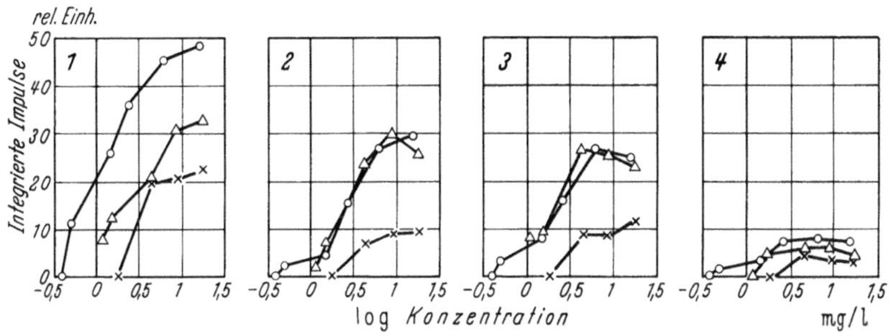

Abb. 179. Integrierte Impulsaktivität im Bulbus olfactorius des Kaninchens bei Darbietung von Amylacetat, Heptan und Benzol in verschiedener Konzentration. *1* bis *4* verschiedene Elektrodenlagen von frontal nach dorsal. (Nach MOZELL)

Dagegen läßt sich die Aktivität im Bulbus olfactorius mit der Intensitätsdimension der Gerüche recht gut korrelieren. Integriert man die Impulse vieler Einheiten, so ergibt sich eine monotone Beziehung zwischen der Konzentration des Riechstoffes und der Größe der elektrischen Aktivität (MOZELL u. PFAFFMANN; MOZELL; MOULTON). Die Kurven in Abb. 179 stammen von vier verschiedenen Ableitungsstellen im Bulbus olfactorius in Richtung von vorn nach hinten bei Inhalation von Amylacetat, Heptan und Benzol in verschiedenen Konzentrationen.

Registriert man mittels Mikroelektroden die Entladung einzelner Elemente im Bulbus olfactorius, so lassen sich nach WALSH (*2*) drei verschiedene Neuronentypen unterscheiden. Die erste Gruppe zeigt eine Spontanentladung, ohne auf Geruchsreize zu reagieren. Bei der zweiten Gruppe sieht man eine atemsynchrone Entladung, die offenbar durch die mechanische Wirkung des Luftstromes hervorgerufen wird, während ein Ansprechen auf Riechstoffe ebenfalls fehlt. Nur die dritte Gruppe von Neuronen wird in typischer Weise durch Gerüche erregt, und zwar sprechen die einzelnen Elemente unterschiedlich auf verschiedene Duftstoffe an, so daß man auch hier von einer relativen Spezifität sprechen kann. Systematische Untersuchungen stehen in dieser Richtung allerdings noch aus.

Abb. 180 zeigt die Aktionspotentiale einer einzelnen Büschelzelle aus der äußeren Schicht des Bulbus olfactorius beim Kaninchen. Man sieht eine Spontanentladung, die durch einen Geruchsreiz deutlich erhöht wird. In diesem Versuch wird die vordere Commissur mit einer elektrischen Impulsserie von etwa 2 sec Dauer und einer Frequenz von 100 Hz gereizt. Es tritt eine rückläufige Hemmung (recurrent inhibition) auf, und zwar sowohl bei der Spontanentladung wie bei der olfactorischen Erregung. Analoge Wirkungen lassen sich erzielen, wenn man von einer Mitralzelle des Bulbus ableitet und den elektrischen Reiz am Tractus olfactorius lateralis setzt (Green, Mancia u. v. Baumgarten; v. Baumgarten, Green u. Mancia). Es handelt sich dabei mit großer Wahrscheinlichkeit um eine Reizung rückläufiger Hemmungskollateralen der aus den Mitralzellen bzw. den Büschelzellen entspringenden Neuriten. Dieser Mechanismus der lateralen Selbsthemmung über kurze Rückkoppelungsschleifen — zum Teil ohne Interneurone — ist ein im Nervensystem weit verbreitetes Prinzip der Erregungsbegrenzung, so beim Motoneuron (Holmgren u. Merton; Granit, Pascoe u. Steg; Granit, Haase u. Rutledge) und beim Limulusauge (Hartline, Wagner u. Ratliff; Tomita).

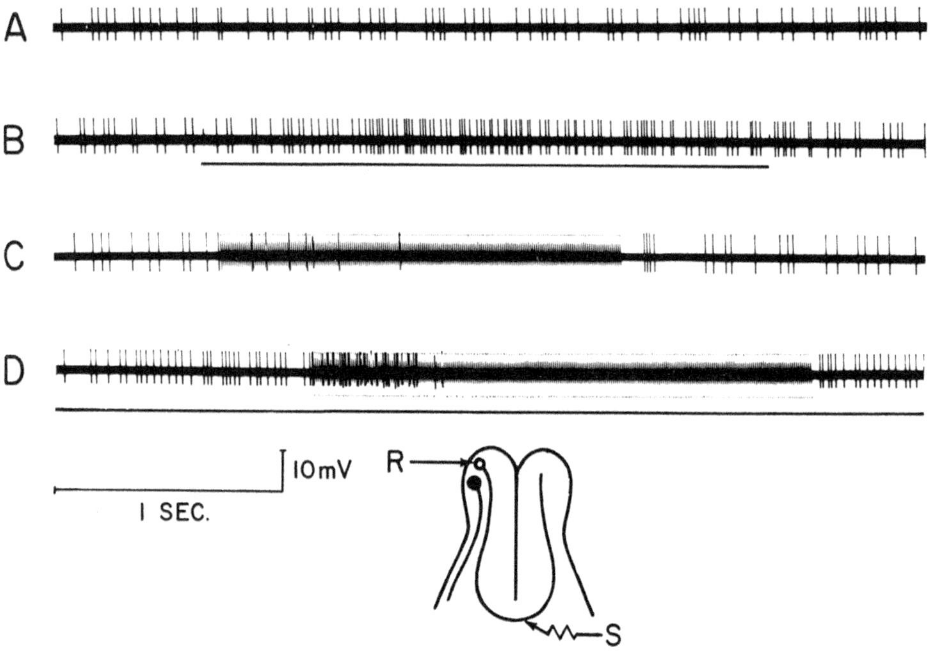

Abb. 180. Aktionspotentiale einer einzelnen Büschelzelle aus dem Bulbus olfactorius des Kaninchens. *A* Spontanentladung; *B* Entladung bei Geruchsreiz; *C* Hemmung der Spontanentladung durch elektrische Reizung der vorderen Commissur mit 100 Hz; *D* Hemmung der olfactorisch ausgelösten Entladung durch elektrische Reizung. Die Dauer des Geruchsreizes ist durch einen Strich markiert, die Dauer des elektrischen Reizes ist an dem Artefakt zu sehen. *R* Lage der Mikroelektrode an der Büschelzelle im Bulbus olfactorius; *S* Lage der Reizelektrode an der vorderen Commissur. (Nach v. Baumgarten, Green u. Mancia)

2. Efferente Kontrolle der Riechbahn

Anatomische und neurophysiologische Befunde haben das Vorhandensein zentrifugaler Fasersysteme im Bereich der olfactorischen Bahn erwiesen. Diese bilden die Grundlage für Rückkoppelungsschleifen in verschiedener Höhe und für eine efferente Kontrolle der einlaufenden Geruchsinformationen. Tucker u. Beidler beobachteten, daß elektrische Reizung des sympathischen Grenzstranges beim Kaninchen eine flache Erhöhung der afferenten Geruchsimpulse im primären olfactorischen Neuron bewirkt; die Größe der Zunahme hing von der Art des Riechstoffes ab und erreichte bei Inhalation von Phenyläthanol das Mehrfache des Ausgangswertes. Auch konnten vom zentralen Stumpf des N. ethmoidalis efferente Impulse zur Nasenschleimhaut abgeleitet werden, die nach Durchtrennung des Halssympathicus und des VII. Hirnnerven aufhörten. Die Steigerung der Geruchsempfindlichkeit durch Sympathicuserregung ist zum Teil wohl auf eine vasoconstrictorische Erweiterung der Nasengänge zurückzuführen, wodurch ein besserer Antransport der Geruchsstoffe möglich wird (TUCKER). Doch wird man in Analogie zu anderen Receptoren (S. 147) auch eine direkte Wirkung des Sympathicus auf die Sinnesnervenzellen in Betracht ziehen müssen.

Im *Bulbus olfactorius* bestehen mehrere efferente Innervationsmechanismen. Zunächst sind die im vorigen Abschnitt beschriebenen rückläufigen Kollateralen der Mitralzellen und der Büschelzellen zu nennen, deren Funktion wohl hauptsächlich in einer Erregungsabgrenzung dieser Neurone besteht. Ferner werden diese Zellen über die Commissura anterior von zentrifugalen Impulsen aus dem kontralateralen Bulbus (WALSH, *3*) und aus anderen Kerngebieten erreicht (KERR u. HAGBARTH; KERR; CRAGG, *2*). So fanden ARDUINI u. MORUZZI, daß eine Reizung der intralaminären Thalamuskerne mit niederfrequenten Strömen die rhythmischen Wellen im Bulbus olfactorius verstärkt. Elektrische Reizung der primären olfactorischen Rinde (Area praepiriformis, corticaler Nucl. amygdalae

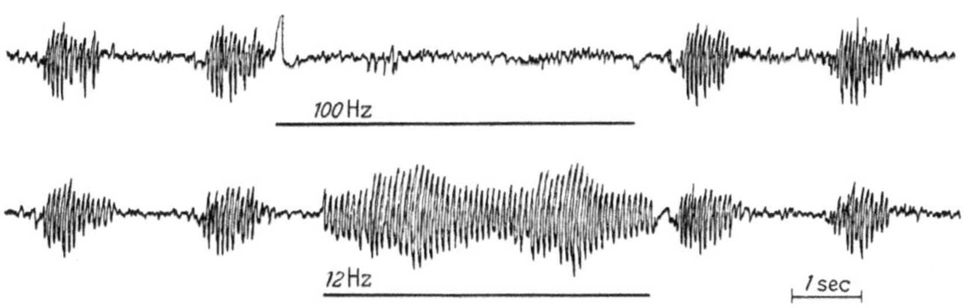

Abb. 181. Wellen im Bulbus olfactorius der Katze bei rhythmischer Geruchsreizung mit Nelkenöl. Die Signale markieren elektrische Reize an der vorderen Commissur mit 100 und 12 Hz. (Nach KERR u. HAGBARTH)

und Tuberculum olfactorium) führt bei der Katze zu einer Hemmung der spontanen und der durch Geruchsreize induzierten Wellen im Bulbus olfactorius (KERR u. HAGBARTH; KERR). Wird die vordere Commissur mit niederfrequenten Impulsen gereizt, so sieht man eine starke Erhöhung der olfactorischen, durch Inhalation von Nelkenöl erzeugten Aktivität (Abb. 181). Bei fortlaufender Erhöhung der Reizfrequenz geht diese Bahnung immer mehr in eine Hemmung über. KERR u. HAGBARTH nehmen an, daß im Ruhezustand über die efferenten Fasern ein hemmender tonischer Einfluß auf den Bulbus ausgeübt wird. Tatsächlich nimmt die Wellentätigkeit in diesem Gebiet sehr stark zu, wenn die Commissura anterior durchtrennt wird. Eine ähnliche Aktivitätssteigerung konnte MOULTON auch bei wachen Kaninchen beobachten, wenn die Verbindungen des Bulbus olfactorius zur vorderen Commissur und zur olfactorischen Rinde durchtrennt worden waren.

Eine allgemeine Steigerung der *Aufmerksamkeit* und Wachheit (arousal reaction) führt über efferente Bahnen zu einer Aktivitätszunahme im Bulbus olfactorius (LAVÍN, ALCOCER-CUARÓN u. HERNÁNDEZ-PEÓN; HERNÁNDEZ-PEÓN u. Mitarb.; YAMAMOTO u. IWAMA). Abb. 182 zeigt ein Beispiel hierfür. Bei einer wachen, frei beweglichen Katze sind Ableitungselektroden in den Bulbus olfactorius chronisch implantiert, zugleich mit einer Reizelektrode in der mesencephalen Formatio reticularis. Ist das Tier wach, aber ruhig und uninteressiert, so ist die elektrische Aktivität im Bulbus sehr niedrig. Jede Steigerung der Aufmerksamkeit durch Sinnesreize — seien sie optischer, akustischer, gustatorischer oder olfactorischer Art — erhöht die Amplitude der olfactorischen Wellen beträchtlich, wobei die Frequenz meist 34 bis 38/sec beträgt. Auch läßt sich eine deutliche Korrelation dieser Aktivität zum Grad der Wachheit feststellen. Offensichtlich handelt es sich hier um eine Erregbarkeitssteigerung über das unspezifische Aktivierungssystem der Formatio reticularis des Hirnstammes (vgl. S. 150), denn eine elektrische Reizung dieser Region (50 Hz, 2 bis 3 sec) ruft genau die gleichen Veränderungen in der Tätigkeit des Bulbus olfactorius hervor wie eine Erregung der Sinneskanäle.

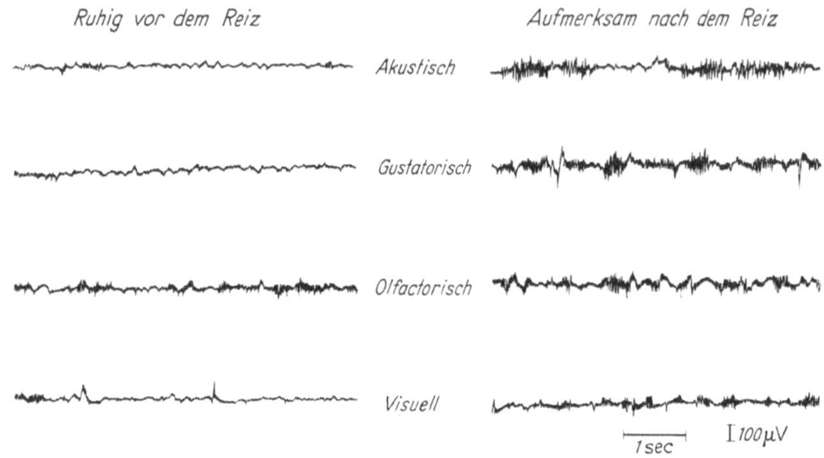

Abb. 182. Elektrische Aktivität im Bulbus olfactorius der wachen Katze vor und nach Reizung verschiedener Sinneskanäle. (Nach LAVÍN ALCOCER-CUARÓN u. HERNÁNDEZ-PEÓN)

3. Corticale Aktivität

Im allgemeinen kann man bei Tieren, die einem Geruchsreiz ausgesetzt werden, elektrische Potentiale von weit größeren Rindengebieten ableiten, als es der Ausdehnung der primären olfactorischen Areale entspricht. Am häufigsten sieht man Potentialschwankungen über der Area praepiriformis, dem Lobus piriformis, dem Tuberculum olfactorium, dem Nucl. amygdalae und Teilen des Gyrus

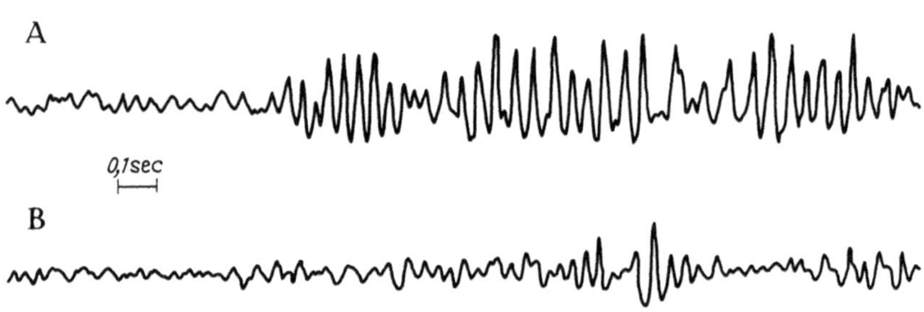

Abb. 183. Elektrische Aktivität am Lobus piriformis des Igels. *A* Spontantätigkeit; *B* bei Darbietung von Nelkenöl; der Geruchsreiz hebt die großen Wellen auf. (Umgezeichnet nach ADRIAN, *5*)

hippocampi (HASAMA; ADRIAN, *5*; ALLEN, *7*; MACLEAN, HORWITZ u. ROBINSON). Am Igel fand ADRIAN (*4*) über dem Lobus piriformis ziemlich regelmäßige Wellen, deren Frequenz bei ruhiger Atmung etwa 15 Hz betrug und bei starker Luftströmung bis auf 45 Hz anstieg. Wird ein intensiver Geruchsreiz dargeboten, z. B. Nelkenöl oder Asa foetida, so verschwinden die regelmäßigen großen Schwankungen zugunsten kleinerer, irregulärer Wellen (Abb. 183). Eine Geruchsspezifität läßt sich hierbei nicht erkennen und ist wohl auch nicht zu erwarten.

Indessen galten die meisten elektrophysiologischen Untersuchungen an den corticalen Riechfeldern nicht der Registrierung natürlicher, durch Geruchsreize ausgelöster Potentiale, sondern der Aufzeichnung von langsamen Rindenpotentialen (slow evoked potentials) bei elektrischer Reizung des Bulbus olfactorius (ROSE u. WOOLSEY; BERRY, HAGAMEN u. HINSEY; FOX, MCKINLEY u. MAGOUN; KAADA). Das Hauptproblem war dabei die Lokalisation der primären olfactorischen Areale. Um diese Frage zu beantworten, ist die Ableitung natürlicher Potentiale kaum geeignet, weil sich diese über weite Gebiete ausbreiten können,

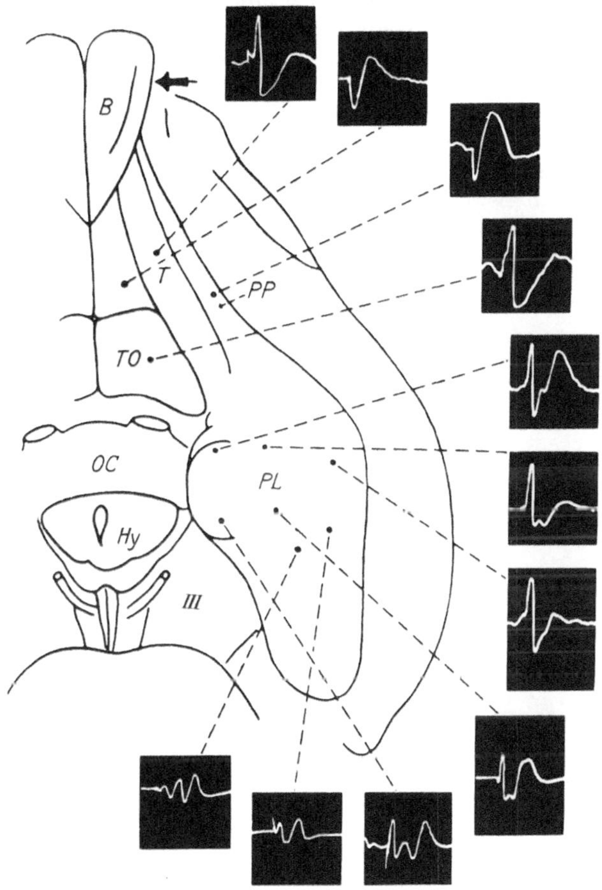

Abb. 184. Langsame Rindenpotentiale an verschiedenen Punkten der Hirnbasis der Katze bei elektrischen Einzelreizen am Bulbus olfactorius. Negative Ausschläge sind nach oben gerichtet. Dauer der Registrierungen jeweils 16,7 msec. *B* Bulbu solfactorius; *Hy* Hypothalamus; *OC* Chiasma n. optici; *PL* Lobus piriformis; *PP* Area praepiriformis; *T* Tract. olfactorius lateralis; *TO* Tuberculum olfactorium, *III* N. trigeminus. (Nach FOX, MCKINLEY u. MAGOUN)

wogegen die slow evoked potentials meist deutlich ausgeprägte Gipfel von verschiedener Polarität und Latenz erkennen lassen, aus denen man gewisse Schlüsse hinsichtlich einer monosynaptischen oder polysynaptischen Ausbreitung ziehen kann. Dementsprechend wären dann die primären Rindenfelder dort zu lokalisieren, wo evoked potentials von besonders kurzer Latenz auftreten. FOX, MCKINLEY u. MAGOUN konnten bei der Katze durch einen elektrischen Einzelreiz am Bulbus olfactorius Potentiale an verschiedenen Stellen der Hirnbasis auslösen, wobei eine negative Initialschwankung von kurzer Latenz (2 msec) in der Area praepiriformis, im vorderen Teil des Lobus olfactorius, im Tuberculum olfactorium und im Lobus piriformis auftrat (Abb. 184). Zu ähnlichen Ergebnissen kam KAADA, der bei der Katze negative Schwankungen von kurzer Latenz über der Area praepiriformis, dem vorderen Teil des Lobus piriformis und dem Tuberculum olfactorium registrierte. Beim Affen (*Macaca mulatta*) waren die schnellsten negativen Potentiale vom Tuberculum olfactorium und von der Spitze des Gyrus hippocampi abzuleiten. Als Fazit aller dieser Versuche können wir festhalten, daß die primären Geruchsfelder hauptsächlich in der Area praepiriformis, dem vorderen Teil des Lobus piriformis, dem Tuberculum olfactorium und dem corticalen Nucl. amygdalae lokalisiert sind und nicht, wie man früher glaubte, im Gyrus hippocampi. Dem entsprechen auch die Ergebnisse von Ausschaltungsversuchen an Hunden (ALLEN, *5*, *6*). Wurden den Tieren bedingte Geruchsreflexe andressiert, so änderte sich das Verhalten praktisch nicht, wenn 90 bis 100% des Hippocampus entfernt wurden. Dagegen führte eine bilaterale Abtragung der Area piriformis und des Nucl. amygdalae zur Aufhebung von komplexen Verhaltensweisen, bei denen eine Unterscheidung zwischen Nelkenöl und Asa foetida erforderlich war, während einfache Reaktionen auf einen einzigen Geruch nach wie vor auslösbar waren.

Literatur

Allgemeine Sinnesphysiologie

AKIMOTO, H., u. O. CREUTZFELDT: Reaktion von Neuronen der optischen Cortex nach elektrischer Reizung unspezifischer Thalamuskerne. Arch. Psychiat. Nervenkr. **196**, 494—519 (1958).

— Y. SAITO, and Y. NAKAMURA: Effects of arousal stimuli on evoked neuronal activities in cat's visual cortex. In: Neurophysiologie und Psychophysik des visuellen Systems, hrsg. von R. JUNG u. H. KORNHUBER, S. 363—372. Berlin-Göttingen-Heidelberg: Springer 1961.

ARMSTRONG, D. M.: Perception and the physical world. London: Routledge & Kegan Paul 1961.

ASHER, L.: Über das Grenzgebiet des Licht- und Raumsinnes. Z. Biol. **17**, 394—418 (1897).

AUGUSTINUS: Bekenntnisse. In: Augustinus' Werke, Bd. 1. Eingeleitet und übertragen von W. THIMME. Zürich: Artemis-Verlag 1950.

BÉKÉSY, G. v.: Synchronism of neural discharges and their demultiplication in pitch perception on the skin and in hearing. J. acoust. Soc. Amer. **31**, 338—349 (1959).

BERGSTRÖM, R. M.: (*1*) Die Mitberücksichtigung des Subjekts im sinnesphysiologischen Meßakt. Acta physiol. scand. **41**, Suppl. 144, 1—157 (1957).

— (*2*) Über die Anzahl der motorischen Impulse (die Periodenzahl) des Elektromyogramms als quantitativer Ausdruck der voluntären, zentralen Kontrolle der Muskelaktion. Acta physiol. scand. **43**, 349—358 (1958).

— (*3*) Eine „Eigenvariation" der voluntären Kontrolle einer Muskelaktion. Ann. Acad. Sci. fenn. A 5, Nr 77 (1961).

— (*4*) The relation between the integrated kinetic energy and the number of action potentials in the electromyogram during voluntary muscle contraction. Ann. Acad. Sci. fenn. A 5, Nr 93 (1962).

— (*5*) Über die Struktur einer Wahrnehmungssituation und über ihr physiologisches Gegenstück. Ann. Acad. Sci. fenn. A 5, Nr 94 (1962).

— (*6*) Über das Wahrnehmen der Bewegung. Ann. Acad. Sci. fenn. A 5, Nr 106/2 (1964).

— V. HÄKKINEN, T. JAUHIAINEN, and A. KAHRI: Experimental demonstration of the euclidian-pythagorean structure and the quadratic metrics in the perceptual manifold of the sense of hearing. Ann. Acad. Sci. fenn. A 5, Nr 84 (1961).

—, and K. O. LINDFORS: Experimental demonstration of the euclidian-pythagorean structure and the quadratic metrics in the perceptual manifold of the cutaneous tactile sense. Acta physiol. scand. **44**, 170—183 (1958).

—, u. Y. REENPÄÄ: Experimenteller Erweis der euklidisch-pythagoreischen Eigenstruktur sowie des Geltens einer quadratischen Metrik in der Gesichtsmannigfaltigkeit. Acta physiol. scand. **38**, 220—236 (1957).

BERKELEY, G.: The works of GEORGE BERKELEY, Bishop of Cloyne (edit. A. A. LUCE and T. E. JESSOP). London: Nelson 1948/1950.

BERNARD, C.: (*1*) Leçons de physiologie expérimentale appliquée à la médecine. Première leçon, p. 1—23. Paris: J.-B. Baillière 1855.

— (*2*) Introduction à l'étude de la médecine expérimentale. Paris: J.-B. Baillière et Fils 1865.

BIRREN, F.: Color psychology and color therapy; a factual study of the influence of color on human life. New York: McGraw-Hill Book Co. 1950.

BISHOP, G. H.: The cortex as a sensory analyzer. In: Neurophysiologie und Psychophysik des visuellen Systems, hrsg. von R. JUNG u. H. KORNHUBER, S. 326—335. Berlin-Göttingen-Heidelberg: Springer 1961.

BJÖRKMAN, M.: Measurement based on variability. Studium gen. **15**, 121—126 (1962).

BLOCH, A.-M.: Expériences sur la vision. C. R. Soc. Biol. (Paris) **2**, 493—495 (1885).

BOLZANO, B.: Wissenschaftslehre, Bd. 1—4. 1837. Neudruck hrsg. von W. SCHULTZ. Leipzig: Meiner 1929—1931.

BORN, M.: Betrachtungen zur Farbenlehre. Naturwissenschaften **50**, 29—39 (1963).

BOYLE, R.: The works of the honorable ROBERT BOYLE, Bd. 1—6. London: J. & F. Rivington 1772.

BRENTANO, F.: Psychologie vom empirischen Standpunkt aus, 2. Aufl. Leipzig: K. Duncker u. P. Humblot 1874.

BRILLOUIN, L.: Science and information theory. New York: Academic Press 1956.
BROOKS, V. B.: Variability and redundancy in the cerebral cortex. Electroenceph. clin. Neurophysiol., Suppl. 24, 13—32 (1963).
BRÜCKE, E. TH. v.: Einflüsse des vegetativen Nervensystems auf Vorgänge innerhalb des animalischen Systems. Ergebn. Physiol. **34**, 220—252 (1932).
BRUNSWIK, E.: Wahrnehmung und Gegenstandswelt. Leipzig u. Wien: Franz Deuticke 1934.
BURKHARDT, D.: Die Eigenschaften und Funktionstypen der Sinnesorgane. Ergebn. Biol. **22**, 226—267 (1960).
CARNAP, R.: Meaning and necessity. Chicago (Ill.): Chicago University Press 1947.
CASPERS, H.: (*1*) Über die Beziehungen zwischen Dendritenpotential und Gleichspannung der Hirnrinde. Pflügers Arch. ges. Physiol. **269**, 157—181 (1959).
— (*2*) Die Beeinflussung der corticalen Gleichspannung durch sensible und sensorische Reize beim wachen, frei beweglichen Tier. Pflügers Arch. ges. Physiol. **272**, 53—54 (1960).
CHARPENTIER, A.: Recherches sur la persistance des impressions retinéennes et sur les excitations lumineuses de courte durée. Arch. Ophtal. (Paris) **10**, 108—135 (1890).
DESCARTES, R.: Philosophische Werke, Bd. 1—4. Übers. von A. BUCHENAU. Leipzig: Dürr 1906/1908.
DESMEDT, J. E., and K. MECHELSE: Corticofugal projections from temporal lobe in cat and their possible role in acoustic discrimination. J. Physiol. (Lond.) **147**, 17—18 P (1959).
DESSAUER, F.: Naturwissenschaftliches Erkennen. Frankfurt a. M.: Josef Knecht 1958.
DIAMOND, J., J. A. B. GRAY, and M. SATO: The site of initiation of impulses in Pacinian corpuscles. J. Physiol. (Lond.) **133**, 54—67 (1956).
DIEMER, A.: EDMUND HUSSERL, Versuch einer systematischen Darstellung seiner Phänomenologie. Monographien zur philosophischen Forschung, Bd. XV. Meisenheim am Glan: A. Hain KG 1956.
DINGLER, H.: (*1*) Der Zusammenbruch der Wissenschaft und der Primat der Philosophie, 2. Aufl. München: E. Reinhardt 1931.
— (*2*) Die Methode der Physik. München: E. Reinhardt 1938.
DODT, E.: Centrifugal impulses in rabbit's retina. J. Neurophysiol. **19**, 301—307 (1956).
EBERHARDT, M.: Das Erkennen. Hamburg: R. Meiner 1952.
ECCLES, J. C.: The physiology of synapses. Berlin-Göttingen-Heidelberg: Springer 1964.
EIJKMAN, E.: Adaptation of the senses of temperature and touch. Rotterdam: Bronder Offset 1959.
—, and A. J. H. VENDRIK: Detection theory applied to the absolute sensitivity of sensory systems. Biophys. J. **3**, 65—78 (1963).
EISLER, H.: (*1*) On the problem of category scales in psychophysics. Scand. J. Psychol. **3**, 81—87 (1962).
— (*2*) Empirical test of a model relating magnitude and category scales. Scand. J. Psychol. **3**, 88—96 (1962).
— (*3*) Subjective scale of force for a large muscle group. J. exp. Psychol. **64**, 253—257 (1962).
EKMAN, G.: Contributions to the psychophysics of color vision. Studium gen. **16**, 54—64 (1963).
—, and R. LINDMAN: Measurement of the underlying process in perceptual fluctuations. Vision Res. **2**, 253—260 (1962).
ELIAS, P.: A note on the misuse of "digital" in neurophysiology. In: W. A. ROSENBLITH (Ed.), Sensory communication, p. 794—795. New York and London: J. Wiley & Sons, Inc. 1961.
EYZAGUIRRE, C.: (*1*) The motor regulation of mammalian spindle discharges. J. Physiol. (Lond.) **150**, 186—200 (1960).
— (*2*) Modulation of sensory discharges by efferent spindle excitation. J. Neurophysiol. **21**, 465—480 (1958).
—, and ST. W. KUFFLER: (*1*) Processes of excitation in the dendrites and in the soma of single isolated sensory nerve cells of the lobster and crayfish. J. gen. Physiol. **39**, 87—119 (1955).
— — (*2*) Further study of soma, dendrite and axon excitation in single neurons. J. gen. Physiol. **39**, 121—153 (1955).
FEX, J.: Auditory activity in centrifugal and centripetal cochlear fibres in cat. Acta physiol. scand. **55**, Suppl. 189 (1962).
FINSLER, P.: (*1*) Gibt es Widersprüche in der Mathematik? Jb. Dtsch. Math. Ver.igg **34**, 143—155 (1926).
— (*2*) Gibt es unentscheidbare Sätze? Comment. math. helv. **16**, 310—320 (1944).
FLEISCHMANN, R.: Die Struktur des physikalischen Begriffssystems. Z. Physik **129**, 377—400 (1951).
FRANK, H.: Informationspsychologie und Nachrichtentechnik. In: N. WIENER, and J. P. SCHADÉ (Ed.), Nerve, brain and memory models. Progress in brain research, vol. 2, p. 79—96. Amsterdam and New York: Elsevier Publ. Co. 1963.

FREY, M. v.: (*1*) Beiträge zur Sinnesphysiologie der Haut. III. Ber. sächs. Ges. (Akad.) Wiss. **47**, 166—184 (1895).

— (*2*) Die Haut als Sinnesfläche. In: Handbuch der Haut- und Geschlechtskrankheiten, Bd. I/2, S. 91—160. Berlin: Springer 1929.

FRISHKOPF, L. S.: A probability approach to certain neuroelectric phenomena. RLE Technical Report Mass. Inst. Technology, Cambridge (Mass.) 1956, No 307.

GALAMBOS, R.: Suppression of auditory nerve activity by stimulation of efferent fibers to the cochlea. J. Neurophysiol. **19**, 424—437 (1956).

GOETHE, J. W.: Sämtliche Werke, Bd. 1—40. Stuttgart u. Tübingen: J. G. Cotta 1840.

GOUDE, G.: On fundamental measurement in psychology. Stockholm: Almqvist & Wiksell 1962.

GRANIT, R.: (*1*) Centrifugal and antidromic effects on ganglion cells of retina. J. Neurophysiol. **18**, 388—411 (1955).

— (*2*) Receptors and sensory perception. New Haven: Yale University Press 1955.

—, and B. HOLMGREN: Two pathways from brain stem to gamma ventral horn cells. Acta physiol. scand. **35**, 93—108 (1955).

—, and B. R. KAADA: Influence of stimulation of central nervous structures on muscle spindles in cat. Acta physiol. scand. **27**, 130—160 (1952).

— D. KERNELL, and G. K. SHORTESS: Quantitative aspects of repetitive firing of mammalian motoneurones, caused by injected currents. J. Physiol. (Lond.) **168**, 911—931 (1963).

GRÜSSER, O. J., u. U. GRÜSSER-CORNEHLS: Periodische Aktivierungsphasen visueller Neurone nach kurzen Lichtreizen verschiedener Dauer. Pflügers Arch. ges. Physiol. **275**, 292—311 (1962).

HAGBARTH, K. E.: Centrifugal mechanisms of sensory control. Ergebn. Biol. **22**, 47—66 (1959).

—, and J. FEX: Centrifugal influences on single unit activity in spinal sensory paths. J. Neurophysiol. **22**, 321—338 (1959).

—, and D. I. B. KERR: Central influences on spinal afferent conduction. J. Neurophysiol. **17**, 295—307 (1954).

HARTLINE, H. K., H. G. WAGNER, and E. F. MACNICHOL: The peripheral origin of nervous activity in the visual system. Cold Spr. Harb. Symp. quant. Biol. **17**, 125—141 (1952).

HARTMANN, N.: Grundzüge einer Metaphysik der Erkenntnis, 4. Aufl. Berlin: W. de Gruyter & Co. 1949.

HEIMENDAHL, E.: Licht und Farbe. Berlin: W. de Gruyter & Co. 1961.

HEISENBERG, W.: (*1*) Das Naturbild der heutigen Physik. Rowohlts deutsche Enzyklopädie, Bd. 8. Reinbek bei Hamburg: Rowohlt 1955.

— (*2*) Wandlungen in den Grundlagen der Naturwissenschaft, 9. Aufl. Stuttgart: S. Hirzel 1959.

HEITLER, W.: Der Mensch und die naturwissenschaftliche Erkenntnis. Braunschweig: F. Vieweg & Sohn 1961.

HELMHOLTZ, H. v.: Die Tatsachen in der Wahrnehmung (1878). Vorträge u. Reden, Bd. II, S. 213—247, 4. Aufl. Braunschweig: F. Vieweg & Sohn 1896.

HENSEL, H.: (*1*) Physiologie der Thermoreception. Ergebn. Physiol. **47**, 166—368 (1952).

— (*2*) Quantitative Beziehungen zwischen Temperaturreiz und Aktionspotentialen der Lorenzinischen Ampullen. Z. vergl. Physiol. **37**, 509—526 (1955).

— (*3*) Die Wirkung verschiedener Kohlensäure- und Sauerstoffspannungen auf isolierte Lorenzinische Ampullen von Selachiern. Pflügers Arch. ges. Physiol. **264**, 228—244 (1957).

— (*4*) Spezifische und unspezifische Receptorfunktion peripherer Nervenendigungen. Pflügers Arch. ges. Physiol. **273**, 543—561 (1961).

— (*5*) Sinneswahrnehmung und Naturwissenschaft. Studium gen. **15**, 747—758 (1962).

— (*6*) Abbildung der Sinnesqualitäten in den Signalen somatosensibler Nervenfasern. Nova Acta Leopoldina **28**, 105—122 (1964).

—, and K. K. A. BOMAN: Afferent impulses in cutaneous sensory nerves in human subjects. J. Neurophysiol. **23**, 564—578 (1960).

—, and G. HILDEBRANDT: Organ systems in adaptation: the nervous system. In: Handbook of physiology, sect. 4, Adaptation to the environment, p. 55—72. Washington, D.C.: American Physiological Society 1964.

—, u. Y. ZOTTERMAN: Quantitative Beziehungen zwischen der Entladung einzelner Kältefasern und der Temperatur. Acta physiol. scand. **23**, 291—319 (1951).

HERNÁNDEZ-PEÓN, R.: (*1*) Central mechanisms controlling conduction along central sensory pathways. Acta neurol. lat.-amer. **1**, 256—264 (1955).

— (*2*) Reticular mechanisms of sensory control. In: Sensory communication (edit. W. A. ROSENBLITH), p. 497—520. New York and London: J. Wiley & Sons, Inc. 1961.

— C. GUZMAN-FLORES, M. ALCARAZ, and A. FERNÁNDEZ-GUARDIOLA: Sensory transmission in visual pathways during "attention" in unanesthetized cats. Acta neurol. lat.-amer. **3**, 1—8 (1957).

Hernández-Peón, R., M. Jouvet, and H. Scherrer: Auditory potentials at cochlear nucleus during acoustic habituation. Acta neurol. lat.-amer. **3**, 144—156 (1957).
— H. Scherrer, and M. Jouvet: Modification of electric activity in cochlear nucleus during "attention" in unanesthetized cats. Science **123**, 331—332 (1956).
Hilali, S., and I. C. Whitfield: Responses of the trapezoid body to acoustic stimulation with pure tones. J. Physiol. (Lond.) **122**, 158—171 (1953).
Hubbard, S. J.: A study of rapid mechanical events in a mechanoreceptor. J. Physiol. (Lond.) **141**, 198—218 (1958).
Hunt, C. C., and S. W. Kuffler: Further study of efferent small-nerve fibres to mammalian muscle spindles. Multiple spindle innervation and activity during contraction. J. Physiol. (Lond.) **113**, 283—297 (1951).
Husserl, E.: Husserliana, Bd. 1—9. Haag: M. Nijhoff 1950/1962.
Jalavisto, E., L. Liukkonen, Y. Reenpää u. A. Wilska: Spannungsempfindung, Muskelspannung und motorische Impulsfrequenz bei dem unbeanspruchten Muskel und beim Kohnstamm-Matthaeischen Phänomen. Skand. Arch. Physiol. **79**, 39—62 (1938).
— R. Niini u. Y. Reenpää: Über die Gültigkeit und Grenzen der bilinearen Reizausdrücke bei schwellenmäßigen Lichtempfindungen. Acta physiol. scand. **12**, 147—170 (1946).
Jasper, H. H.: Functional properties of the thalamic reticular system. In: Brain mechanisms and consciousness, p. 374—401. Oxford: Blackwell Sci. Publ. 1956.
Jauhiainen, T., and V. Häkkinen: Further observations of the Euklidean-Pythagorean structure and quadratic metrics in the perceptual manifold of the sense of hearing. Ann. Acad. Sci. fenn. A 5, Nr 106/20 (1964).
Jirmunskaya, E. A.: Electrophysiological analysis of the influence of sympathetic nervous system on the cutaneous reception. Fiziol. Zh. Mosk. **28**, 491—500 (1940).
Jung, R.: (*1*) Correlation of bioelectrical and autonomic phenomena with alterations of consciousness and arousal in man. In: Brain mechanisms and consciousness, p. 310—344 and p. 398. Oxford: Blackwell Sci. Publ. 1956.
— (*2*) Korrelationen von Neuronentätigkeit und Sehen. In: Neurophysiologie und Psychophysik des visuellen Systems, hrsg. von R. Jung u. H. Kornhuber, S. 410—435. Berlin-Göttingen-Heidelberg: Springer 1961.
Kant, I.: (*1*) Prolegomena zu einer jeden künftigen Metaphysik, die als Wissenschaft wird auftreten können (1783). Philos. Bibliothek, Bd. 40. Hamburg: F. Meiner 1957.
— (*2*) Kritik der reinen Vernunft (1787). Philos. Bibliothek, Bd. 37a. Hamburg: F. Meiner 1952.
— (*3*) Vorlesungen über Logik (1792), hrsg. von A. Kowalewski. München u. Leipzig: Rösl & Cie. 1924.
Kaulbach, F.: Der philosophische Begriff der Erfahrung. Studium gen. **14**, 527—538 (1961).
Keidel, W. D.: (*1*) Vibrationsreception. Der Erschütterungssinn des Menschen. Erlanger Forschungen. Reihe B: Naturwissenschaften, Bd. 2. Erlangen: Univ.-Bibliothek 1956.
— (*2*) Grundprinzipien der akustischen und taktilen Informationsverarbeitung. Ergebn. Biol. **24**, 213—246 (1961).
— (*3*) Rankes Adaptationstheorie. Z. Biol. **112**, 411—425 (1961).
— (*4*) Grenzen der Übertragbarkeit der Regelungslehre auf biologische Probleme. Naturwissenschaften **48**, 264—276 (1961).
— (*5*) Physiologie der Hautsinne. In: Handbuch der Haut- und Geschlechtskrankheiten, Ergänzungswerk, Bd. I, Teil 1: Normale und pathologische Physiologie der Haut I, S. 157—281. Berlin-Göttingen-Heidelberg: Springer 1963.
— (*6*) Beispiele und Probleme einer kybernetischen Physiologie des ZNS und der Sinne. Ber. 23. Kongr. Dtsch. Ges. Psychol., S. 103—123. Göttingen: Dr. C. J. Hogrefe 1963.
—, u. M. Spreng: Elektronisch gemittelte langsame Rindenpotentiale des Menschen bei akustischer Reizung. Acta oto-laryng. (Stockh.) **56**, 318—328 (1963).
Kempski, J. v.: Der Aufbau der Erfahrung und das Handeln. Arch. Philos. **6**, 177—191 (1956).
Kerr, D. I. B., and K. E. Hagbarth: An investigation of olfactory centrigufal fiber system. J. Neurophysiol. **18**, 362—374 (1955).
Kienle, G.: Geometrische Axiome, nicht-euklidische Abbildungsmodelle und Sehraum. Optik **20**, 353—372 (1963).
Klages, L.: Grundlegung einer Wissenschaft vom Ausdruck, 5. Aufl. Leipzig: Johann Ambrosius Barth 1936.
Kohler, I.: Über Aufbau und Wandlungen der Wahrnehmungswelt. Öst. Akad. Wiss. **227**, Nr 1 (1951).
Kohlrausch, F.: Praktische Physik, 20. Aufl., Bd. 1. Stuttgart: Teubner 1955.
Kornadt, H. J.: Experimentelle Untersuchungen über qualitative Änderungen von Reproduktionsinhalten. Psychol. Forsch. **25**, 353—423 (1958).
Kries, J. v.: Allgemeine Sinnesphysiologie. Leipzig: F. C. W. Vogel 1923.
Kuffler, S. W.: Synaptic inhibitory mechanisms. Properties of dendrites and problems of excitation in isolated sensory nerve cells. Exp. Cell Res., Suppl. **5**, 493 (1958).

Kuffler, S. W., and C. Eyzaguirre: Synaptic inhibition in an isolated nerve cell. J. gen. Physiol. **39**, 155—184 (1955).
—, and C. C. Hunt: The mammalian small-nerve fibres: a system for efferent nervous regulation of muscle spindle discharge. Res. Publ. Ass. nerv. ment. Dis. **30**, 24—47 (1950).
— — and J. P. Quilliam: Function of medullated small-nerve fibres in mammalian ventral roots: efferent muscle spindle innervation. J. Neurophysiol. **14**, 29—54 (1951).
Landgren, S.: (*1*) Cortical reception of cold impulses from the tongue of the cat. Acta physiol. scand. **40**, 202—209 (1957).
— (*2*) Convergence of tactile, thermal and gustatory impulses on single cortical cells. Acta physiol. scand. **40**, 210—221 (1957).
Lewis, C. I.: An analysis of knowledge and valuation, 2. ed. La Salle (Ill.): Open Court Publ. Co. 1950.
Lewrenz, H.: Die Eignung zum Führen von Kraftfahrzeugen. Stuttgart: Ferdinand Enke 1964.
Locke, J.: An essay concerning human understanding (1690). London: J. M. Dent & Sons 1947.
Loewenstein, W. R.: (*1*) Modulation of cutaneous mechanoreceptors by sympathetic stimulation. J. Physiol. (Lond.) **132**, 40—60 (1956).
— (*2*) Enhancement of activity in a Pacinian corpuscle by sympathomimetic agents. Nature (Lond.) **178**, 1292—1293 (1956).
— (*3*) The generation of electric activity in a nerve ending. Ann. N.Y. Acad. Sci. 81, 367—387 (1959).
— (*4*) Excitation and inactivation in a receptor membrane. Ann. N.Y. Acad. Sci. **94**, 510—534 (1961).
—, and N. Ishiko: Effects of polarization of the receptor membrane and of the first Ranvier node in a sense organ. J. gen. Physiol. **43**, 981—998 (1960).
—, and R. Rathkamp: The sites for mechanoelectric conversion in a Pacinian corpuscle. J. gen. Physiol. **41**, 1245—1265 (1958).
Mach, E.: Analyse der Empfindungen, 3. Aufl. Jena: Gustav Fischer 1902.
MacNichol, E. F.: Visual receptors as biological transducers. In: R. G. Grenell and L. J. Mullins (Ed.), Molecular structure and functional activity in nerve cells, p. 34—62. Washington, D.C.: Amer. Inst. of Biological Sciences 1956.
Macy jr., J.: A probability model for cortical responses to successive auditory clicks. Ph. D. Thesis Mass. Inst. Technology 1954.
Magoun, J. W.: Caudal and cephalic influences of the brain stem reticular formation. Physiol. Rev. **30**, 459—474 (1950).
Martin, A. R., and G. Pilar: Dual mode of synaptic transmission in the avian ciliary ganglion. J. Physiol. (Lond.) **168**, 443—463 (1963).
May, E.: Die Stellung Nicolai Hartmanns in der neueren Naturphilosophie. In: Nicolai Hartmann, Der Denker und sein Werk. Göttingen: Vandenhoeck & Ruprecht 1952.
McLennan, H.: Synaptic transmission. Philadelphia: W. B. Saunders Co. 1963.
Metzger, W.: (*1*) Gesetze des Sehens. Frankfurt a. M.: W. Kramer 1953.
— (*2*) Psychologie. Wissenschaftliche Forschungsberichte, naturwissenschaftliche Reihe, Bd. 52. Darmstadt: Dr. Dietrich Steinkopff 1954.
Meyer-Eppler, W.: Grundlagen und Anwendungen der Informationstheorie. Kommunikation und Kybernetik in Einzeldarstellungen, Bd. I. Berlin-Göttingen-Heidelberg: Springer 1959.
Mintz, N. L.: Concerning Goethe's approach to the theory of color. J. individ. Psychol. **15**, 33—49 (1959).
Mittelstaedt, P.: Über die Gültigkeit der Logik in der Natur. Naturwissenschaften **47**, 385—391 (1960).
Mountcastle, V. B.: Convergence and organizational principles in the nervous system. Internat. Symposium on Principles of Sensory Communication, Boston 1959.
Müller, J.: Handbuch der Physiologie des Menschen, Bd. 1. Koblenz: J. Hölscher 1840.
Müller-Pouillet: Lehrbuch der Physik, Bd. I, Teil 1. Braunschweig: F. Vieweg & Sohn 1929.
Nernst, W.: Zur Theorie des elektrischen Reizes. Pflügers Arch. ges. Physiol. **122**, 275—314 (1908).
Oppelt, W.: Kleines Handbuch technischer Regelvorgänge. Weinheim: Verlag Chemie 1954.
Palágyi, M.: (*1*) Naturphilosophische Vorlesungen, 2. Aufl. Leipzig: Johann Ambrosius Barth 1924.
— (*2*) Wahrnehmungslehre. Leipzig: Johann Ambrosius Barth 1925.
Peirce, C. S.: Collected Papers, vol. 1—8, ed. by C. Hartshorne and P. Weiss. Cambridge (Mass.): Belknap Press of Harvard University Press 1958/1960.
Pfalz, R.: Einfluß schallgereizter efferenter Hörbahnteile auf den deafferentierten Nucleus cochlearis (Meerschweinchen). Pflügers Arch. ges. Physiol. **274**, 533—552 (1962).

PLANCK, M.: Wege zur physikalischen Erkenntnis. Reden und Vorträge. Leipzig: S. Hirzel 1933.
POINCARÉ, H.: Wissenschaft und Hypothese. Leipzig: Teubner 1904.
POLYAK, S. L.: The retina. Chicago: Chicago University Press 1941.
PORTMANN, A.: Naturwissenschaft und Humanismus. München: R. Piper 1960.
RANKE, O. F.: (*1*) Bereichseinstellung der Sinnesorgane. Beihefte zur Regelungstechnik, S. 113—134. München: R. Oldenbourg 1956.
— (*2*) Physiologie des Zentralnervensystems vom Standpunkt der Regelungslehre. München u. Berlin: Urban & Schwarzenberg 1960.
RASMUSSEN, G. L.: (*1*) An efferent cochlear bundle. Anat. Rec. **82**, 441—444 (1942).
— (*2*) The olivary peduncle and other fiber projections of the superior olivary complex. J. comp. Neurol. **84**, 141—220 (1946).
— (*3*) Descending or "feed-back" connections of auditory system in the cat. Amer. J. Physiol. **183**, 653 (1955).
REENPÄÄ, Y.: (*1*) Über Wahrnehmen, Denken und messendes Versuchen. Bibliotheca Biotheoretica, Ser. D, vol. 3. Leiden: E. J. Brill 1947.
— (*2*) Die Dualität des Verstandes. S.-B. heidelberg. Akad. Wiss., math.-nat. Kl., Nr 7 (1950).
— (*3*) Der Verstand als Anschauung und Begriff. Ann. Acad. Sci. fenn. B, Nr 76, 1 (1952).
— (*4*) Axiomatik der Anschauungs-Mannigfaltigkeit. Ann. Acad. Sci. fenn. A 1, Math.-Physica, Nr 157 (1953).
— (*5*) Anschauliche Unabhängigkeit und begriffliche Orthogonalität. Ann. Acad. Sci. fenn. A 1, Math.-Physica, Nr 158 (1953).
— (*6*) Aufbau der Allgemeinen Sinnesphysiologie. Frankfurt a. M.: V. Klostermann 1959.
— (*7*) Theorie des Sinneswahrnehmens. Ann. Acad. Sci. fenn. A 5, Nr 78 (1961).
— (*8*) Allgemeine Sinnesphysiologie. Frankfurt a. M.: V. Klostermann 1962.
REICHENBACH, H.: (*1*) Wahrscheinlichkeitslehre. Leiden: A. W. Sijthoff 1935.
— (*2*) Philosophische Grundlagen der Quantenmechanik. Basel: Birkhäuser 1949.
RENQVIST-REENPÄÄ, Y.: Allgemeine Sinnesphysiologie. Wien: Springer 1936.
RENSCH, B.: Psychische Komponenten der Sinnesorgane. Eine psychophysische Hypothese. Stuttgart: Georg Thieme 1952.
RIEMANN, B., u. H. WEBER: Die partiellen Differentialgleichungen der mathematischen Physik, 5. Aufl, S. 295. Braunschweig: F. Vieweg & Sohn 1910.
ROSENBLITH, W. A.: Sensory performance of organisms. Rev. mod. Physics **31**, 485—491 (1959).
ROTHSCHILD, F. S.: (*1*) Transzendentale Phänomenologie als Semantik der Strukturen mit psychophysischer Funktion. In: Philosophia naturalis, Bd. 6. Arch. Naturphilosophie u. phil. Grenzgebiete, S. 485—518. Meisenheim/Glan: Anton Hain 1961.
— (*2*) Laws of symbolic mediation in the dynamics of self and personality. Ann. N.Y. Acad. Sci. **96**, 774—784 (1962).
SAND, A.: The function of the ampullae of Lorenzini, with some observations on the effect of temperature on sensory rhythms. Proc. roy. Soc. B **125**, 524—553 (1938).
SASAKI, K., and T. OTANI: Accommodation in spinal motoneurons of the cat. Jap. J. Physiol. **11**, 443—456 (1961).
SCHRIEVER, H.: Die Summation nervöser Erregungen. Ergebn. Physiol. **38**, 877—939 (1936).
SHANNON, C. E., and W. WEAVER: The mathematical theory of communication. Urbana: Illinois University Press 1949.
SJÖBERG, L.: The law of comparative judgment. A case not assuming equal variances and covariances. Scand. J. Psychol. **3**, 219—225 (1962).
SMITH, K., and A. H. HARDY: Effects of context on the subjective equation of auditory and visual intensities. Science **134**, 1623—1624 (1961).
SPRENG, M., u. M. ICHIOKA: Langsame Rindenpotentiale bei Schmerzreizung am Menschen. Pflügers Arch. ges. Physiol. **279**, 121—132 (1964).
—, u. W. D. KEIDEL: Neue Möglichkeiten der Untersuchung menschlicher Informationsverarbeitung. Kybernetik **1**, 243—249 (1961/1963).
STEGMÜLLER, W.: Unvollständigkeit und Unentscheidbarkeit. Wien: Springer 1959.
STEINBUCH, K., u. H. FRANK: Nichtdigitale Lernmatrizen als Perzeptoren. Kybernetik **1**, 117—124 (1961).
STEINER, R.: (*1*) Grundlinien einer Erkenntnistheorie der Goetheschen Weltanschauung (1886), 4. Aufl. Dresden: E. Weise 1936.
— (*2*) Wahrheit und Wissenschaft (1891). Freiburg i. Br.: Novalis-Verlag 1948.
— (*3*) Die Philosophie der Freiheit, 9. Aufl. Stuttgart: Verlag Freies Geistesleben 1955.
STEVENS, J. C., J. D. MACK, and S. S. STEVENS: Growth of sensation on seven continua as measured by force of handgrip. J. exp. Psychol. **59**, 60—67 (1960).
STEVENS, S. S.: (*1*) Mathematics, measurement, and psychophysics. In: S. S. STEVENS, Handbook of experimental psychology, p. 1—49. New York: John Wiley & Sons, Inc. 1951.

STEVENS, S. S.: (2) Measurement and man. Science 127, 383—389 (1958).
— (3) The psychophysics of sensory function. Amer. Scientist 48, 226—253 (1960).
— (4) To honor FECHNER and repeal his law. Science 133, 80—86 (1961).
STRAUS, E.: Vom Sinn der Sinne, 2. Aufl. Berlin-Göttingen-Heidelberg: Springer 1956.
TAUBE, M.: Computers and common sense. The myth of thinking machines. New York and London: Columbia University Press 1961.
TAUSCH, R.: Optische Täuschungen als artifizielle Effekte der Gestaltungsprozesse von Größen- und Formenkonstanz in der natürlichen Raumwahrnehmung. Psychol. Forsch. 24, 299—348 (1954).
UEXKÜLL, TH. v.: Das Problem der naturwissenschaftlichen Erfahrung. Aus: Beiträge zu Philosophie und Wissenschaft. WILHELM SZILASI zum 70. Geburtstag, S. 321—335. München: Franke 1960.
UNGER, G.: (1) Physik am Scheideweg. Dornach (Basel): Hibernia 1948.
— (2) Vom Bilden physikalischer Begriffe, Bd. 1. Stuttgart: Verlag Freies Geistesleben 1959.
WÄRE, M., A. WILSKA u. Y. RENQVIST: Über die Bedeutung der Zeitdauer des Reiztones bei Tonschwellenbestimmungen. Skand. Arch. Physiol. 65, 251—260 (1933).
WAGNER, R.: Probleme und Beispiele biologischer Regelung. Stuttgart: Georg Thieme 1954.
WEDDELL, G.: (1) The multiple innervation of sensory spots of the skin. J. Anat. (Lond.) 75, 441—446 (1941).
— (2) Anatomy of cutaneous sensibility. Brit. med. Bull. 3, 167—172 (1945).
— E. PALMER, and W. PALLIE: Nerve endings in mammalian skin. (A critical review.) Biol. Rev. 30, 159—195 (1955).
— — and D. TAYLOR: The significance of the peripheral anatomical arrangements of the nerves which serve pain and itch. Ciba Found. Study Group, No 1, Pain and Itch, p. 3—10. London: J. & A. Churchill 1959.
WEISS, K.: Gibt es eine Analogie zwischen einer elektronischen Rechenmaschine und dem Gehirn? Vjschr. naturforsch. Ges. Zürich 108, 359—371 (1963).
WEIZSÄCKER, C. F. v.: (1) Kontinuität und Möglichkeit. Naturwissenschaften 38, 533—543 (1951).
— (2) Zum Weltbild der Physik, 8. Aufl. Stuttgart: S. Hirzel 1960.
— (3) In: E. HEIMENDAHL, Licht und Farbe. Mit einem Geleitwort von C. F. v. WEIZSÄCKER. Berlin: W. de Gruyter & Co. 1961.
WEIZSÄCKER, V. v.: (1) Einleitung in die Physiologie der Sinne. In: Handbuch der normalen und pathologischen Physiologie, hrsg. von A. BETHE, G. v. BERGMANN, G. EMBDEN u. A. ELLINGER, Bd. 11, S. 1—67. Berlin: Springer 1926.
— (2) Der Gestaltkreis, 4. Aufl. Stuttgart: Georg Thieme 1950.
WHITEHEAD, A. N., and B. RUSSELL: Principia mathematica, vol. I. Cambridge: Cambridge University Press 1925.
WIENER, N.: (1) A new theory of measurement: a study in the logic of mathematics. Proc. Lond. math. Soc. 19, 181—205 (1920).
— (2) Cybernetics. New York: J. Wiley & Sons, Inc. 1948.
WITTGENSTEIN, L.: Schriften. Frankfurt a. M.: Suhrkamp 1960.
WRIGHT, G. H. v.: Über Wahrscheinlichkeit. Acta Soc. Sci. fenn., N.S., A.T., III. Nr 11 (1945).
ZEMANEK, H.: Einführung in die elementare Informationstheorie. Wien u. München: R. Oldenbourg 1959.
ZWAARDEMAKER, H.: Die physiologisch wahrnehmbaren Energiewanderungen. Ergebn. Physiol. 4, 423—480 (1905).

Hautsinne, Geschmack, Geruch

ABRAHAMS, H., D. KRAKAUER, and K. M. DALLENBACH: Gustatory adaptation to salt. Amer. J. Psychol. 49, 462—469 (1937).
ACHELIS, J. D.: (1) Die Physiologie der Schmerzen. Nervenarzt 9, 559—568 (1936).
— (2) Untersuchungen über die Hautsensibilität. VI. Mitt. Zur Theorie des Schmerzes. Pflügers Arch. ges. Physiol. 242, 644—664 (1939).
— (3) Neuere Ergebnisse zur Physiologie der Hautsinne. Ber. ges. Physiol. 154, 280—281 (1952/53).
ADEY, W. R.: The sense of smell. In: Handbook of physiology, sect. 1, Neurophysiology, vol. I, p. 535—548. Washington, D.C.: American Physiological Society 1959.
— N. C. R. MERRILLEES, and S. SUNDERLAND: The entorhinal area; behavioral, evoked potential and histological studies of its interrelationships with brainstem regions. Brain 79, 414—439 (1956).
—, and M. MEYER: Hippocampal and hypothalamic connections of the temporal lobe of the monkey. Brain 75, 358—384 (1952).

ADLER, A.: Zur Topik des Verlaufes der Geschmackssinnesfasern und anderer afferenter Bahnen im Thalamus. Z. ges. Neurol. Psychiat. **149**, 208—220 (1934).

ADRIAN, E. D.: (*1*) The impulses produced by sensory nerve-endings. Part I. J. Physiol. (Lond.) **61**, 49—72 (1926).

— (*2*) The impulses produced by sensory nerve-endings. Part IV. Impulses from pain receptors. J. Physiol. (Lond.) **62**, 33—51 (1926/27).

— (*3*) Sensory impulses produced by heat and injury. J. Physiol. (Lond.) **74**, 17 P (1932).

— (*4*) The mechanism of nervous action. Philadelphia: Pennsylvania University Press 1932.

— (*5*) Olfactory reactions in the brain of the hedgehog. J. Physiol. (Lond.) **100**, 459—473 (1942).

— (*6*) The electrical activity of the mammalian olfactory bulb. Electroenceph. clin. Neurophysiol. **2**, 377—388 (1950).

— (*7*) Sensory discrimination with some recent evidence from the olfactory organ. Brit. med. Bull. **6**, 330—331 (1950).

— (*8*) Olfactory discrimination. Ann. psychol. **50**, 107—113 (1951).

— (*9*) Sensory messages and sensation. The response of the olfactory tract to different smells. Acta physiol. scand. **29**, 5—14 (1953).

— (*10*) The basis of sensation: some recent studies of olfaction. Brit. med. J. **1954 I**, 287—290.

— (*11*) The action of the mammalian olfactory organ. J. Laryng. **70**, 1—14 (1956).

— (*12*) Electrical oscillations recorded from the olfactory organ. J. Physiol. (Lond.) **136**, 29 P (1957).

— M. K. CATTELL, and H. HOAGLAND: Sensory discharges in single cutaneous nerve fibres. J. Physiol. (Lond.) **72**, 377—391 (1931).

—, and Y. ZOTTERMAN: The impulse produced by sensory nerve endings. Part II. The response of a single endorgan. J. Physiol. (Lond.) **61**, 151—171 (1926).

ALBE-FESSARD, D., et A. ROUGEUL: Activitiés d'origine somesthésique évoquées sur le cortex non-specifique du chat anestésié au chloralose: rôle du centre median du thalamus. Electroenceph. clin. Neurophysiol. **10**, 131—151 (1958).

ALBRECHT, J.: Schwellenänderung von Vibrations-, Schmerz- und Drucksinn nach faradischen Verdeckungsreizen. Inaug.-Diss. Erlangen 1952.

ALEXANDER, J.: Colloid chemistry, 4th ed. New York: Van Nostrand 1937.

ALLEN, F.: (*1*) The sensations of taste and the logarithmic law of response. Z. Psychol. **160**, 276—281 (1956/57).

ALLEN, W. F.: (*2*) Origin and destination of the secondary visceral fibers in the guinea-pig. J. comp. Neurol. **35**, 275—311 (1922/23).

— (*3*) Olfactory and trigeminal conditioned reflexes in dogs. Amer. J. Physiol. **118**, 532—540 (1937).

— (*4*) Relationship of the conditioned olfactory-foreleg response to the motor centers of the brain. Amer. J. Physiol. **121**, 657—668 (1938).

— (*5*) Effect of ablating the frontal lobes, hippocampi and occipito-parieto-temporal (excepting piriform areas) lobes on positive and negative olfactory conditioned reflexes. Amer. J. Physiol. **128**, 754—771 (1940).

— (*6*) Effect of ablating the piriform-amygdaloid areas and hippocampi on positive and negative olfactory conditioned reflexes and on conditioned olfactory differentiation. Amer. J. Physiol. **132**, 81—92 (1941).

— (*7*) Distribution of cortical potentials resulting from insufflation of vapors into the nostrils and from stimulation of the olfactory bulbs and the pyriform lobe. Amer. J. Physiol. **139**, 553—555 (1943).

ALLISON, A. C.: (*1*) The morphology of the olfactory system in the vertebrates. Biol. Rev. **28**, 195—244 (1953).

— (*2*) The structure of the olfactory bulb and its relationship to the olfactory pathways in the rabbit and rat. J. comp. Neurol. **98**, 309—353 (1953).

— (*3*) The secondary olfactory areas in the human brain. J. Anat. (Lond.) 88, 481—488 (1954).

—, and R. T. T. WARWICK: Quantitative observations on the olfactory system of the rabbit. Brain **72**, 186—197 (1949).

ALRUTZ, S.: (*1*) Studien auf dem Gebiete der Temperatursinne. I. Skand. Arch. Physiol. **7**, 321—340 (1897).

— (*2*) Studien auf dem Gebiete der Temperatursinne. II. Skand. Arch. Physiol. **10**, 340—352 (1900).

ALVAREZ-BUYLLA, R., and J. R. DE ARELLANO: Local responses in Pacinian corpuscles. Amer. J. Physiol. **172**, 237—244 (1953).

AMASSIAN, V. E.: Studies on organization of a somesthetic association area including a single unit analysis. J. Neurophysiol. **17**, 39—58 (1954).

—, and R. V. DE VITO: Unit activity in reticular formation and nearby structures. J. Neurophysiol. **17**, 575—603 (1954).

AMOORE, J. E., J. W. JOHNSTON jr. u. M. RUBIN: Die stereochemische Theorie des Geruchs. Umschau **64**, 600—604 (1964).
ANDERSEN, H. T., M. FUNAKOSHI, and Y. ZOTTERMAN: (*1*) Electrophysiolog ical investigation of the gustatory effect of various biological sugars. Acta physiol. scand. **56**, 362—375 (1962).
— — — (*2*) Electrophysiological responses to sugars and their depression by salt. In: Olfaction and taste (ed. Y. ZOTTERMAN), p. 177—192. Oxford-London-New York-Paris: Pergamon Press 1963.
ANDERSON, C. D.: The effect of subliminal salt solution on taste thresholds. J. comp. physiol. Psychol. **48**, 164—166 (1955).
ANDERSSON, B., and P. A. JEWELL: Studies in the thalamic relay for taste in the goat. J. Physiol. (Lond.) **139**, 191—197 (1957).
— S. LANDGREN, L. OLSSON, and Y. ZOTTERMAN: The sweet taste fibres of the dog. Acta physiol. scand. **21**, 105—119 (1950).
—, and Y. ZOTTERMAN: The water taste in the frog. Acta physiol. scand. **20**, 95—100 (1950).
ANDRELL, P. O.: Cutaneous pain elicited in man by thermal radiation dependence of the threshold intensity on stimulation time, skin temperature and analgesics. Acta pharmacol. (Kbh.) **10**, 30—37 (1954).
ANDREWS, H. L., and W. WORKMAN: Pain threshold measurements in the dog. J. Pharmacol. exp. Ther. **73**, 99—103 (1941).
APPELBERG, B.: Species differences in the taste qualities mediated through the glossopharyngeal nerve. Acta physiol. scand. **44**, 129—137 (1958).
— R. L. KITCHELL, and S. LANDGREN: Reticular influence upon thalamic and cortical potentials evoked by stimulation of the cat's tongue. Acta physiol. scand. **45**, 48—71 (1959).
—, and S. LANDGREN: The localization of the thalamic relay in the specific sensory path from the tongue of the cat. Acta physiol. scand. **42**, 342—357 (1958).
ARDUINI, G., and G. MORUZZI: Sensory and thalamic synchronization in the olfactory bulb. Electroenceph. clin. Neurophysiol. **5**, 235—246 (1953).
AREY, L. B., M. J. TREMAINE, and F. L. MONZINGO: The numerical and topographical relations of taste buds to human circumvallate papillae throughout the life span. Anat. Rec. **64**, 9—26 (1935).
ARMSTRONG, D.: Chemical excitants of cutaneous pain. University of London Thesis 1957, p. 85—93.
— R. M. L. DRY, C. A. KEELE, and J. W. MARKHAM: (*1*) Observations on chemical excitants of cutaneous pain in man. J. Physiol. (Lond.) **120**, 326—351 (1953).
— J. B. JEPSON, C. A. KEELE, and J. W. STEWART: (*2*) Development of pain-producing substances in human plasma. Nature (Lond.) **174**, 791—792 (1954).
— — — — (*3*) Activation by glass of pharmacologically active agents in blood of various species. J. Physiol. (Lond.) **129**, 80—81 P (1955).
— — — — (*4*) Pain-producing substance in human inflammatory exudates and plasma. J. Physiol. (Lond.) **135**, 350—370 (1957).
ARTHUR, R. P., and W. B. SHELLEY: (*1*) Experimental evidence for an enzymatic basis for itching in man. Nature (Lond.) **175**, 901—902 (1955).
— — (*2*) The peripheral mechanisms of itch in man. In: Pain and itch. Nervous mechanisms. Ciba Foundation Study Group No I (ed. G. E. W. WOLSTENHOLME and M. O'CONNOR), p. 84—95. London: Churchill 1959.
— — (*3*) The innervation of human epidermis. J. invest. Derm. **32**, 397—411 (1959).
ASCHOFF, J.: Wärmehaushalt. In: LANDOIS-ROSEMANN, Lehrbuch der Physiologie des Menschen, hrsg. von H. U. ROSEMANN, Bd. I, S. 331—354. München u. Berlin: Urban & Schwarzenberg 1960.
ÅSTRÖM, K. E.: On the central course of afferent fibres in the trigeminal, facial, glossopharyngeal, and vagal nerves and their nuclei in the mouse. Acta physiol. scand. **29**, Suppl. 106, 209—320 (1953).
BAGH, K. v.: (*1*) Quantitative Untersuchungen auf dem Gebiet der Berührungs- und Druckempfindung. Z. Biol. **96**, 153—177 (1935).
— (*2*) Weitere Versuche über die Summation von gleichzeitigen Berührungs- bzw. Druckreizen. Dtsch. Z. Nervenheilk. **140**, 85—101 (1936).
— (*3*) Über die Beeinflussung der gestörten Schmerz- und Berührungssensibilität durch Hautreize anderer Qualität. Dtsch. Z. Nervenheilk. **146**, 170—181 (1938).
BAGSHAW, M. H., and K. H. PRIBRAM: Cortical organization in gustation (Macaca mulatta). J. Neurophysiol. **16**, 499—508 (1953).
BAILEY, R. A., and P. GLEES: Lamination and fibre size of the human spino-thalamic tract. J. Physiol. (Lond.) **113**, 37—38 P (1951).
BAIN, W. A., J. L. BROADBENT, and R. P. WARIN: Comparison of anthisan (mepyramine maleate) and phenergan as histamine antagonists. Lancet **1949**, 47—52.

BARADI, A. F., and G. H. BOURNE: Histochemical localization of cholinesterase in gustatory and olfactory epithelia. J. Histochem. Cytochem. **7**, 2—7 (1959).
BASLER, A.: Über die Anpassung an die Empfindung von Hautschmerz. Z. Biol. **96**, 332—338 (1935).
BAUMGARTEN, R. v., J. D. GREEN, and M. MANCIA: Recurrent inhibition in the olfactory bulb. II. Effects of antidromic stimulation of commissural fibers. J. Neurophysiol. **25**, 489—500 (1962).
—, and A. MOLLICA: Der Einfluß sensibler Reizung auf die Entladungsfrequenz kleinhirnabhängiger Reticulariszellen. Pflügers Arch. ges. Physiol. **259**, 79—96 (1954).
BAXTER, D. W., and J. OLSZIEWSKI: Congenital universal insensitivity to pain. Brain **83**, 381—393 (1960).
BAZETT, H. C.: (*1*) Temperature sense in man. In: Temperature, its measurement and control in science and industry, p. 489—501. New York: Reinhold Publ. Corp. 1941.
— (*2*) Theory of reflex controls to explain regulation of body temperature at rest and during exercise. J. appl. Physiol. **4**, 245—262 (1951/52).
—, and B. MCGLONE: (*1*) Experiments on the mechanism of stimulation of end-organs for cold. Amer. J. Physiol. **93**, 632 (1930).
— — (*2*) Studies in sensation. III. Arch. Neurol. Psychiat. (Chic.) **28**, 71—91 (1932).
— — and R. J. BROCKLEHURST: The temperatures in the tissues which accompany temperature sensations. J. Physiol. (Lond.) **69**, 88—112 (1930).
— — R. G. WILLIAMS, and H. M. LUFKIN: Sensation. I. Arch. Neurol. Psychiat. (Chic.) **27**, 489—517 (1932).
BEATTY, R. M., and L. H. CRAGG: The sourness of acids. J. Amer. chem. Soc. **57**, 2347—2351 (1935).
BECK, L. H.: Osmics: Theory and problems related to the initial events in olfaction. In: O. GLASSER (Ed.), Medical physics, vol. II. Chicago: Year Book Publ. 1950.
—, and W. R. MILES: Some theoretical and experimental relationships between infrared absorption and olfaction. Science **106**, 511 (1947).
BEEBE-CENTER, J. G.: (*1*) The psychology of pleasantness and unpleasantness. New York: Van Nostrand 1932.
— (*2*) Standards for use of the gustscale. J. Psychol. (Provincetown) **28**, 411—419 (1949).
— M. S. RODGERS, and W. H. ATKINSON: Intensive equivalences for sucrose and NaCl-solutions. J. Psychol. (Provincetown) **39**, 371—372 (1955).
—, and D. WADDELL: A general psychological scale of taste. J. Psychol. (Provincetown) **26**, 517—524 (1948).
BEECHER, H. K.: (*1*) The subjective response and reaction to sensation. Amer. J. Med. **20**, 107—113 (1956).
— (*2*) The measurement of pain. Prototype for the quantitative study of subjective responses. Pharmacol. Rev. **9**, 59—209 (1957).
— (*3*) An inspection of our working hypotheses in the study of pain and other subjective responses in man. In: U.F.A.W. Symposium on assessment of pain in man and animals (ed. C. A. KEELE and R. SMITH), p. 159—169. London and Edinburgh: E. & S. Livingstone Ltd 1962.
BEETZ, F.: Über die von den weiblichen Geschlechtswerkzeugen auslösbaren Empfindungsqualitäten. (Mit besonderer Berücksichtigung der Leistungen des Schmerzsinnes.) Arch. Gynäk. **162**, 106—139 (1936).
BEIDLER, L. M.: (*1*) A theory of taste stimulation. J. gen. Physiol. **38**, 133—139 (1954).
— (*2*) Physiological problems in odor research. Ann. N.Y. Acad. Sci. **58**, 52—57 (1954).
— (*3*) Facts and theory on the mechanism of taste and odor perception. In: Chemistry of natural food flavors, ed. by J. H. MITCHELL and N. J. LEINEN, p. 7—43. Chicago (Ill.): Quartermaster Research and Engineering Center 1957.
— (*4*) Physiology of olfaction and gustation. Ann. Otol. (St. Louis) **69**, 398—409 (1960).
— (*5*) Taste receptor stimulation. In: Progress in biophysics and biophysical chemistry, vol. 12, p. 107—151. London: Pergamon Press 1961.
— (*6*) Biophysical approach to taste. Amer. Scientist **49**, 421—431 (1961).
— (*7*) The chemical senses. Ann. Rev. Psychol. **12**, 363—388 (1961).
— (*8*) Mechanisms of gustatory and olfactory receptor stimulation. In: Sensory communication (ed. W. A. ROSENBLITH), p. 143—157. New York and London: J. Wiley & Sons, Inc. 1961.
— (*9*) Dynamics of taste cells. In: Olfaction and taste (ed. Y. ZOTTERMAN), p. 133—145. Oxford-London-New York-Paris: Pergamon Press 1963.
— I. Y. FISHMAN, and C. W. HARDIMAN: Species differences in taste responses. Amer. J. Physiol. **181**, 235—239 (1955).
—, and D. TUCKER: (*1*) Response of nasal epithelium to odor stimulation. Science **122**, 76 (1955).
— — (*2*) Olfactory and trigeminal nerve responses to odors. Fed. Proc. **15**, 14 (1956).

Békésy, G. v.: (*1*) Über die Vibrationsempfindung. Akust. Z. **4**, 316—334 (1939).
— (*2*) Human skin perception of travelling waves similar to those on the cochlea. J. acoust. Soc. Amer. **27**, 830—841 (1955).
— (*3*) Neural volleys and the similarity between some sensations produced by tones and by skin vibrations. J. acoust. Soc. Amer. **29**, 1059—1060 (1957).
— (*4*) Synchronism of neural discharges and their demultiplication in pitch perception on the skin and in hearing. J. acoust. Soc. Amer. **31**, 338—349 (1959).
— (*5*) Neural funneling along the skin and between the inner and outer hair cells of the cochlea. J. acoust. Soc. Amer. **31**, 1236—1249 (1959).
— (*6*) Similarities between hearing and skin sensations. Psychol. Rev. **66**, 1—22 (1959).
— (*7*) Sweetness produced electrically on the tongue and its relation to taste theories. J. appl. Physiol. **19**, 1105—1113 (1964).
Bell, C., G. Sierra, N. Buendia, and J. P. Segundo: Sensory properties of neurons in the mesencephalic reticular formation. J. Neurophysiol. **27**, 961—987 (1964).
Bender, M. B., and D. S. Feldman: Extinction of taste sensation on double simultaneous stimulation. Neurology (Minneap.) **2**, 195—202 (1952).
Benjamin, F. B.: (*1*) Pain reaction to locally applied heat. J. appl. Physiol. **4**, 907—910 (1952).
— (*2*) Relationship between injury and pain in the human skin. J. appl. Physiol. **5**, 740—745 (1953).
— (*3*) Release of intracellular potassium as the physiological stimulus for pain. J. appl. Physiol. **14**, 643—646 (1959).
Benjamin, R. M.: Some thalamic and cortical mechanisms of taste. In: Olfaction and taste (ed. Y. Zotterman), p. 309—329. Oxford-London-New York-Paris: Pergamon Press 1963.
—, and C. Pfaffmann: Cortical localization of taste in albino rat. J. Neurophysiol. **18**, 56—64 (1954).
Benzinger, T. H.: The thermostatic regulation of human heat production and heat loss. Proc. XXII. Internat. Congr. Physiol. Sci., vol. 1, p. 415—438. Leiden 1962.
Berman, A. L.: Overlap of somatic and auditory cortical response fields in anterior ectosylvian gyrus of cat. J. Neurophysiol. **24**, 595—607 (1961).
— Interaction of cortical responses to somatic and auditory stimuli in anterior ectosylvian gyrus in the cat. J. Neurophysiol. **24**, 608—620 (1961).
Berry, C. M., W. D. Hagamen, and J. Hinsey: Distribution of potentials following stimulation of the olfactory bulb in cat. J. Neurophysiol. **15**, 139—148 (1952).
Bhoola, K. D., J. D. Calle, and M. Schachter: Identification of acetylcholine, 5-hydroxytryptamine, histamine and a new kinin in hornet venom (V. crabro). J. Physiol. (Lond.) **159**, 167—182 (1961).
Bickford, R. G.: Experiments relating to itch sensation, its peripheral mechanism and central pathways. Clin. Sci. **3**, 377—386 (1937/38).
Bigelow, N., I. Harrison, H. Goodell, and H. G. Wolff: Studies on pain: quantitative measurements of two pain sensations of the skin, with reference to the nature of the "hyperalgesia of peripheral neurits". J. clin. Invest. **24**, 503—512 (1945).
Bing, H. I., and A. P. Skouby: Sensitization of cold receptors by substances with acetylcholine effect. Acta physiol. scand. **21**, 286—302 (1950).
Bishop, G. H.: (*1*) Responses to electrical stimulation of single sensory units of the skin. J. Neurophysiol. **6**, 361—382 (1943).
— (*2*) Neural mechanisms of cutaneous sense. Physiol. Rev. **26**, 77—102 (1946).
— (*3*) The skin as an organ of senses with special reference to the itching sensation. J. invest. Derm. **11**, 143—154 (1948).
Blanksma, J. J.: The preparation of 1-alkoxy-2-amino-4-nitrobenzenes in aqueous solution. Rec. Trav. chim. Pays-Bas **65**, 203—206 (1946).
Blatteis, C. M.: Afferent mechanism of generalized cutaneous cooling by blood returning from a cooled limb. USAMRL Project No 6 X 64-12-001-08. US Army Med. Res. Laboratory, Rep. 446. Fort Knox, Kentucky 1960.
Blix, M.: Experimentela bidrag till lösning af frågan om hudnervernas specifika energi. I. Upsala Läk.-Fören. Förh. **18**, 87—102 (1882—1883).
Blomquist, A. J., R. M. Benjamin, and R. Emmers: Thalamic localization of afferents from the tongue in squirrel monkey (Saimiri sciureus). J. comp. Neurol. **118**, 43—48 (1962).
Bloom, G.: Studies on the olfactory epithelium of the frog and the toad with the aid of light and electron microscopy. Z. Zellforsch. **41**, 89—100 (1954/55).
Bodian, D.: The non-olfactory character of the hippocampus, as shown by experiments with poliomyelitis virus. Anat. Rec. **106**, 178 (1950).
Börnstein, W. S.: Cortical representation of taste in man and monkey. II. Yale J. Biol. Med. **13**, 133—156 (1940).

BOHNENKAMP, H., u. W. PASQUAI: Das Verstärkungsgesetz. Seine Beziehungen zum Machschen Kontrastgesetz. Dtsch. Z. Nervenheilk. **126**, 138—142 (1932).
— R. SCHÄFER u. J. SCHMÄH: Über das gesetzmäßige Verhalten der Verstärkung beim Drucksinn und seine Bedeutung. Untersuchungen zur Neuro-Physiologie und Pathologie. Dtsch. Z. Nervenheilk. **126**, 125—137 (1932).
BOISSONNAS, R. A., ST. GUTTMANN, P. A. JAQUENOUD, H. KONZETT, and E. STÜRMER: Synthesis and biological activity of peptides related to bradykinin. Experientia (Basel) **16**, 326 (1960).
BOMAN, K. K. A.: Elektrophysiologische Untersuchungen über die Thermoreceptoren der Gesichtshaut. Acta physiol. scand. **44**, Suppl. 149 (1958).
— H. HENSEL u. I. WITT: Die Entladung der Kaltreceptoren bei äußerer Einwirkung von Kohlensäure. Pflügers Arch. ges. Physiol. **264**, 107—112 (1957).
BORELLI, S., u. S. SCHOTT: Pruritus. Teil I: Ätiologie und Pathogenese. Hautarzt **5**, 385—391 (1954).
BORING, E. G.: A new system for the classification of odors. Amer. J. Psychol. **40**, 345—349 (1928).
BOYD, W. G.: Taste reactions to antithyroid substances. Science **112**, 153 (1950).
BREBNER, D. F., and D. McK KERSLAKE: The effect of cyclical heating of the front of the trunk on the rate of sweat production from the forearm. J. Physiol. (Lond.) **156**, 4—5 P (1961).
BREIG, A.: Integration linearer cutaner Schmerzreize. Eine neurologische und klinisch-neurophysiologische Studie. Stuttgart: Georg Thieme 1953.
BROADBENT, J. L.: (*1*) Observations on itching produced by cowhage and on the part played by histamine as a mediator of the itch sensation. Brit. J. Pharmacol. 8, 263—270 (1953).
— (*2*) Observations on histamine-induced pruritus and pain. Brit. J. Pharmacol. **10**, 183—185 (1955).
BRODAL, A.: The hippocampus and the sense of smell. Brain **70**, 179—222 (1947).
—, and B. R. KAADA: Exteroceptive and proprioceptive ascending impulses in pyramidal tract of cat. J. Neurophysiol. **16**, 567—586 (1953).
—, and F. WALBERG: Ascending fibers in pyramidal tract of cat. Arch. Neurol. Psychiat. (Chic.) **68**, 755—775 (1952).
BROOKS, V. B.: Variability and redundancy in the cerebral cortex. Electroenceph. clin. Neurophysiol. Suppl. **24**, 13—32 (1963).
— P. RUDOMIN, and C. L. SLAYMAN: (*1*) Sensory activation of neurons in the cat's cerebral cortex. J. Neurophysiol. **24**, 286—301 (1961).
— — — (*2*) Peripheral receptive fields of neurons in the cat's cerebral cortex. J. Neurophysiol. **24**, 302—324 (1961).
BRÜCKE, E. TH. v.: Einflüsse des vegetativen Nervensystems auf Vorgänge innerhalb des animalischen Systems. Ergebn. Physiol. **34**, 220—252 (1932).
BÜTTNER, R.: Über den Einfluß der Blutzirkulation auf die Wärmeverfrachtung in der Haut. Strahlentherapie **55**, 333—354 (1936).
BUJAS, Z.: (*1*) La mesure de la sensibilité differentielle dans le domaine gustatif. Acta Inst. psychol. Univ. Zagreb **2**, 1—18 (1937).
—, et A. CHWEITZER: (*1*) Contribution à l'étude de goût dit électrique. Ann. psychol. **35**, 147—157 (1934).
— — (*2*) Goût électrique par courants alternatifs chez l'homme. C. R. Soc. Biol. (Paris) **126**, 1106—1109 (1937).
—, et A. OSTOJCIC: La sensibilité gustative en fonction de la surface excitée. Acta Inst. psychol. Univ. Zagreb **13**, 1—19 (1941).
BULLOCK, T. H.: Temperature sensitivity of some unit synapses. Pubbl. Staz. zool. Napoli **28**, 305—314 (1956).
—, and F. P. J. DIECKE: Properties of an infrared receptor. J. Physiol. (Lond.) **134**, 47—87 (1956).
BURCH, G. E., and N. P. DE PASQUALE: Bradykinin, digital blood flow, and the arteriovenous anastomoses. Circulat. Res. **10**, 105—115 (1962).
BURKHARDT, D.: Die Erregungsvorgänge sensibler Ganglienzellen in Abhängigkeit von der Temperatur. Biol. Zbl. **78**, 22—62 (1959).
BUSER, P., et P. BORENSTEIN: Résponses somesthésiques, visuelles et auditives recueillies au niveau du cortex «associatif» suprasylvien chez le chat curarisé non anesthésié. Electroenceph. clin. Neurophysiol. **11**, 285—304 (1959).
BUTENANDT, A.: Wirkstoffe des Insektenreiches. Naturwissenschaften **46**, 461—480 (1959).
CAIRNCROSS, S. E., and L. B. SJÖSTRÖM: Flavor profiles — a new approach to flavor problems. Food Techn. **4**, 308—311 (1950).
CAJAL, S. R. Y: Histologie du système nerveux de l'homme et des vertébrés. Paris: Maloine 1911 (2 vol.).

Cameron, A. T.: The taste sense and the relative sweetness of sugars and other sweet substances. Sci. Rep. Ser. No 9. New York: Sugar Research Foundation 1947.
Carey, J. B.: Lowering of serum bile acid concentrations and relief of pruritus in jaundiced patients fed a bile acid sequestering resin. J. Lab. clin. Med. **56**, 797—798 (1960).
Carreras, M., and S. A. Andersson: Functional properties of neurons of the anterior ectosylvian gyrus of the cat. J. Neurophysiol. **26**, 100—126 (1963).
Cattell, M. K., and H. Hoagland: Response of tactile receptors to intermittent stimulation J. Physiol. (Lond.) **72**, 392—404 (1931).
Catton, W. T.: Some properties of frog skin mechanoreceptors. J. Physiol. (Lond.) **141**, 305—322 (1958).
Caul, J. F.: The profile method of flavor analysis. In: Advances in food research (ed. E. M. Mrak and G. F. Stewart). New York: Academic Press, Inc. 1957.
Cauna, N.: (*1*) Nerve supply and nerve endings in Meissner's corpuscles. Amer. J. Anat. **99**, 315—336 (1956).
— (*2*) The mode of termination of the sensory nerves and its significance. J. comp. Neurol. **113**, 169—199 (1959).
— (*3*) Cholinesterase activity in cutaneous receptors of man and of some quadrupeds. Bibl. anat. (Basel) **2**, 128—138 (1961).
— (*4*) Structure and origin of the capsule of Meissner's corpuscle. Anat. Rec. **124**, 77—94 (1956).
— (*5*) Fine structure of the receptor organ and its probable functional significance. In: Ciba Found. Symposium, Sept. 1965. London: J. & A. Churchill (im Druck).
Chalmers, T. M., and C. A. Keele: The nervous and chemical control of sweating. Brit. J. Derm. **64**, 43—54 (1952).
Chang, H. T., and T. C. Ruch: (*1*) Organization of the dorsal columns of the spinal cord and their nuclei in the spider monkey. J. Anat. (Lond.) **81**, 140—149 (1947).
— — (*2*) Topographical distribution of spino-thalamic fibres in the thalamus of the spider monkey. J. Anat. (Lond.) **81**, 150—164 (1947).
Chapman, L. F., A. O. Ramos, H. Goodell, and H. G. Wolff: Neurohumoral features of afferent fibres in man. Their role in vasodilatation, inflammation and pain. Arch. Neurol. Psychiat. (Chic.) **4**, 617—650 (1961).
Chernetski, K. E.: Sympathetic enhancement of peripheral sensory input in the frog. J. Neurophysiol. **27**, 493—515 (1964).
Clark, D., J. Hughes, and H. S. Gasser: Afferent function in the group of nerve fibers of slowest conduction velocity. Amer. J. Physiol. **114**, 69—76 (1935).
Cohen, J., and D. P. Ogdon: (*1*) Taste blindness to phenyl-thio-carbamide as a function of saliva. Science **110**, 532—533 (1949).
— — (*2*) Taste blindness to phenyl-thio-carbamide and related compounds. Psychol. Bull. **46**, 490—498 (1949).
Cohen, M. J., S. Hagiwara, and Y. Zotterman: The response spectrum of taste fibres in the cat: a single fibre analysis. Acta physiol. scand. **33**, 316—332 (1955).
— S. Landgren, L. Ström, and Y. Zotterman: Cortical reception of touch and taste in the cat. Acta physiol. scand. **40**, Suppl. 135 (1957).
Cohen, T., and L. Gitman: Oral complaints and taste perception in the aged. J. Geront. **14**, 294—298 (1959).
Cohn, G.: Die organischen Geschmacksstoffe. Berlin: Siemenroth 1914.
Collier, H. O. J., and G. B. Chesher: Identification of 5-hydroxytryptamine in the sting of the nettle (Urtica dioica). Brit. J. Pharmacol. **11**, 186—189 (1956).
Collins, W. F., and C. T. Randt: Evoked central nervous system activity relating to peripheral unmyelinated "C" fibers in cat. J. Neurophysiol. **21**, 345—352 (1958).
Cook, H. F.: The pain threshold for microwave and infra-red radiations. J. Physiol. (Lond.) **118**, 1—11 (1952).
Cooper, K. E., and D. Mck Kerlsake: Abolition of nervous reflex vasodilatation by sympathectomy of the heated area. J. Physiol. (Lond.) **119**, 18—29 (1953).
Cooper, R. M., I. Bilash, and J. P. Zubeck: The effect of age on taste sensitivity. J. Geront. **14**, 56—58 (1959).
Cormia, F. E., and J. W. Dougherty: Proteolytic activity in development of pain and itching. Cutaneous reactions to bradykinin and kallikrein. J. invest. Derm. **35**, 21—26 (1960).
Cox, B. J., J. W. Nathans, and N. Vonau: Subthreshold-to-taste thresholds of sodium, potassium, calcium and magnesium ions in water. J. appl. Physiol. **8**, 283—286 (1955).
Cragg, B. G.: (*1*) Olfactory and other afferent connections of the hippocampus in the rabbit, rat and the cat. Exp. Neurol. **3**, 588—600 (1961).
— (*2*) Centrifugal fibres to the retina and olfactory bulb, and composition of the supraoptic commissures in the rabbit. Exp. Neurol. **5**, 406—427 (1962).

Cragg, L. H.: (*3*) The relation between sourness and the pH of the saliva. Trans. roy. Soc. Can. **31** (3), 7—13 (1937).
— (*4*) The sour task; threshold values and accuracy, the effects of saltiness and sweetness. Trans. roy. Soc. Can. **31** (3), 131—140 (1937).
Critchley, M.: Congenital indifference to pain. Ann. intern. Med. **45**, 737—747 (1956).
Crocker, E. C.: Flavor. New York: McGraw-Hill Book Co. 1945.
—, and L. F. Henderson: Analysis and classification of odors. Amer. Perfumer **22**, 325—356 (1927).
Crockford, G. W., R. F. Hellon, and A. Heyman: Local vasomotor responses to rubefacients and ultra-violet radiation. J. Physiol. (Lond.) **161**, 21—29 (1962).
— — and J. Parkhouse: Thermal vasomotor responses in human skin mediated by local mechanisms. J. Physiol. (Lond.) **161**, 10—20 (1962).
Cushing, H.: The taste fibers and their independence of the nerve trigeminus. Bull. Johns Hopk. Hosp. **14**, 71—78 (1903).
Dallenbach, J. W., and K. M. Dallenbach: The effects of bitter adaptation on sensitivity to the other taste qualities. Amer. J. Psychol. **56**, 21—31 (1943).
Dallenbach, K. M.: Pain; history and present status. Amer. J. Psychol. **52**, 331—347 (1939).
Danesino, A.: La soglia di differenza nel confronto di tratti spaziali nel tatto puro. Arch. ital. Psicol. **14**, 232—239 (1936).
Davies, J. T., and F. H. Taylor: The role of adsorption and molecular morphology in olfaction: the calculation of olfactory thresholds. Biol. Bull. **117**, 222—238 (1959).
Davis, H., A. J. Derbyshire, M. H. Lurie, and L. S. Saul: The electric response of the cochlea. Amer. J. Physiol. **107**, 311—332 (1934).
Davson, H., and J. F. Danielli: The permeability of natural membranes. Cambridge: Cambridge University Press 1943.
De Lorenzo, A. J.: (*1*) Electron microscopic observations of the olfactory mucosa and olfactory nerve. J. biophys. biochem. Cytol. **3**, 839—848 (1957).
— (*2*) Electron microscopic observations on the taste buds of the rabbit. J. biophys. biochem. Cytol. **4**, 143—148 (1958).
— (*3*) Electron microscopy of the olfactory and gustatory pathways. Ann. Otol. (St. Louis) **69**, 410—420 (1960).
— (*4*) Studies on the ultrastructure and histophysiology of cell membranes, nerve fibers and synaptic junctions in chemoreceptors. In: Olfaction and taste (ed. Y. Zotterman), p. 5—17. Oxford-London-New York-Paris: Pergamon Press 1963.
Dethier, V. G.: (*1*) Taste sensitivity to compounds of homologous series. Amer. J. Physiol. **165**, 247—250 (1951).
— (*2*) The physiology and histology of the contact chemoreceptors of the blowfly. Quart. Rev. Biol. **30**, 348—371 (1955).
— (*3*) Chemoreceptor mechanisms. Molecular structure and functional activity of nerve cells, Publ. No **1**, p. 1—30. Washington, D.C.: Amer. Inst. Biol. Sci. 1956.
—, and Y. M. Arab: Effect of temperature on the contact chemoreceptors of the blowfly. J. Insect Physiol. **2**, 153—161 (1958).
Diamant, H., M. Funakoshi, L. Ström, and Y. Zotterman: Electrophysiological studies on human taste nerves. In: Olfaction and taste (ed. Y. Zotterman), p. 193—203. Oxford-London-New York-Paris: Pergamon Press 1963.
—, and Y. Zotterman: Has water a specific taste? Nature (Lond.) **183**, 191—192 (1959).
Diamond, J., J. A. B. Gray, and D. R. Inman: The relation between receptor potentials and the concentration of sodium ions. J. Physiol. (Lond.) **142**, 382—394 (1958).
— — and M. Sato: The site of initiation of impulses in Pacinian corpuscles. J. Physiol. (Lond.) **133**, 54—66 (1956).
Dick, J. C.: The tension and resistance to stretching of human skin and other membranes, with results from a series of normal and oedematous cases. J. Physiol. (Lond.) **112**, 102—113 (1951).
Dimmick, F. L.: The investigation of the olfactory qualities. Psychol. Rev. **34**, 321—335 (1927).
Dindinger, H.: Untersuchungen über ein Empfindungsstärkemaß für Vibrationen des menschlichen Körpers: Die Vibronskala. Inaug.-Diss. Erlangen 1956.
Disher, D. R.: The effect of pressure magnitude on cutaneous localization. J. gen. Psychol. **9**, 390—403 (1933).
Dodt, E.: (*1*) The behaviour of thermoreceptors at low and high temperatures with special reference to Ebbecke's temperature phenomena. Acta physiol. scand. **27**, 295—314 (1953).
— (*2*) Schmerzimpulse bei Temperaturreizen. Acta physiol. scand. **31**, 83—96 (1954).
— (*3*) Die Aktivität der Thermoreceptoren bei nicht-thermischen Reizen bekannter thermoregulatorischer Wirkung. Pflügers Arch. ges. Physiol. **263**, 188—200 (1956).
— A. P. Skouby, and Y. Zotterman: The effect of cholinergic substances on the discharges from thermal receptors. Acta physiol. scand. **28**, 101—114 (1953).

DODT, E., and Y. ZOTTERMAN: (*1*) Mode of action of warm receptors. Acta physiol. scand. **26**, 345—357 (1952).
— — (*2*) The discharge of specific cold fibres at high temperatures. (The paradoxical cold.) Acta physiol. scand. **26**, 358—365 (1952).
DOUGLAS, W. W., W. FELDBERG, W. D. M. PATON, and M. SCHACHTER: Distribution of histamine and substance P in the wall of the dog's digestive tract. J. Physiol. (Lond.) **115**, 163 (1951).
—, and J. A. B. GRAY: The excitant action of acetylcholine and other substances on cutaneous sensory pathways and its prevention by hexamethonium and d-tubocurarine. J. Physiol. (Lond.) **119**, 118—128 (1953).
—, and J. M. RITCHIE: (*1*) Non-medullated fibres in the saphenous nerve which signal touch. J. Physiol. (Lond.) **139**, 385—399 (1957).
— — (*2*) The excitatory action of acetylcholine on cutaneous non-myelinated fibres. J. Physiol. (Lond.) **150**, 501—514 (1960).
— — (*3*) Mammalian non-myelinated nerve fibers. Physiol. Rev. **42**, 297—334 (1962).
— — and R. W. STRAUB: The role of non-myelinated fibres in signalling cooling of the skin. J. Physiol. (Lond.) **150**, 266—283 (1960).
DOVE, W. F.: An universal gustometric scale in D-units. Food Res. **18**, 427—453 (1953).
DRISCHEL, H.: Die Meßfunktion biologischer Receptoren als regeltheoretisches Problem. Naturwissenschaften **40**, 496—504 (1953).
DUNCKER, K.: Some preliminary experiments on the mutual influence of pains. Psychol. Forsch. **21**, 311—326 (1937).
DZENDOLET, E.: Intensity-duration relations for taste using electrical stimulation (Thesis). Providence, R.I.: Brown University 1957.
EBAUGH jr., F. G., and R. THAUER: Influence of various environmental temperatures on the cold and warm threshold. J. appl. Physiol. **3**, 173—182 (1950).
EBBECKE, U.: (*1*) Über die Temperaturempfindungen in ihrer Abhängigkeit von der Hautdurchblutung und von den Reflexzentren. Pflügers Arch. ges. Physiol. **169**, 395—462 (1917).
— (*2*) Über Reflexempfindungen, insbesondere Kitzel- und Juckempfindungen. Pflügers Arch. ges. Physiol. **248**, 220—243 (1944).
— (*3*) Der Schmerz als Reflexempfindung und Affekt. Naturwissenschaften **34**, 336—343 (1947).
— (*4*) Schüttelfrost in Kälte, Fieber und Affekt. Klin. Wschr. **1948**, 609—613.
— (*5*) Reflex und Verhaltensweise, Reflexempfindung und Gefühl. Naturwissenschaften **39**, 218—226 (1952).
— (*6*) Schmerz. Acta neuroveg. (Wien) **7**, 40—57 (1953).
EDES, B., and K. M. DALLENBACH: The adaptation of pain aroused by cold. Amer. J. Psychol. **48**, 307—315 (1936).
EIJKMAN, E. G. J.: Adaptation of the senses of temperature and touch. Inaug.-Diss. Nijmegen. Rotterdam: Bronder Offset 1959.
—, and A. J. H. VENDRIK: Dynamic behavior of the warmth sense organ. Exp. Psychol. **62**, 403—408 (1961).
EISEN, V.: Modes of formation of human plasma kinins. University of London Thesis submitted for degree of Doctor of Philosophy in the Faculty of Medicine 1961.
ELLIOT, D. F., G. P. LEWIS, and E. W. HORTON: The isolation of bradykinin, a plasma kinin from ox blood. Biochem. J. **74**, 15—16P (1960).
ELLIS, R. A.: Cholinesterases in the mammalian tongue. J. Histochem. Cytochem. **7**, 156—163 (1959).
ELSBERG, C. A.: Monorhinal, birhinal and bisynchronorhinal smell. The summation of impulses in birhinal smell. Bull. neurol. Inst. N.Y. **4**, 496—500 (1936).
— E. D. BREWER, and I. LEVY: (*1*) The relation between the olfactory coefficients and boiling points of odorous substances. Bull neurol. Inst. N.Y. **4**, 26—30 (1935).
— — — (*2*) Concerning conditions which may temporarily alter normal olfactory acuity. Bull. neurol. Inst. N.Y. **4**, 31—34 (1935).
—, and I. LEVY: A new and simple method of quantitative olfactometry. Bull. neurol. Inst. N.Y. **4**, 5—19 (1935).
EMMELIN, N., and W. FELDBERG: The mechanism of the sting of the common nettle (Urtica urens). J. Physiol. (Lond.) **106**, 440—455 (1947).
EMMERS, R., M. BENJAMIN, and M. F. ABLES: Differential localization of taste and tongue tactile afferents in the rat thalamus. Fed. Proc. **19**, 286 (1960).
ENGEL, R.: Experimentelle Untersuchungen über die Abhängigkeit der Lust und Unlust von der Reizstärke beim Geschmacksinn. Arch. ges. Psychol. **64**, 1—36 (1928).
ENGSTROM, H., and C. RYTZNER: The fine structure of taste buds and taste fibers. Ann. Otol. (St. Louis) **65**, 361—375 (1956).

EPPINGER, H.: Über eine eigentümliche Hautreaktion, hervorgerufen durch Ergamin. Wien. med. Wschr. **63**, 1413 (1913).
ERDÖS, E. G., A. G. RENFREW, E. M. SLOANE, and J. R. WOHLER: Enzymatic studies on bradykinin and similar peptides. Ann. N.Y. Acad. Sci. **104**, 222—235 (1963).
ERICKSON, R. E.: Sensory neural patterns and gustation. In: Olfaction and taste (ed. Y. ZOTTERMAN), p. 205—213. Oxford-London-New York-Paris: Pergamon Press 1963.
ERLANGER, J., and H. S. GASSER: Electrical signs of nervous activity. Philadelphia (Pa.): Philadelphia University Press 1937.
EULER, U. S. v., and J. H. GADDUM: An unidentified depressor substance in certain tissue extracts. J. Physiol. (Lond.) **72**, 74—87 (1931).
EVANS, D. R.: Chemical structure and stimulation by carbohydrates. In: Olfaction and taste (ed. Y. ZOTTERMAN), p. 165—176. Oxford-London-New York-Paris: Pergamon Press 1963.
FÅHRAEUS, R.: The movement of water in surviving tissue at different temperatures. A contribution to the pathogenesis of shock. Acta Soc. Med. upsalien. **61**, 107—135 (1956).
FASTIER, F. N., M. A. MCDOWALL, and H. WAAL: Pharmacological properties of phenylguanidine and other amidine derivatives in relation to those of 5-hydroxytryptamine. Brit. J. Pharmacol. **14**, 527—535 (1959).
FELDBERG, W.: (*1*) On some physiological aspects of histamine. J. Pharm. Pharmacol. **6**, 281—301 (1954).
— (*2*) Distribution of histamine in the body. In: Ciba Foundation Symposium on Histamine (ed. G. E. W. WOLSTENHOLME and C. M. O'CONNOR), p. 4—13. London: Churchill 1956.
FINDLEY, A. E.: Further studies of Henning's system of olfactory qualities. Amer. J. Psychol. **35**, 436—445 (1924).
FITZGERALD, O.: Discharges from the sensory organs of the cat's vibrissae and the modification in their activity by ions. J. Physiol. (Lond.) **98**, 163—178 (1940).
FJÄLLBRANT, N., and A. IGGO: The effect of histamine, 5-hydroxytryptamine and acetylcholine on cutaneous afferent fibres. J. Physiol. (Lond.) **156**, 578—590 (1961).
FLECKENSTEIN, A.: Die periphere Schmerzauslösung und Schmerzausschaltung. Frankfurt a. M.: Dr. Dietrich Steinkopff 1950.
FODOR, K., u. L. HAPPISCH: Über die Verschiedenheit der Unterschiedsschwellen für den Geschmackssinn bei Reizzunahme und Reizabnahme. Pflügers Arch. ges. Physiol. **197**, 337—347 (1922).
FOERSTER, O.: Symptomatologie der Erkrankungen des Rückenmarks und seiner Wurzeln. In: Handbuch der Neurologie, hrsg. von O. BUMKE u. O. FOERSTER, Bd. V, S. 1—403. Berlin: Springer 1936.
FOX, C. A.: Amygdalo-thalamic connections in Macaca mulatta. Anat. Rec. **103**, 121—122 (1949).
— R. R. FISHER, and S. J. DE SALVA: The distribution of the anterior commissure in the monkey (Macaca mulatta). J. comp. Neurol. **89**, 245—277 (1948).
— W. A. MCKINLEY, and H. W. MAGOUN: An oscillographic study of the olfactory system of cats. J. Neurophysiol. **7**, 1—16 (1944).
—, and J. T. SCHMITZ: A marchi study of the distribution of the anterior commissure in the cat. J. comp. Neurol. **79**, 297—314 (1943).
FRANKE, E. K.: Mechanical impedance measurements of the human body surface. United States Air Force Technical Report No 6469, April 1951.
— H. E. v. GIERKE, H. L. OESTREICHER, and W. W. v. WITTERN: The propagation of surface waves over the human body. United States Air Force Technical Report No 6464, March 1951.
FRANKENHAEUSER, B.: Impulses from a cutaneous receptor with slow adaptation and low mechanical threshold. Acta physiol. scand. **18**, 68—74 (1949).
FRENCH, J. D., M. VERZEANO, and H. W. MAGOUN: A neural basis of the anesthetic state. Arch. Neurol. Psychiat. (Chic.) **69**, 519—529 (1953).
FREY, M. v.: (*1*) Beiträge zur Sinnesphysiologie der Haut. III. Ber. sächs. Ges. (Akad.) Wiss. **47**, 166—184 (1895).
— (*2*) Untersuchungen über die Sinnesfunktionen der menschlichen Haut. I. Druckempfindung und Schmerz. Abh. Kgl. sächs. Ges. Wiss. **23**, 175—266 (1896).
— (*3*) Physiologie der Sinnesorgane der menschlichen Haut. Ergebn. Physiol. **9**, 351—368 (1910).
— (*4*) Der laugige Geruch. Pflügers Arch. ges. Physiol. **136**, 275—281 (1910).
— (*5*) Die sensorischen Funktionen der Haut und der Bewegungsorgane. In: TIGERSTEDTS Handbuch der physiologischen Methodik, Bd. III, Abt. 1, S. 1—45. Leipzig: S. Hirzel 1914.
— (*6*) Der Schmerzsinn. Z. Biol. **63**, 362—370 (1914).
— (*7*) Die Webersche Täuschung oder die scheinbare Schwere kalter Gewichte. Z. Biol. **66**, 411—432 (1916).

Frey, M. v.: (*8*) Über die zur ebenmerklichen Erregung des Drucksinnes erforderlichen Energiemengen. Z. Biol. **70**, 333—347 (1920).
— (*9*) Zur Physiologie der Juckempfindung. Arch. néerl. Physiol. **7**, 142—145 (1922).
— (*10*) Versuche über schmerzerregende Reize. Z. Biol. **76**, 1—24 (1922).
— (*11*) Die Haut als Sinnesfläche. In: Handbuch der Haut- und Geschlechtskrankheiten, Bd. I/2, S. 91—160. Berlin: Springer 1929.
Frings, H.: A contribution to the comparative physiology of contact chemoreception. J. comp. physiol. Psychol. **41**, 25—34 (1948).
Frucht, A. H.: Die Geschwindigkeit des Ultraschalles in menschlichen und tierischen Geweben. Naturwissenschaften **39**, 491—492 (1952).
Frunder, H.: Lokale pH-Änderungen des lebenden Gewebes unter Einwirkung chemischer Reizmittel. Pflügers Arch. ges. Physiol. **251**, 631—644 (1949).
Funakoshi, M., and Y. Zotterman: Effect of salt on sugar response. Acta physiol. scand. **57**, 193—200 (1963).
Gaddum, J. H.: Substance P distribution. In: Polypeptides which affect smooth muscles and blood vessels (ed. M. Schachter), p. 163—170. London: Pergamon Press 1960.
Galletti, R., N. Marra e L. Vecchiet: Indagine analitica sulle manifestazioni algogene conseguenti all'introduzione per via intradermica di liquido di bolla e di essudato pleurico. Rass. Neurol. veg. **15**, 200—226 (1960).
Gamble, E. M.: The applicability of Weber's law to smell. Amer. J. Psychol. **10**, 82—142 (1898).
Gammon, G. D., and I. Starr: Studies on the reliefs of pain by counterirridation. J. clin. Invest. **20**, 13—20 (1941).
Gardner, E., and B. Haddad: Pathways to the cerebral cortex for afferent fibers from the hindleg of the cat. Amer. J. Physiol. **172**, 475—482 (1953).
—, and F. Morin: Spinal pathways for projection of cutaneous and muscular afferents to the sensory and motor cortex of the monkey (Macaca mulatta). Amer. J. Physiol. **174**, 149—154 (1953).
Gasser, H. S.: (*1*) Unmedullated fibers originating in dorsal root ganglia. J. gen. Physiol. **33**, 651—690 (1950).
— (*2*) Properties of dorsal root unmedullated fibers on the two sides of the ganglion. J. gen. Physiol. **38**, 709—728 (1955).
— (*3*) Olfactory nerve fibers. J. gen. Physiol. **39**, 473—496 (1956).
Gatti, A.: The perception of space by means of pure sensations of touch. Amer. J. Psychol. **50**, 289—295 (1937).
Gayda, T.: Sul rapporto fra proprietà chimicofisiche dei sali e soglia di sensazione per il loro sapore. Arch. Fisiol. **10**, 175—192 (1912).
Gaza, W., u. B. Brandi: Beziehungen zwischen Wasserstoffionenkonzentration und Schmerzempfindung. Klin. Wschr. **1926**, 1123—1127.
Geldard, F. A.: (*1*) The perception of mechanical vibration. III. The frequency function. J. gen. Psychol. **22**, 281—289 (1940).
— (*2*) The human senses. New York: J. Wiley & Sons, Inc.; London: Chapman & Hall, Limited 1953; 2. Aufl. 1956.
Gellhorn, E.: Experimentelle Untersuchungen über den Schmerz. Nervenarzt **15**, 89—96 (1954).
— H. Gellhorn, and J. Trainor: The influence of spinal irradiation on cutaneous sensations. I. The localization of pain and touch sensations under irradiation. Amer. J. Physiol. **97**, 491—499 (1931).
Gentry, J. R., D. G. Whitlock, and E. R. Perl: Tactile projection to nucleus gracilis of cat. Fed. Proc. **20**, 349 (1961).
Gerard, R. W., W. H. Marshall, and L. J. Saul: Electrical activity of the cat's brain. Arch. Neurol. Psychiat. (Chic.) **36**, 675—738 (1936).
—, and J. Z. Young: Electrical activity of the central nervous system of the frog. Proc. roy. Soc. B **122**, 343—352 (1937).
Gerebtzoff, M. A.: (*1*) Les voies centrales de la sensibilité et du goût et leurs terminaisons thalamiques. Cellule **48**, 91—145 (1939).
— (*2*) Recherches oscillographiques et anatomo-physiologiques sur les centres cortical et thalamique du goût. Arch. int. Physiol. **51**, 199—210 (1941).
Gertz, E.: Psychophysische Untersuchungen über die Adaptation im Gebiet der Temperatursinne und über ihren Einfluß auf die Reiz- und Unterschiedsschwellen. II. Hälfte. Z. Sinnesphysiol. **52**, 105—156 (1921).
Gesteland, R. C., J. Y. Lettvin, W. H. Pitts, and A. Rojas: Odor specifities of the frog's olfactory receptors. In: Olfaction and taste (ed. Y. Zotterman), p. 19—34. Oxford-London-New York-Paris: Pergamon Press 1963.
Gierke, H. E. v., H. L. Oestreicher, E. K. Franke, H. O. Parrack, and W. W. v. Wittern: Physics of vibrations in living tissues. J. appl. Physiol. **4**, 886—900 (1952).

GLASER, E. M., and J. P. GRIFFIN: Influence of the cerebral cortex on habituation. J. Physiol. (Lond.) **160**, 429—445 (1962).

GLEES, P., R. B. LIVINGSTON u. J. SOLER: Der intraspinale Verlauf und die Endigungen der sensorischen Wurzeln in den Nucleus gracilis und cuneatus. Arch. Psychiat. Nervenkr. **187**, 190—204 (1951).

—, and J. SOLER: Fibre content of the posterior column and synaptic connections of nucleus gracilis. Z. Zellforsch. **36**, 381—400 (1951).

GOETZL, F. R., and F. STONE: (*1*) Diurnal variations in acuity of olfaction and food intake. Gastroenterology **9**, 444—453 (1947).

— — (*2*) The influence of amphetamine sulfate upon olfactory acuity and appetite. Gastroenterology **10**, 708—713 (1948).

GOLDSCHEIDER, A.: (*1*) Gesammelte Abhandlungen. Leipzig: Johann Ambrosius Barth 1898.

— (*2*) Das Schmerzproblem. Berlin: Springer 1920.

—, u. H. HAHN: Untersuchungen über den Temperatursinn. V. Pflügers Arch. ges. Physiol. **208**, 544—558 (1925).

GOLENHOFEN, K., H. HENSEL u. G. HILDEBRANDT: Durchblutungsmessung mit Wärmeleitelementen. Stuttgart: Georg Thieme 1963.

GOLLWITZER-MEIER, K.: Beiträge zur Wärmeregulation auf Grund von Bäderwirkungen. Klin. Wschr. **1937 II**, 1418—1421.

GORDON, G., R. KITCHELL, L. STRÖM, and Y. ZOTTERMAN: The response pattern of taste fibres in the chorda tympani of the monkey. Acta physiol. scand. **46**, 119—132 (1959).

GOUDRIAAN, J. C.: Über den Einfluß der Temperatur auf die Geschmacksempfindung. Arch. néerl. Physiol. **15**, 253—282 (1930).

GOZZANO, M., G. RICCI e R. VIZIOLI: Risposte rinencefalide a stimoli olfattori. Arch. Fisiol. **54**, 320—329 (1954).

GRAHAM, T., H. GOODELL, and H. G. WOLFF: (*1*) Itch sensation in the skin: experimental observations on the neural mechanism involved. Trans. Amer. neurol. Ass. **75**, 135—138 (1950).

— — — (*2*) Neural mechanism involved in itch "itchy skin" and tickle sensations. J. clin. Invest. **30**, 37—49 (1951).

GRANIT, R., J. HAASE, and L. T. RUTLEDGE: Recurrent inhibition in relation to frequency of firing and limitation of discharge rate of extensor motoneurons. J. Physiol. (Lond.) **154**, 308—328 (1960).

— J. E. PASCOE, and G. STEG: The behaviour of tonic alpha and gamma motoneurons during stimulation of recurrent collaterals. J. Physiol. (Lond.) **138**, 381—400 (1957).

GRAY, J. A. B.: Initiation of impulses at receptors. In: Handbook of physiology, sect. 1: Neurophysiology, vol. I, p. 123—145. Washington, D.C.: American Physiological Society 1959.

—, and P. B. C. MATTHEWS: Response of Pacinian corpuscles in the cat's toe. J. Physiol. (Lond.) **113**. 475—482 (1951).

—, and M. SATO: (*1*) Properties of the receptor potential in Pacinian corpuscles. J. Physiol. (Lond.) **122**, 610—636 (1953).

— — (*2*) The movement of sodium and other ions in Pacinian corpuscles. J. Physiol. (Lond.) **129**, 594—607 (1955).

GREEN, J. D.: The hippocampus. Physiol. Rev. **44**, 561—608 (1964).

—, and W. R. ADEY: Electrophysiological studies of hippocampal connections and excitability. Electroenceph. clin. Neurophysiol. **8**, 245—262 (1956).

—, and A. ARDUINI: Hippocampal electrical activity in arousal. J. Neurophysiol. **17**, 533—557 (1954).

— M. MANCIA, and R. v. BAUMGARTEN: Recurrent inhibition in the olfactory bulb. I. Effects of antidromic stimulation of the lateral olfactory tract. J. Neurophysiol. **25**, 467—488 (1962).

GREENE, L. C., and J. D. HARDY: Spatial summation of pain. J. appl. Physiol. **13**, 457—464 (1958).

GREENFIELD, A. D. M., J. T. SHEPHERD, and R. F. WHELAN: Circulatory response to cold in fingers infiltrated with anaesthetic solution. J. appl. Physiol. **4**, 785—788 (1952).

GREGG jr., E. C.: Physical basis of pain threshold measurements in man. J. appl. Physiol. **4**, 351—363 (1951).

GRIFFIN, J. P.: The role of the frontal areas of the cortex upon habituation in man. Clin. Sci. **24**, 127—134 (1963).

GRINDLEY, G. C.: The variation of sensory thresholds with the rate of application of the stimulus. II. Touch and pain. Brit. J. Psychol. **27**, 189—195 (1936).

GRÖBER, H., u. S. ERK: Die Grundgesetze der Wärmeübertragung, bearb. von U. GRIGULL. Berlin-Göttingen-Heidelberg: Springer 1957.

GRÜTZNER, P.: Über die chemische Reizung sensibler Nerven. Pflügers Arch. ges. Physiol. **58**, 69—104 (1894).

GUTHRIE, G. J.: A treatise on gunshot wounds, p. 3. London: Burgess & Hill 1827.
GUTZMANN, H.: Über die Unterschiedsempfindlichkeit des sog. Vibrationsgefühls. Verh. 26. Kongr. Inn. Med. 1909, S. 410—414.
HAAS, H.: (*1*) Über die Beeinflussung des Histamingehaltes der Haut durch Reizstoffe. 2. Mitt. Naunyn-Schmiedebergs Arch. exp. Path. Pharmakol. **199**, 637—641 (1942).
— (*2*) Über die Beeinflussung des Histamingehaltes der Haut durch Reizstoffe. 3. Mitt. Naunyn-Schmiedebergs Arch. exp. Path. Pharmakol. **199**, 656—663 (1942).
HACKER, F.: Reversible Lähmungen von Hautnerven durch Säuren und Salze. Z. Biol. **64**, 224—239 (1914).
HAGBARTH, K. E.: Centrifugal mechanisms of sensory control. Ergebn. Biol. **22**, 47—66 (1959).
—, and J. FEX: Centrifugal influences on single unit activity in spinal sensory paths. J. Neurophysiol. **22**, 321—338 (1959).
—, and D. I. B. KERR: Central influences on spinal afferent conduction. J. Neurophysiol. **17**, 295—307 (1954).
HAGEN, E., H. KNOCHE, D. SINCLAIR, and G. WEDDELL: The role of specialized nerve terminals in cutaneous sensibility. Proc. roy. Soc. B **141**, 279—287 (1953).
HAHN, H.: (*1*) Die Reize und die Reizbedingungen des Temperatursinnes. I. Der für den Temperatursinn adäquate Reiz. Pflügers Arch. ges. Physiol. **215**, 133—169 (1927).
— (*2*) Die Reize und die Reizbedingungen des Temperatursinnes. II. Die Reizbedingungen des Temperatursinnes. Pflügers Arch. ges. Physiol. **217**, 36—71 (1927).
— (*3*) Die Adaptation des Geschmackssinnes. Z. Sinnesphysiol. **65**, 105—145 (1934).
— (*4*) Über die Ursache der Geschmacksempfindung. Klin. Wschr. **1936**, 933—935.
— (*5*) Beiträge zur Reizphysiologie. Heidelberg: Scherer 1949.
— G. KUCKULIES u. R. TAEGER: Eine systematische Untersuchung der Geschmacksschwellen. I. Z. Sinnesphysiol. **67**, 259—306 (1938).
HAIMANN, E., u. E. W. SCHENK: Untersuchungen über die Hautsensibilität. II. Mitt. Über Schmerzsummation und die Veränderungen der Schmerzschwellen nach Insulin und Alkohol. Pflügers Arch. ges. Physiol. **238**, 584—591 (1937).
HALLER GILMER, B. v.: (*1*) The measurement of the sensitivitity of the skin to mechanical vibration. J. genet. Psychol. **13**, 42—60 (1935).
— (*2*) The sensitivity of the fingers to alternating electrical currents. Amer. J. Psychol. **49**, 444—449 (1937).
HAMBLOCH, H., u. J. PÜSCHEL: Über die sinnlichen Erfolge bei Darbietung von Geschmacksmischungen. Z. Sinnesphysiol. **59**, 136—150 (1928).
HANSEN, K.: Neue Versuche über die Bedeutung der Fläche für die Wirkung von Druckreizen. Z. Biol. **62**, 536—550 (1913).
HANSEN, R., u. L. GLASS: Über den Geruchsinn in der Schwangerschaft. Klin. Wschr. **15**, 891—894 (1936).
HARA, S.: Interrelationship among stimulus intensity, stimulated area and reaction time in the human gustatory sensation. Bull. Tokyo Med. dental Univ. **9**, 147—158 (1955).
HARDY, J. D.: (*1*) Thresholds of pain and reflex contraction as related to noxius stimulation. J. appl. Physiol. **5**, 725—739 (1953).
— (*2*) The nature of pain. J. chron. Dis. **4**, 22—51 (1956).
— (*3*) The pain threshold and the nature of pain sensation. In: U.F.A.W. Symposium on assessment of pain in man and animals (ed. C. A. KEELE and R. SMITH), p. 170—201. London and Edinburgh: E. & S. Livingstone Ltd. 1962.
— H. GOODELL, and H. G. WOLFF: The influence of skin temperature upon the pain threshold as evoked by thermal radiation. Science **114**, 149—150 (1951).
— R. F. HELLON, and K. SUTHERLAND: Temperature-sensitive neurones in the dog's hypothalamus. J. Physiol. (Lond.) **175**, 242—253 (1964).
—, and TH. W. OPPEL: (*1*) Studies in temperature sensation. III. J. clin. Invest. **16**, 533—540 (1937).
— — (*2*) Studies in temperature sensation. IV. J. clin. Invest. **17**, 771—778 (1938).
— H. G. WOLFF, and H. GOODELL: (*1*) Studies on pain. A new method for measuring pain threshold: Observations on spatial summation of pain. J. clin. Invest. **19**, 649—657 (1940).
— — — (*2*) Experimental evidence on the nature of cutaneous hyperalgesia. J. clin. Invest. **29**, 115—140 (1950).
— — — (*3*) Pain sensations and reactions. Baltimore: Williams & Wilkins 1952.
— — — (*4*) Studies on pain: measurements of aching pain threshold and discrimination of differences in intensity of aching pain. J. appl. Physiol. **5**, 247—255 (1952).
HARRIS, H., and H. KALMUS: The measurement of taste sensitivity to phenylthiourea (P.T.C.). Ann. Eugen. (Lond.) **15**(1), 24—45 (1949).
HARRIS, K. E.: Observations upon a histamine-like substance in skin extracts. Heart **14**, 161—176 (1927—1929).

HARTLINE, H. K., H. G. WAGNER, and F. RATLIFF: Inhibition in the eye of Limulus. J. gen. Physiol. **39**, 651—673 (1956).
HARVEY, W.: Movement of the heart and blood in animals. Engl. Übersetzung von K. J. FRANKLIN mit lateinischem Originaltext: G. HARVEY: Exercitatio anatomica de motu cordis et sanguinis in animalibus. Francofurti: G. Fitzeri 1628. Oxford: Blackwell Sci. Publ. Ltd. 1957.
HASAMA, B.: Über die elektrischen Begleiterscheinungen an der Riechsphäre bei der Geruchsempfindung. Pflügers Arch. ges. Physiol. **234**, 748—755 (1934).
HATTINGBERG, I. v.: Sensibilitätsuntersuchungen an Kranken mit Schwellenverfahren. S.-B. heidelberg. Akad. Wiss., math.-nat. Kl. **1939**, 10.
HAUCK, A., u. H. NEUERT: Untersuchungen über die Hautsensibilität. I. Mitt. Die Schmerzschwellen bei elektrischer Reizung des sensiblen Nerven. Pflügers Arch. ges. Physiol. **238**, 574—583 (1937).
HAZZARD, F. W.: A descriptive account of odors. J. exp. Psychol. **13**, 297—331 (1930).
HEAD, H., and W. H. R. RIVERS: A human experiment in nerve division. Brain **31**, 323—450 (1908).
— — and I. SHERREN: The afferent nervous system from a new aspect. Brain **28**, 99—115 (1905).
HEINBECKER, P., G. H. BISHOP, and J. O'LEARY: Pain and touch fibers in peripheral nerves. Arch. Neurol. Psychiat. (Chic.) **29**, 771—789 (1933).
HEITE, H. J., u. U. KAYMA: Über die Wärmeleitzahl der Haut unter dem örtlichen Einfluß biogener Amine. Arch. klin. exp. Derm. **215**, 513—522 (1963).
HENNING, H.: (*1*) Der Geruch, 2. Aufl. Leipzig: Johann Ambrosius Barth 1924.
— (*2*) Psychologie der chemischen Sinne. In: Handbuch der normalen und pathologischen Physiologie, Bd. 11, S. 393—405. Berlin: Springer 1926.
HENRIQUES, F. C., and A. R. MORITZ: Studies of thermal injury. I. The conduction of heat to and through skin and the temperatures attained therein. A theoretical and an experimental investigation. Amer. J. Path. **23**, 531—549 (1937).
HENRIQUES jr., F. C.: Studies of thermal injury. Arch. Path. **43**, 489—502 (1947).
HENSEL, H.: (*1*) Die intracutane Temperaturbewegung bei Einwirkung äußerer Temperaturreize. Pflügers Arch. ges. Physiol. **252**, 146—164 (1950).
— (*2*) Temperaturempfindung und intracutane Wärmebewegung. Pflügers Arch. ges. Physiol. **252**, 165—215 (1950).
— (*3*) Physiologie der Thermoreception. Ergebn. Physiol. **47**, 166—368 (1952).
— (*4*) Afferente Impulse aus den Kältereceptoren der äußeren Haut. Pflügers Arch. ges. Physiol. **256**, 195—211 (1952).
— (*5*) Das Verhalten der Thermoreceptoren bei Temperatursprüngen. Pflügers Arch. ges. Physiol. **256**, 470—478 (1953).
— (*6*) Das Verhalten der Thermoreceptoren bei Ischämie. Pflügers Arch. ges. Physiol. **257**, 371—383 (1953).
— (*7*) The time factor in thermoreceptor excitation. Acta physiol. scand. **29**, 109—116 (1953).
— (*8*) Mensch und warmblütige Tiere. In: H. PRECHT, J. CHRISTOPHERSEN u. H. HENSEL, Temperatur und Leben, S. 329—466. Berlin-Göttingen-Heidelberg: Springer 1955.
— (*9*) Quantitative Beziehungen zwischen Temperaturreiz und Aktionspotentialen der Lorenzinischen Ampullen. Z. vergl. Physiol. **37**, 509—526 (1955).
— (*10*) Spezifische und unspezifische Receptorfunktion peripherer Nervenendigungen. Pflügers Arch. ges. Physiol. **273**, 543—561 (1961).
— (*11*) Durchblutungsmessung nach dem Prinzip der geheizten Thermoelemente. In: Kreislaufmessungen, 3. Freiburger Kolloquium, S. 52—67. München-Gräfelfing: E. Banaschweski 1962.
— (*12*) Electrophysiology of thermosensitive nerve endings. In: Temperature, its measurement and control in science and industry, vol. 3, part 3, p. 191—198. New York: Reinhold Publ. Corp. 1963.
— (*13*) Physiologie der Thermoregulation. In: Physiologie und Pathophysiologie des vegetativen Nervensystems, Bd. II, Pathophysiologie, hrsg. von M. MONNIER, S. 269—279. Stuttgart: Hippokrates 1963.
— (*14*) Physiologie der menschlichen Hautdurchblutung. In: Bad Oeynhausener Gespräche VI über Probleme der Haut- und Muskeldurchblutung, S. 57—69. Berlin-Göttingen-Heidelberg: Springer 1964.
—, u. F. BENDER: Fortlaufende Bestimmung der Hautdurchblutung am Menschen mit einem elektrischen Wärmeleitmesser. Pflügers Arch. ges. Physiol. **263**, 603—614 (1956).
—, and K. BOMAN: Afferent impulses in cutaneous sensory nerves in human subjects. J. Neurophysiol. **23**, 564—578 (1960).
—, u. F. F. DOERR: Untersuchungen mit einem neuen Hautwärmeleitmesser. Pflügers Arch. ges. Physiol. **270**, 78 (1959).

HENSEL, H., and G. HILDEBRANDT: Organ systems in adaptation: the nervous system. In: Handbook of physiology, sect. 4, Adaptation to the environment, p. 55—72. Washington, D.C.: American Physiological Society 1964.
— A. IGGO, and I. WITT: A quantitative study of sensitive cutaneous thermoreceptors with C afferent fibres. J. Physiol. (Lond.) **153**, 113—126 (1960).
— L. STRÖM, and Y. ZOTTERMAN: Electrophysiological measurements of depth of thermoreceptors. J. Neurophysiol. **14**, 423—429 (1951).
—, and I. WITT: Spatial temperature gradient and thermoreceptor stimulation. J. Physiol. (Lond.) **148**, 180—189 (1959).
—, and Y. ZOTTERMAN: (*1*) The response of the cold receptors to constant cooling. Acta physiol. scand. **22**, 96—113 (1951).
— — (*2*) The persisting cold sensation. Acta physiol. scand. **22**, 106—113 (1951).
— — (*3*) Quantitative Beziehungen zwischen der Entladung einzelner Kältefasern und der Temperatur. Acta physiol. scand. **23**, 291—319 (1951).
— — (*4*) The effect of menthol on the thermoreceptors. Acta physiol. scand. **24**, 27—34 (1951).
— — (*5*) The response of mechanoreceptors to thermal stimulation. J. Physiol. (Lond.) **115**, 16—24 (1951).
— — (*6*) Action potentials of cold fibres and intracutaneous temperature gradient. J. Neurophysiol. **14**, 377—385 (1951).
HERGET, C. M., and J. D. HARDY: Temperature sensation: the spatial summation of heat. Amer. J. Physiol. **135**, 426—429 (1942).
HERNÁNDEZ-PEÓN, R.: (*1*) Central mechanisms controlling conduction along central sensory pathways. Acta neurol. lat.-amer. **1**, 256—264 (1955).
— (*2*) Reticular mechanisms of sensory control. In: Sensory communication (ed. W. A. ROSENBLITH), p. 497—520. New York and London: J. Wiley & Sons, Inc. 1961.
—, and K. E. HAGBARTH: Interaction between afferent and cortically induced reticular responses. J. Neurophysiol. **18**, 44—55 (1955).
— A. LAVÍN, C. ALCOCER-CUARÓN, and J. P. MARCELIN: Electrical activity of the olfactory bulb during wakefulness and sleep. Electroenceph. clin. Neurophysiol. **2**, 377—388 (1960).
H. SCHERRER, and M. VELASCO: Central influences on afferent conduction in the somatic and visual pathways. Acta neurol. lat.-amer. **2**, 8—22 (1956).
HEUBNER, W.: Über pharmakologische Hautreaktionen. Klin. Wschr. **1923**, 2037—2038.
HILALI, S., and I. C. WHITFIELD: Response of the trapezoid body to acoustic stimulation with pure tones. J. Physiol. (Lond.) **122**, 158—171 (1953).
HILL, H. E., H. G. FLANARY, H. C. KORNETZKY, and A. WIKLER: Relationship of electrically induced pain to the amperage and the wattage of shock stimuli. J. clin. Invest. **31**, 464—472 (1952).
HILL, J. W., and W. H. CAROTHERS: Studies of polymerization and ring formation. XXI. Physical properties of macrocyclic esters and anhydrides new types of synthetic musks. J. Amer. chem. Soc. **55**, 5039—5043 (1933).
HILTON, S. M.: Local mechanisms regulating peripheral blood flow. In: Vascular smooth muscle. Physiol. Rev. **42**, Suppl. 5, 265—275 (1962).
HINES, M.: Gegensätzliches Verhalten von Druck- und Schmerzsinn auf belasteter Haut. Z. Biol. **91**, 449—457 (1931).
HIRSCHSOHN, J., u. H. MAENDL: Studien zur Dynamik der endovenösen Injektion bei Anwendung von Calcium. Wien. Arch. inn. Med. **4**, 379—414 (1922).
HOAGLAND, H.: (*1*) Adaptation of cutaneous tactile receptors. VI. Inhibitory effects of potassium and calcium. J. gen. Physiol. **19**, 943—950 (1936).
— (*2*) On the mechanism of adaptation (peripheral sensory inhibition) of mechanoreceptors. Cold Spr. Harb. Symp. quant. Biol. **4**, 347—357 (1936).
—, and M. A. RUBIN: Adaptation of cutaneous tactile receptors. V. The release of potassium from frog skin by mechanical stimulation. J. gen. Physiol. **19**, 939—942 (1936).
HÖGYES, A.: Beiträge zur physiologischen Wirkung der Bestandteile des Capsicum annuum (Spanischer Pfeffer). Naunyn-Schmiedebergs Arch. exp. Path. Pharmak. **9**, 117—130 (1878).
HOFFMANN, C.: Vergleichende Physiologie des Temperatursinnes und der chemischen Sinne. Fortschr. Zool. **13**, 190—256 (1961).
HOFMANN, F. B.: Der Geruchssinn beim Menschen. In: Handbuch der normalen und pathologischen Physiologie, Bd. 11, S. 253—299. Berlin: Springer 1926.
HOLDSTOCK, D. J., A. P. MATHIAS, and M. SCHACHTER: A comparative study of kinin. kallidin and bradykinin. Brit. J. Pharmacol. **12**, 149—158 (1957).
HOLMGREN, B., and P. A. MERTON: Local feedback control of motoneurons. J. Physiol, (Lond.) **123**, 47—48 (1954).
HOLWAY, A. H., and L. HURVICH: On the psychophysics of taste. I. J. exp. Psychol. **23**, 191—198 (1938).

HORTON, E. W.: The role of bradykinin in the peripheral nervous system. Ann. N.Y. Acad. Sci. **104**, 250—257 (1963).
HUBBARD, S. J.: A study of rapid mechanical events in a mechanoreceptor. J. Physiol. (Lond.) **141**, 198—218 (1958).
HUGONY, A.: Über die Empfindung von Schwingungen mittels des Tastsinnes. Z. Biol. **96**, 548—553 (1935).
HUNT, C. C.: On the nature of vibration receptors in the hind limb of the cat. J. Physiol. (Lond.) **155**, 175—186 (1961).
—, and A. K. MCINTYRE: (*1*) Properties of cutaneous touch receptors in cat. J. Physiol. (Lond.) **153**, 88—98 (1960).
— — (*2*) An analysis of fibre diameter and receptor characteristics of myelinated cutaneous afferent fibres in cat. J. Physiol. (Lond.) **153**, 99—112 (1960).
HURLEY, H. J., and G. B. KOELLE: The effect of inhibition of non-specific cholinesterase on perception of tactile sensation in human volar skin. J. invest. Derm. **31**, 243—245 (1958).
ICHIOKA, M., A. OHBA u. H. SHIMIZU: Versuche über den elektrischen Geschmack. Z. Biol. **113**, 461—471 (1963).
IGGO, A.: (*1*) The electrophysiological identification of single nerve fibres, with particular reference to the slowest-conducting vagal afferent fibres in the cat. J. Physiol. (Lond.) **142**, 110—126 (1958).
— (*2*) Cutaneous heat and cold receptors with slowly-conducting (C) afferent fibres. Quart. J. exp. Physiol. **44**, 362—370 (1959).
— (*3*) Cutaneous mechanoreceptors with afferent C fibres. J. Physiol. (Lond.) **152**, 337—353 (1960).
— (*4*) Non-myelinated visceral, muscular and cutaneous afferent fibres and pain. In: U.F.A.W. Symposium on assessment of pain in man and animals (ed. C. A. KEELE and R. SMITH), p. 74—87. London and Edinburgh: E. & S. Livingstone Ltd. 1962.
— (*5*) New specific sensory structures in hairy skin. Acta neuroveg. (Wien) **24**, 175—180 (1963).
— (*6*) An electrophysiological analysis of afferent fibres in primate skin. Acta neuroveg. (Wien) **24**, 225—240 (1963).
IRIUCHIJIMA, J., and Y. ZOTTERMAN: (*1*) The specificity of afferent cutaneous C fibres in mammals. Acta physiol. scand. **49**, 267—278 (1960).
— — (*2*) Conduction rates of afferent fibres to the anterior tongue of the dog. Acta physiol. scand. **51**, 283—289 (1961).
ISHIKAWA, N.: Beziehung zwischen Stromstärke und Stromdauer bei Schmerzempfindung. Mitt. med. Ges. Tokyo **43**, 1479—1495 (1929).
ISHIKO, N., and W. R. LOEWENSTEIN: Effects of temperature on the generator and action potentials of a sense organ. J. gen. Physiol. **45**, 105—124 (1961).
ITTALIE, T. B. VAN, S. A. HASHIM, R. S. CRAMPTON, and D. M. TENNENT: The treatment of pruritus and hypercholesteremia of primary biliary cirrhosis with cholestyramine. New Engl. J. Med. **265**, 469—474 (1961).
IWAMA, K., and C. YAMAMOTO: Impulse transmission of thalamic somatosensory relay nuclei as modified by electrical stimulation of the cerebral cortex. Jap. J. Physiol. **11**, 169—182 (1961).
JABBUR, S. J., and A. L. TOWE: Cortical excitation of neurons in dorsal column nuclei of cat, including an analysis of pathways. J. Neurophysiol. **24**, 499—509 (1961).
JAQUES, R., and M. SCHACHTER: The presence of histamine, 5-hydroxytryptamine and a potent, slow contracting substance in wasp venom. Brit. J. Pharmacol. **9**, 53—58 (1954).
JARRETT, A. S.: The effect of acetylcholine on touch receptors in frog's skin. J. Physiol. (Lond.) **133**, 243—254 (1956).
JASPER, H. H.: Functional properties of the thalamic reticular system. In: Brain mechanisms and consciousness, p. 374—401. Oxford: Blackwell Sci. Publ. 1954, reprinted 1956.
JELLINEK, G.: (*1*) Geruchs- und Geschmacksanalysen mit der Profilmethode. Ernährungswirtschaft **7**, 243—246, 314—318 (1960).
— (*2*) Einführung in moderne Verfahren der Geruchs- und Geschmacksprüfung. Ernährungs-Umschau **8**, 198—204 (1961).
JIRMUNSKAYA, E. A.: Electrophysiological analysis of the influence of sympathetic nervous system on the cutaneous reception. Fiziol. Zh. (Mosk.) **28**, 491—500 (1940).
JONES, F. N.: (*1*) A test of the validity of the Elsberg method of olfactometry. Amer. J. Psychol. **66**, 81—85 (1953).
— (*2*) The reliability of olfactory threshold obtained by sniffing. Amer. J. Psychol. **68**, 289—290 (1955).
— (*3*) A comparison of the methods of olfactory stimulation: blasting vs. sniffing. Amer. J. Psychol. **68**, 486—488 (1955).

JONES, F. N.: (4) Scales of subjective intensity for odors of diverse chemical nature. Amer. J. Psychol. 71, 305—310 (1958).
— (5) Subjective scales of intensity for the three odors. Amer. J. Psychol. 71, 423—425 (1958).
JUNG, R., u. A. E. KORNMÜLLER: Eine Methodik der Ableitung lokalisierter Potentialschwankungen aus subcorticalen Hirngebieten. Arch. Psychiat. Nervenkr. 109, 1—30 (1939).
KAADA, B. R.: Somato-motor, autonomic and electrocorticographic responses to electrical stimulation of "rhinencephalic" and other structures in primates, cat and dog. Acta physiol. scand. 24, Suppl. 83 (1951).
KAHLENBERG, L.: The relation of the taste of acid salts to their degree of dissociation. J. Phys. Chem. 4, 33 (1900).
KAHN, E. A., and R. W. RAND: On the anatomy of anterolateral cordotomy. J. Neurosurg. 9, 611—619 (1952).
KAMEN, J. M.: Interaction of sucrose and calcium cyclamate on perceived intensity of sweetness. Food Res. 24, 279—282 (1959).
—, and F. J. PILGRIM: Interaction of taste qualities. Amer. Psychologist 14, 429 (1959).
— — N. J. GUTMAN, and J. B. KROLL: Interactions of suprathreshold taste stimuli. J. exp. Psychol. 62, 348—356 (1961).
KANTNER, M.: (1) Neue morphologische Ergebnisse über die peripherischen Nervenausbreitungen und ihre Deutung. Acta anat. (Basel) 31, 397—425 (1957).
— (2) Die Sensibilität der Katzenzunge. Acta neuroveg. (Wien) 15, 223—243 (1957).
KARE, M. R., and B. P. HALPERN (ed.): Physiological and behavioral aspects of taste. Chicago (Ill.): Chicago University Press 1962.
KATZ, D., u. F. NOLDT: Über die kleinsten vibratorisch wahrnehmbaren Schwingungen. Z. Psychol. 99, 104—109 (1926).
KEELE, C. A.: (1) Chemical causes of pain and itch. Proc. roy. Soc. Med. 50, 477—484 (1957).
— (2) Causes of pain. In: Lectures on the scientific basis of medicine, vol. 6, p. 143—167. London: Athlone Press, University of London 1958.
— (3) Sensations aroused by chemical stimulation of the skin. In: U.F.A.W. Symposium on assessment of pain in man and animals (ed. C. A. KEELE and R. SMITH), p. 28—31. London and Edinburgh: E. & S. Livingstone Ltd. 1962.
—, and D. ARMSTRONG: Substances producing pain and itch. London: Edward Arnold Ltd. 1964.
KEIDEL, W. D.: (1) Messung der Hautwellengeschwindigkeiten bei Vibrationsreizen am Menschen. Pflügers Arch. ges. Physiol. 255, 213—227 (1952).
(2) Die Auflagedruck- und Ortsabhängigkeit der Vibrationssinnesschwellen des Menschen. Pflügers Arch. ges. Physiol. 256, 242—264 (1952).
— (3) Aktionspotentiale des N. dorsocutaneus bei niederfrequenter Vibration der Froschrückenhaut. Pflügers Arch. ges. Physiol. 260, 416—436 (1955).
— (4) Vibrationsreception. Der Erschütterungssinn des Menschen. Erlanger Forschungen, Reihe B: Naturwissenschaften, Bd. 2. Erlangen: Univ.-Bibliothek 1956.
— (5) Periphere und corticale Komponenten der Adaptation bei Reizung des Ohres und der Haut der Katze mit Impulsfolgen. Pflügers Arch. ges. Physiol. 268, 34—35 (1958).
— (6) Grundprinzipien der akustischen und taktilen Informationsverarbeitung. Ergebn. Biol. 24, 213—246 (1961).
— (7) RANKES Adaptationstheorie. Z. Biol. 112, 411—425 (1961).
— (8) Physiologie der Hautsinne. In: Handbuch der Haut- und Geschlechtskrankheiten. Ergänzungswerk, Bd. I, Teil 3: Normale und pathologische Physiologie der Haut I, S. 157—281. Berlin-Göttingen-Heidelberg: Springer 1963.
—, u. H. DINDINGER: Die Vibronskala, ein subjektives Empfindungsstärkemaß für Körpervibrationen. Ber. ges. Physiol. 180, 139 (1956).
— U. KEIDEL, and N. Y.-S. KIANG: Cortical and peripheral responses to vibratory stimulation of the cat's whiskers. Quart. Progress Rep., Res. Lab. Electronics, Massachusetts Institute of Technology, July 1957, p. 135—139.
— — — and L. S. FRISHKOPF: Time course of adaptation of evoked responses from the cat's somesthetic and auditory systems. Quart. Progress Rep., Res. Lab. Electronics, Massachusetts Institute of Technology, 1958, p. 121—124.
—, u. H. G. SCHMITT: Hautwellenlängen und dynamischer Scherelastizitätskoeffizient der menschlichen Körperoberfläche bei Vibrationen mit 50 Hz. Pflügers Arch. ges. Physiol. 260, 274—291 (1955).
KENSHALO, D. R.: (1) Comparison of thermal sensitivity of the forehead, lip, conjunctiva and cornea. J. appl. Physiol. 15, 987—991 (1960).
— (2) The temperature sensitivity of furred skin of cats. J. Physiol. (Lond.) 172, 439—448 (1964).

KERKUT, G. A., and B. J. R. TAYLOR: Effect of temperature on the spontaneous activity from the isolated ganglia of the slug, cockroach and crayfish. Nature (Lond.) **178**, 426 (1956).
KERR, D. I. B.: Properties of the olfactory efferent system. Aust. J. exp. Biol. med. Sci. **38**, 29—36 (1960).
—, and K. E. HAGBARTH: An investigation of olfactory centrifugal fiber system. J. Neurophysiol. **18**, 362—374 (1955).
KERSLAKE, D. McK., and K. E. COOPER: Vasodilatation in the hand in response to heating the skin elsewhere. Clin. Sci. **9**, 31—47 (1950).
KIESOW, F.: (*1*) Über die Wirkung des Cocain und der Gymnemasäure auf die Schleimhaut der Zunge und des Mundraums. Philos. Stud. **9**, 510—527 (1894).
— (*2*) Beiträge zur physiologischen Psychologie des Geschmackssinnes. Philos. Stud. **10**, 523—561 (1894).
— (*3*) Sulla localizzazione di sensazione cutanee pure di tatto e di dolore nonche di impressioni tattili e dolorose composte. Arch. ital. Psychol. **10**, 201—244 (1933).
KIMURA, K.: Olfactory response of frog. Physiologist **1**, 50 (1957).
—, and M. BEIDLER: Microelectrode study of taste receptors of rat and hamster. J. cell. comp. Physiol. **58**, 131—140 (1961).
KING, E. E., R. NAQUET, and H. W. MAGOUN: Alterations in somatic afferent transmission through the thalamus by central mechanisms and barbiturates. J. Pharmacol. exp. Ther. **119**, 48 —63 (1957).
KIONKA, H., u. F. STRÄTZ: Setzt der Geschmack eines Salzes sich zusammen aus dem Geschmack der einzelnen Ionen oder schmeckt man jedes Salz als Gesamtmolekül? Naunyn-Schmiedebergs Arch. exp. Path. Pharmak. **95**, 241—257 (1922).
KISTIAKOWSKY, G. B.: On the theory of odors. Science **112**, 154—155 (1950).
KITCHELL, R. L.: Comparative anatomical and physiological studies of gustatory mechanisms. In: Olfaction and taste (ed. Y. ZOTTERMAN), p. 235—255. Oxford-London-New York-Paris: Pergamon Press 1963.
KLOEHN, N. W., and W. J. BROGDEN: The alkaline taste, a comparison of absolute thresholds for sodium hydroxide on the tip and the middorsal surfaces of the tongue. Amer. J. Psychol. **61**, 90—93 (1948).
KNUDSEN, V. O.: Hearing with the sense of touch. J. gen. Psychol. **1**, 320—352 (1928).
KÖNIGSTEIN, H.: (*1*) Experimental study of itch stimuli in animals. Arch. Derm. Syph. (Chic.) **57**, 828—849 (1948).
— (*2*) Shifting of cations in the cerebrospinal fluid as a cause of pruritus. J. invest. Derm. **17**, 99—123 (1951).
KOLL, W., J. HAASE, R. M. SCHÜTZ u. B. MÜHLBERG: Reflexentladungen der tiefspinalen Katze durch afferente Impulse aus hochwelligen nociceptiven A-Fasern (post δ-Fasern) und aus nociceptiven C-Fasern cutaner Nerven. Pflügers Arch. ges. Physiol. **272**, 270—289 (1961).
KOLMER, W.: Geschmacksorgan. In: Handbuch der mikroskopischen Anatomie des Menschen, Bd. III/1, S. 154—191. Berlin: Springer 1927.
KOLMODIN, G. M., and C. R. SKOGLUND: Analysis of spinal interneurons activated by tactile and nociceptive stimulation. Acta physiol. scand. **50**, 337—355 (1960).
KOMURO, K.: Le sens du goût a-t-il un coefficient de temperature? Arch. néerl. Physiol. **5**, 572—579 (1921).
KOPERA, A.: Untersuchungen über die Unterschiedsempfindlichkeit im Bereiche des Geschmacksinnes. Arch. ges. Psychol. **82**, 272—307 (1931).
KOSHTOIANTS, K. S., and R. KATALIN: The enzymatic basis of tasting. Biophysics **3**, 652—654 (1958).
KRAKAUER, D., and K. M. DALLENBACH: Gustatory adaptation to sweet, sour, and bitter, Amer. J. Psychol. **49**, 469—475 (1937).
KRIES, J. v.: (*1*) Allgemeine Sinnesphysiologie. Leipzig: F. C. W. Vogel 1923.
— (*2*) Über Empfindungsmannigfaltigkeiten und ihre geometrische Darstellung. Z. Sinnesphysiol. **56**, 281—317 (1925).
KRUGER, L.: Characteristics of the somatic afferent projection to the precentral cortex in the monkey. Amer. J. Physiol. **186**, 475—482 (1956).
KUEHNER, R. L.: The validity of practical odor measurement methods. Ann. N.Y. Acad. Sci. **58**, 175—186 (1954).
KUNDT, H. W., K. BRÜCK u. H. HENSEL: Hypothalamustemperatur und Hautdurchblutung der nichtnarkotisierten Katze. Pflügers Arch. ges. Physiol. **264**, 97—106 (1957).
KUNKLE, E. C.: Phasic pains induced by cold. J. appl. Physiol. **1**, 811—824 (1949).
—, and W. P. CHAPMAN: Insensitivity to pain in man. Res. Publ. Ass. nerv. ment. Dis. **23**, 100—109 (1943).
KUSANO, K., and M. SATO: Properties of fungiform papillae in frog's tongue. Jap. J. Physiol. **7**, 324—338 (1957).

Landau, W. M.: Explanation for the so-called "ascending impulses" in the pyramidal tract. Science 123, 895—896 (1956).
Landgren, S.: (*1*) Cortical reception of cold impulses from the tongue of the cat. Acta physiol. scand. 40, 202—209 (1957).
— (*2*) Convergence of tactile, thermal, and gustatory impulses on single cortical cells. Acta physiol. scand. 40, 210—221 (1957).
— (*3*) Thalamic neurones responding to tactile stimulation of the cat's tongue. Acta physiol. scand. 48, 238—254 (1960).
— (*4*) Thalamic neurones responding to cooling of the cat's tongue. Acta physiol. scand. 48, 255—267 (1960).
Lavín, A., C. Alcocer-Cuarón, and R. Hernández-Peón: Centrifugal arousal in the olfactory bulb. Science 129, 332—333 (1959).
Lebermann, F.: Beobachtungen bei chemischer Reizung der Haut. Z. Biol. 75, 238—262 (1922).
Le Gros Clark, W. E.: (*1*) The termination of ascending tracts in the thalamus of the macaque monkey. J. Anat. (Lond.) 71, 7—40 (1936).
— (*2*) The hypothalamus. Edinburgh: Oliver 1938.
— (*3*) Projection of the olfactory epithelium on to the olfactory bulb: a correction. Nature (Lond.) 165, 452—453 (1950).
— (*4*) Inquiries into the anatomical basis of olfactory discrimination. Proc. roy. Soc. Edinb. B 146, 299—319 (1957).
—, and R. H. Boggon: The thalamic connections of the parietal and frontal lobes of the brain in the monkey. Phil. Trans. B 224, 313—359 (1935).
—, and M. Meyer: The terminal connections of the olfactory tract in the rabbit. Brain 70, 304—328 (1947).
—, and T. P. S. Powell: On the thalamo-cortical connexions of the general sensory cortex of Macaca. Proc. roy. Soc. Edinb. B 141, 467—487 (1953).
Lele, P. P.: Relationship between cutaneous thermal thresholds, skin temperature and cross-sectional area fo the stimulus. J. Physiol. (Lond.) 126, 191—205 (1954).
—, and G. Weddell: Sensory nerves of the cornea and cutaneous sensibility. Exp. Neurol. 1, 334—359 (1959).
Lemberger, F.: Psychophysische Untersuchungen über den Geschmack von Zucker und Saccharin. Pflügers Arch. ges. Physiol. 123, 293—311 (1908).
Lewis, D. R.: Psychological scales of taste. J. Psychol. (Provincetown) 26, 437—446 (1948).
Lewis, I., and W. Hess: Pain derived from the skin and the mechanism of its production. Clin. Sci. 1, 39—61 (1933/34).
Lewis, T.: (*1*) The blood vessels of the human skin and their responses. London: Shaw & Sons 1927.
— (*2*) Observations upon the reactions of the human skin to cold. Heart 15, 177—208 (1930).
— (*3*) Experiments relating to cutaneous hyperalgesia and its spread through somatic nerves. Clin. Sci. 2, 373—423 (1935/36).
— (*4*) Pain. New York: Macmillan 1942.
— R. T. Grant, and H. M. Marvin: Vascular reactions of the skin to injury. Part X. The intervention of a chemical stimulus illustrated especially by the flare. The response to faradism. Heart 14, 139—160 (1927—1929).
—, and E. E. Pochin: (*1*) Double pain responses of human skin to a single stimulus. Clin. Sci. 3, 67—76 (1937).
— — (*2*) Effects of asphyxia and pressure on sensory nerves of man. Clin. Sci. 3, 141—155 (1938).
Libet, B., W. W. Alberts, E. W. Wright jr., L. D. Delattre, G. Levin, and B. Feinstein: Production of threshold levels of conscious sensation by electrical stimulation of human somatosensory cortex. J. Neurophysiol. 27, 546—578 (1964).
Lichtenstein, P. E.: The relative sweetness of sugars: sucrose and dextrose. J. exp. Psychol. 38, 578—586 (1948).
Liljestrand, G.: Über den Schwellenwert des sauren Geschmacks. Arch. néerl. Physiol. 7, 532—537 (1922).
—, u. R. Magnus: Die Wirkungen des Kohlensäurebades beim Gesunden nebst Bemerkungen über den Einfluß des Hochgebirges. Pflügers Arch. ges. Physiol. 193, 527—554 (1922).
—, and Y. Zotterman: (*1*) The water taste in mammals. Acta physiol. scand. 32, 291—303 (1954).
— (*2*) The alkaline taste. Acta physiol. scand. 35, 380—389 (1955).
Lindahl, O.: Experimental skin pain induced by injection of water-soluble substances in humans. Acta physiol. scand. 51, Suppl. 179 (1961).
Livingston, W. K.: What is pain? Sci. Amer. 188, 59—66 (1953).

Loewenstein, W. R.: (*1*) Modulation of cutaneous mechanoreceptors by sympathetic stimulation. J. Physiol. (Lond.) **132**, 40—60 (1956).
— (*2*) Excitation and changes in adaptation by stretch of mechanoreceptors. J. Physiol. (Lond.) **133**, 588—602 (1956).
— (*3*) Enhancement of activity in a Pacinian corpuscle by sympathomimetic agents. Nature (Lond.) **178**, 1292—1293 (1956).
— (*4*) Generator processes of repetitive activity in a Pacinian corpuscle. J. gen. Physiol. **41**, 825—845 (1958).
— (*5*) The generation of electric activity in a nerve ending. Ann. N.Y. Acad. Sci. **81**, 367—387 (1959).
— (*6*) Biological transducers. Sci. Amer. **203**, 99—108 (1960).
— (*7*) Mechanoreceptors. The initiation of nerve impulses at receptors. McGraw-Hill Encyclopedia of Science and Technology, p. 196—206, 1960.
— (*8*) On the "specificity" of a sensory receptor. J. Neurophysiol. **24**, 150—158 (1961).
— (*9*) Excitation and inactivation in a receptor membrane. Ann. N.Y. Acad. Sci. **94**, 510—534 (1961).
—, and R. Altamirano-Orrego: The refractory state of the generator and propagated potentials in a Pacinian corpuscle. J. gen. Physiol. **41**, 805—824 (1958).
—, and S. Cohen: (*1*) After-effects of repetitive activity in a nerve ending. J. gen. Physiol. **43**, 335—345 (1959).
— — (*2*) Posttetanic potentiation and depression of generator potential in a single nonmyelinated nerve ending. J. gen. Physiol. **43**, 347—376 (1959).
—, and N. Ishiko: (*1*) Properties of a receptor membrane. Nature (Lond.) **183**, 1724—1726 (1959).
— — (*2*) Effects of polarization of the receptor membrane and of the first Ranvier node in a sense organ. J. gen. Physiol. **43**, 981—998 (1960).
—, and D. Molins: Cholinesterase in a receptor. Science **128**, 1284 (1958).
—, and R. Rathkamp: The sites for mechanoelectric conversion in a Pacinian corpuscle. J. gen. Physiol. **41**, 1245—1265 (1958).
Long, R. G.: Modification of sensory mechanisms by subcortical structures. J. Neurophysiol. **22**, 412—427 (1959).
Lorincz, A. L.: Skin desquamating machine — a tool useful in dermatologic research. J. invest. Derm. **28**, 275—282 (1957).
Lundberg, A., and O. Oscarsson: Three ascending spinal pathways in the dorsal part of the lateral funiculus. Acta physiol. scand. **51**, 1—16 (1961).
MacDonald, M. K.: An experimental study of Henning's system of olfactory qualities. Amer. J. Psychol. **33**, 535—553 (1922).
Maclean, P. D.: (*1*) Psychosomatic disease and the "visceral brain". Recent developments bearing on the Papez theory of emotion. Psychosom. Med. **11**, 338—353 (1949).
— (*2*) Chemical and electrical stimulation of hippocampus in unrestrained animals. II. Behavioral findings. Arch. Neurol. Psychiat. (Chic.) **78**, 128—142 (1957).
— (*3*) Contrasting functions of limbic and neocortical systems of the brain and their relevant psychophysiological aspects of medicine. Amer. J. Med. **25**, 611—626 (1958).
— N. H. Horwitz, and F. Robinson: Olfactory-like responses in the piriform area to nonolfactory stimulation. Yale J. Biol. Med. **25**, 159—172 (1952).
Macleod, S.: A construction and attempted validation of sensory sweetness scales. J. exp. Psychol. **44**, 316—323 (1952).
Madlung, K.: Über anschauliche und funktionelle Nachbarschaft von Tasteindrücken. Psychol. Forsch. **19**, 193—236 (1934).
Magoun, H. W.: Caudal and cephalic influences of the brain stem reticular formation. Physiol. Rev. **30**, 459—474 (1950).
Makous, W., S. Nord, B. Oakley, and C. Pfaffmann: The gustatory relay in the medulla. In: Olfaction and taste (ed. Y. Zotterman), p. 381—393. Oxford-London-New York-Paris: Pergamon Press 1963.
Malcolm, J. L., and I. Darian-Smith: Convergence within the pathways to cat's somatic sensory cortex activated by mechanical stimulation of the skin. J. Physiol. (Lond.) **144**, 257—270 (1958).
Manery, J. F., and D. Y. Solandt: Studies in experimental traumatic shock with particular reference to plasma potassium changes. Amer. J. Physiol. **138**, 499—511 (1943).
Maréchaux, E. W., u. K. E. Schäfer: Über Temperaturempfindungen bei Einwirkung von Temperaturreizen verschiedener Steilheit auf den ganzen Körper. Pflügers Arch. ges. Physiol. **251**, 765—784 (1949).
Margolis, J.: (*1*) The mode of action of Hageman factor in the release of plasma kinin. J. Physiol. (Lond.) **151**, 238—252 (1960).
— (*2*) The interrelationship of coagulation of plasma and release of peptides. Ann. N.Y. Acad. Sci. **104**, 133—145 (1963).

MARK, R. F., and J. STEINER: Cortical projection of impulses in myelinated cutaneous afferent nerve fibres of the cat. J. Physiol. (Lond.) **142**, 544—562 (1958).
MARRA, N., e L. VECCHIET: Analisi del comportamento del dolore cutaneo conseguente all iniezione intradermica di istamina acetilcolina, adrenalina e 5-idrossitriptamina. Rass. Neurol. veg. **15**, 81—92 (1960).
— — e R. GALLETTI: Studio dei fenomeni dolorosi e reattivi della cute umana dopo iniezione intradermica di sangue, siero e plasma. Rass. Neurol. veg. **15**, 227—252 (1960).
MARSHALL, J.: The pain threshold in nerve blocks. Clin. Sci. **12**, 247—254 (1953).
MARUHASHI, I., K. MIZUGUCHI, and I. TASAKI: Action currents in single afferent nerve fibres elicited by stimulation of the skin of the toad and the cat. J. Physiol. (Lond.) **117**, 129—151 (1952).
MATSUMOTO, M., u. I. NAKAZAWA: Über die Krümmung und den Knick der Kapazitäts-Quantitätskurve bei schwelliger Reizung der Schmerzorgane des Zahnes. Jap. J. med. Sci. Trans. Biophysics **4**, 18—23 (1936).
MAYER, B.: Messende Untersuchungen über die Umstimmung des Geschmackswerkzeugs. Z. Sinnesphysiol. **58**, 133—152 (1927).
McBURNEY, D. H., and C. PFAFFMANN: Gustatory adaptation to saliva and sodium chloride. J. exp. Psychol. **65**, 523—529 (1963).
McCORD, C. P., and W. N. WITHERIDGE: Odors: Physiology and control. New York: McGraw-Hill Book Co. 1949.
McINTYRE, A., and R. F. MARK: Synaptic linkage between afferent fibres of the cat's hind limb and ascending fibres in the dorsolateral funiculus. J. Physiol. (Lond.) **153**, 306—330 (1960).
McKENNA, A. E.: (*1*) The experimental approach to pain. J. appl. Physiol. **13**, 449—456 (1958).
— (*2*) Psychogalvanic response as a pain reaction component. J. appl. Physiol. **14**, 881—886 (1959).
McKINLEY, W. A., and H. W. MAGOUN: The bulbar projection of the trigeminal nerve. Amer. J. Physiol. **137**, 217—224 (1942).
MEHES, J.: Experimentelle Untersuchungen über den Juckreflex am Tier. II. Mitt. Auslösen heftiger Juckanfälle bei der Katze durch intrazisternale Injektionen von Morphium und einiger seiner Derivate. Naunyn-Schmiedebergs Arch. exp. Path. Pharmak. **188**, 650—656 (1938).
MELTON, F. M., and W. B. SHELLEY: The effect of topical antipruritic therapy on experimentally induced pruritus in man. J. invest. Derm. **15**, 325—332 (1950).
MELZACK, R., and T. H. SCOTT: The effects of early experience on the response to pain. J. comp. physiol. Psychol. **50**, 155—161 (1957).
— W. A. STOTLER, and W. K. LIVINGSTON: Effects of discrete brainstem lesions in cats on perception of noxious stimulation. J. Neurophysiol. **21**, 353—367 (1958).
—, and R. W. THOMPSON: Effects of early experience on social behaviour. Canad. J. Psychol. **10**, 82—90 (1956).
MENKIN, V.: Biochemical mechanisms of inflammation. American Lecture Series No 288. Springfield (Ill.): Ch. C. Thomas 1956.
MEYER, M., and A. C. ALLISON: An experimental investigation of the connexions of the olfactory tracts in the monkey. J. Neurol. Neurosurg. Psychiat. **12**, 274—286 (1949).
MICKLE, W. A., and H. W. ADES: A composite sensory projection area in the cerebral cortex of the cat. Amer. J. Physiol. **170**, 682—689 (1952).
MINUT-SOROCHTINA, P. O., u. B. Z. SIROTIN: Physiologische Bedeutung der Receptoren in den Venen [Russisch]. Moskau: Medgiz 1957.
MONCRIEFF, R. W.: (*1*) The chemical senses. New York: John Wiley & Sons, Inc. 1951.
— (*2*) The odorants. Ann. N.Y. Acad. Sci. **58**, 73—82 (1954).
— (*3*) The sorptive properties of the olfactory membrane. J. Physiol. (Lond.) **130**, 543—558 (1955).
— (*4*) Olfactory adaptation and odour likeness. J. Physiol. (Lond.) **133**, 301—316 (1956).
MONNIER, M.: (*1*) Les résultats de la coagulation du thalamus chez l'homme. (Noyau ventropostérieur.) Acta neurochir. (Wien), Suppl. **3**, 291—307 (1955).
— (*2*) La stimulation électrique du thalamus chez l'homme. Rev. neurol. **93**, 267—277 (1956).
MORIMURA, S.: Untersuchung über den Geruchssinn. Tohoku J. exp. Med. **22**, 417—418 (1934).
MORIN, F.: (*1*) An experimental study of hypothalamic connections in the guinea pig. J. comp. Neurol. **92**, 193—214 (1950).
— (*2*) A new spinal pathway for cutaneous impulses. Amer. J. Physiol. **183**, 245—252 (1955).
MORITA, H., and S. YAMASHITA: Generator potential of insect chemoreceptor. Science **130**, 922 (1959).
MORUZZI, A., et LECHTINSKI: Quelques observations au sujets des voies de transmission des sensations gustatives chez l'homme. Rev. neurol. **70**, 478—483 (1938).

MORUZZI, G., and H. W. MAGOUN: Brain stem reticular formation and activation of the EEG. Electroenceph. clin. Neurophysiol. **1**, 455—473 (1949).
MOULTON, D. G.: Electrical activity in the olfactory system of rabbits with indwelling electrodes. In: Olfaction and taste (ed. Y. ZOTTERMAN), p. 71—84. Oxford-London-New York-Paris: Pergamon Press 1963.
MOULTON, R., W. G. SPECTOR, and D. A. WILLOUGHBY: Histamine release and pain production by xanthosine and related compounds. Brit. J. Pharmacol. **12**, 365—370 (1957).
MOUNTCASTLE, V. B.: Modality and topographic properties of single neurons of cat's somatic sensory cortex. J. Neurophysiol. **20**, 408—434 (1957).
— P. W. DAVIES, and A. L. BERMAN: Response properties of neurones of cat's somatic sensory cortex to peripheral stimuli. J. Neurophysiol. **20**, 374—407 (1957).
—, and E. HENNEMAN: (*1*) Pattern of tactile representation in thalamus of cat. J. Neurophysiol. **12**, 85—100 (1949).
— — (*2*) The representation of tactile sensibility in the thalamus of the monkey. J. comp. Neurol. **97**, 409—431 (1952).
— G. F. POGGIO, and G. WERNER: The relation of thalamic cell response to peripheral stimuli varied over an intensive continuum. J. Neurophysiol. **26**, 807—834 (1963).
—, and T. P. S. POWELL: (*1*) Central nervous mechanisms subserving position sense and kinethesis. Bull. Johns Hopk. Hosp. **105**, 173—200 (1959).
— — (*2*) Neural mechanisms subserving cutaneous sensibility, with special reference to the role of afferent inhibition in sensory perception and discrimination. Bull. Johns Hopk. Hosp. **105**, 201—232 (1959).
MOZELL, M. M.: Electrophysiology of the olfactory bulb. J. Neurophysiol. **21**, 183—196 (1958).
—, and C. PFAFFMANN: The afferent neural processes in odor perception. Ann. N.Y. Acad. Sci. **58**, 96—108 (1954).
MÜLLER, A.: Quantitative Untersuchungen am Riechepithel des Hundes. Z. Zellforsch. **41**, 335—350 (1954/55).
MUELLER, E. E., R. LOEFFEL, and S. MEAD: Skin impedance in relation to pain threshold testing by electrical means. J. appl. Physiol. **5**, 746—752 (1953).
MÜLLER, J.: Handbuch der Physiologie des Menschen, Bd. 1. Koblenz: J. Hölscher 1840.
MULLINS, L. J.: Olfaction. Ann. N.Y. Acad. Sci. **62**, 247—276 (1955).
NAGEL, W. A.: Über Mischgerüche und die Komponentengliederung des Geruchssinnes. Z. Psychol. **15**, 82—101 (1897).
NAKAHAMA, H.: (*1*) Contralateral and ipsilateral cortical responses from somatic afferent nerves. J. Neurophysiol. **21**, 611—632 (1958).
— (*2*) Cerebral response in somatic area II of ipsilateral somatic I origin. J. Neurophysiol. **22**, 16—32 (1959).
—, and M. SAITO: Interconnections of the somatic areas I and II (limb) of the cat. Jap. J. Physiol. **6**, 200—205 (1956).
NAKAYAMA, T., T. H. HAMMEL, J. D. HARDY, and J. S. EISENMAN: Thermal stimulation of electrical activity of single units of the preoptic region. Amer. J. Physiol. **204**, 1122—1126 (1963).
NEFF, W. S., and K. M. DALLENBACH: The chronaxy of pressure and pain. Amer. J. Physiol. **48**, 632—637 (1936).
NEUHAUS, W.: (*1*) Über die Riechschärfe des Hundes für Fettsäuren. Z. vergl. Physiol. **35**, 527—552 (1953).
— (*2*) Die Unterscheidung von Duftquantitäten bei Mensch und Hund nach Versuchen mit Buttersäure. Z. vergl. Physiol. **37**, 234—252 (1955).
— (*3*) Die Riechschwelle von Duftgemischen beim Hund und ihr Verhältnis zu den Schwellen unvermischter Duftstoffe. Z. vergl. Physiol. **38**, 238—258 (1956).
— (*4*) Wahrnehmungsschwelle und Erkennungsschwelle beim Riechen des Hundes im Vergleich zu den Riechwahrnehmungen des Menschen. Z. vergl. Physiol. **39**, 624—633 (1957).
NEUMANN, W., u. E. HABERMANN: (*1*) Beiträge zur Charakterisierung der Wirkstoffe des Bienengiftes. Naunyn-Schmiedebergs Arch. exp. Path. Pharmak. **222**, 367—387 (1954).
— — (*2*) Paper electrophoresis separation of pharmacologically and biochemically active compounds of bee and snake venoms. In: Venoms (ed. E. E. BUCKLEY and N. PORGES), p. 171—174. Washington: American Association for the Advancement of Science 1956.
NISSEN, W. W., K. L. CHOW, and J. SEMMES: Effects of restricted opportunity for tactual, kinesthetic, and manipulative experience on the behavior of a chimpanzee. Amer. J. Psychol. **64**, 485—507 (1951).
OBERTO, ST.: La soglia di rettilineita nel campo tattile puro. Arch. ital. Psicol. **14**, 85—95 (1936).
ÖHRWALL, H.: Untersuchungen über den Geschmacksinn. Skand. Arch. Physiol. **2**, 1—69 (1891).
OERTLY, E., and R. G. MYERS: A new theory relating constitution to taste. J. Amer. chem. Soc. **41**, 855—867 (1919).

OESTREICHER, H. L.: (*1*) On the theory of the propagation of mechanical vibration in human and animal tissues. U.S.A.F. Technical Report No 6244. United States Air Force, Air Material Command Nov. 1950.
— (*2*) Field and impedance of an oscillating sphere in a viscoelastic medium with an application to biophysics. J. acoust. Soc. Amer. **23**, 707—714 (1951).
OPITZ, G.: Untersuchungen über die Hautsensibilität. V. Mitt. Über die Chronaxie der Schmerzreizung. Pflügers Arch. ges. Physiol. **239**, 736—747 (1938).
OPPENHEIMER, D. R., E. PALMER, and G. WEDDELL: Nerve endings in the conjunctiva. J. Anat. (Lond.) **92**, 321—352 (1958).
ORBACH, J., and K. L. CHOW: Differential effects of resections of somatic areas I and II in monkeys. J. Neurophysiol. **22**, 195—203 (1959).
OTTOSON, D.: (*1*) Sustained potentials evoked by olfactory stimulation. Acta physiol. scand. **32**, 384—386 (1954).
— (*2*) Analysis of the electrical activity of the olfactory epithelium. Acta physiol. scand. **35**, Suppl. 122 (1956).
— (*3*) Studies on the relationship between olfactory stimulating effectiveness and physico-chemical properties of odorous compounds. Acta physiol. scand. **43**, 167—181 (1958).
— (*4*) Studies on slow potentials in the rabbit's olfactory bulb and nasal mucosa. Acta physiol. scand. **47**, 136—148 (1959).
— (*5*) Comparison of slow potentials evoked in the frog's nasal mucosa and olfactory bulb by natural stimulation. Acta physiol. scand. **47**, 149—159 (1959).
— (*6*) Olfactory bulb potentials induced by electrical stimulation of the nasal mucosa in the frog. Acta physiol. scand. **47**, 160—172 (1959).
— (*7*) Generation and transmission of signals in the olfactory system. In: Olfaction and taste (ed. Y. ZOTTERMAN), p. 35—44. Oxford-London-New York-Paris: Pergamon Press 1963.
PARMA, M., and A. ZANCHETTI: Ascending reticular influences upon thalamically evoked pyramidal discharges. Amer. J. Physiol. **185**, 614—616 (1956).
PATON, W. D. M.: Histamine metabolism. Int. Arch. Allergy **6**, 203—229 (1955).
PATTON, H. D., and V. E. AMASSIAN: (*1*) Cortical projection zone of chorda tympani nerve in cat. J. Neurophysiol. **15**, 245—250 (1952).
— — (*2*) Observations on putative afferent fibers of bulbar pyramids. Amer. J. Physiol. **183**, 650 (1955).
— T. C. RUCH, and A. E. WALKER: Experimental hypogeusia from horsley-clarke lesions of the thalamus in Macaca mulatta. J. Neurophysiol. **7**, 171—184 (1944).
PAUL, T.: Physikalisch-chemische Untersuchungen über die saure Geschmacksempfindung. Z. Elektrochem. **28**, 435—446 (1922).
PEASE, D. C., and W. PALLIE: Electron microscopy of digital tactile corpuscles and small cutaneous nerves. Ultrastruct. Res. **2**, 352—365 (1959).
—, and T. A. QUILLIAM: Electron microscopy of the Pacinian corpuscle. J. biophys. biochem. Cytol. **3**, 331—342 (1957).
PENFIELD, W., and E. BOLDREY: Somatic motor and sensory representation in the cerebral cortex of man as studied by electrical stimulation. Brain **60**, 389—443 (1937).
—, and A. T. RASMUSSEN: The cerebral cortex in man: a clinical study of localization of function. New York: Macmillan 1950.
PFAFFMANN, C.: (*1*) Afferent impulses from the teeth resulting from a vibratory stimulus. J. Physiol. (Lond.) **97**, 220—232 (1939).
— (*2*) Gustatory afferent impulses. J. cell. comp. Physiol. **17**, 243—258 (1941).
— (*3*) Taste and smell. In: Handbook of experimental psychology (ed. S. S. STEVENS), p. 1143—1171. New York: J. Wiley & Sons, Inc. 1951.
— (*4*) Species differences in taste sensitivity. Science **117**, 470 (1953).
— (*5*) Gustatory nerve impulses in rat, cat and rabbit. J. Neurophysiol. **18**, 429 —440 (1955).
— (*6*) The sense of taste. In: Handbook of physiology, sect. 1, Neurophysiology, vol. I, p. 507—533. Washington, D.C.: American Physiological Society 1959.
— (*7*) The pleasures of sensation. Psychol. Rev. **67**, 253—268 (1960).
PILGRIM, F. J., H. G. SCHUTZ, and D. R. PERYAM: Influence of monosodium glutamate on taste perception. Food Res. **20**, 310—314 (1955).
POGGIO, G. F., and V. B. MOUNTCASTLE: The functional properties of ventrobasal thalamic neurons studied in unanesthetized monkeys. J. Neurophysiol. **26**, 775—806 (1963).
—, and L. J. VIERNSTEIN: Time series analysis of impulse sequences of thalamic sensory neurons. J. Neurophysiol. **27**, 517—545 (1964).
POUCHER, W. A.: Perfumes and cosmetics. New York: Van Nostrand 1932.
POWELL, T. P. S., and V. B. MOUNTCASTLE: (*1*) The cytoarchitecture of the postcentral gyrus of the monkey Macaca mulatta. Bull. Johns Hopk. Hosp. **105**, 108—131 (1959).

Powell, T. P. S., and V. B. Mountcastle: (*2*) Some aspects of the functional organization of the cortex of the postcentral gyrus of the monkey: A correlation of findings obtained in a single unit analysis with cytoarchitecture. Bull. Johns Hopk. Hosp. **105**, 133—162 (1959).
Pschonik, A. T.: Über die Bedeutung der Großhirnrinde für die Schmerzreception der Haut. Psychiat. Neurol. med. Psychol. (Lpz.) **4**, 257—268 (1952).
Pütter, A.: (*1*) Die Unterschiedsschwellen des Temperatursinnes. Z. Biol. **74**, 237—298 (1922).
— (*2*) Der adäquate Reiz für die Organe der Temperaturempfindung. Z. Biol. **86**, 89—98 (1927).
Purkinje, J.: Sinne im allgemeinen. In: Wagners Handwörterbuch der Physiologie, Bd. III/1, S. 352—359. Braunschweig: F. Vieweg & Sohn 1846.
Raduco-Thomas, C., G. Nosal, and S. Raduco-Thomas: On the experimental pain threshold in animals. U.F.A.W. Symposium on assessment of pain in man and animals (ed. C. A. Keele and R. Smith), p. 271—289. London and Edinburgh: E. & S. Livingstone Ltd. 1962.
Raich, R.: Schwellenänderung von Vibrations-, Schmerz- und Drucksinn nach vibratorischer Ermüdung. Inaug.-Diss. Erlangen 1952.
Ranke, O. F.: (*1*) Die Dämpfung der Pulswelle und die innere Reibung der Arterienwand. Z. Biol. **95**, 179—204 (1934).
— (*2*) Bereichseinstellung der Sinnesorgane. Beihefte zur Regelungstechnik, S. 113—134. München: R. Oldenbourg 1956.
Ranson, S. W., and W. R. Ingram: The diencephalic course and termination of the medial lemniscus and the brachium conjunctivum. J. comp. Neurol. **56**, 257—275 (1932).
Raths, P., I. Witt u. H. Hensel: Thermoreceptoren bei Winterschläfern. Pflügers Arch. ges. Physiol. **281**, 73 (1964).
Rautenberg, W., u. E. Simon: Die Beeinflussung des Kältezitterns durch lokale Temperaturänderung im Wirbelkanal. Pflügers Arch. ges. Physiol. **281**, 332—345 (1964).
Reenpää, Y.: Über Wahrnehmen, Denken und messendes Versuchen, Bibliotheca Biotheoretica, Series D, vol. 3. Leiden: E. J. Brill 1947.
Rein, F. H.: (*1*) Beiträge zur Lehre von den Temperaturempfindungen der menschlichen Haut. Z. Biol. **82**, 189—212 (1925).
— (*2*) Die Physiologie des Schmerzes. Zbl. Gynäk. **63**, 2369—2372 (1939).
— (*3*) Zur Physiologie des Schmerzes. Schmerz, Narkose-Anaesthesie **12**, 129—139 (1939).
Reinert, M.: Bee venom. In: Festschrift Emile Barell, S. 407—421. Basel: F. Reinhardt 1936.
Rein-Schneider: Einführung in die Physiologie des Menschen, bearbeitet von M. Schneider. Berlin-Göttingen-Heidelberg: Springer 1964.
Renqvist, Y.: Über den Geschmack. Skand. Arch. Physiol. **38**, 97—201 (1919).
Revici, E., E. Stoopen, E. Frenk, and R. A. Ravich: The painful focus. II. The relation of pain to local physico-chemical changes. Bull. Inst. appl. Biol. **1**, 21—38 (1949).
Rhode, H.: Untersuchungen über lokalanästhetische Wirksamkeit bei Antipyreticis, Opiumalkaloiden und Salzen. Naunyn-Schmiedebergs Arch. exp. Path. Pharmak. **91**, 173—217 (1921).
Ricci, A.: Sulla sensibilità di differenza nell apprezzamento tattile di stimuli estesi applicati su regioni differenti della pelle. Arch. ital. Psicol. **15**, 383—392 (1937).
Richards, T. W.: The relation of the taste of acids to their degree of dissociation. J. Amer. chem. Soc. **20**, 121—126 (1898).
Richardson, K. C.: Studies on the structure of autonomic nerves in the small intestine, correlating the silver-impregnated image in light microscopy with the permanganate-fixed ultrastructure in electron microscopy. J. Anat. (Lond.) **94**, 457—472 (1960).
Richter, C. P., and A. MacLean: Salt taste thresholds of humans. Amer. J. Physiol. **126**, 1—6 (1939).
Rocha e Silva, M.: (*1*) Biochemistry and pharmacology of bradykinin. In: Polypeptides which affect smooth muscles and blood vessels (ed. M. Schachter), p. 210—231. London: Pergamon Press 1960.
— (*2*) The physiological significance of bradykinin. Ann. N.Y. Acad. Sci. **104**, 190—211 (1963).
— W. T. Beraldo, and G. Rosenfeld: Bradykinin, a hypotensive and smooth muscle stimulating factor released from plasma globulin by snake venoms and by trypsin. Amer. J. Physiol. **156**, 261—273 (1949).
Rose, J. E., and V. B. Mountcastle: Touch and kinesthesis. In: Handbook of physiology, sect. 1: Neurophysiology, vol. I, p. 387—429. Washington, D.C.: American Physiological Society 1959.
—, and C. N. Woolsey: Potential changes in the olfactory brain produced by electrical stimulation of the olfactory bulb. Fed. Proc. **2**, 42 (1943).
Rosenthal, S. R.: (*1*) Histamine as possible chemical mediator for cutaneous pain: Painful responses on intradermal injection of perfusates from stimulated human skin. J. appl. Physiol. **2**, 348—354 (1949).

ROSENTHAL, S. R.: (*2*) Histamine as possible chemical mediator for cutaneous pain. Dual pain response to histamine. Proc. Soc. exp. Biol. (N.Y.) **74**, 167—170 (1950).
— (*3*) The effects of histamine analogues on cutaneous pain. Arch. int. Pharmacodyn. **96**, 220—230 (1953).
—, and D. MINARD: Experiments on histamine as chemical mediator for cutaneous pain. J. exp. Med. **70**, 415—425 (1939).
—, and R. R. SONNENSCHEIN: Histamine as the possible chemical mediator for cutaneous pain. Amer. J. Physiol. **155**, 186—190 (1948).
ROSNER, B. S.: Effects of repetitive peripheral stimuli on evoked potentials of somatosensory cortex. Amer. J. Physiol. **187**, 175—179 (1956).
— E. SCHMID, S. NOWAK, and J. T. ALLISON: Responses at cerebral somatosensory I and peripheral nerve evoked by graded electrocutaneous stimulation. Amer. J. Physiol. **196**, 1083—1087 (1959).
ROTHMAN, S.: (*1*) Beiträge zur Physiologie der Juckempfindung. Arch. Derm. Syph. (Berl.) **139**, 227—234 (1922).
— (*2*) Das Jucken und die juckenden Hautkrankheiten. In: Handbuch der Haut- und Geschlechtskrankheiten, Bd. 14/1, S. 664—718. Berlin: Springer 1930.
— (*3*) Physiology of itching. Physiol. Rev. **21**, 375—381 (1941).
— (*4*) Physiology and biochemistry of the skin. Chicago (Ill.): Chicago University Press 1954.
— (*5*) Pathophysiology of itch sensation. In: Advances in biology of skin, vol. I. Cutaneous innervation (ed. W. MONTAGNA), p. 189—200. New York: Pergamon Press 1960.
SAIDULLAH: Experimentelle Untersuchungen über den Geschmacksinn. Arch. ges. Psychol. **60**, 457—484 (1927).
SAND, A.: The function of the ampullae of Lorenzini, with some observations on the effect of temperature on sensory rhythms. Proc. roy. Soc. B **125**, 524—553 (1938).
SANS, K.: Die Heißempfindung bei chemischer Reizung der äußeren Haut. Inaug.-Diss. Heidelberg 1949.
SATO, M.: The effect of temperature change on the response of taste receptors. In: Olfaction and taste (ed. Y. ZOTTERMAN), p. 151—175. Oxford-London-New York-Paris: Pergamon Press 1963.
SCHACHTER, M.: Release of histamine from skin by neoarsphenamine and bile salt. J. Physiol. (Lond.) **116**, 10 P (1952).
SCHAEFER, H.: Elektrophysiologie, Bd. II. Wien: Franz Deuticke 1942.
SCHÄFER, R.: Über Verstärkungserscheinungen beim Drucksinn. Dtsch. Z. Nervenheilk. **111**, 208—212 (1929).
SCHEIBEL, M. E., A. B. SCHEIBEL, A. MOLLICA, and G. MORUZZI: Convergence and interaction of afferent impulses on single units of reticular formation. J. Neurophysiol. **18**, 309—331 (1955).
SCHILLER, H.: Über die Amplitudenunterschiedsschwellen des Vibrationssinnes beim Menschen. Inaug.-Diss. Erlangen 1953.
SCHMALTZ, G.: Über die Reizvorgänge an den Endorganen des N. octavus. Pflügers Arch. ges. Physiol. **208**, 424—444 (1925).
SCHMIDT, R.: Die Empfindung der äußeren Haut bei Reizung durch Säuren, Laugen und Chloroform. Inaug.-Diss. Heidelberg 1949.
SCHÖBEL, R.: Über die absolute Erkennung zweier Druckreize. Z. Sinnesphysiol. **64**, 310—324 (1934).
SCHREINER, H. J.: Das Wärmegefühl nach Calciuminjektionen. Inaug.-Diss. Göttingen 1936.
SCHRIEVER, H.: (*1*) Über den Kälteschmerz. Zugleich ein Beitrag zur Kenntnis der Beziehungen zwischen hellem und dumpfem Schmerz überhaupt. I. Mitt. Die Topographie der Kälteschmerzempfindlichkeit. Z. Biol. **87**, 427—449 (1928).
— (*2*) Über den Kälteschmerz. Zugleich ein Beitrag zur Kenntnis der Beziehungen zwischen hellem und dumpfem Schmerz überhaupt. II. Mitt. Erregungsbedingungen und Eigenschaften. Z. Biol. **87**, 449—465 (1928).
— (*3*) Untersuchungen über die wechselseitige Verstärkung von Schmerz. Z. Biol. **88**, 487—515 (1928/29).
— (*4*) Die Summation nervöser Erregungen. Ergebn. Physiol. **38**, 877—939 (1936).
SCHUTZ, H. G., and F. J. PILGRIM: (*1*) Differential sensitivity in gustation. J. exp. Psychol. **54**, 41—48 (1957).
— — (*2*) Sweetness of various compounds and its measurement. Food Res. **22**, 206—213 (1957).
SCHWARTZ, H., and G. WEDDELL: Observations on the pathways transmitting the sensation of taste. Brain **61**, 99—115 (1938).
SCHWENKENBECHER, A.: Über Mentholvergiftung des Menschen. Münch. med. Wschr. **1908**, 1495—1496.
SEM-JACOBSEN, C. W., M. C. PETERSEN, H. W. DODGE, Q. D. JACKS jr., and J. A. LAZARTE: Electric activity of the olfactory bulb in man. Amer. J. med. Sci. **232**, 243—251 (1956).

SETZEPFAND, W.: Zur Frequenzabhängigkeit der Vibrationsempfindung des Menschen. Z. Biol. **96**, 236—240 (1935).
SHELLEY, W. B., and R. P. ARTHUR: The neurohistology and neurophysiology of the itch sensation in man. Arch. Derm. **76**, 296—323 (1957).
SIMON, E., W. RAUTENBERG, R. THAUER u. M. IRIKI: Die Auslösung von Kältezittern durch lokale Kühlung im Wirbelkanal. Pflügers Arch. ges. Physiol. **281**, 309—331 (1964).
SIMPSON, R. M.: Eine Vorrichtung zur Messung der Intensität von Druck- und Schmerzreizen. Amer. J. Psychol. **49**, 117—119 (1937).
SINCLAIR, D. C.: Cutaneous sensation and the doctrine of specific energy. Brain **78**, 584—614 (1955).
— G. WEDDELL, and E. ZANDER: The relationship of cutaneous sensibility to neurohistology in the human Pinna. J. Anat. (Lond.) **86**, 402—411 (1952).
SKOUBY, A. P.: (*1*) Sensitization of pain receptors by cholinergic substances. Acta physiol. scand. **24**, 174—191 (1951).
— (*2*) The influence of acetylcholine, curarine and related substances on the threshold for chemical pain stimuli. Acta physiol. scand. **29**, 340—352 (1953).
SKRAMLIK, E. v.: (*1*) Physiologie des Geschmackssinnes. In: Handbuch der normalen und pathologischen Physiologie, Bd. 11, S. 306—405. Berlin: Springer 1926.
— (*2*) Handbuch der Physiologie der niederen Sinne, Bd. 1. Die Physiologie des Geruchs- und Geschmackssinnes. Leipzig: Georg Thieme 1926.
— (*3*) Psychophysiologie der Tastsinne. In: Arch. Psychol., Erg.-Bd. 4, Teil 1 u. 2. Leipzig: Akademische Verlagsgesellschaft 1937.
— (*4*) Über die Folgen der Verwendung der Hände im gekreuzten Tastbereich. Z. Biol. **106**, 460—474 (1954),
— (*5*) Über die Erscheinungen der positiven und negativen Unterdrückung beim Geschmackssinn. Z. Biol. **113**, 266—292 (1963).
— (*6*) Über die Zahl der Empfindungsqualitäten im Gebiet der chemischen Sinneswerkzeuge (Geruchs- und Geschmackssinn). Z. Biol. **113**, 329—339 (1963).
SMITH, R.: The vocabulary of pain. In: U.F.A.W. Symposium on assessment of pain in man and animals (ed. C. A. KEELE and R. SMITH), p. 32—43. London and Edinburgh: E. & S. Livingstone Ltd. 1962.
SOLLMAN, T., and J. D. PILCHER: Endermic reactions. J. Pharmacol. exp. Ther. **9**, 309—340 (1917).
SPRENG, M., u. M. ICHIOKA: Langsame Rindenpotentiale bei Schmerzreizung am Menschen. Pflügers Arch. ges. Physiol. **279**, 121—132 (1964).
—, u. W. D. KEIDEL: Neue Möglichkeiten der Untersuchung menschlicher Informationsverarbeitung. Kybernetik **1**, 243—249 (1961/1963).
STARY, Z.: Über Erregung der Wärmenerven durch Pharmaka. Naunyn-Schmiedebergs Arch. exp. Path. Pharmak. **105**, 76—87 (1925).
STARZL, T. E., C. W. TAYLOR, and H. W. MAGOUN: Collateral afferent excitation of reticular formation of brain stem. J. Neurophysiol. **14**, 479—496 (1951).
STEIN, J., u. V. v. WEIZSÄCKER: Zur Pathophysiologie der Sensibilität. Ergebn. Physiol. **27**, 657—708 (1928).
STEIN, M. H., H. WORTIS, and N. JOLLIFFE: Peripheral neuropathy: Evaluation of sensory findings. Arch. Neurol. Psychiat. (Chic.) **46**, 464—470 (1941).
STEVENS, S. S.: On the psychophysical law. Psychol. Rev. **64**, 153—181 (1957).
STÖHR jr., PH.: Das peripherische Nervensystem. In: Handbuch der mikroskopischen Anatomie des Menschen, Bd. IV/1, S. 202. Berlin: Springer 1928.
STOKVIS, B.: Psychophysiologische Untersuchungen über den Schmerz beim Menschen. Ned. T. Psychol. **5**, 406—417 u. dtsch. Zus.fass. 418 (1938).
STONE, L. J., and K. M. DALLENBACH: (*1*) Adaptation to the pain of radiant heat. Amer. J. Psychol. **46**, 229—242 (1934).
— — (*2*) The adaptation of areal pain. Amer. J. Psychol. **48**, 117—125 (1936).
STRÜMPELL, A.: Zur Casuistik der apoplektischen Bulbärlähmungen. Dtsch. Arch. klin. Med. **28**, 43—79 (1881).
STRUGHOLD, H.: Über die Dichte und Schwellen der Schmerzpunkte der Epidermis in den verschiedenen Körperregionen. Z. Biol. **80**, 367—380 (1924).
STUIVER, M.: Biophysics of the sense of smell. Doctoral thesis, Rijks Univ. Gröningen, The Netherlands 1958.
SUMNER, J. B.: Problems in odor research from the viewpoint of the chemist. Ann. N.Y. Acad. Sci. **58**, 68—72 (1953/54).
SWEET, W. H.: Pain. In: Handbook of physiology, sect. 1: Neurophysiology, vol. I, p. 459—506. Washington, D.C.: American Physiological Society 1959.
TEICHMANN, H.: Über die Leistung des Geruchssinnes beim Aal (Anguilla anguilla L.). Z. vergl. Physiol. **42**, 206—254 (1959).

THAUER, R.: (1) Physiologie der Wärmeregulation. Acta neuroveg. (Wien) **11**, 12—37 (1955).
— (2) Probleme der Thermoregulation. Klin. Wschr. **36**, 989—998 (1958).
—, u. F. G. EBAUGH: Die Unterschiedsschwelle der Kalt- und Warmempfindung in Abhängigkeit von der absoluten Luft- bzw. Hauttemperatur. Pflügers Arch. ges. Physiol. **255**, 27—45 (1952).
THOMPSON, R. F., R. H. JOHNSON, and J. J. HOOPES: Organization of auditory, somatic sensory, and visual projection to association fields of cerebral cortex in the cat. J. Neurophysiol. **26**, 343—364 (1963).
— H. E. SMITH, and D. BLISS: Auditory, somatic sensory, and visual response interactions and interrelations in association and primary cortical fields of the cat. J. Neurophysiol. **26**, 365—378 (1963).
THUNBERG, T.: Untersuchungen über die relative Tiefenlage der kälte-, wärme- und schmerzperzipierenden Nervenenden in der Haut und über das Verhältnis der Kältenervenenden gegenüber Wärmereizen. Skand. Arch. Physiol. **11**, 382—435 (1901).
TIMOFEEV, N. V., u. A. N. LJUBAVSKAJA: Der Einfluß der elektrorhythmischen Reizung der Haut auf die Entstehung der taktilen, hautelektrischen und Schmerzempfindung. Vestn. Oto-rino-laring. **9**, 17—26 (1940) [Russisch].
TÖRÖK, L.: Urticaria. In: Handbuch der Haut- und Geschlechtskrankheiten, Bd. 6/2, S. 145—215. Berlin: Springer 1928.
TOMITA, T.: Mechanism of lateral inhibition of eye in Limulus. J. Neurophysiol. **21**, 419—429 (1958).
TORVIK, A.: (1) Afferent connections to the sensory trigeminal nuclei, the nucleus of the solitary tract and adjacent structures. J. comp. Neurol. **106**, 51—141 (1956).
— (2) The ascending fibers from the main trigeminal sensory nucleus. Amer. J. Anat. **100**, 1—15 (1957).
TOWE, A. L., and V. E. AMASSIAN: Patterns of activity in single cortical units following stimulation of the digits in monkeys. J. Neurophysiol. **21**, 292—311 (1958).
—, and S. J. JABBUR: Cortical inhibition of neurons in dorsal column nuclei of cat. J. Neurophysiol. **24**, 488—498 (1961).
TOWER, S. S.: Unit of sensory reception in cornea. With notes on nerve impulses from sclera, iris and lens. J. Neurophysiol. **3**, 486—500 (1940).
TRUJILLO-CENOZ, O.: Electron microscope study of the rabbit bud. Z. Zellforsch. **46**, 272—280 (1957).
TUCKER, D.: Olfactory, vomero-nasal and trigeminal receptor responses to odorants. In: Olfaction and taste (ed. Y. ZOTTERMAN), p. 45—69. Oxford-London-New York-Paris: Pergamon Press 1963.
—, and L. M. BEIDLER: Autonomic nervous system influence on olfactory receptors. Amer. J. Physiol. **187**, 637 (1956).
UHLENBRUCK, P.: Plethysmographische Untersuchungen am Menschen, I. Teil: Über die Wirkung der Sinnesnerven der Haut auf den Tonus der Gefäße. Z. Biol. **80**, 35—70 (1924).
UMRATH, K.: (1) Über die Erregung freier sensibler Nervenendigungen durch die Erregungssubstanz sensibler Nerven. Z. vergl. Physiol. **33**, 457—461 (1951).
— (2) Über die fermentative Verwandlung von Substanz P aus sensiblen Neuronen in die Erregungssubstanz der sensiblen Nerven. Pflügers Arch. ges. Physiol. **258**, 230—242 (1953).
— (3) Die Substanz P aus cholinergen Neuronen als mutmaßlicher Bestandteil des Proacetylcholins. Pflügers Arch. ges. Physiol. **262**, 368—376 (1956).
UNGAR, G., and H. HAYASHI: Enzymatic mechanisms in allergy. Ann. Allergy **16**, 452—581 (1958).
VENDRIK, A. J. H., and J. J. VOS: Comparison of the stimulation of the warmth sense organ by microwave and infrared. J. appl. Physiol. **13**, 435—444 (1958).
VOLKMANN, A. V.: Nervenphysiologie. In: WAGNERS Handwörterbuch der Physiologie, Bd. II, S. 476—627. Braunschweig: F. Vieweg & Sohn 1844.
VOORHOEVE, P. E.: The Weber-factor for pressure. Acta physiol. pharmacol. neerl. **2**, 516—531 (1952).
WALKER, A. E.: (1) The primate thalamus. Chicago: Chicago University Press 1938.
— (2) The spinothalamic tract in man. Arch. Neurol. Psychiat. (Chic.) **43**, 284—298 (1940).
—, and T. A. WEAVER jr.: The topical organization and termination of the fibers of the posterior columns in Macaca mulatta. J. comp. Neurol. **76**, 145—148 (1942).
WALLENBERG, A.: Secundäre sensible Bahnen im Gehirnstamm des Kaninchens. Anat. Anz. **18**, 81—105 (1900).
WALSH, R. R.: (1) Electrical activity in the mammalian olfactory bulb. Fed. Proc. **12**, 150—151 (1953).
— (2) Single cell spike activity in the olfactory bulb. Amer. J. Physiol. **186**, 255—257 (1956).
— (3) Olfactory bulb potentials evoked by electrical stimulation of the contralateral bulb. Amer. J. Physiol. **196**, 327—329 (1959).

WALTER, P.: Die sensible Innervation des Lippen-Nasenbereiches von Rind, Schaf, Ziege, Schwein, Hund und Katze. Zur Frage der Zugehörigkeit von Empfindungsqualitäten zu bestimmten Receptoren des Tastsinns. Z. Zellforsch. **53**, 394—410 (1961).

WARREN, R. M.: A basis for judgments of sensory intensity. Amer. J. Psychol. **71**, 675—687 (1958).

—, and C. PFAFFMANN: (*1*) Early experience and taste aversion. J. comp. physiol. Psychol. **52**, 263—266 (1959).

— — (*2*) Suppression of sweet sensitivity by potassium gymnemate. J. appl. Physiol. **14**, 40—42 (1959).

WATROUS, R. M.: Methyl bromide. Local and mild systemic toxic effects. Industr. Med. Surg. **11**, 575 —579 (1942).

WEBER, E. H.: Der Tastsinn und das Gemeingefühl. In: WAGNERS Handwörterbuch der Physiologie, Bd. III/2, S. 481—588. Braunschweig: F. Vieweg & Sohn 1846.

WEBSTER, M. E., and J. V. PIERCE: The nature of the kallidins released from human plasma by kallikreins and other enzymes. Ann. N.Y. Acad. Sci. **104**, 91—107 (1963).

WEDDELL, G.: (*1*) The pattern of cutaneous innervation in relation to cutaneous sensibility. J. Anat. (Lond.) **75**, 346—367 (1941).

— (*2*) The multiple innervation of sensory spots in skin. J. Anat. (Lond.) **75**, 441—446 (1941).

— (*3*) Studies related to the mechanism of common sensibility. Advances in biology of skin, vol. 1, Cutaneous innervation, p. 112—160. Oxford-London-New York-Paris: Pergamon Press 1960.

— (*4*) Observations on the anatomy of pain sensibility. In: U.F.A.W. Symposium on assessment of pain in man and animals (ed. C. A. KEELE and R. SMITH), p. 47—59. Edinburgh and London: E. & S. Livingstone 1962

—, and S. MILLER: Cutaneous sensibility. Ann. Rev. Physiol. **24**, 199—222 (1962).

— W. PALLIE, and E. PALMER: (*1*) The morphology of peripheral nerve terminations in the skin. Quart. J. micr. Sci. **95**, 483—501 (1954).

— — — (*2*) Studies in the innervation of skin. I. The origin, course and number of sensory nerves supplying the rabbit ear. J. Anat. (Lond.) **89**, 162—174 (1955).

— E. PALMER, and W. PALLIE: Nerve endings in mammalian skin. Biol. Rev. **30**, 159—195 (1955).

— D. TAYLOR, and C. M. WILLIAMS: Studies on the innervation of skin. III. The patterned arrangement of the spinal sensory nerves in the rabbit ear. J. Anat. (Lond.) **89**, 317—342 (1955).

—, and E. ZANDER: A critical evaluation of the methods used to demonstrate tissue neural elements, illustrated by reference of the cornea. J. Anat. (Lond.) **84**, 168—195 (1950).

WEDELL, C. H., and S. B. CUMMINGS jr.: Fatigue of the vibratory sense. J. exp. Psychol. **22**, 429—438 (1938).

WEIGMANN, R.: Zur Frage des adäquaten Reizes für Thermoreceptoren. Pflügers Arch. ges. Physiol. **254**, 272—280 (1951).

—, u. G. SCHINDEWOLF: Zur Wirkung des Kohlendioxyds auf die Schmerz- und Druckempfindung der Haut. Pflügers Arch. ges. Physiol. **258**, 315—323 (1953).

WENZEL, B. M.: (*1*) Techniques in olfactometry: a critical review of the last one hundred years. Psychol. Bull. **45**, 231—247 (1948).

— (*2*) Differential sensitivity in olfaction. J. exp. Psychol. **39**, 124—143 (1949).

— (*3*) Olfactometric method utilizing natural breathing in an odor-free "environment". Science **121**, 802—803 (1955).

WEZLER, K., u. G. NEUROTH: Die Koordinierung von physikalischer und chemischer Wärmeregulation. Z. exp. Med. **115**, 127—205 (1949).

WHITE, J. C., and W. H. SWEET: Pain. Its mechanisms and neurosurgical control. Springfield (Ill.): Ch. C. Thomas 1955.

WHYTE, H. M.: The effect of aspirin and morphine on heat pain. Clin. Sci. **10**, 333—345 (1951).

WILLIAMS, C. M.: The ionic thermocouple theory of the mechanism of thermal sensibility. Air University School of Aviation Medicine, US Air Force, Randolph AFB, Texas, No 58—53 (1958).

WILSKA, A.: On the vibrational sensitivity in different regions of the body surface. Acta physiol. scand. **31**, 285—289 (1954).

WILSON, C. W. M.: Suggestion and the placebo: an analysis of bias in clinical trials. In: U.F.A.W. Symposium on assessment of pain in man and animals (ed. C. A. KEELE and R. SMITH), p. 213—228. London and Edinburgh: E. & S. Livingstone Ltd. 1962.

WINKELMANN, R. K.: (*1*) The innervation of a hair follicle. Ann. N.Y. Acad. Sci. **83**, 400—407 (1959).

— (*2*) Nerve endings in normal and pathological skin. Springfield (Ill.): Ch. C. Thomas 1960.

WINKLER, F.: Studien über das Zustandekommen der Juckempfindung. Arch. Derm. Syph. (Berl.) **99**, 273—334 (1910).
WITT, I.: Aktivität einzelner C-Fasern bei schmerzhaften und nicht schmerzhaften Hautreizen. Acta neuroveg. (Wien) **25**, 208—219 (1963).
—, and J. P. GRIFFIN: Afferent cutaneous C-fibre reactivity to repeated stimuli. Nature (Lond.) **194**, 776—777 (1962).
—, u. H. HENSEL: Afferente Impulse aus der Extremitätenhaut der Katze bei thermischer und mechanischer Reizung. Pflügers Arch. ges. Physiol. **268**, 582—596 (1959).
WOLF, H.: Exakte Messungen über die zur Erregung des Drucksinnes erforderlichen Reizgrößen. Inaug.-Diss. Jena 1938.
WOLF, S., and J. D. HARDY: Studies on pain. Observations on pain due to local cooling and on factors involved in the "cold pressor" effect. J. clin. Invest. **20**, 521—533 (1941).
WOODROW, H., and B. KARPMAN: A new olfactometric technique and some results. J. exp. Psychol. **2**, 431—447 (1917).
WOOLLARD, H. H., G. WEDDELL, and J. A. HARPMAN: Observations on neurohistological basis of cutaneous pain. J. Anat. (Lond.) **74**, 413—440 (1940).
WOOLSEY, C. N., and D. FAIRMAN: Contralateral, ipsilateral, and bilateral representation of cutaneous receptors in somatic areas I and II of the cerebral cortex of pig, sheep, and other mammals. Surgery **19**, 684—702 (1946).
—, and D. H. LEMESSURIER: The pattern of the cutaneous representation in the rat's cerebral cortex. Fed. Proc. **7**, 137—138 (1948).
— W. H. MARSHALL, and P. BARD: Representation of cutaneous tactile sensibility in the cerebral cortex of the monkey as indicated by evoked potentials. Bull. Johns Hopk. Hosp. **70**, 399—441 (1942).
WRIGHT, R. H., C. REID, and H. G. EVANS: Odour and molecular vibration. III. A new theory of olfactory stimulation. Chem. & Indust. (Lond.) **1956**, 973—977.
WYERS, H.: Methyl bromide intoxication. Brit. J. industr. Med. **2**, 24—29 (1945).
YAMAMOTO, C., and K. IWAMA: Arousal reaction of the olfactory bulb. Jap. J. Physiol. **11**, 335—345 (1961).
YAMAMOTO, S., S. SUGIHARA, and M. KURU: Microelectrode studies on sensory afferents in the posterior funiculus of cat. Jap. J. Physiol. **6**, 68—85 (1956).
YOUNG, C. W., D. F. FLETCHER, and N. WRIGHT: On olfaction and infra-red radiation theories. Science **108**, 411—412 (1948).
YOUNG, P. T.: (*1*) Patability of foods in relation to the rate of learning. Amer. Psychologist **1**, 274 (1946).
— (*2*) Psychologic factors regulating the feeding process. Amer. J. clin. Nutr. **5**, 154—161 (1957).
ZANDER, E., and G. WEDDELL: Observations on the innervation of cornea. J. Anat. (Lond.) **85**, 68—99 (1951).
ZERBST, E., K.-H. DITTBERNER u. E. WILLIAM: Über die Nachrichtenaufnahme durch biologische Receptoren. I. Theoretische Untersuchungen zur Ursache der Erregungsbildung. Kybernetik **2**, 160—168 (1965).
ZIGLER, M., E. M. MOORE, and M. T. WILSON: Comparative accuracy in the localization of cutaneous pressure and pain. Amer. J. Psychol. **46**, 47—58 (1934).
ZIGLER, M. J., and A. H. HOLWAY: Differential sensitivity as determined by the amount of olfactory substance. J. gen. Psychol. **12**, 372—382 (1935).
ZOTTERMAN, Y.: (*1*) Studies in the peripheral nervous mechanism of pain. Acta med. scand. **80**, 185—242 (1933).
— (*2*) Action potentials in the glossopharyngeal nerve and in the chorda tympani. Skand. Arch. Physiol. **72**, 73—77 (1935).
— (*3*) Specific action potentials in the lingual nerve of cat. Skand. Arch. Physiol. **75**, 105—119 (1936).
— (*4*) Touch, pain and tickling: an electrophysiological investigation on cutaneous sensory nerves. J. Physiol. (Lond.) **95**, 1—28 (1939).
— (*5*) The response of the frog's taste fibres to the application of pure water. Acta physiol. scand. **18**, 181—189 (1949).
— (*6*) The water taste of the frog. Experientia (Basel) **6**, 57—58 (1950).
— (*7*) Special senses: thermal receptors. Ann. Rev. Physiol. **15**, 357—372 (1953).
— (*8*) The peripheral nervous mechanism of pain: A brief review. In: Pain and itch. Nervous mechanisms (ed. G. E. W. WOLSTENHOLME and M. O'CONNOR), p. 13—25. London: J. & A. Churchill 1959.
— (*9*) Thermal sensations. In: Handbook of physiology, vol. I, sect. 1, Neurophysiology, p. 431—458. Washington, D.C.: American Physiological Society 1959.
— (*10*) Studies in the neural mechanism of taste. In: Sensory communication (ed. W. A. ROSENBLITH), p. 205—216. New York and London: J. Wiley & Sons, Inc. 1961.

ZOTTERMAN, Y.: (*11*) Nerve fibres mediating pain; a brief review. With a discussion on the specificity of cutaneous afferent nerve fibres. In: U.F.A.W. Symposium on assessment of pain in man and animals (ed. C. A. KEELE and R. SMITH), p. 60—73. London and Edinburgh: E. & S. Livingstone Ltd. 1962.

ZWAARDEMAKER, H.: (*1*) Odeur et chimisme. Arch. néerl. Physiol. **6**, 336—354 (1922).

— (*2*) L'odorat. Paris: Doin 1925.

— (*3*) Prüfung des Geruchssinnes und der Gerüche. In: R. ABDERHALDEN, Handbuch der biologischen Arbeitsmethoden, Abt. V, Teil 7, S. 455—522. Berlin: Urban & Schwarzenberg 1930.

Namenverzeichnis

Sachverzeichnis

Druck der Universitätsdruckerei H. Stürtz A G., Würzburg

GPSR Compliance

The European Union's (EU) General Product Safety Regulation (GPSR) is a set of rules that requires consumer products to be safe and our obligations to ensure this.

If you have any concerns about our products, you can contact us on ProductSafety@springernature.com

In case Publisher is established outside the EU, the EU authorized representative is:

Springer Nature Customer Service Center GmbH
Europaplatz 3
69115 Heidelberg, Germany

Batch number: 10621645

Printed by Printforce, the Netherlands